先进热能工程丛书

岑可法　主编

智慧供热系统工程

Smart Heating System Engineering

钟崴　林小杰　著

化学工业出版社

·北京·

内容简介

《智慧供热系统工程》总结了浙江大学“智慧能源系统”团队在智慧供热及综合能源领域的多年积累，旨在为读者提供一个全新的能源领域智慧化转型视角。本书以智慧供热技术和系统架构为开篇，探讨了智慧化技术在供热领域的应用现状与发展方向。进而围绕供热系统的低碳化，引出大型城镇集中供热系统和工业园区综合能源系统的智慧化问题，通过将智慧化深度融入供热及综合能源系统，阐述低碳综合能源的规划与优化调度技术。本书的特色是紧密结合了团队自“十三五”以来牵头承担的国家级项目研究成果，以技术成果为主轴，以系列智慧能源工程为示范案例，深入浅出地阐述智慧化技术在实际场景中的应用价值和效果，为读者提供生动直观的实践经验。

本书可以带领读者了解智慧能源、智慧供热、综合能源系统的理论方法与技术，适合从事能源系统数字化转型与智慧管控的工程师、研究生及本科生学习参考，同时适用于有志从事城镇供热、综合能源领域的相关职能部门人员及对智慧能源感兴趣的读者。

图书在版编目（CIP）数据

智慧供热系统工程 / 钟崴，林小杰著．—北京：化学工业出版社，2024.8（2025.1重印）
（先进热能工程丛书）
ISBN 978-7-122-45635-9

Ⅰ.①智…　Ⅱ.①钟…②林…　Ⅲ.①供热系统　Ⅳ.①TU833

中国国家版本馆CIP数据核字（2024）第094981号

责任编辑：袁海燕　　文字编辑：赵　越
责任校对：宋　夏　　装帧设计：王晓宇

出版发行：化学工业出版社（北京市东城区青年湖南街13号　邮政编码100011）
印　　装：北京盛通数码印刷有限公司
710mm×1000mm　1/16　印张25¾　字数488千字
2025年1月北京第1版第2次印刷

购书咨询：010-64518888　　售后服务：010-64518899
网　　址：http://www.cip.com.cn
凡购买本书，如有缺损质量问题，本社销售中心负责调换。

定　　价：168.00元

“先进热能工程丛书”

编委会

丛书序

能源是人类社会生存发展的重要物质基础，攸关国计民生和国家战略竞争力。当前，世界能源格局深刻调整，应对气候变化进入新阶段，新一轮能源革命蓬勃兴起。我国经济发展步入新常态，能源消费增速趋缓，发展质量和效率问题突出，供给侧结构性改革刻不容缓，能源转型变革任重道远。

我国能源结构具有“贫油、富煤、少气”的基本特征，煤炭是我国基础能源和重要原料，为我国能源安全提供了重要保障。随着国际社会对保障能源安全、保护生态环境、应对气候变化等问题日益重视，可再生能源已经成为全球能源转型的重大战略举措。到2020年，我国煤炭消费占能源消费总量的56.8%，天然气、水电、核电、风电等清洁能源消费比重达到了20%以上。高效、清洁、低碳开发利用煤炭和大力发展光电、风电等可再生能源发电技术已经成为能源领域的重要课题。

党的十八大以来，以习近平同志为核心的党中央提出“四个革命、一个合作”能源安全新战略，即“推动能源消费革命、能源供给革命、能源技术革命和能源体制革命，全方位加强国际合作”，着力构建清洁低碳、安全高效的能源体系，开辟了中国特色能源发展新道路，推动中国能源生产和利用方式迈上新台阶、取得新突破。气候变化是当今人类面临的重大全球性挑战。2020年9月22日，中国政府在第七十五届联合国大会上提出：“中国将提高国家自主贡献力度，采取更加有力的政策和措施，二氧化碳排放力争于2030年前达到峰值，努力争取2060年前实现碳中和。”构建资源、能源、环境一体化的可持续发展能源系统是我国能源的战略方向。

当今世界，百年未有之大变局正加速演进，世界正在经历一场更大范围、更深层次的科技革命和产业变革，能源发展呈现低碳化、电力化、智能化趋势。浙江大学能源学科团队长期面向国家发展的重大需求，在燃煤烟气超低排放、固废能源化利用、生物质利用、太阳能热发电、烟气 CO_2 捕集封存及利用、大规模低温分离、旋转机械和过程装备节能、智慧能源系统及智慧供热等方向已经取得了突破性创新成果。先进热能工程丛书是对团队十多年来在国家自然科学基金、国家重点研发计划、国家“973”计划、国家“863”计划等支持下取得的系列原创研究成果的系统总结，涵盖面广，系统性、创新性强，契合我国“十四五”规划中智能化、数字化、绿色环保、低碳的发展需求。

我们希望丛书的出版，可为能源、环境等领域的科研人员和工程技术人员提供有意义的参考，同时通过系统化的知识促进我国能源利用技术的新发展、新突破，技术支撑助力我国建成清洁低碳、安全高效的能源体系，实现“碳达峰、碳中和”国家战略目标。

岑可法

前言

“双碳”目标为中国能源行业转型注入了强劲驱动力。我国实现“双碳”目标的三大关键领域是工业、建筑和交通。本书主要讨论的供热技术与工业及建筑两大领域密切相关，且贯穿了经济与民生发展两大社会主线。在人工智能时代，如何以智慧能源技术驱动供热系统的低碳化和智慧化，推动工业和建筑领域的碳中和，是值得我国能源行业从事者深思的问题。本书旨在探讨现代供热系统工程智慧化发展方向，追溯供热领域智慧化的脉络，使读者能够深入了解供热领域的前沿技术、工程实践和未来发展趋势。本书不仅包含了供热系统工程原理的分析，更通过阐述机理建模方法、优化技术、人工智能方法在供热智慧化中的应用方式与落地场景，从面向未来低碳综合能源系统的角度讨论了供热系统未来的演变路径，致力于为读者呈现一个全新、全面的智慧供热系统工程。

本书分为八章。开篇从智慧供热的基础概念和系统架构开始，讨论了智慧化技术在供热行业的应用及其背后逻辑，包括城市民用供热系统一级网和二级网的灵活精准调控技术。接着，进一步讨论北方供暖之外的我国工业园区蒸汽供热系统的运行优化技术，并以此为契机引入综合能源系统及多能流管控技术。最后，介绍了一系列智慧供热和综合能源系统的工程实践案例，通过深入案例分析，帮助读者更好地理解和应用所学知识。总体而言，本书以供热系统及其智慧化开篇，以面向碳中和的新型综合能源系统结尾，希望通过介绍智慧化技术在供热系统和综合能源领域的发展历程及其关键技术，为读者提供一个前瞻性、综合性的视野。本书具体编写分工如下：钟崴负责第 1 章与第 8 章，林小杰负责第 2～7 章，全书由钟崴进行统稿。中国节能环保集团杜玉吉博士和北京市热力集团李仲博博士为第 8 章的内容提供了宝贵建议。本书的顺利完成也受益于浙江大学陈嘉映、孙鑫南、李昊、黄伟、张淑婷、封恩程、刘少雄、毛熠辉、戴哲、章楠、蔡晨钰、章宁、周瑜婷、罗政、王家乐、王松杰等同学的支持与帮助。

《智慧供热系统工程》适用于从事供热和综合能源领域的工程师、研究生以及对智慧能源感兴趣的读者。智慧能源是链接“双碳”目标和能源行业升级的核心技术，是第四次工业革命已奏响的澎湃乐章。希望这本书能够激发读者对智慧能源技术的兴趣，共同推动我国供热行业迈向更低碳、更智慧、更可持续的未来。

本书的编写需要感谢国家自然科学基金（51806190）和科技部国家重点研发计划项目（2023YFE0108600、2022YFB3304502、2019YFE0126000）的支持。在此一并表示感谢！

本书涉及供热、综合能源、人工智能等多个领域，由于作者自身学识水平有限，书中难免出现疏漏和不足之处，恳请读者不吝赐教，以促进本书的完善。

钟崴

目录

第 1 章 绪论

1.1 我国供热行业发展现状

能源是支撑人类社会发展进步的重要动力，是国家实现现代化、人民生活水平实现高质量发展过程中不可或缺的资源。尤其在工业化快速发展的21世纪，能源消费量持续增加。2021年一次能源全球总消费量为595.15艾焦（1艾焦＝10万亿焦＝1×10^{13}焦），能源消耗产生的二氧化碳总排放量为338.84亿吨。进入新世纪以来，我国经济迅速发展，GDP总量已经稳居世界第二位，与此同时能源消耗量也逐步提高，其中一次能源消费量在全球总消费量中的占比达到了26.62%，能源消耗产生的二氧化碳排放量在全球总二氧化碳排放量中的占比达到了31.31%。我国已经成为全球一次能源消费和能源消耗产生二氧化碳排放的重要来源[1]。

以化石能源为主体的能源消费结构为经济进一步增长带来了日趋严峻的“资源瓶颈”和“环境瓶颈”，这也成了制约经济进一步发展的关键因素[2]。化石能源消耗产生的大量二氧化碳对地球造成了一系列不友好的后果，导致了相当严重的环境问题，作为负责任的大国，中国政府极度重视能源行业的绿色健康和可持续发展。早在2020年9月22日，中国政府在第七十五届联合国大会一般性辩论上向世界发出实现碳中和的承诺，提出“中国将提高国家自主贡献力度，采取更加有力的政策和措施，二氧化碳排放力争于2030年前达到峰值，努力争取2060年前实现碳中和”[3]。接着在2021年9月22日，中共中央国务院发布了《中共中央　国务院关于完整准确全面贯彻新发展理念做好碳达峰碳中和工作的意见》，提出了要强化能源消费强度和总量双控、大幅提升能源利用效率、严格控制化石能源消费和积极发展非化石能源的要求，从而加快构建清洁低碳安全高效能源体系；提出了大力发展节能低碳建筑和加快优化建筑用能结构的要求，从而提升城乡建设绿色低碳发展质量，最终确立了提升能源利用效率以及提高非化石能源消费占比的三个阶段目标[4]。

建筑领域能源消耗在全国能源消耗结构中的占比和地位举足轻重，统计数据显示，在2019年我国建筑运行阶段能耗占全国能源消耗比重约为21.20%，已经达到了10.30亿吨标准煤，预测将在2042年建筑运行阶段能耗将达到峰值，为12.18亿吨标准煤；在2019年我国建筑运行阶段碳排放量占全国能源碳排放量的21.60%，已经达到了21.30亿吨二氧化碳，预测将在2039年建筑运行阶段碳排放量将达到峰值，为24.11亿吨二氧化碳[5]。研究数据显示，北方城镇供暖能耗已经成为城镇建筑运行阶段总能耗的重要组成部分，约占全国城镇建筑运行阶段总能耗的21.06%，因此研究供暖领域如何在保证民生的同时实现节能降耗具有重大意义[6]。在供暖领域实现节能减排的方式与整个能源领域相类似，主要有两条路径：一是“节能”，即提高建筑节能性能和保温水平，优化区域供热系统的结构，降低供暖负荷；二是“减排”，即减少化石能源的消耗，增加清洁能源的使用，发展清洁供暖。

北方城镇供暖作为能源消耗的重要组成部分，是实现“2030 碳达峰，2060 碳中和”远景目标的关键环节。近些年随着我国人口的不断增长以及城市化进程的不断推进，供暖需求和面积都在急剧增加。数据显示，近十年我国集中供热面积增长迅速，年复合增长率约 10%[7]。到 2020 年，我国城镇集中供热面积约 122 亿平方米。另外，据估算截至 2019 年底，北方城镇建筑供暖面积 152 亿平方米。调研数据显示，截至 2018 年底，我国北方供热领域热源的使用仍旧以化石能源为主，其中燃煤和燃气供热面积比例为 92%，而可再生能源供暖面积仅约为 3%。利用化石能源满足北方地区供暖需求已经成为我国北方雾霾的成因之一[8]，据统计，在供暖时期北方城市的空气污染程度相比于非供暖时期严重约 30%。供暖规模的不断扩大对供热网络的水力和热力平衡调节带来了巨大的挑战，目前广泛存在供需不匹配和供热不均匀等现象。据统计，我国北方城市清洁供暖由于供热不均匀而不得不过量供暖导致的热量浪费普遍在 10%～20% 之间[9]。

近几年，伴随着城镇化的快速发展以及各地雾霾治理政策的发布与实施，分散小锅炉逐步拆除，集中供热面积迅速增加，集中供热管网的规模日益庞大。据统计，截至 2018 年底全国城市集中供热面积为 87.8 亿平方米，集中供热管道长度为 37.1 万千米。供热管网规模的逐步扩大，带来了管网调节的困难，这就有必要对供热管网调节技术进行研究。供热管网的调控手段按照管网层次结构可以分为一级网调控和二级网调控。

最近几年，国内先进的供热企业致力于供热系统的智能化建设，2005 年以无人值守换热站为先导，继而建立供热远程控制与调节调度中心，即通常所说的一次能源管理系统，一级网流量平衡得到了较好的解决。2008 年开始进行热源、一级网、换热站、二级网以及用户室内温度的采集与管理，并进入二级网的平衡研究，相继诞生静态平衡阀、自力式平衡阀、压差平衡阀。自 2013 年开始，以平衡用户室内温度为目标的户间平衡阀即二次能源管理系统逐渐兴起，同时各种用户热计量管理系统与室温控制装置也进行了大量实践[10]。

热网平衡调控策略的研究旨在以供热信息化和自动化为基础，以信息系统与物理系统深度融合为技术路径，运用物联网、云计算、信息安全等“互联网+”技术感知连接供热系统“热力站-二级网-热用户”全过程中的各种要素，运用大数据、人工智能、建模仿真等技术统筹分析优化系统中的各种资源，运用模型预测等先进控制技术按需精准调控系统中各层级、各环节对象，通过构建具有自感知、自分析、自诊断、自优化、自调节、自适应特征的智慧型二级网供热系统，有效解决热用户的室温均衡问题，减少热用户的投诉率，满足热用户的用热需求。

同时，集中供热不仅存在于城市民用供暖，供热系统也是高能耗流程工业园区能源系统中的一个重要子系统，用热需求主要来自过程工业，包括石化、建材、食品和医药等工业类型，供热工质以蒸汽占比最大，用于工业生产的蒸发、干燥等工艺环节。随着工业产业的不断发展，我国的工业蒸汽消费量也在不断增加，2020 年，我国蒸汽供热能力达到了 10.3 万吨/时，蒸汽供热总量达 6.50 亿吉焦[11]。

与一般民用热水集中供热系统相比，工业蒸汽集中供热系统具有以下特点[12]：第一，工业园区中通常采用多热源环状热网进行供热，热网形式趋于大型化和复杂化；其次，热网络中的热用户负荷受制于生产工艺的变化，表现出昼夜间的大幅度波动和较强的随机性，导致热网络在运行时蒸汽流动状态复杂多变；此外，蒸汽在供热管网中的流动参数变化较大，伴随相变、压降、散热、保温层的影响，水力和热力的耦合计算问题变得复杂；系统安全性要求高，出现故障危害大，影响广。

随着工业化和城镇化快速发展，我国供热需求增长迅速，在国家倡导并推行热电联产和集中供热的形势下，一系列热电联产项目利好政策相继出台，热电联产集中供热前景一致看好。目前，我国城市和工业园区供热已基本形成以燃煤热电联产和大型锅炉房集中供热为主、分散燃煤锅炉和其他清洁或可再生能源供热为辅的供热格局。此外还积极推进热电联产机组与集中供热系统积极参与电网调峰等辅助服务，鼓励热电机组配置蓄热、储能等设施参与电网调峰调频。这保证了供热质量和供热的稳定性、安全性，既能提高企业的生产率，又能降低生产成本，提升了园区企业的经济效益，促进园区企业增产增效。针对蒸汽在工业供热管网中流动参数变化大，而且在运输过程中伴随相变、压降、散热、保温层保温蓄热等水力、热力耦合计算复杂问题，对蒸汽供热管网的建模与仿真一直是研究的热点。

1.2 清洁低碳供热和综合能源系统

当前各能源子系统多分立运行，而在“碳中和”目标下，随着高比例可再生能源的接入，以及能耗双控和碳排放双控指标达成的迫切性，基于热、电、冷、气等能源网络连接能源系统中的源、荷、储设备，构建多能互补的综合能源系统将成为能源清洁低碳转型的一个关键载体和技术路径。面对资源与环境的双重压力，各国在 2000 年以来就开始纷纷探讨未来的能源利用模式。其中，针对传统能源供应体系中，各类能流独立管控、效率低下等问题，通过构建多能耦合的综合管控系统实现对多种能流的资源集约与统一供应，成为一个重要的发展方向，多能流系统应运而生。早在2001年，美国率先提出构建多能耦合的综合能源系统发展计划“Grid 2030”[13]。此后，美国开展了Smart City、Energy Systems Integration、Chevron Energy、ecoENERGY等项目研究与工程示范，不断积累综合能源系统研究与实践经验。2005年，瑞士开展了“未来能源网畅想”(Vision of Future Energy Networks)项目研究，认为未来能源利用模式将朝着冷、热、电、气等多种能流相互耦合、综合管控的方向发展[14]。2008年，德国启动E-Energy项目，尝试构建基于信息通信技术的能源互联系统，增强电网系统对可再生能源的消纳能力[15]。2009年以来，加拿大相继颁布了多项针对多能耦合系统研究与应用的指导意见[16,17]，计划到21世纪中叶实现综合能源技术的有效推广。日本以家庭用能为研究对象，构建了包含太阳能、电能、暖通以及储能设备的HEMS（家庭能源管理系统）等小型能源管理系统。

我国在多能流系统领域的研究相对较晚。随着国家政策导向的引领与支持，多能流系统的研究正逐渐成为我国能源技术的重要发展方向。2015年，国家发展改革委、能源局在《关于促进智能电网发展的指导意见》[18]中对发展智能电网、促进清洁能源消纳与多能耦合优化配置提出了重要指示。2016年，工信部等国家部门联合印发《关于推进“互联网+”智慧能源发展的指导意见》[19]，指出了信息技术与能源产业深度融合的发展方向，突出强调了多能互补、协同发展的综合能源网络建设。同年6月，工信部发布《工业绿色发展规划（2016—2020年）》[20]，针对工业园区的用能模式，提出要加快推进工业用能结构转型，建设绿色、高效的分布式能源中心。在国家战略背景下，开展多能流系统研究与实践具有重要的意义。

多能流系统作为未来能源发展的重要方向之一，相比传统分散独立供能模式，具有诸多优越性。传统分产、分输的供能方式往往由于系统结构与供能需求限制而存在诸多能源浪费环节，不同品质的余热无法得到有效利用。此外，分散供能过程中，低效中小机组重复建造，供能效率与管理效率低下，并且占据诸多土地资源。通过对区域能源禀赋与用户需求差异分析，基于新一代信息技术对区域冷、热、电、气等多种能流形式展开个性化统一规划管理与运维调控，构建多能流系统，可有效实现区域土地资源集约、能源供应集约、设备管理集约与系统运维集约。尤其针对工业园区用能构建多能流综合管理的供能系统，对推进信息化与工业化两化融合，降低单位GDP（国内生产总值）能耗，推动循环经济及可持续发展，实现生产、生活与生态统筹协调发展具有重要意义。

在能源系统工程中，长期存在着不同能量形式的转换过程。几乎每一种能源在开发利用的过程中都涉及其他形式能源的转换与协助。然而，由于不同能流性能以及不同能源系统发展水平的差异性，传统的能源供应在规划设计与运行调度方面往往相互独立，彼此之间缺乏有效的协调。从能源系统整体的角度来看，分散独立供能的模式不仅大量占用土地等公共资源，而且能源品位难以充分挖掘，能源利用率低，运行稳定性差。为此，针对区域中的多种用能需求建立多能耦合的供能系统，通过集成优化技术解决能源系统在“源-网-荷-储”纵向协同以及多能系统横向协同问题，从而实现能源的梯级利用与协同调度，是能源供给侧结构改革的发展方向。

在由分散独立供能模式向多能耦合协同供能模式转变的过程中，尚且面临着诸多技术挑战，主要包括多能流系统强耦合问题、多时间尺度差异问题、“源、荷”不确定性问题以及多管理主体问题[21]。

(1) 多能流系统强耦合问题

多类异质能流通过特定方式相互转化与耦合是多能流系统最基本的特点之一。一个典型的多能流系统往往包含冷、热、电、气等多种能流，包括热电联产机组、热泵机组、光伏发电机组等能源转化设备，包括冷/热水管网、微电网、蒸汽管网、压缩空气管网等能流传输网络。不同能流性质各异，通过诸多能源转换设备相互转化与作用，形成互补互济、紧密耦合的复杂能源系统。然而在这一过程中，任一能流系统的故障或波动均可能对其他能流系统造成影响甚至是威胁。因此，相比传统分散独立供能系统，多能流系统表现出更富余的灵活调度空间、更强的系统柔性、更高的能源利用效率，但同时也面临着更复杂的建模分析难度、更高的系统调控要求与更精细的系统管理模式。在单一能流系统研究成果的基础上，深入研究多能流系统的建模分析理论与优化调控方法，将强耦合的不利影响转化为系统的积极因素，发挥多能协同效益，是多能流系统研究的关键。

(2) 多时间尺度差异问题

在多能流系统的动态协同调控过程中，异质能流突出表现的差异性主要体现在时间尺度上[22]。在冷、热、电、气等能流中，电力表现出最小的惯性，其瞬态过程发生在毫秒级；热力系统的惯性最大，热力的滞后过程往往是小时级的时间跨度。时间尺度的差异给多能流系统的协同仿真与调控带来极大挑战。与此同时，热水、蒸汽等能流的大惯性特点，也为系统提供了更多的柔性空间和调节裕度。深入研究异质能流时间尺度特性与影响关系，进而提出基于多时间尺度配合的最优调度方法，可有效发挥多能流系统的节能潜力。

(3)“源、荷”不确定性问题

在多能互补综合利用的场景中，涉及太阳能、风能、天然气、市政电力等能源输入，以及冷、热、电、气等多种用能需求，包含楼宇用能、企业生产用能、多能流系统自身用能等多种负荷类型，这将同时从“源、荷”两端影响多能流系统的社会效益与经济效益。针对“源、荷”不确定性开展分析与预测研究，深入理解“源、荷”不确定性对系统的影响，可为多能流系统的运行调控提供有力指导，为实现削峰填谷、稳定系统运行、提升系统能效奠定基础。

(4) 多管理主体问题

传统的分散独立供能模式中，不同能流系统的运营管理往往分属不同企业。在企业之间以及行业之间均存在信息隐私、利益分歧、操作权限与目标差异等固有的壁垒。因此，在由传统供能模式向多能耦合协同供能模式转变过程中，需要平衡各方利益，打破“数据孤岛”，实现不同能流系统数据的交叉与融合，形成多能流系统的统一规划与管理。此外，针对新建工业园区、特色小镇等新一代产业区块，通过引进综合能源服务公司，为园区提供统一的多能流系统规划与运维管理服务，可有效削弱行业壁垒问题，实现多能流系统的自律协同管控，助力园区生产、生活与生态的统筹协调。

(5) 多能流系统集成思想概述

多能流系统是一个多能耦合、多时间尺度、多管理主体与多运行目标的复杂能源系统。如何合理分配并充分利用各类能源，在确保系统稳定安全运行的前提下最大化多能流系统效益，是多能流系统集成的核心问题。

① 互联互通互补　多能流系统集成不是多种能流的简单相加，而是要通过互联互通、互补互济实现“1＋1＞2”的集成目标。在系统结构方面，多能流系统通过合理配置多元能源转换设备单元实现多种能流的互联互通；在系统运行方面，利用能流耦合优势与先进的调节手段，实现不同能流之间的优势互补，并在特殊用能时段有针对性地实施能源替代，确保能源的可靠供应；在系统管理方面，基于多能流系统综合管理体系，各方管理主体信息互通、资源共济、高效配合，共同确保系统的安全高效运行。

② 能源梯级利用　能源的梯级利用是多能流系统集成的重要原则之一。20世纪80年代，吴仲华先生首先提出了能的梯级利用理论[23]。他认为，在对能源的开发利用过程中，不应仅仅着眼于优化单一能源的开发工艺与利用效率，还应当充分分析并对比各类能源的品质差异，合理安排功（电）与热的利用过程，使得各类能源“分配得当、各得其所”，最终构建“温度对口、梯级利用”的总能系统（狭义）。之后，金红光院士及其领导的团队进一步发展了吴仲华先生的总能系统理论，将能的梯级利用思想从物理能的范畴拓展到化学能与物理能的综合范畴，并进一步分析了多能互补能源系统中的能源梯级利用问题。例如，传统热力循环仅仅基于单一燃料的能量释放过程。在能量梯级利用思想的指导下，金红光等[23]通过整合煤与天然气两种燃料的化学能，设计了一种新型的双燃料联合循环，所设计热力系统的㶲效率与发电效率均表现良好。

对于包含多种能量品位等级的多能流系统，需综合考虑各类能源在能量转化过程中的质与量，从能量梯级利用的理论出发合理配置多能流系统结构，科学调度与分配能流的转换过程，尽可能降低每一环节的能源转换的品质损耗，从而充分发挥每一份能量的利用价值。

③ 因地制宜、因时择优　一方面，在多能流系统集成过程中，需按照因地制宜的原则，合理规划系统结构。由于各地能源资源的差异以及负荷类型与规模的差异，多能流系统集成不能照搬、照旧，需综合分析区域能源资源禀赋，充分调研区域负荷类型并基于负荷计算模型估算区域负荷规模，结合区域已有供能系统配置资源利用组合，因地制宜地实施多能流系统集成规划。

另一方面，在系统运行过程中，系统与环境均处于动态变化的发展过程中，需按照因时择优的原则实施多能流系统的运行调度。例如，基于系统运行状态分析与负荷预测结果，可充分利用多能流系统的储能环节与系统惯性合理调节可转移负荷，有效控制尖峰负荷，实现系统的平稳高效运行能源的可靠供应。

智慧供热的提出与发展处于中国全面推进能源生产与消费革命战略的大背景之中。国家发展改革委、能源局发布的《能源生产和消费革命战略（2016—2030）》指出："要坚持安全为本、节约优先、绿色低碳、主动创新的战略取向，全面实现我国能源战略性转型"，亦明确提出："建设'互联网+'智慧能源，促进能源与现代信息技术深度融合，推动能源生产管理和营销模式变革，重塑产业链、供应链、价值链，增强发展新动力。"供热行业作为重要的能源子行业，未来发展应紧扣中国能源生产和消费革命的总体战略和技术路线。2016 年以来，我国又陆续发布了《能源技术革命创新行动计划（2016—2030 年）》《国民经济和社会发展第十三个五年规划纲要》《能源发展"十三五"规划》等战略规划，以及《关于推进"互联网+"智慧能源发展的指导意见》《关于推进多能互补集成优化示范工程建设的实施意见》《关于组织实施"互联网+"智慧能源（能源互联网）示范项目的通知》等相关系列专题文件。上述战略规划和政策文件着眼于能源产业全局和长远发展需求，指出了应紧紧围绕构建"清洁低碳、安全高效"的现代能源体系推进能源生产和消费革命，需要促进能源信息深度融合，推动智慧能源新技术、新模式和新业态发展。进而，2017 年以来，国家发改委、能源局积极部署和着力推进"多能互补集成优化示范工程""'互联网+'智慧能源示范项目"等系列行动，并启动了第一批多能互补集成优化示范工程建设（23 个），公布了首批"互联网+"智慧能源（能源互联网）示范项目（55 个），标志着我国智慧供热技术从政策层面的铺开正式步入全面技术和实践探索推进阶段。

当前，我国社会主要矛盾已经转化为人民日益增长的美好生活需要和不平衡不充分的发展之间的矛盾。供热生产服务要秉承"以人为本"的理念，更加注重提升人民群众获得感和幸福感，提供优质化、便民化的供热服务。同时，应借助"互联网+"、大数据等信息化手段提升供热行业治理能力。低碳、清洁、高效的城镇集中供热系统既是统筹生产、生活、生态三大布局的重要环节，也是构建生态文明社会和中国特色新型城镇化的重要内容。

在智慧城市、“互联网+”智慧能源全面发展的浪潮之中，智慧供热现已成为中国城镇供热行业的关注焦点。

1.2.1 智慧供热的定义

智慧供热尚处于快速发展当中，概念不断演化，一些研究人员从不同角度给出了定义。张伟等[24]提出了基于用户室内温度测量实现供水温度PID（P-比例，I-积分，D-微分，PID算法是闭环控制系统中常用的算法）控制的一种智慧供热系统概念。赵爱国等[25]指出智慧供热是基于互联网、云计算等信息技术以及供热运行的大数据、综合集成法、虚拟技术等工具和方法的应用，依托互联网实现各环节信息共享，具有人“大脑”的高级综合分析判断能力，实现供热系统全面透彻的信息化管理。张浩[26]提出智慧供热需在应用物联网、大数据和云计算等信息化手段的基础上，建设供热运营一体化平台。2006年，哈尔滨工业大学邹平华等提出了由供热管网信息子系统、供热调度信息子系统、供热营业及收费子系统及供热企业办公管理子系统组成的数字化供热系统，并以GIS（地理信息系统）、通信及数据库等技术组合作为供热数字化实现的技术路线[27]，为借助信息化手段转变传统供热管理模式提供了思路。2015年，哈尔滨工业大学姜倩倩等提出了智能供热的信息化体系架构，探讨了智能供热在信息获取、信息资源利用与辅助决策等方面的典型特征[28]。2016年，天津工业大学余保付基于“物联网+热网控制”的智能供热系统控制技术体系，设计了供热远程智能监控平台，实现对热网的集散式优化控制。

《北方地区冬季清洁取暖规划（2017—2021年）》提出[29]：“利用先进的信息通信技术和互联网平台的优势，实现与传统供热行业的融合，加强在线水力优化和基于负荷预测的动态调控，推进供热企业管理的规范化、供热系统运行的高效化和用户服务多样化、便捷化，提升供热的现代化水平。”这为智慧供热的发展提出了具体技术要求。

综合各方的观点，智慧供热可定义为[30]：智慧供热是在中国推进能源生产与消费革命，构建清洁低碳、安全高效的现代能源体系，大力发展清洁供热的背景下，以供热信息化和自动化为基础，以信息系统与物理系统深度融合为技术路径，运用物联网、空间定位、云计算、信息安全等“互联网+”技术感知连接供热系统“源-网-荷-储”全过程中的各种要素，运用大数据、人工智能、建模仿真等技术统筹分析优化系统中的各种资源，运用模型预测等先进控制技术按需精准调控系统中各层级、各环节对象，通过构建具有自感知、自分析、自诊断、自优化、自调节、自适应特征的智慧型供热系统，显著提升供热政府监管、规划设计、生产管理、供需互动、客户服务等各环节业务能力和技术水平的现代供热生产与服务新范式。

智慧供热旨在解决城镇集中供热系统联网规模扩大，清洁热源接入带来系统动态性增加，环保排放约束日益严格，按需精准供热对供热品质和精细化程度要求不断提高所带来的一系列难题，全面提升供热的安全性、可靠性、灵活性、舒适性，降低供热能耗，减少污染物与碳排放，同时，显著提升供热服务能力和水平，使城镇供热系统成为承载人民美好生活的智慧城市的重要组成部分。在这个意义上，狭义的智慧供热是通过信息系统与物理供热系统融合，实现要素链接、优化决策、精准调控，具有自主智能的新一代供热系统。

智慧供热包含以下几个特征：

(1) 友好包容和消纳低碳清洁能源

低碳清洁能源的发展能够解决能源需求、环境保护等诸多现实问题，是具备产业和技术前瞻性的能源转型方向，可带动一系列相关产业的发展，促进经济结构转型升级，必将成为未来全球经济新的增长点。未来的低碳清洁能源也必将在供热行业中占据越来越重要的位置。然而清洁能源的波动性和间歇性等特性，使得如何消纳更多的低碳清洁能源成了传统供热系统急需解决的问题。

智慧供热可借助信息技术对物理供热系统的融合调控能力，支撑对更多低碳清洁供热资源的消纳。智慧供热拥有高效智能的热能生产能力、管网输配能力和系统监测能力，通过负荷供需平衡和水力工况的在线模拟分析，对各级热网和各类供热资源统一智能调节。通过传统供热资源与低碳清洁能源之间的协调互补，形成分布式和集中式热能供应的优化组合，充分利用各类供热资源优势以及管网蓄热潜力，克服供热管网大滞后、高延迟特性以及低碳清洁能源供热出力受气象等因素影响而产生的随机性、间歇性和波动性问题，降低接入低碳清洁供热资源给管网安全稳定运行带来的不利影响，形成多能聚合的热能供应体系。

此外，智慧供热将储能、分布式热源包含在广义需求侧的范围内，将需求侧资源由自变因素转变为因变因素并纳入到系统调控运行中，积极地引导需求侧主动响应低碳清洁能源出力变化，从而在满足供热安全保障和用户供热需求的前提下增强系统对各类低碳清洁供热资源的消纳能力。智慧供热通过消纳低碳清洁能源，可稳定经济增长、优化能源结构、促进经济结构升级、改善民生、支持可持续发展，是供热产业探索“绿色发展方式”，走“生态良好的文明发展道路”，支持“建设美丽中国”的体现。

(2) 供热系统的智能性

智慧供热以供热信息化和自动化为基础，目标是赋予供热系统自感知、自分析、自决策、自调节的能力。智慧供热借助智能传感器对供热全流程的运行状态数据进行自感知，形成拥有海量数据的资源库。基于云计算技术的供热系统可方便地管理供热大数据池中高度虚拟化的数据，快速实现对过往以及当前供热大数据的存储、整合和交互处理，并为云数据用户按需提供及时且优质的数据部署、资源分配和资源管理等云计算服务。

同时，通过利用大数据技术对供热信息进行数据挖掘，智慧供热技术可寻求海量且多类型数据中的隐藏关系、未知关系等潜在信息。通过对供热系统整个生产过程多个环节（产热、输热、换热、配热、用热及调度等）的全景实时仿真系统实现负荷预测、辅助决策、方案验证等计算，智慧供热系统可最终以先进智能的调控策略实现供热全流程监控及自动智能调节，通过智能交互和智能运控，实现供热的智能化、市场化和个性化服务。

智慧供热的智能性也一并体现在：①自愈性，即在免除或基本免除人为干预的情况下，通过连续进行系统状态的检测、分析、评估与响应，实现供热系统中问题部件的隔离或修复，使系统损失降至最低；②交互性，即将用户端视为供热系统的完整组成部分，通过与包括用户设备和用户在内的用户端的友好交互，充分调动用户端对系统优化的积极作用，实现供热系统稳定运行、协调可靠、经济环保等多方面的效益；③高效性，即通过引入最先进的智能技术从设备个体层和系统层展开优化，有效提高供热生产、输配和利用效率，降低运行维护成本和投资成本；④兼容性，即通过精确的负荷预测以及智能的优化调度，实现供热系统对多种低碳清洁能源的友好吸纳；⑤优质性，即在智慧智能的运营管理下，供热服务的品质能够得到最优质的保障。

（3）基于大数据的决策

一方面，借助先进的传感网络技术、信息计算技术和软件服务程序，智慧供热系统将生产、传输、转换、存储和消费各个环节的设备连接起来，将各个用户端、换热器、热网和热源等的全生命周期完整信息进行格式统一，形成海量能源大数据的无缝对接，构筑起包含物理能量流和虚拟信息流的互联共享网络，打破数据孤岛，实现各项业务系统的互联互通、数据共享和营配数据的全景呈现，从而进一步为管理调控的信息化、数字化和智能化提供有力支撑。

另一方面，通过数据挖掘与融合、领域普适知识挖掘、过程挖掘并结合数据可视化技术，对热网中不断发展变化的不定性参数进行态势预估与趋势展现，对数据资产进行价值评估，并基于各项数据之间的相关性和评估分析结果向业务部门或用户提供有针对性价值的信息，从而有效辅助供热部门的供热决策和用户端的用热决策，充分发挥大数据技术在供热系统运营管理、科学决策当中的作用。所发挥的作用应该覆盖规划设计、检修维护、需求侧管理、需求响应、用户能效分析和管理、运行调度、计量收费等各个业务环节，为提升供热企业的治理能力和服务水平、保障供热安全提供强大的数据支撑。

举例来说，针对用户侧的供热大数据，可根据不同的建筑面积和建筑功用等信息将用户进行分类；针对每一类热用户绘制其不同用热设备的日负荷曲线，分析其主要用热设备的用热特性，包括热负荷出现的时间区间，影响热负荷的因素，以及热负荷允许波动范围、是否可削减或转移等；分析不同热用户和用热设备对热价、天气、季节的敏感性以及各个敏感性随时间的变化规律。通过整合分类分析的结果，可得到某一片区域或某一类用户在不同条件下的需求响应能力。这些基于用户侧供热大数据的分析结果可为制订需求侧管理方案和响应激励机制提供有效依据，也是智慧供热用于实现精准按需智能供热的基础。

(4)“互联网＋”的业务模式

智慧供热要求以“全连接”重构供热系统的互联网思维模式，从用户思维、极致思维、流量思维、社会化思维、大数据思维、平台思维、跨界思维等方面影响并改造供热行业，包括供热部门与热用户之间、供热部门和热网之间、热用户与热网之间，以及服务企业和热用户之间等各方面[31]。同时，智慧供热也要求运用互联网技术改造供热产业，推动移动互联网、大数据、云计算、物联网等技术与供热行业进行全方位、全系统的深度融合，将互联网的创新成果融于供热产业的各环节中，充分发挥互联网在供热资源配置中的优化和集成作用，推动技术进步、效率提升和组织变革，提升供热产业创新力和生产力。要以客户需求为导向，提升供热创新模式，让服务更优质，客户更便利，企业与客户之间的距离更近。

在“互联网＋”的创新模式下，智慧供热将极大提升供热水平。例如，借助网络信息系统，可将热网实时运行状态信息、用户热能消费信息等及时发送至相关供热主管部门，用户及管理人员可利用移动终端设备及时查看有关信息，从而打破信息的不对称格局，实现供热信息透明化、公开化。供热部门借此可快速实现供热质量的调查，可通过“互联网＋”的远程运维方式确保热能供应的经济、安全、智慧化运行，供热系统各参与方也可在开放共享的环境下进行多种类型的交易。借助“互联网＋”的创新模式，供热系统还可吸纳清洁低碳供热资源，实现多种能源的融合共享。通过各类供热资源的通信和协调，并借助先进的监控技术、信息技术和通信技术，可以实现供热资源之间的多层调度和精准控制，最大限度地消纳波动性热源，减少对管网的影响，降低管网的安全稳定性风险，保证高效稳定的热能供给。

(5) 从局域优化到系统优化

城镇集中供热系统的发展趋势是通过互联互通、联网运行，实现整体优化。这对大系统的协同协调提出了更高的要求。供热系统的调度不再局限于“源-源互补”“源-网协调”“网-荷-储互动”，也不再局限于单个供热主体、单个供热片区的热能供应，而是需要通过多种能量转换技术及信息流、能量流交互技术，实现横向多个供热主体与供热片区多种热能资源之间的互补协调，实现纵向能源资源的开发利用和资源运输网络、能量传输网络之间的相互协调，将用户的多品质用能需求统一为一个整体，扩大化、广义化热能需求侧管理，使其成为多域全系统“综合用能管理”，进一步放大广义需求侧资源在促进清洁能源消纳、保障系统安全高效运行方面的作用。借助信息技术的连接，智慧供热系统能够支撑大系统的多域整体协同优化。

1.2.2 智慧供热总体技术路线

（1）信息物理系统的概念

信息物理系统（CPS）最早由美国国家航空航天局（NASA）于1992年提出。2006年美国国家科学基金会（NSF）组织召开了第一个关于信息物理系统的研讨会，并对信息物理系统概念做出了详细描述。此后，CPS越来越受到各国的广泛重视。《中国制造2025》指出，“基于信息物理系统的智能装备、智能工厂等智能制造正在引领制造方式变革”，要围绕控制系统、工业软件、工业网络、工业云服务和工业大数据平台等，加强信息物理系统的研发与应用。《国务院关于深化制造业与互联网融合发展的指导意见》明确提出，“构建信息物理系统参考模型和综合技术标准体系，建设测试验证平台和综合验证试验床，支持开展兼容适配、互联互通和互操作测试验证。”《信息物理系统白皮书（2017）》从定位、定义、本质三个层面给出了对CPS的理解，认为信息物理系统是支撑信息化和工业化深度融合的一套综合技术体系，它通过集成先进的感知、计算、通信、控制等信息技术和自动控制技术，构建了物理空间与信息空间中人、机、物、环境、信息等要素相互映射、适时交互、高效协同的复杂系统，实现系统内资源配置和运行的按需响应、快速迭代、动态优化，其本质就是构建一套信息空间与物理空间之间基于数据自动流动的状态感知、实时分析、科学决策、精准执行的闭环赋能体系，解决生产制造、应用服务过程中的复杂性和不确定性问题，提高资源配置效率，实现资源优化。

2016年7月，“2016西门子工业论坛（IFS2016）”在北京举办，西门子公司全面、翔实地展示了“数字化双胞胎”（Digital Twin）的数字化企业解决方案，覆盖产品、设备和生产工艺流程等工业生产要素。“数字化双胞胎”支持企业涵盖其整个价值链的整合及数字化转型，为从产品设计、生产规划、生产工程、生产实施直至服务的各个环节打造一致的、无缝的数据平台，形成基于模型的虚拟企业和基于自动化技术的现实企业镜像。作为工业界的信息物理系统概念的实践，“数字化双胞胎”完整真实地在数字化平台再现了整个企业，从而帮助企业在实际投入生产之前即能在虚拟环境中优化、仿真和测试，并在生产过程中同步优化整个企业流程，最终实现高效的柔性生产，锻造企业持久竞争力。

（2）基于信息物理系统的智慧供热

供热系统与信息物理系统的深度融合是实现智慧供热的核心技术路线，信息物理系统为智慧供热多层次构想的实现搭建了广阔而坚实的平台。智慧供热信息物理系统的构建目标是将现代信息和通信技术、智能控制和优化技术与供热生产、储运、消费技术深度融合，使供热系统具有数字化、自动化、信息化、互动化、智能化、精确计量、广泛交互、自律控制等功能，实现资源的优化配置及系统的优化决策、广域协调。实现这一目标需要在供热“源-网-荷-储”全流程物理设施的基础上，构建由自动化层和智慧层组成的可相互映射、实时调控的供热信息系统。依靠物联感知技术从物理空间获取数据，在信息系统流动过程中数据经过不同的环节，在不同的环节以不同的形态（隐性数据、显性数据、信息、知识）展示出来，在形态不断变化的过程中逐渐向外部环境释放蕴藏在其背后的价值，为物理空间实体赋予实现一定范围内资源优化的“能力”，并通过控制系统精确执行。基于信息物理系统的智慧供热架构见图 1-1。

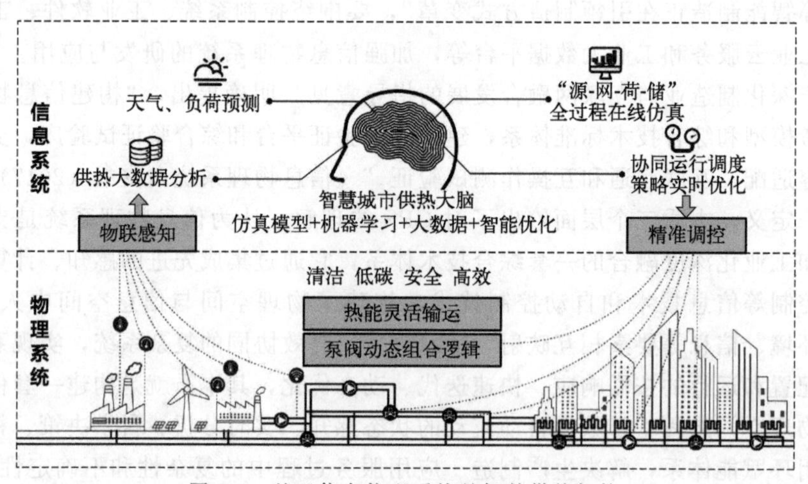

图 1-1 基于信息物理系统的智慧供热架构

基于智慧供热的基本功能需求，结合信息物理系统的层次架构和运行逻辑，供热系统与信息系统融合的智慧供热技术路线可分为感知网络层、平台层和应用层三个层次展开，从而实现供热系统的信息化建设、智慧化升级和市场化改革。

感知网络层为供热系统“源-网-荷-储”连接成网提供了便捷和高效的基础服务，智慧供热系统的可拓展性因此增强，应用智慧供热系统满足用户的精细化需求成为可能。通过开发智能终端高级量测系统及其配套设备，可实现供热消费的实时计量、信息交互与主动控制；优化能源网络中传感、信息、通信、控制等元件的布局，可实现供热系统中各设施及资源的高效配置。感知网络层的建设与系统架构和标准的统一可产生协同促进的积极效应，规范智能终端高级量测系统的组网结构与信息接口，以实现和用户之间安全、可靠、快速的双向通信，可降低新用户的联网成本，有助于推动供热需求侧响应。因而，感知网络层是在智慧供热系统内建立具有统一架构的互联网络的基础，也是智慧供热落地生根的切实保障。

平台层是建立在感知控制基础之上的智慧供热的功能集成。基于信息物理系统的精准量测、互联互通、数据挖掘、优化控制等不同类型的功能支持，供热系统运行将更加精细化、系统化、智能化，运行效率将得到进一步提升，这会在供热系统内的各个环节得到体现。在生产环节，基于系统状态的实时感知与系统运行的决策支持，通过多热源间的负荷优化分配，提高供热机组运行效率，赋予机组可靠自治、自愈控制的功能；在输运环节，信息物理系统的融合将大大提高供热管网的调节控制能力，降低供热输配损耗，切实提升系统的稳定性和安全性；在终端消费环节，热用户能够依托信息化手段，获得分时和实时的用热信息，依此支持分布式供热及用户的负荷控制和需求响应，实现供热生产者和消费者之间的信息与能源的双向流动；通过“源-网-荷-储”协调优化的运营模式，实现储能系统的策略优化配置及负荷灵活调配，达到削峰填谷的目的，同时充分消纳可再生能源的供热输出，提升清洁供热份额。

服务层的功能模块是智慧供热的上层建设需求。智慧供热的终端服务对象为热用户，满足用户个性化用热需求、提供高品质供热服务是智慧供热用户服务层的核心目标。从技术发展趋势的角度考虑，需求侧管理与响应将是未来能源技术进步带给供热系统服务管理模式最主要的改变。通过建立需求响应、供需互动的供热服务管理体系，解析用户用热的需求本质，使用户侧在下达需求的同时也能够参与系统运行调控和管理，改善系统的供需匹配水平，进而衍生出诸如供热服务平台、需求侧管理平台等以信息化工具为媒介的供热服务主体，充分且迅速地满足用户不断增长的高品质用热需求。

基于信息物理系统的智慧供热技术路线见图 1-2。

(3) 基于模型预测的供热过程控制

智慧供热的对象覆盖了“热源侧-热网侧-负荷侧-储能侧”全过程，为实现多源互补条件下供热系统“源-网-荷-储”全过程运行控制优化，需借助实时优化(Real-time Optimization，RTO) 技术。RTO 技术源自化工生产过程控制，是指在生产系统的运行过程中，结合工艺机理、运行状态、内外部条件的变化，通过计算机系统周期性地反复执行在线优化分析，对生产系统各子系统及装置的设定参数进行动态调整和规划，使其始终保持对环境、原料、需求、设备、技术等各方面因素的适应性，并持续工作在安全、高效、低耗、环保的最优工作状态。在技术层次上，实时优化在控制执行层之上，处于系统运行的整体决策与调度层，一般属于复杂非线性规划问题，提供的是各子系统和设备在下一实时优化周期内的控制目标及设定值，而具体执行这些控制目标和设定值的，则是各被控对象的复杂、多元、异构、分散的控制系统。概念上，如果将系统 RTO 的目标理

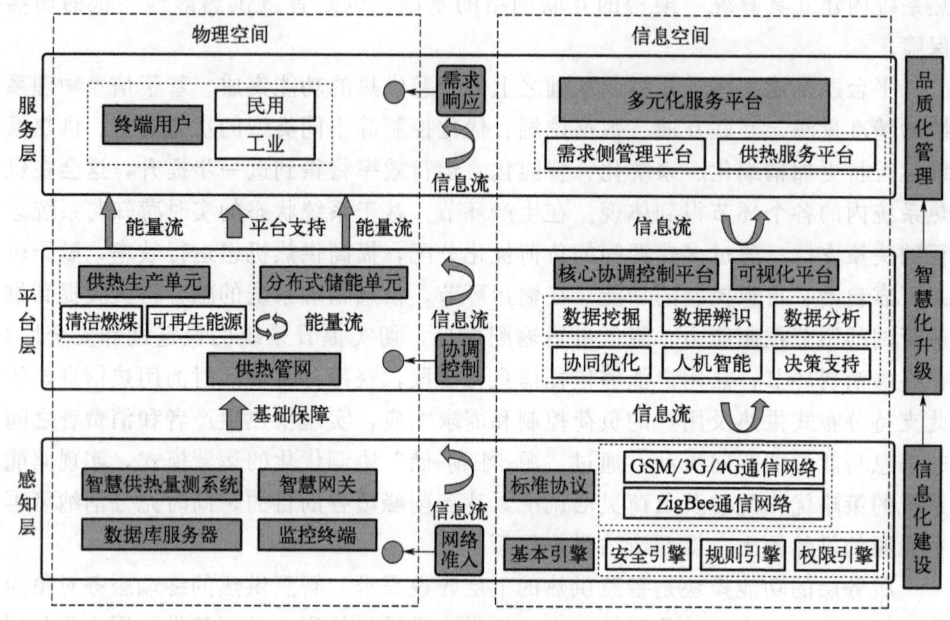

图 1-2　基于信息物理系统的智慧供热技术路线

解为系统的总体控制目标，将 RTO 的周期理解为系统层的控制周期，并把 RTO 与依据其结果所执行的系统调度与控制全过程一并来看，也可以在广义上把 RTO 理解为一种系统级的模型预测控制（MPC）。供热过程实时优化控制流程见图 1-3。

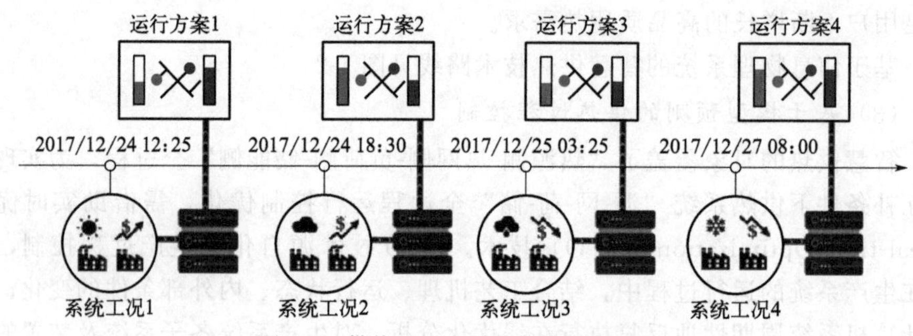

图 1-3　供热过程实时优化控制流程图

基于模型预测的供热过程控制技术路径从系统建模、状态分析及调控优化三方面展开，实现面向热滞后、强耦合的供热系统预测性调控及运行实时优化。

针对复杂供热系统建模，可采用机理建模和数据建模协同方法建立供热系统多尺度耦合模型，重点在于建立涵盖“源-网-荷-储”各环节不同时间尺度、不同空间层次的全过程模型，从而支持系统状态定量评估与实时优化。其中，机理层面模型包括供热管网传输结构与拓扑模型、换热站传热模型及各环节热工水力时域延迟模型等。数据层面模型包括供热管网热工水力阻力特性模型、管网设备运行特性辨识模型、热源动态特性识别模型等。同时，针对供热系统输配热惰性强、调控耦合性高、响应时间尺度多元等问题，根据供热系统热源侧和热网侧的热力水力结构和调控机制，统筹机理与数据建模技术，建立全过程动态控制模型。

供热系统状态分析的目标是在供热系统多时间、多空间、多环节特性条件下，分层级估计供热各环节的实时状态，并在多种不确定性因素累积、传播的共同作用下，准确分析供热系统的供需态势。供热系统状态分析基于设备层数据采集与监控系统交互获取的供给侧和需求侧生产消费各环节实时数据，结合供热区域环境条件及供热历史数据，建立供热系统全过程状态分析模型。从供热系统各环节的关联特性出发，量化分析整体供热系统在气候条件、输入热源波动以及热用户需求变动等客观扰动下系统整体实时供需状态变化。

调控优化是基于模型预测的供热过程控制的输出环节，将用户侧精准需求响应反溯至源侧、网侧的运行调控方案。在供热系统全环节多尺度耦合模型建立和实时状态感知及供需态势分析的量化分析基础上，结合历史运行数据与实时数据，以供热系统机理分析为基础，构建从输出数据到实时控制变量变化率模型，从而推导实现用户侧最佳需求响应的各环节实时控制参数。最后，在考虑系统级需求侧响应、供热能耗目标、经济目标等多优化目标的前提下，结合供热系统运行过程中涉及的约束条件，如工艺流程中源侧可调度容量与响应速度约束、热网传输过程中热惰性与热设备运行约束、需求侧自发性用户行为与随机性环境条件等客观约束，推导供热系统最优实时调度参数，建立全环节实时优化方法，从而实现容纳安全、环保、能效、成本、舒适等指标的系统最优化综合调控策略。基于模型预测的智慧供热精准调控见图1-4。

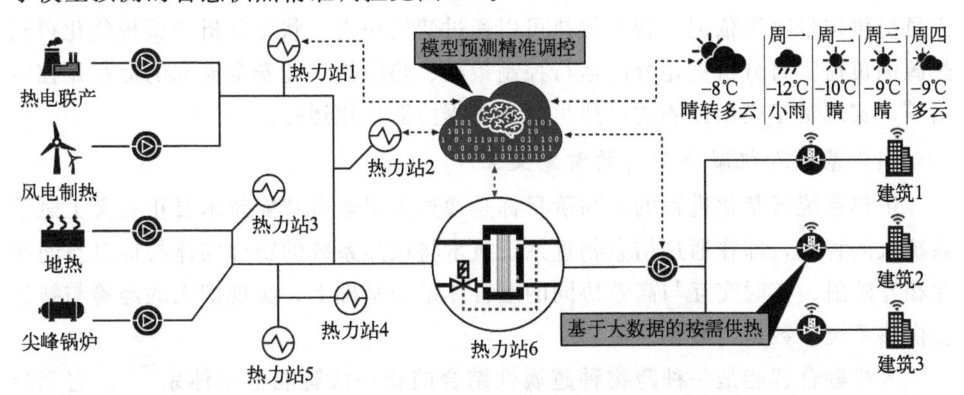

图1-4 基于模型预测的智慧供热精准调控

为达到供热系统全过程协同运行调度实时优化的目标，基于模型预测控制的智慧供热精准调控技术路线主要解决了以下四个方面问题：源侧，多热源机组的模拟仿真方法、负荷优化分配及供热参数优化方法；网侧，复杂供热管网的热工水力计算模型及求解算法；荷侧，结合气象条件对热力站进行负荷预测；储侧，对储热系统储放热过程的建模与优化。在运行策略方面，形成涵盖“源-网-荷-储”各个层面的整体运行调控方案，实现按需供热、智慧供热。其总体功能逻辑展示如图 1-5。

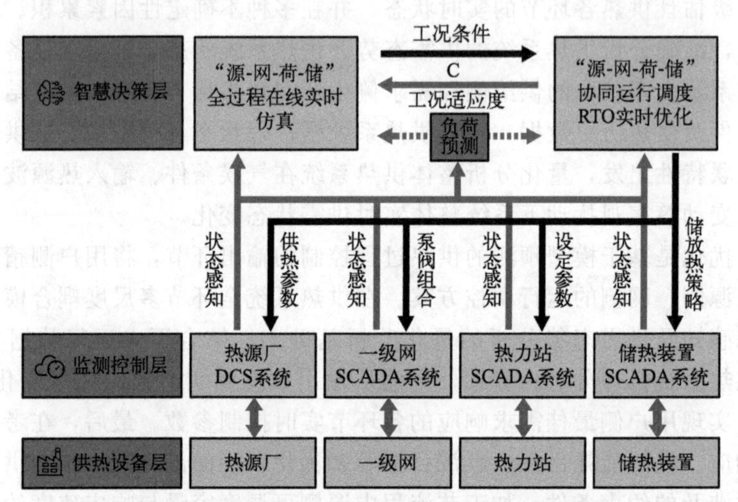

图 1-5　供热系统运行调度实时优化功能逻辑

(DCS—集散控制系统；SCADA—数据采集与监视控制系统)

简而言之，智慧供热对象范围覆盖供热系统“源-网-荷-储”各个环节，通过建立覆盖热源、热网、热用户的全过程仿真模型，采用实时优化技术为运行调度人员提供定量决策依据。智慧供热可以通过建模仿真、状态分析与调控优化得到热源侧负荷实时分析优化分配运行控制策略、热网侧节能安全输配的运行调控策略等，实现基于模型预测的供热生产全过程协调优化运行。

(4) 基于人机融合智能的智慧交互

供热系统智慧化进程的更高阶目标是通过人机融合智能技术真正意义上赋予系统人的智慧，即在通过信息物理系统技术将供热系统的物理实体与信息空间构建相互映射、实时交互与高效协同的融合体系的基础上，实现把人的经验与智慧在供热系统中数据化转化。

人机融合智能是一种跨物种越属性结合的新一代智能科学体系[32]。它充分结合了人工智能与人的智慧优势，在发挥机器快速计算、海量存储的功能特质的同时，利用人的意向性灵活自如地帮助人机协调各种智能问题中的矛盾和悖论。

尽管近年来人工智能系统取得了骄人的绩效，但仍有不少缺陷和不足之处，其距离人擅长的概念产生和理论建立甚远，尤其是在情感化表征、非公理性推理和直觉决策等方面机器更是望尘莫及。而单纯人的智慧在单个领域落后于人工智能已成为现实，对跨领域超级智能的期待仍无依据，但是人机融合智能则可以更快、更好、更灵活地同化外来信息和顺应外部变化，也是蕴含丰富人工先验知识与海量数据处理需求的供热领域的智慧化方向。

供热系统运行中除了包含可测量的温度、压力、流量等结构化、归一化的标准数据外，还包含诸如人的舒适度体验等非结构化、非一致性、不同量纲种类的数据，通常仅能依靠人的刺激输入获得。另外，人的智慧可以基于价值取向有选择地获取数据，即在信息处理中输入了人的先验知识和条件，有助于客观数据与主观信息的融合，避免了坏数据对系统数据处理产生的不良影响。这就使得人的理解与智慧在供热系统信息化、智慧化进程中的表征格外重要。智慧供热中有效的人机智能融合意味着在信息平台完整建立了基于状态感知、模型仿真、数据分析及优化控制的机器闭环执行链的基础上，将人的思想与经验带入信息层的运行决策中，这也就意味着：人将开始有意识地思考基于嵌套混合贯通联合的复杂经验体系执行的任务；机器将开始处理合作者个性化的习惯和偏好；两者随着供需条件、客观环境等因素的变化而变化。人机融合智能也是一种广义上的“群体”智能形式，这里的“人”不仅包括个人还包括众人，“机”不但包括机器装备还涉及机制机理，除此之外，还关联自然和社会环境、真实和虚拟环境等，着重解决上述人机融合过程中产生的诸多形式的数据/信息表征、各种逻辑/非逻辑推理和混合性的自主优化决策等方面的智能问题。

供热系统智慧交互的技术路径将以信息物理系统为基础，进一步构建由人、机、环境系统互相作用的人机融合智能系统。其突出特征体现在三个方面：首先是在感知网络层，智能输入端将把设备传感器客观采集的数据与人主观感知的信息结合起来，形成一种新的输入方式；其次是在平台层的数据和信息中间处理过程中，将机器数据计算与人的信息认知融合起来，构建起一种独特的理解途径；最后是在决策控制时把机器运算结果与人的价值决策相互匹配、智能输出，形成概率化与规则化有机协调的优化判断。

(5) 支撑智慧供热的信息系统

供热信息系统是支撑智慧供热资源整合和流程完善，推进供热企业标准化、精细化管理，实现智慧供热目标的基础。供热信息系统基本结构如图 1-6 所示。它建立在供热管网空间数据库、属性数据库及收费、运行、办公数据库的基础上，利用各种先进的软件技术等建立起来的信息化业务管理平台，其除了包括开关阀门管理、欠费管理、热费用收取、用热客户信息管理等各种核心的功能之外，还可保持各个子系统的相互独立运行、数据共享，又能建立起关键信息的相

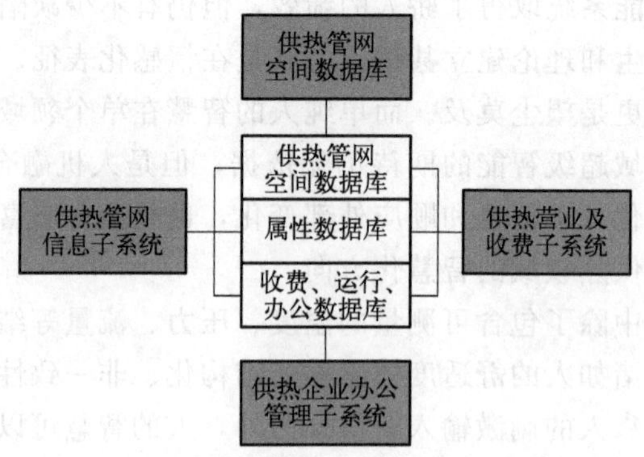

图 1-6 供热信息系统[27]

互联系。紧密结合供热企业的业务流程，有机地整合供热企业的生产站点、管网检修、调度、客服部、计划部、财务收费部等各个部门的职能，属于一整套完善的供热企业管理信息系统。保证供热信息化系统各环节能够协调运作，实现供热企业管理的科学化、自动化和规范化。

理想的供热信息系统一般包括以下子系统：

① 城市级各热源单位的供热管网地理信息系统及供热运行能耗智能分析系统；

② 城市级供热安全预警管理及供热保障能力分析系统；

③ 城市级用户用热供需统计评估预测系统；

④ 城市级供热备案管理信息系统；

⑤ 统一指挥调度的智能指挥中心系统；

⑥ 基于建筑分类的能耗定额管理及建筑差异化能耗补贴管理评价系统；

⑦ 面向用户的供热质量服务与评价系统；

⑧ 用户热量远程抄表系统；

⑨ 应急预案管理系统和辅助决策管理系统。

智慧供热信息系统的推广与完善是能源物联网建设背景下新一代信息技术蓬勃发展的必然结果。智慧供热信息系统在供热信息化基本架构的基础上，具备如下升级趋势：在信息系统管控维度上，依靠供热企业信息化的总体规划制定，实现基于数据中心的信息系统管控一体化，减少信息系统的中间冗余，降低运营管理成本；在供热设备设施及热用户两类对象管理上，基于唯一编码设置，解决信息孤岛问题，确保各子系统数据的关联性；在信息系统建设途径上，发挥云计算技术优势，将云计算与智慧供热结合，搭建智慧供热云平台，作为信息系统基础平台；建立围绕客户服务管理、生产运行管理、组织保障管理的信息系统架构，客户服务管理体系以热用户为中心，实现基于工作流的服务全过程信息管理，生产运行管理体系以供热设备设施为中心，实现精细化、安全化调度控制，组织保障管理体系以人、财、物为中心，实现供热职责标准化、信息化；多终端应用模式不断丰富，形成计算机、移动终端、大屏幕和触摸屏的联动信息化应用，提供更加便捷的广域信息系统的接入方式。

面对信息系统自身脆弱性及信息安全的双重风险，智慧供热信息系统结合信息安全管理制度采用适当的安全策略，针对设备、控制、网络、应用、数据采用一系列信息安全、工控安全的技术和管理手段，并通过持续改进的安全运营保障措施来实现。

总之，智慧供热信息系统的建设在供热领域的各个环节全面深入地整合和集成“互联网+”的各种新兴技术，实时感知供热系统的运行状态，并采用可视化的方式有机整合供热管理部门与供热设备设施，形成“供热物联网”与“供热互联网”交织的一体化供热信息系统，降低供热生产的运营维护成本，提升供热服务质量。

1.2.3 智慧供热总体技术架构

智慧供热系统中设备分散到城市的每一个角落，给设备的操作、监测、管理和维护等带来困难。此外，因设备与设备之间的不能通信而造成供热过程缺乏协同性；由于缺乏数据传导渠道和工具，增加了运行过程中的状态、数据、信息的传输和分析难度。物联网将物理设备连接到互联网上，但人并没有介入其中，物联网中的物品不具备控制和自治能力，通信也大都发生在物品与服务器之间，物品之间无法进行协同。信息物理系统作为计算进程和物理进程的统一体，让物理设备具有计算、通信、精确控制、远程协调和自我管理的功能，实现虚拟网络世界和现实物理世界的融合，是集成计算、通信与控制于一体的下一代智能系统(物联网可以看作信息物理系统的一种简单形式)，能够打破供热过程的信息孤岛现象，实现设备的互联互通，实现生产过程监控，合理管理和调度各种供热资源，优化供热计划，以安全、可靠、高效和实时的方式控制物理实体，达到资源和运行协同的目标，实现“运行”到“智慧运行”的升级。

智慧供热企业的自动化及信息化系统经历了长期的建设历程，为智能热网实施奠定了基础，并有多种应用系统实施：如热网自动化系统、能源管理系统、指挥调度系统、应急指挥系统、设备管理系统、在线模拟仿真系统、地理信息系统(GIS)、热计量及收费系统、客服系统、财务系统、人事管理系统、办公自动化系统等。随着应用系统规模的不断扩大，逐渐出现了一些集成带来的系统性难题，主要表现在下述三个方面：

① 基础建设缺乏统筹规划。企业各个部门分别投资建设基础设施；硬件投资没有标准化，型号多、牌子杂、高中低硬件设施共存，维护困难；因应用系统

的硬件投资，只满足单个系统的需求，存在着资源不足和资源闲置两极分化状况，无法实现硬件资源共享和负载均衡；没有形成统一的数据集中备份体系；没有形成网络安全的体系架构。

② 数据共享差。单个项目规划，缺乏整体数据互通规范；形成信息孤岛，信息共享困难；应用之间的数据交换，忽略延展性数据利用；没有公共数据库，无法支撑跨项目、多参量的大数据分析和企业统一应用（如微信、手机APP、门户网站）。

③ 应用局限性大。缺乏跨项目、多参量的大数据分析；缺乏整体解决方案；存在应用孤岛，业务流程、权限等公共组件重复建设，流程再造困难等；应用建设注重功能开发，页面展示与操作简便性考虑不够；无法实现企业统一应用。

供热行业实现由热网自动化、信息化向智能化、智慧化的升级，必须解决基础建设、数据共享、业务应用方面的问题，必须在现有基础上，实现资源融合、数据融合和业务融合[33]。

(1) 资源融合

资源融合是指将现有体系下的信息化基础设施、计算资源、存储资源、网络资源、桌面资源等高效、安全融合，扩展升级整合为一个安全、灵活、共享的大数据中心，以部署智慧供热各个应用服务支撑系统，实现智慧供热系统的信息共享、应用协同、基础支撑和安全保障；建立和健全标准规范体系和安全体系，建立一个业务和数据集中管理、安全规范、充分共享、全面服务、实现集约化管理的智慧供热整合系统。

资源融合要遵循的三个原则是：①开放共享原则。需对现有体系下的信息化基础设施、设备、网络资源采用云计算平台架构进行高效融合，遵循开放共享原则构建智慧供热的基础设施层。②高效灵活原则。采用云服务的一键部署、自定义的多级管理技术以及丰富的云服务标准兼容性，使得资源融合的过程更加高效灵活。③安全可靠原则。逐步建立和完善三级等级保护制度，保证全模块、全流程可靠上云（平台），在条件允许的情况下实现多级容灾系统。

(2) 数据融合

数据融合是将热源、热网、热力站、热用户、热计量、地理信息、收费、客服等各类系统进行数据集约整合，建立具有智能性、开放性、可扩展性的数据融合架构，按照统一数据标准、统一接入服务，对数据进行清洗、过滤、转换、共享，进而整合所有相关业务数据。

采用面向服务的先进架构，建立智慧供热统一服务平台，通过企业服务总线（Enterprise Service Bus，ESB）实现服务的整合、集中和流程，借助标准的接口灵活地连接各个应用子系统。ESB提供了一种开放、基于标准的消息机制，通过简单的标准适配器和接口，来完成应用和其他组件之间的互操作，能够满足大型异构企业环境的集成需求。它可以在不改变现有基础结构的情况下让几代技术实现互操作。ESB的出现改变了传统的软件架构，可以提供比传统中间件产品更为高效的解决方案，同时它还可以消除不同应用之间的技术差异，让不同的应用服务协调运作，实现不同服务不同模块之间的数据共享与整合。

数据融合需遵循的三个原则是：①数据共享原则。基于开放性大数据架构实现多维度用户数据服务和数据库服务。②数据安全原则。基于符合三级等级保护的大数据平台实现数据共享交换安全。③数据集约原则。采用ESB数据总线，制定统一标准规范，统一安全保障，采用一对多的数据共享模式去除信息孤岛，减少系统之间耦合，实现统一框架下的信息服务平台，实现数据结构标准化、数据交换服务标准化、数据共享服务标准化。

(3) 业务融合

根据智慧供热的业务特点，整合现有供热业务应用系统数据库，建立基于云部署的满足多源异构供热数据高效存储、处理、共享、服务的大数据系统，强化业务数据的协同共享，提高辅助决策的能力和公共服务能力，在构建智慧供热数字模型的基础上，利用业务应用系统进行信息汇集加工，为各项供热业务提供决策支撑。构建“大数据＋云平台”的运营模式，进一步完善各个应用系统，满足不同用户、不同场景、不同应用的需要。

业务融合要遵循的三个原则是：①业务关联。基于企业统一服务平台的开放应用架构，规划各业务模块之间的关联关系，实现跨部门共享应用服务。②业务安全。建立和优化多域资源隔离和安全容器，保障各个业务模块的安全，降低业务联动风险。③业务统筹。通过业务流程设计和规划，实现业务模块的双向导流，并对统一数据汇集沉淀实现数据多维分析。

(4) 智慧供热系统推荐架构

智慧供热是通过构建一套供热物理系统与供热信息系统之间基于数据与信息自动流动的“状态感知-实时分析-优化决策-精准执行”的闭环赋能体系，如图1-7所示，从而解决供热生产、运营服务过程中的复杂性和动态性问题，提高供热生产效率和供热品质，提升供热服务能力，实现供热物理系统与供热信息系统的融合调控。

广义智慧供热涵盖供热系统规划设计、供热系统建造、供热系统运行、供热系统维护管理、供热产品建造、智能化系统集成以及供热人才培养等诸多方面。智慧供热涵盖供热全过程及全寿命内容，目前大家所关心的供热系统运行及供热系统维护管理内容，是狭义的智慧供热。

供热系统包括了“源、网、站、户”等各个环节，智慧供热的建设是整个供热服务者及所有使用者共同参与完成的，涉及投资、建设、运营、使用、维护等多项内容。智慧供热平台集数据采集、汇集、分析服务于一体，通过数据采集、

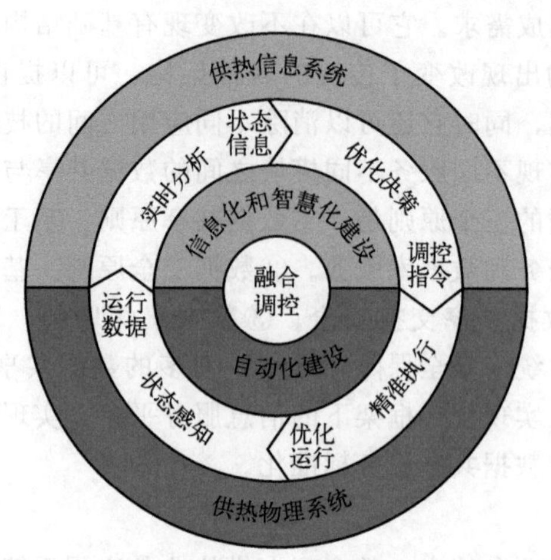

图 1-7　基于信息物理系统的智慧供热技术架构[30]

汇集、分析、描述、诊断、预测、决策来提高供热资源配置效率，降低供热运行成本。

智慧供热系统离不开信息物理系统（Cyber-Physical Systems，CPS）的支持，信息物理系统是支撑信息化和工业化深度融合的综合技术体系。信息物理系统通过集成先进的感知、计算、通信、控制等信息技术和自动控制技术，构建了物理空间（物理实体和物理实体之间的关系形成的多维空间）与信息空间（由信息虚体组成，由相互关联的信息基础设施、信息系统、控制系统和信息构成的空间）中人、机、物、环境、信息等要素相互映射、适时交互、高效协同的复杂系统，实现系统内资源配置和运行的按需响应、快速迭代、动态优化[34]。

信息物理系统本质上是具有控制属性的网络，但又有别于现有的控制系统。其意义在于将物理设备连接到互联网上，让物理设备具有计算、通信、精确控制、远程协调和自治等五大功能。通过硬件、软件、网络、工业云等一系列信息通信和自动控制技术的有机组合与应用，构建起一个能够将物理实体和环境精准映射到信息空间并进行实时反馈的智能系统，作用于供热全行业（供热系统设计及建造企业、供热运行企业、系统集成企业、设备制造企业、热用户、人才培养等）、全过程（全生命周期，包括规划设计、系统建造、运行维护管理等），解决供热行业全过程中的复杂性和不确定性问题，提高资源配置效率，实现资源优化。

信息物理系统构建了一套信息空间与物理空间之间基于数据自动流动的状态感知、实时分析、科学决策、精准执行的闭环赋能体系，实现数据的自动流动，如图 1-8 所示。

自然界中各种物理量的变化绝大多数是连续的，而信息空间数据则具有离散性。从物理空间到信息空间的信息流动，通过各种类型的传感器将各种物理量转变成数字量，从而为信息空间所接受。状态感知是将大量蕴含在供热物理空间中的隐性数据（温度、压力、流量等）通过传感器、物联网等一些数据采集技术，不断地传递到信息空间，使得数据不断“可见”，变为显性数据。传感器网络也可视为 CPS 的一部分。

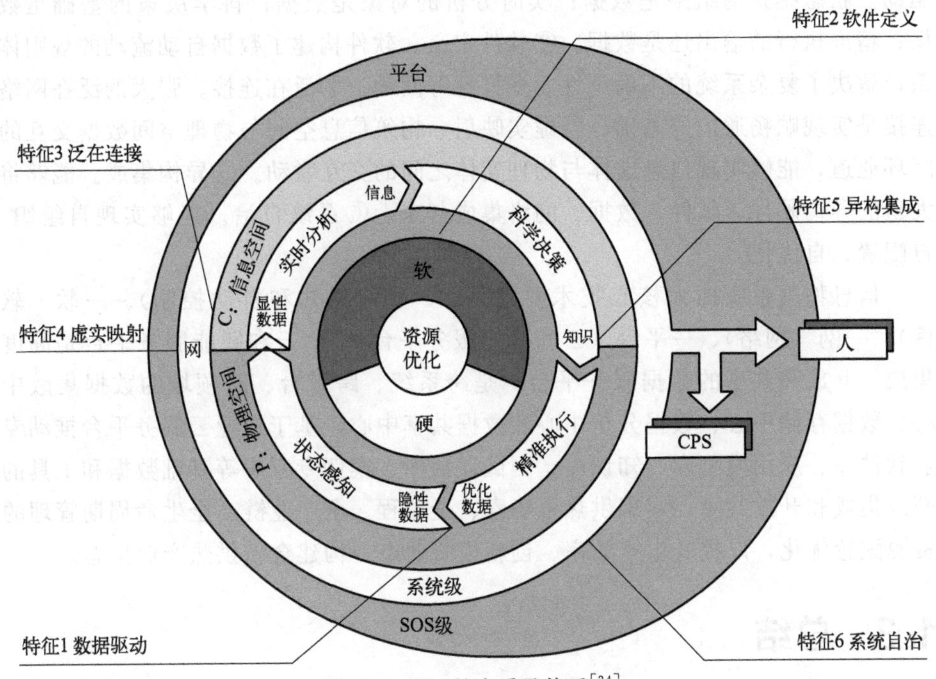

图 1-8　CPS 的本质及体系[34]

大量的显性数据并不一定能够直观地体现出物理实体的内在联系。实时分析是利用数据挖掘、机器学习、聚类分析等数据处理分析技术对数据进一步分析估计使得数据不断“透明”，将感知的数据（显性数据）转化成认知的信息，对原始数据赋予意义，发现物理实体状态在时空域和逻辑域的内在因果性或关联性关系，将显性化的数据进一步转化为直观可理解的信息。

科学决策是对不同系统的信息进行处理，权衡判断当前时刻获取的所有来自不同系统或不同环境下的信息，形成在一定的条件约束下对外部变化的最优决策，用来对物理空间实体进行控制。这个环节不一定在系统最初投入运行时就能产生效果，往往在系统运行一段时间之后逐渐形成一定范围内的知识。对信息的进一步分析与判断，使得信息真正转变成知识，并且不断地迭代优化形成所需的知识库。最后以更为优化的数据作用到物理空间，构成一次数据的闭环流动。

精准执行是将信息空间产生的决策转换成物理实体（控制器、执行器）可以执行的命令，进行物理层面的实现，输出更为优化的数据，使得物理空间设备运行得更加可靠，资源调度更加合理，实现企业高效运营，各环节智能协同效果逐步优化。

任何一种层次的信息物理系统都具备基本的感知、分析、决策、执行的数据闭环，都要实现一定程度的资源优化。信息物理系统具有六大典型特征：①数据驱动。状态感知的结果是数据；实时分析的对象是数据；科学决策的基础是数据；精准执行的输出还是数据。②软件定义。软件构建了数据自动流动的规则体系，解决了复杂系统的不确定性、多样性等问题。③泛在连接。强大的泛在网络连接是实现顺畅通信的基础。④虚实映射。构筑信息空间与物理空间数据交互的闭环通道，能够实现信息虚体与物理实体之间的交互联动。⑤异构集成。能够将大量的异构硬件、软件、数据、网络集成起来。⑥系统自治。能够实现自组织、自配置、自优化。

信息物理系统四大核心技术要素是“一硬（感知和自动控制）、一软（软件）、一网（网络）、一平台（云和智能服务平台）”。云和智能服务平台是高度集成、开放和共享的数据服务平台，是跨系统、跨平台、跨领域的数据集散中心、数据存储中心、数据分析中心和数据共享中心，基于工业云服务平台推动专业软件库、应用模型库、知识库、测试评估库、案例专家库等基础数据和工具的开发集成和开放共享，实现供热全要素、全流程、全产业链、全生命周期管理的资源配置优化，以提升生产效率、创新模式业态，构建全新供热产业生态。

1.3 总结

智慧供热系统的发展符合中国能源产业全面推进能源生产与消费革命战略的紧迫需求。借助信息技术的广泛应用，包括互联网和大数据等，智慧供热可实现智能化管理与运营，通过数据分析和预测提高系统运行效率，降低能源消耗，实现绿色低碳供热目标。这不仅满足人民群众对高质量生活的需求，还为中国城镇供热行业带来更高效、环保、便捷的服务。在能源生产与消费革命中，智慧供热将持续发挥关键作用，推动城镇供热体系不断升级，为生态文明社会和可持续发展贡献更多力量。综合而言，智慧供热信息系统的建设是供热领域的深刻变革，它融合了新兴技术，提高了运营效率，为城市供热带来创新解决方案。

参考文献

[1] 英国石油公司．bp世界能源统计年鉴［M］. bp中国，2022：8-12.

[2] 鞠立伟，谭忠富，谭清坤．中国清洁能源综合利用途径设计及优化模拟模型研究［M］. 北京：科学出版社，2019：1-3.

[3] 新华网．习近平在第七十五届联合国大会一般性辩论上发表重要讲话［EB/OL］.（2020-09-22）［2021-12-16］. http：//www. xinhuanet. com/world/2020-09/22/c _ 1126527647. htm.

[4] 中华人民共和国商务部．中共中央国务院关于完整准确全面贯彻新发展理念做好碳达峰碳中和工作的意见［EB/OL］.（2021-12-06）［2022-12-16］. http：//www. mofcom. gov. cn/article/zcfb/zcwg/202112/20211203225956. shtml.

[5] 中国建筑节能协会，重庆大学．2021年中国建筑能耗与碳排放研究报告［EB/OL］.（2021-12-31）［2022-04-04］. https：//www. baogaoting. com/artical/10390.

[6] 清华大学建筑节能研究中心．中国建筑节能年度发展研究报告［M］. 北京：中国建筑工业出版社，2021：13-15.

[7] 中国城镇供热协会．中国城镇供热发展报告 2021［M］. 北京：中国建筑工业出版社，2022：1-2.

[8] 邓林俐，张凯山．雾霾频发区域典型城市大气 PM _（2.5）中金属污染特征及来源分析［J］. 环境工程，2020，38（05）：113-119.

[9] 国家统计局．中国统计年鉴（2019）［M］. 北京：中国统计出版社，2019.

[10] 刘洪俊，胡萌．二级网水力平衡调节策略研究［C］. 2022 供热工程建设与高效运行研讨会，2022：883-887.

[11] 中华人民共和国国家统计局．国家数据［DB/OL］. 2022. http：//www. stats. gov. cn/tjsj/.

[12] 王旭光．大型工业供热蒸汽管网运行状态分析及操作优化［D］. 杭州：浙江大学，2015.

[13] GRID2030-ANational Vision for Electricity's Second100Years［EB/OL］.［2003-07］. https：//www. energy. gov/sites/prod/files/oeprod/DocumentsandMedia/Electric _ Vision _ Document. pdf.

[14] 高晗，刘继春，刘俊勇，曾平良，施浩波．全球能源互联网下输电走廊规划分析研究［J］. 四川电力技术，2017，40（03）：15-20.

[15] E-Energy model region［EB/OL］.（2016-06-28）［2017-03-01］. http：//www. digi-tale-technologien. de/.

[16] Government of Canada. Combining our energies：Integrated energy systems for Canadian communities［EB/OL］.［2017-12-21］. http：//publications. gc. ca/collections/collection _ 2009/parl/xc49-402-1-1-01e. pdf

[17] Natural Resources Canada. Integrated community energy solutions-a roadmap for action［EB/OL］.［2017-12-21］. http：/natural-resources. canada. ca/sites/oee. nrcan. gc. ca/files/pdf/publications/cem-cme/ices _ e. pdf.

[18] 李炳森，吴凡．能源互联网的发展现状与趋势研究［J］. 智能计算机与应用，2017，7（02）：142-145.

[19] 国家发展改革委国家能源局关于促进智能电网发展的指导意见（发改运行［2015］1518号）［EB/OL］.（2016-07-07）http：//www. nea. gov. cn/2015-07/07/c _ 134388049. htm.

[20] 关于推进“互联网＋”智慧能源发展的指导意见（发改能源［2016］392号）［EB/OL］.（2016-02-29）http：//www. nea. gov. cn/2016-02/29/c _ 135141026. htm.

[21] 工业和信息化部关于印发《工业绿色发展规划（2016—2020年）》的通知（工信部规〔2016〕225号）［EB/OL］.

[22] 孙宏斌，潘昭光，郭庆来．多能流能量管理研究：挑战与展望［J］. 电力系统自动化，2016，40（15）：1-8，16.

[23] 金红光．能的梯级利用与总能系统［J］. 科学通报，2017，62（23）：2589-2593.

[24] 张伟，刘家明．智慧供热系统技术及应用［J］. 节能与环保，2016（4）：56-57.

[25] 赵爱国，邓树超，王淑莲，等．智慧供热技术策略研究及应用［J］. 建设科技，2016（12）：84-85.

[26] 张浩．浅谈供热企业信息化——智慧供热运营平台的建设［J］．区域供热，2017（6）：12-19.

[27] 邹平华，唐好选，方修睦，等．城市供热数字化系统的研究［J］．煤气与热力，2006，26（4）：70-73.

[28] 姜倩倩，方修睦，姜永成，等．智能供热基础研究与信息化体系架构［J］．煤气与热力，2015，35（2）：12-16.

[29] 国家发展改革委．北方地区冬季清洁取暖规划（2017—2021年）［EB/OL］．（2017-12-05）．http：//www.gov.cn/xinwen/2017-12/20/content_5248855.htm.

[30] 钟崴，陆烁玮，刘荣．智慧供热的理念、技术与价值［J］．区域供热，2018，2：1-5.

[31] 刘世成，韩笑，王继业，等．“互联网＋”行动对电力工业的影响研究［J］．电力信息与通信技术，2016，14（04）：27-34.

[32] 刘伟．人机智能融合的哲学思考［EB/OL］．（2017-11-30）．http：//blog.sciencenet.cn/blog-40841-1087539.html.

[33] 李必信，周颖．信息物理融合系统导论［M］．北京：科学出版社，2016.

[34] 中国信息物理系统发展论坛．信息物理系统白皮书（2017）［M］．2017.

第 2 章

供热系统一级网“源网”协同调控技术

2.1 供热一级网调控技术概况

城镇集中供热系统可视为一个组织庞大、结构复杂的系统，主要包括热源、一次管网、热力站、二次管网及热用户，各部分之间都具有不同程度的耦合与关联[1]。供热管网的调控手段可分为一级网调控和二级网调控，一级网调控主要针对热源和热网之间的输配系统，而二级网调控则主要针对热用户和热源之间的输配系统。本章则主要对供热系统的一级网调控技术进行概述和介绍。

我国北方城镇采用集中供热模式，由一级网上处于不同地理位置的各类热源产生热水，如热电联产、燃气锅炉、生物质锅炉等，然后由闭式循环的一级管网将热源输出的热能输配到多个热力站。热力站主要作为一级网和二级网之间的中间换热站，主要由换热器、调控阀门、水泵以及热工测量设备组成。一级网内的高温供热水与二级网内的低温回水在热力站中换热。经过换热后的一级网回水在循环泵的作用下返回热源，同时二级网中的热水经热力站加热后输配至末端用户。

城镇供热系统的调控包括对热源、热网、末端的各个供热环节进行智能调控，从而进一步实现热网资源的配置优化，提高热网输送的能力。每个环节都可以进行负荷调控，但调控效果和策略因环节不同而异。例如，在热源处、热力站处进行质调节与量调节，可以分别改变一次管网及二次管网供水的温度与流量；建筑物热入口可以进行质调节与量调节，以改变建筑物内管网的供水温度与流量；热用户采用变流量的方式，进行室内散热器的散热量调节。

然而，由于管网流量、管网结构与阻力、供热半径、管网水力失调、热力失调、换热器参数、建筑物围护结构、建筑物内管网房间的位置、散热器的差异化、热用户需求与习惯等因素的影响，不同位置的调控效果也不同。对于实现质调节的集中供热系统来说，这些影响可能导致一些热力站室温达标，而有些偏低或偏高。为了满足偏低室温热力站的需求，需要增加其他热源处温度，这会导致热量浪费。当管网半径较大时，还会出现调控实时性问题。尽管如此，由于热源处的调控最简单且成本最低，它仍然是大部分集中供热系统中常采用的一种调控方式。

大型供热系统自热源输出的热水在一级管网内需要经过数小时的流动才能到达远端热力站，表现为突出的温度传输延迟特性。同时，管网自身庞大的容积空间具有管存蓄热能力，且建筑体也可等效为蓄能体，导致供热系统的温度变化具有数十分钟乃至数小时的热响应惰性。供热系统的运行调度不仅需要依据天气变化调节各热源出力，还需要调控管网中各泵、阀的工作点，以保证大规模供热系统安全、均衡、高效地向诸多建筑物输送热能。从城镇供热系统的发展历程来看，对供热系统的预测控制可分为传统反馈控制与基于现代控制理论的模型预测控制[2]。传统供热系统运行调控方式采用人工经验与自动化系统相结合方法，通过人脑设定运行调控目标进而指导供热系统的生产运行，其中最典型的传统控制当属 PID 控制；从系统工程与现代控制论角度来看，针对城镇集中供热系统的多变量、强耦合、大滞后和非线性特点，基于模型预测控制的多变量控制策略，相较于传统反馈控制有着天然的优势。

智慧供热系统一级网调控技术主要指通过智能化技术，让供热系统能够自动感知、分析和决策，实现对供热系统的自主运行和优化调度。供热系统一级网自主运行调度，其本质是借助数学优化理论[3]。针对城镇供热系统一级网运行调度问题，国内开展了大量研究工作，主要分为三大类：直接对供热系统一级网进行调度的研究；探究预测供热系统一级网调控所需的关键变量或参数的方法；通过挖掘和分析热力站负荷模式，根据热力站特性进行调控。机理建模方法是基于物理定律对物理结构机理进行数学描述，具有较高的行业理论知识门槛，常应用于系统内部已知的“白箱”问题；另一种是基于数据驱动的建模方法，该建模方法是将系统看作一个“黑箱”，并不需要详细了解各建模环节，通过在模型空间中输入大量的样本数据，得到一个近似的数学模型，进而建立输出变量与输入变量之间的映射关系。

在发展供热系统一级网调控技术时需综合考虑多方面因素，这些因素也可作为评价供热系统运行效果的重要标准，包括：①保持供热系统热量的供需平衡，避免出现供过于求或供不应求的情况，实现供热系统供需平衡；②通过合理的热量分配和调节，减少能源消耗，降低运行成本，最大化实现供热系统节能；③确保供热系统的安全运行，防止因热量分配不均、设备故障等原因导致的安全事故；④根据供热需求的变化，灵活调整热量分配和调节策略，保证供热效果；⑤通过对供热系统的运行数据进行分析，找出优化运行方案，提高供热效率；⑥在保证供热效果的同时，需考虑对环境的影响，最大化实现低碳供热。在实际运行中，根据供热系统的实际情况，灵活调整，实现供热系统的高效、安全、经济、环保运行。

2.2　智慧供热系统一级网及其关键设备建模方法

2.2.1　基于图论的供热网络建模方法

供热系统机理建模根据热力学、流体力学、基尔霍夫定律、图论等理论对供热管网各环节（如管道、换热器、水泵、阀门等）建立详细的数学模型。许多学者利用图论并结合质量、动量、能量守恒以及传热方程来研究复杂管网的水力和热力计算，将管网拓扑转换为数学矩阵，使计算变得更简便、快速，并可将管网上所有的管段、用户节点以及管网上的附件加入计算，使结果更准确、更符合实际，同时还可以分别对管网各处进行计算并加以分析，找出系统的具体问题。供热管网属于一种热流体网络，流体网络和电网络的原理很相似[5]，在电路系统中有很成熟的理论来求解各种问题，借鉴电路分析计算方法，也可以求解供热管网系统中水力计算问题。

本章介绍基于图论的供热网络方法，建立描述热网拓扑结构的数学矩阵模型，并利用基尔霍夫定律进行管网流量平衡的求解，从而验证负荷分配结果是否满足约束要求。以某热电厂供热管网为例，其部分管网结构简化示意图如图 2-1 所示。

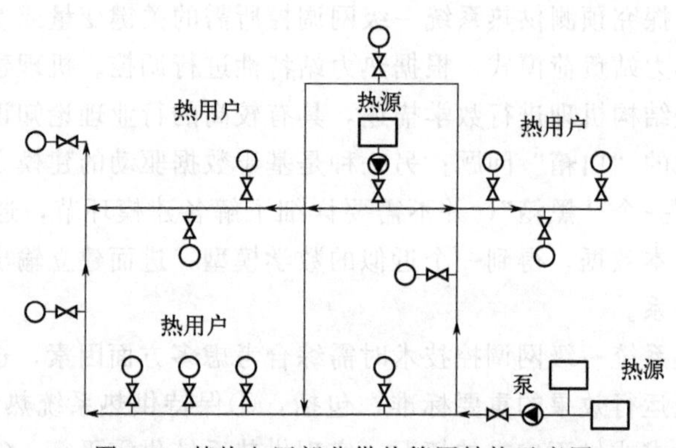

图 2-1　某热电厂部分供热管网结构示意图

可以将构成图 2-1 所示的热网结构图的各个部件抽象成两类元素，一类是热源、热用户、泵等作为管道起始点的部件，将其抽象为“节点”，另一类是连接两个“节点”的管道，将其抽象为“区段”，再将上述由“节点”和“区段”构成的拓扑结构称为“有向流程图”，记为图 G，将上述所有“节点”记为集合 V，所有“区段”记为集合 E。对一个 M 个“节点”、N 个“区段”图，可以表示成如下形式：

$$V=\{V_1,\cdots,V_m,\cdots,V_M\} \quad (1\leqslant m\leqslant M) \tag{2-1}$$

$$E=\{E_1,\cdots,E_m,\cdots,E_M\} \quad (1\leqslant n\leqslant N) \tag{2-2}$$

根据图论原理，上述“有向流程图” G 中包含 S 个独立的基本环路，记为集合 C：

$$C=\{C_1,\cdots,C_m,\cdots,C_M\} \quad (1\leqslant s\leqslant S) \tag{2-3}$$

其中，S 的计算公式如下：

$$S=N-M+1 \tag{2-4}$$

用关联矩阵 $\boldsymbol{T}$ 表示图 G 中任意节点 V_m 与区段 E_n 之间的连接关系，矩阵的“行号”对应节点号，“列号”对应区段号，$\boldsymbol{T}$ 为 $M\times N$ 阶矩阵，其表达式如下：

$$\boldsymbol{T}=\begin{bmatrix} T_{11} & \cdots & T_{1n} & \cdots & T_{1N} \\ \vdots & \ddots & \vdots & \ddots & \vdots \\ T_{m1} & \cdots & T_{mn} & \cdots & T_{mN} \\ \vdots & \ddots & \vdots & \ddots & \vdots \\ T_{M1} & \cdots & T_{Mn} & \cdots & T_{MN} \end{bmatrix} \tag{2-5}$$

其中，元素 T_{mn} 定义如下：

$$T_{mn}=\begin{cases} 1 & \text{若区段 } n \text{ 内工质流向节点 } m \\ -1 & \text{若区段 } n \text{ 内工质流出节点 } m \\ 0 & \text{若区段 } n \text{ 与节点 } m \text{ 不相连} \end{cases} \tag{2-6}$$

用关联矩阵 $\boldsymbol{B}$ 表示有向流程图 G 中任意区段 E_n 和基本环路 C_s 之间的从属关系，矩阵的“行号”对应基本环路编号，“列号”对应区段号，$\boldsymbol{B}$ 为 $S\times N$ 阶矩阵，其表达式如下：

$$\boldsymbol{B}=\begin{bmatrix} B_{11} & \cdots & B_{1n} & \cdots & B_{1N} \\ \vdots & \ddots & \vdots & \ddots & \vdots \\ B_{s1} & \cdots & B_{sn} & \cdots & B_{sN} \\ \vdots & \ddots & \vdots & \ddots & \vdots \\ B_{S1} & \cdots & B_{Sn} & \cdots & B_{SN} \end{bmatrix} \tag{2-7}$$

其中，元素 B_{sn} 定义如下：

$$B_{sn}=\begin{cases} 1 & \text{若区段 } n \text{ 属于环路 } s \text{ 且为顺时针方向} \\ -1 & \text{若区段 } n \text{ 属于环路 } s \text{ 且为逆时针方向} \\ 0 & \text{若区段 } n \text{ 不属于环路 } s \end{cases} \tag{2-8}$$

用向量 $\boldsymbol{Q}$ 表示有向流程图 G 中流量分布：

$$\boldsymbol{Q}=[Q_1,\cdots,Q_n,\cdots,Q_N] \tag{2-9}$$

其中，Q_n 为区段 E_n 内的质量流量，kg/s。

用向量 $\boldsymbol{q}$ 表示每个节点净质量流量分布：

$$\boldsymbol{q}=[q_1,\cdots,q_m,\cdots,q_M]^{\mathrm{T}} \tag{2-10}$$

其中，q_m 值为正表示净流入，为负则表示净流出。

用向量 Δp 表示有向流程图 G 中各个区段上压降分布：

$$\Delta p=[\Delta p_1,\cdots,\Delta p_n,\cdots,\Delta p_N] \tag{2-11}$$

其中，Δp_n 为区段 E_n 上的总压降。当流体沿管道流动时，由于流体分子间及其与管壁间的摩擦，会有能量损失；流体流过管道的一些附件，如阀门、弯头、三通等，由于流动方向的改变产生局部漩涡和撞击，也会损失能量。前者称为沿程损失，后者称为局部损失。每个管段的能量损失都由这两部分构成。因此，集中供热系统水力计算时，管段压降可以下式表示：

$$\Delta p_n = \Delta p_1 + \Delta p_f \tag{2-12}$$

式中，Δp_1 表示区段 E_n 上的沿程阻力损失压降，Pa；Δp_f 表示区段 E_n 上的局部阻力损失压降，Pa。

供热管道沿程阻力损失压降通常是用比摩阻（每 1m 的沿程压降）R 来计算，R 值大小可以通过流体力学中的巴赫公式得出：

$$R = \frac{\lambda}{d} \times \frac{\rho v^2}{2} \tag{2-13}$$

式中，λ 表示管道摩擦系数；d 表示供热管道直径，m；ρ 表示管道内介质的密度，kg/m^3；v 表示管道内介质的流速，m/s。

热介质在管道内流动的摩擦阻力系数 λ 取决于管内热媒的流动状态和管壁的粗糙程度：

$$\lambda = f(Re, \varepsilon) \tag{2-14}$$

$$Re = \frac{vd}{\upsilon} \tag{2-15}$$

式中，Re 为雷诺数，是判别流体流动状态的准则数；v 表示介质在管内的流动速度，m/s；d 表示管段内径，m；υ 表示介质的运动黏滞系数，m^2/s；ε 表示管壁的相对粗糙度。

摩擦阻力系数 λ 值的是通过实验方法确定的。按照流体的不同流动状态，流体力学领域已经整理出了一些计算摩擦系数 λ 值的经验公式。由于室外热水管网设计都采用较高的流速（通常 $v>5$m/s），因此，热水在室外管网中的流动状态几乎都是处在阻力平方区内（$Re>445d/k$）。根据流体力学知识可知，在这个区域内，摩擦阻力系数的取值仅取决于管壁的相对粗糙度。

粗糙管区（阻力平方区）的摩擦系数 λ 值，可以用尼古拉兹公式计算：

$$\lambda = \frac{1}{\left(1.14 + 2\lg\frac{d}{k}\right)^2} \tag{2-16}$$

管壁的当量绝对粗糙度 k 值与管子的使用状况（流体对管壁腐蚀和沉积水垢等状况）和管子的使用时间等因素有关。对于热水供暖系统，根据《实用集中供热手册》，推荐采用下面的数值：室内热水供暖系统管路，$k=0.2$mm；室外热水网路，$k=0.5$mm。

介质在管内流动时，流速 v 与流量 G 的关系如下：

$$v = \frac{G}{3600\frac{\pi d^4}{4}} \tag{2-17}$$

将上式代入动量守恒方程，可以得出：

$$R=6.25\times10^{-8}\frac{\lambda G^2}{\rho d^5} \tag{2-18}$$

在给定某一水温和流速的条件下，λ 值和 ρ 值均已知，管路水力计算基本公式可以表示为：

$$R=f(d,G) \tag{2-19}$$

管段的局部损失 Δp_f，按照《实用集中供热手册》，采用如下公式计算：

$$\Delta p_f=\sum\xi\frac{\rho v^2}{2} \tag{2-20}$$

式中，$\sum\xi$ 表示管段中总的局部阻力系数。

在集中供热管网中，管路附件（三通、阀门、补偿器等）的局部阻力系数 ξ 值可以通过查表获得。在实际仿真计算时，一般将局部阻力折合到沿程阻力中简化计算，局部阻力折合到沿程阻力的比例用 r 表示。

根据式(2-20)，确定各个管段长度 l_n，就可以计算各管段压降 Δp_n：

$$\Delta p_n=\Delta p_1+\Delta p_f=R_n l_n+\Delta p_f=R_n l_n(1+r) \tag{2-21}$$

若流量 G 已知，代入式(2-18)：

$$\Delta p_n=6.25\times10^{-8}\frac{\lambda G_n^2}{\rho d^5}l_n(1+r) \tag{2-22}$$

供热管道管径一般都大于 40mm，因此 λ 可以采用希弗林松公式简化：

$$\lambda=0.11\left(\frac{k}{d}\right)^{0.25} \tag{2-23}$$

根据式(2-22)，可进一步得出各个管段的压降如下：

$$\begin{aligned}\Delta p_n&=6.25\times10^{-8}\times0.11\left(\frac{k}{d}\right)^{0.25}\frac{G_n^2}{\rho d^5}l_n(1+r)\\&=6.88\times10^{-9}\frac{k^{0.25}l_n(1+r)}{\rho d^{5.25}}G_n^2=S_nG_n^2\end{aligned} \tag{2-24}$$

式中，S_n 为管段阻力特性系数，是与管段结构有关的常量，单位为 $Pa/(m^3/h)^2$。

以上通过矩阵形式将供热管网的拓扑结构和管网流量、阻力等特性进行了描述，基于基尔霍夫第一、第二定律可以对管网流动进行求解。

根据基尔霍夫第一定律，各节点流量守恒：

$$T\boldsymbol{Q}^{\mathrm{T}}=q \tag{2-25}$$

根据基尔霍夫第二定律，各基本环路动量守恒：

$$B\Delta p^{\mathrm{T}}=0 \tag{2-26}$$

基于式(2-25) 和式(2-26)，管网水力模型的求解一般分为流量法和压差法，本章按流量法的思想进行求解，即首先结合节点守恒方程，基于最小平方和法对各区段的流量进行初始分配，此时得到的结果只满足节点流量守恒，一般无法满足环路动量守恒，故采用最大闭合差法重新分配流量。如此反复迭代计算，直到管网同时近似满足基尔霍夫第一、第二定律，最终求得全网各处流量及压力分布情况。

城市供热管网的约束主要体现在管网输配能力的要求上，即全网各处热水流速应保持在一定范围内，定义管网流速偏差系数：

$$f_{\mathrm{w}}=\sum \Delta w_i \tag{2-27}$$

式中，Δw_i 为各区段内热水流速和正常流速的偏差，偏差公式具体表达为：

$$\Delta w_i=\begin{cases}\lambda_{\mathrm{w}}\dfrac{w_{i,\min}-w_i}{w_{i,\min}}, & w_i\leqslant w_{i,\min}\\ 0, & w_{i,\min}\leqslant w_i\leqslant w_{i,\max}\\ \lambda\dfrac{w_i-w_{i,\max}}{w_{i,\max}}, & w_i>w_{i,\max}\end{cases} \tag{2-28}$$

上式中的 λ_w 为供热品质计算中对流速偏差的惩罚系数。至此，可以将管网流速偏差系数作为热负荷在各热源间优化分配的一个重要约束条件：

$$f_{\mathrm{w}}\leqslant f_{\mathrm{w,max}} \tag{2-29}$$

$$\Delta w_i\leqslant \delta_{\mathrm{w}i} \tag{2-30}$$

式中，管网流速偏差系数 f_{w} 越小，表示管网总体流速分布状况越好，而对每一个区段而言，其流速偏差不能超过规定的偏差范围。

2.2.2 燃气锅炉单元建模

(1) 燃气锅炉单元模型

燃气锅炉包括燃气热水锅炉、燃气蒸汽锅炉等，它通过将气体燃料的化学能转化为水（或水蒸气）的内能，产生供生产或生活使用的品质合格的热水或蒸汽。燃气锅炉的工艺过程如图 2-2 所示：外部天然气通过燃气比例阀送至燃烧机，与鼓风机排出的空气混合燃烧从而加热锅炉炉膛里的水，燃烧产生的热量大部分传递到锅炉内，同时部分余热经过烟囱排除，锅炉内的加热水依次经过分水器至用户、二次网后进入集水器，最终低温的回水通过循环泵被送入炉膛。为使锅炉内的液位保持一定的高度，采用补水泵来补充系统运行中缺失的水量。

燃气锅炉将气体燃料的化学能转化为水（或水蒸气）的内能，根据能量守恒

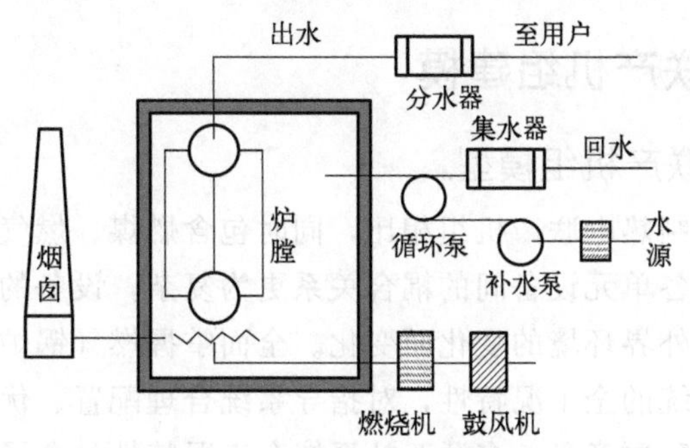

图 2-2　燃气锅炉工艺流程图

定律可建立如下模型：

$$BQ_r\eta = G(h_{out} - h_{in}) \tag{2-31}$$

$$Q_r = Q_{net,var} + H_{rx} \tag{2-32}$$

式中，B 为燃气锅炉的燃料消耗量，m^3/h；η 为燃气锅炉效率；h_{in}、h_{out} 分别为锅炉热水的进口和出口焓值，kJ/kg；G 为燃气锅炉循环水量，t/h；Q_r 为天然气低位发热量与天然气物理热量之和，kJ/m^3；$Q_{net,var}$ 为天然气低位发热量，kJ/m^3；H_{rx} 为天然气的物理热量，kJ/m^3。

由上式可知，燃气锅炉的燃料消耗量：

$$B = f(G, h_{out}, h_{in}, \eta) \tag{2-33}$$

(2) 燃气锅炉模型求解

燃气锅炉是多热源联合供热系统的重要耗能设备，燃气锅炉在运行过程中主要考虑天然气以及电力的消耗量[6]。为了简化分析，忽略次要因素只考虑燃气锅炉热负荷对其热效率的影响，故燃气锅炉在运行过程中天然气的消耗量可以表示为：

$$B = f(\eta, D) \tag{2-34}$$

$$\eta = f(D) \tag{2-35}$$

式中，D 为燃气锅炉的实际热负荷，kW；η 为燃气锅炉的热效率。

根据每台燃气热水锅炉的燃料消耗量和负荷实测数据，可以采用最小二乘法辨识锅炉的特性曲线方程。采用非线性形式，设模型为：

$$B_i(D_i) = \alpha_{i0} + \alpha_{i1} D_i + \cdots + \alpha_{in} D_i^n \tag{2-36}$$

式中，D_i 表示第 i 台燃气热水锅炉所承担的负荷；$B_i(D_i)$ 表示第 i 台燃气热水锅炉承担 D_i 负荷时的燃料消耗量；α_{i0}，α_{i1}，…，α_{in} 为待辨识的模型参数。

利用最小二乘法原理，使模型参数误差的平方和 $\sum_{m=1}^{n}(\alpha_{im}^0 - \alpha_{im})^2$ 达到最小，式中 α_{im}^0 为模型参数 α_{im} 的真值，求出 α_{i0}，α_{i1}，…，α_{in}。

2.2.3 热电联产机组建模

2.2.3.1 热电联产机组模型

和常规的单元制热电联产机组相比，同时包含燃煤、燃气等多种燃料的热电联产系统中机组和各单元设备间的耦合关系更为复杂，设备的运行工况和性能也会随着用户负荷和外界环境的变化而变化。全面掌握燃气锅炉与燃煤热电联产机组互补智慧供热系统的全工况特性，对指导系统合理配置、优化运行策略、实现能源梯级利用具有重要意义。多源互补系统全工况特性包含了组成系统的各单元设备在变工况条件下的性能特性、系统中各子系统之间的组合工况特性以及系统总的生产负荷和需求负荷之间的平衡特性。基于模块化的建模思想，将燃煤燃气热电联产系统分为燃煤机组模块、蒸汽轮机等模块分别进行建模，使其能够模拟出变负荷条件下系统的全工况稳态特性，为研究多源互补智慧供热系统优化配置，改进运行策略，实现能源综合优化利用提供基础。

(1) 锅炉模型

锅炉是火电厂最主要的燃烧装置，实现将化石燃料的化学能转化成热能。在进行建模时，可以将锅炉整体视为一个单元模型。由锅炉主蒸汽及再热蒸汽进出口参数建立锅炉单元的质能平衡：

$$D_0(h_{ms}-h_{fw})+D_{rh}(h_{ro}-h_{ri})=Q_b \tag{2-37}$$

式中，D_0、D_{rh} 分别为锅炉主蒸汽流量和再热蒸汽流量，t/h；h_{ms}、h_{fw} 分别为主蒸汽焓值和锅炉给水焓值，kJ/kg；h_{ro}、h_{ri} 分别表示再热蒸汽出口和进口焓值，kJ/kg；Q_b 表示锅炉吸热量，kW。

锅炉输入热量与发电机电功率的关系：

$$Q_b=f(P,\eta_b,\eta_p,\eta_i,\eta_m,\eta_g) \tag{2-38}$$

式中，P 为机组发电功率，kW；η_b、η_p、η_i、η_m、η_g 分别为锅炉效率、管道效率、汽轮机内效率、发电机机械传动效率和发电机效率。

(2) 凝汽器模型

由于汽轮机的变工况而引起的蒸汽量变化将会改变进入凝汽器的乏汽量，即凝汽器负荷发生变化，或者当凝汽器冷却循环水量或循环水温度发生变化时，凝汽器的工作压力均会发生变化，即凝汽器的变工况运行。凝汽器冷却循环水温度和传热端差温度之间的关系如下：

$$t_c=t_{w1}+\Delta t_w+\delta t \tag{2-39}$$

式中，t_c 为凝汽器工作压力 P_c 对应的饱和温度，℃；t_{w1} 为凝汽器循环冷却水进出口温度，℃；Δt_w 为冷却水温升，℃；δt 为凝汽器端差，℃。

根据传热学基本原理，冷却水温升 Δt_w 也可以写成如下形式：

$$\Delta t_{\mathrm{w}}=\frac{D_{\mathrm{c}}q_{\mathrm{c}}}{C_{\mathrm{w}}G_{\mathrm{w}}}=\frac{q_{\mathrm{c}}}{C_{\mathrm{w}}}\frac{1}{m}\approx\frac{520}{m} \tag{2-40}$$

式中，D_{c} 为凝汽器的进汽量，t/h；q_{c} 为蒸汽的汽化潜热，kJ/kg；C_{w} 为循环冷却水的比热容，kJ/(kg·℃)；G_{w} 为循环冷却水质量流量，t/h；$m=G_{\mathrm{w}}/D_{\mathrm{c}}$ 表示凝汽器冷却倍率。

凝汽器传热系数可以近似表示为：

$$k=k_0\left(\frac{G_{\mathrm{w}}}{G_{\mathrm{w0}}}\right)^{0.5} \tag{2-41}$$

(3) 给水加热器模型

大型汽轮机一般采用回热加热的方式以提高机组循环内效率，因此当机组工况发生变化时，也应当考虑给水加热器的工况变化。近似认为汽轮机各抽汽口到给水加热器的压损率不变，即

$$\delta p_j=\frac{\Delta p_j}{p_j}=\mathrm{const} \tag{2-42}$$

式中，δp_j 为压损率；p_j 为抽汽点 j 的抽汽压力，MPa；Δp_j 为压力损失，MPa。

加热器的上下端差在计算过程中也近似认为保持不变，从而根据抽汽压力所对应的饱和温度和相应的端差，可以计算出给水加热器的出口水温和焓值。

(4) 汽轮机模型

汽轮机变工况运行时经过汽轮机各级组的流量和相应进出口压力会发生变化，通过汽轮机各级组的流量和级前后压力的关系可以用弗留格尔公式进行计算：

$$\frac{G_{\mathrm{s1}}}{G_{\mathrm{s10}}}=\frac{\sqrt{p_{\mathrm{s1}}^2-p_{\mathrm{s2}}^2}}{\sqrt{p_{\mathrm{s10}}^2-p_{\mathrm{s20}}^2}}\frac{\sqrt{T_{\mathrm{s10}}}}{\sqrt{T_{\mathrm{s1}}}} \tag{2-43}$$

式中，G 为蒸汽流量，t/h；p 为蒸汽压力，MPa；T 为蒸汽温度，K。下标 s1 和 s2 分别表示级组前和级组后参数，下标带“0”表示设计工况，下标无“0”表示变工况。

式(2-43) 仅适用于汽轮机级组通流面积和蒸汽量不变的情况，当级组达到临界时，式中流量则与背压无关，若不考虑温度修正项，式(2-43) 可以写成：

$$\frac{G_{\mathrm{s1}}}{G_{\mathrm{s10}}}=\frac{p_{\mathrm{s1}}}{p_{\mathrm{s10}}} \tag{2-44}$$

蒸汽轮机的输出功率：

$$W_{\mathrm{st}}=G_{\mathrm{s}}(h_{\mathrm{st,0}}-h_{\mathrm{st,c}}+\alpha_{\mathrm{rh}}\Delta h_{\mathrm{rh}}-\sum h_{\mathrm{st},j}\alpha_j) \tag{2-45}$$

式中，W_{st} 为汽轮机功率，kW；G_s 为汽轮机质量流量，kg/s；$h_{st,0}$、$h_{st,c}$ 分别为汽轮机进出口蒸汽焓值，kJ/kg；α_{rh} 为再热情况下的再热蒸汽份额；Δh_{rh} 为再热蒸汽再热前后焓增，kJ/kg；α_j 为第 j 级抽汽份额；$h_{st,j}$ 为第 j 级抽汽焓增，kJ/kg。

2.2.3.2 热电联产机组模型求解

基于上一小节给出的燃煤热电联产机组中各单元机理模型，同样需要建立系统求解方程以获得各子系统之间的组合工况特性以及生产负荷和需求负荷之间的平衡特性。由于燃煤机组热力系统包含回热、再热、供热抽汽等结构，系统拓扑结构复杂，因此这里采用基于图论的方法进行系统平衡求解。

用关联矩阵 $\boldsymbol{T}$ 表示热力系统中任意设备 V_m 与管道 E_n 之间的连接关系，矩阵的“行号”对应设备号，“列号”对应管道号，$\boldsymbol{T}$ 为 $M\times N$ 阶矩阵，其中的元素 T_{mn} 定义如下：

$$T_{mn}=\begin{cases}1 & \text{若管道 } n \text{ 内工质流向设备 } m \\ -1 & \text{若管道 } n \text{ 内工质从设备 } m \text{ 流入} \\ 0 & \text{若管道 } n \text{ 与设备 } m \text{ 不相连}\end{cases} \tag{2-46}$$

通过关联矩阵 $\boldsymbol{T}$ 可以对任意结构的热力系统的连接方式进行清晰的表述。

用列向量 $\boldsymbol{D}$ 表示各设备的净质量流量，值为正表示净质量流量流出，值为负表示流入。

$$\boldsymbol{D}=[d_1,\cdots,d_m,\cdots,d_M]^{\mathrm{T}} \tag{2-47}$$

各设备与环境的能量交换用列向量 $\boldsymbol{q}$ 表示，值为正表示净热量输出，为负表示净热量输入。

$$\boldsymbol{q}=[q_1,\cdots,q_m,\cdots,q_M]^{\mathrm{T}} \tag{2-48}$$

以 m_n 表示管道内的质量流量，则各管道内的流量分布用列向量 $\boldsymbol{m}$ 表示如下：

$$\boldsymbol{m}=[m_1,\cdots,m_n,\cdots,m_N]^{\mathrm{T}} \tag{2-49}$$

以 h_n 表示管道内工质的给值，则各管道内的工质焓值分布用对角矩阵 $\boldsymbol{H}$ 表示如下：

$$\boldsymbol{H}=\mathrm{Diag}[h_1,\cdots,h_n,\cdots,h_N] \tag{2-50}$$

热力系统求解的基本原则是要满足每个节点处的能量和质量平衡。表示为矩阵形式：

$$\boldsymbol{T}\cdot\boldsymbol{m}=\boldsymbol{D} \tag{2-51}$$

$$\boldsymbol{T}\cdot\boldsymbol{H}\cdot\boldsymbol{m}=\boldsymbol{q} \tag{2-52}$$

通过联立式(2-51)、式(2-52) 即可对热力系统进行系统平衡求解，确定各路管道的流量，从而求出各级抽汽量，完成热力计算。

2.2.4 供热系统储热模型

储热装置一般是指能够短期存储热量的大型蓄热罐。因水的比热容较大，一般被选为存储介质，其存储体积、高度与最大蓄放热能力等主要参数由整个供热系统的需求所决定。

如图 2-3 所示，蓄热罐中由于不同温度的水存在密度差异导致冷热水分层运行[7]，其中温度高的供水处于蓄热罐上部区域，而温度低的回水处于蓄热罐下部区域，在冷热水之间存在 1～2m 的过渡层。蓄热状态时，热水从蓄热罐上部区域进入罐内而将相同质量的冷水从蓄热罐底部排出；放热过程中，则按照相反的方向流水。为了防止储热罐内冷热水层的混合，即维持过渡层的稳定，必须控制进入、流出的水流量从而保障储热装置的可靠运行。

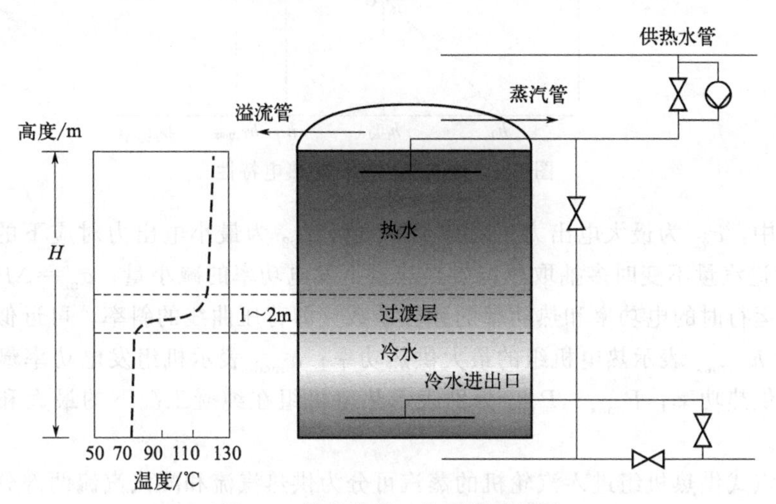

图 2-3　储热装置工作原理示意图

为满足负荷调度需求，储热装置一般建设在供热系统的热源侧，连接在热电厂与供热网络之间，承压式蓄热罐在热电厂中配置方案如图 2-4 所示。

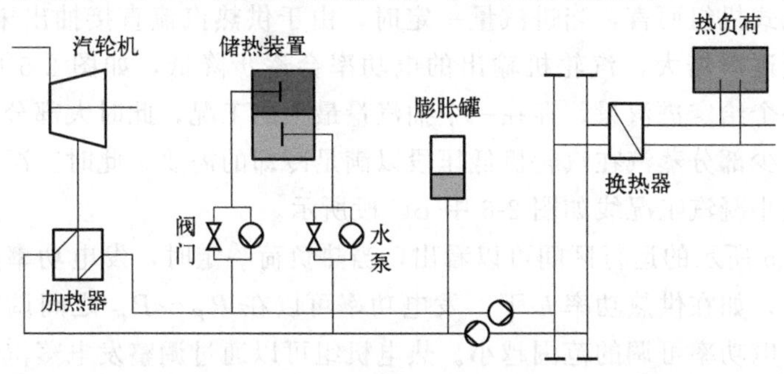

图 2-4　承压式蓄热罐在热电厂中的配置

热电机组的运行特性由机组的发电功率 P 和对外供热功率 h 间的耦合关系所决定[8]，通过分析原热电机组与配置储热后系统的热电特性可以很好地体现储热装置的灵活运行能力。未配置储热装置的抽汽式机组热电特性如图 2-5 所示。

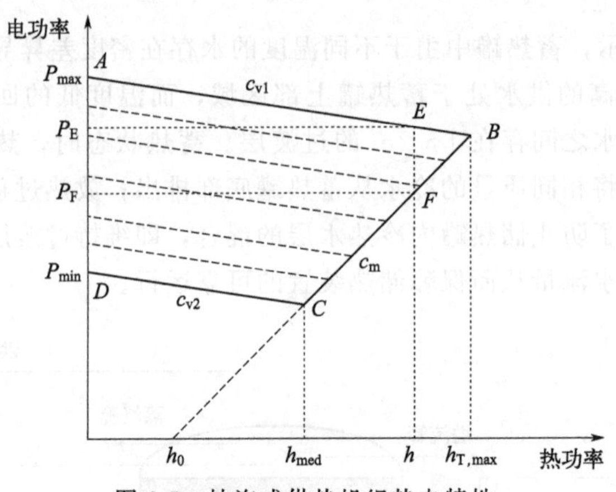

图 2-5　抽汽式供热机组热电特性

图中，c_{v1} 为最大电出力下对应的 c_v 值，c_{v2} 为最小电出力对应下的 c_v 值，c_v 表示进汽量不变时多抽取单位供热热量下发电功率的减小量；$c_m=\Delta P/\Delta h$ 表示机组运行时的电功率和热功率的弹性系数（即背压曲线的斜率，可近似认为是常数）；$h_{T,max}$ 表示热电机组的最大供热功率；h_{med} 表示机组发电功率最小时的汽轮机供热功率；P_{max}、P_{min} 分别表示热电机组在纯凝工况下的最大和最小发电功率。

抽汽式供热机组进入汽轮机的蒸汽可分为供热汽流和凝汽汽流两部分，供热汽流在汽轮机前半部分做功后，从汽轮机中间抽出用于供热；凝汽汽流经过汽轮机后半部分继续做功，最后被排入凝汽器冷却。抽汽式机组效率一般低于背压式机组，因为部分汽流进入凝汽器直接凝结为水，损失了部分热量。

对抽汽式机组而言，当进汽量一定时，由于供热汽流直接抽出未用于发电，随着抽汽量逐渐增大，汽轮机输出的电功率会逐步降低，如图 2-5 中斜虚线所示。对于一个给定进汽量，存在一个抽汽量最大的工况，此时大部分蒸汽被抽出用于供热，少部分蒸汽在汽轮机低压段以满足冷却的需要，此时工况更接近于背压工况，最小凝汽工况线如图 2-6 中 BC 段所示。

由图 2-5 所示的运行区间可以看出，当热负荷一定时，发电功率具有一定范围的可调性，如在供热功率 h 下，发电功率可以在 $P_E \sim P_F$ 之间调节，但供热功率越大，电功率可调的范围越小。热电机组可以通过调整发电蒸汽量来改变汽轮机输出的电功率，但随着抽汽量增大，凝汽发电蒸汽比例降低，因此电负荷调节范围减小。抽汽式机组的热电特性可以描述为：

$$\begin{cases}\max\{P_{\min}-c_{v2},c_m(h-h_0)\}\leqslant P\leqslant P_{\max}-c_{v1}h\\0\leqslant h\leqslant h_{T,\max}\end{cases}\tag{2-53}$$

抽汽式机组的热电特性在配置储热装置后会发生很大的变化。设储热装置的设计最大蓄、放热功率分别为 h_{cmax}、h_{fmax}，当电负荷一定时，通过储热装置放热，其整体的最大供热功率 h 会更大，在原来的基础上提高 h_{fmax}，如图 2-6 所示，AB 段和 BC 段整体向右偏移一部分。图中，$h_J=h_{\mathrm{med}}+h_{\mathrm{fmax}}$，$h_K=h_{\mathrm{med}}-h_{\mathrm{cmax}}$，$h_{H_1}=h-h_{\mathrm{fmax}}$。另外，当电负荷在 $P_{\min}\sim P_C$ 之间时存在最小热负荷（图 2-6 中 CD 段），配置储热后的最小热负荷向左平移 h_{cmax}。配置储热装置后热电机组的整体运行区间可以用图中 $AGIJKLA$ 围成的区间表示。

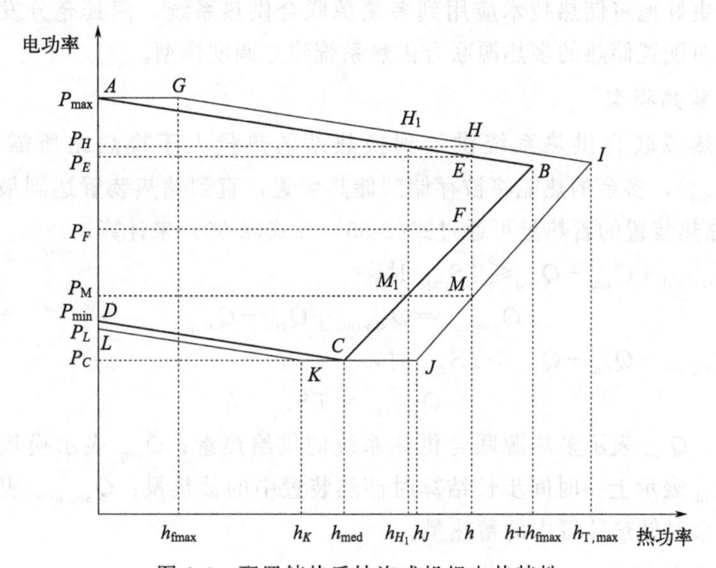

图 2-6 配置储热后抽汽式机组电热特性

如图所示，当热负荷 h 一定时，机组电负荷在配置储热前可在 $P_F\sim P_E$ 之间调节，而配置储热后，电负荷调节范围增大至 $P_M\sim P_H$，而供热不足或供热剩余部分，通过储热装置放热补偿或蓄热吸收来维持总热负荷的稳定，从而提高了热电机组的调节能力。配置储热后机组的热电特性可以描述为：

$$\begin{cases}\max\{P_{\min}-c_{v2},P_{\min}-c_{v2}h_{\mathrm{med}},c_m(h-h_{\mathrm{fmax}}-h_0)\}\leqslant\\P\leqslant\min\{P_{\max}-c_{v1}(h-h_{\mathrm{fmax}}),P_{\max}\}\\0\leqslant h\leqslant h_{T,\max}+h_{\mathrm{fmax}}\end{cases}\tag{2-54}$$

供热系统配置储热的优点很多，一方面可以适应实时电价、峰谷电价等市场环境，在电价低的时段减少机组处理，由储热装置补偿供热不足部分，从而提高热电厂的经济效益；另一方面也可以使热负荷的波动减小，在热负荷较低时段蓄热，减少热源停机，而在峰荷时由储热削峰，提高供热系统的经济效益。

配置储热的多源互补智慧供热系统具有更大的运行灵活性，在运行过程中生产时间则不再受热负荷的实时限制，只需保证在一定周期内生产的热能等于该周期内热负荷消耗的热能。

供热系统配置储热后还可以为风电等可再生能源提供上网空间。通过配置储热改变热量的生产时间，在非弃风时段热电机组的热出力高于承担的热负荷，储热装置吸收多余热量进行蓄热；而在弃风时段，机组热出力降低，由储热装置提供供热不足部分，降低机组在波谷时段以热定电的最小出力，提高机组的调峰能力从而为风电提供上网空间。

为了更好地将储热技术应用到多热源联合供热系统，使其充分发挥自身优势，需要对配置储热的多热源联合供热系统建立调度模型。

（1）蓄热模型

当多热源联合供热系统供给到换热站的热量大于换热站所需的热量时（$Q_{rec}>Q_{req}$），多余的热能将被存储到储热装置，直到储热装置达到最大热容量 TS_{cap}。储热装置的蓄热量可通过式(2-55）和式(2-56）来计算。

当 $Q_{sto\text{-}old}+Q_{rec}-Q_{req}\leqslant TS_{cap}$ 时，

$$Q_{sto\text{-}new}=Q_{sto\text{-}old}+Q_{rec}-Q_{req} \tag{2-55}$$

当 $Q_{sto\text{-}old}+Q_{rec}-Q_{req}>TS_{cap}$ 时，

$$Q_{sto\text{-}new}=TS_{cap} \tag{2-56}$$

式中，Q_{rec} 表示多热源联合供热系统的供给热量；Q_{req} 表示换热站所需热量；$Q_{sto\text{-}old}$ 表示上一时间步长结算时储热装置中的蓄热量；$Q_{sto\text{-}new}$ 表示当前时间步长结束时储热装置中的蓄热量。

（2）放热模型

当多热源联合供热系统供给到换热站的热量小于换热站所需的热量时（$Q_{rec}<Q_{req}$），则只要储热装置内的热量可用，将从储热装置中释放热量来补充不足部分，放热量通过下式来计算：

当 $Q_{sto\text{-}old}+Q_{rec}-Q_{req}\geqslant 0$ 时，

$$Q_{sto\text{-}new}=Q_{sto\text{-}old}+Q_{rec}-Q_{req} \tag{2-57}$$

当 $Q_{sto\text{-}old}+Q_{rec}-Q_{req}<0$ 时，

$$Q_{sto\text{-}new}=0 \tag{2-58}$$

如果多热源联合供热系统供给到换热站的热量等于换热站所需的热量（$Q_{rec}=Q_{req}$），则储热装置既不会蓄热，也不会放热：

$$Q_{sto\text{-}new}=Q_{sto\text{-}old} \tag{2-59}$$

(3) 储热装置传递给热用户的热量

在给定时间段内，从储热装置输送到换热站的热量 Q_{TS} 可由下式进行计算。

当 $Q_{sto\text{-}old}-Q_{sto\text{-}new}>0$ 时，

$$Q_{TS}=Q_{sto\text{-}old}-Q_{sto\text{-}new} \tag{2-60}$$

$$Q_{TS,max}=Q_{sto\text{-}old} \tag{2-61}$$

当 $Q_{sto\text{-}old}-Q_{sto\text{-}new}\leqslant 0$ 时，

$$Q_{TS,max}=0 \tag{2-62}$$

2.3 智慧供热系统“源-网-荷”协同多目标运行

2.3.1 智慧供热系统多目标优化指标体系构建

根据多目标优化指标体系的构建原则[9]和目前我国多源互补智慧供热系统的发展情况，并参考文献［10，11］的相关研究，本章提出采用经济、能源及环境三个因素作为多源互补供热系统多目标优化的一级指标，其中经济和环境还包括相对应的二级指标，经济指标中包括能源消耗以及费用年值，环境指标中包括 NO_x、SO_2、CO_2 以及$PM_{2.5}$ 排放所造成的影响，如表 2-1 所示。

表 2-1 多源互补智慧供热系统多目标优化指标

一级指标	二级指标	含义或描述
经济(C_1)	能源消耗(C_{11})	系统或设备的能源消耗量
	费用年值(C_{12})	设备寿命期里的年费用，包含初投资和运行费用
能源(C_2)	能源政策(C_{21})	能源政策是否支持系统或设备的发展
环境(C_3)	NO_x 影响(C_{31})	NO_x 是造成酸雨的主要原因
	SO_2 影响(C_{32})	SO_2 是造成空气污染的主要物质之一
	CO_2 影响(C_{33})	CO_2 是导致全球变暖的重要原因之一
	$PM_{2.5}$ 影响(C_{34})	$PM_{2.5}$ 可被人体吸入，对健康影响较大

图 2-7 为根据表 2-1 建立的多源互补智慧供热系统多目标优化指标体系，采用递阶层次结构，包含目标层、准则层、指标层和方案层。目标层即实现多源互补城市系统的多目标优化，准则层为研究该问题所考虑的经济、能源、环境三个重要因素，指标层为三个因素下具体的二级指标，方案层为总负荷一定时，多源互补供热系统的负荷分配方案。

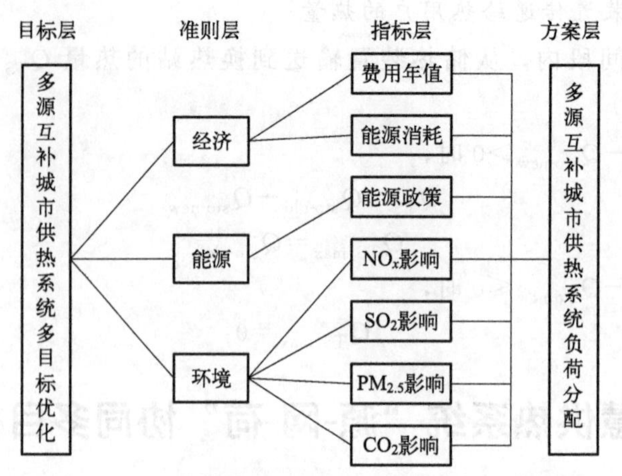

图 2-7　多热源联合供热系统多目标优化指标体系

2.3.2　智慧供热系统多目标优化指标权重确定

2.3.2.1　多源互补智慧供热系统指标权重确定

针对多源互补智慧供热系统，利用图 2-7 所示的指标体系，进行权重判断矩阵的分析与确定。本章采用自上而下的方法来确定各指标的权重，即先对一级指标进行权重分析，后对二级指标进行分析，通过它们的层次关系得到各个底层指标的全局权重[12]。通过判断矩阵权重向量的一致性检验，将满足一致性的权重向量的并集作为权重可行域，从而防止判断信息的丢失产生权重误差。

(1) 一级指标权重

一级指标的咨询和调研得到 6 个判断矩阵，其中 5 个满足一致性。通过这 5 个判断矩阵进行计算，一级指标权重可行域如图 2-8 所示。

(2) 二级指标权重

经济和环境指标均含有子指标，可以对它们的子指标开展如一级指标类似的权重分析，得到各自的权重可行域，如图 2-9 所示。

(3) 全局权重

对于多源互补智慧供热系统指标体系而言，有局部和全局权重的区分。局部权重是指一个子指标的权重是相对于其父指标进行计算，因此一级和二级权重分析均为局部权重分析；全局权重表示子指标或底层指标相对于目标层进行计算，在实际优化中，全局权重的意义更大。本章所研究的多源互补智慧供热系统的全局权重结果如表 2-2 所示。

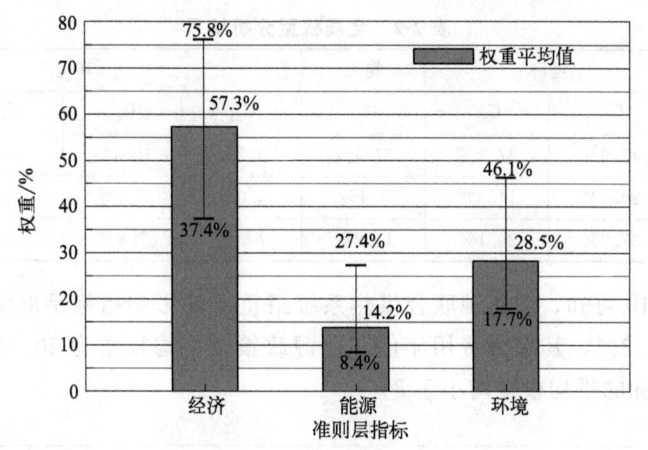

图 2-8 一级指标权重可行域

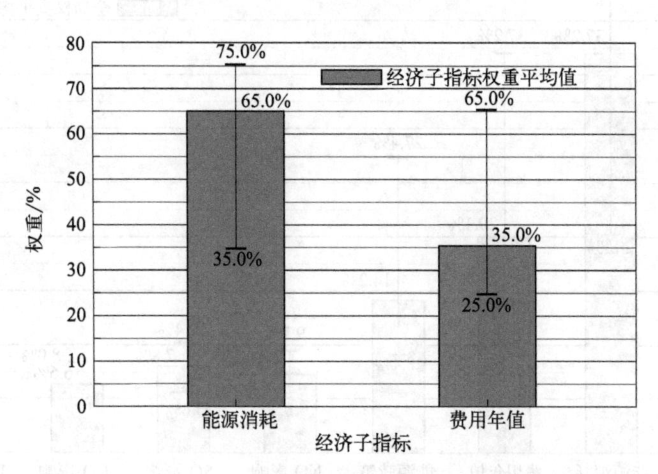

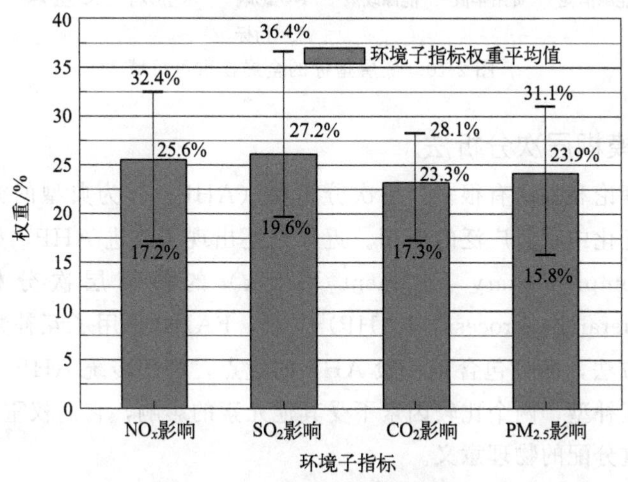

图 2-9 二级指标权重可行域

表 2-2　全局权重分析结果

一级指标	经济		能源	环境			
二级指标	C_{11}	C_{12}	C_{21}	C_{31}	C_{32}	C_{33}	C_{34}
权重上限	43.0%	37.2%	27.4%	9.2%	10.4%	8.0%	8.9%
权重下限	20.1%	14.3%	8.4%	5.0%	5.6%	5.0%	4.5%
权重平均值	37.2%	20.1%	14.2%	7.3%	7.8%	6.6%	6.8%

由图 2-10 可知，多热源联合供热系统最重要的影响指标是能源消耗，其平均权重达 37.2%，其次为费用年值和能源政策，平均权重为 20.1%和 14.2%，其余四个指标的平均权重均小于 8%。

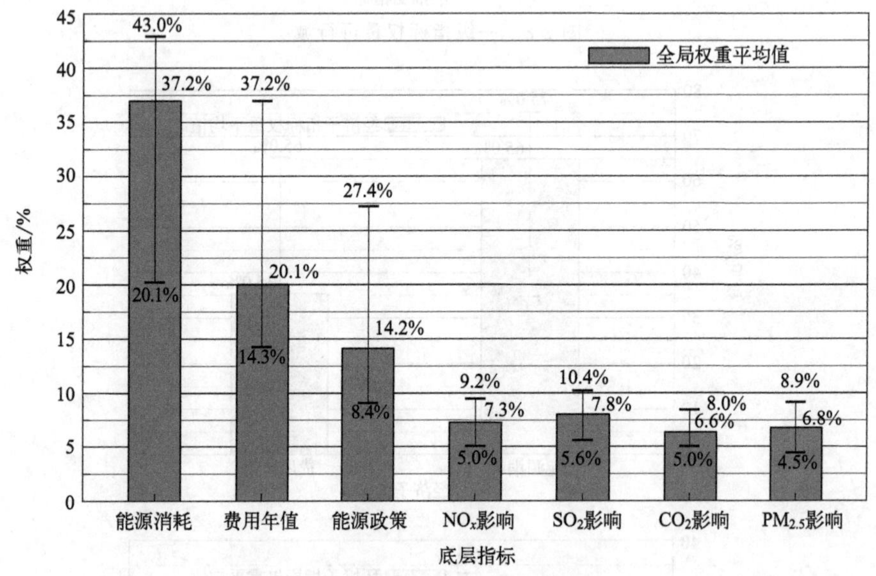

图 2-10　底层指标的全局权重可行域

2.3.2.2　模糊层次分析法

赋权的理论和方法有很多，层次分析法（AHP）作为典型的方法之一在供热系统综合优化中有着广泛的应用。近年来还出现了改进 AHP，如基于互补判断矩阵（Complementary Judgment Matrix）的模糊层次分析法（Fuzzy Analytical Hierarchy Process，FAHP）[13,14]。FAHP 采用了互补判断矩阵元素两两比较的方法，而且包含了一般 AHP 的优点，即把传统 AHP 互反的判断矩阵元素改为互补型，两个比较因素不受其他元素的影响，它们权重之和为 1，这也更符合权重分配的物理意义。

基于 FAHP 确定权重的基本流程为：依据表 2-3 中的含义分配二元权值，对多源互补智慧供热系统优化指标进行两两比较，构造模糊判断矩阵 **A**。其次，对 **A** 进行一致性检验；再求解满足一致性要求的判断矩阵得到各优化指标的权重向量。

表 2-3　互补判断矩阵的二元标度值

含义	a_{ij}	a_{ji}
i 比 j 一样重要	0.5	0.5
i 比 j 稍微重要(j 比 i 稍微次要)	0.6	0.4
i 比 j 明显重要(j 比 i 明显次要)	0.7	0.3
i 比 j 强烈重要(j 比 i 强烈次要)	0.8	0.2
i 比 j 极端重要(j 比 i 极端次要)	0.9	0.1

表中 a_{ij} 为指标 i 与 j 重要性的二元权分配，a_{ji} 为指标 j 与 i 重要性的二元权分配，i，$j=1$，2，…，n。则互补判断矩阵 **A** 可以表示为：

$$\boldsymbol{A}=\begin{bmatrix} a_{11} & a_{12} & \cdots & a_{1n} \\ a_{21} & a_{22} & \cdots & a_{2n} \\ \cdots & \cdots & \cdots & \cdots \\ a_{n1} & a_{n2} & \cdots & a_{nn} \end{bmatrix} \tag{2-63}$$

设第 i 与第 j 指标权重分别为 w_i 和 w_j，则 a_{ij} 的含义为

$$a_{ij}=\frac{w_i}{w_i+w_j} \tag{2-64}$$

其中，$\forall i=1,2,\cdots,n, a_{ii}=0.5$；$\forall i,j=1,2,\cdots,n$，$a_{ij}=1-a_{ji}$。

若矩阵 $\boldsymbol{A}=(a_{ij})_{m\times n}$ 为某决策者给出的判断矩阵，那么 **A** 称为模糊判断矩阵，$\forall i,j=1,2,\cdots,n$，$0\leqslant a_{ij}\leqslant 1$。

模糊判断矩阵 **A** 为模糊互补判断矩阵，$\forall i,j=1,2,\cdots,n$，$a_{ij}+a_{ji}=1$。

对于模糊互补判断矩阵 $\boldsymbol{A}=(a_{ij})_{n\times n}$，$\forall i,j,k=1,2,\cdots,n$，若有：

$$a_{ik}a_{kj}a_{ji}=a_{ij}a_{jk}a_{ki} \tag{2-65}$$

则称 **A** 具有互补一致性。

当一个判断矩阵不满足一致性时，可以通过模糊互补判断矩阵来判断其是否具有满意一致性。若模糊互补判断矩阵 $\boldsymbol{A}=(a_{ij})_{n\times n}$，$\forall i,j=1,2,\cdots,n$ 不满足一致性，但有

$$\boldsymbol{A}'=(a'_{ij})_{n\times n}, a'_{ij}=a_{ij}\pm p_{ij}, \forall i,j=1,2,\cdots,n \tag{2-66}$$

则称 **A** 具有满意一致性，其中 p_{ij} 为判断矩阵的容许偏差。

2.3.2.3　一致性检验和权重计算

如果判断矩阵不一致，则会造成一定的权重误差。不一致程度越大，误差也将越大。所以需要先进行一致性检验后再确定各优化指标权重向量。本章通过假

设检验的统计方法与加权最小二乘法结合，对判断矩阵进行一致性检验并计算不同指标的权重向量。

假设判断矩阵元素的误差为 p_{ij}，那么其组成的矩阵 $\boldsymbol{E}$ 称为判断矩阵 $\boldsymbol{A}$ 的误差矩阵。

$$w_{ij}=a_{ij}-\frac{w_i}{w_i+w_j} \tag{2-67}$$

式中，w_{ij} 可以视为均值为 0 的随机变量。

根据公式定义误差最优目标函数，

$$\min\Omega=\sum_{i=1}^{n}\sum_{j=1}^{n}[(w_i+w_j)w_{ij}]^2=\sum_{i=1}^{n}\sum_{j=1}^{n}(a_{ij}w_i+a_{ij}w_j-w_i)^2 \tag{2-68}$$

其中，s. t. $w_i>0$，且 $\sum\limits_{i=1}^{n}w_i=1$，$i,j=1,2,\cdots,n$。

通过拉格朗日乘数法求得权重 w，再根据式(2-67)采用 w 反推构造一个互补一致的判断矩阵 $\boldsymbol{A}^*$。通过对矩阵 $\boldsymbol{A}$ 和 $\boldsymbol{A}^*$ 的元素差异进行统计假设检验来进行一致性检验。

计算误差矩阵 $\boldsymbol{E}=\boldsymbol{A}-\boldsymbol{A}^*$：

$$\boldsymbol{E}=\begin{bmatrix} e_{11} & e_{12} & \cdots & e_{1n} \\ e_{21} & e_{22} & \cdots & e_{2n} \\ \vdots & \vdots & \ddots & \vdots \\ e_{n1} & e_{n2} & \cdots & e_{nn} \end{bmatrix} \tag{2-69}$$

式中，e_{ij} 为判断矩阵 $\boldsymbol{A}$ 的误差矩阵元素，$i,j=1,2,\cdots,n$。显然，$\mathrm{diag}(\boldsymbol{E})=(e_{11},e_{ee},\cdots,e_{nn})^{\mathrm{T}}$。矩阵 $\boldsymbol{E}$ 上下三角矩阵元素具有相同的概率分布密度，研究中取统计量为 $\boldsymbol{E}$ 的上三角元素：$\boldsymbol{E}^u=\{e_{ij}\mid i,j=1,2,\cdots,n,\text{且 } i<j\}$。设 $\boldsymbol{E}^u$ 是来自正态总体 $N(\mu,\sigma^2)$ 的一个样本，σ^2 为未知参数。

假设检验的具体步骤如下：

① 提出假设检验。

原假设 H_0：$\mu=0$，即模糊判断矩阵 $\boldsymbol{A}$ 一致；

备择假设 H_1：$\mu\neq0$，即模糊判断矩阵 $\boldsymbol{A}$ 不一致。

② 构造统计量。由于方差未知，故构造新统计量 T 如下：

$$T=\frac{\bar{e}_{ij}-\mu_0}{\sqrt{s^2/n}}=\frac{\bar{e}_{ij}-\mu_0}{s}\sqrt{n} \tag{2-70}$$

式中，$i,j=1,2,\cdots,n$，且 $i<j$，$\bar{e}_{ij}=\dfrac{1}{n}\sum e_{ij}$，$\mu_0=0$，$s=\sqrt{\dfrac{1}{n-1}\sum(e_{ij}-\bar{e}_{ij})^2}$，在 H_0 为真时，有 $T\sim t(n-1)$。

③ 按给定的显著性水平 α 和自由度 $v=n-1$，查 t 分布双侧分位数表可以定出临界值 t_α，从而确定拒绝域，如图 2-11 所示。一般给定显著性水平可以取为 0.05（双侧）。

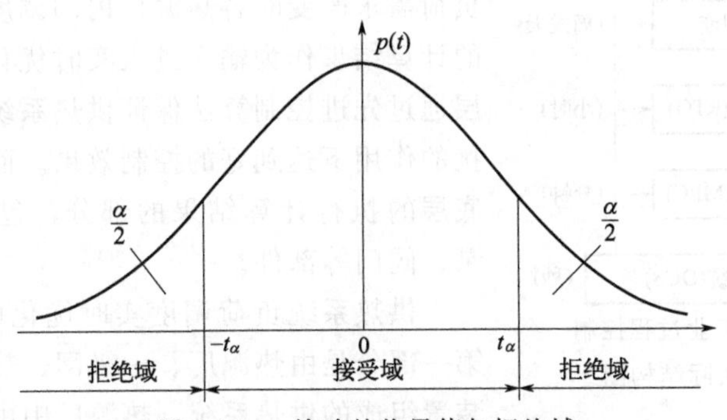

图 2-11　t 检验的临界值与拒绝域

④ 将统计量 T 与临界值 t_α 比较做出如下判断：

当 $|T|>t_\alpha$，拒绝原假设 H_0，此时认为判断矩阵 $\boldsymbol{A}$ 不一致；

当 $|T|\leqslant t_\alpha$，接受原假设 H_0，此时认为判断矩阵 $\boldsymbol{A}$ 一致。

此外，在已知决策容许偏差 p_{ij} 的情况下，还可以通过式(2-71) 检验判断矩阵是否满足满意一致性。

$$\max(|e_{ij}|)\leqslant p_{ij}, i,j=1,2,\cdots,n \tag{2-71}$$

若式(2-71) 成立，则满足满意一致性。

2.3.3 供热系统“源-网-荷”协同多目标实时优化模型

2.3.3.1 供热系统运行调度实时优化结构

多源互补智慧供热系统相比于传统的单一热源供热系统而言，热负荷需求是通过多台机组之间的相互配合来共同满足的，因此每台机组的负荷调整也更为灵活。不同形式机组之间互补进行供热，首先需要考虑的是能源供应的安全稳定性，这就需要充分考虑每台机组的负荷调节能力、升降负荷速率等约束因素。对于多源互补城市供热管网，还需要考虑管网输配能力的约束。在确保安全的前提下，不同供热机组的燃料价格和效率各异。通过优化组合和负荷分配，以实现系统整体经济性的最优。

为了满足频繁的负荷调度需求，要求现在供热企业在进行生产时，采用更有效、更先进的优化控制策略应用到与其相关的工业设备当中，过程的操作性能的提高能够给企业的生产带来巨大的经济利益。

在供热系统负荷调度过程中，整个操作管理流程大致可以分成计划调度层、实时优化层、先进控制层和常规控制层。实际工业生产过程中整体的优化与控制系统如图 2-12 所示。

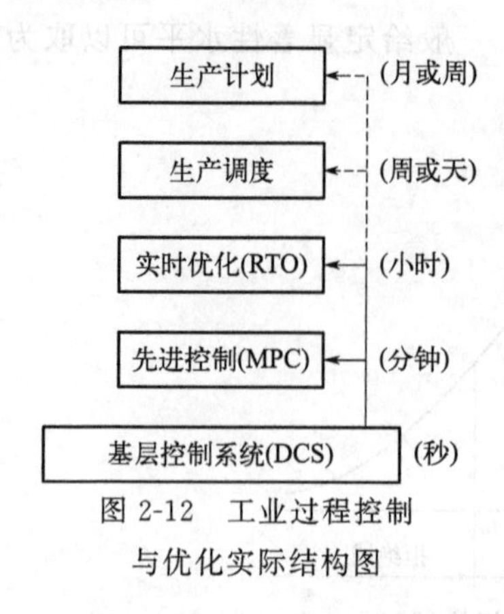

图 2-12 工业过程控制与优化实际结构图

计划调度层处理的大多是离散、线性的问题，包括基于供热系统历史数据的负荷预测以及负荷需求改变时各热源厂内的调度分配问题，它的计算结果作为输入进入实时优化层。先进控制层通过先进控制算法保证供热系统在有滞后、干扰的作用下达到好的控制效果。而常规控制层是底层的执行计算结果的部分，包括各热力站的泵、阀门等部件。

供热系统负荷调度实时优化由三部分组成：第一部分是由热源厂、一级网、热力站以及储热装置组成的供热系统，热源厂中由多个热源互补协同供热；第二部分是监测与控制系统，包括热源厂 DCS（集散控制系统）、一级网 SCADA（数据采集与监视控制）系统、热力站 SCADA 系统以及储热装置 SCADA 系统，通过状态感知与监测采集数据，并控制供热系统的协同运行；第三部分为调度实时优化系统，通过监测与控制系统的数据采集实现“源-网-荷-储”全过程的实时模拟，并基于历史数据进行负荷预测，通过优化算法进行负荷调度模型求解，从而实现多源互补供热系统负荷调度实时优化。在系统工程层面，每 30～120min，依据变化的工况，提供“源-网-荷-储”全过程协同调度与控制的实时优化方案，实现供热系统自感知、自分析、自优化、自调节的智慧化运行。

实时优化基于稳态模型实时执行商业决策，其执行过程可简单描述为：当过程处于稳态时，对现场数据进行数据核实和数据校正，并依据校正后的数据修改更新稳态模型的参数，然后利用该模型进行优化计算，将优化得到的最优设定值传递给下层的控制系统。当过程再次达到稳态工作点时，开始进行下一轮的数据核实、校正、模型修正、优化，如此循环往复。其实时优化系统结构图如图 2-13 所示。

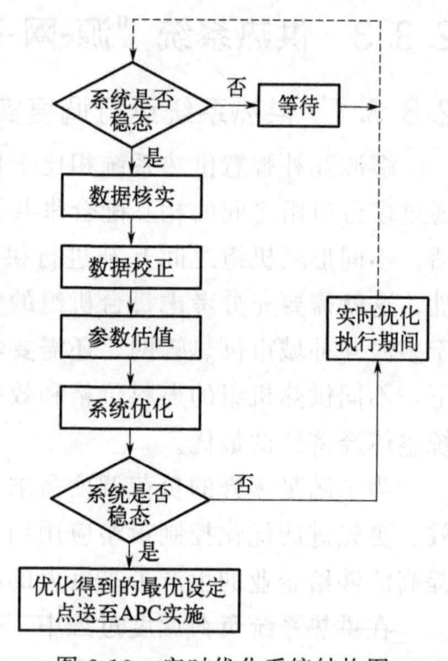

图 2-13 实时优化系统结构图

目前，实时优化技术实际上是将上层的稳态优化与下层的动态控制问题分开解决，也就是用先进控制手段和基层控制系统将整个装置控制在要求的工艺规定和约束附近，进而采用数据校正软件处理采集到的工艺数据，然后把校正后的数据放入实时数据库进行管理。上层的优化模型为稳态模型，因此优化运算是在工业过程基于次稳态的前提假设下执行的。其中优化模型包括优化过程的目标函数和约束条件。对于多源互补智慧供热系统，目标函数可以设定为经济效益最大化和环境效益最高等，约束条件包括热源侧负荷约束和供热管网输配能力约束。优化计算就是通过粒子群算法[15]，在满足约束条件的前提下通过改变各个决策变量来使供热系统目标函数达到最大[16]。

对于城镇复杂供热系统，热力站的反馈控制调节，因受其他热力站调控的干扰和影响，调节过程易发生振荡，无法保障运行过程的稳定性。在实际运行中，为了保证可以实现实时优化精准调控，需要在实时优化调度基础上建立供热系统一级网运行调度实时优化流程。这一流程可简述如下。

① 供热系统建模：构建供热系统供需平衡分析模型、供热系统实时优化模型及基于深度强化学习的供热系统负荷实时优化模型，实现供热系统的实时映射。

② 供热系统状态预测：根据供热系统模型，在已知当前系统状态和源侧设备调控动作、网侧调控动作的前提下，计算未来一定时域内的供热系统状态，包括热源设备出力情况、热网各节点温度、压力、流量等。

③ 供热系统调控动作优化：构建一个以供热系统安全、可靠、节能、舒适运行为目标，同时调控动作变化最小的供热系统优化问题，在满足用户需求、源侧设备出力限制、管网运行限制等约束条件的前提下，以未来一定时域的系统状态为输入，求解出供热系统实时优化调度决策方案。

④ 供热系统优化运行调控：根据优化结果，输出所解得控制序列的第一个时间点的调控策略，生成实时控制参数，并下发至供热系统下位控制模块执行控制。在下一采样时刻，重复上述过程，用新的测量值（管网温度压力流量测量值、源侧机组实际出力值）重新求解优化问题，并再次将得到的控制序列的第一组调控策略作用于供热系统，如此不断进行时域上的滚动，完成按需精准控制。

如图 2-14 所示为供热系统一级网运行调度实时优化结构示意图。其中，整个调度周期时长为 24h，预测时域为 4h，执行控制时间为 15min。调度中心依据热力站需求负荷影响数据、源侧出力数据和热源到热力站之间的温度滞后时间数据等，预测未来 4h 内的热力站负荷数据，并制定源侧出力计划、热力站负荷优化分配方案以及泵阀控制参数调整计划，但系统仅执行第 15min 内的供热系统调度计划；在下一个调度周期，调度窗口往前移动一个时间间隔（15min），并基于供热系统的最新运行数据，输出未来多个时间间隔内的调度策略；如此重复滚动，每次执行第 15min 的调度计划，直至完成整个调度周期内所有时段的调度计划。

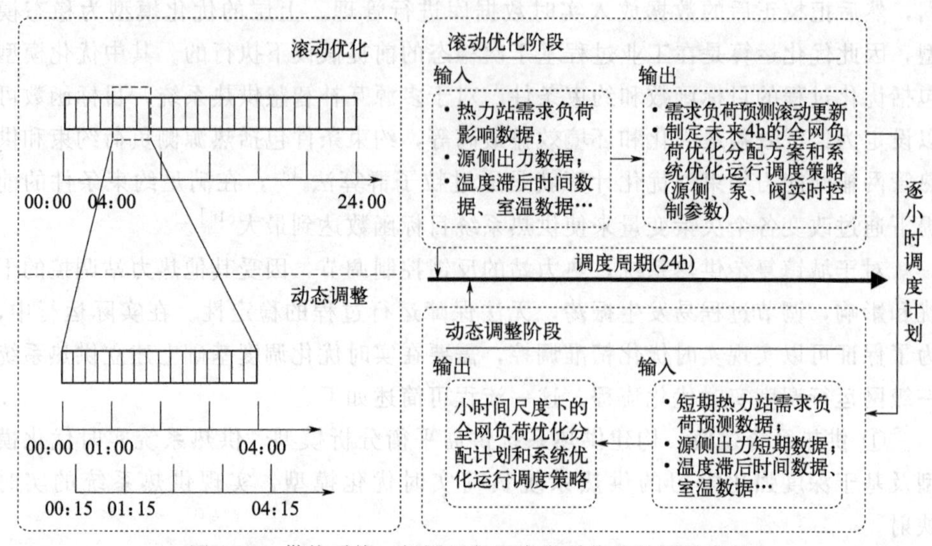

图 2-14 供热系统一级网运行调度实时优化结构示意图

2.3.3.2 供热系统运行调度目标函数

经济效益是能源生产企业首要关注的目标，不考虑系统的固定投资费用，影响多源互补供热系统经济效益的主要因素有供热收益和燃料成本，在包含热电联产机组的多热源联合供热系统中，供电收益也是影响系统经济效益的一个主要因素。对于不同的燃料，它们的价格有所不同，供热成本也有较大的差异，可采用如下函数表示系统运行经济效益：

$$\max F_1=\max\left[\sum_{k=1}^{K}T(E_kP_{ek}+D_kP_{hk}-f_kC_k)\right] \tag{2-72}$$

式中，K 为参与联合供热的热源数量；E_k 为热源 k 在调度周期内的发电功率，MW；D_k 为热源 k 在调度周期内的供热热水量，t/h；T 为调度周期时长，h；C_k 为热源 k 所使用的燃料价格，元/t 或元/m^3；P_{ek} 为热源 k 的上网电价，元/kWh；P_{hk} 为热源 k 的供热收益，元/t；f_k 为热源 k 的燃料消耗量，t/h 或 m^3/h。

式(2-72) 中热源 k 的燃料消耗量 f_k 对不同类型的热源计算方法有所不同，对于燃气锅炉而言，影响热源燃气消耗的因素即为供热负荷，故燃气热水锅炉燃料消耗量可以表示为关于 D_k 的函数：

$$f_k=f_k(D_k) \tag{2-73}$$

而对燃煤热电联产机组而言，影响机组煤耗的因素为供热负荷 D_k 和汽轮机发电量 E_k，故燃煤热电联产机组燃料消耗量可以表示为关于 D_k 和 E_k 的函数：

$$f_k=f_k(D_k,E_k) \tag{2-74}$$

在实际优化过程中，必须考虑优化变量自身的取值范围和变量之间的相互制约关系，这样优化所得到的结果才是有实际意义的。多源互补智慧供热系统源侧主要的约束条件如下。

(1) 热负荷平衡约束

$$\sum_{k=1}^{K} D_k = D_0 \tag{2-75}$$

式中，D_0 为整个多源互补供热系统的热负荷需求；D_k 为第 k 个热源所能提供的热量。热源厂除需满足热用户总的热负荷需求外，还必须满足供热管网的输配能力。热源间负荷分配对管网输配的影响，将在下文中进行分析。

(2) 热负荷变化范围约束

$$D_k^{\min} \leqslant D_k \leqslant D_k^{\max} \tag{2-76}$$

式中，D_k 表示热源 k 的热负荷，上标 min 和 max 分别表示热源 k 所能提供的最小、最大热负荷。$D_k^{\max}$ 取决于热源的设计容量，$D_k^{\min}$ 是指热源能够连续、安全、稳定运行时所能提供的最低热负荷。热电厂锅炉所允许的最低负荷一般为额定负荷的 60%～70%，最低也可以达到 40%～50%。

(3) 机组升降负荷速率约束

$$\frac{|D_{k,T+1} - D_{k,T}|}{\Delta T} \leqslant \delta_{Dk} \tag{2-77}$$

式中，ΔT 为调度周期时间间隔；δ_{Dk} 表示热源 k 所能承受的最大热负荷升降速率。

大型热电联产机组负荷升降速率主要取决于锅炉和汽轮机的性能，若升降负荷速率过快，锅炉内的汽包等受热面会产生过大的热应力，降低锅炉使用寿命，严重时甚至引发安全事故，因此受热面的升温速率要控制在 1.5～2℃/min。对汽轮机而言，升降负荷速率过快会导致汽轮机汽缸的上下及内外表面温差过大、汽轮机热应力过大等情况，因此大中型的汽轮机升降负荷速率一般要控制在 1%/min～1.5%/min 以内，才能确保机组安全。

2.3.3.3 供热系统多目标实时优化模型

对于含有 k 个热源和 n 个指标的多热源联合供热系统负荷分配的多目标优化问题，当总负荷 D_0 一定时，$D=[d_1, d_2, \cdots, d_k]$，其中，$d_1+d_2+\cdots+d_k=D_0$。不同的负荷分配方案对应于每一个指标都有不同的函数值，其指标表现值矩阵如下：

$$\begin{aligned} & \qquad\qquad\quad\; Y_1 \qquad\quad Y_2 \qquad \cdots \qquad Y_n \\ \boldsymbol{X} &= [x_i]_n = [F_1(D) \quad F_2(D) \quad \cdots \quad F_n(D)] \\ C_i &= F_i(D) \end{aligned} \tag{2-78}$$

式中，$F_i(D)$ 表示第 i 个指标对应的目标函数值；C_i 表示第 i 个指标。

多源互补供热系统指标体系中包含效益型（越大越好型）和成本型（越小越好型）两类指标，它们还具有不同的量纲和数量级，直接比较相对困难，故所有的指标表现值都必须经过标准化后才能进行优化计算。标准化过程如式(2-79)和式(2-80) 所示。

如果 C_i 是效益型指标，则：

$$\overline{F}_i(D)=\frac{F_i(D)-F_i(D)_{\min}}{F_i(D)_{\max}-F_i(D)_{\min}} \tag{2-79}$$

如果 C_i 是成本型指标，则：

$$\overline{F}_i(D)=\frac{F_i(D)_{\max}-F_i(D)}{F_i(D)_{\max}-F_i(D)_{\min}} \tag{2-80}$$

式中，$\overline{F}_i(D)$ 表示 D 在 C_i 标准化后的指标表现值；$F_i(D)_{\max}$ 表示 D 在 C_i 上的最大值；$F_i(D)_{\min}$ 表示 D 在 C_i 上的最小值。

对多源互补智慧供热系统的经济、能源、环境等各指标进行标准化，标准化后的判断矩阵如下：

$$\begin{matrix} & & C_1 & C_2 & \cdots & C_n \end{matrix}$$

$$\overline{\boldsymbol{X}}=[\overline{x}_i]_n=\left[\overline{F}_1(D)\quad \overline{F}_2(D)\quad \cdots \quad \overline{F}_n(D)\right] \tag{2-81}$$

可以得出如图 2-10 所示的各底层指标的权重可行域，根据表 2-2 全局权重分析结果，构建多源互补智慧供热系统各底层指标的权重矩阵：

$$\boldsymbol{W}=[\omega_1,\omega_2,\cdots,\omega_n] \tag{2-82}$$

故多源互补供热系统多目标优化效用函数如下：

$$G(D)=\boldsymbol{X}\cdot\boldsymbol{W}^{\mathrm{T}}=\sum_{i=1}^{n}\omega_i Y_i \tag{2-83}$$

2.4 大型智慧供热系统一级网调控技术

2.4.1 大型智慧供热系统一级网优化调度总体框架

本章基于物理信息系统提出了多热源联网大型供热系统一级网智慧负荷调度技术架构，如图 2-15 所示。

由图 2-15 可知，由 DCS 系统、SCADA 系统以及物联网系统等构成的自动化层进行多热源供热物理系统与多热源供热信息系统之间的连接。系统可以实现多热源供热系统的物联感知、模型仿真、决策优化、精准调控、快速响应等多种功能。通过信息系统对物理系统的模型仿真、智能分析，获得多热源联网集中供

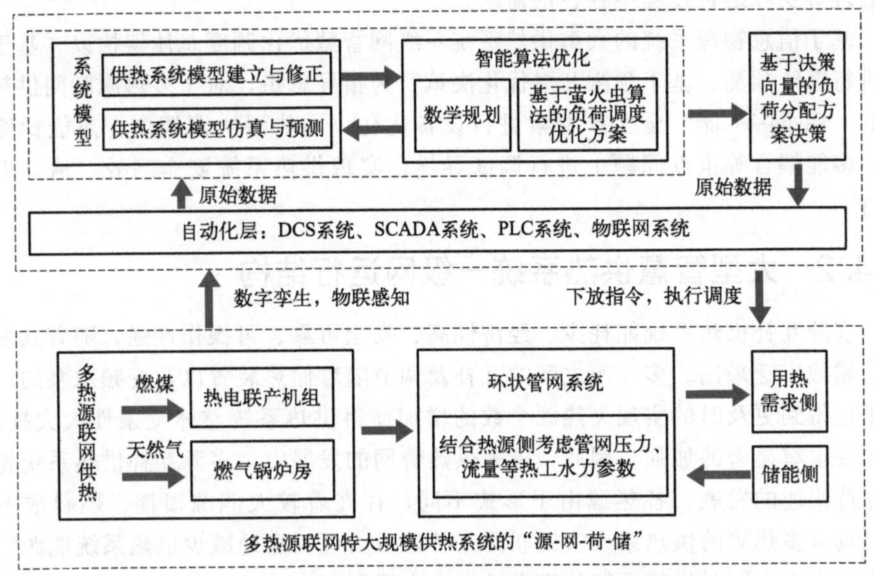

图 2-15　大型供热系统一级网智慧优化调度总体架构

热系统负荷分配调度策略与决策方法，通过对多热源联网供热系统内不同设备下发指令，进行运行调度，确保供热系统整体调度优化，达到运行目标。

基于大型供热系统一级网智慧优化调度总体架构，多热源供热系统模型可支持供热系统进行智能优化、负荷调度计算与决策指令形成。在实际工程实践中，由于设备进行建设时无法对供热系统全方位多设备进行监控测量，因此，针对多热源联网供热系统而言，可以通过软测量的手段，借助供热系统模型进行系统运行态势的精细化测算，系统模型可采用机理与数据建模相结合的方式进行系统描述，辅助计算系统的运行状态与热工水力参数。而对于部分无法进行直接测量的复杂设备而言，可以基于历史大数据与人工智能，结合先进智能算法进行数据建模，完成设备的数据辨识工作，方便运行人员对设备进行调度。物理系统与信息系统的互联互通构建了实际供热系统与其数字孪生系统的相互映射，可支撑系统进行全设备、全时段、多任务工况下的供热系统数据监控与采集。

在充分采集供热系统数据的基础上，多热源供热系统模型可利用先进算法对系统的经济性、安全性、调度快速响应等多维度开展调度优化。由于多热源供热系统在实际调度运行时具有时延性高、工况变化快速、耦合性强的特点，进行供需匹配时还要考虑时间、空间匹配，多目标优化冲突等问题，并涉及多热源生产、热能输送、热能消费、热能存储等全流程协调。在此基础上，需要结合多热源供热系统进行模型预测，利用智能优化算法、先进决策方案进行运行调度方案寻优与决策，从而支撑供热系统满足系统供需匹配、热工水力工况平衡、应急工况处理等实际运行过程中存在的需求。

基于信息物理系统的大型供热系统一级网智慧优化调度总体架构以“基于模型进行系统预测，基于预测开展优化决策”为指导思想，对于多热源联网供热系统的“源-网-荷-储”全生产要素进行设备优化，在热源协调调度、热能梯级利用、多能耦合等重点问题上进行调度寻优，实现供热系统安全高效、清洁低碳运行。

2.4.2 大型智慧供热系统一级网运行结构

多源互补供热系统能耗少、经济性高、安全可靠、可操作性强，随着其发展越来越被广泛采用。多热源之间的互补及调节随着储热装置以及变频水泵的广泛利用也得到更及时的实现。热源个数的增加使得供热系统整体复杂性大大提高，稳定性也有显著的加强。因此，未来供热管网的发展中，多源互补供热系统将一直保持快速的发展。各热源由于形式不同，存在着较大能源损耗、燃料成本差异，具有多热源的供热系统实施联网互补运行，可明显地减少供热系统能源消耗和供热成本，同时供热系统的安全性也大大提高。

如图 2-16 所示，该系统不仅包含燃气锅炉、燃煤热电联产机组等传统型热源，也包含风能、太阳能等波动式新能源热源，储热装置可以提高供热系统的运行灵活性，同时用以消除新能源热源的波动性，为风电等可再生能源提供上网空间。

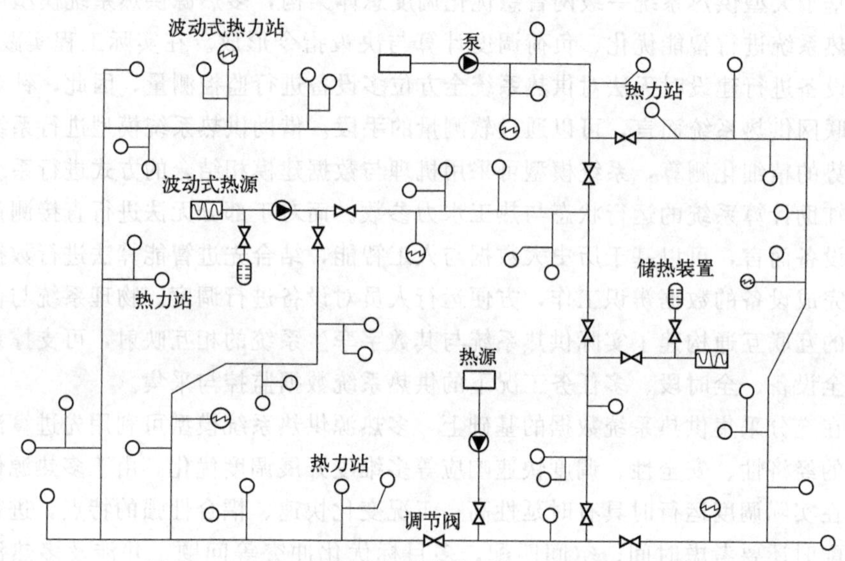

图 2-16 多源互补大型智慧供热系统一级网结构示意图

当燃气热水锅炉和燃煤热电联产机组进行互补联合供热时，系统所产生的热负荷需要与实际的热电负荷相匹配，因此系统需要根据热用户的热负荷需求实时调整机组工况。由于燃气和燃煤机组自身循环效率及工况调节特性不同，也使得两种类型的机组在负荷调节过程中发挥着不同的作用。

整体而言，燃煤机组尤其是600MW以上大型燃煤机组由于锅炉热惯性等因素，负荷调整速度较慢，且热负荷的频繁波动会对大型汽轮机的运行效率和安全稳定性造成影响。因此大型燃煤热电联产机组通常用来保障基本负荷且较少参与调峰。相比较而言，燃气锅炉由于其机组容量较小、启动速度快等特点，常用于参与热负荷的调峰运行。

此外，对于多热源互补的城市供热管网而言，除了满足总的用热负荷和总的供热负荷在数量上的平衡之外，还要通过供水流量的平衡进而确定各热源和各泵站的运行方式，以此达到理想的供热效果。

在总热负荷需求增大时，需要根据供热量平衡陆续投运燃气热水锅炉，与此同时为保证热用户系统有足够循环流量，必须同时进行供水量平衡。在外界环境温度较低时，通风、生活热水供应负荷要求的循环流量减少会导致供热系统总循环流量有所下降，供热负荷需要的循环流量达最大值。在燃气热水锅炉热负荷增大的过程中，主要进行供热负荷的流量平衡，其他热负荷的流量需求由局部量调节进行。一般采用的具体措施有以下三种：

(1) 解网供热

供热系统中的部分区段单独由本区段的燃气锅炉房供热，进而从解网中解出。部分区段成为一个独立的供热系统，在从整体供热管网解出之后还要保证燃气锅炉房的供热量平衡以及循环水量平衡。供热管网的水力工况、热力工况在部分区段从供热管网解出后均发生了很大的变化，这是因为部分区段解网相当于减少了管网的热负荷，这也有利于管网的供热量平衡。对于管网而言，部分区段解网相当于局部系统关闭，此时管网阻力系数增加，总循环流量减少，而与管网相连接的各热用户系统循环流量则有不同程度的增加。管网热用户流量在解网的部分区段处于管网的末端时呈不一致的增加，而当在管网的前端部分区段解网时，则呈一致等比增加。从水力工况分析，后一种解网方式更优。部分区段解网会使管网热用户流量增加，有利于消除热力工况失调。

(2) 回水供热

在区域燃气锅炉房内对供热系统回水干线的部分回水进行二次加热，进而对部分区段供热。回水供热不采取解网方式，它能够使供热系统在减少总流量的情况下减少了并联环路，通过重复利用供热系统的部分回水保持各热用户流量不变。回水供热对供热系统的工况影响较小，因此也被广泛采用。

(3) 并网供热

将部分回水在区域峰荷锅炉房加热后并入供热系统供水干线，实现对下游区段供热。这种供热方式的特点也是减少系统总流量，增加热用户系统流量，只是工况调整比较复杂。

在整个采暖期，随着热负荷的变化，多源互补供热系统的供热量和整个热网的循环流量都会变化。所以在确定多源互补供热的最佳负荷分配时，必须考虑到循环流量的平衡。在环境温度较高时，一般全系统的供热量需求通过基本热源运行即可满足，此时基本热源运行中的主要矛盾常常是循环流量达不到热用户的要求，因此必须采取措施来提高热用户的循环流量。在环境温度较低时，整个系统的供热量也随之增大，此时的供回水温差达到设计温差，但总循环水量却可能有所下降。因此必须适当地增加供热量，减少循环流量以满足热负荷需求。

2.4.3 大型智慧供热系统一级网调度寻优方法

2.4.3.1 大型供热系统一级网负荷调度

(1) 供热系统负荷调度目标函数

与传统的单一热源供热系统相比，多热源大规模城市集中供热系统具有更多的热负荷需求，而满足这些需求则需要通过多个设备单元进行配合，使系统的单个设备调节更加灵活，整个系统的灵活性更高，更好地满足用热需求。在多热源供热系统的不同热源设备进行联合供热时，除了供热系统的经济性，热源的安全性和可靠性是需要首先考虑的因素，并且必须仔细考虑各种约束条件，包括源侧与网侧对供热系统的约束。其次，供热系统调度在满足基本安全要求下，系统内不同形式的热源设备的燃料价格和热源效率会有所差异。系统的整体经济性可以通过热源设备单元的优化组合和适当的负荷分配调节来优化。

经济性是供热系统运营公司最关心的问题之一。在多热源集中智能供热系统中，除了该系统的固定投资成本外，影响多热源联合供热系统经济性的关键因素是供热和燃料成本。在供热系统中，电费收入也是影响系统经济效益的重要因素，此外，由于不同燃料具有不同的价格，同时不同的投入燃料会有不同的投入成本。因此，本章不考虑系统投资的固定成本，多热源联网大型城市集中供热系统的经济效益如下式：

$$\max F_1 = \max\left\{\sum_{k=1}^{K} T\left[E_k P_k - f_k(E_k, D_k) C_k\right]\right\} \tag{2-84}$$

式中，K 为参与优化热源的数量，一般由具体供热系统决定；T 为调度周期时长，由调度运行策略决定，h；E_k 为机组 k 在调度周期内的功率，由实际供热系统运行调度决定，MW；P_k 为对应机组 k 所使用燃料的上网电价，由当地物价决定，元/kWh；$f_k(E_k, D_k)$为机组 k 的燃料消耗量，与机组性能与工况有关，t/h 或 m^3/h；D_k 为机组 k 在调度周期内的能耗量，由该机组承担负荷量决定，t/h；C_k 为机组 k 所使用的燃料价格，由当地物价决定，元/t 或元/m^3。

不同类型的热源所使用的燃料不同，对应的热源燃料消耗量计算方法也有所不同。对于本章所述多热源大规模集中供热系统而言，其热水锅炉燃料消耗量的计算函数如下：

$$f_k = f_k(D_k) \tag{2-85}$$

但是对于燃煤热电联产机组来说，供热负荷 D_k 和汽轮机发电量 E_k 才是对机组煤耗造成巨大影响的因素，基于这样的背景，热源大规模集中供热系统热电联产机组燃料消耗量可由下式计算：

$$f_k = f_k(E_k, D_k) \tag{2-86}$$

在供热发展很长的一段时间内，系统在进行调度优化时，仅仅计算系统初始投资、运行调度成本和维护操作成本等经济性指标，但忽略了供热系统对环境的损害带来的隐性成本，仅仅通过经济性维度无法体现出供热系统多源互补供热的系统优势，在进行供热系统优化时需要展现多热源联网供热系统在清洁、低碳方面的优势。在全球能源清洁化、低碳化发展的宏观背景之下，世界各国都将降低碳排放上升到国家战略层面来看待[17]。但由于世界各国经济发展水平不同，社会意识形态不同，自身所采取的降低碳排放措施也不尽相同。我国政府提出至2030年，国内 CO_2 排放量相比2005年要进一步下降60%～65%，争取尽早实现排放总量达到排放峰值。我国的工业领域正处于快速发展阶段，对能源的需求量较大，能源消耗也一直维持在较高水平，与此同时，我国对于工业领域碳排放的重视程度也日益增加，对于碳排放的限制也日趋增加。而智慧供热系统主要消耗燃料之一——煤是一种含碳量极高的化石燃料，系统所产生的排放物中主要有 CO_2、CO、SO_x、NO_x 与烟尘等污染物，因此，对于供热系统污染物排放的关注与研究是十分有必要的。

多热源联网大型城市集中供热系统热源形式较为多样，其中典型热电联产机组以燃煤为主要燃料，碳排放量相较其他种类如燃气锅炉、热泵等较高。在进行多热源集中供热时，应该充分考虑到热电厂热电联产机组的碳排放问题，并综合调度多种热源，结合供热系统经济性综合考虑，降低供热系统整体碳排放水平。本章针对多热源联网智慧供热系统展开研究，在此基础上提出碳排放指标的目标函数。

多热源联网大型城市集中供热系统碳排放计算公式为：

$$\min F_2 = \min\left[\sum_{i=1}^{M}(E_i QT_i)\right] \tag{2-87}$$

$$QT_i = \sum_{k=1}^{T}(\varepsilon_{i,k} t_{i,k} P_i) \tag{2-88}$$

式中，i 表示能源设备种类，E_i 是单位设备负荷量的碳排放，g/kJ；QT_i

是单位设备的负荷总量，由系统负荷调度决定，kJ；$\varepsilon_{i,k}$ 为单位设备在运行周期 k 的平均负荷率；$t_{i,k}$ 为单位设备在运行周期 k 的总运行时间，h；P_i 为单位设备的额定负荷，kW。

由于化石燃料燃烧产生不同种类的温室气体排放，目前国际统一以 CO_2 当量作为基准，不同种类的温室气体排放可以统一折算成 CO_2 当量表示，对于供热系统而言，常用化石能源为煤炭与天然气，可按照化石能源 CO_2 排放系数进行计算，如表 2-4。

表 2-4 化石能源生命周期内综合碳排放因子[18]

能源名称	CO_2 排放系数/(kg/kg)	综合碳排放因子/(kg/kg)
标煤	2.663	2.8495
原煤	1.9003	2.0333
天然气	2.1622	2.3135

由于本章采用热源负荷分配方案进行计算，对于多热源联网集中智慧供热系统而言，本章不考虑供热系统热量输送过程中的系统碳排放，那么系统碳排放等于各个热源的碳排放之和。

(2) 供热系统热源约束条件

在进行多热源大规模城市集中供热系统的实际优化过程中，必须考虑待优化变量与系统之间的关系，待优化变量自身的取值范围与相关变量的取值范围，要符合实际运行情况。对于多热源大规模城市集中供热系统源侧，机组在运行的过程中，其各部分的流量、压力均要满足安全的运行范围。由于机组设备众多，此处列举的为机组的总体约束条件。机组的总体运行约束条件包括功率平衡约束、机组容量约束、供热平衡约束、机组的最大最小供热负荷等。可表示如下：

机组容量约束：

$$\begin{cases} D_i^{\min} \leqslant D_i \leqslant D_i^{\max} \\ P_i^{\min} \leqslant P_i \leqslant P_i^{\max} \end{cases} \tag{2-89}$$

式中，$D_i^{\min}$ 为第 i 台汽轮机允许最小进汽流量，t/h；$D_i^{\max}$ 为第 i 台汽轮机允许最大进汽流量，t/h；$P_i^{\min}$ 为第 i 台汽轮机最小发电功率，MW；$P_i^{\max}$ 为第 i 台汽轮机最大发电功率，MW。

锅炉容量约束：

$$D_{\mathrm{b}i}^{\min} \leqslant D_{\mathrm{b}i} \leqslant D_{\mathrm{b}i}^{\max} \tag{2-90}$$

式中，$D_{\mathrm{b}i}^{\min}$ 为 i 台锅炉最小产汽流量，t/h；$D_{\mathrm{b}i}^{\max}$ 为第 i 台锅炉最大产汽流量，t/h。

供热负荷等式约束：

$$\sum_{i=1}^{m} D_{pi} = D_{h} \tag{2-91}$$

式中，D_h 为供热总流量，t/h。

(3) 供热系统管网约束条件

为了提高多热源大规模集中供热系统的能源利用效率，降低系统能耗，就需要对供热系统热网调节进行优化调度，满足热用户对供热品质的需求。如果没有应用合适的调节方法和调节设备，面对由于需求侧变化带来的供热系统管网水力工况变化较大问题，供热系统整体水力将会失调。由此可知，热源之间的负载分配需要确保管网中的热水流量满足每个热消耗者所达到的运行要求和加热参数。还应考虑网络传输和分配容量的限制要满足多热源集中供热系统流量容量要求。

对于一个给定的热网，基于图论，可由有向流程图 $\vec{G}$ 表示热网拓扑结构，其中 $\vec{G}$ 节点可用集合 V 表示，支路用集合 E 表示，其关联矩阵为 $\boldsymbol{A}$，环路矩阵为 $\boldsymbol{B}_f$，集合 E 与集合 V 组成的每一个区域的支路容量用 C 表示，则有

$$C = [C_1, C_2, \cdots, C_m] \tag{2-92}$$

其中，C_m 为区域 E_m 边容量。若 Q_m 为区域 E_m 的实际流量，向量 $\boldsymbol{Q}$ 表示各个区段内的流量，有

$$\boldsymbol{Q} = [Q_1, Q_2, \cdots, Q_m] \tag{2-93}$$

Δp 为管网上各个区段的压降分布，则

$$\Delta p = [\Delta p_1, \Delta p_2, \cdots \Delta p_n] \tag{2-94}$$

在管道中流动的工质存在流动摩擦，会产生一定的沿程阻力损失，不仅如此，当工质流过一些管道特殊结构时，如阀门、弯头等，由于流动方向改变会产生一定的局部阻力损失，基本上管道损失都由以上两部分构成，在进行参数计算时，管道的压降基本来自这两部分，即

$$\Delta p_n = \Delta p_l + \Delta p_f \tag{2-95}$$

其中，Δp_l 与 Δp_f 分别表示该管段上由于沿程阻力损失与局部阻力损失造成的压降，Pa。对于这两部分的计算，我们一般分开计算，其中，管道的沿程阻力损失造成的压降一般用管道每米的沿程压降来计算，即利用管道比摩阻 R 来进行计算，管道比摩阻 R，单位 Pa/m。其计算公式如下：

$$R = \frac{\lambda}{d} \times \frac{\rho v^2}{2} \tag{2-96}$$

可以看到，比摩阻 R 与以下参数有关：管道摩擦系数 λ；管道直径 d，m；管道内工质的密度 ρ，kg/m^3；管道中工质流速 v，m/s。而管道摩擦系数 λ 的计算公式如下：

$$\lambda = f(Re, \varepsilon) \tag{2-97}$$

可以得出，管道摩擦系数 λ 是关于雷诺数 Re 与管道相对粗糙程度 ε 的一个函数。其中雷诺数 Re 计算公式如下：

$$Re=\frac{vd}{\upsilon} \tag{2-98}$$

雷诺数 Re 是判别流体流动状态的准则数。式中，v 为管道中工质流速，m/s；d 为管道内径，m；υ 为管道内工质的运动黏滞系数，m^2/s。对于民用供热系统而言，由于其热力工况波动较小，热水流动处于阻力平方区，该区管道摩擦系数 λ 只与管道本身情况有关。管道摩擦系数 λ 可用尼古拉兹公式计算：

$$\lambda=\frac{1}{\left(1.14+2\lg\frac{d}{k}\right)^2} \tag{2-99}$$

其中，k 为管道内壁的当量绝对粗糙度，只与管道本身有关，而当管道内工质流动时，管内流量 G 与工质流速 v 有以下关系：

$$G=900\pi d^4 v \tag{2-100}$$

由以上可以得到，在一段给定工质的管段中，管网比摩阻只与管道直径 d 与工质流量 G 有关，即

$$R=f(d,G) \tag{2-101}$$

结合公式可得到管段阻摩比 R 为：

$$R=6.25\times10^{-8}\frac{\lambda G^2}{\rho d^5} \tag{2-102}$$

对于管段的局部阻力损失而言，由于工况种类较多，局部阻力形式不尽相同，可以根据实际情况参考《实用集中供热手册》[19] 进行计算，即

$$\Delta p_{\mathrm{f}}=\sum\xi\frac{\rho v^2}{2} \tag{2-103}$$

但在实际工程中，一般将局部阻力压降折算成等阻力的沿程阻力压降进行计算，其中折算比例为 r，即可得到管道压降计算公式：

$$\Delta p_n=\Delta p_1+\Delta p_{\mathrm{f}}=\Delta p_1+r\Delta p_{\mathrm{f}}=(1+r)\Delta p_1=(1+r)R_n l_n \tag{2-104}$$

在具体工况下，已知流量 G 的值，可以代入式(2-104)计算局部阻力损失 Δp_n：

$$\Delta p_n=6.25\times10^{-8}\frac{\lambda G^2}{\rho d^5}(1+r)l_n \tag{2-105}$$

由于我国实际供热系统管道直径较大，根据实际工程经验，业内普遍将管道摩擦系数 λ 进行简化计算：

$$\lambda=0.11\left(\frac{k}{d}\right)^{0.25} \tag{2-106}$$

联立以上方程，可以得到管段压降 Δp_n 的计算公式：

$$\Delta p_n = 6.25\times10^{-8}\frac{G_n^2}{\rho d^5}(1+r)l_n\times0.11\left(\frac{k}{d}\right)^{0.25}$$

$$=6.88\times10^{-9}\frac{k^{0.25}(1+r)l_n}{\rho d^{5.25}}G_n^2=S_nG_n^2 \tag{2-107}$$

其中，S_n 为阻力特性系数，由以上计算公式可知该系数只与管段结构有关，$Pa/(m^3/h)^2$。在供热系统管网调度中，供热系统的管网拓扑结构和流量阻力特性影响着热源负荷分配，根据上述管网流量压力特性，从管网输配能力对管网调度进行计算。供热系统各处可由基于基尔霍夫定律得到节点流量守恒与环路动量守恒约束：

$$AQ^{T}=q \tag{2-108}$$

$$B_f\Delta p^{T}=0 \tag{2-109}$$

对于供热系统管网而言，其约束条件除了节点流量与环路动量外，还应该考虑管网的物理参数限制，如管网压力、用户需求、管道管径等。这些参数限制不是独立的，而是相互作用的，具体约束如下：

管网压力约束：

$$|\Delta p_i|\geqslant0 \tag{2-110}$$

式中，Δp_i 为管网第 i 段管段的压降，其中，最不利环路处压力 p_z 需要满足：

$$p_z<p_{zmax} \tag{2-111}$$

并由最不利环路反向计算出工质出口压力 p_{out}，需要满足：

$$p_{out}=p_z+\Delta p_m \tag{2-112}$$

$$p_{out}<p_{out}^{max} \tag{2-113}$$

式中，Δp_m 为最不利环路与供热系统管网入口压差，Pa；p_{out}^{max} 为供热系统热源侧最大压力，Pa，一般由热源机组运行工况决定。

用户侧则需要对用户节点压力需求进行约束：

$$p_i\geqslant p_{ys},i=1,2,3,\cdots,N$$

p_i 为第 i 个用户侧的需要压力，Pa；p_{ys} 为管网所需压力，Pa；N 为热用户的数量。

实际运行时，需要利用管道管径对管路摩阻进行计算，需要注意的是，室外供热系统管网直径一般在 $DN15$ 到 $DN1400$，计算时需要满足管径参数约束：

$$d_{min}\leqslant d\leqslant d_{max} \tag{2-114}$$

式中，d_{min} 为最小管径，m；d_{max} 为最大管径，m。

2.4.3.2 大型供热系统一级网负荷优化分配方案

(1) 热源负荷分配调度决策因素

面对供热系统精准调控、快速响应的调控需求，多热源供热系统调控时需要重点考虑不同种类热源升降负荷速率，负荷分配应优先考虑燃气锅炉等机组容量小、启动速率快的热源进行负荷出力调度。热电联产机组本质上是通过调整锅炉炉膛内的给煤量实现机组变负荷的目的，但火电机组给煤供粉系统存在一定滞后性。由于机组较大，锅炉中水蒸发过程也存在较大滞后性，因此，从给煤到机组负荷响应再到供热负荷调整所需要的时间较长。对于锅炉与汽轮机而言，要依照设备情况进行合理升降负荷，要综合考虑设备所受应力与设备寿命等因素，以免发生安全事故。多热源联网供热系统在进行调控时，应充分考虑热电联产机组这一特性。

对于燃气锅炉房，其可以作为调峰热源，由于燃料为天然气，且机组规模相比热电联产机组较小，应对快速变化用热需求进行快速响应。由于燃气锅炉房供热调度灵活、排放物清洁，可以设置在基本热源的近端、远端或者热网中心，这样不仅能快速进行负荷升降，而且由于贴近负荷侧，能够快速满足热用户的用热需求。

由于热电联产机组容量较大，热惯性较强，进行负荷调度时，启动速率较慢，不满足需求侧热负荷的快速响应条件，目前我国大型燃煤热电联产机组较少参与供热系统深度调峰，一般只负责承担供热系统基本负荷。而由于燃气锅炉的灵活性，其常用于进行供热系统热负荷的调峰运行。但在进行负荷分配方案计算时，常常需要对热电联产机组进行综合调度以满足供热系统热量需求。在进行多热源负荷分配调度时，应充分考虑到不同热源机组特性，结合不同热源机组升降负荷速率，在满足供热系统热负荷需求的同时达到系统快速调度目标。

面向我国大力发展智慧供热、清洁供热的能源转型需求，多热源联网大规模集中供热系统进行负荷调度时也应进行智慧化升级，综合考虑经济性、低碳性、机组升降负荷速率等因素进行负荷分配方案决策。

(2) 决策向量调度优化

在多热源联网大型供热系统进行供热时，结合先进智能算法——萤火虫算法，从供热系统经济性、供热系统碳排放两个角度进行热电联产机组与燃气锅炉房负荷方案的计算。利用萤火虫算法，在热源与热网侧的约束条件下，对以供热系统经济性与碳排放为目标的多目标函数进行计算。本章也将对萤火虫算法进行进一步阐述。

由于进行多目标函数求解，该算法进行计算时得到一组优化后的负荷分配方案，即一组热源出力数值。该负荷分配方案即为该算法在该工况下多热源供热系统求解得到的负荷分配方案解集，此时分配方案集合即为该多目标函数的帕累托（Pareto）前沿。

由于在实际工程中，当需求侧热负荷变化时，运行调度人员需要立刻下发调度指令，对热源侧进行负荷分配调度，调度要求时效性较高，但由于不同机组升降负荷速率不同，而最佳调度计划并不会考虑机组升降负荷耗时，在这种情况下，无法进行供热系统按需精准调控，快速响应。因此，在供热系统调度中，为了更好地进行负荷分配方案的决策，考虑到供热系统多热源升降负荷侧速率，我们将依靠决策向量，在 Pareto 前沿中进行负荷调度方案决策。

首先将得到的多组分配方案进行拥挤度计算，并进行拥挤度排序，在 Pareto 前沿中采用拥挤度进行排序决策是常用的决策方法[20]，由于拥挤度较高的负荷分配方案，与相邻负荷分配方案在目标函数上的整体表现相近，相比于其他方案拥有更高的容错性，方便供热系统由现有工况向该目标工况进行调节。因此，一般对多目标 Pareto 前沿选取方案决策时，常用选取拥挤度最大的解决方案作为最终选取负荷分配方案。在利用决策向量对热负荷分配方案进行决策时，也利用 Pareto 前沿中粒子的拥挤度计算选择前沿中拥挤度最大的负荷分配方案，构成决策向量其中一边的向量，确保机组负荷调度方案的合理性。

通过将供热系统负荷分配方案进行向量化，对不同分配方案进行向量计算决策。以经济效益与系统碳排放构建多目标函数，求解得到目标函数 Pareto 前沿解集，进而将解集中有限个负荷分配方案进行排序。其中，为了更加方便地进行描述，本书将单个分配方案进行向量形式的拟合，这里先将计算得到的 Pareto 最优解集作为研究范围，记备选方案为 $A=[A_1,A_2,\cdots,A_n]$，决策指标为 $S=[S_1,S_2,\cdots,S_m]$，则方案 A_i 在指标 S_j 下的评价为

$$\boldsymbol{C}=(c_{ij})_{n\times m}=\begin{bmatrix} c_{11} & c_{12} & \cdots & c_{1m} \\ c_{21} & c_{22} & \cdots & c_{2m} \\ \cdots & \cdots & \cdots & \cdots \\ c_{n1} & c_{n2} & \cdots & c_{nm} \end{bmatrix} \tag{2-115}$$

$$C_{ij}\in[C_{ij\min},C_{ij\max}] \tag{2-116}$$

式中，$i=1,2,\cdots,n$；$j=1,2,\cdots,m$。$C_{ij\min}$ 为评价指标下限；$C_{ij\max}$ 为评价指标上限。为了对式(2-116) 进行比较，可以对其进行无量纲化处理，形成标准化矩阵。对于期望值较大的，如经济性指标，有：

$$r_{ij}=\frac{c_{ij}-\min_i c_{ij}}{\max_i c_{ij}-\min_i c_{ij}} \tag{2-117}$$

对于期望值较小的，如碳排放指标，有：

$$r_{ij}=\frac{\max_i c_{ij}-c_{ij}}{\max_i c_{ij}-\min_i c_{ij}} \tag{2-118}$$

式中，r_{ij} 为Pareto解集中不同方案在评价指标下的标准化无量纲数值。根据不同评价指标，确定 Pareto 解集内方案排序 $r_{ij}=(r_{1j},r_{2j},\cdots,r_{nj})$，同理，针对不同评价指标可以得到更多方案排序，采用的目标函数是经济性和碳排放，因此构成两个向量空间，即 $j=1$，2，这里将 $j=1$ 指标空间记为 X 空间，将 $j=2$ 指标空间记为 Y 空间。选取空间某处 O 为坐标起点，以最优化方案对应坐标值为终点，即可得到二维的向量空间。

由于只有两个目标函数，因此构成了二维向量空间。根据式(2-117) 与式(2-118)，可将当前工况下的负荷分配方案进行标准化变换，并将解集中的各分配方案分配在向量空间中，并进行曲线拟合，作为当前工况下实际负荷分配粒子 P，可记为 $P=(p_x,p_y)$。

根据计算得到 Pareto 前沿实际情况，计算前沿中第 i 个粒子与其相邻两个粒子间的曼哈顿距离，即单个负荷分配方案与相邻两个负荷分配方案之间的曼哈顿距离 L_i。

$$L_i=|r_{xi}-r_{x(i+1)}|+|r_{yi}-r_{y(i+1)}|+|r_{xi}-r_{x(i-1)}|+|r_{yi}-r_{y(i-1)}| \tag{2-119}$$

式中，对于在决策空间末端的方案，其相邻方案只有一个，另一侧按照单指标最优化坐标处理。对目标函数 pareto 前沿内方案，比较其内所有粒子的曼哈顿距离 L_i，得到 $L_{\min}$：

$$L_{\min}<L_i \quad i=1,2,\cdots,N \tag{2-120}$$

记该负荷分配方案下的粒子为决策粒子 A，则有 $A=(a_x,a_y)$，即可计算负荷分配方案决策向量，标记为向量 $\overrightarrow{OA}$；计算当前向量 P 与 A 之间距离，记为 $\overrightarrow{PA}$，表示从当前工况到拥挤度最高工况的距离，即为传统方法下利用拥挤度对 pareto 前沿进行决策得到的最优解。得到

$$\overrightarrow{PA}=(p_x-a_x,p_y-a_y) \tag{2-121}$$

计算当前负荷分配方案 P 与 pareto 前沿中的负荷分配方案欧式距离 D_i：

$$D_i=\sqrt{(p_x-r_{xi})^2+(p_y-r_{yi})^2} \tag{2-122}$$

并进行对比，寻找现有负荷分配方案与 pareto 解集内欧式距离最小的负荷分配方案，其欧氏距离记为 $D_{\min}$，有

$$D_{\min}<D_i \quad i=1,2,\cdots,N \tag{2-123}$$

该负荷分配方案记为 B，则有 $B=(b_x,b_y)$，即可计算负荷分配方案决策向量，标记为向量 $\overrightarrow{PB}$。则有：

$$\overrightarrow{PB}=(p_x-b_x,p_y-b_y) \tag{2-124}$$

在 pareto 前沿中欧式距离距当前负荷分配方案最近的负荷分配方案，即为 pareto 解集中经济性和碳排放与当前工况最为接近的负荷分配方案。由于以供热

系统经济性和碳排放作为调度的目标函数进行求解，实际供热系统中，热电联产机组热效率高，燃料价格较燃气锅炉房更低，燃气锅炉房燃料清洁性较好，则该系统经济性与热电联产供热机组在供热系统出力占比成正相关，类似地，热电联产供热机组在供热系统出力占比与系统碳排放也成正比。对以热电联产机组与燃气锅炉房为热源的多目标联网供热系统而言，由于热电联产机组与燃气锅炉在热效率经济性与碳排放方面有着相似的特性，在该二维坐标系中机组调度方案与坐标点存在一一映射关系，且负荷分配方案与坐标系中点都是连续的。则该负荷分配方案 B 即为与系统当前工况下负荷分配方案最为接近的负荷分配方案，在该工况下，当前负荷分配方案向该负荷分配方案 B 进行调度时，系统整体所需要响应时间最短，即进行负荷分配方案决策时，综合考虑供热系统调度时快速响应的需求。

在坐标系中将向量 $\overrightarrow{PA}$ 与向量 $\overrightarrow{PB}$ 进行向量加和运算，即为当前工况下的运行调度决策方向向量 $\vec{\alpha}$，即有

$$\vec{\alpha}=\overrightarrow{PA}+\overrightarrow{PB}=(2p_x-a_x-b_x,2p_y-a_y-b_y) \tag{2-125}$$

负荷分配方案决策向量 $\vec{\alpha}$ 与 pareto 前沿拟合曲线存在交点，记该交点为 D，则 $D=(d_x,d_y)$，则该点对应负荷分配方案为供热系统调度目标负荷分配方案，即为当前工况下的调度负荷分配方案。

在得到负荷分配方案决策向量 $\vec{\alpha}$ 后，将现有负荷分配方案按照负荷分配方案决策向量 $\vec{\alpha}$ 所代表的负荷分配方向进行调度调节，将当前工况下负荷分配方案更改为向量 $\vec{\alpha}$ 与 pareto 前沿交点 D 所代表的热源负荷分配方案，进行多热源联网供热系统热源侧机组的负荷调度响应。

在对当前工况下负荷分配方案 P 进行调度时，本章采用基于决策向量的负荷调度方式，决策向量由两部分组成。其中，决策向量一侧为考虑供热系统负荷分配方案拥挤度的调度方案，该方案综合考虑系统经济性与系统的碳排放；另一侧为考虑供热系统快速响应的供热系统负荷分配方案调度。

通过决策向量对供热系统负荷分配方案进行决策时，综合考虑系统经济性、碳排放与机组快速响应，解决了以往供热系统调度时无法综合考虑机组调度响应速率问题，这对于在实际生产时，机组快速调度响应具有十分重要的意义。

2.4.3.3　大型供热系统一级网负荷调度寻优方法

在多热源供热系统并网运行时，需要经常对多热源进行负荷分配调度，对于热源负荷调节而言，燃煤机组由于锅炉热惯性等因素，其负荷调度响应速度比较慢，在实际生产中，一般避免对大型燃煤机组进行大幅度调节以避免影响其汽轮机组运行效率和安全性，对设备造成伤害[21]。在进行负荷分配的调度研究时，也会综合考虑各个热源特性，进行负荷分配计算。本章介绍利用先进智能算

法——萤火虫算法对多热源负荷分配方案进行计算。

萤火虫算法（Firefly Algorithm）是一种启发式算法，算法利用萤火虫发光特性在搜索空间寻找最亮萤火虫，在设定寻找空间内，萤火虫通过自身光亮，对其他萤火虫进行吸引，自身也向邻域范围内位置较优、萤火虫光最亮的萤火虫移动，不断进行空间优化，直至找到亮萤火虫。其假设为[22]：

① 萤火虫个体不存在特殊差异，没有性别的区别，任何单一萤火虫个体都有对其他个体进行吸引的能力；

② 在进行寻优过程中，萤火虫亮度越亮，则该萤火虫对其他萤火虫的吸引力就越高，但在萤火虫不断移动的过程中，萤火虫的亮度随着该萤火虫移动的距离增加而不断减少。

算法具体原理为：萤火虫算法使用搜索空间中的所有可能解决方案来模拟测量萤火虫，搜索模型和系统优化过程作为吸引和飞向特定萤火虫的位置更新过程，并确定萤火虫当前位置的适应度，即解决方案的优劣判断萤火虫处于的有利或不利位置。将萤火虫的移动过程表示为解决方案的寻优问题。而萤火虫自身的亮度和吸引度随着距离的增加而减小[23]。

步骤如下：第一步进行种群的初始化，首先设定萤火虫的种群为 N，工质对光的吸收系数为 α，初始步长 a，第 i 与 j 个萤火虫之间的距离为 r，初始吸引度 β_0，可以得到该萤火虫算法的吸引度公式：

$$\beta(r)=(\beta_{\max}-\beta_{\min})\mathrm{e}^{-\gamma r^2}+\beta_{\min} \tag{2-126}$$

计算出萤火虫适应度值，即单个负荷分配方案运行效益，适应度值越优的萤火虫亮度越高，即负荷分配方案更优。

每个萤火虫将根据移动距离向更亮的萤火虫靠近，即向更优化分配方案移动。其中移动距离计算如下：

$$X_i'=X_i+\beta_0\mathrm{e}^{-\gamma r^2}(X_i-X_j)+\alpha\,\mathrm{rand}() \tag{2-127}$$

第 t 代时萤火虫飞行的步长公式如下：

$$\alpha(t)=\alpha^t \tag{2-128}$$

其中，X_i 表示一个比第 i 个个体亮度更高的萤火虫的位置，r 表示第 i 个与第 j 个萤火虫之间的距离。

由于群体中最亮的个体不会被其他萤火虫吸引，该萤火虫的位置若不加干涉，将会保持不变。本章给出以下公式，要求亮度最大的萤火虫个体按照如下公式更新位置。

$$X_i'=X_i+\alpha\,\mathrm{randGuass}() \tag{2-129}$$

萤火虫飞行步长将随时间递减。来到一个新的位置之后，萤火虫个体需要进行新一轮的适应度计算，若新位置适应度较大，则该萤火虫个体将更新自己的位置。

在寻优过程中若算法到达最大迭代次数，或者算法不收敛则将当下搜索到的最优的萤火虫位置作为解输出，如果未能找到输出解，将进行萤火虫粒子的重置，即将算法重新进行计算以获取不同初始条件，计算每个萤火虫的初始适应度，即单个负荷分配方案运行效益，适应度值越优的萤火虫亮度越高。如图 2-17 为萤火虫算法寻优示意图。

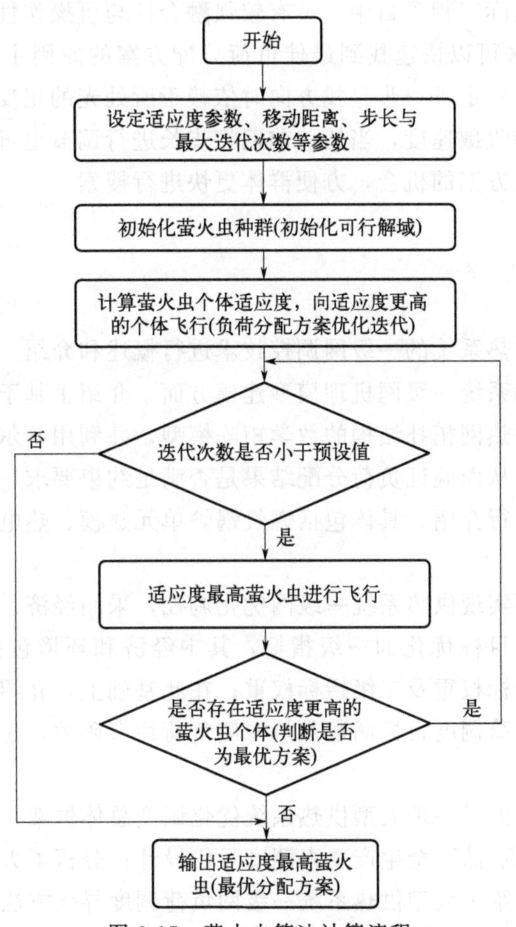

图 2-17　萤火虫算法计算流程

分析萤火虫算法在负荷调度问题上的计算过程，可以推断出该算法在解决此类问题时具备的特性：

① 该自然算法模拟萤火虫觅食和进行伙伴搜索移动的自然界萤火虫行为机制，与负荷方案寻优有极强相似性，整个算法具有高效性和计算的有效性。

② 单个萤火虫个体依靠自身光亮吸引其他萤火虫，更具有较强的协同工作

能力。在进行进一步优化寻优时，更优的负荷分配方案具有更强的吸引力，在这个过程中，最佳个体的随机移动可以找到更多的负荷分配方案，进行更多的反馈，因此整个群体具有积极的反馈机制，最终整个群体都是最优的。更有可能找到最优位置，即最佳的负荷分配方案。

③ 该算法的鲁棒性较好，由于单个普通个体会移至最佳个体，并且会随机搜索最佳个体，因此无须经验知识即可优化萤火虫种群，该算法可与其他优化算法结合使用，在实际工程项目中，具有较强融合性与可操作性。

④ 该优化算法可以快速找到最佳负荷分配方案的原因主要在于萤火虫个体粒子进行交换信息确定下一步寻找方向时依赖于所处光的正反馈机制。这样客观上可以加快算法的收敛速度，当然，前期将步长进行调节也可加快收敛速度，并增加找到最佳解决方案的机会，方便群体更快进行搜索。

2.5 总结

本章主要对供热系统的一级网调控技术进行概述和介绍：

首先，在供热系统一级网机理模型建模方面，介绍了基于图论的供热网络建模方法，建立描述热网拓扑结构的数学矩阵模型，并利用基尔霍夫定律进行管网流量平衡的求解，从而验证负荷分配结果是否满足约束要求；进而对供热系统源侧关键设备建模进行介绍，具体包括燃气锅炉单元建模、热电联产机组、储热装置的建模方法。

其次，为全面实现供热系统一级网优化调控，采用经济、能源及环境三个因素作为供热系统多目标优化的一级指标，其中经济和环境包括相对应的二级指标，并建立一级指标权重及二级指标权重；在此基础上，介绍供热系统负荷调度实时优化结构、负荷调度目标函数及热源侧负荷约束函数，建立了供热系统多目标实时优化模型。

最后，本章提出了一种大型供热系统优化调度总体框架，指导多热源联网供热系统的“源-网-荷-储”全生产要素调度寻优设计；分析了大型智慧供热系统运行结构及特点，介绍了大型供热系统一级网负荷调度寻优方法，进而实现热源设备单元的优化组合和适当的负荷分配调节，提高供热系统的整体经济性，实现低碳供热。

参考文献

[1] Moore E . Heating Systems: Design, Applications and Technology [M]. Nova Science Publishers, Inc.: 2020.

[2] 袁银生．城镇集中供热系统控制构架分析 [J]. 科技与创新，2021 (14): 46-48.

[3] 姜倩倩，方修睦，姜永成，等．智能供热基础研究与信息化体系架构［J］. 煤气与热力，2015，35（2）：12-16.
[4] 钟崴，陆烁玮，刘荣．智慧供热的理念、技术与价值［J］. 区域供热，2018，2：1-5.
[5] 王晓霞，赵立华，邹平华，等．基于图论的空间热网拓扑结构［J］. 计算物理，2014，31（02）：207-215.
[6] 刘家明，许立冬．清华大学燃气锅炉房负荷分配策略［J］. 清华大学学报（自然科学版），2003（12）：1657-1660.
[7] 陈天佑．基于储热的热电厂消纳风电方案研究［D］. 大连：大连理工大学，2014.
[8] 吕泉，陈天佑．配置储热后热电机组调峰能力分析［J］. 电力系统自动化，2014，38（11）：34-41.
[9] 公茂果，焦李成．进化多目标优化算法研究［J］. 软件学报，2009，20（02）：271-289.
[10] Lin Y，Liu S. A historical introduction to grey systems theory［C］. Proceedings of the 2004 IEEE international conference on systems，man and cybernetics，2004.
[11] Wang J，Zhang C F，Jing Y. Multi-criteria analysis of combined cooling，heating and power systems in different climate zones in china［J］. Applied Energy，2010（87）：1247-1259.
[12] Chatzimouratidis A I，Pilavachi P A. Sensitivity analysis of the evaluation of power plants impact on the living standard using the analytic hierarchy process［J］. Energy Conversion and Management，2008（49）：3599-3611.
[13] Tanino T. Fuzzy preference orderings in group decision making［J］. Fuzzy Sets and System，1984（12）：117-131.
[14] Lv Y J. Weight calculation method of fuzzy analytical hierarchy process［J］. Fuzzy Systems and Mathematics，2002（16）：80-86.
[15] 梁军．粒子群算法在最优化问题中的研究［D］. 桂林：广西师范大学，2008.
[16] Lu H，Chen W. Self-adaptive velocity particle swarm optimization for solving constrained optimization problems［J］. Journal of Global Optimization，2008，41（3）：427-445.
[17] 汪宏，陶小马，葛蕾．考虑能源、环境影响的住宅建筑节能 CGE 模型构建［J］. 中国人口资源与环境，2017，27（5）：84-91.
[18] 任志勇．基于 LCA 的建筑能源系统碳排放核算研究［D］．大连：大连理工大学，2013.
[19] 李善化，康慧．实用集中供热手册［M］. 北京：电力出版社，2006.
[20] 高媛．非支配排序遗传算法（NSGA）的研究与应用［D］. 杭州：浙江大学，2006.
[21] 刘斯斌．工业园区多能流系统动态分析与运行调度优化［D］. 杭州：浙江大学，2019.
[22] Yang Xinshe. Nature-inspired metaheuristic algorithms［M］. Luniver Press，2008.
[23] 高伟明．萤火虫算法的研究与应用［D］. 兰州：兰州大学，2013.

第 3 章

供热系统二级网按需精准调控技术

3.1 二级网调控技术概况

近几年，集中供热面积迅速增加，集中供热管网的规模日益庞大。据统计，截至2018年底全国城市集中供热面积为87.8亿平方米，集中供热管道长度为37.1万千米[1]。供热管网规模的逐步扩大，带来了管网调节的困难，有必要对供热管网调节技术进行研究。供热管网的调控手段按照管网层次结构可以分为一级网调控和二级网调控，为了实现供热管网的按需精准调控，二级网的调控技术是不可忽视的讨论重点。本章将针对供热系统的二级网调控技术进行概述和介绍。

当前二级网系统存在水力失调问题，表现为近端热用户室温偏高、远端偏低，导致热力站不得不提高整体供水温度和流量，增加能耗。为解决此问题，研究二级网平衡调控策略，基于供热信息化和自动化，利用“互联网+”技术、物联网、云计算、信息安全等，通过大数据、人工智能、建模仿真等技术优化资源，实现智慧型二级网供热系统自动感知、分析、诊断、优化、调节，解决室温失衡问题，提高用户满意度[2]。

安装物联网水力平衡阀可以有效解决二级网水力失衡问题。物联网水力平衡阀有两种安装方式：①安装在每栋楼的楼栋入口处，此种安装方式主要针对现有已建成的并且各热用户处不具备安装条件的小区；②安装在各热用户的入户管道处，此种安装方式更适合新建小区。

二级网平衡调控策略包括但不限于以下四种。

① 水力平衡调控策略：上位机控制系统发布每楼栋/每户需要的流量值，楼栋/户控水力平衡阀能够根据控制系统发布的这个流量值自动调节每楼栋/每户的流量。

② 热量平衡调控策略：上位机控制系统发布每楼栋/每户需要的热量值，楼栋/户控水力平衡阀能够根据控制系统发布的这个热量值自动调节每楼栋/每户的热量。

③ 温度给定调控策略：上位机控制系统发布回水温度给定值，楼栋/户控水力平衡阀能够自动调整流量，使每楼栋/每户回水温度与给定值保持一致。当换热站总热量不足时，自动切换为温度均衡调控策略。

④ 温度均衡调控策略：以换热站换热机组总回水温度值作为调整给定值，楼栋/户控水力平衡阀能够根据上位机控制系统下发的这个给定值自动调整流量，使楼栋/每户回水温度与机组回水温度保持一致，均衡各楼栋/各热用户热量。

3.2 二级网流量优化调节

针对目前二级管网运行中缺乏调控策略或依靠人工经验控制的现状，有学者[3]提出了基于流量优化理论，同时考虑循环泵调节特点的二级管网流量优化调控策略，采用优化后的调控策略，能够有效降低冬季采暖运行期二级管网各时段整体流量，实现流量的优化调节与控制；同时结合平台中二级管网回温、室温等数据，能够及时掌控二级管网平衡状态，对出现的问题进行快速分析与判断，并加以调控；采用优化的二级管网调控策略，可在全采暖季保证热用户供热需求和品质的前提下，达到大幅节能降耗的目的。

3.2.1 流量优化理论基础

$$Q=CM(t_1-t_2) \tag{3-1}$$

式中，Q 为设计热负荷，W；C 为介质的比热容，J/(kg·℃)；M 为供回水设计质量流量，kg/s；t_1、t_2 为设计热网供水、回水温度，℃。热网的热负荷比与流量比的关系为：

$$\overline{Q}=\frac{t_n-t_w}{t_n-t'_w}=\varphi\frac{t_g-t_h}{t'_g-t'_h} \tag{3-2}$$

式中，$\overline{Q}$ 为实际热负荷与设计热负荷之比；t_n、t'_w、t_w 分别为供暖室内设计温度、室外计算温度及室外任意温度，℃；φ 为实际流量与设计工况下的流量之比；t_g、t_h 分别为热网非设计工况下的供水、回水温度，℃；t'_g、t'_h 分别为热网设计工况下的供水、回水温度，℃。

在供暖二级网中，为避免产生明显的水力失调，同时根据热网运行的实际情况，对于实际热网运行的供水、回水温差一般假定为与设计工况下的温差一致。因此，根据这一假定及上式可得：

$$\overline{Q}=\varphi \tag{3-3}$$

此时热网运行的流量比与热负荷比相等，是室外温度的单值函数。而在二级网中，由于其与室内系统相连接，而不同的室内供暖系统容易形成冷热不均的问题，且冷热不均的形成原因与室内系统种类有关。对于室内双管系统，其形成原因是系统受到自然循环压头的影响。而对于单管系统，则是由于室内散热设备所具有的平均温度不同导致传热量的不同。因此，需对供暖二级网循环流量进行修正，修正关系如下：

$$\varphi'=\left(\frac{t_n-t_w}{t_n-t'}\right)^{\frac{1}{3}} \tag{3-4}$$

$$\varphi''=\left(\frac{t_{\mathrm{n}}-t_{\mathrm{w}}}{t_{\mathrm{n}}-t_{\mathrm{w}}'}\right)\frac{B}{B+1} \tag{3-5}$$

式中，φ'为室内双管系统时，实际工况与设计工况下的相对流量比；φ''为室内单管系统时，实际工况与设计工况下的相对流量比；B为散热设备的传热指数，对于钢制和铸铁散热器，B值在0.2～0.35之间。

3.2.2 变频水泵调节特点

3.2.2.1 水泵相似运行条件

水泵变频后工况的计算需要满足一定条件才能运用相似定理。在热网中，由于接入了管网，其受到管网阻力特性和控制方法的影响，此时分析水泵的性能变化需要系统地考虑，不能仅对水泵参数做推导，只有在满足管网阻力特性不变的前提下才能使用相似定理。变频水泵满足相似定理的计算公式如下：

$$\begin{aligned}\frac{Q_1}{Q_0}&=\frac{n_1}{n_0}\\ \frac{H_1}{H_0}&=\left(\frac{n_1}{n_0}\right)^2\\ \frac{W_1}{W_0}&=\left(\frac{n_1}{n_0}\right)^3\end{aligned} \tag{3-6}$$

式中，Q_1、Q_0分别为调速和定速下的水泵流量，$\mathrm{m^3/s}$；H_1、H_0分别为调速和定速下的水泵扬程，Pa；n_1、n_0分别为调速和定速下的水泵转速，r/min；W_1、W_0分别为调速和定速下的水泵功率，W。

3.2.2.2 工况点的选取

水泵的运行工况点位于水泵运行特性曲线与管路阻力特性曲线的交点。变频水泵在变频运行时，其工况点在不断变化。在管网阻力特性不变的情况下，其工况点的位置变化呈现出与上文所述的相似性。如图3-1所示，点A、B、C分别为变频泵各频率下的工作状态点，此时各工作点均符合变频水泵的相似定律，可对其进行理论计算。

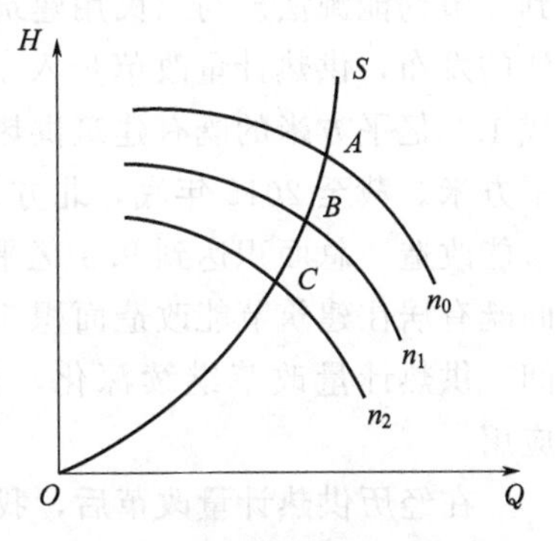

图3-1　变频泵性能曲线示意

水泵的运行效率存在一个高效率区域，当水泵变频运行时，工作状态点可能偏移出其高效率区域。变频水泵的效率由变频调速器、交流电动机和水泵共同的效率决定。已有研究表明，由于电机及变频器的自生特性变化，随着负载率的下降，系统的效率下降，节能率也下降。当变频水泵的运行流量处于66%～100%的额定流量区间时，水泵是节能的，并且其工作运行是安全可靠的；而当变频水泵的流量低于额定流量的66%时，变频水泵将不再节能。

3.2.3 流量优化调控策略

① 依据流量优化基本原理，计算不同室外气温下的流量比及理论流量值。根据连续室外温度变化来进行流量变化调整，室外平均气温变化约4℃（考虑循环泵调节特点）时，调整一次二级网流量。

② 某一阶段，根据理论计算流量并考虑循环泵调节特点，调整循环泵达到预定值，记录温差、二级网压差状态，同时记录二级网水平失调、垂直失调状态。

③ 二级网水平失调状态，依照二级网回水温度数据标准差确定，当差异较大时，进行二级网平衡调整（控回水高温建筑），并根据远传回水温度监测结果变化，循环调整至平衡度可接受范围内，观察周期为2h。

④ 垂直失调主要依据居民室内温度确定，即热力失调。失调状态根据室温标准差确定，当出现垂直失调时，采用增大二级网流量方式调整，观察周期为2天。

⑤ 设定安全边界。设置的末端用户远传压变，原则上任何时段的资用压头都不能低于3m；循环泵频率不小于30Hz，确保末端用户及二级网正常循环。

3.2.4 热计量技术与按需供热

3.2.4.1 热计量技术

自2003年首次提出《关于城镇供热体制改革试点工作的指导意见》以来，在推行按用热量分户计量收费办法方面，我国已经历了20余年的发展。在此期间，从2008年研究供热价格形成机制、明确各级部门在供热改革中的主体责任，到《节约能源法》与《民用建筑节能条例》的颁布，再到技术导则和工程验收办法的发布，供热计量改革步入了快车道。2009年我国计划在“十一五”期间完成1.5亿平方米的既有建筑供热计量改造，而在“十二五”期间成功完成了4亿平方米。截至2015年底，北方采暖地区已经完成对既有居住建筑的供热计量和节能改造，总面积达到9.9亿平方米。2017年住建部进一步制定“十三五”期间既有居住建筑节能改造面积5亿平方米以上的任务目标。在2020～2023年期间，供热计量改革继续深化，其重点在于实现智慧化管理和节能减排的创新应用。

在经历供热计量改革后，我国逐步认识到热计量收费仅是手段，而非目的。推进传统供热迈向现代智慧供热，关键在于实现供热企业的精细化管理，促进节能减排。因此，在全行业改革实践中，逐渐形成了“五大转变”共识：第一，从非理性、盲目性向合理性、科学性方面的转变；第二，从为计量而搞计量向为节能降耗和精细化管理的转变；第三，从强调计量改造向系统节能改造的转变；第四，从单纯计量技术向热的感知测量和智慧供热的转变；第五，从重视前期计量改造向重视后期能源服务管理的转变。

目前，我国采用的热计量模式有下述三种：

(1) 按建筑面积计量模式。即根据每个用户的建筑面积来计算其供热费用。这种模式因其简单、易操作的特性，是推广集中供热以来最常用的收费模式。

(2) 单元热量表计量模式。即计量到楼栋单元，楼内用户按照建筑面积进行分摊。在每一座居民楼的单元热力入口处放置热计量表，这块热计量表的功能是对整个单元消耗的总热量进行统计，之后单元内的所有居民按照自家住房的建筑面积进行热量划分。

(3) 分户热量表计量模式。即在单元内和各家用户均安装热计量表，用于计量用户的用热量。单元热量表与单元内所有热计量表的差值即为楼栋公共面积损耗，这部分费用根据各家的建筑面积均摊。这部分损耗和居民自家所计量的热消耗即为每家需要计费的热量值。

总的来说，推动热计量收费对智慧供热系统起到了一定积极作用。

(1) 热计量收费能够促进住宅节能工作的实施。目前，全国各地虽有大量符合节能要求建设的住宅建筑，但实际节能效果未达到预期目标，主因是传统的按面积收费模式无法增强居民节能意识。而推行热计量收费、构建热量表物联网在降低能耗方面可发挥关键作用。

(2) 热计量收费有助于增强居民节能意识。该模式下居民的缴费金额与用热量直接挂钩，可避免不必要的供热。如在室内无人时，通过温控阀调低室内温度，从而降低用热量。

(3) 推动了热力公司持续健康发展。供热收费是各家热力公司的主要利润来源，供热的及时、足额收取才能保证热力公司的稳定发展。采用热计量收费方式以后，降低人力成本，有助于提高服务质量，支撑企业的可持续运营。

3.2.4.2 按需供热的概念

按需供热应该包括两方面的含义：①从热用户需求侧来讲，是满足热用户的采暖需求，热用户在不同的时间段、不同的热舒适度要求情况下，供热系统能够按照热用户的需求进行供热保障；②从供热单位的供给侧来讲，是实现供热系统的自动化调控，能够按照热用户的需求精准供热，既不欠供也不超供，以最低的生产运行成本来满足用户侧的需求。

(1) 从需求侧理解按需供热

从热用户需求侧来讲，热用户按需供热包括热用户的基本保障性需求以及日益增长的舒适性需求两个层面。

1）热用户基本保障性需求

① 享有在各地区法定采暖时间内的基本室内温度保障。

城镇集中供热的开始和停止时间，目前绝大多数都是按照地方供热管理条例规定的供暖起止时间进行供热的，按照地区寒冷程度划分为：一般寒冷地区11月15日至3月15日；寒冷地区11月1日至4月1日；严寒地区10月15日至4月15日。绝大多数地区最新的室内温度标准都是不低于18℃，个别地区不低于16℃或者20℃。

② 保障室内采暖设备安全运行、故障维修、投诉咨询的需求。

即用户室内采暖设施在出现跑冒滴漏等各种事故或室温不达标的情况下，希望及时解决，尽快恢复正常采暖的要求。

2）热用户日益增长的舒适性需求

① 异常天气采暖需求：根据临近法定采暖开始或停止时间的室外气象参数，及时启动供热或延迟供热以确保用户室内环境舒适的需求。比如北京市规定连续5天的室外平均温度低于5℃，则应启动供暖。

② 分时段采暖需求：指用户在不同时间段有不同的采暖舒适性需求。对于居住建筑热用户，分时段采暖需求与生活作息规律、家庭成员类型、年龄段、建筑类型、居住位置（自由热利用情况）等有关；对于公共建筑热用户，分时段采暖需求与建筑性质、使用单位工作作息规律等有关。一般来说，公共建筑具有明显的分时段采暖需求特征，深夜至凌晨的采暖没有要求，可以低温运行。

③ 分温采暖需求：指热用户对室内采暖热舒适度要求不同，采暖的室内热舒适度可以以室内温度为代表参数，分温采暖需求就是热用户对室内采暖温度的需求。对于居住建筑热用户，分温采暖需求（室内采暖温度）与家庭成员类型、年龄段等有关系，一般来说，家庭成员有老人和小孩时，对室内采暖温度需求较高；对于公共建筑热用户，在正常上班时间段满足室内温度要求，分温采暖需求（室内采暖温度）与建筑性质（办公、商业、宾馆、医院等）、单位性质（政府机关、写字楼、企事业单位等）等有关，一般来说，除特殊用户（重点需求用户）以外，室内采暖温度符合当地城市供热条例规定即可。

④ 按热量付费的需求：随着用户对个性化舒适性采暖需求的不断增加，在热力企业不断满足用户需求的同时，用户势必提出不同需求满足程度应该支付不同费用的要求。

热用户舒适性采暖需求以及按热量付费要求，将会对供热系统的信息化、自动化、智能化调节控制提出更高的技术要求，这也是智慧供热技术发展的主要动力之一。

(2) 从供给侧理解按需供热

从供给侧理解按需供热，同样包括两个层面：

① 供给侧如何满足供热基本保障需求？

供热过程中，即便用户的室内温度需求没有变化，但气象参数是逐时变化的，即热负荷（需要的供热量）是逐时变化的，供热系统能否在满足用户基本需求的前提下，以尽量低的生产运行成本及时地适应由于气象参数变化导致的热负荷变化，做到用户室内温度保持在期望值。

② 供给侧如何满足日益增长的舒适性需求？

供给侧如果只是依靠传统的“平衡”技术，通常难以满足用户日益增长的舒适性需求，也不利于根据热用户需求变化实行最大的节能。为满足用户侧对分时、分温的控制要求，有必要采用分户温控设备、智能楼栋平衡技术等新技术。应借助物联网、大数据等新一代新信息技术，从需求出发指导供热运行调控，即从“最终用户→二级网→换热站→一次网→热源”的反向调节控制过程。

3.2.4.3　分户热计量技术方法

如前所述，“热”是一种特殊商品。因此，分户热计量的关键是热量公平计量，而非精确计量。2009年发布的行业标准《供热计量技术规程》规定的按热计量方式有5种：户用热量表法、通断时间面积法、散热器热分配计法、流量温度法、温度面积法，之后又通过了《温度法热计量装置》的产品行业标准。

(1) 户用热量表法

热量表是用于测量及显示水流经热交换系统所释放或吸收能量的仪表。热量表由流量传感器、配对温度传感器和计算器构成。热量表的主要类型有机械式热量表、电磁式热量表、超声波式热量表。

户用热量表法适用于按户分环的室内供暖系统。该方法计量的是系统供热量，比较直观，容易理解。但从“热”的特殊商品属性来看，采用户用热量表法的计量模式，热用户购买“热量”的多少并不能与“热环境舒适度”的优劣直接相对应，处于建筑不利位置热用户购买较多的“热量”，却可能不如建筑有利位置热用户购买较少“热量”所体验的“热环境舒适度”好。

(2) 通断时间面积法

通断时间面积法以每户的供暖系统通水时间及采暖面积为依据，分摊建筑的总供热量。其具体做法是，对于按户分环的水平式供暖系统，在各户的分支支路上安装通断控制阀，在各户的代表房间里放置室温控制器，用于测量室内温度和供用户设定温度，并将这两个温度值传输给通断控制阀。通断控制阀根据实测室温与设定值之差，确定在一个控制周期内通断阀的开停比，并按照这一开停比控制通断调节阀的通断，以此调节送入室内热量，同时记录和统计各户通断控制阀的接通时间，按照各户的累计接通时间结合供暖面积分摊整栋建筑的热量。通断时间面积法属于温控计量一体化系统，可实现热用户供热的“可计量、可调节、可控制、信息化”。

(3) 散热器热分配计法

散热器热分配计法是利用散热器热分配计所测量的每组散热器的散热量比例关系，来对建筑的总供热量进行分摊的。其具体做法是，在每组散热器上安装一个散热器热分配计，通过读取热分配计的读数，得出各组散热器的散热量比例关系，对总热量表的读数进行分摊计算，得出每个住户的供热量。散热器热分配计法适用于新建和改造的散热器供暖系统，特别是对于既有供暖系统的热计量改造比较方便，灵活性强，不必将原有垂直系统改成按户分环的水平系统。该方法不适用于地面辐射供暖系统。

(4) 流量温度法

流量温度法是利用每个立管或分户独立系统与热力入口流量之比相对不变的原理，结合现场测出的流量比例和各分支三通前后温差，分摊建筑的总供热量。流量比例是每个立管或分户独立系统占热力入口流量的比例。该方法适合既有建筑垂直单管顺流式系统的热计量改造，还可用于共用立管的按户分环供暖系统，也适用于新建建筑散热器供暖系统。

(5) 温度面积法

温度面积法热分配装置是安装在集中供热系统中采用室内温度和面积为主要参数来计算每户消耗热量的热量计算装置。装置由室温传感器、采集计算器、楼栋热量表组成。温度面积法热分配装置是依据在一定的室外温度下，建筑物为维持一定的室内温度而需消耗热量的特性来分配热量的装置。分配装置所依据的热量分配模型是在建筑物内各房间的供暖热指标为常数的前提下，通过测量建筑物总供热量、每户的室内平均温度来对热量结算表计量的总热量进行热量分配。温度面积法能实现同一栋建筑物内相同面积的用户，在相同的时间内室温相同，缴纳的热费相同。

上述 5 种热量计量方法各有特色，散热器热分配计法和户用热量表法，是基于“热”是商品的基础，计量热用户耗热量，按热用户采暖消耗热量多少收取采暖费用。但在“热”的特殊商品属性下，为了适应“热量”多少与热用户“热环境舒适度”一定的对应关系，符合热用户购买“热量”但享受“热环境舒适度”的需求，往往采用热用户建筑位置修正系数对计量“热量”加以平衡，使其做到

"相同面积的用户，在相同热环境舒适度条件下，交相同的热费"。通断时间面积法与温度面积法是根据热用户"室内温度相同、热环境舒适度"相同、缴纳热费应相同的理论基础，分摊计量热量是"采暖名义耗热量"，而不是热用户实际的耗热量。这两种方法热计量分摊的实质结果是：采暖热舒适度相同的热用户分摊热量相同、缴纳热费相同。理论分析可以证明，通断时间面积法设定室温的高度决定了通断控制阀开启比的大小，其实质是热用户"室内温度相同、热环境舒适度相同、分摊的采暖名义耗热量相同"，其物理意义相当于户用热量表测量的耗热量是经位置修正系数修正后的热量值。

3.2.4.4　供热计量技术与方法

全面推进供热计量后，限于不同年代的建筑类型，各种供热系统形式发展出了多种供热计量技术方法，更由于智慧供热概念的提出和发展，供热计量逐渐不只是着眼于"计量"本身，而是和供热系统作为一个整体进行考虑。目前形成的行业共识是：第一，供热计量不应只是着眼于居民用户侧的计量，而是从热源、热力站、楼栋到用户的四级计量体系，且楼栋应作为居住建筑的计量结算点；第二，供热计量不仅仅是安装计量仪表，而是和用户调节、系统调控相结合的一次供热系统的全面技术升级；第三，供热计量还是转变集中供热的管理模式、树立以用户为核心的供热服务理念的技术手段；第四，供热计量是智慧供热的数据基础，目标是提高热力企业运行管理水平、降低生产运行成本。

因此，居住建筑供热计量系统应实现"供热计量，温度自主调控，供热数据采集远传，远程智能收费管控，水力平衡调节，数据信息远程传输"的目标，达到"可计量、可调节、可控制、信息化"的要求。从供热计量实践中的五大转变过程来看，未来居住建筑热计量系统的建设，应是智慧供热系统的重要底层设备基础，也是数据信息来源，还是调控执行基本单元。

现有热计量系统的典型技术方案有户用热量表法温控计量一体化系统，通断时间面积法温控计量一体化系统，温度面积法温控计量一体化系统，二网平衡智能调控系统，热用户室温远程监测系统。

无论是热用户需求侧，还是供热单位供给侧，按需供热的代表性关键参数是室内温度。因此，室温监测是实现按需供热的重要手段。室温监测数据信息不仅仅是反馈热用户实时的室内采暖温度，作为判断热用户采暖状态以及供热系统保障效果的依据，更重要的是积累一个典型热用户室内温度与室外气候条件、供热参数、建筑热特性等相关联的历史数据库，这个历史数据库构成了智慧供热全网控制策略的大数据分析基础。

室温监测装置的技术问题是：①测量准确性问题：早期的室温监测装置一般是可移动的桌面摆放或壁挂式，位置不固定，一方面，不同热用户将测温装置放置在不同房间、不同位置，不利于供热单位判断典型热用户的实际室内温度情况，另一方面，也比较容易受到外界因素的干扰。②供电问题：早期的室温监测装置一般采用电池供电，电池寿命一般不超过2年，频繁更换电池是保障测温装置长期可靠运行的难题。

目前的技术发展方向是：与热用户的插座、灯具开关等集成的固定安装、市电供电的室温监测装置。

3.3 基于数据的二级网负荷预测和预测性调控

对热力站进行预测性调控的目的是在外部环境或热需求发生变化时，热力站能够及时进行准确的调控，使得供水、回水温度能跟随外部变化，保证末端用户的热舒适性，降低系统能耗。因此，要实现对热力站的预测性调控，需要提前确定二级网温度传输的延迟时间并根据工况和外部变化制定阀门调控策略。热力站的预测性调控建模包括两部分核心内容：①二级网的温度延迟时间辨识及预测；②在不同阀门设定开度下的热力站的温度响应预测。

对上述两部分核心内容建模的方法或理论主要分为两大类：基于机理仿真建模和基于数据建模。其中基于机理仿真建模首先需要根据热力学、流体力学、图论学等理论对整个二级网各环节建立详细的数学模型，包括管道、换热器、水泵、阀门和房间等要素。然后对机理模型中的各个参数进行率定或校准，最后将校准后的机理模型用于相应的温度延迟时间辨识或热力站温度响应预测中。基于机理仿真建模的特点是对系统中各个过程都有详细的数学描述，但需要花费较多的时间成本，且模型建立后比较固定，具有较高的行业理论知识门槛。对于新工艺、新系统的设计和仿真都依赖于机理建模方法。基于数据建模则不需要对系统中的各个过程有详细了解，而是将系统看作一个“黑箱”。首先对系统假设一个模型空间，然后通过大量的输入、输出数据在模型假设空间中学习到一个近似的数学模型，最后将学习到的模型用于延迟时间预测或温度响应预测上。基于数据建模的特点是需要依赖大量的过程数据，不需要对系统中的机理原理有详细了解，容易快速移植到类似的系统中进行建模或修正，适用于系统过程复杂、影响因素多同时拥有大量历史运行数据的系统或设备。

而城市集中供热系统是一个具有强耦合、大滞后特性的复杂系统，热力站数量繁多，不同二级网的结构、面积、材料及其连接的建筑等要素都不相同，因此通过对城市集中供热系统中的所有热力站及二级网进行机理仿真建模，是较为昂贵且难以实现的。另一方面，随着自动测量装置的普及与应用，城市集中供热系统可以以低成本的方式获得大量的运行数据，具备进行数据建模的基础条件。因此，我们采用数据建模的方式对热力站预测性调控问题进行建模。本节后面内容将分别介绍数据建模中的机器学习理论和算法原理、建模流程以及模型评价指标。

3.3.1 机器学习理论及常见算法原理

3.3.1.1 机器学习理论概述

机器学习是基于采集的数据构建模型并通过自适应的学习迭代来完成模型的训练和计算，最后运用模型对数据进行预测和分析的方法。机器学习主要分为有监督学习和无监督学习两大类，后面随着其不断发展还有衍生出来的半监督学习、强化学习等。对于用机器学习进行预测，其本质是通过训练数据来学习从输入到输出的一个映射。一般地，预测任务是希望通过对训练集$\{(x_1,y_1),(x_2,y_2),\cdots,(x_m,y_m)\}$进行学习，建立一个从输入空间 X 到输出空间 Y 的映射，如式(3-7) 所示：

$$f:X\rightarrow Y \tag{3-7}$$

机器学习建模主要由三要素构成，分别是模型、策略和算法。对于一个预测问题，机器学习首先要确定的是学习什么样的模型，模型一般是由无穷个决策函数所组成的集合（即模型的假设空间），如式(3-8) 所示：

$$F=\{f\mid Y=f_{\theta}(X)\} \tag{3-8}$$

式中，X 和 Y 分别是定义在输入空间和输出空间上的变量；θ 为决策函数 $f(\cdot)$ 的待确定参数；F 是由参数向量 θ 决定的函数簇。

基于模型或模型的假设空间，机器学习预测的下一步就是要确定用什么样的准则或者策略来寻找假设空间模型簇中的最佳模型。在机器学习中也经常叫作损失函数或者风险函数。在回归预测问题中常见的损失函数有绝对损失函数、平方损失函数、对数似然损失函数等。以平方损失函数为例，如式(3-9) 所示：

$$L[Y,f(X)]=[Y-f(X)]^2 \tag{3-9}$$

式中，$L[Y,f(X)]$ 为损失函数，Y 为真实的目标向量，$f(X)$ 为模型决策函数根据输入 X 所计算的预测值。机器学习的目标就是在给定的数据样本中，对模型空间的所有决策函数，寻找到使损失函数 $L[Y,f(X)]$ 最小的模型。

基于模型的假设空间和策略函数，机器学习预测还需要确定一个算法，用于寻找到使损失函数 $L[Y,f(X)]$ 最小的模型。算法即是指学习模型的具体计算方法，不同的模型、损失函数所需要的优化算法会有所不同，甚至需要针对特定问题开发特定的优化算法。

机器学习预测建模的一般流程主要有数据获取与清洗、构建模型、训练模型、模型验证与评估、模型预测。下一节将对热力站预测性调控建模研究中应用到的几种不同机器学习算法作简要介绍，包括线性回归、支持向量机、随机森林、极限梯度提升树等经典算法，也包括以神经网络为核心的多层感知机和长短期记忆网络算法。

3.3.1.2 几种常见机器学习算法原理

(1) 线性回归

线性回归（Linear Regression，LR）算法是应用最为广泛的算法之一，它是对输出变量和一个或多个输入变量之间的线性关系进行建模。给定数据集 $D=\{(x_1,y_1),(x_2,y_2),\cdots,(x_m,y_m)\}$，其中 $x_i=(x_{i1};x_{i2};\cdots;x_{id})$，$y_i\in\mathbb{R}$。线性回归试图学得一个线性模型以尽可能准确地预测实值输出标记，如式(3-10)所示：

$$f(x_i)=w^{\mathrm{T}}x_i+b,\text{使得 } f(x_i)\simeq y_i \tag{3-10}$$

线性回归模型形式简单、易于建模，其最大的优点在于模型具有很好的解释性，可以根据不同的权重来分析不同特征对目标的影响程度。

(2) 支持向量机

支持向量机（Support Vector Machine，SVR）是一种用于分类任务的经典算法。其基本原理就是通过一个超平面将不同类的样本分离，支持向量机的一个核心技巧是引入核函数，将线性不可分的样本通过核函数映射到高维空间中，使得样本在高维空间中线性可分。基于核函数技巧，支持向量机可以同时处理线性和非线性问题。

除了分类外，支持向量机同样可用于回归预测。在分类问题中，样本被正确划分在超平面两侧后误差即为 0；而在回归问题中一般将预测值与真实值的误差作为损失函数构建模型。基于软间隔的思想，当预测值与真实值的差值超过 ε 才开始计算误差，因此支持向量机构建了一个以 $f(x)$ 为中心，宽度为 2ε 的回归带。支持向量机回归的核心算法如式(3-11) 所示：

$$\min_{w,b,\xi_i,\xi_i'}\frac{\|w\|^2}{2}+C\sum_{i=1}^{N}(\xi_i+\xi_i') \tag{3-11}$$

其约束为：

$$\begin{cases}\xi_i\geqslant 0\\ \xi_i'\geqslant 0\\ y_i-(w^{\mathrm{T}}x_i+b)-\xi_i\leqslant\epsilon\\ (w^{\mathrm{T}}x_i+b)-y_i-\xi_i'\leqslant\epsilon\end{cases} \tag{3-12}$$

(3) 随机森林

随机森林（Random Forests，RF）是一种用于分类、回归以及其他任务的集成学习方法。集成学习是通过构建多个学习器来完成学习任务，目前的集成方法主要有串行和并行两大类：

① 个体学习器之间存在强依赖关系，必须通过串行的序列化方式进行建模。最典型的集成方法为 Boosting，其中 Boosting 族算法中最著名的代表是

AdaBoost。

② 个体学习器之间不存在强依赖关系，可以同时生成并行式建模。最典型的集成方法为 Bagging 和随机森林，随机森林方法也是 Bagging 算法的一个变体。

Bagging 算法的核心思想在于将训练样本进行随机采样，每次随机采样生成一个样本，再将该样本放回采样集中，采样 m 次后得到一个包含 m 个样本的子样本集。将上述流程重复 T 次，即可获得 T 个子样本集，每个子样本集都包含 m 个样本，然后基于每一个子样本集训练一个基学习器，最后通过投票法将多个基学习器进行结合。

而随机森林算法是基于 Bagging 算法的一个变体。随机森林的基本决策单元是决策树算法，每一棵单独的决策树都是一个基学习器，可以用于回归或者分类。随机森林除了在样本集上进行随机采样，进一步在决策树的训练过程中引入了随机属性选择。对决策树的每个节点有 d 个属性可以用于划分，先从该节点的属性集合中随机选取 k 个属性（$k \leqslant d$），再从这 k 个属性中选取最优属性用于划分。

因此，随机森林每次随机地抽取样本来训练子树，并在学习过程中在每个候选分割中随机抽取特征中的一个子集。因此随机森林算法具有更强的抗噪能力和泛化能力，不易过拟合。

(4) 极限梯度提升树

极限梯度提升树（eXtreme Gradient Boosting，XGBoost）是陈天奇提出的基于梯度提升树算法的高效实现方式，在工程应用中比较广泛，其最大的特点在于对损失函数泰勒展开到二阶导数[4]，使得梯度提升树模型更加逼近真实损失。XGBoost 算法属于集成学习模型中的 Boosting 方法一类，所谓集成学习便是构建多个基学习器对数据集进行预测，然后使用某种策略将多个分类器预测的结果集成后作为最终的预测结果。Boosting 方法工作原理[5]是将各基学习器进行串行，首先从初始训练集训练出一个基学习器，再根据基学习器的表现调整训练样本分布，使得之前基学习器预测错误的样本在后续的基学习器中得到更多关注，然后基于调整后的样本分布来训练下一个基学习器，重复上述过程，直到基学习器数目达到了事先指定的数目，最终将所有基学习的预测结果进行加权求和，得到最终的预测结果。作为 Boosting 方法中的模型，XGBoost 模型的预测值可以表示：

$$\hat{y}_i = \sum_{k=1}^{K} f_k(x_i) \tag{3-13}$$

式中，K 为基函数的数量；f_k 为第 k 个基函数。

对于第 t 次迭代过程得到的预测结果，可以表示为前 $t-1$ 个基函数预测结

果与第 t 个基函数预测结果之和：

$$\hat{y}_i^t=\hat{y}_i^{t-1}+f_t(x_i) \tag{3-14}$$

XGBoost 模型的损失函数由经验损失项和正则化损失项构成，则第 t 步时的损失函数为：

$$L^t=\sum_{i=1}^{n}l(y_i,\hat{y}_i^t)+\sum_{i=1}^{t}\Omega(f_i) \tag{3-15}$$

$$\hat{y}_i^t=\hat{y}_i^{t-1}+f_t(x_i) \tag{3-16}$$

式中，l 表示经验损失函数，一般使用平方损失函数；Ω 表示正则化损失函数，作为模型复杂度的度量，在 XGBoost 模型中一般取为叶子节点数和叶子权重值；对于第 t 步迭代，由于前 $t-1$ 个模型已经确定，因此，$\hat{y}_i^{t-1}$ 对于式(3-17) 来说是一个常量，同时正则化项中的前 $t-1$ 个模型的正则化损失也是一个常量，因此式(3-16) 可以改写为：

$$L^t=\sum_{i=1}^{n}l[y_i,\hat{y}_i^{t-1}+f_t(x_i)]+\Omega(f_t)+C \tag{3-17}$$

然后针对式(3-17) 等号右侧的第一项（经验损失函数）在 $\hat{y}_i^{t-1}$ 处进行泰勒二阶展开，得到其近似结果：

$$L^t\approx\sum_{i=1}^{n}\left[l(y_i,\hat{y}_i^{t-1})+g_if_t(x_i)+\frac{1}{2}h_if_t^2(x_i)\right]+\Omega(f_t)+C \tag{3-18}$$

可知式中 $l(y_i,\hat{y}_i^{t-1})$项对于第 t 步迭代过程也是一个常量，将损失函数中的常数量都去除后，可以简化得到：

$$L^t\approx\sum_{i=1}^{n}\left[g_if_t(x_i)+\frac{1}{2}h_if_t^2(x_i)\right]+\Omega(f_t) \tag{3-19}$$

式中，g_i 与 h_i 分别表示损失函数的一阶和二阶导数，对于平方损失函数而言：

$$g_i=\frac{\partial(\hat{y}^{t-1}-y_i)^2}{\partial\hat{y}^{t-1}}=2(\hat{y}^{t-1}-y_i) \tag{3-20}$$

$$h_i=\frac{\partial^2(\hat{y}^{t-1}-y_i)^2}{\partial(\hat{y}^{t-1})^2}=2 \tag{3-21}$$

由于基学习器为决策树，由叶子结点的权重 w 和样本实例到叶子结点的映射关系 q 所构成，因此，基学习器可以表示为：

$$f_t(x)=\boldsymbol{w}_{q(x)} \tag{3-22}$$

因此，对于式(3-22) 中的正则化损失项（模型复杂度），可以用决策树的叶子结点数 T 和叶子权重 w 决定：

$$\Omega(f_t)=\gamma T+\frac{1}{2}\lambda\sum_{j=1}^{T}\boldsymbol{w}_j^2 \tag{3-23}$$

式中，γ 和 λ 用于约束叶子结点数及叶子权重值。

结合对正则化损失项的定义，可以写为：

$$L^t \approx \sum_{i=1}^{n}\left[g_i \boldsymbol{w}_{q(x_i)}+\frac{1}{2}h_i \boldsymbol{w}_{q(x_i)}^2\right]+\gamma T+\frac{1}{2}\lambda\sum_{j=1}^{T}\boldsymbol{w}_j^2 \tag{3-24}$$

对上式依据叶子结点重新进行样本归组，将属于第 j 个叶子结点的所有样本 x_i 划入一个叶子结点的样本集合中，即 $I_j=\{i\,|\,q(x_i)=j\}$，可以改写为：

$$L^t=\sum_{j=1}^{T}\left[\left(\sum_{i\in I_j}g_i\right)\boldsymbol{w}_j+\frac{1}{2}\left(\sum_{i\in I_j}h_i+\lambda\right)\boldsymbol{w}_j^2\right]+\gamma T \tag{3-25}$$

作如下定义：

$$G_j=\sum_{i\in I_j}g_i,H_j=\sum_{i\in I_j}h_i \tag{3-26}$$

对于第 t 个基学习器来说，G_j 和 H_j 是已知量，因此，等号右侧第一项为 w_j 的一元二次函数，在叶子结点数量不变的情况下，可以求出其最优值为：

$$L^t=-\frac{1}{2}\sum_{j=1}^{T}\frac{G_j^2}{H_j+\lambda}+\gamma T \tag{3-27}$$

假设基学习器在某个叶结点进行特征分裂，分裂前的损失函数为：

$$L_{\text{before}}=-\frac{1}{2}\left[\frac{(G_{\text{L}}+G_{\text{R}})^2}{H_{\text{L}}+H_{\text{R}}+\lambda}\right]+\lambda \tag{3-28}$$

分裂后产生了左右两个子树，则损失函数为：

$$L_{\text{after}}=-\frac{1}{2}\left[\frac{G_{\text{L}}^2}{H_{\text{L}}+\lambda}+\frac{G_{\text{R}}^2}{H_{\text{R}}+\lambda}\right]+2\lambda \tag{3-29}$$

则分裂后相对于分裂前的信息增益为：

$$\text{Gain}=\frac{1}{2}\left[\frac{G_{\text{L}}^2}{H_{\text{L}}+\lambda}+\frac{G_{\text{R}}^2}{H_{\text{R}}+\lambda}-\frac{(G_{\text{L}}+G_{\text{R}})^2}{H_{\text{L}}+H_{\text{R}}+\lambda}\right]-\lambda \tag{3-30}$$

如果 $\text{Gain}>0$，表明损失函数下降了，则考虑基于该特征的分裂。在实际计算过程中，需要遍历所有的特征来寻找最优分裂特征。当基学习器的数量达到设定值或者遍历完所有特征后损失不再减少，则模型训练完成，将所有学习器进行相加后得到最终的模型。

(5) 多层感知机

多层感知器（Multilayer Perceptron，MLP）也叫人工神经网络，由输入层、隐藏层和输出层组成，其构成基础是感知机，基本结构如图 3-2 所示。

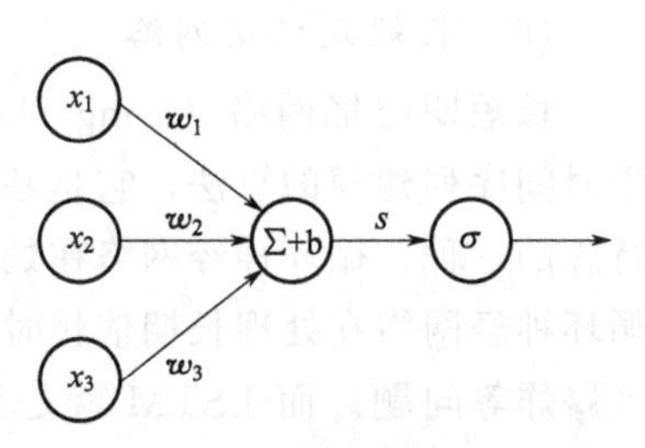

图 3-2 感知机结构

该感知机模型接收了 x_1、x_2、x_3 三个输入，将输入与对应权重系数 $\boldsymbol{w}_1$、$\boldsymbol{w}_2$、$\boldsymbol{w}_3$ 向量

进行加权求和后加入偏置项 b 得到中间结果 s，继而利用激活函数（sigmoid 函数、tanh 函数等）来进行激活，将激活结果 y 作为输出，这是感知机前向计算的过程。在得到输出结果后，需要对比实际值计算损失函数值，并计算损失函数对于当前权重和偏置的梯度，然后根据梯度下降法更新权重和偏置，经过不断迭代调整权重和偏置使得损失最小，这就是单层感知机的训练过程，同时也是多层感知机模型训练过程的基础。由于单层感知机仅包含两层神经元，即输入神经元层和输出神经元层，无法处理线性不可分的情形，因此需要增加中间的隐藏层使网络结构复杂化来处理更加复杂的问题，拥有一层及以上隐藏层便可以被称为多层感知机，其结构类似于图 3-3。

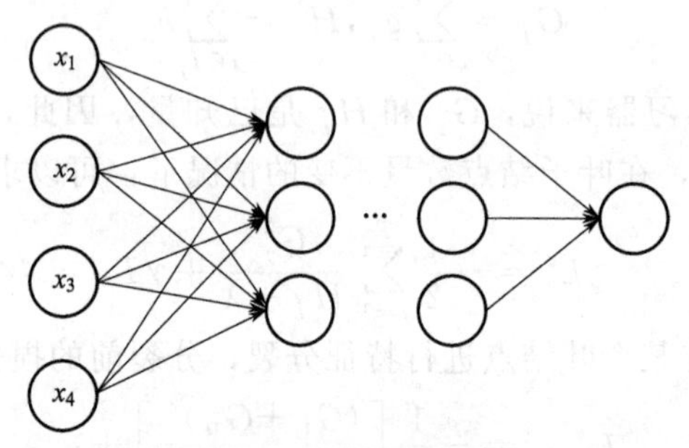

图 3-3　MLP 模型结果

在 MLP 模型训练的过程中，由于存在着多层参数需要进行训练，其训练思路分为前向计算和误差反向传播。主要流程如图 3-4 所示，其中反向传播是基于梯度下降策略的，主要思想是从目标参数的负梯度方向来更新参数，在损失函数对各层参数的梯度计算方面，使用求导的链式法则进行，总结来说便是前向计算得到模型输出，反向传播通过梯度下降来优化调整各层参数。

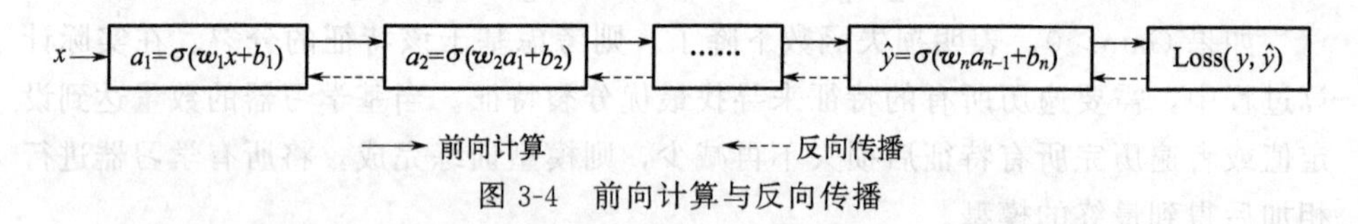

图 3-4　前向计算与反向传播

（6）长短期记忆网络

长短期记忆网络（Long Short-Term Memory Network，LSTM）是一种用于时间序列建模的算法，它是基于循环神经网络衍生而来，属于循环神经网络中特殊的一种。循环神经网络在处理输入数据时会保留之前节点的历史信息，因此循环神经网络在处理长期依赖时会涉及矩阵的多次相乘，进而造成梯度消失或梯度爆炸等问题。而 LSTM 就是为了解决该问题所形成的一种特殊的循环神经网络。

与循环神经网络相同的是，LSTM 也是由多个重复神经网络模块通过链式形式组合在一起；不同的是每个模块内的结构，如图 3-5 所示为 LSTM 的内部网络结构。

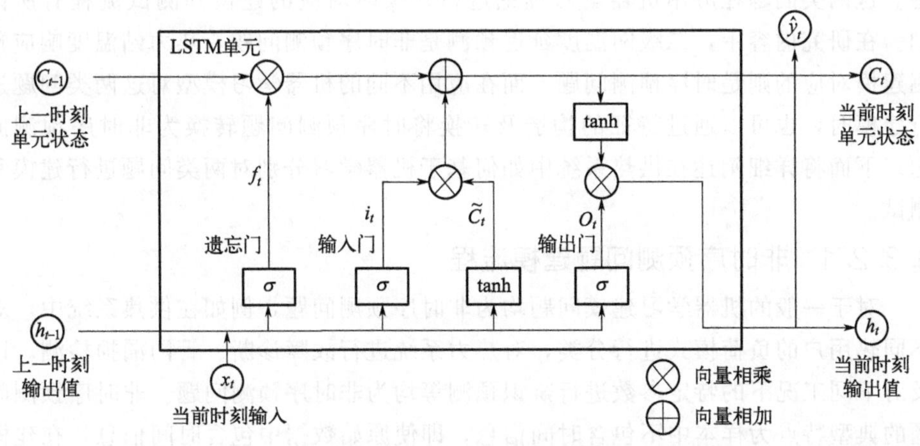

图 3-5 LSTM 内部结构示意图

LSTM 的关键是单元状态，LSTM 通过精心设计的门结构（包括遗忘门、输入门和输出门）来去除或增加相应的信息到单元状态中。每个门的计算方式以及 LSTM 层的输出由式(3-31) 决定：

$$\begin{cases} f_t=\sigma(\boldsymbol{W}_f \cdot [h_{t-1},x_t]+b_f) \\ C_t=\tanh(\boldsymbol{W}_C[h_{t-1},x_t]+b_C) \\ i_t=\sigma(\boldsymbol{W}_i \cdot [h_{t-1},x_t]+b_i) \\ C_t=f_t \cdot C_{t-1}+i_t \cdot C_t \\ o_t=\sigma(\boldsymbol{W}_o \cdot [h_{t-1},x_t]+b_o) \\ h_t=o_t \cdot \tanh(C_t) \end{cases} \tag{3-31}$$

式中，σ(·) 为 sigmoid 函数，是 LSTM 层的激活函数；tanh(·) 为双曲正切函数；f_t、i_t、o_t、C_t 分别是遗忘门、输入门、输出门、候选值的输入；$\boldsymbol{W}_f$、$\boldsymbol{W}_i$、$\boldsymbol{W}_o$、$\boldsymbol{W}_C$ 分别是遗忘门、输入门、输出门、候选值对应于 x_t 和 h_{t-1} 的权值矩阵；b_f、b_i、b_o、b_C 别是遗忘门、输入门、输出门、候选值的偏置。

LSTM 还有很多的变体以及不同的输入输出结构形式，如 sequence-to-sequence，vector-to-sequence，sequence-to-vector 等。LSTM 因其在时序预测问题上的出色表现被大量用于负荷预测、自然语言处理、机器翻译等问题上。同时与一般的神经网络相同，LSTM 也可以同时进行多步预测。

3.3.2 基于机器学习的供热系统预测建模流程

当前供热系统中的预测问题主要分为两大类：时序预测问题和非时序预测问题。这两类问题在应用机器学习理论进行建模时对应的建模和测试流程有所区别。在研究内容中，二级网温度延迟预测是非时序预测问题，热力站温度响应预测建模对应的则是时序预测问题。而在应用不同的机器学习模型对这两类问题进行建模时，也可以通过特征的构造及转换将时序预测问题转换为非时序预测问题。下面将详细阐述在供热系统中如何基于机器学习分别对两类问题进行建模和测试。

3.3.2.1 非时序预测问题建模流程

对于一般的机器学习建模问题均为非时序预测问题，例如在供热系统中，对不同热用户的负荷模式进行分类，对热力系统进行故障诊断、管网漏损检测，以及对不同工况下的特定参数进行辨识预测等均为非时序预测问题。非时序预测问题的典型特点为样本中不包含时间信息，即使原始数据中包含时间信息，在建模过程中并不会对时间信息进行转化和利用。非时序问题建模可概括为：

$$\hat{y}=f(x_1,x_2,\cdots,x_n) \tag{3-32}$$

式中，$\hat{y}$ 代表模型预测结果，$x_i(i=1,2,\cdots n)$ 代表不同的特征，$f(\cdot)$ 代表不同的模型或算法。对于一般的机器学习算法如线性回归、支持向量机、随机森林等均能用于非时序问题建模。

非时序预测问题的数据样本形式一般形如（$\boldsymbol{x}_k$，y_k），即每个样本中包含输入特征向量 $\boldsymbol{x}_k$ 以及对应的输出标记 y_k。对于包含 N 个样本的非时序预测问题建模，首先需要将数据集分割为训练集和测试集，切分的方式同样有多种，常用的方式是按比例随机切分，比如随机抽取80%的样本作为训练数据，剩余20%的样本作为测试数据。然后将训练数据代入选取的模型中进行训练，将训练后的模型直接应用于测试集进行预测，并对测试集上的真实数据和预测数据根据模型评价指标来计算误差，从而衡量模型的预测性能。最后将通过测试后的模型应用于供热系统对应问题中进行预测。

3.3.2.2 时序预测问题建模流程

时序预测问题是供热系统建模中的常见问题，如对未来长、中、短期的热负荷预测，对未来一段时间的流量预测，对热用户未来时段的消费模式和行为预测等均属于时序预测问题。相比于非时序预测问题，时序预测问题在建模流程中更为复杂，因为时序预测问题需要考虑不同的历史时间信息，以及对未来不同的时刻进行预测。时序预测问题建模可概括为：

$$\hat{y}_t,\cdots,\hat{y}_{t+N}=f(y_{t-1},\cdots,y_{t-M},x_t,\cdots,x_{t+N}) \tag{3-33}$$

其中模型预测的输出是从 t 时刻到 $t+N$ 时刻的时间序列，预测模型的输入包括：①从 $t-1$ 时刻到 $t-M$ 时刻的历史目标序列；②未来 t 时刻到 $t+N$ 时刻的外部特征时间序列。和一般的非时序预测问题建模直接通过外部特征预测输出（比如 $f(x)=y$）不同，在大部分时序预测问题中是通过和预测目标相关的历史序列以及未来的部分外部特征信息来预测未来的目标特征。

时序预测问题中获取的数据一般为包含多个特征的时间序列，在数据集分割时一般按照时间先后顺序分割训练集和测试集，因为要保留完整的时间信息。在应用不同的模型对时序预测问题进行建模时，需要进行不同的数据转换及特征构造。如用经典时间序列模型如 ARIMA 模型，该模型只能对单个序列进行建模预测，因此将目标特征的历史序列直接输入模型便可对未来时刻的目标进行预测。对于一般的机器学习模型如支持向量机、决策树算法等，首先需要通过特征构造的方式来将原始数据转换为可以用于监督学习的形式如（$\boldsymbol{x}_k$，y_k）样本形式，将时间序列数据转换为监督学习的样本形式后，时序预测问题就转换成了一般的非时序预测问题。而对于循环神经网络这类针对时间序列建模的深度学习算法，同样需要通过特定的特征构造将原始数据转换为深度神经网络对应的样本形式。以 LSTM 为例，其输入的数据结构为（n_{samples}，n_{inputs}，n_{features}），其中 n_{samples} 代表样本个数，n_{inputs} 代表每个样本包含的历史时间步长信息，n_{features} 代表特征数量。

根据不同模型构造好相应的数据结构后，将训练数据代入模型进行训练。而在模型测试环节，时序问题一般会对未来一步到多步进行预测，且时序预测模型在每次预测时都需要最新的历史数据。因此，时序模型的测试需要在测试集上进行向前滚动测试，每预测完一次，需要将真实数据补充到训练数据中再进行下一次的预测。以多步预测为例，如图 3-6 所示。用训练、集训练好模型后并进行预

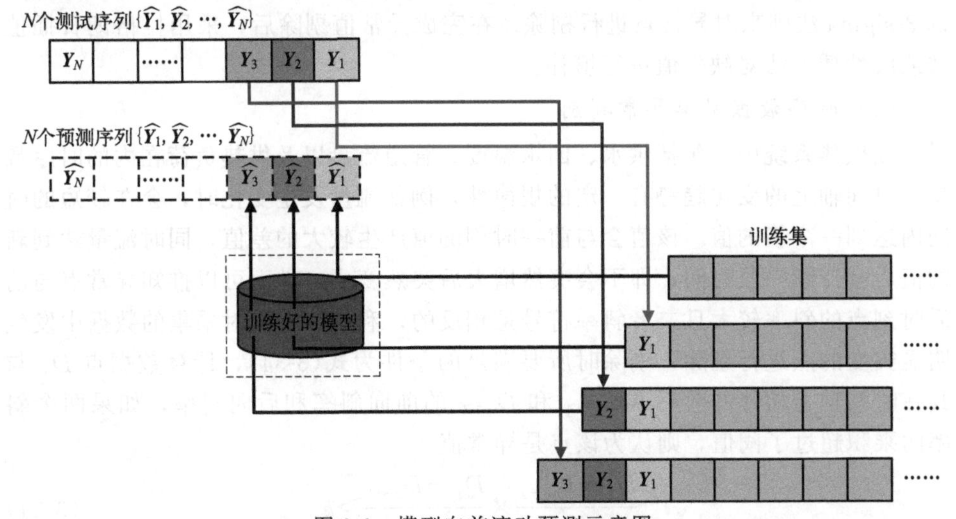

图 3-6　模型向前滚动预测示意图

测，预测结果为$\boldsymbol{Y}_1$，需要注意的是由于模型是进行多步预测，因此每次预测输出的结果是一个包含多步预测值的向量，即$\boldsymbol{Y}_1=[y_{T+1},y_{T+2},\cdots,y_{T+n_{\text{outputs}}}]$，其中$n_{\text{outputs}}$代表模型单次预测的步数。完成对未来$n_{\text{outputs}}$步数的一次预测后，将真实值$\boldsymbol{Y}_1$添加到训练集中组成新的历史数据，并再次调用模型预测$\boldsymbol{Y}_2$。以此方式向前滚动完成所有测试序列上的预测并获取预测序列$\{\hat{\boldsymbol{Y}}_1,\hat{\boldsymbol{Y}}_2,\cdots,\hat{\boldsymbol{Y}}_N\}$与对应的测试序列$\{\boldsymbol{Y}_1,\boldsymbol{Y}_2,\cdots,\boldsymbol{Y}_N\}$。

最后，基于模型评价指标计算预测误差，时序预测问题建模的预测误差可以分为两类：①所有测试集和预测值的误差，作为模型的总体平均预测误差；②在不同预测步长下预测值和测试值的误差，作为模型在各步预测的平均误差。最后将通过测试后的模型应用于供热系统对应问题中进行预测。

3.3.2.3 历史数据预处理

历史数据的准确性是进行数据驱动建模以及关键机理参数辨识的基础，然而在实际的数据采集过程中，由于受到采集设备故障、相关环境因素以及客观存在的随机因素等影响，实验数据集中不可避免地会包含异常值或缺失值，导致实验数据样本的完整度和真实性下降。因此，在建模分析前必须通过科学的方法对数据进行预处理，剔除异常数据并填补缺失值，从而提高历史数据集的有效性，以便后续在此基础上更好地挖掘其中的规律和信息，进而提升建模及分析结果的精度和准确性。

数据分析工作主要包含时序数据分析以及自变量-因变量之间的映射关系分析。对于时序数据中存在的异常点，通过时序数据斜率异常判别方法进行识别并剔除，此外对于包含噪声较多的时序数据，使用滑动平均的方法对数据进行平滑化处理，对于自变量-因变量映射关系分析中存在的异常点，通过统计变量分布的3-sigma法则来对异常点进行剔除。在完成异常值剔除后，采用拉格朗日插值法或线性插值法对缺失值进行填补。

(1) 时序数据斜率异常判别

在供热系统中，包括供水、回水温度，管道流量以及供热负荷在内的时序数据在时间轴上的变化趋势有一定的规律性，例如流量发生变化时，会在较短的时间内达到一个新的值，该值会与前一时刻的值产生较大的差值，同时流量达到新的值后会持续一段时间，即不会突然增大后突然变小，继而可以推知异常点与前后时刻点的斜率较大且二者斜率符号是相反的，利用该特点对采集的数据中发生明显突变的点进行剔除，剔除时所要满足的条件为式(3-34)，计算数据点D_t与其在时间轴上相邻的前后点D_{t-1}和D_{t+1}的前向斜率和后向斜率，如果两个斜率的乘积超过了阈值，则认为该点是异常值。

$$\frac{D_t-D_{t-1}}{\Delta t}\times\frac{D_t-D_{t+1}}{\Delta t}>k \tag{3-34}$$

式中，k 是数据点 D_t 的前向斜率与后向斜率乘积的阈值。

（2）统计变量分布的 3-sigma 法则

当统计变量服从正态分布时，该变量的观测值落在距离其平均值 μ 小于1个标准差（1σ）、2个标准差（2σ）以及3个标准差（3σ）以内的概率分别为68.27%、95.45%以及99.73%，因此可以认为几乎所有的正常值都应该处在（$\mu-3\sigma$，$\mu+3\sigma$）范围内，对于之外的点将其标记为异常点。

（3）滑动平均法

滑动平均法可以很好地去除信号采集过程中的噪声，其主要做法是取观测值及其前后各 n 点共 $2n+1$ 个点求平均，得到当前时刻的滤波结果，其原理本质是通过求平均来使各个观测值中包含的噪声值相互抵消[6]，从而更加接近真实值。对于一个观测值时间序列，我们假设其中每一个观测点都是带有噪声的，但噪声分布的均值为0，观测值和真实值之间的关系可以表示如下：

$$x_t=g_t+\varepsilon_t \tag{3-35}$$

式中，x_t 为观测值；g_t 为真实值；ε_t 为噪声。取 t 时刻前后各 n 个点的观测值相加后平均，得到：

$$p_t=\frac{\sum_{i=1}^{n}(x_{t-i}+x_{t+i})+x_t}{2n+1} \tag{3-36}$$

式中，p_t 代表对 t 时刻的观测值进行滤波得到的结果，x_{t-i} 和 x_{t+i} 各表示 $t-i$ 时刻以及 $t+i$ 时刻的观测值，n 代表滑动窗口半径。

$$p_t=\frac{\sum_{i=1}^{n}(g_{t-i}+g_{t+i})+g_t+\sum_{i=1}^{n}(\varepsilon_{t-i}+\varepsilon_{t+i})+\varepsilon_t}{2n+1} \tag{3-37}$$

而由于我们假设噪声数据分布的均值为0，因此，式中分子项中噪声的加和可以认为是0，进而我们得到：

$$p_t=\frac{\sum_{i=1}^{n}(g_{t-i}+g_{t+i})+g_t}{2n+1} \tag{3-38}$$

分析公式可以知道：当滑动窗口内的真实数据变化幅度不大或处于线性变化时，采用滑动平均方法可以有效抑制窗口内的部分噪声数据，减少数据波动，使得滤波结果更加接近真实值；当滑动窗口内的真实数据波动比较大时，该滤波方法会损失一部分精度，所以滑动窗口宽度的选择也会对滤波效果产生影响。滑动窗口越宽，滤波结果越平滑，但在一定程度上会偏离真实值，滑动窗口越窄，滤波结果会更加接近实际观测值，但包含的噪声会偏多。

(4) 线性插值法

线性插值是一种简单快速的插值方法，非常适合用在缺失值较少且缺失值与邻近点为线性关系的场景中。对于缺失数据点邻近左侧点和右侧点 x_0 和 x_1，其对应的值分布为 y_0 和 y_1，则缺失区间内的线性插值函数为：

$$\varphi(x)=\frac{x-x_1}{x_0-x_1}y_0+\frac{x-x_0}{x_1-x_0}y_1 \tag{3-39}$$

式中，x 为待插值的数据缺失点，可以通过式(3-39) 计算结果进行填补。

3.3.3 模型评价指标

研究中建立的预测模型主要为回归类模型，评价回归模型性能的指标主要有平均绝对误差（Mean Absolute Error，MAE）、平均平方误差（Mean Squared Error，MSE）、均方根误差（Root of Mean Squared Error，RMSE）、平均绝对百分比误差（Mean Absolute Perception Error，MAPE）和拟合优度 R^2。

MAE 指标（也称为 L1 损失）是目标值和预测值之差的绝对值之和，其计算方法如式(3-40) 所示：

$$\mathrm{MAE}=\frac{\sum_{i=1}^{n}|y_i-y_i^u|}{n} \tag{3-40}$$

式中，n 代表样本数量，y_i 和 y_i^u 分别代表样本 i 的真实值和模型预测值。

MSE 指标（也称为 L2 损失）是计算预测值与真实值距离的平方和，MSE 指标通过平方的方式保证每项为正且可导，但量纲发生了变化，如式(3-41) 所示：

$$\mathrm{MSE}=\frac{\sum_{i=1}^{n}(y_i-y_i^u)^2}{n} \tag{3-41}$$

相比于 MSE，MAE 指标因为没有进行平方，对异常点的鲁棒性较好。而 RMSE 则是 MSE 指标的平方根，因此 RMSE 和目标值可以保持在同一个量级，RMSE 的计算方式如式(3-42) 所示。

$$\mathrm{RMSE}=\sqrt{\frac{\sum_{i=1}^{n}(y_i-y_i^u)^2}{n}} \tag{3-42}$$

MAPE 指标是预测值与真实值之间的相对误差，相对误差越小，代表模型拟合得越好。其缺点是目标值中不能有 0，计算方式如式(3-43) 所示。

$$\mathrm{MAPE}=\frac{\sum_{i=1}^{n}\left|\frac{y_i-y_i^u}{y_i}\right|}{n}\times 100\% \tag{3-43}$$

R^2 反映因变量的全部变异能通过回归关系被自变量解释的比例，R^2 越大越好，当预测值和真实值完全一致时，$R^2=1$。

$$R^2=1-\frac{\sum_{i=1}^{n}(y_i-y_i^u)^2}{\sum_{i=1}^{n}(y_i-\overline{y_i})^2} \tag{3-44}$$

上述不同指标中，MAE、MSE、RMSE 都是反映预测值与目标值之间的直接偏差，误差越小模型回归得越好，但只能用于模型在同一个目标变量上的回归性能比较。在不同的目标变量之间，由于其量纲与数量级不同，这三个指标不再具有比较意义。对于 MAPE 和 R^2 指标，反映的是模型预测的相对误差和拟合优度，可以用于不同模型和目标变量之间的比较。

3.3.4 热负荷预测方法

热负荷预测是供热企业运行管理和实时控制的重要环节，热负荷预测的合理性关系到热用户室内环境的舒适性和能源的利用率，所以恰当的热负荷预测意义重大。由于热负荷是一个不断变化的参数，热负荷预测需要对其自身规律及影响因素进行深入的研究，总结热负荷的特点和变化规律，在此基础上找到更加合理的预测方法，建立恰当的热负荷预测模型。

集中供热系统是一个动态的、复杂的能量转换系统，其热负荷是时刻变化的，它受自身内部和外部等多种因素的影响。由于热负荷的变化具有连续性、周期性以及非线性等特点，因此热负荷预测也具有相应的特性：

（1）可知性

负荷与人类生活关系密切，其随气象因素、生活习惯、工作日类型等多种因素的变化而变化，这也说明热负荷的发展规律是可知的，可以通过影响因素预测它的变化趋势。

（2）不准确性

热负荷受多种因素影响，这些因素大部分具有不确定性、可变化性等特点，而且各个因素对热负荷的影响程度也不同。由于热负荷预测是根据历史数据总结经验规律进行推测，所以热负荷预测必然具有不确定性，预测结果存在不准确性。

（3）时间性

热负荷预测不仅要确定影响因素的数量，还要确定预测的时间范围，针对不同的预测时间范围，选取相应的预测方法，建立恰当的预测模型，输出对应时间范围的预测值，而超出预测时间范围的结果相对来说是不准确的。

(4) 连续性

热负荷的变化具有惯性特征，能够保持距它最近的变化趋势，表现为时间上的延续现象，即除了受其他因素的影响外，预测时间点的热负荷情况受距它最近的已知时间点的影响最大。

(5) 周期性

周期性是热负荷预测一个最明显的特征，一个地区短时间段内每日 24h 的热负荷曲线形状具有相似性，即每一天热负荷基本在固定的时间点或邻近时间点出现高峰和低谷。通常日热负荷曲线会有两个峰值，即双峰型曲线，并且每日夜间的热负荷相比于白天较低且平稳。

3.3.4.1 热负荷预测的分类

热负荷预测根据时间范围的不同可以分成以下四种类型：

① 超短期热负荷预测（very short term load forecasting)，周期一般是 1min 到 1h，主要用于集中供热系统的紧急状态处理。

② 短期热负荷预测（short term load forecasting)，周期一般是几分钟到几周，主要用于集中供热系统的热量规划，协调管理部门各环节之间的工作，为相关人员的操作方式提供数据基础，确保系统经济平稳地运行，改善企业的供热品质。

③ 中期热负荷预测（medium term load forecasting)，周期一般是几天到几个月，主要用于集中供热系统处理采暖季的热负荷需求问题。

④ 长期热负荷预测（long term load forecasting)，周期一般是 5～10 年，主要用于集中供热系统的远景规划，解决系统的设备更新、新的管道铺设以及换热站的建设等问题。

上述介绍的四种热负荷预测中，短期热负荷预测发展的时间最长，其对于供热企业的管理部门来说，是一项十分重要的日常工作。通过预测结果可以为操作人员提供针对性的热规划指导，从而提高企业的供热质量。

3.3.4.2 热负荷预测的影响因素

集中供热系统的热负荷受自身因素、气象因素、社会因素、政策因素以及各种不可避免的随机干扰因素等诸多因素影响。但是，在真正的热负荷预测工作中，考虑所有的影响因素是不现实的，这是因为：①将所有因素的历史数据收集齐全是非常不容易的；②因素太多会使建模过程复杂，带来模型训练不稳定以及训练时间过长等问题。因此，要着重分析对热负荷影响程度较大的因素，这些关键因素可以归纳总结为以下五种类型。

① 自身因素：热负荷的变化趋势有连续性和延迟性等特点，其变化曲线为一不间断的波形。

② 社会因素：工作日类型、作息时间以及工作方式等构成影响热负荷的社会因素。相比于正常日，节假日对热负荷的变化模式影响较大，该期间的热负荷显著偏高。这是由于节假日时热用户大部分都在家中，对舒适性的要求增高。

③ 气象因素：主要指室外温度、相对湿度、风速、太阳辐射强度等外部气象因素，特别是室外温度对热负荷的影响最为明显。

④ 政策因素：由于近年来我国的集中供热事业发展迅速，随之带来了大气污染等问题，所以我国政府对排放的二氧化碳有明确的限制规定，甚至部分地区开始实施碳交易政策，其在某种程度上对热负荷有间接的影响。

⑤ 随机干扰因素：是指事先无法预知的能干扰热负荷变化的因素，这些因素都有其各自的特点，而且具有一定的随机性。虽然这些因素并不是影响热负荷变化的重要因素，但是进行热负荷预测时要根据需要分析不同因素特有的作用。

3.3.4.3　热负荷预测的流程

热负荷预测工作是依据对历史数据的研究，总结经验规律构建恰当的预测模型，并不断改进算法以修正模型，从而输出相对准确的热负荷预测值。其基本过程如下。

① 确定热负荷预测的目的　只有目的明确，才能收集相应的历史数据，选取合理的预测方法，构建恰当的预测模型。因此，确定热负荷预测目的是预测工作的首要环节。

② 收集和处理历史数据　首先收集热负荷预测所需的历史数据，并尽量使收集的历史数据客观全面且准确，其次对收集的历史数据进行预处理，提高历史数据的有效性。

③ 选取模型的输入变量　根据历史数据动态曲线图的变化趋势，初步选取模型的输入变量。同时，计算相关统计量，以进一步选取模型的输入变量，为建立预测模型做准备。

④ 建立热负荷预测模型　方法的选择对预测模型的精确度有很大的影响，因此，选择合适的预测方法是建立恰当的热负荷预测模型的重要环节。

⑤ 验证模型精确度　根据误差分析对预测模型进行适当修正，直至误差均在允许接受的范围内终止对模型修正，输出对应时刻的热负荷预测值。

3.3.5　二级网温度延迟辨识及预测

温度延迟是集中供热系统最为重要的动态特性之一，也是态势感知中的关键感知参数。首先进行二级网温度延迟辨识和预测研究。本部分提出了一种基于运行数据自动辨识二级网温度延迟时间的算法，该算法通过变点检测和相关性分析来确定二级网温度延迟时间。进一步，通过关联分析和特征融合的方法，本部分研究了影响二级网温度延迟时间的因素。基于特征关联分析结果，本部分建立了四个机器学习模型并在不同的数据集上对二级网温度延迟时间进行了预测。

3.3.5.1 二级网延迟辨识与预测技术框架

如图 3-7 的技术框架，首先是数据搜集，再进行数据处理，接着通过提出的二级网延迟辨识算法进行延迟时间（HRT）辨识。基于获得的延迟时间和热网特征数据，进行数据转换、相关性分析和特征融合，将数据分为三个不同的数据子集，构建四个机器学习模型（线性回归、支持向量机、随机森林和极限学习机）进行预测。

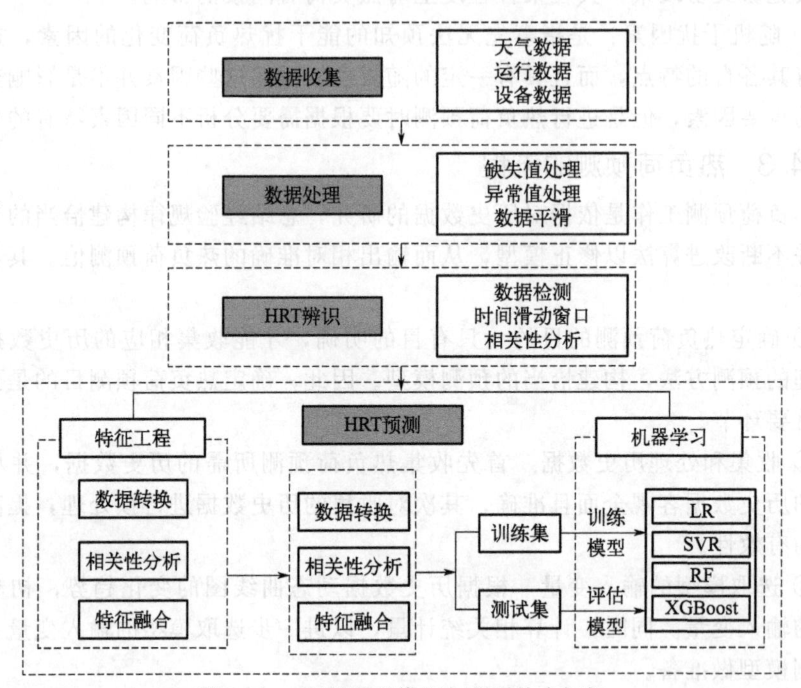

图 3-7 二级网延迟辨识与预测技术框架

3.3.5.2 二级网延迟辨识算法

因为室外天气或者工况变化等因素，二级网从供温变化到回温响应之间存在时间延迟，该延迟会影响二级网调控策略和优化分配等问题。根据二级网特性，提出自动辨识二级网延迟时间的算法：

- 确定一个时间窗 Δt，将该时间窗分为前后两段区间

$$\Delta t_{i1}=\left(t_i,t_i+\frac{\Delta t}{2}\right) \tag{3-45}$$

$$\Delta t_{i2}=\left(t_i+\frac{\Delta t}{2},t_i+\Delta t\right) \tag{3-46}$$

式中，t_i 代表该天的第 i 个采集点。

• 计算两个时间窗内供水温度平均值

$$\overline{T}_{\Delta t_{i1}}=\frac{T_{t_i}+T_{t_{i+1}}+\cdots+T_{t_i+\frac{\Delta t}{2}}}{\frac{\Delta t}{2}} \tag{3-47}$$

$$\overline{T}_{\Delta t_{i2}}=\frac{T_{t_i+\frac{\Delta t}{2}}+T_{t_i+\frac{\Delta t}{2}+1}+\cdots+T_{t_i+\Delta t}}{\frac{\Delta t}{2}} \tag{3-48}$$

如果供水温度平均值之差超过阈值 ε，则 t_i 时刻被判定为工况变化点。

• 基于工况变化点 i 和时间窗 Δt，获取该工况变化时刻开始的时间窗内的温度序列，包括供水温度序列和回水温度序列。

$$TS_i=[T_{si},T_{s(i+1)},\cdots,T_{s(i+\Delta t)}]^{\mathrm{T}} \tag{3-49}$$

$$TR_i=[T_{ri},T_{r(i+1)},\cdots,T_{r(i+\Delta t)}]^{\mathrm{T}} \tag{3-50}$$

• 对于回水温度序列 TR_i，逐步向后移动一个时间步长获得 TR_{i+1}，TR_{i+2}，…，TR_{i+k}，构建回水温度时空矩阵 **V**

$$\mathbf{V}=[TR_i \quad TR_{i+1} \quad \cdots \quad TR_{i+k}]=\begin{bmatrix} T_{ri} & T_{r(i+1)} & \cdots & T_{r(i+k)} \\ T_{r(i+1)} & T_{r(i+2)} & \cdots & T_{r(i+k+1)} \\ \vdots & \vdots & \cdots & \vdots \\ T_{r(i+\Delta t)} & T_{r(i+1+\Delta t)} & \cdots & T_{r(i+k+\Delta t)} \end{bmatrix} \tag{3-51}$$

• 计算供水温度序列 TS_i 和回水温度时空矩阵 **V** 逐列的相关系数，相关系数最大时刻对应的平移步数即为延迟时间（HRT）。相关系数计算公式为：

$$r=\frac{\sum_{i=1}^{n}(X_i-\overline{X})(Y_i-\overline{Y})}{\sqrt{\sum_{i=1}^{n}(X_i-\overline{X})^2}\sqrt{\sum_{i=1}^{n}(Y_i-\overline{Y})^2}} \tag{3-52}$$

如图3-8所示，横坐标为时间窗平移时间步数，纵坐标为相关系数。当移动7步的时候，相关系数最大为0.98，说明此时供水温度和回水温度的变化趋势最为接近，移动的时间尺度刚好抵消了延迟带来的差异，该时间即为HRT。

3.3.5.3 二级网延迟时间辨识结果案例

基于上述辨识算法，以郑州热力二级网数据为例，获得如下结果：

如表3-1所示，超过一半（57.42%）的热力站的延迟时间位于1000～2000s；26.33%的热力站延迟时间位于2000～3000s；最小的延迟时间为0，最大为4162s。

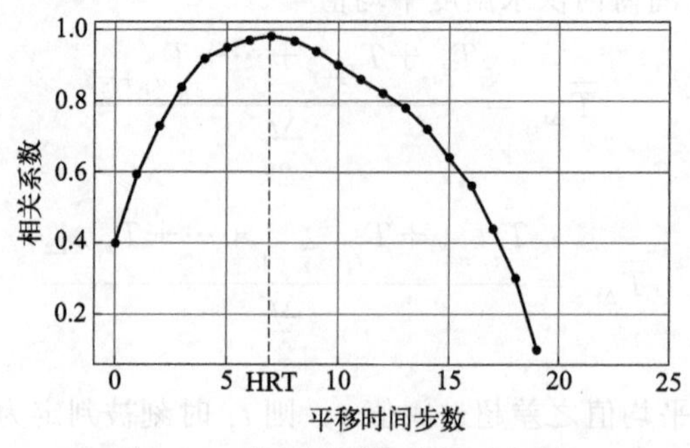

图 3-8 热延迟时间辨识示意图

表 3-1 各站热延迟时间分布范围统计表

HRT 范围/s	对应热力站数目	热力站总数	比例/%
<1000	43	357	12.04
1000～2000	205	357	57.42
2000～3000	94	357	26.33
>3000	15	357	4.20

如图 3-9 所示，对于任何单个热力站，其 HRT 都不是固定的，而是随工况或天气等因素变化。对于一些热力站（如 5、13、37、39、57 和 104 这几个热力站），其 HRT 变化范围超过了 500s。如表 3-2 所示，有 8.57%的热力站 HRT 变化范围在 100s 以内，73.3%的热力站 HRT 变化范围在 100～500s 以内，18.1%的热力站 HRT 变化范围超过了 500s。

表 3-2 单个热力站热延迟时间分布范围统计表

HRT 范围/s	结果数目	结果总数	比例/%
<100	9	105	8.57
100～200	37	105	35.24
200～500	40	105	38.10
>500	19	105	18.10

在物理结构未变的情况下，每个热力站 HRT 变化的原因，主要是其工况变化导致。如图 3-10 所示，横坐标为 HRT 变化区间，纵坐标为热负荷、二级网压差、二级网温差的相对变化率，可以看到，HRT 变化越大，对应的热负荷、二级网压差、二级网温差变化也越大。

3.3.5.4 二级网延迟时间预测结果案例

基于获得的二级网延迟时间和特征数据，首先基于相关性分析获取其相关特征。结果如图 3-11。

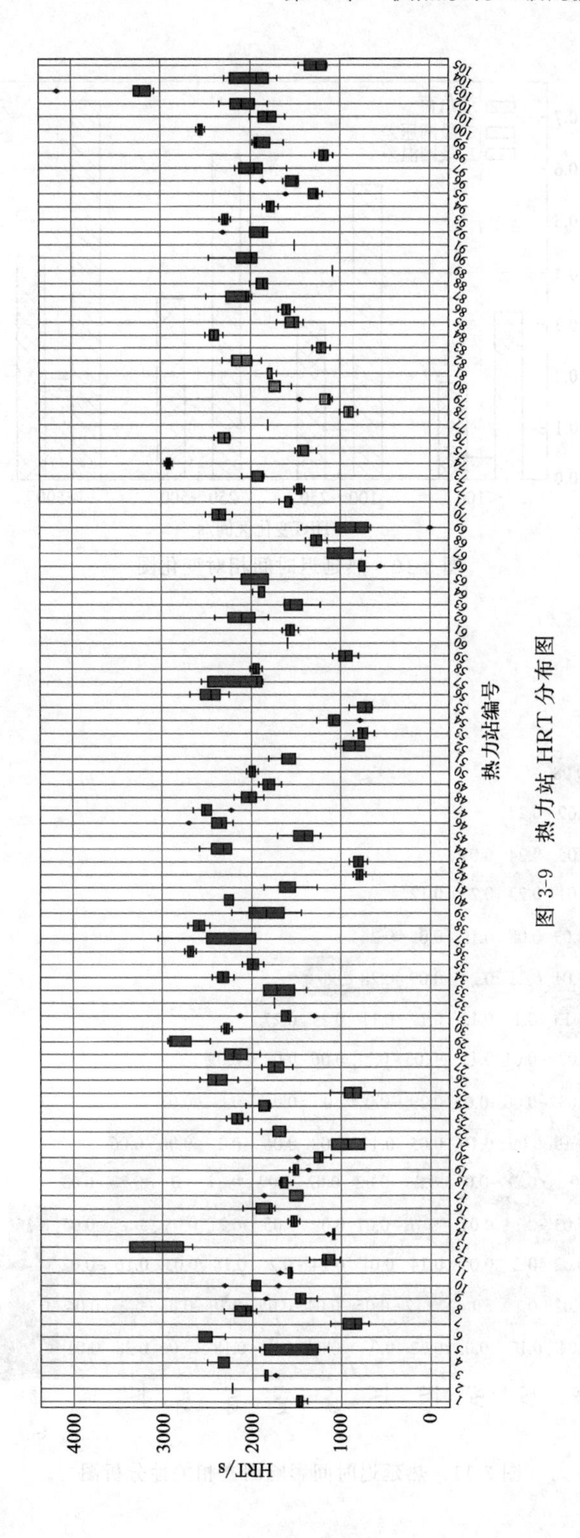

图 3-9　热力站 HRT 分布图

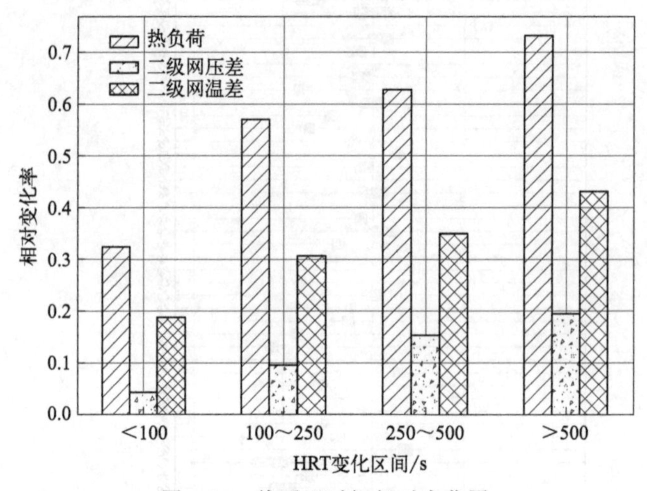

图 3-10　热延迟时间相对变化图

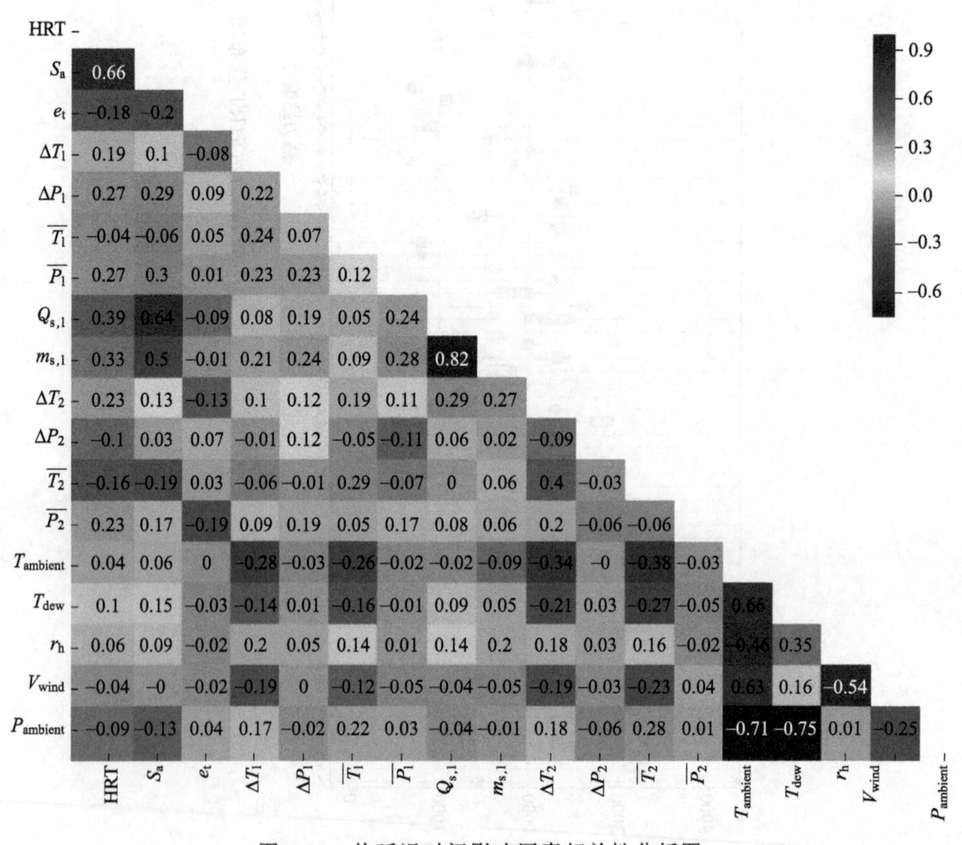

图 3-11　热延迟时间影响因素相关性分析图

可以看到供热面积和延迟时间的线性相关性最大，达到 0.66。

基于特征融合和相关性分析，构建了不同的特征集并基于四种机器学习算法对特定特征集下的延迟时间进行预测。结果如图 3-12～图 3-15 所示。

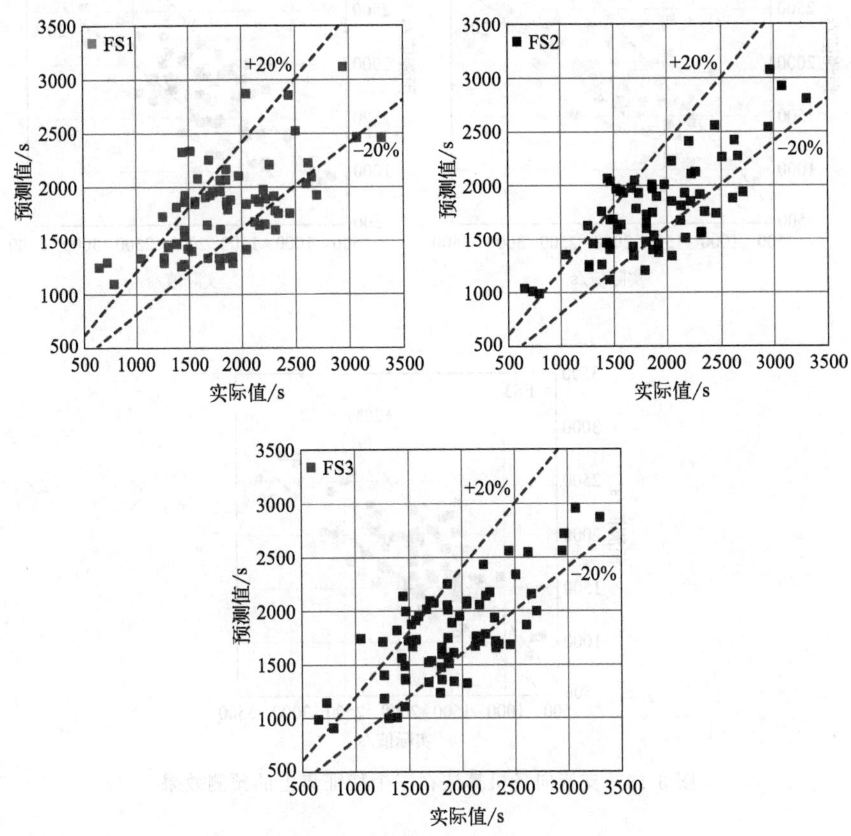

图 3-12 线性回归算法在三个特征集上的预测效果

不同算法在不同的特征集上结果汇总如表 3-3，可以看到：极限梯度提升树算法在特征集 3 上预测效果最好。

表 3-3 四种不同机器学习模型在三个数据集上的预测性能对比

项目	线性回归			支持向量机			随机森林			XGBoost		
	RMSE	MAE	R^2	RMSE	MAE	R^2	RMSE	MAE	R^2	RMSE	MAE	R^2
FS1	473.20	384.30	0.38	417.25	326.35	0.52	473.20	384.30	0.38	417.25	326.35	0.52
FS2	381.20↑19%	308.20↑20%	0.62↑63%	367.10↑12%	296.32↑9%	0.62↑19%	381.20↑19%	308.20↑20%	0.62↑63%	367.10↑12%	296.32↑9%	0.62↑19%
FS3	388.44↑18%	320.68↑17%	0.59↑55%	405.47↑3%	314.81↑4%	0.54↑4%	388.44↑18%	320.68↑17%	0.59↑55%	405.47↑3%	314.81↑4%	0.54↑4%

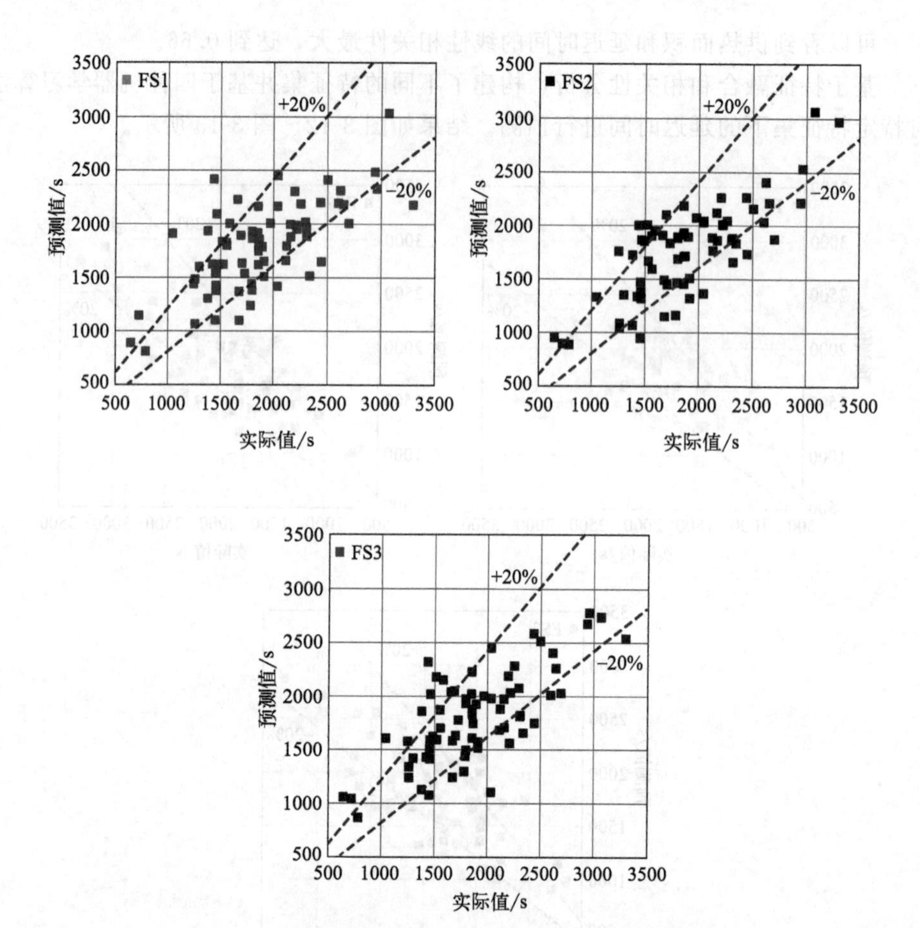

图 3-13 支持向量机算法在三个特征集上的预测效果

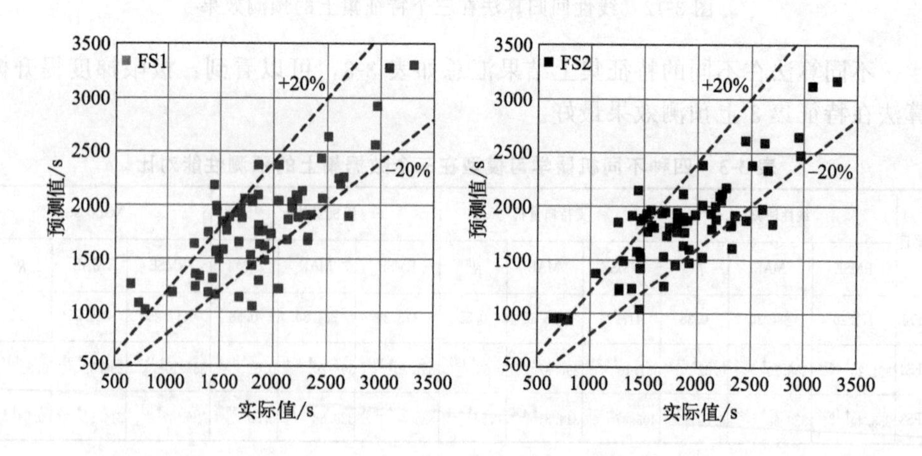

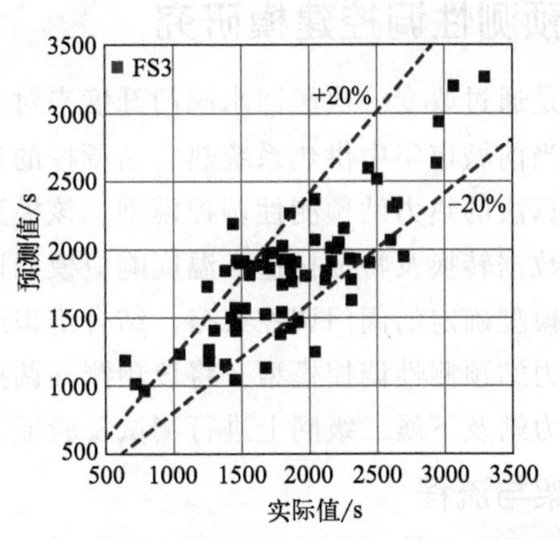

图 3-14　随机森林算法在三个特征集上的预测效果

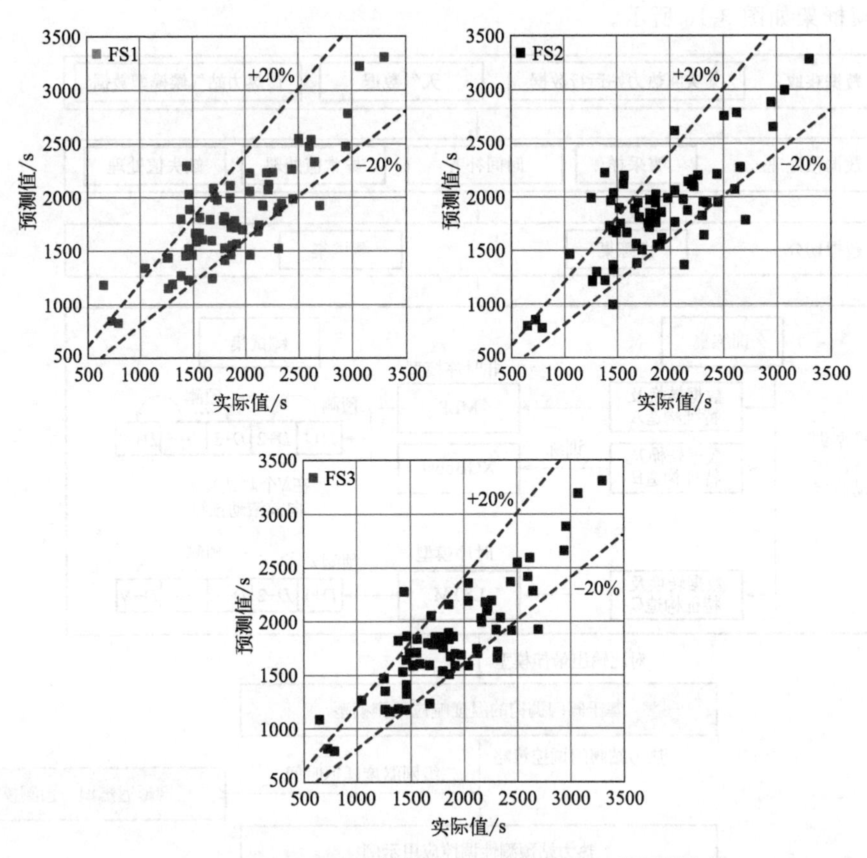

图 3-15　极限梯度提升树算法在三个特征集上的预测效果

3.3.6 热力站预测性调控建模研究

热力站调控主要是通过改变一次侧回水阀门开度来对二次供水、回水温度进行调控。本部分针对当前城市集中供热系统热力站调控的逻辑及存在问题，建立了一种基于机器学习算法的热力站预测性调控模型。该模型包括数据获取、数据预处理、数据切分、数据转换及特征构造、温度响应模型训练和滚动测试。通过热力站温度响应预测模型确定的阀门调控策略，结合辨识或预测出来的二级网温度延迟时间形成了热力站预测性调控模型。将该预测性调控模型应用在北方某城市集中供热系统某热力站及下属二级网上进行测试及验证。

3.3.6.1 建模框架与流程

本章针对当前城市集中供热系统热力站调控存在的问题，结合实际的热力站运行数据及天气数据，搭建了一种基于机器学习的热力站预测性调控模型，本章建模框架如图 3-16 所示。

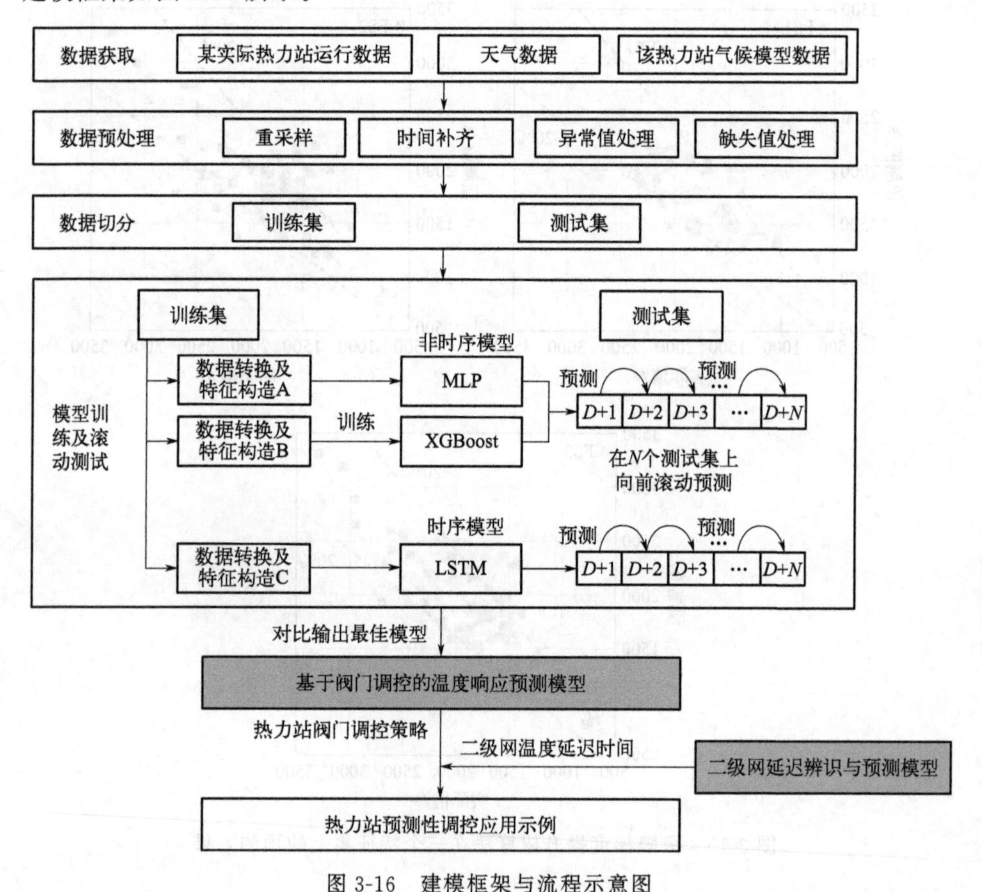

图 3-16 建模框架与流程示意图

(1) 数据获取

本章的数据来源和应用场景同样为北方某城市集中供热系统。本章获取了该热力系统中某热力站（后文用“试验热力站”简称）的实际运行数据，此外还获取了试验热力站所在区域对应的外部天气数据。

(2) 数据预处理

数据预处理是将采集到的原始数据根据统计学理论和专家知识进行相应的清洗和处理，包括时间重采样、时间补齐、异常值处理和缺失值处理。

(3) 数据切分

数据切分是将预处理后的数据分割为训练集和测试集。其中，训练集只用于训练模型，测试集用来测试训练后模型的效果和性能。

(4) 模型训练及测试

不同模型所需要的输入数据结构和特征都有所不同，因此首先对训练集进行相应的数据转换和特征构造；其中数据转换和特征构造分为 A、B、C 三种方式，分别对应 MLP、XGBoost 和 LSTM 模型。然后将构造好的样本数据分别用于训练非时序模型（MLP 和 XGBoost 模型）与时序模型（LSTM 模型）。将训练好的模型在测试集上进行向前滚动测试，评价模型的准确度和可靠性，最后将在测试集上表现最佳的模型输出为热力站温度响应预测模型。

(5) 热力站预测性调控模型及应用示例

将热力站温度响应预测模型在试验热力站进行示例应用，验证该模型在实际热力站预测性调控中的作用与效果。将预处理后的数据进行切分，分割为两个数据集分别作为训练集和测试集。本章建立的模型是一个与时间序列相关的预测问题，因此按时间顺序对训练集和测试集进行分割。将 2019 年 11 月 21 日至 2020 年 1 月 21 日的数据作为训练集，将 2020 年 1 月 22 日至 2020 年 2 月 7 日的数据作为测试集，训练集和测试集的比例约为 8∶2。

3.3.6.2　数据转换及特征构造

在建立热力站温度预测响应模型中，数据转换及特征构造是最为关键的步骤之一。对未来一段时间的温度响应预测本质上是一个时间序列预测问题，温度响应预测模型是基于当前时间及历史一段时间内的数据特征，结合已知的未来一段时间内的外部特征信息（天气预报和阀门设定开度），对未来一段时间的目标特征（二次供水温度）进行预测，如式(3-53) 所示。

$$\widehat{y}_t,\widehat{y}_{t+1},\cdots,\widehat{y}_{t+N}=f(y_{t-1}\cdots y_{t-M},x_{t-1}^1\cdots x_{t-M}^1\cdots x_{t-1}^m\cdots x_{t-M}^m,x_t^p\cdots x_{t+N}^p,x_t^q\cdots x_{t+N}^q) \tag{3-53}$$

其中输入包括：①目标特征从 $t-1$ 到 $t-M$ 时刻的历史序列；②其他 m 个

相关的外部特征（如采集的压力、流量等特征）从 $t-1$ 到 $t-M$ 时刻的历史序列；③其他 $q-p$ 个外部特征（如时刻、天气等特征）从 t 到 $t+N$ 时刻的未来信息序列。输出为预测的目标特征从 t 到 $t+N$ 时刻的预测值。

在构建样本的输入输出时，需要根据历史时间步长、预测时间步长将数据重新组织为可以用于模型训练的多个样本。

（1）数据转换及特征构造方式 A

第一类数据转化及特征构造方式主要针对多层感知机模型对数据的结构要求进行转换和构造。多层感知机模型对输入数据的结构要求是（n_{samples}，n_{features}），对输出的结构要求是（n_{samples}，n_{outputs}）。其中 n_{samples} 代表样本个数，n_{features} 代表特征数量，n_{outputs} 代表预测的步数。对于考虑不同的历史时间步数和预测步数，其对应的特征数量都不相同，下面以考虑前 4 步（$n_{\text{inputs}}=4$）的历史数据特征，预测未来 4 步（$n_{\text{outputs}}=4$）的目标特征为例，来详细解释该数据转换和特征构造的方式。如图 3-17 所示，对于示例中的数据，前四个时刻（7:00—9:00）均没有足够的历史时间数据，无法构造样本。第一个样本从 10：00 开始构造，每个样本的历史特征考虑前 4 步，因此特征 1 到特征 14 从 7:00 到 10:00 的 4 步历史数据被纳入样本 1 中；此外，对于提前预知的特征，包括天气预报数据和阀门预设开度数据，提取和预测时间相对应的数据，即 11:00 到 14:00 的天气预报数据和阀门设定开度数据。将历史特征数据与预知特征数据合并展开，构成样本 1 的输入特征向量 $\boldsymbol{x}_1$，特征数有 4×12+4×2=56 个。同时，对未来要预测的目

时间	特征1(阀门开度)	特征2(一次供温)	特征3(一次供压)	……	特征12(二次回温)	预报天气	阀门预设开度	目标特征(二次供温)
2020/1/7 7:00	20	84.41	0.80		42.70	−2.2	20	20
2020/1/7 8:00	20	85.58	0.81		42.18	−1.2	20	20
2020/1/7 9:00	20	86	0.82		42.09	0	20	20
2020/1/7 10:00	20	86	0.82		41.98	1	20	20
2020/1/7 11:00	20	86.25	0.86		42.14	1.8	20	20
2020/1/7 12:00	19.5	90.91	0.85		42.31	2.4	19.5	19.5
2020/1/7 13:00	18	92.66	0.85		42.60	2.9	18	18
2020/1/7 14:00	18	92.91	0.84		42.45	3	18	18
2020/1/7 15:00	18	92.66	0.85		42.39	2.9	18	18
2020/1/7 16:00	18	92.33	0.85		42.25	2.5	18	18
……								

图 3-17　数据转换与特征构造方式 A 示意图

标特征取对应时间的数据（11:00到14:00的二次供水温度数据）作为样本1的输出 y_1，其中包括4步预测值。至此，完成一个样本的数据转换及特征构造。同样地，将时间向前滚动一步，将8:00至11:00的12个历史特征和12:00—15:00的2个预知特征合并、展平作为样本2的输入特征向量 $\boldsymbol{x}_2$，将12:00—15:00的目标特征作为样本2的输出 y_2。以此不断向前滚动构造输入和输出样本。

按照这个方式，数据转换及特征构造方式A所构造的样本中包含如下输入特征：①$t-1$ 到 $t-n_{\text{inputs}}$ 历史时刻的二次供水温度（目标特征）序列值；②$t-1$ 到 $t-n_{\text{inputs}}$ 历史时刻的一次瞬时热量、一次供水温度、一次回水温度、一次供水压力、一次回水压力、一次供回水压差、一次瞬时流量、一次供水阀门开度、二次供水压力、二次回水压力、二次回水温度等11个外部特征序列值；③未来 t 到 $t+n_{\text{outputs}}$ 时刻的一次供水阀门开度序列值；④未来 t 到 $t+n_{\text{outputs}}$ 时刻的外部气温预报值。样本的输出特征为未来 t 到 $t+n_{\text{outputs}}$ 时刻的二次供水温度预测值。

(2) 数据转换及特征构造方式B

数据转换和特征构造方式B旨在满足XGBoost模型对数据结构的要求，通过相应的转换和构造来提升模型的性能。转换的基本方法和流程与图3-16所示方法基本一致，唯一不同的地方是XGBoost无法像神经网络一样进行多输出预测，只能进行单步预测。因此该特征构造方式中的输出只能为1步，即 $n_{\text{outputs}}=1$。通过构建多个XGBoost模型来实现多步预测。对于第 i（$i \leqslant n_{\text{outputs}}$）个XGBoost模型，根据数据转换及特征构造方式B所构造的样本输入包括：①$t-1$ 到 $t-n_{\text{inputs}}$ 历史时刻的二次供水温度（目标特征）序列值；②$t-1$ 到 $t-n_{\text{inputs}}$ 历史时刻的一次瞬时热量、一次供水温度、一次回水温度、一次供水压力、一次回水压力、一次供回水压差、一次瞬时流量、一次供水阀门开度、二次供水压力、二次回水压力、二次回水温度等11个外部特征序列值；③未来 $t+i$ 时刻的一次供水阀门开度值；④未来 $t+i$ 时刻的外部气温预报值。样本的输出特征为未来 $t+i$ 时刻的二次供水温度预测值。

(3) 数据转换及特征构造方式C

数据转换及特征构造方式C旨在为LSTM模型提供符合其数据结构要求的转换和构造方法。转换的基本方法和流程如图3-16所示，不同的是LSTM的输入向量会继续保持时序结构，因此在特征构造方式A的最后不再对合并后的历史特征和预知特征进行展平。此外，历史特征和外部预知特征需要有同样的长度，最后构成的训练集结构为（n_{samples}，n_{inputs}，n_{features}）。按照这个方式，数据转换及特征构造方式C所构造的样本中包含如下输入特征：①$t-1$ 到 $t-n_{\text{inputs}}$

历史时刻的二次供水温度（目标特征）序列值；②$t-1$ 到 $t-n_{\text{inputs}}$ 历史时刻的一次瞬时热量、一次供水温度、一次回水温度、一次供水压力、一次回水压力、一次供回水压差、一次瞬时流量、一次供水阀门开度、二次供水压力、二次回水压力、二次回水温度等 11 个外部特征序列值；③未来 $t-1+n_{\text{outputs}}$ 到 $t-n_{\text{inputs}}+n_{\text{outputs}}$ 时刻的一次供水阀门开度序列值；④未来 $t-1+n_{\text{outputs}}$ 到 $t-n_{\text{inputs}}+n_{\text{outputs}}$ 时刻的外部气温预报值。样本的输出特征为未来 t 到 $t+n_{\text{outputs}}$ 时刻的二次供水温度预测值。

3.3.6.3 模型训练

经过特征转换后的数据可以用于模型训练。上一部分中不同的模型对应不同的数据转换及特征构造方式，主要差异在输入步长、输出步长以及是否需要将时序特征展平。不同模型在特征类型的选取上均一致，热力站温度响应预测模型的输入特征类型有：历史时刻的一次供水温度、一次回水温度、一次供水压力、一次回水压力、一次压差、一次阀门开度、一次瞬时热量、一次瞬时流量、二次供水温度、二次回水温度、二次供水压力、二次回水压力；未来时刻的预报气温、一次供水阀门开度特征；一共 14 个输入特征，预测目标为二次供水温度。

在模型训练的过程中，每个模型都有相应的超参数需要配置，如多层感知机模型中的隐藏层数量、每个隐藏层的节点数、激活函数的选择；XGBoost 模型中的最大深度、学习率、评估器数量等等。需要提出的是，对于超参数的配置和搜索并不是研究重点，主要目标为基于机器学习建模的方式来实现二级网预测性调控，并指导工程实践。因此，在对各个模型进行训练时模型的超参数配置均直接设定，或者使用默认参数。唯一改变的是在特征构造和数据转换时考虑的输入步长和预测步长。结合专家知识和实际工程逻辑，考虑的输入步长有 6、12、24、48、72 步（每个步长代表 1h），预测步长有 6、12、24 步，即最长是预测未来一天的目标变量数据，其中输入步长不短于输出步长。

（1）MLP

本章搭建的 MLP 模型包含了一个输入层（Input _ layer）、两个隐藏层（Dense _ layer）以及一个输出层，该 MLP 神经网络的结构如图 3-18 所示。每个隐藏层的节点数均设置为 100，激活函数均为 relu 激活函数，优化方法设置为 adam 优化算法，损失函数为平均平方误差 MSE。训练模型时的最大迭代次数为 200 次，batch _ size 设置为 16。在模型配置好后，将训练数据代入模型中进行训练。

（2）XGBoost

XGBoost 模型在训练时需要配置较多的参数，参数配置情况如表 3-4 所示。

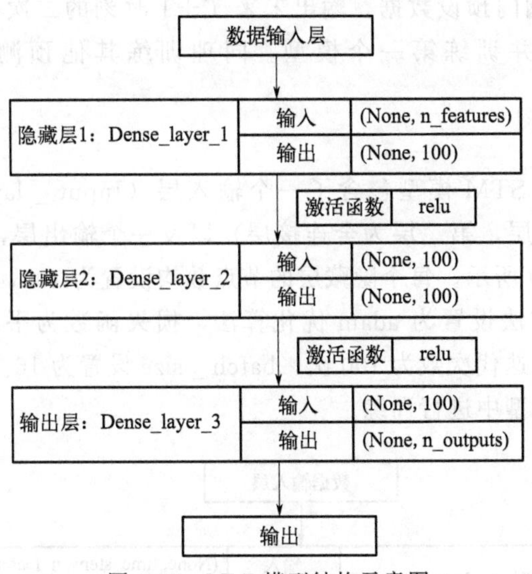

图 3-18　MLP 模型结构示意图

表中未声明的参数则用默认值。

表 3-4　XGBoost 模型超参数配置

超参数名称	参数值	超参数名称	参数值
max_depth	6	gamma	0.1
learning_rate	0.01	max_delta_step	0
n_estimators	1200	subsample	0.7

XGBoost 模型只能进行单步预测，通过构建多个 XGBoost 模型分别预测未来的第 1 步、第 2 步、…、第 k 步目标值，模型多步预测的框架如图 3-19 所示。

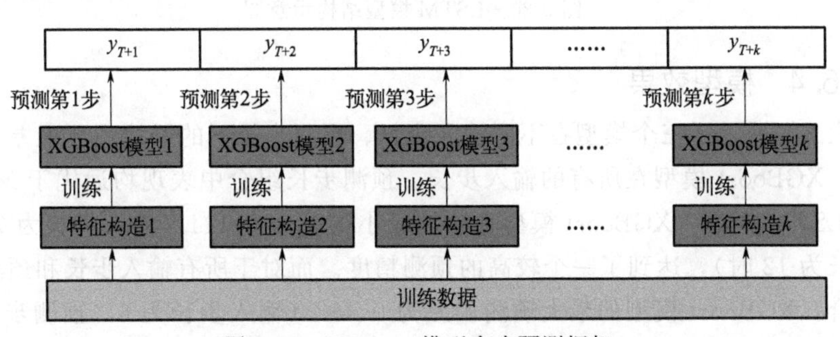

图 3-19　XGBoost 模型多步预测框架

对每一个子模型进行对应的特征构造，以第一个模型为例进行说明，其输入特征包括设定步长 n_{inputs} 下的历史特征数据，未来第一步（$T+1$ 时刻）的天气预报数据、阀门预设数据。输出未来 $T+1$ 时刻的二次供水温度值。以此方式构建好样本并训练第一个模型。同理训练其他预测时间步上对应的 XGBoost 模型。

(3) LSTM

本章搭建的 LSTM 模型包含了一个输入层(Input _ layer)、两个隐藏层(第一层为 LSTM 层,第二层为全连接层)以及一个输出层,该 LSTM 神经网络的结构如图 3-20 所示。每个隐藏层的节点数均设置为 100,激活函数均为 relu 激活函数,优化方法设置为 adam 优化算法,损失函数为平均平方误差 MSE。训练模型时的最大迭代次数为 100 次,batch _ size 设置为 16。在模型配置好后,将训练数据代入模型中进行训练。

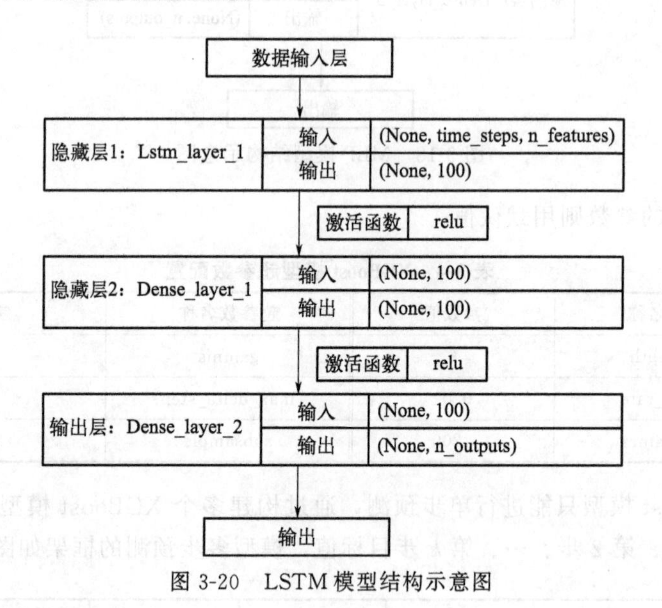

图 3-20　LSTM 模型结构示意图

3.3.6.4　模型效果

表 3-5 展示了三个模型在不同输入步长、预测步长下的平均预测误差。可以看到,XGBoost 模型在所有的输入步长、预测步长组合中表现均远优于 MLP 模型和 LSTM 模型。XGBoost 模型预测的最小误差为 0.114(输入步长为 72,预测步长为 12 时),达到了一个较高的预测精度。而对于所有输入步长和预测步长的组合,XGBoost 模型的最大预测误差为 0.162(输入步长为 6,预测步长为 6 时),同样达到了较高的预测精度。对于 MLP 模型和 LSTM 模型,在输入步长为 6 和 12 时,这两个模型的表现相当。在输入步长为 24 时,MLP 的模型略优于 LSTM 模型。

表 3-5　不同模型预测平均误差对比

步长	MLP			XGBoost			LSTM		
	6	12	24	6	12	24	6	12	24
6	0.888	—	—	0.162	—	—	0.837	—	—
12	1.173	1.051	—	0.147	0.151	—	0.839	1.143	—
24	1.038	1.113	1.44	0.129	0.14	0.141	1.379	1.676	1.714
48	1.363	1.5	1.875	0.123	0.13	0.128	14.083	15.018	21.317
72	1.149	1.589	1.684	0.116	0.114	0.117	—	—	—

因此，根据上面对每个模型在不同输入步长、预测步长下的表现对比以及模型之间的对比，可以发现 XGBoost 模型在通过历史特征、预报气温和阀门设定开度去预测未来二次供水温度的场景下表现最好。由于不同输入步长、预测步长组合下 XGBoost 模型均能达到较高的预测精度，满足实际的热力站调控需求。因此，考虑到模型计算时间、模型复杂度以及实际的工程应用需求，将训练后的输入步长 24、预测步长 24 的 XGBoost 模型作为热力站温度响应预测模型。

图 3-21 展示了 XGBoost 模型（输入步长 24，预测步长 24）在试验热力站上的温度响应预测模型在测试集上的预测结果，可以发现预测值与实际值较为接近，在部分存在调控动作、温度变化范围较大的时段（1 月 25 日附近、2 月 6 日附近）也能准确预测，在测试集上的均方误差为 0.141℃，可以验证该模型用于预测热力站温度响应是准确、可靠的。

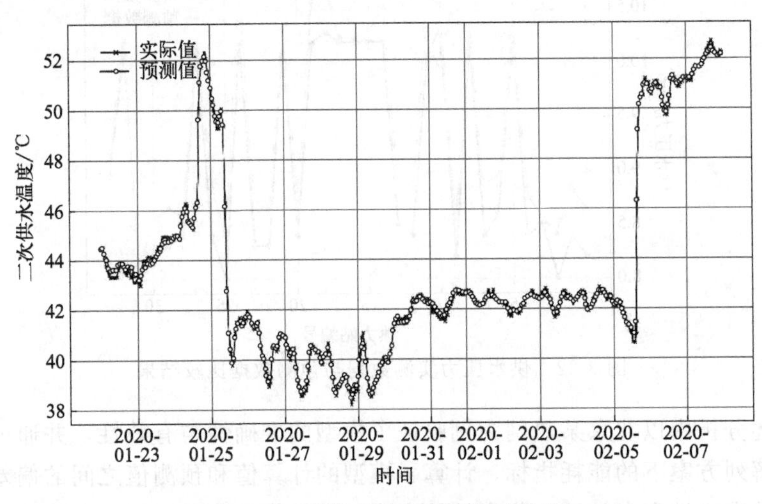

图 3-21　二次供水温度预测结果对比图

3.4 常见二级网按需精准调控技术

3.4.1 二级网调控技术要点

3.4.1.1 用户侧热负荷的精准预测与负荷评估

针对供热系统面临的突出供需失衡问题（单一的热源基于室外温度进行反馈控制无法有效追踪用户侧负荷波动）与迫切的精准供需匹配需求（室内热舒适度期望水平较高），首先研究一种精准且动态的热需求预测方法。由于需求侧热负荷与环境数据、建筑热负荷特性、用户自主行为密切相关，同时结合示范地的辐照、气温、湿度、风速、历史能耗等环境或历史数据，利用机器学习算法，建立需求侧供热各末端动态供需平衡特性，从而实现对需求侧热负荷的精准预测与负荷评估。这一方法涵盖“荷-网-源”各环节，可针对安全、环保、能效、成本、舒适等多指标的系统实施运行优化技术。

利用DCS系统采集得到热网、热力站的各个参数形成历史数据库，从数据库中取出和预测热力站流量相关的特征历史数据如一次供、回温，一次流量，二次供、回温，二次循环泵频率等，结合历史天气数据如室外温度、风速、湿度等，建立机器学习模型，对未来的热力站流量实现准确预测。为了验证所建立的模型的准确性，对北京某热网中的34个热力站的供回水压力实测值和预测值进行了比较分析，如图3-22～图3-24所示。

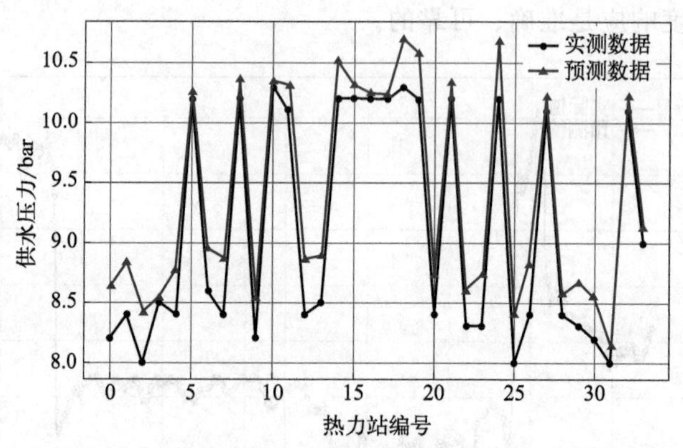

图3-22　供水压力实测数据与预测数据比较结果

上述分析中以北京某热网为例验证了模型的准确性与有效性，并通过计算不同阀门解列方案下的能耗指标，计算了模型的计算值和预测值之间的偏差，验证了模型的准确性和有效性。仿真结果表明，通过优化热网解列方案能够改善各热

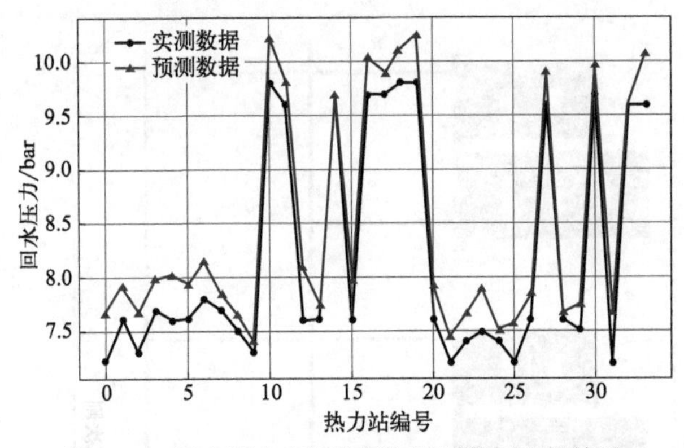

图 3-23　回水压力实测数据与预测数据比较结果

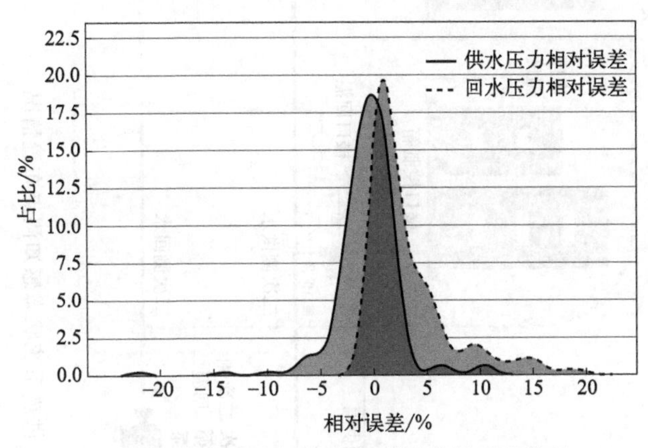

图 3-24　供回水实测数据与预测数据比较结果

源之间的负荷分配，降低运行成本。并且通过仿真计算，可以与实际供热系统中的工作流程相集成，用于现场工作的研究。

3.4.1.2　基于物联网技术的供热系统状态感知测量

以现有供热系统一次侧自动化数据条件和二次侧热计量的条件为基础，以物联感知技术为支撑，针对供热系统一、二次侧的相关热工水力参数测量进行完善，形成供热系统感知测量手段，以实现按需精准供热调控平台状态测量所必需的基础条件。具体包含三部分硬件感知设备投入：第一部分是在示范区一次侧管网系统中，在热力站站口及热网中部小室中补充必要的温度、压力测点支持系统动态模型辨识；第二部分是针对二次侧示范小区进行具体分析，拟定并补充具有代表性的楼栋代表性室温测量装置的改造方案；第三部分是针对二次侧示范小区补充设计铺设于建筑物或楼口单元的电动水力平衡调控设备，并结合热计量进行供水、回水温度，压力，流量状态测量装置的改造，从而支持应用数据模型支撑热网在不同工况条件下的精确调控，测点布置情况如图 3-25 所示。

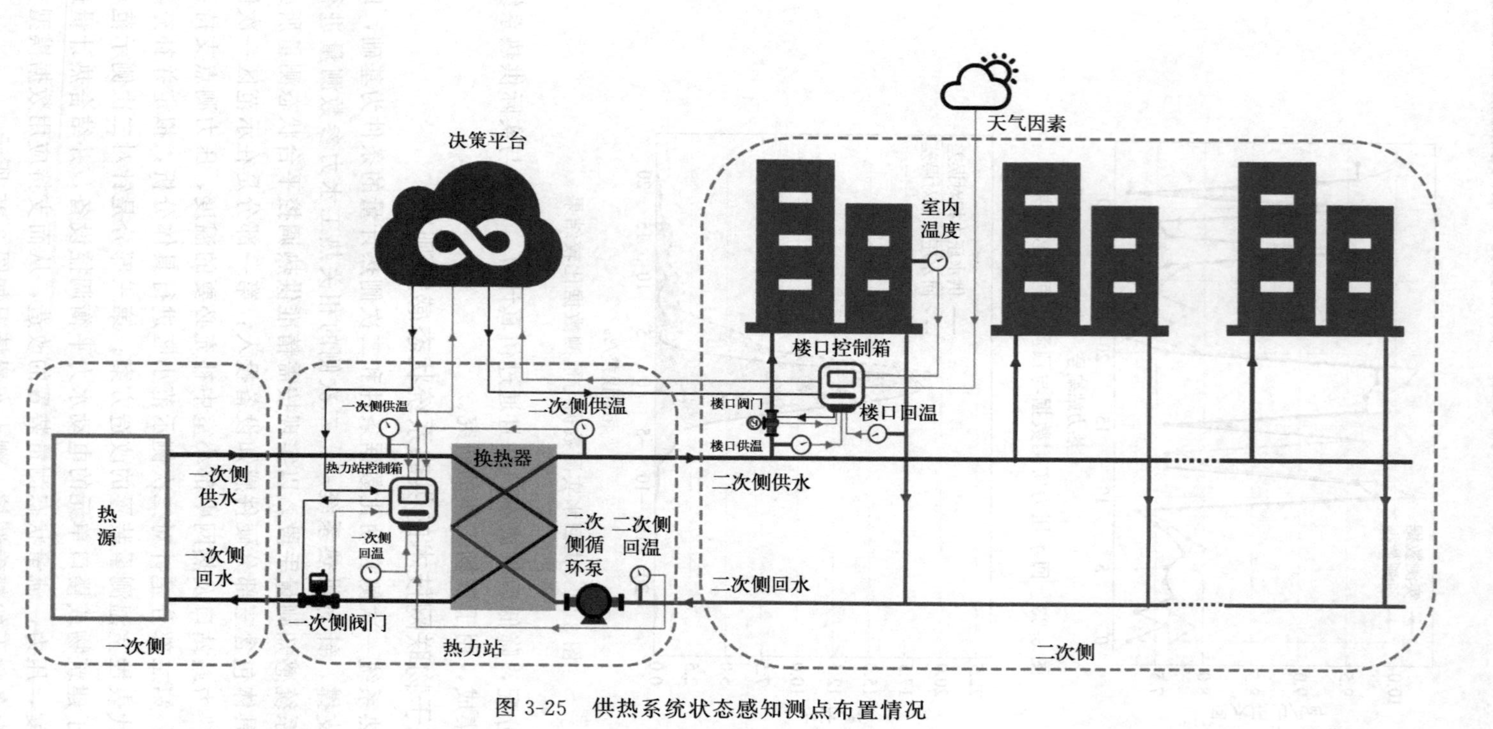

图 3-25　供热系统状态感知测点布置情况

3.4.1.3　基于信息物理映射的按需精准供热调控系统研发

按需精准供热调控系统研发的目标是建立信息物理融合的面向末端需求精准响应的城镇供热系统，搭建从供需到能量管理的多层次信息能量融合体系下的一体化调控平台。在保证能源供需基础上，以面向需求侧响应为背景，以云计算与物联网相关技术为支撑，研究信息层面数据流集成与储存的机制并采用基于数据驱动的方法（机器学习等）进行综合分析与评估。研究在生产过程、消费过程与管理过程三个环节中供热行业生产经营各区块间资源与信息能量数据的分配，并同时通过系统显示信息、能量在各热用户、各能量节点间的分配与转移。

3.4.2　分布式变频泵技术

针对传统供热二级网系统的运行模式中存在的问题，有学者[7]提出了全新的供热二级网楼宇分布泵技术，详细阐述了楼宇分布泵技术的设计思路、原理及特点，为实际工程应用提供理论指导。

典型的传统供热二级网系统原理简图如图 3-26 和图 3-27 所示。图 3-26 所示的母管模式是以两根母管的方式进出换热站，低温回水由各楼宇用户汇集到回水母管，经由回水母管输送至换热站，在站内通过板式换热器的加热，吸收一级网高温水的热量从而提升温度，变成二级网高温供水，再由供水母管输送到各个楼宇用户，用以维持用户室内的温度。这种未分区的母管制二级网供热系统在各城镇集中供热老换热站中普遍存在。

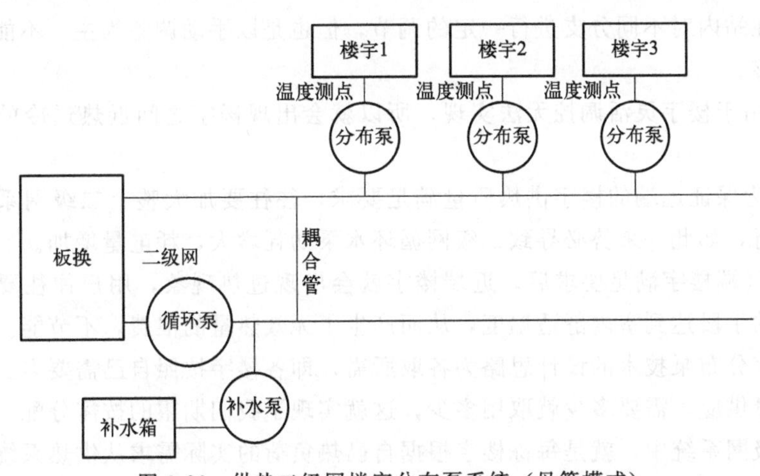

图 3-26　供热二级网楼宇分布泵系统（母管模式）

对于规模较大的换热站，传统供热系统在二级网侧也有采用如图 3-27 所示的设置分水器、集水器的方式，图中所示的系统是通过站内分水器、集水器将整

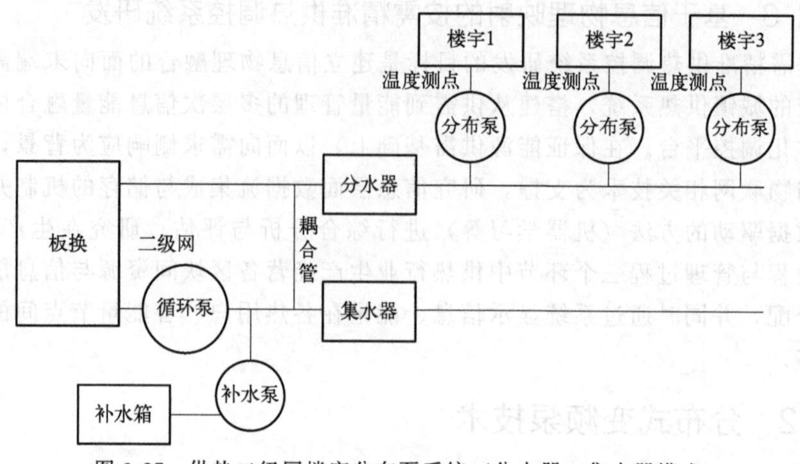

图 3-27 供热二级网楼宇分布泵系统（分水器、集水器模式）

个供热区域划分成了三个环路，每个环路出站后均连接供热区域内局部的几栋楼宇，通过这个分区可以使每一个环路的供热面积小型化，一定程度上有利于系统的平衡，并且这种模式可在站内通过调整分水器、集水器分支管上的手动阀门实现一定程度的分区控制。

无论是母管制供热二级网系统，还是设置分水器、集水器方式的供热二级网系统，在实际运行中均存在如下问题。

① 缺少灵活调控手段，母管制系统只能通过各楼宇前的热力入口处设置的手动阀门进行调节，调整精度低，调整难度大；设置分水器、集水器的系统，虽然可以在站内对不同分支进行一定的调节，但也是以手动调整为主，不能精细到楼栋调整。

② 由于楼宇灵活调控无法实现，所以就会出现楼宇之间近热远冷的热力不均现象。

③ 为保证远端的楼宇供热质量满足要求，往往要加大整个二级网系统循环流量运行，如此一来势必导致二级网循环水泵功耗增大，耗电量增加。

④ 远端楼宇满足要求后，近端楼宇就会出现过热现象，用户往往要通过开窗放热的手段达到室内舒适温度，从而产生了无效热量的浪费，不节能。

楼宇分布泵技术的设计思路为各取所需，即各楼宇按照自己需要多少热量来决定热量供应，需要多少就取用多少，这就实现了我们期望的按需分配。反映到供热二级网系统中，就是每栋楼宇根据自己热负荷的实际需求从供热系统中取用相应的供热量，自给自足。

从图 3-27 中可看出，较传统的二级网供热系统，供热二级网楼宇分布系统在站内增设了联通耦合管，该耦合管将站内的供水母管和回水母管连接在一起（对于设置分水器、集水器模式的系统，也可以采用将分水器和集水器连接在一起）；同时，在每栋楼宇前设置了楼宇分布泵和供回水联通管，联通管上加设电动调节阀。这些改动将原来的传统二级网系统实际分成了两部分：一是站内供回水母管、耦合管、板式换热器所组成的第一循环部分，该部分水的循环是独立的，不受耦合管之后站外循环水量的影响；二是各楼宇与站内耦合管之间组成了第二循环部分，该部分对于每栋楼宇而言，管网长度是不同的，这部分水的循环依靠各自楼宇分布泵的动力来驱动，楼宇需要多少流量就通过分布泵的变频调节控制到相应的流量大小，同时楼前设置的旁通管可以根据不同楼宇对供水温度要求的不同，通过电动调节阀的动作控制一部分回水流入到供水管中以实现混水调节。

由于耦合管的存在，站内热网循环水系统变成了简单的内循环，站内循环泵需要克服的阻力损失仅仅是板式换热器二级网侧阻力加上换热器与耦合管之间的管道阻力损失，这个阻力损失很小，从而大大减小了水泵的扬程，所以站内二级网循环泵更换为小扬程循环泵即可，运行功率降低，节约电能。

由于每栋楼宇前均设置了独立的分布泵，这个水泵流量上只需要考虑对应楼宇的实际热负荷大小，扬程也仅仅考虑耦合管与本楼宇之间的管道阻力损失及楼宇内部阻力损失，故也是小流量小扬程的泵，耗电量小。同时，由于泵的运行参数与楼宇的实际需求完全吻合，所以自然而然就实现了“按需供热”“均供热”，规避了无效热量的损失，节约能源。

另外，楼宇前增设的连接供回水管道的旁通管，通过电动调节阀的调整，灵活实现混水量的控制，可以满足楼宇对供水温度需求的差异。尤其对于散热器与地热混合供热的系统而言，其调节优势更加明显。

3.4.3　楼宇换热站调控技术

楼宇换热站供热系统是我国从西方引进的一种供热系统，该系统是我国供热改革的一次尝试，它的突出特点在于系统规模小，调节针对性强，且利于热计量、供热商品化的改革。我国传统的集中供热系统多用大型街区换热站，实际运行过程中水力失调、热力失调、水泵电耗过高等问题日益突出，大部分供热系统仍为定流量调节，不利于热计量、供热商品化的改革。分户计量收费改革带来的末端用户的动态调节，使传统的大型二次网的水力失调严重问题更暴露无遗。街区站和楼宇站供热系统的对比如图 3-28 所示。

从图 3-28 可以直观地看出，楼宇换热站技术取消了传统供热系统的二次网、一次网直接进入楼宇，通过小型楼宇换热站为每栋楼进行供热，它有效地解决了传统二次网过于庞大带来的水力失调问题，同时楼宇站供热系统可根据供热需求及时调整运行参数，实现按需供热。王力杰[8]通过对比分析传统换热站和楼宇

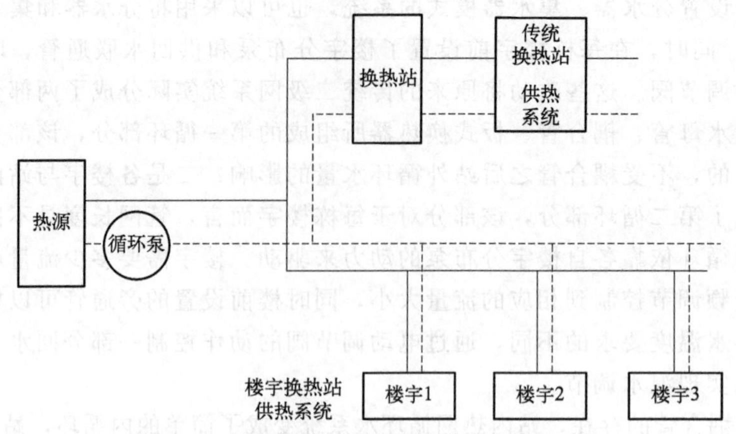

图 3-28　传统街区站和楼宇站供热系统的对比

站供热系统得出，楼宇站的初投资虽然较高，但运行的经济性优于传统换热站供热系统，而且各楼宇可针对自身用热需求调整供热参数，能源利用率更高。另外楼宇换热站供热的技术优势主要体现在以下方面。

3.4.3.1　控制系统的优势

供热的质量对于人们的日常工作生活都有着直接的影响，特别是在天气寒冷的地区，如果不能够及时供热，那么对于人们的日常工作生活都有着很大的影响，因此就必须要确保供热系统的温度能够达到人们的要求，并且有效地做好室内温度的控制。当前，为了更好地保证供热温度的恒定，还需要保证供热设备能够具有一定的自我调节能力以及控制能力，这样才能够为人们提供稳定的室内温度。同时从环境保护的角度来看，供热质量的提高也能够更好地提高节能效果，这与我国目前提倡的可持续发展的目标也是相一致的，而为了更好地改善人们的日常生活质量，换热站的温度控制也需要进一步加以改进。

而楼宇换热站有着规模小的特点，在供热的过程中如果实现自控功能就可以更好地提高供热的质量，并且也减少了人力成本的投入。楼宇换热站在控制能力上也表现出了非常好的效果，可以在较长的时间内实现无人操作的自我温度控制和调节，其中控制机理可以借助无线以及有线信号来实现远程控制，并且通过对供热信息的实时监控和处理就能够将控制信号发送到控制中心，再按照信号的特点来完成模式的设定，从而实现对供热系统的控制。而中央控制中心需要较强的灵敏度，在出现突发事件时也能够第一时间加以解决，并且所处理的信号也可以在最短的时间内加以解决，这样也避免了可能出现的问题。

楼宇换热站的控制中对于参数的设定也是非常重要的部分，在运行过程中，如果供热出现问题，那么就会将应对措施反映给系统，从而能够在第一时间加以解决，这样也提高了供热系统的安全性。而目前供热系统的自控能力也有了进一步的改进，在对系统的监控上也有了很大程度的提高，人们可以通过对换热站信息的检查来实时修改所需要的参数。

3.4.3.2　结构管理的优势

由于楼宇换热站供热时所占面积小，故安装方便，操作简单，结构更加紧凑。供热时采用的各类传感器、仪表、阀门、水泵等主要部件都逐渐采用整体式部件，维护和搬运时成本更低。紧凑的结构也使得楼宇换热站更符合人们的日常审美，更加美观。

3.4.3.3　系统调整的优势

系统调整主要是为了改变供热方式，使其更符合技术的更新换代。楼宇换热站供热系统通常有二次网的量调节与质调节，以及一次网的调节。这种系统的挑战更加科学与智能。可以同时实现水温二次量调节和质调节，将温差控制在一定范围内。二次网调节能够实现分户计量的功能，更方便供热收费业务的展开，通过流量控制为用户提供更实用的消费方式。一次网调节配合二次网调节进行，可以针对室外问题调节室内供热量，使供热过程更加合理科学，符合节约能源的环保理念。

3.4.4　二级网智慧感知与状态检测技术

以往的供热系统状态监测主要是针对热源、热网、中继泵站、热力站展开，缺少对二级网系统、热用户系统的监控，而二级网的监控对系统调控具有很重要的作用，因此需增加对二级网及热用户的监控，掌控热用户的用热趋势，实现有效调度运行及精细化管控。为实现此目标，需建设二级网自动平衡控制系统、热用户室内温度控制系统、热用户异常用热自动判断与联动控制系统、源-网-站-户联动联调系统等信息化系统，同时对现有的供热数据进行深挖、细研，充分利用现有数据进行供热挖潜应用研究。

3.4.4.1　二级网自动平衡控制系统

在二级网的系统应用中，目前针对二级网平衡控制自动调整存在以下三种模式。

(1) 采用楼宇混水机组的模式实现二级网水力平衡控制

在二级网每个楼栋处加装楼宇混水机组，用楼宇混水机组来实现二级网平衡控制调整。楼宇混水机组的重要部件为电动调节阀 VM2 和二级网楼宇循环水泵、温度传感器 T2、室外温度传感器、控制器、旁路止回阀等。其余部件根据现场情况进行相应配置。

上述系统二级网平衡控制的方式如下，楼宇混水机组循环水泵采用工频运行，其流量参数根据用户侧实际流量需求进行选取，扬程为满足新增楼宇混水机组部分的阻力并增加 2～3m 裕量即可。此时该循环水泵维持工频运行，电动调节阀根据 T2 进行自动控制，该温度为室外温度的函数，因此通过 T2 控制电动调节阀开度满足用户的供热需求，从而通过各楼栋的温度平衡达到水力平衡、热力平衡。而此时热力站内的循环水泵即可根据最不利环路差压值（当没有采集最不利环路差压值时采用站内二次侧供回水差压来代替）自动变频控制，通过热力站内和楼宇混水机组的联动控制实现二级网水平水力、热力平衡，达到节能降耗、精细化管控（分时分区控制、按需控制等）的目的。

在该模式下，差压控制阀 AIP 等应根据实际情况进行配置，避免增加不必要的阻力造成能源浪费。

当然也可以把楼宇混水机组中的循环水泵设置为变频水泵，此时理论上仅设置该变频水泵即可实现二级网平衡控制的要求，循环水泵根据二级网回水温度 T_2 或供回水平均温度 $(T_3+T_2)/2$ 进行变频控制，站内循环水泵的控制仍采用差压控制。这种情况，在实际应用中由于楼栋换热面积较小，热力站内循环水泵没有采用分布式变频系统等原因造成水泵为低流量、低扬程水泵，如采用变频水泵，水泵选型较为困难，因此实际应用中较少采用这种方式。

这种二级网平衡控制措施针对新建供热系统从热力站、二级网、楼宇混水机组整体设计与实施能实现其经济性和控制目标，但针对现有热力站及二级网系统，其造价较高，从而从经济性和投资回收期上，对全面推广存在一定的限制性，且此时的占地、电源需求等均存在较难解决的问题。

(2) 采用分布式变频系统来实现二级网水力平衡控制

这种方式与楼宇混水机组类似，区别是只保留楼宇混水机组中的循环水泵，对该水泵采用变频控制的方式来实施二级网的控制，但该方式下需要热力站内循环水泵以及楼栋或（用户）循环水泵均采用分布式变频系统的方式，此时将会出现小流量、高扬程水泵的选择问题，容易造成系统水泵选型较大的问题。

而采用分布式变频系统解决二级网水力平衡控制最佳的解决方案是在热力站内、楼栋入口、用户侧均加装分布式变频系统，相应的水泵只克服自身系统的阻力，在这种模式下，无论从节能降耗的角度还是设备选型方面均较易得到解决。

因此，这种二级网平衡控制模式虽然从理论上没有问题，但考虑目前国内及国际水泵的状况，同时应考虑设备安装、检修、维护、噪声等多方面的问题，实际应用上还存在一定的困难，只有妥善解决这些问题，纯分布式变频系统才能较好地应用于二级网水力平衡控制系统。

（3）采用物联网水力平衡阀解决二级网水力平衡控制

物联网平衡阀方案是在楼栋入口加装物联网平衡阀、通信模块、小区中心集中通信模块（Lora 网关）、后台云端服务器。

二级网水力平衡系统是采用回温水力平衡方案，在二级网系统楼前安装物联网水力平衡阀，此平衡阀具有回水温度采集功能，数据通过 RS485 协议与通信模块连接，平衡阀所采集的数据实时传输给通信模块；而此通信模块能与小区内的中心模块（例如 Lora 网关）进行无线通信，从而将物联网水力平衡阀采集的实时数据反馈到中心模块；中心模块将数据传输到后台云端服务器，云端服务器内置全网平衡的软件策略，用户可通过 PC 或手机终端对云端服务器进行读取和设定操作；云端策略系统会根据上传数据自动运行平衡策略，实现全网水力平衡，并对阀门开度进行历史曲线数据存储，最终实现云端服务器对二级网系统的全网监控。

物联网水力平衡阀是实现二级网监控的关键设备，内置了现场采集器，可以采集楼栋口供水、回水压力和温度测点，把采集的所有参数上传回后台云服务器进行数据整理，根据整理后的数据进行智能控制计算，下发控制指令到物联网平衡阀，使得物联网平衡阀进行相应的开度调整，从而达到二级网水力平衡自动控制的目的。

物联网水力平衡技术以云端策略系统的数据采集、智能算法和远程控制代替传统的 PID 法、温差法等调节方法，调节过程更快捷，能有效降低人工成本。

通过对二级网水力平衡控制多种方式的应用，可知楼宇混水机组的控制方式在新建热力站、二级网及户内系统中的应用可以较好地解决二级网平衡控制问题，并能够取得较好的经济性；在原有热力站控制模式不变的情况下，采用物联网平衡阀控制策略可以完善解决二级网平衡控制问题，实现节能降耗与供热系统精益化管理的目标。

3.4.4.2　热用户室内温度控制系统

基于用户室内温度控制供热运行一直是供热企业追求的目标，但室内温度采集系统的建设量大面广，而且用户侧的问题复杂与准确性难以把控等，造成系统难以真正推广，目前在这方面的推广主要采用两种模式。

① 采用热用户的入户回水温度（或供回水平均温度）进行整体控制来满足用户的需求，这种方式简单、较易实施，可控性较高，但不能真正反映用户的需求（比如用户客厅、厨房、小卧室等暖管运行，主卧舒适运行，此时用户供热出口母管温度将不能反映用户主卧的舒适运行）；同时随着人们节能意识的不断提高、热计量收费模式的不断推广，用户的自主调节必将成为一种常态，此时该模

式的控制将不能满足控制要求。

② 采用室内温度进行每户供热控制，即通过用户对室内温度的设定（该数据实时回传给供热企业）来控制热用户的热量供应，此种方式急需解决的问题是如何对室内温度的采集值进行修正，使其反映用户侧真实的室温。目前一般安装室内温度装置后，对采集的数据进行排查校验，并根据安装位置的不同进行相应补偿，确保数据的正确性，再采取控制运行。这种控制模式需要较长的调试期，且存在较多的干扰因素，工作量较大。但随着人们需求的不断提高，其控制模式将成为一种选择趋势。

3.4.4.3　热用户异常用热自动判断及联动控制系统

供热企业不但肩负着为热用户提供高质量的供热需求，使热用户舒适用热的责任，同时还担负着对热用户及所有供热设备的监控责任，使各设备安全可靠运行，并尽量把出现故障的损失降到最低，这就需要对热用户的异常用热进行判断，及时发现和排除故障，从而保证用户用热的舒适度，提高供热质量，同时也需要将用户的不当用热或用户设备故障造成的财产损失风险降到最低，因此也需要对用户用热的异常状态进行判断和分析，从而进行必要联动控制。通过对用户用热数据、参数（包括用户供回水温度、压力、流量）的检测，对参数的阶跃变化、参数超常现象进行综合判断，并通过对采集的大数据进行汇总、计算、分析，从而制订判断标准及联动措施控制策略，保障用户及供热企业权益，从而实现双赢。

3.5　总结

区域集中供热系统作为我国冬季供热的主要基础设施，其能量消费是建筑能耗中的重要组成部分，供热系统的高效节能运行对于我国实现“双碳”目标具有深远的意义。供热系统的按需、均衡供热是影响供热系统运行能效的关键因素。我国的区域供热系统总体覆盖规模较大、覆盖范围广，具有比较复杂的水力工况和热力工况，不同热用户具有差异化的用热特性，这给按需精准供热带来了诸多挑战。在实际供热系统二级网的运行调控过程中普遍存在过供、欠供及热量分配不均衡的问题，此外由于缺乏对供热系统的水力-热力过程进行快速准确计算的模型及科学完善的调控方案，供热运维管理人员通常只会依据天气变化或用户反馈，依赖以往人工调控经验粗糙地调节各热力站的阀门开度，这种较为粗放的调控方式往往会导致热量分配的不均衡，降低用户热舒适性的同时也会增加供热能耗，且往往不能一次调控到位，使得调控过程变得烦琐和效率低下。因此开展区域供热系统二级网高效准确建模，并在此基础上形成一套有效且具有实际操作价值的调控手段对于供热系统的智慧化节能转型具有重要意义。

参考文献

[1] 国家统计局. 中国统计年鉴(2019)[M]. 北京：中国统计出版社，2019.
[2] 刘洪俊，胡萌. 二级网水力平衡调节策略研究[C]. 2022供热工程建设与高效运行研讨会，2022：883-887.
[3] 焦建俊. 二级网流量优化调节的运行效果分析[J]. 区域供热，2022(05)：53-57.
[4] Chen T，Guestrin C. Xgboost：A scalable tree boosting system[C]. Proceedings of the 22nd acm sigkdd international conference on knowledge discovery and data mining，2016：785-794.
[5] 周志华. 机器学习[M]. 北京：清华大学出版社，2016.
[6] 裴益轩，郭民. 滑动平均法的基本原理及应用[J]. 火炮发射与控制学报，2001(01)：23-23.
[7] 王全福，赵云鹏，倪珅，等. 供热二级网楼宇分布泵技术探讨[J]. 科学技术创新，2020(34)：195-196.
[8] 王力杰，庞印成，辛奇云. 楼宇换热站技术特点与应用分析[J]. 区域供热，2014(06)：59-63.

第 4 章

灵活智慧供热技术

4.1 灵活智慧供热背景

为促进能源结构不断向清洁化方向发展，释放能源系统灵活性，迫切要求供热系统提高全局协调能力。供热系统的灵活性直接关系到清洁供热的总目标以及“碳达峰”和“碳中和”的实现。现有供热系统充分释放灵活性的难点在于：

①“源、荷”两端不确定性增强。热源形式趋向多元化，尤其是可再生能源自身的时空特点使其具有随机性和波动性，且通常无法跟随天气变化相应调整供热能力，供给不确定性增强。热用户按需用能以及分布式供能给负荷侧带来随机性和波动性，例如热力站内部具有分布式供能系统、储热装置及波动性负荷（如按需供热的公共建筑等）。多样化的用户需求随外部因素变化大，不同时间尺度下呈现的用热特性也不一样。现阶段还缺少能够定量分析供热系统“源、荷”两端不确定性的理论模型，无法指导供热系统运行方案适应“源、荷”两端波动，保障用户用热体验。

② 管网滞后性强，构建灵活输运方案难。系统运行调度必须考虑工质流动过程中的传输延迟，这与缩短的调度周期形成了突出矛盾。“源、荷”两端不确定性会在热网输运中叠加，增加了众多泵阀的工作点组合的调节难度。供热系统管网中监测设备有限，缺少测量数据，导致系统中存在热力水力未知区。供热管网也是整个供热系统中最复杂的部分，而现有的供热系统多存在一些设计缺陷，制约了系统的灵活供热。再者，复杂拓扑结构的耦合性强，传统调控手段难以实现全网安全稳定运行。相邻调控时段之间的热源出力或热用户需求负荷出现较大波动会对整个供热系统的输运过程产生冲击。现有供热系统结构的不合理设计以及大规模供热系统的滞后性都加剧了供热运行的难度。

③ 不同类型灵活性资源发展各异，“源-网-荷-储”灵活性潜力有待进一步释放。虽然热电机组灵活性改造已进行试点发展，但改造规模仍然不足，灵活性潜力未完全释放。多源联网运行的供热系统受制于管网既定结构及对应的输运能力，未能实现充分互补运行，可再生能源利用率低。当前热负荷需求响应仅在少数试点开展实践，有待进一步推广。现有供热系统对管网的动态输运特性考虑不足。传统调度方式基于给定负荷，未形成考虑“源-网-荷-储”联动效应的调度策略，供热系统各环节的协同互补机制也不清晰。

综上，能源转型和清洁供热背景下的供热系统结构设计与运行调度问题，聚焦于供热系统在不确定性条件下的供需匹配和快速响应能力。然而，现有调度策略大多基于给定热源出力和用户负荷进行仿真分析和优化计算，“源、荷”不确定性量化分析不足，对供热系统灵活性的理论分析与物理内涵探索尚不明确。这一不足，限制了多热源供热系统的优化调度、可再生能源的消纳以及需求响应。

因此，本章围绕供热系统灵活性理论研究和工程应用展开，探索供热系统灵活性随系统波动的演变特性，为建立供热系统的灵活运行技术提供坚实的理论与技术基础，实现可再生能源与其他主动式热源或大规模储能设备的互补运行，支持我国供热系统向清洁低碳、安全高效、智慧运行的目标发展，满足人民对美好生活的需求。

4.2 供热系统灵活性量化模型和分析方法

供热系统的多元化与复杂化发展，对系统灵活应对“源、荷”波动的适应能力提出了更高要求。供热系统由多个部分组成，供热的本质是由热源生产热能再经水泵驱动的大型流体网络输运至用能端进行转化使用的过程。而灵活供热实质上是通过流体网络协调供热系统各环节灵活性资源，进而实现热能供给与热能需求的动态最优匹配过程。其中，“源”“荷”“储”是流体网络中的节点，完成热能的生产或消耗。而“网”则是实现节点之间的连接，完成供需之间的热能输运。目前已有研究从供热系统面临的风险性以及供热系统的可靠性等角度对系统的既有属性进行分析。

供热系统的灵活性分析是指导大规模复杂供热系统运行调度的重要支撑，也是促进供热系统适应未来城市能源网络的多元化以及消纳可再生能源的前提条件。目前能源系统灵活性分析主要面向电力系统，缺少系统性针对供热系统开展的专题研究。传统运行策略依赖历史数据或大量仿真分析，所得运行策略往往只适用于特定场景。这一分析方法未能充分挖掘系统“源-网-荷-储”全过程的灵活性潜能，导致系统在运行调度中各环节的协调能力欠佳。当前缺少一种统一、直观的灵活性量化分析模型，评估系统应对不同“源、荷”不确定性的灵活响应能力。因此，为了最大化利用系统蕴含的灵活特性，使供热系统既定结构能够安全高效地适应各种不确定因素变化，需要建立通用的灵活性理论模型。为了更加直观地反映出系统的灵活性，更需要在定性分析供热系统灵活性物理特性上，发展定量分析不同应用场景灵活性的方法。

本节主要研究供热系统灵活性的分析方法和量化模型，通过挖掘供热系统“源-网-荷-储”全过程的灵活性潜能，分析供热系统灵活性的构成和特征，旨在建立通用的供热系统灵活性理论模型，为后续的供热系统运行调度提供基础概念与理论模型。开展研究工作的思路如下：

① 探索并厘清供热系统“源-网-荷-储”各关键环节的灵活性特性；

② 建立通用的供热系统灵活性理论模型，引入灵活度作为量化灵活性的指标；

③ 面向可再生能源接入的供热系统，提出综合考虑经济性和灵活性的优化

调度方法。

4.2.1　供热系统灵活性的构成

供热系统和电力系统作为能源网络的主要组成部分在灵活性研究方面具有相通之处，两者都涉及协调“源-网-荷-储”全过程中各环节之间的能量输运问题，在系统规划、能量输运以及需求侧管理中都涉及灵活性研究。现阶段电力系统的灵活性研究已经较为成熟，借鉴电力系统中关于灵活性的定义以及相关应用，将其中的分析方法类比到供热系统，并考虑供热系统的特殊性，提出供热系统灵活性理论研究。如果把热能视为一个特殊的产品，热源生产供给、热网分配输运、负荷侧用热、储能端蓄热、综合调控等环节组成了热能的供应链。未来各环节之间的灵活互动将成为供热系统的一大特征，挖掘“源-网-荷-储”的可调控资源为系统提供灵活调控能力，将成为供热系统灵活运行的重要手段。为更好建立灵活性模型，本节对供热系统中灵活性的组成和在各个环节的体现进行归纳梳理。

4.2.1.1　源侧供给灵活性

作为供热系统的热能生产环节，热源供给灵活性直接影响后续热网、热用户、储热设备的灵活性调度范围。但在低碳清洁能源接入、多源互补运行的新情境下，供热系统耦合性增强，系统的波动性和随机性量化难度大，进而加剧了供热系统灵活运行的难度。

于热源而言，一般采取多热源联网供热方式满足灵活供给。当主热源（一般是热电厂或大型锅炉房）或个别峰荷热源出现供热不足的情况时，启动其他调峰热源，来补偿供热量的不足，实现灵活互补[1]。但当供热系统接入较多热源时，热源数量和类型都会影响热源总出力的灵活性。根据热源可控能力的不同可以分为主动式热源和被动式热源。主动式热源［如 CHP（热电联产）、供热锅炉等］容量大，供热半径大，热效率高，能源利用率高，供热压力和温度稳定，可控性强，能够持续给热网供给热量。被动式热源（如工业余热、太阳能、地热、风电制热等）的接入，可以实现因地制宜地消纳可再生能源，缓解主动式热源为满足供热系统偏远环节要求而过量供热运行，能够降低主热源出力，提高系统的灵活性和可扩展性。但是被动式热源往往容易受环境、天气、地域等外部因素的限制，不能连续满足整个长周期的用热需求。当供热机组参与调峰时，机组实时出力需要与用热需求进行互补，进而转变为被动的热源，该场景下需要协调其他主动式热源来辅助供热。结合监测和调控系统，实时在线地对热网中各个主动式热源的流量进行优化配置，灵活补充被动式热源的负荷，或根据热网的反馈信息适时地让部分主动热源撤出或减小出力。

对于存在多种类型热源的供热系统，为了保证严寒期的供热质量，各个热源机组容量配置是根据所辖区域的最大热负荷进行配置选型的。这一配置方式会造成在热负荷较低的采暖季初期和末期，各热源的效率较低，供热成本较低的热源供热能力不能得到充分发挥，而供热成本高的热源在整个供热期被迫长期运行的不合理状态。因此，多热源供给灵活性的重点在于形成主动式、被动式热源互补的调度策略，同时利用多种能源间的相关性和广域互补性，包容和消纳波动性清洁热源，适应负荷需求的大幅度波动。此外，还需要考虑不同调度方案的切换时间与运行成本，建立能够兼顾经济、环境、品质等综合效益的供给方案，如在保证供热系统灵活调度能力的同时，优先利用CHP等供热成本较低的热源。

4.2.1.2 网侧输运灵活性

热网是热能传输的载体，也是实现供热系统灵活性的关键。良好的热网结构能够保障热源和热用户两端用能的安全性和可靠性，增强供热系统消纳可再生能源的能力。热网拓扑结构和附属元件是热网输运过程中提供灵活性的物理载体。

一般而言，规划设计的拓扑结构冗余度越大，热能输运的可选择路径越多，热网运行方式的可行域越大。网络越强健，能够支持的输运方案也就越多，则说明供热系统在结构层面的灵活性越强。但是当拓扑结构的冗余度过高（管路结构过剩），则会导致整体管网阻力的上升，反而不利于热能的输运，从而导致局域灵活性下降[2]。通常调控人员会通过切换运行方式、改变管网结构等来调整热网中的水力分布。例如，通过调整阀门开度或者热网解列来调控介质的流向，调整热网中的负荷分配和用户的用热参数；再者，通过增设旁路来提高输运过程的安全性和可靠性。其次，管网自身的输运能力受限于管道材料、比摩阻、流速、系统动力等诸多因素。工程中，所选管道的比摩阻往往与推荐比摩阻或经济比摩阻之间存在一定的差异。当实际运行中的比摩阻较小时，管道流量承载能力就会存在一定的富裕量。管网的容积空间带有蓄能特性以及介质流动的延迟性，也使得管网具有一定的灵活性和弹性，其管存式蓄热能力能够在一定程度上适应“源、荷”两端的波动。此外，管网上附属元件，如增压水泵、阀门、补偿器等也可以在一定范围内对热力系统属性参数进行调节。

为了保障供热设备和热网的安全稳定运行，供热系统的供水、回水温度，流量，压力等过程参数受到一定的安全约束。受限于设计工况的刚性约束，热网的输运过程不能无上限地提供输运灵活性。例如，需要判断不同阀门解列的连通方案中是否会出现将热源、热用户隔离或供热介质无法流动的方案；判断“源、荷”两端的负荷是否平衡，同时根据运行工况排除网损过大（供热出力超过用热负荷很多）的输运策略；监测热源出力及热用户参数是否超出约束范围。但是在一定的技术前提下，依据一定的经济性或安全性条件，可以将系统的刚性约束条件进行灵活调整，转化为柔性约束边界域，进而规划设计兼顾经济性、安全性等附加属性的运行方案，为热网输运提供灵活性支持。

综上所述，拓扑结构和网中附属元件都具有一定的灵活性潜能，因此可以在规划设计阶段优化供热系统的拓扑结构以及可调元件的工作点，改变系统的阻力特性，转刚性约束为柔性约束等，获取多样性的系统运行方案，拓展管网灵活输运的可行空间。

4.2.1.3　负荷侧需求灵活性

热用户负荷灵活性主要来自具备一定弹性的可变负荷。一方面，热计量推广越来越广泛，未来用户也能够实现按需用热，增加了用户负荷的弹性。另一方面，分布式供能系统也可以视作一种特殊的末端用户，例如热力站内部具有分布式供能系统、储热装置，这也使得负荷侧需求转变为一种可调节变量，不再像传统用能模式那样保持不变。与常规负荷相比，灵活性负荷具有明显的弹性特征，能够实时响应外部条件变化，主动参与供热系统的运行管理，协调供需两端的平衡，增强了热网末端用户的可扩展性。

类似电力系统的需求侧管理，供热系统也可以开展需求侧响应。民用、商业、工业等不同类型的终端用户对热负荷的品质需求不同，因此可根据不同用户对热价的敏感程度以及用热特性，进行按需供能。同时，通过采取各种激励机制或能源市场干预等手段（如热价、碳排放等对运营商设置惩罚信号）引导热用户优化用能方式，错峰调剂用热负荷，在时间尺度上实现负荷的有效转移，也能提高负荷侧灵活性。针对负荷侧的不确定波动，需求侧管理机制的引入量化分析整体供热系统在气候条件、热能供给波动以及热用户需求波动等客观扰动下系统整体实时供需态势变化。例如，室外环境因素和室内环境变化引起的热用户负荷变化及输热延迟特性对供热系统供需实时平衡的影响；能量节点状态波动对管网输运能力的影响；热源参数降低时全域能量节点供需平衡是否满足要求等。这一需求响应机制的探索，同样间接为释放热用户侧的灵活性提供了重要支持。

总的来说，热计量以及终端分布式供能系统的不断接入使得供热系统具备了开展需求侧响应的基本条件。如屋顶太阳能光伏、电池储能系统、微型电网等，增强了热用户参与供热系统运行管理的主动性，一定程度上提高了系统灵活性。再者，用户终端的多样化分布式供能设备的互补替代效应，给负荷侧在正常运行、需求响应以及紧急状态运行时带来了巨大灵活的策略优化空间[3]。随着能源互联网技术的不断发展，数字信息技术也为负荷侧分布式供能设备的灵活响应能力和互补协调能力提供了技术支持。

4.2.1.4　储能灵活性

储能设备具有功率与能量的时间迁移能力，与大规模供热系统的跨空间供能相结合，发挥两者的协同互补作用能够解决或缓解供热系统灵活性供给不足。再者，储能设备安装位置较为灵活，是优质灵活性资源。储能技术能够促进能源结构转换，抵御能源配置过程中时空分布的不均衡性，支持能源的有效双向流动和灵活性资源配置。

储能设备在储能、释能或空闲模式下的能量消耗都反映潜在灵活性。供热系统常用的储热装置为大型储热罐，通过热源侧配置储热罐为热源提供或储存大量能量，提高热源的调峰能力。这一技术手段和热源侧热力系统开展热电解耦是一致的。现阶段最常见的方式是在热源侧配置储热罐打破“以热定电”的刚性约束，实现“热电解耦”，增强供热机组调峰灵活性[4]。储能设备还能与可再生能源相结合，平抑可再生能源的不确定性，补偿“源、荷”波动对系统运行的影响，同时为风能、太阳能等可再生能源提供上网空间。此外，在负荷侧配置大容量储热设备，也能有效增加地区供热负荷，提高分布式能源系统的调节能力。

需要指出的是，我国供热系统的规模庞大，除了物理储能，广义的储能灵活性还包括管网本身的储热能力以及末端建筑体的储热能力。对于大中型集中供热系统来说，热网的规模庞大，管网传输时间延长，储热罐的容积空间对整个系统负荷的调节作用可能有限，而管网本身的管存式容积空间储热能力则相对突出。这一观点在部分研究中已有所体现，例如，将建筑物的储热特性和管网热惯性纳入系统的日前优化调度，提升设备出力平稳性，增加机组的调峰灵活性[5]。也有研究利用区域热网的蓄放热能力优化风电热电联产模型，以增加风电的消纳[6]。

4.2.1.5 “源-网-荷-储”系统灵活性概述

供热系统是一个复杂的动态系统，它伴随负荷的增加、管网规模的扩大、热源容量及种类的变化而不断演变。再者，供热系统的动态传输特性和“源、荷”不确定性的累加效应导致系统负荷波动不是简单的线性变化。此外，考虑到灵活性具有明显的时间特性，需要基于不同的时间尺度有针对性地优化运行策略。这些原因从不同维度上增加了运行调度的难度，但也客观增加了系统的灵活性资源。

基于前述分析可知，源侧供给、网侧输运、负荷侧需求以及储能设备都蕴含灵活性，但现有的供热系统没有整合灵活性资源现状和供需能力，缺少实现“源-网-荷-储”全过程灵活性资源的统筹策略，不具备最大化全过程的灵活调节能力。面向供热系统在不同运行阶段以及不同时间尺度下的灵活性需求，以及包括系统内部和未来能源网络耦合其他系统带来的不确定性，需要对“源-网-荷-储”进行多时间尺度、多维度的统筹优化，以增强系统的可拓展性，为能源系统的灵活运行提供重要支撑。热源侧应优化机组调节能力，通过灵活性资源配置适应可再生能源的接入；热网侧需要继续完善配热网络接入分布式可再生能源的就地消纳利用，强化区域热网之间的互联互通，最大化利用富余资源；负荷侧进一步挖掘需求响应资源，直接或间接削减负荷，以维持系统可靠性，增强实时系统灵活性；最后引入储能设备对系统其他环节欠缺的灵活性进行补充。从各个环节多措并举，充分挖掘“源-网-荷-储”灵活性潜力，系统性提高供热灵活性，以满足高比例可再生能源并网对系统灵活性的需求，进而促进能源系统的成功转型。

4.2.2　供热系统灵活性的分析方法

4.2.2.1　供热系统灵活性的物理意义

由“源-网-荷-储”各环节蕴含的灵活性潜能可知，供热系统灵活性分别体现在源侧供给、网侧输运、负荷侧需求、储能设备以及全过程调控策略等方面。图 4-1 反映了供热系统各环节灵活性之间的关系[7]。综合上述分析和已经有的电力系统灵活性研究，将供热系统灵活性定义为应对不同时间尺度（从短期到长期）下“源、荷”波动和不确定性的能力。供热系统灵活运行的理想目标是实现多热源的协调运行和热网附属元件工作点的优化，使既定结构的系统具有多种热能供给和灵活输运方案，在“源、荷”两端波动下仍保持良好的适应性。

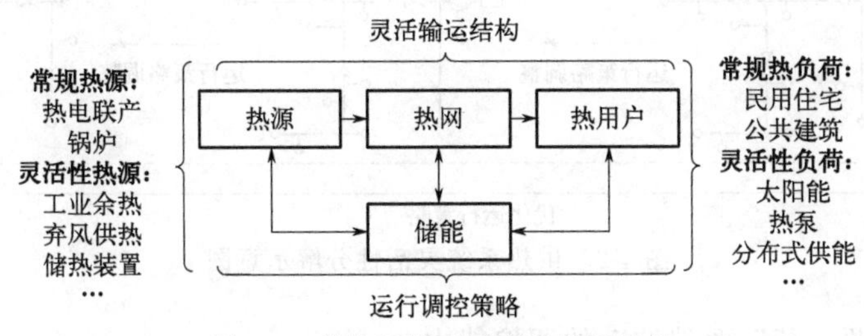

图 4-1　供热系统不同环节的灵活性

系统运行调度过程受调控策略、外部环境变化以及附属元件操作等因素影响，调控层面的灵活性在短时间尺度下具有时变特性。运行调度中的灵活性分析将长周期设计环节的灵活性分析粒度下降至短期运行层级，进一步考虑实时调控策略对供热过程的影响，以更准确地衡量系统持续满足运行约束、应对“源、荷”不确定性的能力。本节提出的供热系统灵活性理论框架，根据应用场景在不同时间尺度下的灵活性需求，将供热全过程的灵活性进行拆解和简化。如图 4-2 所示，从运行调度场景量化角度评价供热系统运行策略应对不确定性波动的动态响应能力，调控灵活性侧重于分析和评价供热系统在短周期内、动态运行过程中实时平衡“源、荷”两端波动的调控能力。

调控灵活性是针对既定结构的供热系统而言的。供热系统调控灵活性主要取决于热源调度策略以及系统的运行调控方案。根据系统末端的负荷需求，优化热源配置组合，实现热能的灵活供给。再者，考虑热源机组的调峰能力和热网的传输延迟和传输损失，动态输运特性，配合可调附属元件的优化组合，使管网的输运能力最大化，从而快速重构全网流量分布形态，使得系统能在运行调度过程中快速响应“源、荷”两端的变化。供热系统的调控灵活性表现为动态运行过程中

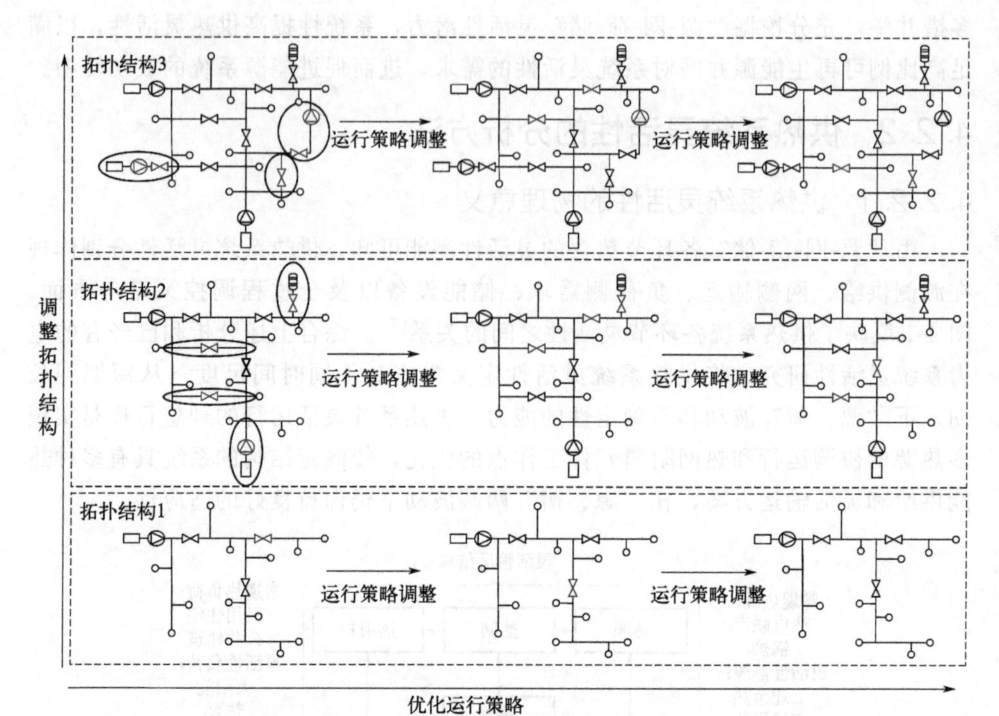

图 4-2　供热系统灵活性分解示意图

实时平衡“源、荷”两端波动的调控能力。

供热系统灵活性分析的工程意义在于，引入灵活性维度的量化分析，充分认识系统的输运能力，实现复杂供热系统运行优化的降维处理。举例而言，以供热系统机理建模和仿真计算为基础，若已知供热系统中热源、热用户、储热设备以及“源、荷”两端的负荷，可以对供热系统中的热量输运方案进行正向推导求解。其中，当供热系统为枝状网时，存在唯一解，而当系统结构中存在环路时，在每个环路上都存在满足环路能量平衡和输运约束的一系列解，多解之间仅存在输送功耗差异，通过对供热系统灵活性的认识，可以有效缩减实际供热系统运行当中的可行性解集，并提升供热系统运行的稳定性与可控性。

4.2.2.2　供热系统灵活性量化分析模型

供热系统供给端和用热端的类型繁多，两者之间的连接方式也存在直接与间接之分。虽然各类供给热源和用热端口的类型和规模有所不同，但是建模机理是一致的。为不失一般性，将各类供能热源统称为热源节点，各类用热端口统称为用热节点，进一步开展机理建模和相应的灵活性分析。对采用间接供热的集中供热系统来说，若以一级网为对象建模，则热源节点为集中供热热源（如燃气锅炉、CHP），热网末端用热节点为热力站；若以二级网为建模对象，热力站可视为热源节点，热网末端建筑为用热节点。而对区域性的直接供热系统来说，热泵和电锅炉可视为热源，末端建筑为用热节点。

图 4-3 是供热系统灵活应对“源、荷”波动的示意图。节点之间的连接表示热网中的供热管道，泵阀的切换表示不同的运行方案。在整个采暖季中，热源出力和用户负荷都在各类外部因素作用下不断波动，如天气情况、燃料价格、排放限制等因素。此外，故障维修或接入新热源等，会导致可调度的热源数量发生变化。热用户需求也会受热计量、新型终端用户设施（如热泵）的影响。灵活运行的目标是“源、荷”不断波动的场景下，优化调控策略，促进多热源协调互补，最终满足终端用户的用热需求。

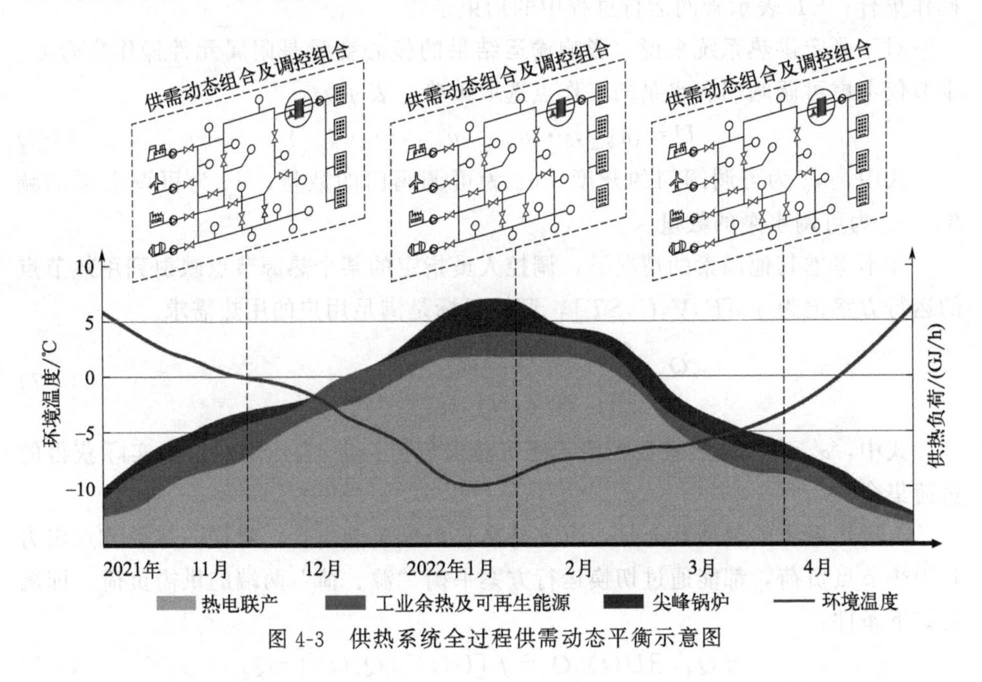

图 4-3　供热系统全过程供需动态平衡示意图

假设供热系统中有 M 个热源节点和 N 个用热节点，各个热源节点出力和用热节点的负荷分别表示为：

$$Q_{s,i} \in [Q_{s,i}^{\min}, Q_{s,i}^{\max}], i \in \{1,2,\cdots,M\} \tag{4-1}$$

$$Q_{d,j} \in [Q_{d,j}^{\min}, Q_{d,j}^{\max}], j \in \{1,2,\cdots,N\} \tag{4-2}$$

式中，$Q_{s,i}$ 为第 i 个热源节点的出力；$Q_{s,i}^{\min}$ 为第 i 个热源节点的出力下限；$Q_{s,i}^{\max}$ 为第 i 个热源节点出力上限；$Q_{d,j}$ 为第 j 个用热节点的需求负荷；$Q_{d,j}^{\min}$ 为第 j 个用热节点的需求负荷下限；$Q_{d,j}^{\max}$ 为第 j 个用热节点的需求负荷上限。

理想的灵活供热系统应该在任意时刻 t 保证“源、荷”两端的供需平衡（不考虑过程损失），表示为：

$$\sum_{i=1}^{M} Q_{s,i}(t) = \sum_{j=1}^{N} Q_{d,j}(t) \tag{4-3}$$

供热系统的理想输运过程 f 是 Q_s 到 Q_d 的映射（忽略损失），表示为：

$$Q_s(t) \xrightarrow{f} Q_d(t) \tag{4-4}$$

热能的输运结果由拓扑结构及调控方案决定，同时受热网中附属元件的限制，表示为：

$$f = f[E, V, U, ST] \tag{4-5}$$

式中，E 为所有管道的集合；V 所有节点的集合；U 表示供热系统附属元件操作集合；ST 表示管网运行过程中的约束条件。

对于既定供热系统来说，影响输运结果的核心变量是附属元件操作集合 U。本节仅考虑可调阀门和水泵的工作点选取策略，表示为：

$$U = \{u_{v,1}, \cdots, u_{v,n_v}, u_{p,1}, \cdots, u_{p,n_p}\} \tag{4-6}$$

式中，u_v 为可调阀门的开度，n_v 为可调阀门的数量；u_p 为可调水泵的频率，n_p 为可调水泵的数量。

在不考虑其他因素的情况下，调控人员指定的某个热源节点映射到用热节点的运行方案记为 $f'[E, V, U, ST]$，调控目标是满足用户的用热需求。

$$\begin{gathered} Q_s \xrightarrow{f'[E,V,U,ST]} Q_c \\ \forall j \in \{1, 2, \cdots, N\}, Q_{c,j}^{\min} = \alpha_h Q_{d,j}^{\max} \end{gathered} \tag{4-7}$$

式中，α_h 表示过热系数，用于修正需求负荷；Q_c 表示用热节点实际获得的负荷集合。

若供热系统的灵活性充足，可支持高自由度泵阀组合，对任一热源节点出力和用热节点负荷，都能通过切换运行方案平衡“源、荷”两端的供需负荷，即满足如下条件：

$$\forall Q_d, \exists U(t), Q_c = f[U(t)][Q_s(t)] = Q_d \tag{4-8}$$

$$\begin{gathered} Q_s \xrightarrow{f'[E,V,U,ST]} \{[Q_{c,1}^{\min}, Q_{c,1}^{\max}] \times [Q_{c,2}^{\min}, Q_{c,2}^{\max}] \times \cdots \times [Q_{c,j}^{\min}, Q_{c,j}^{\max}] \times \cdots \times \\ [Q_{c,N}^{\min}, Q_{c,N}^{\max}]\} \, \forall j \in \{1, 2, \cdots, N\}, Q_{d,j} \in [Q_{c,j}^{\min}, Q_{c,j}^{\max}] \end{gathered} \tag{4-9}$$

式中，$Q_{c,j}^{\max}$ 和 $Q_{c,j}^{\min}$ 为第 j 个用热节点实际获得负荷的上下限；×表示笛卡儿积。

灵活性不足的供热系统在热源出力波动、用户负荷变化、室外温度突变、多个区域供热系统联网运行等情况下都无法实现灵活的供需平衡。供热系统输运能力不足的集中表现为供热系统中间节点会出现热力失调现象，尤其是末端的用热节点出现供热不足现象，直接影响用户的用热舒适性，如图 4-4 所示。这种现象在大规模供热系统中表现得尤为明显。当系统灵活性不足时，输运情况可表示为：

$$Q_s \xrightarrow{f'[E,V,U,ST]} \{[Q_{c,1}^{\min},Q_{c,1}^{\max}]\times[Q_{c,2}^{\min},Q_{c,2}^{\max}]\times\cdots\times[Q_{c,j}^{\min},Q_{c,j}^{\max}]\times\cdots\times [Q_{c,N}^{\min},Q_{c,N}^{\max}]\}\ \exists j\in\{1,2,\cdots,N\},Q_{c,j}^{\max}<Q_{d,j}^{\min} \tag{4-10}$$

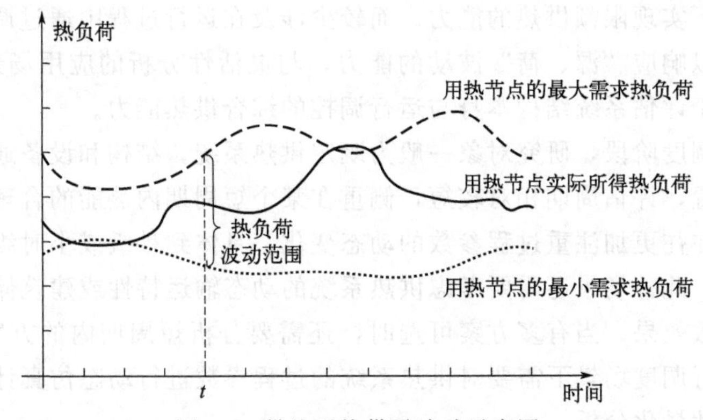

图 4-4　供热系统供需波动示意图

灵活性不足的供热系统则无法通过调整泵阀组合调控参数以及热源调度策略来满足“源、荷”波动下的供需动态平衡，其代价可能是需要更多投入尖峰锅炉负荷或者牺牲供热质量。若某个用热节点出现供热不足现象，则表明热网中间存在阻塞灵活运输能力的瓶颈[8]，本节从用能角度出发，引入灵活度作为量化供热系统灵活性的指标，定义为供热系统在“源、荷”波动下系统中节点实际获得的负荷与该节点需求负荷之间的匹配程度，即供热系统实际输运给该节点的负荷与所需负荷理想值之间的比值。t 时刻下第 j 个节点的灵活度表示为：

$$\gamma_j(t)=\frac{Q_{c,j}(t)}{Q_{d,j}(t)} \tag{4-11}$$

式中，γ 为灵活度；$Q_{c,j}$ 为对应运行调控参数下第 j 个节点所获得的负荷；$Q_{d,j}$ 为第 j 个节点的需求负荷。

进而计算节点在某一评估周期内的灵活度均值，表示为：

$$\overline{\gamma}_j=\frac{\int_{t_a}^{t_b}\gamma_j(t)\,\mathrm{d}t}{t_b-t_a} \tag{4-12}$$

式中，$\overline{\gamma}$ 表示灵活度均值；t_a 和 t_b 分别表示评估周期的起始时间与末端时间。

γ 越大，系统灵活性越好。当 $\gamma\geqslant 1$ 时，表明供热系统的实时供热量超出用户需求，$\gamma-1$ 越大，表示过供量越大；当 $\gamma<1$ 时，表明系统实时供热量不足，系统灵活性欠佳，$1-\gamma$ 越大，表示欠供量越大。

为了分析供热系统的输配能力，已有研究人员从可靠性角度提出指标[9-12]。可靠性是随时间而保持系统的功能或元部件的质量的能力，通过衡量管网、元件的失效率与故障率来量化分析供热系统满足热能输配的概率。可靠性指标多用于管网结构设计、事故预警等多个场景。但该类指标更多地聚焦于系统或管网元件在故障工况下实现限额供热的能力，而较少涉及在运行过程中通过调整管网附属元件工作点以响应“源、荷”波动的能力，与灵活性分析的应用场景存在差异。灵活性侧重于评估系统结构本身与运行调控的综合供热能力。

在运行调度阶段，研究对象一般为既定供热系统，结构和设备通常不进行大规模重新布置，评估周期相对较短，侧重在某个短周期内热能的合理分配。如目前调度场景往往更加注重过程参数的动态变化，具体到秒级或小时级。除要考虑动态变化外，此种场景还需要考虑供热系统的动态输运特性或建筑储能导致的延迟效应和耗散效果。当有多方案可选时，还需要分析短周期内的方案切换成本。因此，在运行调度场景下需要对供热系统的过程参数进行动态仿真计算，进而开展调控灵活性量化分析。

4.3 面向可再生能源接入的多能互补供热系统灵活优化调度

可再生能源接入是“碳达峰”“碳中和”目标的核心之一，也是供热系统发展的重要趋势。可再生能源对供热系统的渗透作用不仅表现为更加多元化的热源，还体现在对供热模式和供热结构的影响。近年来，区域供热系统逐步向新一代供热模式转变，例如深入推进供热系统与能源系统中电网和燃气网的耦合，利用“智慧能源＋电能替代”构建智慧微电网供热模式。随着能源互联网技术的提升，促进了信息流与能量流的传输与共享，分布式供热设备和弹性负荷也在一定程度上增强了系统的综合调控能力。供热技术的综合集成、领域耦合、供热设备数字化和自动化都为供热系统向第五代区域供热系统转型以及新型供热技术发展提供了巨大助推力。随之带来的供能间歇性和随机性也越来越明显，如何保证多能互补供热系统的安全灵活运行，已经成为一个重要的研究课题。现阶段制约多种供能主体、多种能源形式之间协调互动的主要因素是供能系统的灵活性不足，仅通过传统的调度方法难以应对日益增长的可再生能源消纳需求。当前针对多能互补供热系统协调运行的研究通常从经济性、环保性、可再生能源利用率等角度出发，以指导系统建设和运行调度。然而，将灵活性量化指标应用于多能互补供热系统运行优化的问题鲜有讨论，同时也尚未见灵活性提升对运行阶段调度结果影响的研究。

为应对多能互补供热模式的发展趋势，充分协调多能互补供热系统各环节的灵活性资源，本节在前述供热系统灵活性量化分析的基础上，对未来可再生能源接入下的多能互补供热系统的调度优化进行初步尝试。通过构建考虑运行经济性和调控灵活性的多目标优化调度模型，引入“源、荷”双重不确定性变量，充分协调不同热源、用户负荷与供热系统动态输运特性之间的互补规律，解决“源、荷”不确定性影响下的系统经济灵活调度问题。为了实现对所提复杂模型的高效求解，通过基于分解的多目标进化算法（Multi-objective Evolutionary Algorithm Based on Decomposition，MOEA/D）将多目标优化问题分解为多个子问题求解，并采用逼近理想解的排序评价方法（Technique for Order Preference by Similarity to Ideal Solution，TOPSIS）选取最优折中解，获得可控热源的优化调度策略。

4.3.1 考虑运行经济性与灵活性的供热系统多目标优化调度方法

多能互补供热系统需要满足区域内的多种类型能源，主要包括供能端、输运网络和用能端。供热系统运作中的调度策略决定了热源供能结构和热网动态输运特性之间的协同互补程度。本节为解决“源、荷”双重不确定性下的供热系统灵活经济调度问题，考虑供热系统输运耗散的动态特性与“源-荷-储”的联动效应，以运行经济性和调控灵活性为目标，提出考虑“源、荷”不确定性的多目标优化调度方法，旨在提高供热系统运行过程中的灵活性，同时保证运行方案的经济性与可行性。

我国正在加快能源绿色低碳转型，实施供热系统电气化改造，鼓励清洁用能设备替代传统机组，大力推广太阳能光伏光热项目，充分利用建筑屋顶、立面等适宜场地空间安装光伏发电设施。目前我国北方城市已经开始推广光伏发电与建筑一体化应用。再者，锅炉的快速启停特性使其成为不确定性热源接入下能源系统供热调峰的首选。因此，在系统拓扑结构优化设计的基础上，本节以“热-电-光-储”一体化的供热系统为例，在楼宇侧布置光伏机组和热泵，结合传统电锅炉、储热罐对目标供热系统的热源调度方案进行调整，探索可再生能源接入下的供热新模式。

4.3.1.1 运行调度的优化目标

对于运行调度过程，本小节以运行经济性和调控灵活性为优化目标，开展多目标优化，生成平衡经济性与灵活性的调度策略。其中的优化目标函数表示为：

$$\mathrm{obj}=f(\mathrm{obj}_1,\mathrm{obj}_2) \tag{4-13}$$

式中，obj_1 为运行经济性目标函数；obj_2 为调控灵活性目标函数。

（1）目标1：系统总运行成本最小

调度策略的经济性优化目标为运行成本，包括外购电的成本。

$$\mathrm{obj}_1=\min\left[\sum C_{\mathrm{buy}}(t)Pe_{\mathrm{buy}}(t)\cdot\Delta t\right] \tag{4-14}$$

式中，C_{buy} 和 Pe_{buy} 分别为外购电的价格和功率；Δt 为 $t+1$ 时刻与 t 时刻的时间间隔。

(2) 目标 2：热源节点调控灵活性均值最大

热源节点内部包含电锅炉和储热罐，各机组的总计划出力需要考虑光伏机组和用户负荷的不确定性，以及热能输运过程中的传输延迟和传热损失。首先，量化估计光伏机组出力和用热节点负荷的波动区间上、下限，分别作为供热系统动态模型的运行边界，计算热源节点总出力计划值的允许区间。然后将允许出力区间作为热源节点计算出力的波动范围，计算调度策略各机组实时出力对应的调控灵活性均值，表示为：

$$obj_2 = \max\overline{\gamma} = \min(-\overline{\gamma}) \tag{4-15}$$

4.3.1.2 设备模型及运行约束

(1) 机组建模

电能便于远距离传输、分配和控制，最易于与其他能量相互转换。且本节优化调度策略侧重点为实时出力以及热源节点内部各机组间出力的优化分配，因此可以简化电网侧传输过程。在热源节点内部，由电锅炉实现电能与热能的相互转化，光伏机组通过热泵实现电能与热能的相互转化。

① 电锅炉模型

$$Q_{eb}(t) = \eta_{eb} Pe_{eb}(t) \tag{4-16}$$

$$Pe_{eb}^{min} \leqslant Pe_{eb}(t) \leqslant Pe_{eb}^{max} \tag{4-17}$$

$$\Delta Pe_{eb}^{min} \leqslant Pe_{eb}(t+1) - Pe_{eb}(t) \leqslant \Delta Pe_{eb}^{max} \tag{4-18}$$

式中，Q_{eb} 为电锅炉的供热功率；η_{eb} 为电-热转换效率；Pe_{eb}、Pe_{eb}^{max}、Pe_{eb}^{min} 分别为电锅炉用电功率及其上、下限值；ΔPe_{eb}^{max} 和 ΔPe_{eb}^{min} 分别为电锅炉爬坡功率上限和下限。

② 储热设备模型　储热设备通过灵活调度蓄放热状态以平抑波动负荷，并促进清洁能源的消纳。

$$Q_{sto}(t+1) = (1-k_{sto})Q_{sto}(t) + \chi_{sto} Q_{ch} \Delta t\, \varpi_{ch} - (1-\chi_{sto}) Q_{dis} \Delta t / \varpi_{dis} \tag{4-19}$$

式中，$Q_{sto}(t+1)$ 和 $Q_{sto}(t)$ 为储热罐 $t+1$ 时刻和 t 时刻的蓄热量；k_{sto} 为储热罐的自放热系数；χ_{sto} 表示储热罐工作状态的 0/1 变量，若储热罐在蓄热状态，$\chi_{sto}=1$，若储热罐在放热状态，$\chi_{sto}=0$；Q_{ch}、Q_{dis} 分别为储热罐输入和输出热能的功率；ϖ_{ch}、ϖ_{dis} 分别为储热罐输入和输出热能的效率。

储热罐的运行约束可表示为：

$$\begin{cases} Q_{sto}^{min} \leqslant Q_{sto}(t+1), Q_{sto}(t) \leqslant Q_{sto}^{max} \\ 0 \leqslant Q_{ch} \leqslant Q_{ch}^{max} \\ 0 \leqslant Q_{dis} \leqslant Q_{dis}^{max} \end{cases} \tag{4-20}$$

式中，Q_{sto}^{max} 和 Q_{sto}^{min} 为储热罐蓄热量上、下限；Q_{ch}^{max}、Q_{dis}^{max} 分别为储热设备最大蓄热功率、最大放热功率。

③ 光伏机组模型　光伏机组的输出功率受额定功率、太阳辐射强度、环境温度等多方面因素影响[13]，实时出力可表示为：

$$Pe_{pv}(t)=Pe_{pv,u}\eta_{pv}\frac{SI(t)}{SI_{ref}}[1+\kappa_{pv}(T_{pv}(t)-T_{pv,ref})] \tag{4-21}$$

式中，Pe_{pv} 为光伏机组的实时发电功率；$Pe_{pv,u}$ 为光伏机组额定功率；η_{pv} 为光伏机组的性能系数；SI 和 SI_{ref} 分别为太阳辐射强度小时均值和标准条件下的太阳辐射强度（通常取 $1000W/m^2$）；κ_{pv} 为光伏机组的功率温度系数，通常取 $-0.35\%/℃$；T_{pv} 和 $T_{pv,ref}$ 分别为光伏电池的温度和光伏电池在标准测试条件下的温度，通常取25℃。

$$T_{pv}(t)=T_{amb}(t)+SI(t)\left(\frac{T_{pv,NOCT}-T_{amb,NOCT}}{SI_{T,NOCT}}\right)\left(1-\frac{\eta_{pv}}{\tau_{pv}\alpha_{pv}}\right) \tag{4-22}$$

式中，T_{amb} 为室外温度；$T_{pv,NOCT}$ 为光伏电池的标称工作温度，指当光伏组件或电池处于开路状态，并在20℃的环境温度、$0.80kW/m^2$ 的电池表面光强、1m/s的风速等情况下所达到的温度，通常范围在45～48℃[14]；$T_{amb,NOCT}$ 为20℃的环境温度；$SI_{T,NOCT}$ 为 $0.80kW/m^2$ 的电池表面光强；η_{pv} 为光-电转换效率；τ_{pv} 和 α_{pv} 分别为太阳透射率和吸收率。

④ 热泵模型　光伏机组通过外接热泵完成电-热转换，其中热泵运行约束可表示为：

$$Q_{hp}(t)=COP_{hp}Pe_{pv}(t) \tag{4-23}$$

$$Q_{hp}^{min}\leqslant Q_{hp}(t)\leqslant Q_{hp}^{max} \tag{4-24}$$

式中，Q_{hp} 为热泵供热功率；COP_{hp} 为热泵能效系数；Q_{hp}^{max} 和 Q_{hp}^{min} 分别为热泵功率的上、下限。

(2) 能量平衡约束

热源节点内部各机组需满足电功率和热功率平衡，表示为：

$$Pe_{buy}=Pe_{eb} \tag{4-25}$$

$$(Q_{eb}+Q_{dis}/\varpi_{dis}-Q_{ch}\varpi_{ch}-Q_{s}^{*})\Delta t=Q_{sto}(t+1)-Q_{sto}(t) \tag{4-26}$$

式中，Q_{s}^{*} 为调度周期内热源节点总出力计划值。

(3) 考虑光伏机组出力和用户负荷不确定性的热源节点出力约束

调度优化决策的对象是热源节点内部各机组的实时出力，影响决策的主要因素是以光伏机组和用户负荷波动为代表的“源、荷”双重不确定性，以及末端用户用热舒适性。将前述计算所得的热源节点总计划出力允许区间 $[Q_{s,L}, Q_{s,U}]$ 作为约束条件。理想热源出力在平移不确定性时，还能避免过供与欠供，则热源节点总出力计划值 Q_s^* 的约束条件可以表示为：

$$Q_{s,L} \leqslant Q_s^* \leqslant Q_{s,U} \tag{4-27}$$

考虑到光伏机组出力和热用户负荷的波动区间是基于给定可信水平估计的区间变量。当可信水平较大时，对不确定变量的估计较为保守，即波动范围较大。而实际工程中，热企业会对热源机组配置及调度周期内的供热总量进行事先预估，使供热总量维持在预估水平内，避免供热总量的频繁波动。基于工程实践，还需对各热源机组的供热总量设置约束条件。为使供热总量约束更具一般性，以光伏机组出力预测值经热泵转换后的热出力 Q_{hp}^{pr} 和用户负荷预测值 Q_d^{pr} 为动态模型的边界条件，计算热源节点总出力预测值 Q_s^{pr}，以预测总量为约束条件，表示为：

$$\sum Q_s^* = \sum Q_s^{pr} \tag{4-28}$$

4.3.1.3 基于分解的多目标进化算法

调度策略的优化目标为运行经济性和调控灵活性，约束条件包括机组运行约束和总出力的波动区间约束，多目标优化模型的一般形式可以表示为：

$$\begin{cases} \mathrm{obj}_1 = \min\left[\sum C_{\mathrm{buy}}(t) Pe_{\mathrm{buy}}(t) \cdot \Delta t\right] \\ \mathrm{obj}_2 = \min(-\overline{\gamma}) \\ \mathrm{s.t.} \quad H'(x) = 0 \\ \qquad\quad G'(x) \leqslant 0 \end{cases} \tag{4-29}$$

式中，x 为优化对象，表示各热源机组的实时出力；$H'(x)$ 和 $G'(x)$ 分别为 4.3.1.2 节中所列的供热机组运行中的所有等式约束以及不等式约束。

通常针对多目标优化的解决方法是将多目标转换到单一标量优化问题。鉴于调度模型具有多目标强耦合性、非线性、高维不连续等特点，本节采用 MOEA/D 算法求解多目标优化模型。首先通过切比雪夫聚合方法将多目标问题分解为 N 个单目标优化子问题。每一个子问题由一个均匀分布的权重向量构成，对于每生成一个新解，基于聚合函数对该子问题附近的解进行替换，最终得到原优化问题的帕累托前沿。进一步通过 TOPSIS 法对优化结果进行决策，选取最优折中解。现有研究表明，MOEA/D 算法具有收敛快、计算复杂度低的优点，可直接应用单目标遗传算法，且计算复杂度比 NSGA-Ⅱ算法更低，能够很好地解决多目标优化问题[15,16]。

将多目标优化分解成多个子问题主要通过两步：构造权重向量和优化分解。本节只有两个优化目标函数，构造 N 个均匀分布的权重向量即可，权重向量表示为：

$$\begin{cases} \omega_1^r=\dfrac{r-1}{N-1},\omega_2^r=\dfrac{N-r}{N-1} \\ \omega_1^r+\omega_2^r=1 \\ \omega_1^r,\omega_2^r\geqslant 0 \end{cases} \tag{4-30}$$

式中，ω_1^r 和 ω_2^r 分别为 obj_1 和 obj_2 对应的权重，其中 $r=1,2,\cdots,N$，r 越大，obj_1 的重要性越小，obj_2 的重要性越大。

进一步，采用切比雪夫聚合方法[17] 构造第 r 个子问题的单目标优化问题，表示为：

$$\min obj(\boldsymbol{x}\mid\boldsymbol{\omega}^r)=\max_{i=1,2}\left\{\omega_i^r\cdot\left|\frac{obj_i-obj_{i,\min}}{obj_{i,\min}}\right|\right\} \tag{4-31}$$

式中，$\boldsymbol{x}$ 为第 r 个子问题中所有自变量组成的向量；$\boldsymbol{\omega}^r=(\boldsymbol{\omega}_1^r,\boldsymbol{\omega}_2^r)$ 为目标函数对应的权重向量；$obj_{i,\min}$ 为第 i 个优化目标分量最小值参考点，$obj_{i,\min}\in\{obj_{1,\min},obj_{2,\min}\}$。

MOEA/D 算法的具体步骤描述如下：

(1) *初始化*

① 创建外部种群 EP，用于储存在搜索过程中最优解的非支配解集；

② 初始化最小值参考点；

③ 生成 N 个均匀分布的权重向量，得到 N 个对应的子问题；

④ 计算任意两个权重向量的欧氏距离，为每个权重向量 $\boldsymbol{\omega}^r$ 选取最近的 k 个邻居向量，将邻居向量的索引构成集合 $B(r)$，$B(r)=(r_1,r_2,\cdots,r_k)$；

⑤ 随机生成规模为 N 的进化种群 P，$P=\{x^1,x^2,\cdots,x^N\}$，并为每个子问题分配种群 P 中的个体，第 r 个子问题的个体为$\boldsymbol{x}^r$。

(2) 进化

① 更新外部种群 EP，若 EP 非支配解个数大于 N，则采用 NSGA-Ⅱ算法中的拥挤距离方法进行删减[18]；

② 使 $r=r+1$，若 $r>N$，进入步骤③，否则，返回此步骤；

③ 终止计算并输出 EP。

由 MOEA/D 算法，可以得到一组在经济性和灵活性上倾斜度不同的帕累托解。在此基础上，本节采用 TOPSIS 来选取帕累托最优折中解。TOPSIS 法是一种根据有限个评价方案与理想化目标的接近程度进行排序，在现有的方案中进行相对优劣评价的方法[19]。主要通过计算评价方案与最优解和最劣解的综合距离来进行排序，若其中一个对象距离理想最优解越近，距离最劣解越远，则认为该对象越优。假设所得帕累托前沿中有 m 个解集和 n 个优化目标，则可组成决策矩阵 $\boldsymbol{X}=(x_{ij})_{m\times n}$，其中 x_{ij} 为第 i 个解集在第 j 个优化目标下的值，TOPSIS

法的计算步骤如下：

① 构造规范化决策矩阵$\boldsymbol{Y}=(y_{ij})_{m\times n}$，用向量规范化法，则有：

$$y_{ij}=x_{ij}\Bigg/\sqrt{\sum_{i=1}^{m}x_{ij}^{2}} \tag{4-32}$$

② 加权规范化决策矩阵$\boldsymbol{Z}=(z_{ij})_{m\times n}$，将规范化后的向量乘以权重$w$，则有：

$$z_{ij}=w_j y_{ij} \tag{4-33}$$

③ 确定正、负理想解Z^+和Z^-。

$$\begin{cases}Z^+=(z_1^+,z_2^+,\cdots,z_n^+)\\Z^-=(z_1^-,z_2^-,\cdots,z_n^-)\end{cases} \tag{4-34}$$

对于运行经济性目标来说

$$z_j^+=\min_i z_{ij},z_j^-=\max_i z_{ij} \tag{4-35}$$

对于调控灵活性目标来说

$$z_j^+=\max_i z_{ij},z_j^-=\min_i z_{ij} \tag{4-36}$$

④ 计算不同解集与正、负理想解之间的欧氏距离d_i^+和d_i^-，计算如下：

$$\begin{aligned}d_i^+&=\|z_i-Z^+\|_2=\sqrt{\sum_{j=1}^{n}(z_{ij}-z_j^+)^2}\\d_i^-&=\|z_i-Z^-\|_2=\sqrt{\sum_{j=1}^{n}(z_{ij}-z_j^-)^2}\end{aligned} \tag{4-37}$$

⑤ 计算不同解集与正理想解的贴近度，计算如下：

$$C_i^+=\frac{d_i^-}{d_i^++d_i^-} \tag{4-38}$$

⑥ 对C_i^+进行降序排列，得到从优到劣的综合评价结果，从中选取出最优折中解。

综上，采用MOEA/D算法求解多目标优化问题，并通过TOPSIS筛选帕累托最优折中解的流程如图4-5所示。

4.3.2 面向可再生能源接入的供热系统优化案例

随着可再生能源逐步接入供热系统，区域供热系统与分布式供能设备、储能设备和充放电设施等微网系统之间不断耦合，这一发展趋势对系统的灵活调控能力提出挑战，具体表现为热源侧接入更多元化的供热机组，负荷侧接入多样化用户类型和分布式供能设备，加剧了“源、荷”双重不确定性，如图4-6所示。

针对供热系统的结构转型，以“热-电-光-储”一体化供热系统为例作为多能

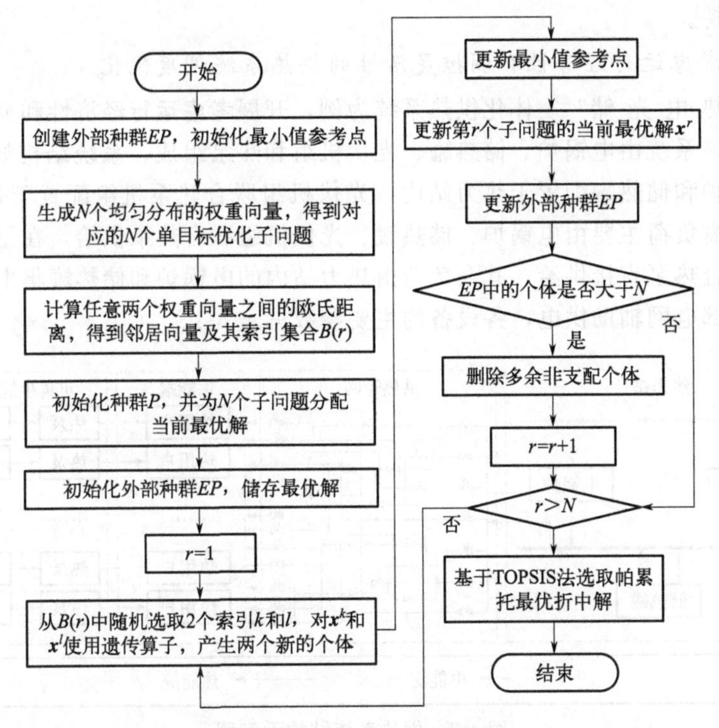

图 4-5　MOEA/D 算法流程图

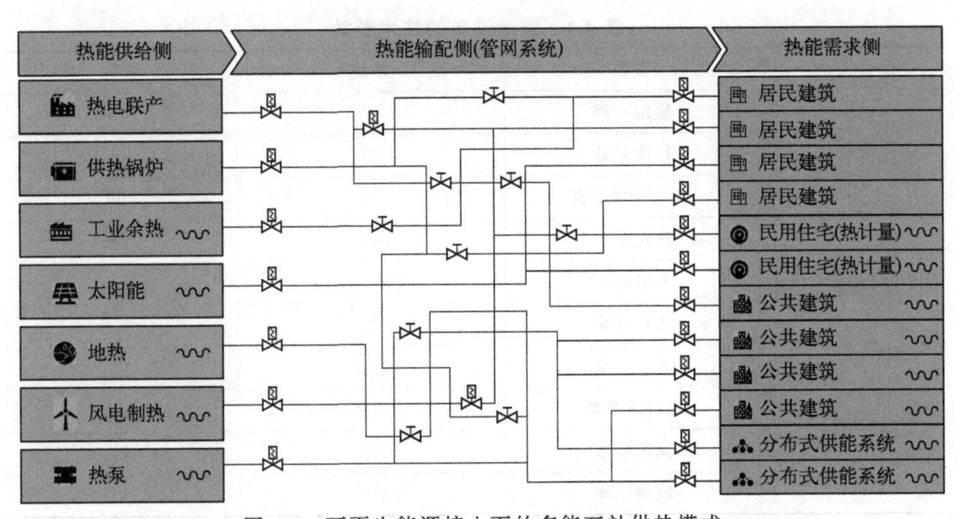

图 4-6　可再生能源接入下的多能互补供热模式

互补供热系统的初步探索，开展考虑“源、荷”不确定性的供热系统结构规划设计以及运行调度的研究，旨在明晰“源-网-荷-储”协同运行应对“源、荷”双重不确定性时的经济性和灵活性效益，为可再生能源接入下的多能互补供热系统提供技术支持。

(1) 考虑运行经济性和调控灵活性的供热系统调度优化

以“热-电-光-储”一体化供热系统为例，开展考虑运行经济性和灵活性的优化调度。该系统由电锅炉、储热罐、光伏机组和热泵组成，系统结构如图 4-7 所示。电锅炉和储热罐配置于热力站内，光伏机组联合热泵机组配置于每个楼宇。热用户所需负荷主要由电锅炉、储热罐、光伏机组联合热泵供给，在用户侧由光伏机组联合热泵直接供给，其余负荷由热力站内的电锅炉和储热罐集中供给；电锅炉由外部电网辅助供电，各设备的主要参数见表 4-1。

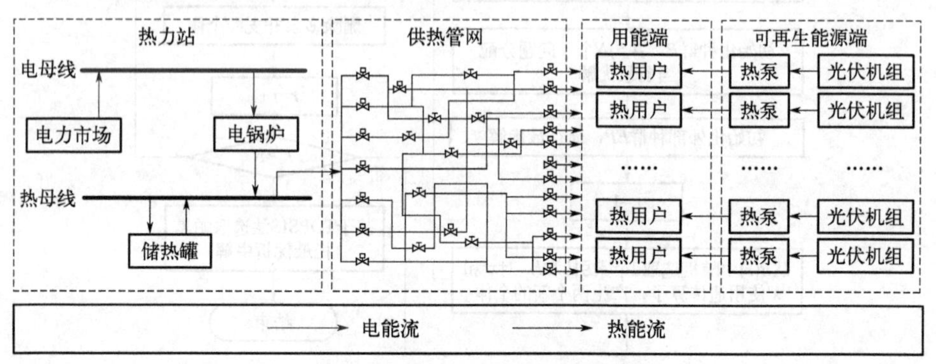

图 4-7 供热系统结构示意图

表 4-1 能源设备的技术参数

设备类型	参数	单位	数值
光伏机组	额定功率	kW	60
	性能系数	%	90
	热泵能效系数	%	300
电锅炉	额定功率	MW	15
	爬坡功率	kW/min	450
	转换效率	%	95
储热罐	充放功率	MW	15
	自放热系数	%/h	0.2
	储热效率	%	95
	放热效率	%	90

在经济性参数方面，该社区的外购电价格采用分时电价，如图 4-8 所示，低谷电价为 0.2497 元/kWh，平段电价为 0.7231 元/kWh，高峰电价为 1.2488 元/kWh，尖峰电价为 1.3781 元/kWh。

本节案例社区所在地的室外温度和太阳辐射强度数据，如图 4-9 和图 4-10

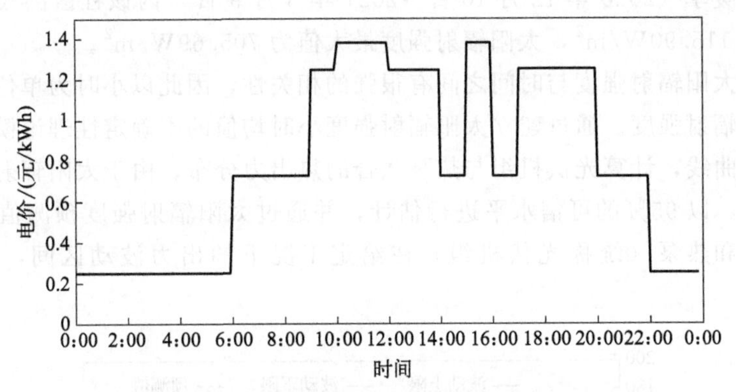

图 4-8　案例社区分时电价曲线图

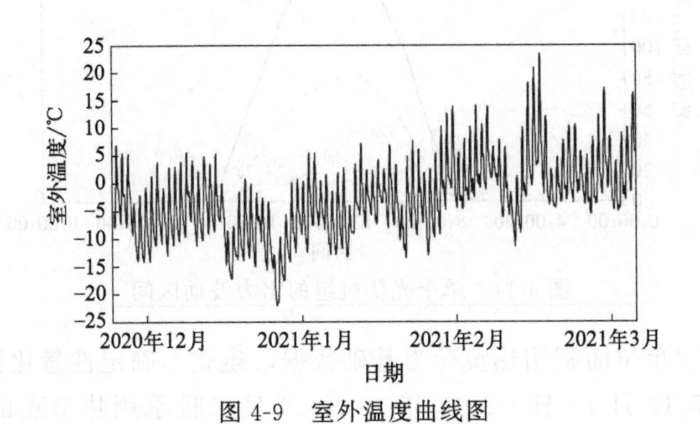

图 4-9　室外温度曲线图

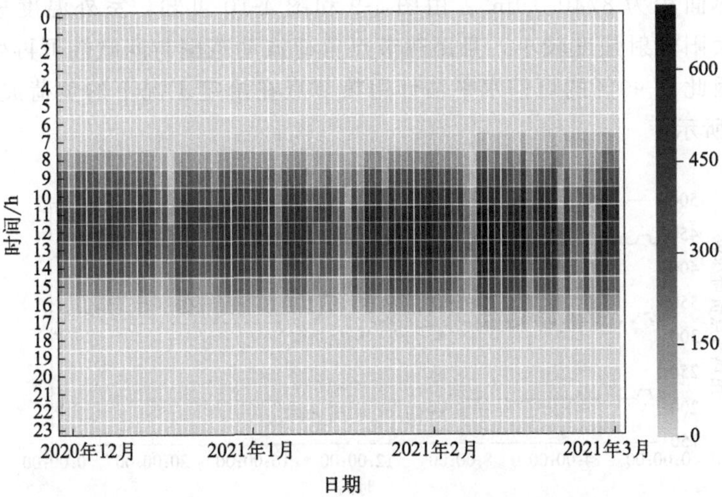

图 4-10　太阳辐射强度小时均值数据热力图

所示。采暖季（2020 年 12 月 10 日～2021 年 3 月 9 日）内该社区的太阳辐射强度均值为 115.90W/m²，太阳辐射强度最大值为 705.69W/m²。

由于太阳辐射强度与时间之间有很强的相关性，因此以小时为单位，统计每小时太阳辐射强度。通过建立太阳辐射强度小时均值的不确定性理论模型，结合室外温度曲线，计算光伏机组与热泵联合的热出力分布。由于太阳辐射强度的不确定性强，以 95%的可信水平进行估计，并通过太阳辐射强度预测值计算单个光伏组件和热泵（统称光伏机组）在给定工况下的出力波动区间，如图 4-11 所示。

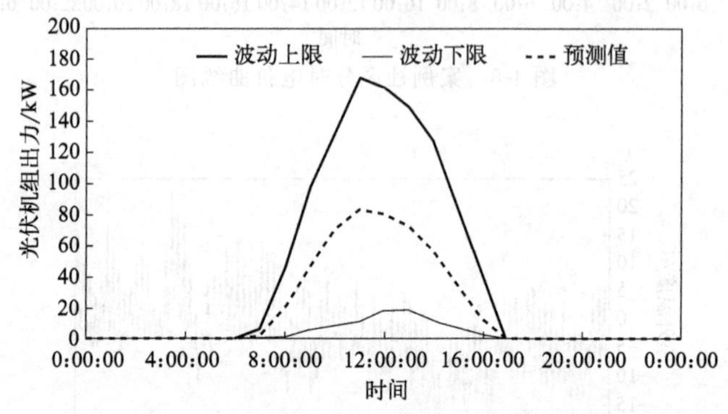

图 4-11　单个光伏机组的出力波动区间

以典型楼宇单位面积用热负荷为基础数据，建立不确定性量化模型如图 4-12 所示。2020 年 12 月 10 日～2021 年 03 月 09 日采暖季用热节点的单位面积用热负荷均值为 31.80W/m²，单位面积峰值负荷为 51.10W/m²，每个用热节点的平均供热面积为 8740.79m²。由图 4-9 和图 4-10 可知，室外温度短时间波动相比于太阳辐射强度较小，且用热节点负荷波动范围与间歇性可再生能源相比较小，因此以 90%的可信水平估计用热节点在给定工况下的负荷波动区间，如图 4-12 所示。

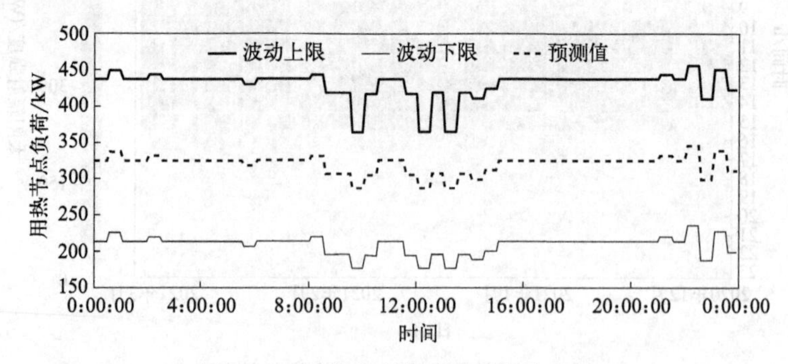

图 4-12　用热节点的日负荷波动区间

为简化计算，假设该社区内不同用热节点处的热用户具有相同的用热习惯。当不同用热节点处的用户热舒适度偏好存在差异时，可以对楼宇结构进行尺度变换，以获得标准化的热舒适度偏好。由于光伏机组安装在各楼宇处，位置坐标与用热节点相同，因此可以联合考虑用热节点负荷波动和光伏机组出力波动，计算双重不确定性下的联合波动区间。将热节点负荷和光伏机组波动区间的上下限作为供热系统动态模型的运行边界，综合考虑计算热源节点总计划出力的允许波动范围，如图 4-13 所示。在此基础上采用考虑运行经济性与调控灵活性的多目标优化调度方法，以允许总出力波动区间为区间约束，开展兼顾经济性和灵活性的多目标优化调度，实现各机组实时出力的最优分配。

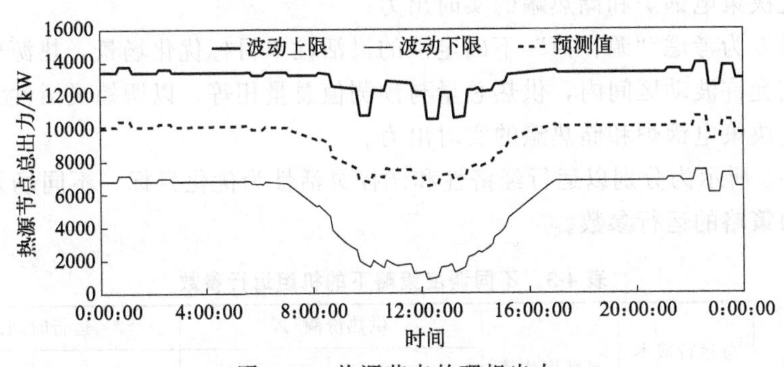

图 4-13　热源节点的理想出力

(2) 单目标优化分析

本节以供热系统日前调度 24h 作为研究周期，分别以运行经济性和调控灵活性为目标，设计了 5 种场景开展单目标优化分析，获取 MOEA/D 算法所需的两个优化目标分量最小值参考点，并分析机组配置、优化目标、优化约束对运行方案的影响。表 4-2 中的 * 表示该机组的出力为待优化对象，需要根据响应的优化目标和约束条件进行决策。

表 4-2　不同场景下的优化参数设置

优化场景	机组	优化目标	约束条件	考虑波动区间
场景 1	光伏机组、电锅炉	无	与预测值实时相等	否
场景 2	光伏机组、电锅炉*、储热罐*	运行经济性	与预测值实时相等	否
场景 3	光伏机组、电锅炉*	运行经济性	与预测值总量相等	是
场景 4	光伏机组、电锅炉*、储热罐*	运行经济性	与预测值总量相等	是
场景 5	光伏机组、电锅炉*、储热罐*	调控灵活性	与预测值总量相等	是

场景 1 为不考虑储热设备和“源、荷”不确定性的运行场景，用热节点实时负荷和光伏机组实时出力等于预测值，电锅炉出力与用户侧需求负荷实时匹配；

场景2为不考虑“源、荷”不确定性的经济性单目标优化场景，用热节点实时负荷和光伏机组实时出力等于预测值，除了光伏机组出力外的用户负荷由电锅炉和储热罐供给，并以运行经济性为优化目标，优化决策电锅炉和储热罐的实时出力；

场景3为考虑“源、荷”不确定性的经济性单目标优化场景，热源机组总出力限制在允许波动区间内，供热总量与预测值总量相等，以运行经济性为优化目标，优化决策电锅炉的实时出力；

场景4为考虑“源、荷”不确定性的经济性单目标优化场景，热源机组总出力限制在允许波动区间内，供热总量与预测值总量相等，以运行经济性为优化目标，优化决策电锅炉和储热罐的实时出力；

场景5为考虑“源、荷”不确定性的灵活性单目标优化场景，热源机组总出力限制在允许波动区间内，供热总量与预测值总量相等，以调控灵活性为优化目标，优化决策电锅炉和储热罐的实时出力。

表4-3所示为分别以运行经济性和调控灵活性为优化目标，不同场景下各个机组出力策略的运行参数。

表4-3　不同调度策略下的机组运行参数

调度策略	总运行成本/万元	灵活度均值	供热份额/%		运行时间/h	
			电锅炉供热	储热罐放热	电锅炉供热	储热罐放热
场景1	17.49	0.513	100.00	0	24.00	0
场景2	13.54	0.513	77.31	22.69	19.08	7.89
场景3	13.68	0.576	100.00	0	24.00	0
场景4	11.43	0.569	83.67	16.33	16.60	8.79
场景5	14.77	0.598	99.67	0.33	23.99	2.50

在运行经济性和调控灵活性的关系上，运行经济性目标函数值越高表示系统的总运行成本越高；相对应地，灵活度函数值越高表示调度方案应对调控灵活性越大。总体而言，优化后的调度策略在经济性与灵活性方面都有很大提升。分别对比场景1、2，场景3、4可以发现，引入储热罐后，系统运行的经济性提升效果明显。场景1、2中的机组出力与预测值实时匹配，所以整体的灵活度均值相等，但是场景2的运行成本比场景1降低了3.95万元，体现了储热罐对经济性的影响。以经济性为优化目标时，电锅炉的供热时间降低，储热罐的放热时间增加，通过储热罐在电价较低的时段将廉价电能转化、存储至高电价时段，来平抑分时电价的影响，降低整个周期内的运行成本。

场景2和场景4的机组配置相同，都以经济性为优化目标，区别为是否考虑

“源、荷”不确定性约束。相较而言，场景 4 的灵活度均值比场景 2 高了 0.056，运行成本降低了 2.11 万元。场景 2 机组的出力与预测值实时相等，而场景 4 考虑了用热节点负荷和光伏机组出力的波动区间和供热总量约束，可对全天范围内的出力进行优化分配，依据用户负荷和光伏机组出力的峰谷特性，在早晨和夜晚负荷需求量高但电价较低的时段提高供给出力，从而明显降低允许成本。

对比场景 3、4、5 可以发现，随着优化目标的改变，经济性的提升效果显著，但灵活性的优化效果不明显。这是因为调度决策考虑了供热总量约束，即限制了机组实时出力不能在全天范围内无限制地增加。若无总量约束，为提升实时调控灵活性，机组出力会长时间处于满负荷运行状态，尽可能满足波动区间上限。这种运行方式一方面会很大程度上提高运行成本，另一方面也不符合实际工程需求。因此，调度决策需要考虑供热总量约束。

场景 4、5 的机组配置和约束条件相同，但优化目标不同。当优化目标从运行经济性转变为调控灵活性时，运行成本增加了 3.34 万元，灵活度增加了 0.029。场景 5 中电锅炉的供热份额明显提高，且在接近额定容量运行，供给 99.67%的热负荷。系统充分利用电锅炉的调峰能力来应对用热节点和光伏机组的波动。但电锅炉受额定功率和爬坡能力的限制，能够提供给储热罐的剩余负荷较少，储热罐仅在少部分时段补足向上的灵活性。由此可以推断，与经济效益相比，电锅炉对灵活性效益的贡献更大。

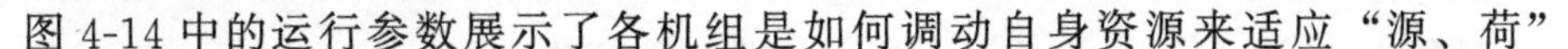

图 4-14 中的运行参数展示了各机组是如何调动自身资源来适应“源、荷”

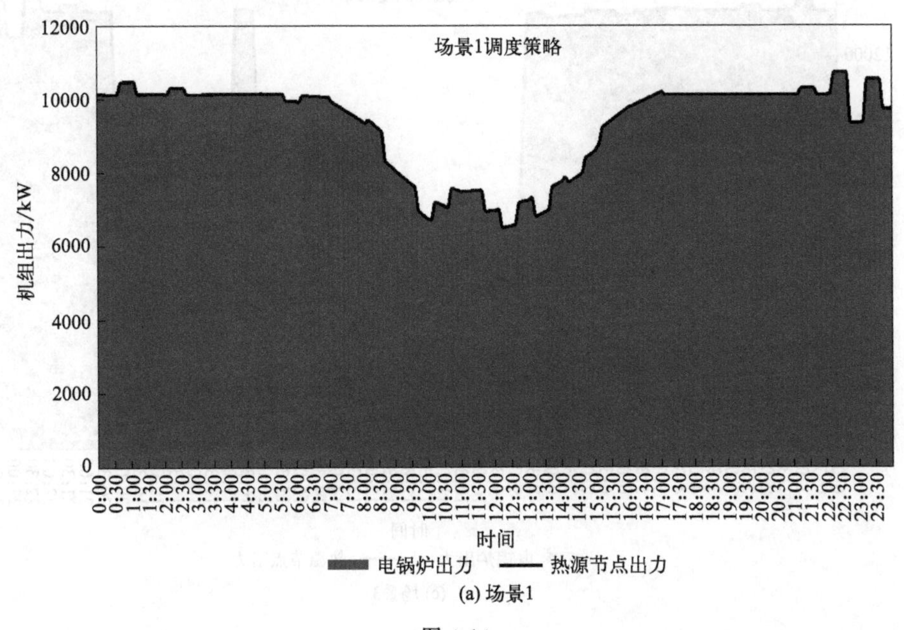

(a) 场景1

图 4-14

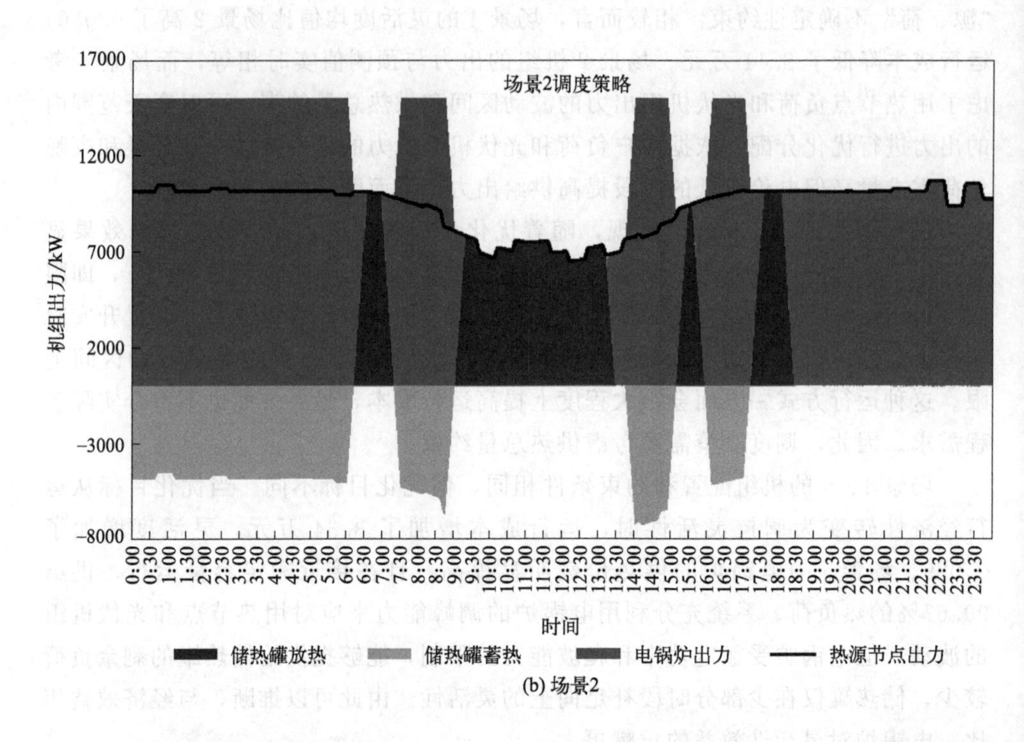
场景2调度策略
机组出力/kW
17000
12000
7000
2000
-3000
-8000
时间
储热罐放热
储热罐蓄热
电锅炉出力
热源节点出力
(b) 场景2

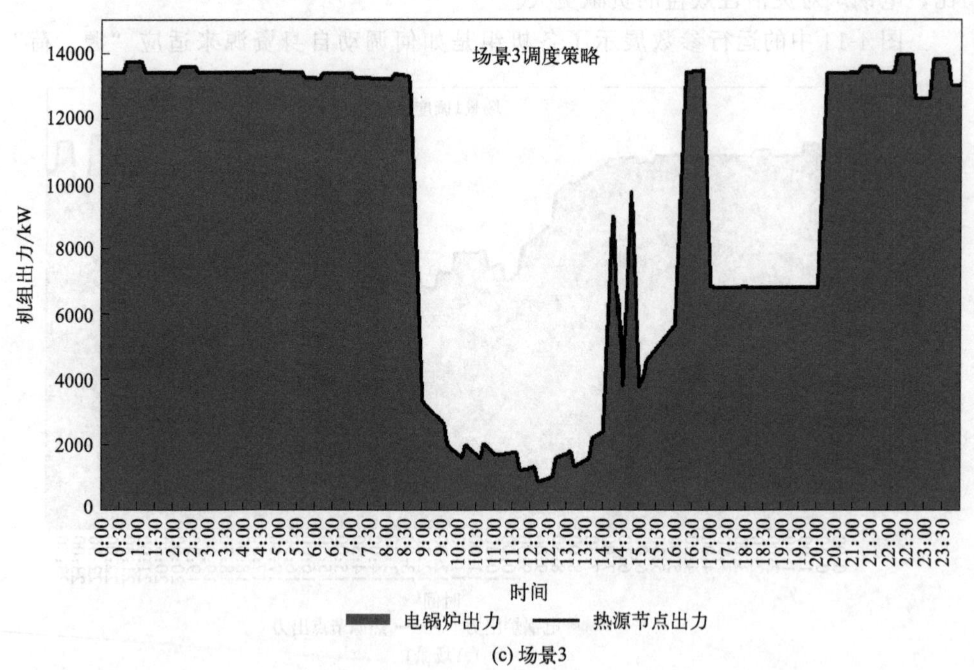
场景3调度策略
机组出力/kW
14000
12000
10000
8000
6000
4000
2000
0
时间
电锅炉出力
热源节点出力
(c) 场景3

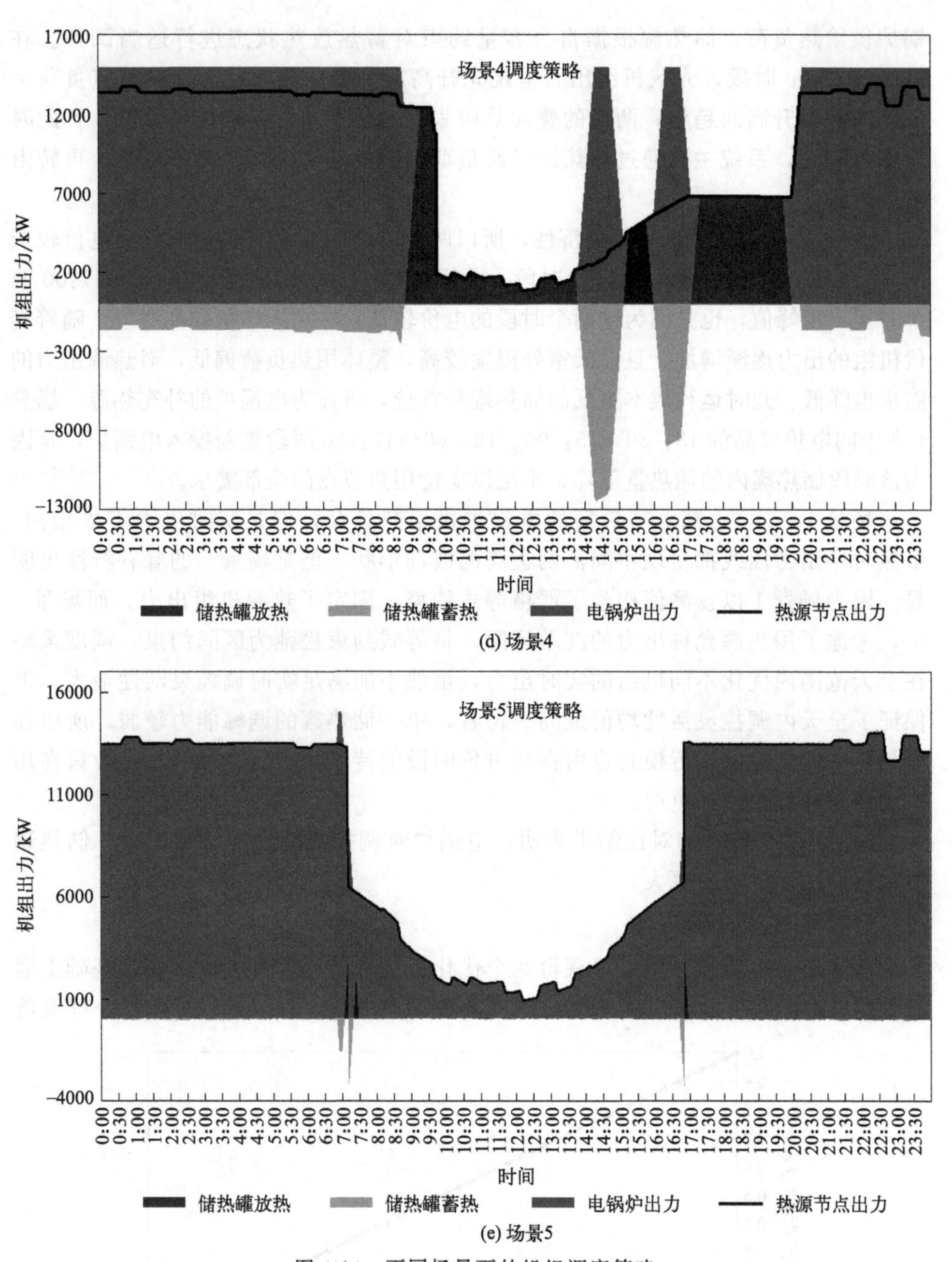

(d) 场景4

(e) 场景5

图 4-14　不同场景下的机组调度策略

双重不确定性的。图中负值表示储热罐处于蓄热状态。电锅炉和储热罐的出力主要受需求负荷、分时电价的影响。场景 2 中，在 0:00～6:00 和 20:00～24:00 时段，光伏机组无出力，且用热节点负荷高，此时系统主要通过从外网购电，由电锅炉供给热负荷，储热罐根据自身容量约束对蓄热放热状态进行适当调整。在7:00～16:00时段，光伏机组出力呈现先升高后降低的趋势，而用热节点负荷呈现先降低后升高的趋势，两者的叠加效应表现为热源节点需求出力降低，且此时段电价较高，系统主要通过储热罐供给负荷，当储热罐内部热量不足时，再转由电锅炉供给。

场景3、4优先考虑运行经济性，所以两者的电锅炉出力主要集中在电价较低的0：00～8:30和20:00～24:00时段。电锅炉在14:00～15:00、16:00～17:00两个时段出现峰值，也是因为这两个时段的电价较低。在白天电价较高时段，随着光伏机组的出力逐渐增加，且白天室外温度较高，整体用热负荷偏低，对热源出力的需求也降低。此时运行成本更低的储热罐是首选，可作为电锅炉的补充热源。场景4在午间电价较高的13：30～15：00、16：00～17：30时段重新投入电锅炉，是因为该时段储热罐内的储热量下降，不足以支持用热节点的全部需求。

场景1、5虽然都由高份额的电锅炉供给热负荷，但是实时出力不尽相同。虽然时序出力曲线都呈现中间低两边高的波动形状，但是场景5的峰谷特性更明显。因为场景1以预测值构建了严格等式约束，固定了热源机组出力。而场景5中，考虑了用热源允许出力的波动区间，将等式约束松弛为区间约束，调度策略在全天范围内优化不同机组的实时出力，虽然不能满足实时调控灵活性最大，但保证了全天内调控灵活性均值最高。再者，单一储热罐的调峰能力较弱，所以在场景5中储热罐的运行模式也由在高电价时段的持续运行（场景4）改为只在用热高峰时段提供边际负荷。

综上，5个场景的对比结果表明，电锅炉对调控灵活性的贡献更大，储热罐对运行经济性的贡献更大。

（3）多目标优化分析

基于单目标优化分析，可获得两个优化目标的最小值参考点，在此基础上通过MOEA/D算法求解多目标优化的帕累托最优前沿。图4-15所示为运行经济

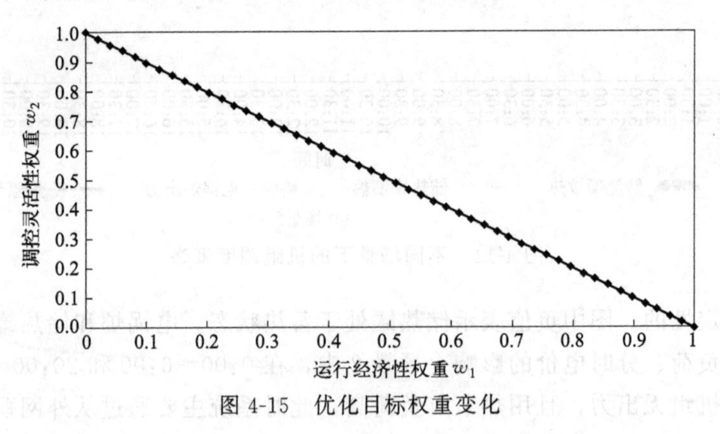

图4-15 优化目标权重变化

性和调控灵活性均匀分布的权重向量。图 4-16 展示了兼顾运行经济性和调控灵活性的 50 个非劣解。解集点 A 到 F 与经济性目标的权重系数在 0～1 的范围内相对应。其中 F 对应单目标优化中的场景 4，A 对应场景 5。C 是在经济性目标与灵活性目标权重相等时，经 TOPSIS 法选取的最优折中解。

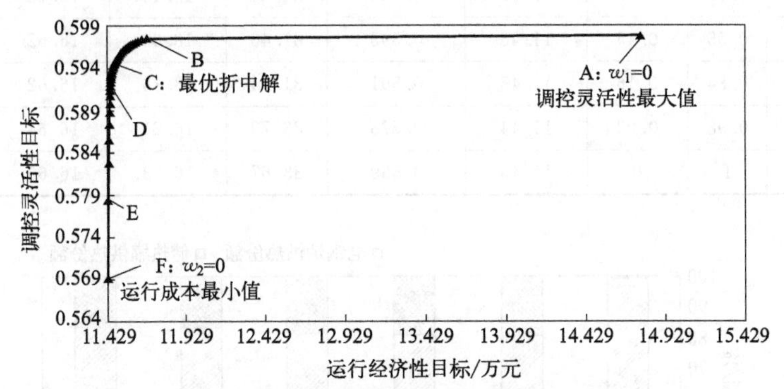

图 4-16　调度策略优化帕累托解集的经济效益与灵活性效益

优化结果表明，运行经济性和调控灵活性是两个矛盾的指标，如果需要提高运行经济性，则需要牺牲一定的调控灵活性；反之调控灵活性增强，意味着机组的灵活性余量越高，对运行成本的要求就越高。同时，注意到调度策略在 FA 的过程中，运行成本和调控灵活性都不断增加。但经济性与灵活性之间的关系曲线斜率随着经济性目标函数值的增大而逐渐减小。由图 4-16 可以发现，在 AB 的转换过程中，调度策略对经济性目标更加敏感，在 DF 的转变过程中，对灵活性目标更敏感。在 FC 的过程中，运行成本仅增加了 0.05 万元，占经济性总变化量的 1.50%，但是灵活度均值提高了 0.026，占灵活度总变化量的 89.66%。说明在系统运行成本较低的情况下，投入更大的热源出力即牺牲一定的运行成本可以获得较大的调控灵活性增益，此时提高系统灵活性的边际成本较低。调度策略 BA 的过程中，灵活度的增量远小于 0.001，但运行成本却增加了 3.08 万元。这说明灵活性较大时，机组出力已接近热源出力允许上限，增加热源出力则只能获得相对较少的灵活性增益，此时提高调控灵活性的边际成本较高。

为了详细分析不同调度策略对运行经济性和调控灵活性的影响，表 4-4、图 4-17、图 4-18 显示了不同调度策略下的机组运行参数。

表 4-4　不同调度策略下的机组运行参数

调度策略	权重		总运行成本/万元	灵活度均值	供热份额/%		运行时间/h	
	w_1	w_2			电锅炉供热	储热罐放热	电锅炉供热	储热罐放热
A	0	1	14.77	0.598	99.67	0.33	23.99	2.50

续表

调度策略	权重		总运行成本/万元	灵活度均值	供热份额/%		运行时间/h	
	w_1	w_2			电锅炉供热	储热罐放热	电锅炉供热	储热罐放热
B	0.02	0.98	11.69	0.598	80.84	19.16	16.72	8.56
C	0.55	0.45	11.48	0.595	81.40	18.60	16.62	8.51
D	0.84	0.16	11.45	0.591	81.64	18.36	16.62	8.61
E	0.98	0.02	11.44	0.578	83.79	16.21	16.61	8.86
F	1	0	11.43	0.569	83.67	16.33	16.60	8.79

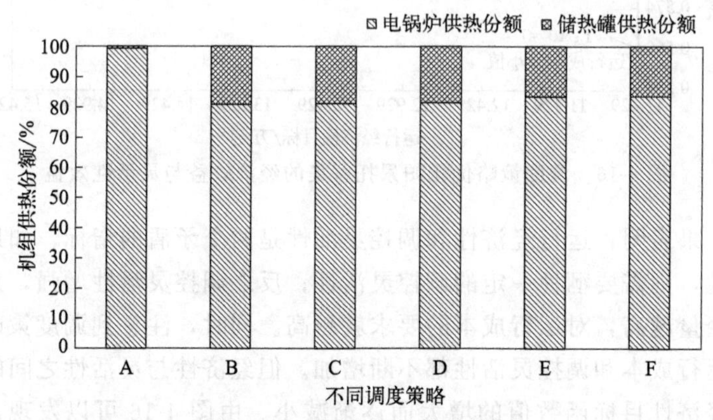

图 4-17 不同机组的供热份额

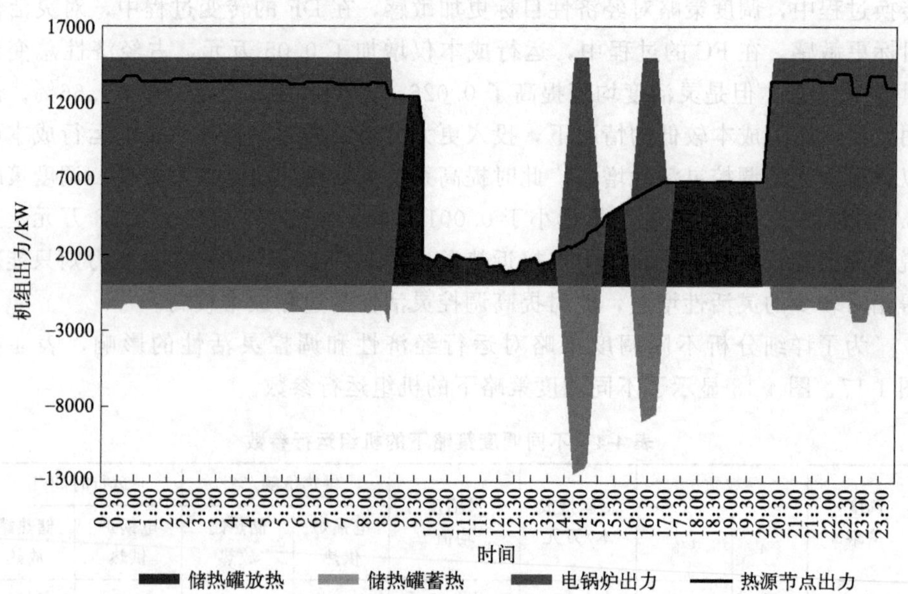

(a) 策略A

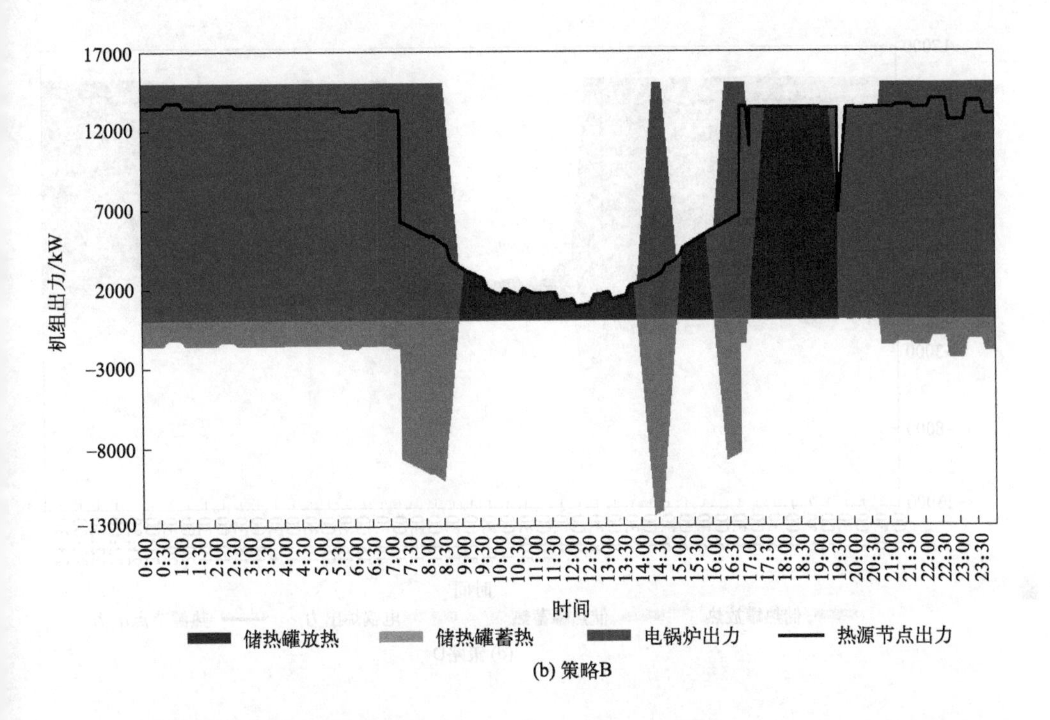

(b) 策略B

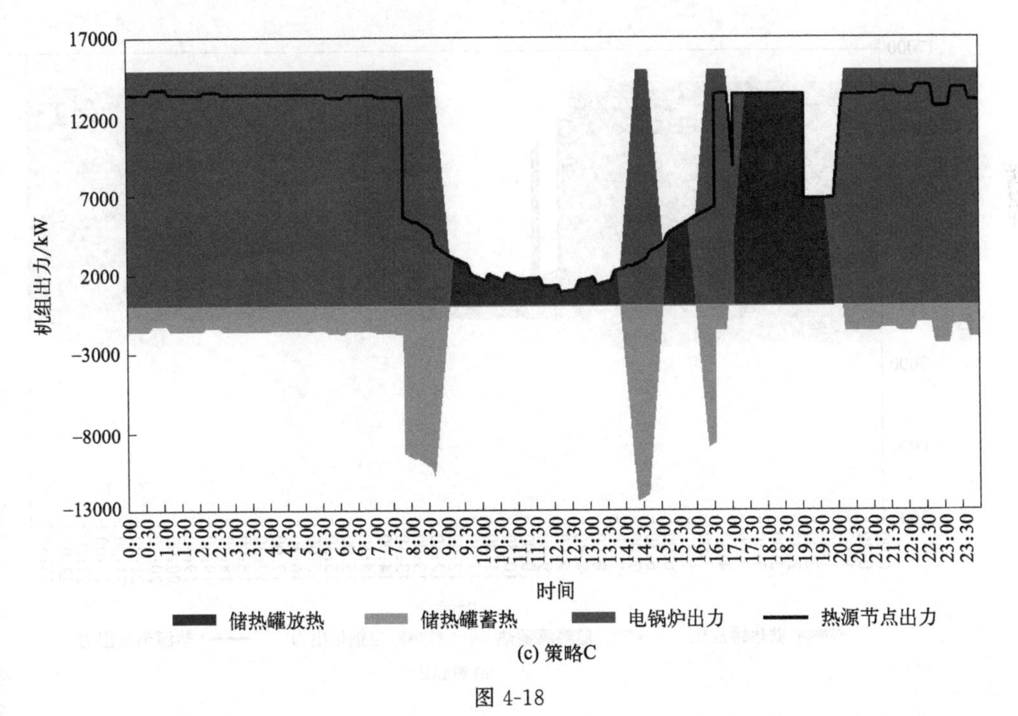

(c) 策略C

图 4-18

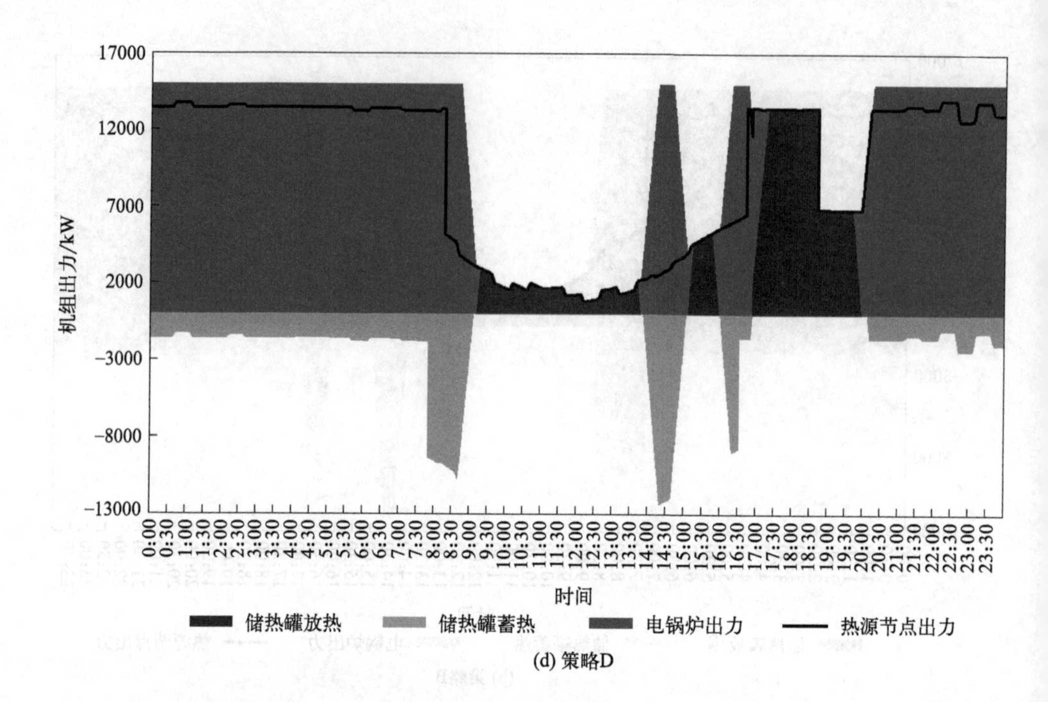
17000
12000
7000
2000
-3000
-8000
-13000
机组出力/kW
0:00
0:30
1:00
1:30
2:00
2:30
3:00
3:30
4:00
4:30
5:00
5:30
6:00
6:30
7:00
7:30
8:00
8:30
9:00
9:30
10:00
10:30
11:00
11:30
12:00
12:30
13:00
13:30
14:00
14:30
15:00
15:30
16:00
16:30
17:00
17:30
18:00
18:30
19:00
19:30
20:00
20:30
21:00
21:30
22:00
22:30
23:00
23:30
时间
储热罐放热
储热罐蓄热
电锅炉出力
热源节点出力
(d) 策略D

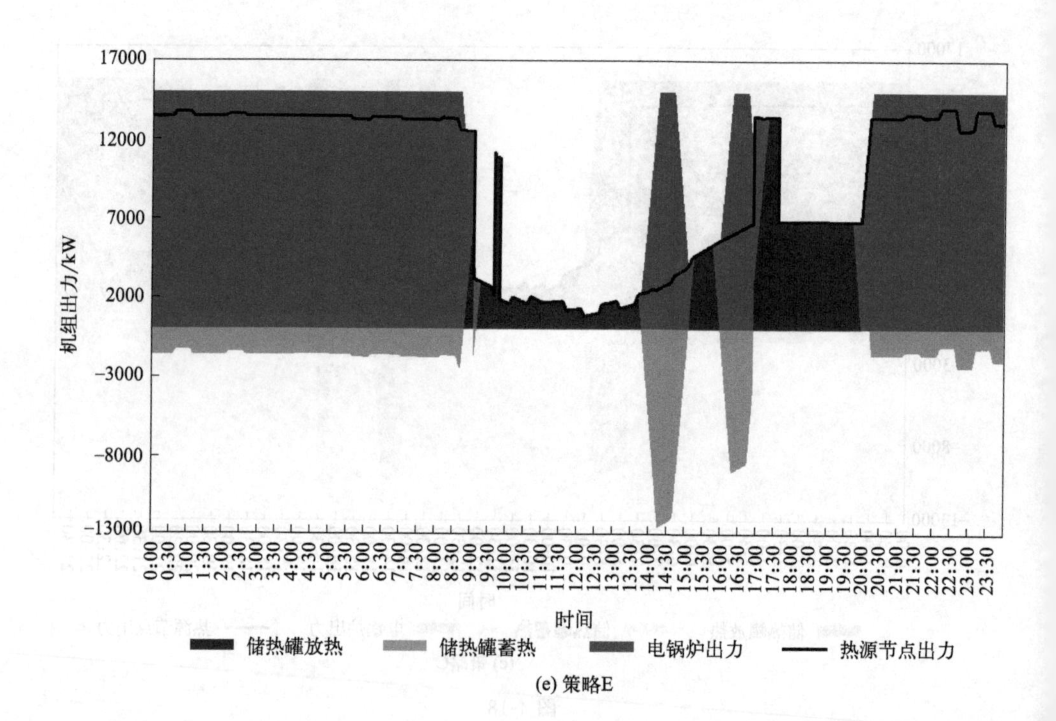
17000
12000
7000
2000
-3000
-8000
-13000
机组出力/kW
0:00
0:30
1:00
1:30
2:00
2:30
3:00
3:30
4:00
4:30
5:00
5:30
6:00
6:30
7:00
7:30
8:00
8:30
9:00
9:30
10:00
10:30
11:00
11:30
12:00
12:30
13:00
13:30
14:00
14:30
15:00
15:30
16:00
16:30
17:00
17:30
18:00
18:30
19:00
19:30
20:00
20:30
21:00
21:30
22:00
22:30
23:00
23:30
时间
储热罐放热
储热罐蓄热
电锅炉出力
热源节点出力
(e) 策略E

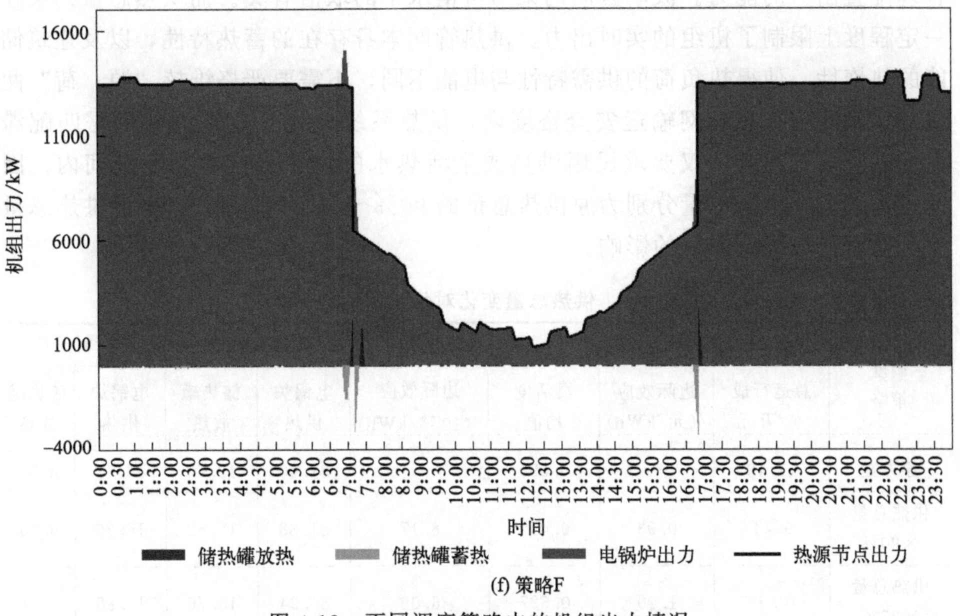

(f) 策略F

图 4-18 不同调度策略中的机组出力情况

当运行经济性的权重从 0 增加到 0.21(AB) 时，电锅炉供热份额由 99.67% 骤降至 80.84%。当运行经济性的权重从 0.21 上升到 1(BF) 时，电锅炉供热份额变化量仅为 2.83%。随着运行经济性的权重逐步增加，调度策略不再牺牲运行成本，即不再在高电价时段尽量接近波动区间上限来提升局部调控灵活性，具体表现为在 16:00～19:30 之间的高出力持续时间越来越短，且该时段内的储热罐供热份额越来越高。经济性的提高主要得益于储热罐供热份额的提升，在电价较高的时段替代了一部分的电锅炉出力。当优化目标从运行成本最低转变为灵活度最大时，不再考虑运行成本，仅仅考虑机组的出力效果来满足“源、荷”两端的实时波动，最直观的表现是电锅炉的运行时间从 16.60h 增加至 23.99h。

与运行成本最低的优化结果 F 相比，最优折中解 C 的整体运行成本仅高出 0.05 万元，但是灵活度均值提升了 0.026；对比灵活度均值最高的优化结果 A，最优折中解 C 的整体运行成本降低了 3.29 万元，但是灵活度均值仅降低了 0.003。由此可见，最优折中解的两个优化目标值都相对较优，能够满足多目标优化需求，保障系统的运行经济性和调控灵活性。

(4) 灵敏度分析

本节案例优化调度决策的约束条件主要包括可控机组允许出力区间约束和避免供热越限的供热总量约束。以上两个约束条件考察的是可控的主动式热源机组在系统动态输运过程中应对“源、荷”双重不确定性的能力，以及在不同时段内合理配置出力的能力。波动区间约束与可信水平的取值有关。而供热总量约束在一定程度上限制了机组的实时出力。供热管网本身存在的蓄热特性，以及建筑储能的热惰性，使得热负荷的供需特性与电能不同，不需要严格维持“源、荷”两端的实时匹配。在管网输运安全裕度内，供热系统允许一定范围的供需匹配滞后。现阶段工程应用仅要求民用供热或生活热水的供热温度在某一区间内。因此，构建全天供热总量分别为原供热总量的90％～110％的场景，分析供热总量变化对所得最优折中解的影响。

表 4-5 供热总量变化对优化目标的影响

调度策略	经济性目标		灵活性目标		供热份额/％		运行时间/h	
	总运行成本/万元	边际效应/(元/kWh)	灵活度均值	边际效应/(10^{-6}/kWh)	电锅炉供热	储热罐放热	电锅炉供热	储热罐放热
原方案	11.48	—	0.595	—	81.40	18.60	16.62	8.51
供热总量×90％	9.41	0.93	0.457	6.17	81.38	18.62	15.26	9.79
供热总量×95％	10.36	1.00	0.527	6.09	80.24	19.76	15.88	9.18
供热总量×105％	12.74	1.13	0.659	5.74	82.98	17.02	17.37	7.92
供热总量×110％	14.11	1.18	0.718	5.52	83.94	16.06	18.13	7.60

由表 4-5 可知，供热总量变化量与总运行成本、灵活度均值的变化量呈正相关。当供热总量分别增加 5％、10％时，总运行成本分别增加 10.98％和 22.91％，灵活度均值分别增加 10.80％和 20.76％；当供热总量分别减少 5％、10％时，总运行成本分别减少 10.80％和 20.76％，灵活度均值分别减少 11.45％和 23.23％。供热总量变化越大，运行成本和灵活度变化越大。当供热总量增加时，电锅炉额定功率与机组实时出力的代数差越来越小，逐渐靠近波动区间上限，整体出力水平提高，所以调控灵活性提高，相应的运行成本增加。

在供热总量变化量由－10％增加到＋10％的过程中，供热总量变化对运行经济性与调控灵活性目标产生的边际效应变化趋势相反。对运行经济性来说，供热总量变化对应的边际效应递增，由 0.93 元/kWh 增加至 1.18 元/kWh。相反，从调控灵活性来说，供热总量变化对应的边际效应递减，由 6.17×10^{-6} 元/kWh 减少至 5.52×10^{-6} 元/kWh。供热总量越大，对调控灵活性提供增益越小。这是因为当供热总量越大时，电锅炉满负荷运行时段越长。受限于电锅炉的额定功率，即使供热总量进一步增加，机组实时出力接近波动区间上限不再增加，则机组单位出力对调控灵活性的增益反而降低。由此可以推断，当波动区间一定时，供热总量变化对调控灵活性的增益与机组额定功率有关。

表 4-6　机组配置对优化目标的影响

调度策略	最优折中解		经济性最优	灵活性最优
	总运行成本/万元	灵活度均值	总运行成本/万元	灵活度均值
原方案	11.48	0.595	11.43	0.598
机组功率×110%	10.63	0.592	10.55	0.598
机组功率×90%	12.95	0.597	12.91	0.598
机组功率×80%	14.79	0.597	14.73	0.598
机组功率×70%	16.64	0.573	16.58	0.574

为了验证前述推论，本节进一步分析了机组额定功率变化对优化目标的影响。表 4-6 列举了机组额定功率分别变为原始功率的 70%、80%、90%、110%时，折中解对应目标值的变化以及单目标最优值的变化。图 4-19 展示了机组额定功率变为原始功率的 70%～110%时，单目标最优值的变化。结合数据可知，机组额定功率越大，运行成本越低。对于调控灵活性来说，当机组额定功率高于原额定功率的 79%，系统的灵活度最大值保持不变，折中解对应的灵活性变化也很小。数据结果表明，机组额定功率与调控灵活性之间存在阈值效应，当机组额定功率增加至临界值后，不再对系统的调控灵活性提供增益。这是因为机组实时出力受限于供热总量约束和波动区间约束，尽管机组额定功率大于波动区间上限，但受限于波动区间约束，机组实时出力小于等于波动区间上限，直观表现为灵活度均值增加至 0.598 然后保持不变。当机组的额定功率小于原额定功率的 79%时，灵活度随额定功率的减小而递减。在此场景下，即使机组满负荷运行，总出力也不能满足波动区间上限，即不能实现调控灵活性最优。从运行经济性角度分析，机组额定功率增加，储热罐能够充分利用电锅炉出力余量降低运行成本。

实际系统中机组的配置规划往往仅考虑用户负荷，这类规划思路在应对可再生能源接入和用户需求变化的双重不确定性时，机组本身难以提供足够的灵活调控能力，而依赖人工经验的大规模系统运行调度策略也难以满足供需两端的实时匹配。因此，有必要在工程应用中预先分析“源、荷”不确定性对应的波动区间，根据机组配置与优化目标之间的匹配关系，量化分析调控灵活性与机组额定功率之间的临界值，选取机组配置。当实际工程需要兼顾经济性和灵活性时，可结合调度决策中优化目标的优先级、供热总量需求以及机组额定功率进行综合评

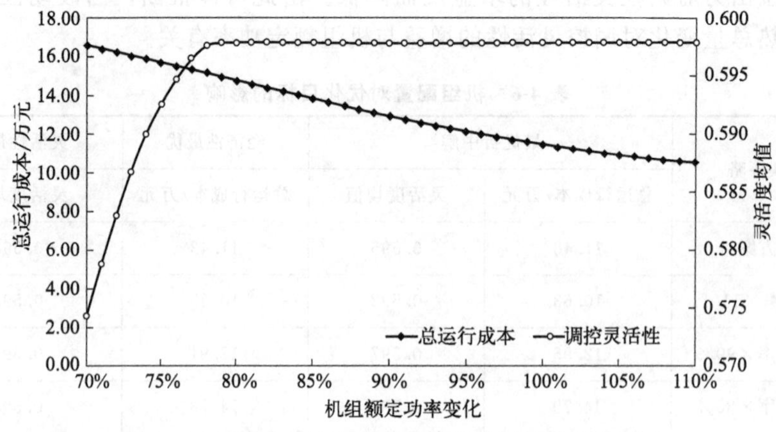

图 4-19　不同机组配置下的经济性目标与灵活性目标

估，选取合适的供热总量约束和机组配置，实现调度优化决策。

4.4 总结

在本章研究中，采用 MOEA/D 算法和 TOPSIS 法解决兼顾运行经济性和调控灵活性的多目标优化调度问题，并选取帕累托最优解，使可控热源机组的调度策略能够很好适应供热系统的动态输运特性以及“源、荷”双重不确定性。本章通过具体的案例分析得到的主要结论如下：

① 储热罐是协调系统经济性与灵活性的关键因素，电锅炉对调控灵活性的贡献更大，储热罐对运行经济性的贡献更大，电锅炉凭借良好的爬坡能力保证调控灵活性，而储热罐则通过削峰填谷平抑分时电价的影响。

② 运行经济性与调控灵活性呈负相关，增强系统的实时调控灵活性则机组出力的灵活余量越大，需要付出更高的运行成本，反之降低运行成本会限制机组的灵活出力进而造成调控灵活性损失。在运行成本较低时，增强调控灵活性的边际成本较低，可以通过较小的运行成本增量换取较大的调控灵活性增量。

③ 对比帕累托最优折中解与单目标优化结果可知，所提出多目标优化方法可获取兼顾运行经济性和调控灵活性的最优折中解，在不显著降低运行经济性的基础上提升调控灵活性。

④ 供热总量约束变化量与运行经济性、调控灵活性的变化量呈正相关。供热总量变化对运行经济性和调控灵活性产生的边际效应呈现相反的变化趋势。机组额定功率越大，总运行成本越低，而调控灵活性增加达到临界值后保持不变。

参考文献

[1] 王超．多热源联合供热系统热源负荷分配及其优化调度研究［D］．北京：北京建筑工程学院，2010.

[2] 胡胜．城市集中供热系统柔性及评价研究［D］．哈尔滨：哈尔滨工业大学，2016.

[3] 王盛．考虑需求侧灵活性的综合能源系统可靠性评估研究［D］．杭州：浙江大学，2021.

[4] 陈磊，徐飞，王晓，等．储热提升风电消纳能力的实施方式及效果分析［J］．中国电机工程学报，2015，35（17）：4284-4290.

[5] 张淑婷，陆海，林小杰，等．考虑储能的工业园区综合能源系统日前优化调度［J］．高电压技术，2021，47（01）：94-103.

[6] Jing Y，Shen X，Sheng T，et al. Wind-CHP generation aggregation with storage capability of district heating network［C］. IEEE Energy Internet & Energy System Integration，2017.

[7] 胡胜，赵华．城市集中供热系统柔性基本理论框架研究［J］．区域供热，2016（06）：5-9.

[8] Zhong W，Chen J，Zhou Y，et al. Network flexibility study of urban centralized heating system：Concept，modeling and evaluation［J］. Energy，2019，177：334-346.

[9] 王晓霞．多热源环状热水管网故障工况及可靠性研究［D］．哈尔滨：哈尔滨工业大学，2004.

[10] 王威．基于可靠性的热网结构及其输送备用能力的研究［D］．哈尔滨：哈尔滨工业大学，2008.

[11] 王芃，邹平华．供热管网连通可靠度研究［J］．哈尔滨工业大学学报，2011，43（8）：94-97.

[12] 曹姗姗．供热管道及管网系统动态可靠性研究［D］．哈尔滨：哈尔滨工业大学，2018.

[13] Zhang B，Qiu R，Liao Q，et al. Design and operation optimization of city-level off-grid hydro-photovoltaic complementary system［J］. Applied Energy，2022：306.

[14] 梁哲，陈晓东，张光春．《光伏组件性能测试和能效评定》IEC 标准介绍［J］．太阳能，2013（02）：28-30.

[15] Zhang Q，Hui L. MOEA/D：A multiobjective evolutionary algorithm based on decomposition［J］. IEEE Transactions on Evolutionary Computation，2008，11（6）：712-731.

[16] Li H，Zhang Q. Multiobjective optimization problems with complicated Pareto sets，MOEA/D and NSGA-II［J］. IEEE Transactions on Evolutionary Computation，2009，13（2）：284-302.

[17] Ren H，Zhou W，Nakagami K，et al. Multi-objective optimization for the operation of distributed energy systems considering economic and environmental aspects［J］. Applied Energy，2010，87（12）：3642-3651.

[18] 袁源．基于分解的多目标进化算法及其应用［D］．北京：清华大学，2015.

[19] 卢锦玲，张津，丁茂生．含风电的电力系统调度经济性评价［J］．电网技术，2016，40（08）：2258-2264.

第 5 章

面向太阳能消纳的供热系统粒度分析方法和优化规划

5.1 国内外零碳供热系统现状

随着太阳能、风能清洁能源研究的日趋成熟，供热系统迎来了新的机遇。利用以太阳能为代表的可再生能源进行辅助供热，有助于推进能源结构转型，构建新型能源系统，从而实现减少化石能源消耗、降低污染物和二氧化碳排放的目的，最终达成北方城镇清洁供暖的目标。2017 年，国家能源局等十部委联合发布了《北方地区冬季清洁取暖规划（2017—2021 年）》，提出了“因地制宜利用各种清洁能源”的供暖原则[1]。2021 年，国家能源局发布了《积极稳妥推进北方地区清洁取暖》，进一步提出了要坚持系统优化、因地制宜，不断巩固清洁取暖成果，具体来说主要有三方面：一是严格按照“宜电则电、宜气则气、宜煤则煤、宜热则热”原则，选择清洁供暖方式；二是大力提升热网效率；三是着力降低农房能耗[2]。从历年关于北方地区清洁取暖的政策和推动能源结构转型的趋势来看，研究供热系统的二级网结构配置不但响应民生和民心工程的要求，也符合国家能源战略的重大战略需求。从规划设计角度出发，如何提高能源利用率和增加可再生能源供暖的比例已经成为制约北方城镇实现供暖清洁高效的主要难题之一。当下我们需要积极探索有利于提升能源利用效率、广泛消纳可再生能源的供热系统结构和配置，从而实现减少碳排放的任务。

在世界范围内，各国都结合当地资源禀赋和实际现状发布了清洁供暖和供热的相关政策要求，鼓舞了大批学者投身供热系统清洁发展领域。按照涉及能源种类的不同研究可以分为供热系统和综合能源系统，而按照研究方向的不同也可以分为规划设计、性能评估和调度优化等。

5.1.1 供热系统优化研究现状

随着碳达峰和碳中和目标的提出以及清洁低碳取暖的稳步推进，得益于新一代信息技术的提高，未来城镇供热系统的结构将得到进一步优化，可再生能源接入比例也将不断提高，在规划设计阶段就充分考虑其综合经济性以及如何规划可以尽可能提升可再生能源的消纳率，最终实现供热系统的能效提升和可再生能源充分消纳，将是供热系统清洁化发展的重要路径。合理的规划设计方案也是供热系统实现清洁、高效和灵活的基础。

优化规划是供热系统研究的一部分，其研究的主要方面之一为优化能源系统中热力站的位置以及容量，最终实现供热系统以及能源系统的配置优化。田野[3]基于目前区域供热系统发展中的供热面积不断扩大、热网复杂度不断提升、管网可靠性有待提高等问题，利用网络分析法建立多热源联合供热系统拓扑模型，并对供热系统的数学模型进行说明，最后给出了多热源联合供热系统优化联络数学模型的计算流程。王海[4]等针对新一代区域供热网络可能面临的拓扑结构不对称的问题，提出了一种改进的三维拓扑结构仿真方法，该方法无须基于图论搜索基本回路，且可以在三维非规则拓扑结构上直接对热网进行水力和热力工况分析，最后通过仿真实例证明了所提方法的有效性。Röder[5]等为了研究分布式蓄热系统对于区域供热系统管道系统的影响，提出了一个新的开源优化框架，该框架是基于高空间分辨率的混合整数线性规划模型来对区域供暖系统的管网进行设计，通过算例研究证明了该方法的有效性，结果显示在平均蓄热体积为 $1m^3$ 的情况下，区域供热网络的热损失降低约10.2%，总成本降低约13.4%。Moallemi[6]等提出了非均匀温度集中供热系统的概念并对其进行了分析，该系统采用分布式蓄热单元，在高温模式下进行蓄热，整体的供应模式采暖为低温模式而生活热水为高温模式，进一步在模型的基础上给出了系统的详细热力学模型，最后通过算例研究说明了该种供热方式系统的热损失大大降低。Sun[7]等针对地热供暖面临的长距离传输问题，提出了一种基于分布式电压缩热泵和集中式吸收换热器的新型中低温地热热水分布式系统，案例研究结果表明该系统与传统的中低温地热热水集中供热系统相比性能和供热经济性均大幅度提高。Wirtz[8]等对区域供热系统进行了前瞻性的研究，提出了第五代区域供热系统的概念，建立了该分布式能源系统的设计方法并用于对双向低温网络进行设计和评价，通过数学模型确定了建筑物和连接双向低温网络的能源枢纽中所有能源转换单元的最佳规模，同时最小化年度总成本，最后对建筑节能系统的上部结构包括热泵、压缩式冷水机组、直接制冷换热器、冷却塔和热储能等进行优化。He[9]等针对北方地区供热清洁化的问题，提出了可广泛应用于可再生能源的新型滤波器并对其进行平滑性评价，采用新的积分权重法和基于比值分析的可扩展多目标优化方法，最终将该方法应用于实际案例，为城镇和农村供暖的可再生能源技术提供了开发和应用建议。Fu[10]等介绍了一种适用于城市规模大、废热源丰富、供热密度高和供热网络庞大的供热模式，该模式的特征是回水温度低、主要热源为低品位的废热、温差大、传热距离长。该供热模式解决了与热泵和蓄热的热功率解耦问题，同时与燃煤锅炉相比可以减少80%的热损耗和碳排放。Chi[11]等运用数字网络化建模方法，建立了以色块网络为特征的面向中国的不同尺度住宅建筑全天候冷热负荷预测多层次数学模型，该多层次数学模型基于气温与住宅建筑热负荷强度之间的定量关系。卢刚[12]等在供热系统的动态建模方面进行了研究，建立了描述热力站中板式换热器和二次网动态特性的状态空间模型，又对状态空间模型进行离散化，从而得到离散时间的系统模型结构，进一步基于该数学模型结合系统的历史运行数据提出一种基于最小二乘算法的参数辨识方法，最终获得供热系统的精确数学模型。Saleh[13]等针对非住宅建筑在设定改造方案方面由于空间和时间复杂性巨大的问题，提出了一种基于机器学习的非住宅建筑能耗预测模型，进而为能源性能评估提供帮助，以协助非住宅建筑能源改造规划的多目标优化。Liu[14]等为了评估区域供热系统的热力站运行是否有效，用Energy-Star方法拟合Γ曲线建立百分系统，以170个北京热力站能源消耗的实际数据为对象，通过样本选择、影响因素选择、回归分析、数据验证、模型对比等流程，最终建立热消耗基准模型。

随着信息技术的发展和可再生能源的成熟，供热系统研究另外一个主要方向是不同能源之间的耦合以及针对不同级别系统的优化。Nikolic[15]等以住宅楼屋顶装有光伏和太阳能集热器的电供暖、区域集中供暖和燃气锅炉集中供暖三种不同的供暖系统为研究对象，在EnergyPlus软件中对建筑物进行模型设计，并通过Genopt进行软件的执行控制，最终对屋顶上光伏阵列和太阳能集热器的最佳面积进行优化。Yang[16]等为了更好地利用分布式热能资源，通过建模仿真研究了系统集成对社区级太阳能区域供暖系统整体性能的影响，案例性能分析结果表明，与未集成的太阳能区域供暖相比，集成的带有储热系统的太阳能区域供暖系统的整体效率更高、区域供暖网络的热损失更低、一次能源消耗和温室气体排放也更少。孙毅[17]等针对目前清洁供热推进过程中缺乏热、电负荷与多能流源端互动调节的问题进行了综述，通过对清洁供热模式发展瓶颈及其能效瓶颈的分析，提出了多能异构负荷的概念、特征以及调控需求并进一步构建了清洁供热模式下的多能异构负荷调控技术体系，针对集中式、分布式清洁供热部署的特点，设计了面向电网多场景调节的多能异构负荷调控框架和实施过程，进而明晰其技术难点和关键，最终从工程案例的设计出发，探讨了多能异构负荷调控技术的应用过程和预期效果，分析了其与智慧能源综合服务场景深度融合的前景展望。Ławry[18]等为降低采暖系统的能耗，建立了电加热箔的地板采暖系统机理模型来确定建筑内部的空气温度，该模型考虑了两种控制系统结构并对其进行了案例验证，结果表明基于设定值优化器的模型预测控制可显著降低系统能耗。Wirtz[19]等提出了一个混合整数线性规划方法来对第五代区域供热供冷模型中的网络温度进行短期优化，案例研究结果显示，与基准运行策略相比成本显著节约。Du[20]等针对建筑热动力学模型的复杂性以及人员驱动热负荷和天气预报的不确定性所造成的住宅暖通空调控制优化困难方面的问题，应用基于深度学习的确定性策略梯度方法，生成一个多小区住宅暖通空调系统的最优控制策略，以最小化能耗成本为目标，同时保持用户的舒适度。Harney[21]等运用EnergyPlus建立符合最新建筑能源标准的街区，通过Matlab建立二级网的花费模型，最终确定最优花费的二级网网络。陈长明[22]针对室外温度和调节策略对室内温度的动态特性进行仿真研究，通过对供热系统中各个部分分别建立数学描述模型，用Modelica分析供热过程的热动态特性，模拟不同工况下各个管段的流量变化，最终以热网的模拟计算流量指导换热站二级网水力平衡调节。陈嘉映[23]创新性地提出了区域供热系统灵活性的概念及量化方法，从规划设计以及运行调控两个阶段展开研究，为区域供热系统的灵活运行提供了理论和技术上的指导。

5.1.2 含供热综合能源系统优化研究现状

碳达峰与碳中和目标的实现需要从多方面、多角度出发进行研究，综合能源系统的规划设计和运行调节过程的评估是其中重要一环。信息技术的进步和可再生能源的发展为系统的优化和分析方法打下理论基础的同时也对研究者提出了更高的要求。因此，从现实条件出发研究综合能源系统的优化目标是使综合能源系统实现高效、低排放的重要前提和保证。供热系统作为综合能源系统的子集，其优化规划及调控过程方法与综合能源系统中的研究方法相类似。

在综合能源系统规划和优化方面，大量的学者针对不同的模型运用不同的优化方法进行了不同层次、不同方面和不同指标的优化。Eugenia[24]等针对小型分布式供热和电力系统进行优化设计，在设计中考虑了多种技术并对供热管网进行优化设计以实现不同节点之间的热交换，以最小化的成本包括系统的年度总投资成本和年度运营成本为目标函数，最终通过案例验证了除通常的能量平衡和机组运行约束外，模型中还必须包含额外的方程，以保证所生产的供热管道设计的正确性。Huang[25]等针对在城市能源系统的低碳转型过程中，由于模型和方法的粒度不一致，不同部门的协同规划在建模复杂性、优化精度和计算成本方面面临的挑战，提出了一种城市能源系统供需侧跨部门协同规划的层次耦合优化方法。该方法将基于状态空间法的不同需求侧节能改造的热负荷模拟与整个能源系统的混合整数线性规划相结合，最终在保持需求侧动态特性的同时对时变多维过程进行降阶描述，解决了仿真和优化中的精度和尺度差的问题。案例研究表明，最优的需求侧策略可以实现48.20%的建筑节能，而优化的供应端技术实现了36.77%的全年碳减排。这种层次耦合优化方法有助于设计有效的跨部门协同解决方案，实现整个系统的经济效益和环境可持续性的合理权衡。Wang[26]等针对具有足够空间分辨率的大规模城市“能源-水”协同建模和优化的复杂挑战，提出通过一种基于密度的灵活聚类方法，并结合指数评估过程，将大规模问题划分为具有较高空间分辨率和精度的小问题。该方法不仅考虑了系统的空间维度，而且考虑了不同需求剖面的互补效应，控制了系统设计和优化的计算时间。该方法通过提供比传统方法更多的聚类选项来增加聚类的灵活性，利用互补效应进一步提高系统的经济性能，并将求解时间控制在可接受的范围内。通过对案例的研究，用该方法得到的最终最优解与传统聚类方法相比可降低约6.74%的成本。在一定的时空分辨率下，随着建模规模的扩大，模型复杂度将迅速增加。需求的不确定性使问题更加复杂。因此，要对大规模城市能源系统进行建模，必须考虑建模分辨率和计算成本之间的权衡。Jing[27]等针对在一定的时空分辨率下，随着建模尺度的扩大，模型复杂度会迅速增加，同时需求的不确定性也增大这一问题，引入了一种基于层次聚类的方法，通过层次聚类技术将区域级问题分解为邻域级子问题，而将优化问题描述为一个混合整数规划模型，最后通过算例证明了所提方法的有效性。孔凡淇[28]针对可再生能源接入的综合能源系统的互补效应方面缺乏有效量化评估的问题，提出了典型日的动态选取方法以及基于净负荷波动的综合能源互补效益量化指标，并将其运用于实际规划过程，算例研究表明所提方法的计算误差显著降低，同时也证明了互补效应与运行阶段削峰填谷能力之间的关系。Wang[29]等针对风力发电的波动性对热电联产网络的经济和安全运行方面所构成的问题，提出了一种基于相关性和长短期记忆预测模型的分布式电蓄热优化调度框架，建立了分布式电蓄热预测模型，通过与天气、分时电价等外部因素的自相关和相关性分析，对其行为特征进行建模，然后通过聚类和分类的约束约简技术，建立并求解热电联产网络的优化调度模型。案例研究仿真结果表明，与目前最先进的支持向量机和递归神经网络技术相比，所提出的方法误差更小、调度分布式电蓄热的调峰风电削减量更少。卫志农[30]等在电-热互联综合能源系统非线性潮流方程的线性化处理方面，通过建立结合电-热耦合单元模型，提出一种基于数据驱动的电-热互联综合能源系统潮流线性化模型，通过数据模型与物理机理模型的融合克服了传统物理机理模型在数值稳定性方面的问题。Paul[31]等针对建筑改造时现场审核建筑特征所存在的便捷性差的问题，运用数据驱动方法，通过智能电表的数据集中识别建筑物特征进而按形状产生和聚集上百个建筑的能源特征，最终对建筑进行大规模、高质量的分析和改造。Wen[32]等针对多能源、多层次能源站联合供能的集中供热系统存在的多主体博弈问题，提出了独立和协作两种优化模型来提高能源系统的效率，案例研究结果表明在不影响各运营商利润的情况下，协作优化后的联合供能系统一次能耗可以降低约 5.2%。

5.2　基于互补结构配置的供热系统规划典型日动态选取方法

供热系统规划是一个多维、多变量且复杂的建模和求解过程，同时也是供热系统的核心问题之一。太阳能的引入使供热系统在能源的清洁利用和减少碳排放方面具有优势，但也提高了供热系统规划的难度。为了充分考虑供热系统的规划阶段和运行阶段的模型求解差异，两阶段优化模型成为供热系统中较为常用的规划模型，该模型的一般步骤为：首先选取运行阶段的典型日，其次确定供热系统中各类设备的容量，再次将选定容量作为约束条件开展运行优化，最后不断迭代更新规划方案达到最优。通过对供热系统规划优化问题和运行优化问题的交互优化，两阶段优化规划方法可以有效保证供热系统的合理建设和安全运行。

本节首先针对供热系统规划中的典型日选取问题，提出了一种基于小波变换降维的典型日选取方法，旨在对典型日特征进行降维，在最大限度保留典型日特征的基础上减少典型日选取的计算时间。然后，针对传统的供热系统典型日选取方法进行了改进，提出了基于互补结构配置的供热系统规划典型日动态选取方法。进而，将典型日选取过程整合到两阶段规划过程，提出了一种基于互补结构配置动态选取典型日的两阶段优化规划方法。最后，本节通过计算分析证明所提出的方法相比于传统的典型日静态选取方法具有更高的规划准确性，能更有效地指导供热系统的规划建设。

5.2.1 基于互补结构配置的典型日动态选取方法

5.2.1.1 基于小波变换的典型日选取方法

典型日的选取是开展供热系统规划的数据基础，使用合理的典型日选取方法不仅可以减少规划问题的计算复杂度，还可以保留尽可能多的有效信息，减小以典型日代表所有自然日而带来的计算误差。在当前的典型日选取方法中，聚类法通过对数据进行分类并计算类质心，可以得到具有一定代表性的典型日集合，而且可以保留数据的时序信息。因此，聚类法在典型日选取方面有成熟的应用，且其有效性也得到了大量的验证。

典型日聚类通常采用电负荷、热负荷、冷负荷、太阳辐射强度和风速等系统边界数据作为输入构成每个自然日的特征向量，通常情况下每类数据的采样间隔时间为1h，若以原始序列的数值或标幺值直接构造特征向量，每个特征向量的维度为$n \times 24$维，其中n为数据类型的数量。当计算量较大时，高维度的特征向量会严重影响计算速度，因此需要对原始数据进行降维处理，在保留数据信号特征的同时减小数据的维度，常用的方法主要有主成分分析法、小波变换等。本节采用离散小波变换对原始数据序列进行降维处理，通过Haar小波对特征向量进行特征提取和降维重构，以尺度分量和细节分量对原始序列的贡献值组合来表示自然日的特征[33]，其中尺度分量可以描述序列的整体信息，而细节分量则能有效表征细节信息。

在进行小波变换之前，需要对每类数据的原始序列$\boldsymbol{z}_r$进行一次上采样，获得$2^n(n \in N*)$个采样点的序列$\boldsymbol{z}_u$，然后对$\boldsymbol{z}_u$进行n层的小波分解后可得到各个子空间上的尺度分量和细节分量，如式(5-1)所示。

$$\boldsymbol{z}_u \rightarrow \boldsymbol{z}_d = (c_0, \boldsymbol{d}_0, \boldsymbol{d}_1, \cdots, \boldsymbol{d}_i, \cdots, \boldsymbol{d}_{n-1}) \tag{5-1}$$

式中，c_0为原始序列分解后获得的尺度分量值；$\boldsymbol{z}_d$为分解后的特征向量；

$\boldsymbol{d}_i$ 为分解后获得的第 i 层细节分量向量。

通过尺度分量和细节分量，原始序列在各个子空间和时间粒度上的函数属性得以有效保留，并能通过逆小波变换还原为原始序列。而各层子空间上的小波系数的大小则描述了原始序列在不同尺度上的能量值大小，而各个尺度上的能量值加和则可近似表示为原始序列的能量值大小，如式(5-2) 所示。

$$\xi_{z_u} \approx \|\boldsymbol{z}_d\|^2 = c_0^2 + \sum_{j=0}^{J-1} \|\boldsymbol{d}_j\|^2 \tag{5-2}$$

式中，ξ_{z_u} 为原始序列的能量值，取约等于是因为在第 J 层的尺度空间里小波变换依然无法保留这部分细节信息。

通过上述分析可知，在母小波和父小波既定的情况下，可以通过计算尺度分量和细节分量对原始序列能量的绝对贡献值，构成每类数据的自然日特征向量，如下式所示。

$$\boldsymbol{f} = (c_0^2, f_0, f_1, \cdots, f_i, \cdots, f_{n-1}) \tag{5-3}$$

$$f_i = \|\boldsymbol{d}_i\|^2 \tag{5-4}$$

式中，$\boldsymbol{f}$ 为不同数据类型的自然日特征向量。通过上述特征提取及处理后，原始序列维度至少可以从 $2n$ 维降低至 $n+1$ 维。

在进行数据降维后，特征数量大幅度减少，为后续的典型日聚类提供了快速计算的基础。聚类在能源系统典型日选取中具有广泛应用，其核心思想是把 n 个自然日划分为 K 个簇，使簇内尽量紧凑，而簇间尽量分散，并以簇的质心作为典型日代表所有簇内的自然日，一般采用均方差作为目标函数[34]，如式(5-5) 所示。

$$\text{obj}_{\text{kmeans}} = \min\left(\sum_{k=1}^{K} \sum_{p \in \mu_k} \|p - m_k\|^2\right) \tag{5-5}$$

式中，K 为簇的数量；p 为自然日对象空间中的一点；m_k 为簇 μ_k 的质心。其中簇的数量 K 是需要指定的参数，可以采用肘部法则[35]或 Gap Statistic 方法[36]决定 K 值。其中肘部法主要通过观察聚类目标函数值得到极大改善的聚类簇数来选定 K 值，适合小规模场景的聚类分析；而 Gap Statistic 方法引入了可量化的参考测度指标，适用于批量化作业。Gap Statistic 方法通过最大 Gap 值对应的聚类簇数估计肘部出现的位置，在这种估计方法下，K 值一般出现在 Gap 值的局部最大或全局最大的位置处，对 Gap 值的定义如式所示。

$$\text{Gap}_n(k) = E_n^*[\lg(W_k)] - \lg(W_k) \tag{5-6}$$

式中，$E_n^*[\lg(W_k)]$为 $\lg(W_k)$ 的期望，一般使用蒙特卡诺模拟均匀地生成和原始样本数量一样多的随机样本来计算期望值；n 为样本的数量；k 为进行 Gap 值评估的聚类簇数；W_k 为聚类效果的离散测度，可以表示为式(5-7)。

$$W_k=\sum_{r=1}^{k}\frac{1}{2n_r}D_r \tag{5-7}$$

式中，n_r 为聚类簇内的对象数量；D_r 为聚类簇中对象两两之间的欧氏距离之和。

选择最佳聚类数量的方法是评估每个聚类数量下的 Gap 值并找到满足式(5-8) 所示条件的聚类簇数量的最小值，即为最佳聚类簇数量。

$$\mathrm{Gap}(k)\geqslant \mathrm{Gap}(k+1)-\mathrm{SE}(k+1) \tag{5-8}$$

式中，SE(k+1) 为聚类簇数为 k+1 的情况下聚类结果的标准误差。

5.2.1.2 基于互补结构配置的典型日动态选取方法

为了保证每类数据在聚类过程中都不受自身量纲的影响，当前研究中通常对每类数据的自然日特征向量进行归一化处理，得到自然日初始特征矩阵，如式(5-9) 所示。

$$\boldsymbol{F}_r=\begin{bmatrix}\boldsymbol{f}_1^1 & \cdots & \boldsymbol{f}_i^1 & \cdots & \boldsymbol{f}_{365}^1\\ \cdots & \cdots & \cdots & \cdots & \cdots\\ \boldsymbol{f}_1^n & \cdots & \boldsymbol{f}_i^n & \cdots & \boldsymbol{f}_{365}^n\\ \cdots & \cdots & \cdots & \cdots & \cdots\\ \boldsymbol{f}_1^N & \cdots & \boldsymbol{f}_i^N & \cdots & \boldsymbol{f}_{365}^N\end{bmatrix},\max(\boldsymbol{f}_i^n)\in[0,1] \tag{5-9}$$

式中，$\boldsymbol{F}_r$ 为自然日初始特征矩阵；$\boldsymbol{f}_i^n$ 为第 i 个自然日的数据类型 n 的归一化特征列向量，该向量中元素的最大值为 1，最小值为 0。

然而，采用如式(5-9) 所示的归一化方式时，未考虑特征成分对于系统互补结构配置的重要程度。因此，本节提出了一种基于互补结构配置的供热系统规划典型日动态选取方法，通过某一规划方法生成供热系统互补结构配置，根据不同机组的额定功率值，对式中归一化后的自然日初始特征矩阵中的不同维度特征进行动态加权，以体现特征成分在具体系统互补结构配置中的重要程度。当某一机组的额定功率越大时，典型日选取过程中应更多地考虑该机组对应的特征，因而给对应特征赋予的权值应该更大，如式(5-10) 所示。

$$\boldsymbol{F}=\begin{bmatrix}\sum\limits_{j\in J_1}\mathrm{Pec}_j\cdot\boldsymbol{f}_1^1 & \cdots & \sum\limits_{j\in J_1}\mathrm{Pec}_j\cdot\boldsymbol{f}_i^1 & \cdots & \sum\limits_{j\in J_1}\mathrm{Pec}_j\cdot\boldsymbol{f}_{365}^1\\ \cdots & \cdots & \cdots & \cdots & \cdots\\ \sum\limits_{j\in J_n}\mathrm{Pec}_j\cdot\boldsymbol{f}_1^n & \cdots & \sum\limits_{j\in J_n}\mathrm{Pec}_j\cdot\boldsymbol{f}_i^n & \cdots & \sum\limits_{j\in J_n}\mathrm{Pec}_j\cdot\boldsymbol{f}_{365}^n\\ \cdots & \cdots & \cdots & \cdots & \cdots\\ \sum\limits_{j\in J_N}\mathrm{Pec}_j\cdot\boldsymbol{f}_1^N & \cdots & \sum\limits_{j\in J_N}\mathrm{Pec}_j\cdot\boldsymbol{f}_i^N & \cdots & \sum\limits_{j\in J_N}\mathrm{Pec}_j\cdot\boldsymbol{f}_{365}^N\end{bmatrix} \tag{5-10}$$

式中，$\boldsymbol{F}$ 为自然日动态加权特征矩阵；Pec_j 为机组 j 对特征的贡献值，通常以机组 j 的额定功率表示；J_n 为特征向量 n 对应的机组符号集合。例如，当 f^n 为太阳辐射强度特征向量时，对应的 J_n 包括光伏机组、光热机组等能将太阳能转换为系统可用能源的设备，该特征的权重可用 J_n 内各类设备的额定功率累计值表示；而当 f^n 为电负荷时，J_n 为所有供电设备（包括外购电）的集合，结合供热系统满足区域负荷的特点，该特征的权重可用电负荷的最大值表示。

结合基于小波变换的典型日选取方法，本节所提出的基于互补结构配置的典型日动态选取方法框架如图 5-1 所示，其基本步骤为：

① 通过小波变换对原始数据序列进行特征提取和降维重构，实现数据降维；

② 进行尺度分量和细节分量的贡献值计算，构成原始数据序列的自然日特征向量；

③ 将各个维度的自然日特征向量进行组合，并进行归一化处理，得到自然日初始特征矩阵；

④ 根据规划方案确定的系统互补结构配置对不同维度的特征进行加权，获得自然日动态加权特征矩阵；

⑤ 通过肘部法则或 Gap Statistic 方法选择最佳聚类簇数；

⑥ 执行聚类算法，迭代直至目标函数达到最小值，获得典型日集合。

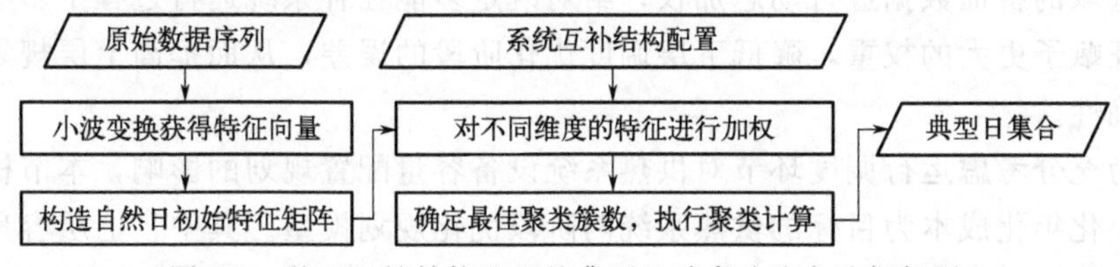

图 5-1　基于互补结构配置的典型日动态选取方法框架图

典型日的动态选取过程根据规划方法给出的规划方案进行调整，确保典型日集合满足系统既定的多能互补结构，适用于供热系统两阶段优化规划方法。本节所提出的基于互补结构配置的典型日动态选取方法使得规划方案中占比更大的机组所对应的特征能够获得更高的聚类精度，提高相应机组在运行调度阶段的计算精度。虽然这会牺牲某些特征的计算准确性，但由于这部分特征对于后续计算的影响较小，因此从整体上看，本节所提出的基于互补结构配置的典型日动态选取方法有利于降低供热系统两阶段规划的计算误差。

5.2.1.3　典型日选取效果评估指标

为了比较典型日选取效果的好坏，本节定义总量偏差和分布偏差两个指标进行评估。两类偏差指标越小，说明典型日选取效果越好，如下式所示。

$$\Delta \mathrm{tot}=\frac{\left|\sum_{d\in D}\omega_d\cdot S_d-S_{\mathrm{a}}\right|}{S_a}\times 100\% \tag{5-11}$$

$$\Delta \mathrm{dis}=\frac{1}{24}\sum_{t=1}^{24}\frac{\left|\sum_{d\in D}\omega_d\cdot S_{d,t}^{\mathrm{typ}}-\sum_{d\in D_0}S_{d,t}^{\mathrm{ori}}\right|}{\sum_{d\in D_0}S_{d,t}^{\mathrm{ori}}}\times 100\% \tag{5-12}$$

式中，Δtot 为典型日集合的总量偏差，%；D 为典型日集合；ω_d 和 S_d 为典型日 d 代表的天数和该典型日的全天聚类数据（电负荷、热负荷、冷负荷、太阳辐射强度或风速）的加和总量；S_{a} 为全年聚类数据的加和总量；Δdis 为典型日集合的分布偏差，%；D_0 为所有自然日的集合；$S_{d,t}^{\mathrm{typ}}$ 为典型日 d 在 t 时刻的聚类数据值；$S_{d,t}^{\mathrm{ori}}$ 为自然日 d 在 t 时刻的聚类数据值。

5.2.2 基于互补结构配置动态选取典型日的两阶段优化规划流程

为验证所提出的基于互补结构配置的典型日动态选取方法，本节进行了基于互补结构配置动态选取典型日的两阶段优化规划研究，通过上层模型给出的容量配置方案，充分考虑系统互补结构配置对典型日不同维度的数据精度要求，对典型日选取的特征数据进行动态加权，给对既定多能互补系统运行过程中影响更大的特征赋予更大的权重，降低下层调度优化阶段的误差，从而提高上层规划设计的准确性。

为充分考虑运行调度环节对供热系统设备容量配置规划的影响，本节构建了以最小化年化成本为目标的供热系统两阶段优化规划模型。其中，上层容量规划模型针对各类能源生产机组的额定功率和容量进行最小化年化成本的优化配置，并将配置参数传递给下层模型作为其决策变量；下层运行调度模型以建立的能源集线器模型作为基础，考虑典型日内供热系统的小时级运行调度问题，以最小化运行成本为目标构建运行优化模型，并将优化结果返回给上层模型构成其目标函数中的运行成本项。通过上层容量规划模型和下层运行优化模型的迭代优化，可以得出供热系统生命周期内经济性最优的规划方案。

在两阶段优化规划模型中，上层容量规划模型采用综合成本法[37]反映供热系统设备容量配置的经济性。综合考虑供热系统的初始投资成本、运行成本和维护成本，该模型的目标函数如下式所示。

$$\mathrm{Obj}_{\mathrm{upper}}=\min(\mathrm{IC}+\mathrm{OC}+\mathrm{MC}) \tag{5-13}$$

式中，$\mathrm{Obj}_{\mathrm{upper}}$ 为上层容量规划模型的目标函数值，元/年；IC、OC、MC 分别为供热系统的年化投资成本、年运行成本和年维护成本，元/年。其中，年化投资成本包括各类设备的初始投资成本等年值，如下式所示。

$$\mathrm{IC}=\sum_{i \in Eq} Co_i \cdot Pe_i \cdot \frac{\mathrm{IR}(1+\mathrm{IR})^{l_i}}{(1+\mathrm{IR})^{l_i}-1} \tag{5-14}$$

式中，Co_i 和 Pe_i 分别表示机组 i 的初始投资单价（元/kW）和额定功率（kW）；IR 为折现率,%；l_i 为机组 i 的使用寿命，年；Eq 为各类机组的符号集合。

机组的维护成本可按照一定的比例折算为初始投资成本，因此年维护成本可表示为

$$\mathrm{MC}=\sum_{i \in E} \zeta_i \cdot Co_i \cdot Pe_i \cdot \frac{\mathrm{IR}(1+\mathrm{IR})^{l_i}}{(1+\mathrm{IR})^{l_i}-1} \tag{5-15}$$

式中，ζ_i 为机组 i 的维护系数。

目标函数（5-13）中的年运行成本由下层运行调度模型给出经过运行优化后的具体数值，由外购能源成本和向外售出能源收益两部分组成。同时，上层模型在进行规划时应满足给定的额定功率上下限约束条件，如下式所示。

$$Pe_i^{\mathrm{L}} \leqslant Pe_i \leqslant Pe_i^{\mathrm{U}} \tag{5-16}$$

式中，Pe_i^{L} 和 Pe_i^{U} 分别为机组 i 的额定功率下限和上限，kW。

另一方面，下层运行调度模型以能源集线器模型为约束条件，开展供热系统的小时级运行优化，考察系统在选取的典型日下的经济性表现，其目标函数包括向外部能源网络购买能源的成本和向外部能源网络出售能源的补贴，如下所示。

$$\mathrm{Obj}_{\mathrm{lower}}=\min\left[\sum_{t=1}^{T}\sum_{i \in En} Co_i^{\mathrm{buy}}(t) \cdot P_i^{\mathrm{buy}}(t) \cdot \Delta t-\sum_{t=1}^{T}\sum_{i \in En} Co_i^{\mathrm{sell}}(t) \cdot P_i^{\mathrm{sell}}(t) \cdot \Delta t\right] \tag{5-17}$$

式中，$\mathrm{Obj}_{\mathrm{lower}}$ 为下层模型的目标函数值，经过优化得出的目标函数值将返回给上层模型作为其年运行成本项；Co_i^{buy} 和 P_i^{buy} 分别为向外部能源网络购买能源类型 i 的价格（元/kWh）和功率（kW）；Co_i^{sell} 和 P_i^{sell} 分别为向外部能源网络出售能源类型 i 的价格（元/kWh）和功率（kW）；En 为不同类型能源载体的符号集合；Δt 为运行调度的时间步长。

本节开展的基于互补结构配置动态选取典型日的两阶段优化规划流程框架如图 5-2 所示，其基本步骤为：

① 通过小波变换对自然日特征数据进行分解，提取时频特征并构建自然日初始特征矩阵；

② 设置上层容量配置模型参数，并初始化种群；

③ 根据种群个体的容量配置信息对步骤 1 得到的自然日初始特征矩阵进行加权，执行聚类得到针对个体的典型日集合；

④ 在种群个体容量配置信息和典型日集合的基础上开展下层运行调度优化，

得到最优运行方案下的年运行成本值；

⑤ 根据种群个体的容量配置方案计算年化投资成本和年维护成本，结合下层模型得出的年运行成本值，计算上层模型种群个体的适应度；

⑥ 记录种群中的最优个体，并将其他个体筛选出来执行交叉和变异操作；

⑦ 将最优个体插入到经过交叉和变异操作后的个体中，得到新一代种群；

⑧ 判断是否达到最大进化代数或是否陷入了进化停滞，若是则结束流程并输出规划结果，否则将新一代种群传入到步骤 3 继续执行流程。

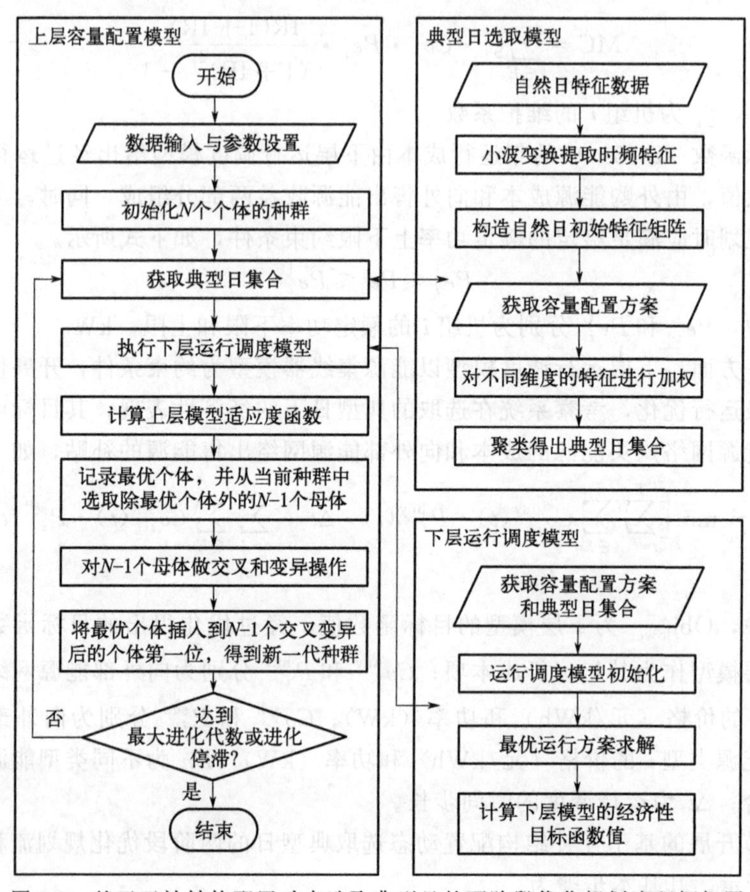

图 5-2　基于互补结构配置动态选取典型日的两阶段优化规划流程框架图

5.2.3　算例研究

本节前文所述的基于互补结构配置动态选取典型日的两阶段优化规划流程，对所提出的基于互补结构配置的典型日动态选取方法开展研究与分析，并对结果进行了讨论。本节所有的计算过程均在 Matlab R2020a 和 Python 3.7.9 环境中进行，计算机配置为 Intel Core i7 处理器，1.80GHz 主频，4 核 8 线程，16GB 内存。

(1) 系统构成

本节采用 Smart * 项目[38]提供的居民用电负荷数据开展规划研究，该案例对同一社区内 114 套居民公寓的用电记录开展了为期 2 年的跟踪监测，得到了以 15min 为分辨率的社区用电负荷聚合曲线。本节选取了 1 个年度内的社区用电负荷数据进行研究，如图 5-3 所示。同时，该案例也采集了同时期社区的天气数据，本节选取了 1 个年度内的太阳辐射强度数据与风速数据作为系统边界条件，如图 5-4 和图 5-5 所示。该社区的全年平均电负荷为 135.39kW，峰值负荷为 379.91kW；全年平均太阳辐射强度为 195.90W/m^{-2}，最大太阳辐射强度为 1146.22W/m^{-2}；全年平均风速为 6.40m/s，最大风速为 24.94m/s。

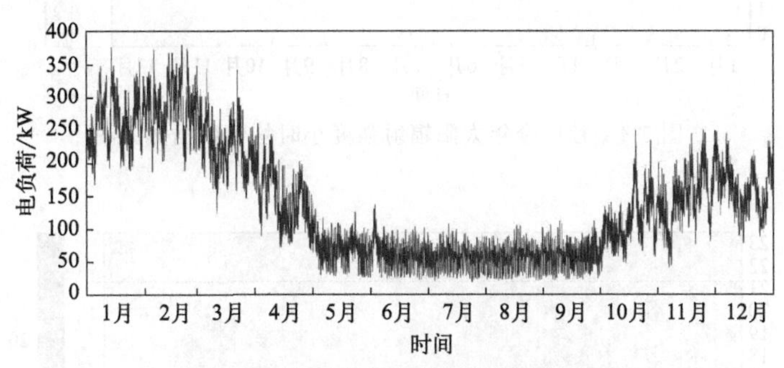

图 5-3　社区全年电负荷数据曲线图

在经济性参数方面，项目社区的外购电价格采用分时电价[39]，如图 5-6 所示。从图 5-6 可以看出，该社区的谷时电价为 0.086 美元/kWh，峰时电价为 0.149 美元/kWh，平段电价为 0.127 美元/kWh。售电价格取为固定值 0.04 美元/kWh，折现率取为 8%。依据以上数据，本节对面向该社区的风光储发电系统开展两阶段优化规划研究，规划年限为 20 年，该系统的拓扑结构如图 5-7 所示。

该风光储发电系统由光伏机组、风电机组和电储能机组 3 种候选能源设备组成，3 种能源设备的技术和经济参数如表 5-1 所示[40,41]。根据该社区的候选设备特性和式(5-10) 的定义，该算例的自然日动态加权特征矩阵可定义为如式(5-18) 所示。

$$\mathbf{F}=\begin{bmatrix} P_{\max}^{\text{load}}\boldsymbol{f}_1^{\text{load}} & \cdots & P_{\max}^{\text{load}}\boldsymbol{f}_i^{\text{load}} & \cdots & P_{\max}^{\text{load}}\boldsymbol{f}_{365}^{\text{load}} \\ Pe_{\text{pv}}\boldsymbol{f}_1^{\text{solar}} & \cdots & Pe_{\text{pv}}\boldsymbol{f}_i^{\text{solar}} & \cdots & Pe_{\text{pv}}\boldsymbol{f}_{365}^{\text{solar}} \\ Pe_{\text{wt}}\boldsymbol{f}_1^{\text{wind}} & \cdots & Pe_{\text{wt}}\boldsymbol{f}_i^{\text{wind}} & \cdots & Pe_{\text{wt}}\boldsymbol{f}_{365}^{\text{wind}} \end{bmatrix} \tag{5-18}$$

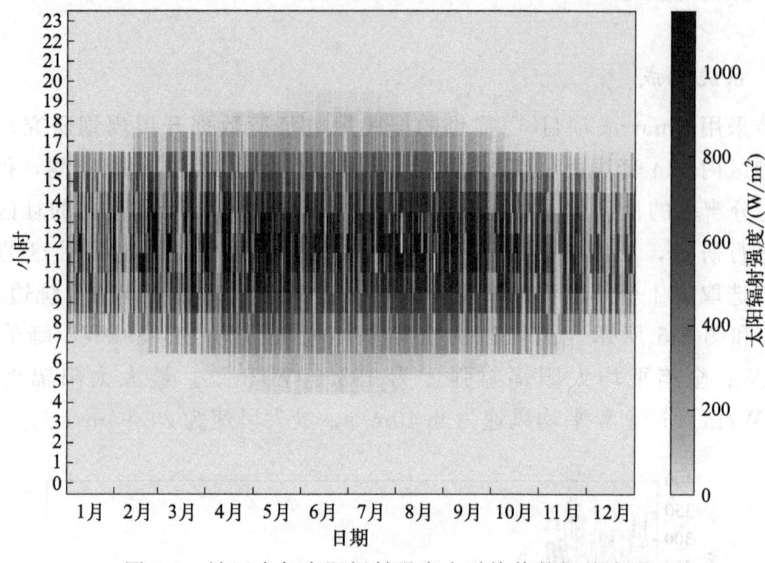

图 5-4 社区全年太阳辐射强度小时均值数据热力图

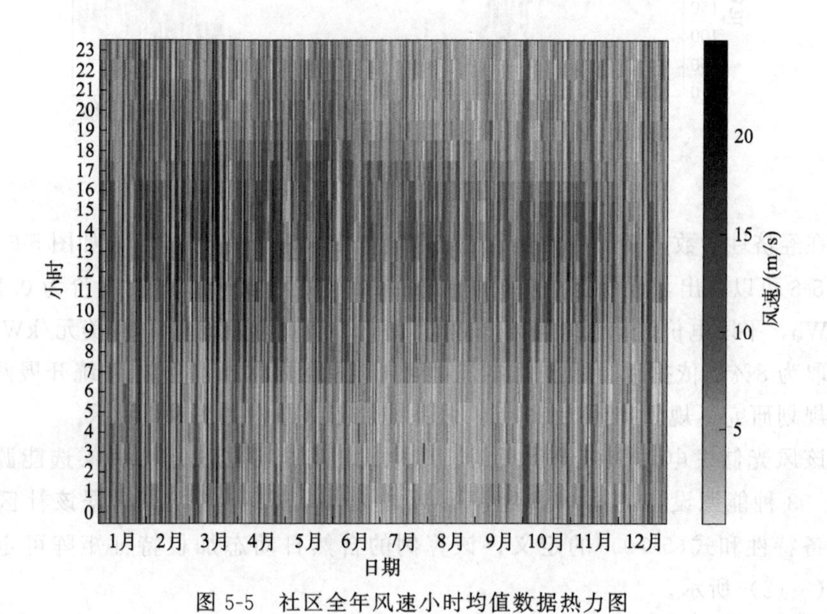

图 5-5 社区全年风速小时均值数据热力图

式中，$P_{\max}^{\text{load}}$ 为电负荷的最大值；Pe_{pv} 和 Pe_{wt} 分别为上层模型决定的光伏和风电机组的额定功率；$\boldsymbol{f}_i^{\text{load}}$、$\boldsymbol{f}_i^{\text{solar}}$ 和$\boldsymbol{f}_i^{\text{wind}}$ 分别为电负荷、太阳辐射强度和风速的第 i 天的特征向量。

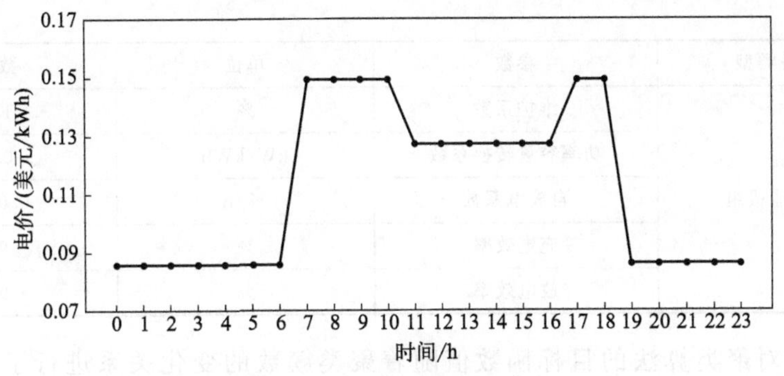

图 5-6　社区分时电价曲线图

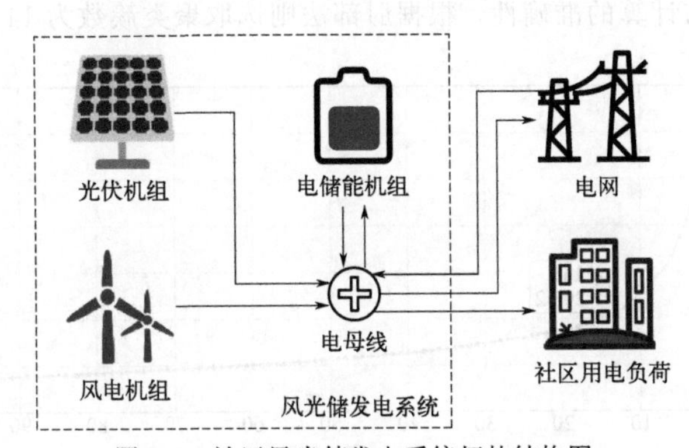

图 5-7　社区风光储发电系统拓扑结构图

表 5-1　能源设备的技术和经济参数

设备类型	参数	单位	数值
光伏机组	初始投资单价	美元/kW	1130
	使用寿命	年	25
	维护系数	%	2.0
	性能系数	%	90
风电机组	初始投资单价	美元/kW	1390
	使用寿命	年	22
	维护系数	%	2.4
	额定风速	m/s	12
	切入风速	m/s	3
	切出风速	m/s	25
电储能机组	初始投资单价	美元/kW	175
	使用寿命	年	10

续表

设备类型	参数	单位	数值
电储能机组	维护系数	%	1.4
	功率容量转换系数	kW/kWh	0.5
	自放电系数	%/h	0.0125
	充电效率	%	95
	放电效率	%	90

本节对聚类算法的目标函数值随着聚类簇数的变化关系进行了研究，如图 5-8 所示，展示了聚类簇数在 2～100 的区间内对应的聚类目标函数值。为了平衡计算时间与计算的准确性，根据肘部法则选取聚类簇数为 14。

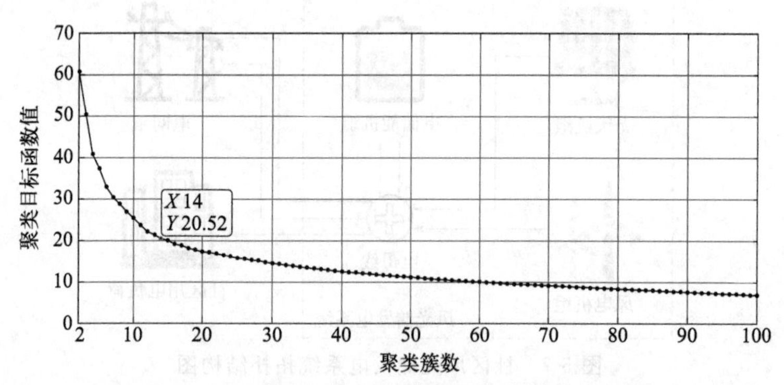

图 5-8　聚类目标函数值随聚类簇数变化曲线图

为了研究所提出方法的有效性，本节设计了 3 种案例进行研究。案例 1 使用所有自然日的数据进行两阶段规划，以此作为规划结果的基准与其他案例进行比较；案例 2 采用本节提出的基于互补结构配置动态选取典型日的两阶段优化规划流程，根据上层模型决定的规划容量选取典型日，再开展下层模型的运行调度计算；案例 3 采用传统的聚类后针对固定典型日开展两阶段规划（后文简称传统方法），以此说明所提出方法的优势。

（2）设备容量配置分析

根据本节设计的 3 种案例进行两阶段优化规划后，3 种案例下的风光储系统设备容量配置、各项成本和计算时间如表 5-2 所示。在容量配置结果上，与针对固定典型日进行规划的方法相比，本节提出的基于互补结构配置的典型日动态选取方法更接近于使用所有自然日进行规划的水平。以案例 1 作为基准，案例 2 的容量配置误差均小于案例 3。案例 2 规划光伏额定功率误差为 7.48%，相对于案例 3 误差减小了 6.81 个百分点；规划风电额定功率误差为 6.00%，相对于案例 3 误差减少了 6.80 个百分点；规划电储能额定功率误差为 4.82%，误差减少了

8.43 个百分点。而在经济成本计算结果上，案例 2 的各项规划经济成本均偏小，而案例 3 除了在运行成本上偏大外，其余也均偏小，但在偏差幅度上则是案例 2 的各项经济成本更小。在年化总经济成本上，案例 2 的年化成本计算误差为 2.31%，相对于案例 3 减少了 1.53 个百分点；年化投资成本和年维护成本两项经济成本由各个机组的规划容量决定，由于案例 2 的各项规划容量误差均小于案例 3，因此案例 2 的这两项成本的规划结果误差相对于案例 3 均有所下降，相对下降幅度分别为 2.87 个百分点和 3.24 个百分点。值得注意的是，采用本节所提出的方法优化所得的年运行成本误差非常接近使用所有自然日进行规划的结果，而采用固定典型日进行规划的方式在这项成本上则有非常大的误差。表 5-2 中案例 2 的年运行成本误差仅为 2.65%，而案例 3 则达到了 12.08%，本节所提出方法相比传统方法有效降低了这一项误差，下降达 9.43%。而在计算时间上，案例 1 的计算时间是案例 2 和案例 3 的 20 倍以上，而案例 2 的计算时间则与案例 3 保持在同一个数量级上。

表 5-2　3 种案例下的优化规划结果

项目	案例 1	案例 2	案例 2 计算误差/%	案例 3	案例 3 计算误差/%
光伏额定功率/kW	147	158	7.48	168	14.29
风电额定功率/kW	250	235	6.00	218	12.80
电储能额定功率/kW	83	79	4.82	72	13.25
电储能容量/kWh	166	158	4.82	144	13.25
年化经济成本/(美元/年)	110348.19	107798.95	2.31	114589.35	3.84
年化投资成本/(美元/年)	52585.93	51563.80	1.94%	50056.33	4.81
年运行成本/(美元/年)	56592.03	55092.68	2.65	63428.47	12.08
年维护成本/(美元/年)	1170.23	1142.47	2.37	1104.55	5.61
计算时间/s	16528.65	675.89	—	501.65	—

由上述规划结果和分析可见，本节所提出的基于互补结构配置的典型日动态选取方法在容量配置和经济成本规划结果上都具有明显的优势。相较于传统方法，在使用相同数量典型日的情况下，本节所提出的方法计算所得的结果更加接近系统的真实运行环境，有效降低了由于典型日选取压缩了系统信息所带来的误差。尤其是在年运行成本的规划结果上，准确率相对于传统方法有了大幅的提升，这也是影响最终规划结果准确率的最重要因素。这主要是因为本节提出的方法对典型日的特征根据不断迭代的规划方案进行了动态加权，使得规划方案中占比较大的成分在典型日中也有更大的特征值，从而使典型日的选取更能代表具体的规划方案。虽然这一方法会放大规划方案中占比较小的成分进行运行调度的误

差，但也缩小了占比较大的成分进行运行调度的误差，因此整体的运行调度结果更加接近真实值。同时，本节所提出的方法与传统的针对固定典型日进行规划的方法相比，计算时间维持在同一水平，而且与采用所有自然日进行规划的方法相比，能有效地将计算时间降低一个数量级。

(3) 典型日选取结果分析

根据式(5-11) 和式(5-12) 所示的总量偏差指标和分布偏差指标对案例 2 和案例 3 的典型日选取效果进行评估，评估结果如表 5-3 所示。从表 5-3 可见，本节所提出的方法在电负荷和风速方面的总量偏差和分布偏差均小于传统方法，而在太阳辐射强度上总量偏差较大，但分布偏差较小。相对于传统方法，本节所提出的方法得出的电负荷总量偏差降低了 0.23 个百分点，分布偏差降低了 0.78 个百分点；在太阳辐射强度总量偏差上表现较差，偏差提高了 11 倍，分布偏差则有所下降，相对降低 1.85 个百分点；在风速总量偏差和分布偏差上的表现均优于传统方法，分别降低了 2.24 个百分点和 1.79 个百分点。这主要是因为在本节所使用的算例中，电负荷和风速这两个维度的特征拥有较大的权重，在这两个维度上聚类效果好于传统方法。而由于太阳辐射强度的权重较小，这个维度上的偏差会相对较高。

表 5-3　案例 2 和案例 3 典型日选取效果评估结果

指标项	案例 2	案例 3
电负荷总量偏差/%	0.45	0.68
电负荷分布偏差/%	1.52	2.30
太阳辐射强度总量偏差/%	1.71	0.14
太阳辐射强度分布偏差/%	6.84	8.69
风速总量偏差/%	0.28	2.52
风速分布偏差/%	3.84	5.63

为直观展示两种方法的聚类效果差异，本节选取了案例 2 和案例 3 的部分典型日选取结果进行分析，包括夏季、冬季和过渡季 3 个具有代表性的典型日选取结果，如图 5-9 所示。从图 5-9 可以看出，在夏季典型日选取结果上，案例 2 和案例 3 所得结果相近，但在风速聚类结果上，案例 3 选取的聚类簇直观上更加紧凑；在冬季典型日选取结果上，案例 2 的电负荷簇内各对象分布得更为紧凑，而案例 3 则更为分散，说明案例 2 在冬季电负荷的聚类效果上优于案例 3；同样地，在过渡季典型日选取结果上，案例 2 电负荷的聚类簇内对象分布更为紧凑，同时在风速聚类结果上案例 2 选取的典型日直观上更能代表该聚类簇，而在太阳辐射强度聚类效果上两个案例则相差不大。

(4) 运行调度结果分析

进一步对本节所提出的方法在夏季、冬季和过渡季典型日上的运行调度表现进行分析，案例 2 和案例 3 在上述 3 类典型日下的运行调度经济性结果如图 5-9 所示。其中典型日运行成本是指使用典型日数据进行运行调度得到的最优运行成本，典型日季度成本是指使用典型日运行成本乘以该典型日代表的天数得到的运行成本，自然日季度成本是指使用该典型日代表的所有自然日进行运行调度得到的最优运行成本，运行成本计算误差是典型日季度运行成本相对于自然日季度运行成本的计算误差。

从表 5-4 可以看出，案例 2 在 3 个季度的典型日季度成本与自然日季度成本的计算误差均控制在 10%以下，而案例 3 则有较大的计算误差。与传统方法相比，本节所提出的方法将夏季典型日季度运行成本计算误差从 111.13%降低至 8.82%；将冬季典型日季度运行成本计算误差从 46.52%降低至 7.53%；将过渡季典型日季度运行成本计算误差从 10.65%降低至 6.09%。由此可见，本节所提出的方法在多个场景的运行调度阶段比传统方法具有更好的计算准确性。

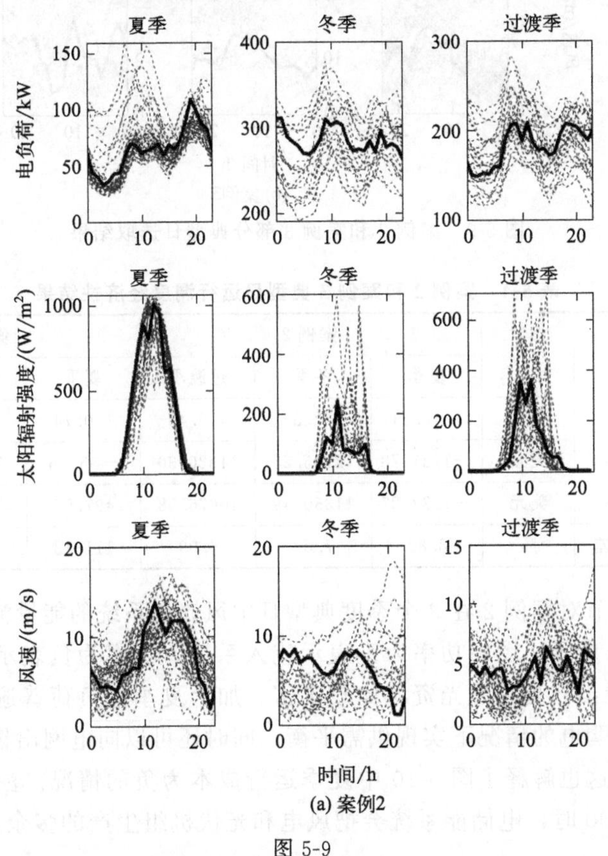

(a) 案例2

图 5-9

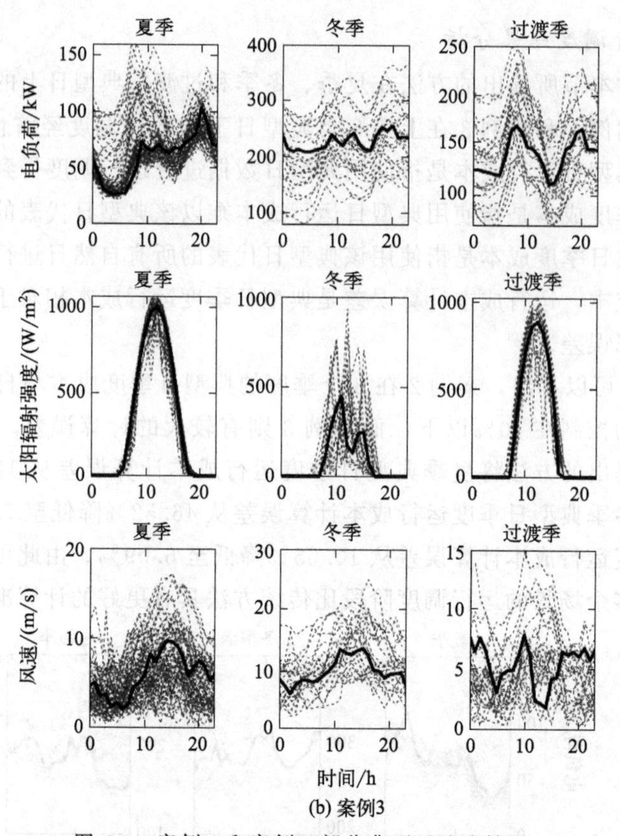

图 5-9　案例 2 和案例 3 部分典型日选取结果

表 5-4　案例 2 和案例 3 典型日运行调度经济性结果

项目	单位	案例 2			案例 3		
		夏季	冬季	过渡季	夏季	冬季	过渡季
典型日运行成本	美元	−45.31	642.38	419.49	−0.74	230.42	195.69
典型日季度成本	美元	−1721.78	12205.25	11326.30	−55.36	5530.01	5087.94
自然日季度成本	美元	−1582.27	11350.49	10676.58	497.57	3774.17	5695.01
运行成本计算误差	%	8.82	7.53	6.09	111.13	46.52	10.65

同时，本节对案例 2 在 3 个季度典型日中风光储系统的能量流向情况进行分析，如图 5-10 所示。图中功率为正表示流入系统，功率为负表示流出系统。从图 5-10 可以看出，夏季风光资源比较丰富，加上夏季电负荷普遍较低，系统可以在不依赖外购电的情况下实现供需平衡，同时还可以向电网出售大量的多余电能进行获利，这也解释了图 5-10 中夏季运行成本为负的情况。注意到在夏季的 16：00～19：00 时，电储能系统会把风电和光伏机组生产的多余电能储存起来，

在晚间风光资源不足时放电，减少外购电的使用，从而进一步降低运行成本。在冬季典型日工况下，电负荷普遍较高，且风光资源不足，因此需要大量外购电以满足居民用电需求。在这一工况下，电储能系统会在电价低谷时进行充能，在电价高峰时进行放电，以减小运行成本。过渡季的运行调度情况与冬季类似，不同点在于电负荷普遍比冬季低，风光资源相对充足，外购电有一定的减少，因此运行成本比冬季低。

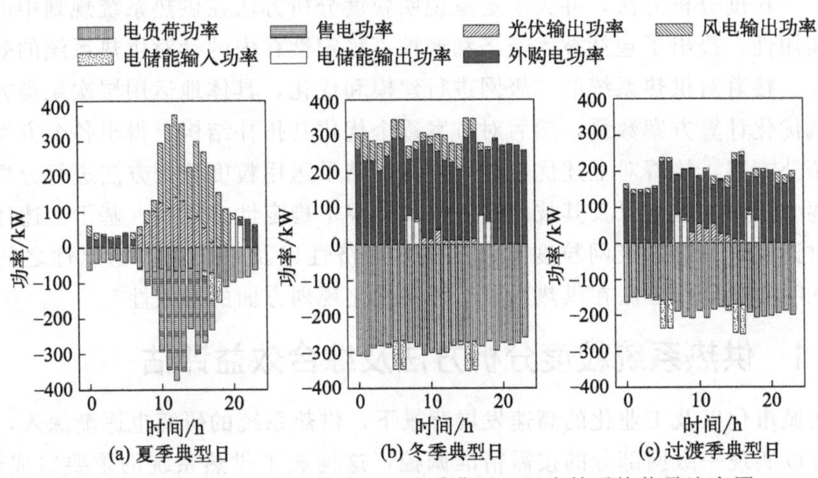

图 5-10　案例 2 夏季、冬季和过渡季典型日风光储系统能量流向图

5.3　供热系统粒度分析方法及二级网经济安全规划

在确立了典型日后，研究供热系统的关键步骤是围绕典型日的负荷，建立可用数学方程描述的供热系统供需平衡模型，以此可用模型作为仿真计算和系统优化的基础。在能源系统数学模型方面，国内外学者通过机理分析或建模实验针对不同的设备或系统展开了深入的研究，逐渐形成了一套较为精准的数学模型体系，并经过了大量的实践验证，这为建模提供了理论基础。基于上述模型和当前的研究进展，目前已经可以实现供热系统在一级网部分的按需精准调控，而二级网部分限于成本还没有智慧化的调节设备用以支撑，因此供热系统的规划应该尽可能利用一级网的智慧化调节能力。然而，目前由于二级网规模不同所带来的热量在空间供需分布情况不同的影响，仍缺乏运用理论工具对供热系统下不同二级网规模及热量在空间供需分布情况进行描述和定量化衡量。

城市化和数字化的发展对供热系统的更高水平规划奠定了基础条件，但是碳排放目标的提出以及可再生能源研究的深入对于供热系统的规划设计提出了更高的要求。因此，我们提出了供热系统二级网粒度的概念来进一步衡量二级网的规模以及系统中热量在空间供需分布情况，并运用粒度分析方法对供热系统的二级网进行优化。优化规划的一般步骤为：首先获得所研究区域二级网的拓扑结构和热负荷信息，其次确定不同的热力站组合，然后对不同的热力站组合以拓扑结构的成本最小、损耗最低为目标进行结构优化，最后不断迭代输出逐个热力站组合下的最优拓扑结构作为该热力站组合下的最优方案。

本节首先提出了供热系统二级网规模及热量在空间供需分布情况的量化评估方法——粒度分析方法，并为了定量说明粒度分析方法在供热系统规划中的可靠性和实用性，提出了包括技术经济和调控不稳定性在内的针对供热系统的效益评估指标。接着对供热系统的二级网进行建模和优化，具体地运用层次聚类方法初步缩减优化计算方案数量，然后对方案逐个优化其拓扑结构，得出各个方案下的最优拓扑方案。接着对上述优化规划方案的结果运用粒度分析方法进行分析，计算其逐个方案的粒度以及其技术经济性和调控不稳定性。最后，基于上述计算结果，讨论供热系统二级网粒度与系统技术经济性以及系统调控稳定性之间的关系，证明粒度分析方法在供热系统二级网优化规划方面的有效性。

5.3.1 供热系统粒度分析方法及综合效益评估

在城市化以及工业化的高速发展背景下，供热系统的研究也逐渐深入，目前已经可以实现一级网部分的按需精准调控，这构成了供热系统的重要组成部分。在智慧供热的发展背景下，如何充分发挥一级网的智慧化按需精准调控能力，最终实现供热系统能效的提升和可再生能源的充分消纳是在今后研究中的重要一环，也是目前科学深入研究所缺乏的方向之一。因此，本节将以供热系统一级网调节能力为基础，展开二级网粒度分析和系统效益评估。

5.3.1.1 粒度分析方法

供热系统作为城市基础设施的一部分，在规划设计时应该充分考虑城市的特性，即大背景应该是立足于城市化的发展进程，同时也应该充分利用与城市化发展进程协调发展的工业化发展成果。从发展经济学的角度来看，城市化和工业化的发展往往呈现出紧密协调发展规律，但是从我国的城市化和工业化发展实践来看，经济空间一体化程度以及其中经济活动空间组织自由度的水平，对于两者协调发展具有重要的影响[42]。城市规划作为资源管理和社会改革的关键工具，其目的是解决城市问题，以规划服务于城市转型和城市发展。同时，在全球化大背景下，城市规划不仅应该关注资源的分配问题，更要基于全球化和城市化的发展方向，发挥出为社会改造和社会赋能的作用[43]。许丽君等[43]从全球化和城市化的背景下对我国城市规划价值逻辑进行了梳理，大致可以分为五个阶段：第一阶段是在计划经济体制重工业优化发展的国策下，以计划落实与工程技术为主导进行城市规划；第二阶段是在社会主义市场经济摸索建立的背景下，以调整传统计划经济性体制下的规划体系为主进行城市规划；第三阶段是全面服务经济发展的背景下，以经济发展和市场为导向进行城市规划；第四阶段是在经济取得一定发展的背景下，以经济和生态二元维度进行城市规划；第五阶段是在中国特色社会主义进入新时代的背景下，以国土空间规划体系为核心进行城市规划，在这一阶段也更加注重城市规划的科学性、可持续性和系统性。各发展阶段时间图如下图 5-11 所示。

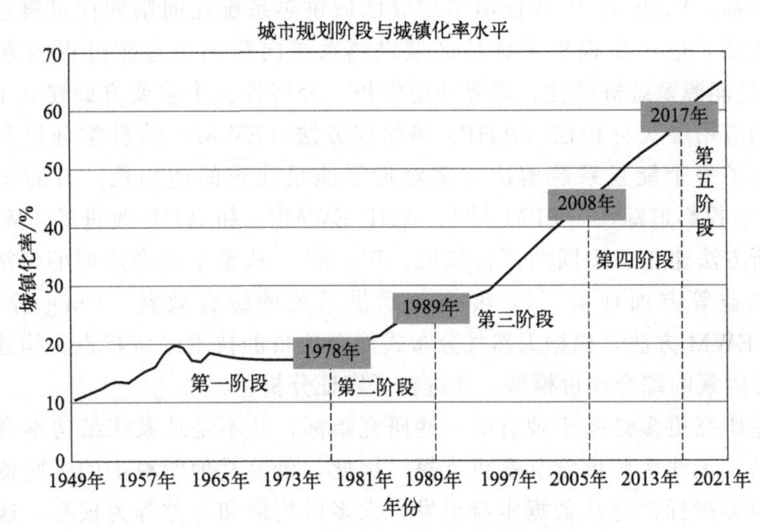

图 5-11　我国城市规划阶段与城镇化率水平

目前我国城市规划进入了发展的新阶段，在未来粗放的城市化发展模式将不符合目前发展的要求，在供热领域节能建筑将进一步发展，通过大数据、人工智能等技术，可以实现随着城市规划与数字化的深度融合发展，供热系统的发展也应该与城市规划和数字化的发展相适应。由于历史因素，我国供热系统的发展一开始是按照苏联模式，即具有整个区域供热面积大、供热网络复杂以及单个热力站的供热面积大等特点，随之带来了供热过程粗放以及水力不平衡严重等难题。随着工业化和数字化的发展，目前的供热系统已经可以借助数字化手段实现一级网的按需精准调控。在这一背景下，原有的苏联模式由于单个热力站的供热面积较大（通常为 5 万～10 万平方米），往往不适合供热更加精准化的要求。与之相对应的北欧模式，其主要特点是区域供热面积小、管网简单以及单个热力站的供热面积小（通常为 3 万平方米以下）等，随之带来了供热过程更加精细化的优点，但是其设备成本往往更高。然而，随着城市化和数字化的发展以及能源危机的逐渐严峻，需要重新审视何种供热模式更加适合今后的发展要求，也更加契合当前的发展阶段。基于当前供热系统一级网可以实现按需精准供热的智慧化调节水平以及当前能源价格的逐渐攀升，需要重新考虑何种规模的热力站水平更加契合发展的要求，即应该重新对供热系统二级网规划的规模及热量在空间供需分布情况进行考虑，并将上述分析方法称为粒度分析方法。

基于粒度分析方法，我们需要做出定量化的研究而不是定性的说明。现有对能源系统的评价和分析方面的研究可分为四个主要维度：经济、能源效率、环境保护和可靠性。现有的分析方法更多是根据这四个维度的基本指标中的全部或者部分，进一步运用不同的方法对指标进行权重的分配，最终计算现有的综合评价和分析指标。Volkova[44]等提出了现有区域供热系统在向第四代过渡过程中所面临的障碍，进一步提出了评估区域供热系统向第四代过渡过程的方法。Yu等[45]通过能源系统舒适性、能源环境保护、经济性三个重要方面建立了评价体系。他们应用层次分析法（AHP)-熵加权方法（EWM）的科学理论和数学模型，计算了每个能量系统解决方案对近零能量建筑的适用性。有的学者基于AHP[46]、投影追踪法（PPM)[47]、AHP-EWM[48]和AHP-改进的EWM[49]等不同分析方法建立了不同的评价模型。Wu等[50]从整个生命周期的经济、环境和社会效益等方面评价了冷-热-电三联供系统的综合效益。Dong等[51]应用AHP和EWM方法，根据天然气分布式能源项目的技术经济特点，构建了一个包含多种因素的综合评价模型，并进行了实证分析。

上述研究更多是基于现有的一些研究指标，并不是从系统结构本身进行分析和评估，无法为粒度定义提供支撑。因此，借鉴其他学科中的一些概念，在数学中很多指标都是从数据本身出发，大多以均值和方差等为核心，这些指标可以表达出热用户或者是热力站在空间的分布，但是无法体现出供热系统中热力站和热用户之间的关系。陶良如等[52]提出了均匀度理论并将其应用于生态学和基础科学的研究中，其主要是研究有限个点在空间上散布的均匀程度的理论，也无法体现出热力站与热用户之间的关系。根据热力站与热用户之间关系的特点，我们类比了电力系统中不同带电体之间的电负荷强度，定义出二级网中的粒度。具体而言，粒度应当可以一并反映出供热系统二级网规模及热量在空间的供需分布情况，粒度应当与热负荷大小呈现正相关，与距离呈现负相关，且距离与电场中的欧氏距离不同，结合热力系统的特点应当是曼哈顿距离。举例而言，当供热系统二级网规模较大、热量供需较为集中时，粒度较小；当供热系统二级网规模较小、热量供需较为分散时，粒度较大。具体如图5-12和图5-13所示。

通常情况下，粒度越大时，供热系统的单个二级网规模越小，供热更加精细化，可以满足热用户灵活的用热需求。当系统内的热用户用热特性差别较大时，比如某些热用户为居民建筑、办公大楼或者教学楼时，主要由于其不同类型热用户的用热时间段差别较大，所以可以通过将不同类别建筑分别设置为不同的二级网为其供热，从而实现供热的精准化调节满足灵活的用热需求，避免由于过量供

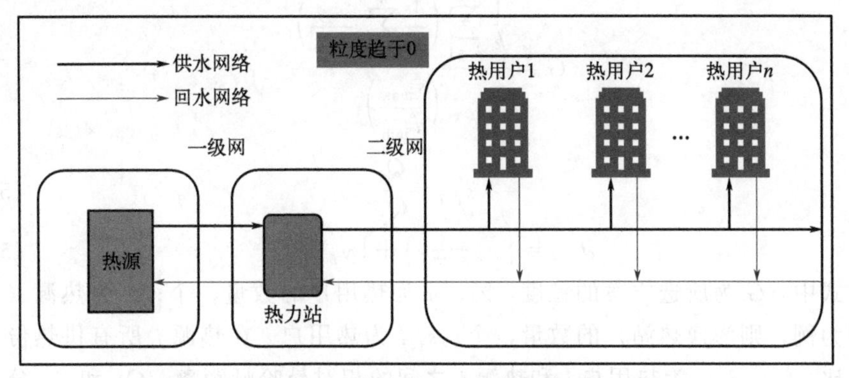

图 5-12　粒度趋于 0 场景示意图

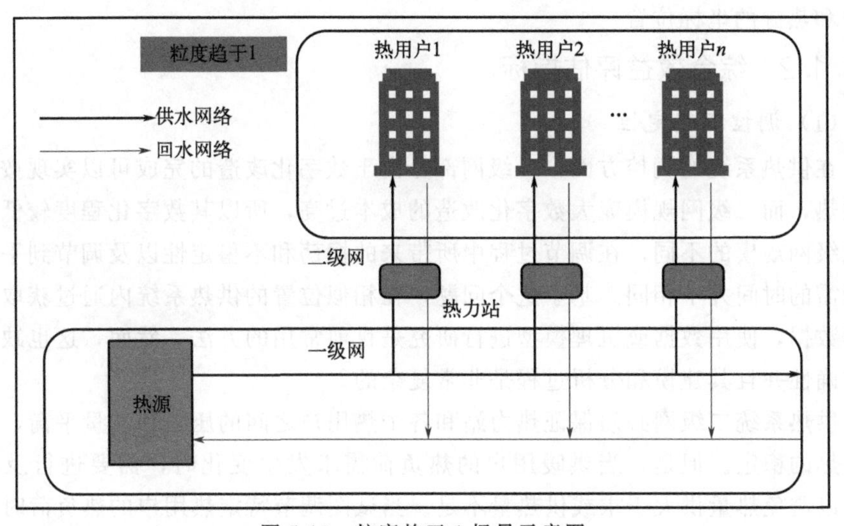

图 5-13　粒度趋于 1 场景示意图

热而产生热量的浪费。而粒度越小，供热系统的二级网越复杂，限于实际的调控水平无法实现供热的精准化，当二级网内的热用户用热特性差别较大时，无法实现供热的精准化调节，但是热力站的个数更少，投入的成本可能更低。因此，考虑到不同热用户的用热灵活特性可能差别较大，仅用二级网中热力站的数量不足以体现出不同方案之间的差别。

因此，本章将粒度定义为量化二级网规模及热量在空间供需分布的指标。根据粒度的定义，粒度指标的计算应考虑热用户负荷大小以及热用户和热源的相对位置，进而来衡量不同方案之间的差异。粒度值越大，区域供热系统的分布越分散；粒度值越小，区域供热系统的分布越集中。可通过以下公式进行计算：

$$G=\frac{\frac{1}{k}\sum_{j=1}^{k}\left(\frac{1}{n}\sum_{i=1}^{n}\frac{s_{i,j}}{d_{i,j}}\right)}{\left(\frac{s_{\max}}{d_{\min}}\right)} \tag{5-19}$$

$$s_{i,j}=\frac{Q_i}{Q_j} \tag{5-20}$$

$$d_{i,j}=|x_i-x_j|+|y_i-y_j| \tag{5-21}$$

式中，G 为所选方案的粒度，%；n 为热用户的数量，个；k 为热源（以二级网为例，则为换热站）的数量，个；$s_{i,j}$ 为热用户 i 在热源 j 所有供热份额中的占比，%；$d_{i,j}$ 为热用户 i 和热源 j 之间的相对曼哈顿距离；Q_i 和 Q_j 分别为热用户的负荷和热源的总出力，kJ；x_i、y_i、x_j 和 y_j 分别代表归一化后所选热用户和热源的坐标位置。

5.3.1.2 综合效益评估指标

(1) 调控不稳定性

在供热系统的调控方面，一级网部分由于数字化改造的完成可以实现按需精准供热，而二级网规模庞大数字化改造的成本过高，所以其数字化程度较低。由于二级网规模的不同，在调节过程中所带来的振荡和不稳定性以及调节到平衡状态所需的时间并不相同。基于这个问题，在相似位置的供热系统内通过获取到的实际数据，使用数据或机理模型进行研究是目前常用的方法。然而，这也缺乏一些准确性并且其建模和分析过程是非常复杂的。

供热系统二级网必须保证热力站和各个热用户之间的压力和流量平衡，以确保供热的稳定。但是，当供暖用户的热负荷需求发生变化时，需要进行及时调节，以避免热量供大于求或供热量不足。当试图调节特定热用户的热负荷时，该热用户作为整个区域供热系统的一部分，也会对整个系统产生影响。在实际案例中发现，供热系统由于调节所造成的不稳定性与距离以及热负荷有关，具体来说，一般供热系统的二级网粒度越大，供热系统的调控不稳定性应当越小。基于上述特点，我们根据统计学中常用的变异系数的物理意义定义了供热系统的不稳定指数，它由以下等式计算得出：

$$\mathrm{PRI}=\frac{\sum_{j=1}^{k}\left\{s_{i,j}\times\left[\left(\frac{1}{n}\sum_{i=1}^{n}d_{ij}\right)CV_j\right]\right\}}{d_{\max}} \tag{5-22}$$

$$CV_j=\frac{\sqrt{\frac{1}{n-1}\sum_{i=1}^{n}(Q_{i,j}-\overline{Q_{i,j}})^2}}{\overline{Q_{i,j}}} \tag{5-23}$$

式中，PRI 为区域供热系统的调控不稳定性，%；$s_{i,j}$ 为热用户 i 在热源 j 所有供热份额中的占比，%；d_{ij} 为热用户 i 和热源 j 之间的相对曼哈顿距离；CV_j 为热力站 j 所供热用户热负荷的变异系数（-）；$Q_{i,j}$ 和 $\overline{Q_{i,j}}$ 分别为热力站 j 所供热用户 i 的热负荷（kW）以及热力站 j 所供全部热用户的平均热负荷（kW）。

（2）技术经济性

技术经济性是衡量系统在建设以及运行的全生命周期中能否实现赢利的核心指标，目前研究已经十分充分，主要包含三个部分：一部分为固定成本，主要应用费用年值法将包含设备成本、管网成本、阀门成本以及水泵成本等的初投资成本折算到每一年[53]；一部分是运行成本，主要包括运行过程中的热量消耗成本、电力消耗成本和水耗成本等；还有一部分是系统的其他成本，这部分主要包括人员成本和设备维护成本等。因此，系统的技术经济性可以用年折算初投资成本、设备维护及人员成本以及运行成本等来衡量。基于本章所研究内容的考虑，可以用如下数学表达式计算得到：

$$C_\alpha = \alpha C_{\rm in} \tag{5-24}$$

$$C_{\rm t} = C_\alpha + C_{\rm h} + C_{\rm o} \tag{5-25}$$

$$\alpha = \frac{I(1+I)^n}{(1+I)^n - 1} \tag{5-26}$$

式中，$C_{\rm in}$、C_α、$C_{\rm h}$、$C_{\rm o}$ 和 $C_{\rm t}$ 分别为区域供热系统的固定设备初投资、系统固定设备年折算投资、系统年运行能耗成本、系统年其他成本以及系统年总成本，元；I 为系统固定设备的内部回收比，%；α 为系统固定设备的年折算系数。

5.3.2 基于粒度分析的供热系统二级网规划分析方法

5.3.2.1 基于层次聚类方法的热力站配置优化

目前对供热系统二级网规划设计方面的研究层出不穷，其中在热力站优化配置方面大多数根据已有的热力站数量方案进行拓扑结构的优化或者是针对热力站的位置进行优化，因而缺乏系统性的规划优化。本章从系统的角度出发对二级网展开优化规划，即对热力站位置、热力站数量以及管网拓扑结构进行全方面的考虑。但是，这会带来优化规划计算的复杂性大大提升的问题，所以本章先运用层次聚类算法对所研究对象的优化方案进行初步筛选，进一步缩减优化计算方案的数量，从而缩短系统优化规划的时间成本。

层次聚类算法是聚类算法的一种，其可以通过计算不同类别数据点间的相似度来创建一棵有层次的嵌套聚类树。在聚类树中，不同类别的原始数据点是树的最底层，树的顶层是一个聚类的根节点。层次聚类的合并算法通过计算两类数据点间的相似性，对所有数据点中最为相似的两个数据点进行组合，并反复迭代这一过程。简单而言，层次聚类的合并算法是通过计算每一个类别的数据点与所有数据点之间的距离来确定它们之间的相似性，距离越小，相似度越高。并将距离最近的两个数据点或类别进行组合，生成聚类树。在本章中应用层次聚类算法可以同时考虑热用户的地理位置和热用户的负荷大小两个因素，由于热用户负荷的相似性或者地理位置的相近性，最终可以得到处于同一个热源的供热范围之内的热用户，从而对热力站进行选址和定容。此外通过层次聚类算法可以直观显示热用户的数量和可用设计方案的组合。通过层次聚类算法得到的结果示意图如图 5-14 所示，横坐标代表热用户的编号，纵坐标代表不同聚类结果下簇之间轮廓的距离。

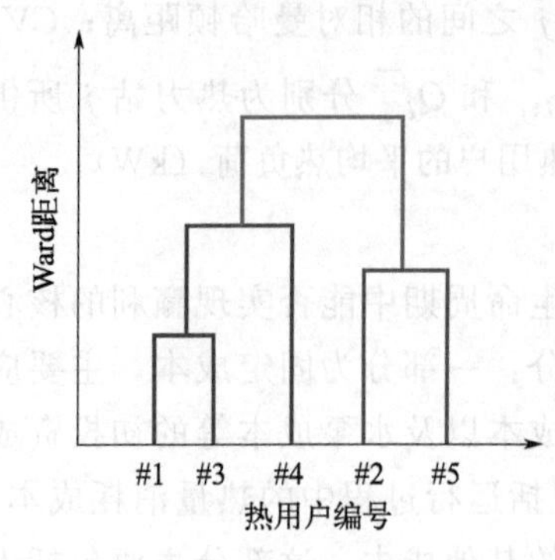

图 5-14　层次聚类算法结果示意图

在层次聚类之前需要计算各个点之间的距离，最终可用于确定包含每个点之间的距离矩阵。本章采用欧式距离来计算各个点之间的距离，然后更新矩阵以显示每个聚类得到的簇之间的距离，并使用 Ward 距离来衡量不同簇之间的距离，其计算过程如图 5-15 所示，在平均链接的层次聚类中，两个聚类簇之间的距离被定义为一个聚类中的每个点到另外一个聚类簇中每个点的平均距离。例如，左边的聚类簇“r”和右边的聚类簇“s”之间的 Ward 距离等于相互之间每个箭头的平均长度，具体计算过程如下式。

$$d_{ij}=\left[\sum_{k=1}^{p}(x_{ik}-x_{jk})^{2}\right]^{1/2} \tag{5-27}$$

$$L(r,s)=\frac{1}{n_r n_s}\sum_{i=1}^{n_r}\sum_{j=1}^{n_s}d(x_{ri},x_{sj}) \tag{5-28}$$

式中，k 为数据维度；i 和 j 分别为第 i 个和第 j 个数据点；d_{ij} 为数据点 i 和数据点 j 之间的欧氏距离；n_r 和 n_s 分别为聚类簇 r 和聚类簇 s 中包含的数据个数；$L(r,s)$ 为聚类簇 r 和聚类簇 s 之间的 Ward 距离。

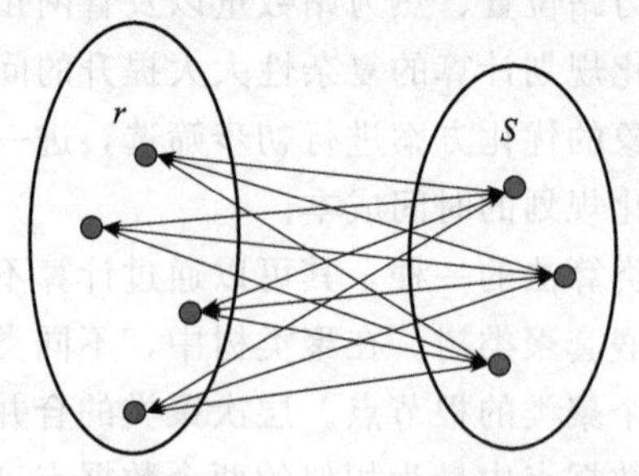

图 5-15　不同簇之间的 Ward 距离计算过程示意图

层次聚类的算法计算流程如表5-5所示。

表5-5 层次聚类算法流程

输入：$X=\{x_1,\cdots,x_N\}$，$x_i\in X$；Ward距离函数 $L(c_1,c_2)$
输出：完成分类的热用户组合。 对于：$i=1,2,\cdots,N$ $C_i=\{x_i\}$ $C=\{c_1,c_2,\cdots,c_N\}$ $I=n+1$ 当 C 中元素个数大于1时： 对于任意 $\{c_i,c_j\}\in C$，$(c_{\min1},c_{\min2})=\min L(c_i,c_j)$； 合并 $c_{\min1}$，$c_{\min2}$ 并加入到 C 中； 从 C 中移除 $c_{\min1}$，$c_{\min2}$； $I=n+1$ 结束循环

5.3.2.2 不同配置方案下的二级网拓扑结构优化

完成热力站组合方案的初步筛选之后，重点在于对方案进行拓扑结构优化，在供热系统二级网拓扑结构优化方面，本章使用开源程序 $DHNx$ 模块进行模型建构和优化，具体包括两层结构：在第一层运用混合整数线性规划对路径进行优化，得到最优的拓扑结构路径；在第二层运用线性规划在第一层的基础上，对每一段拓扑结构的管径进行优化。

如图5-16所示为简化的供热系统二级网结构，其中存在热用户、街道、热水管道和热力站等。对于管道，从目标区域的地理信息中提取理想的街道分布图，并将街道抽象为边界线，作为潜在的管道，以便进一步优化管网的拓扑结构。

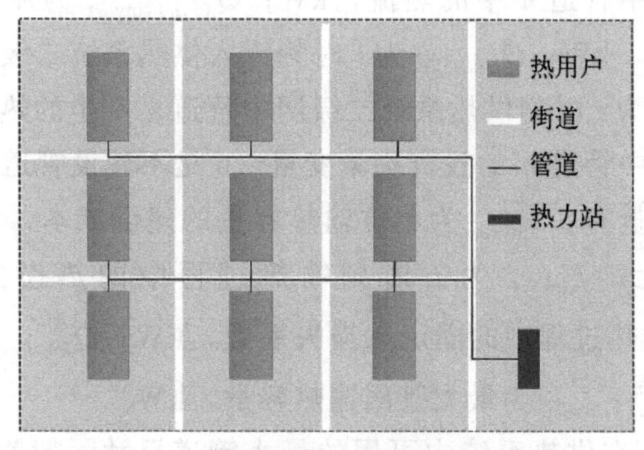

图5-16 供热系统二级网结构示意图

本章这部分优化的对象是热力管道的拓扑结构布局以及每个管段对应的管径

大小，如图 5-17 所示为管道的模型示意图，需要考虑其传热特性和流动阻力特性。

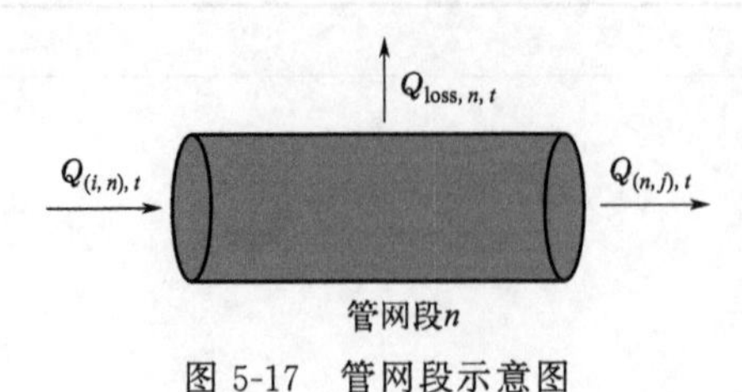

图 5-17 管网段示意图

理论上的计算和优化求解与实际上可能产生的非理想状态存在一定的误差，本章对非理想的误差因素进行简化，认为实际过程是在理想状态下，因此对优化过程做出的假设如下：

- 假设供热系统的工作介质是不可压缩的流体。
- 供热系统的水力条件保持稳定。
- 管网中的传热过程被简化为一维传输模型，忽略了轴向传热。

对于供热系统中二级网的每一段管网而言，其约束条件方程的数学描述如下：

$$C_n = Q_{(n,j),\text{invest}} c_{\text{invest}} + y_{(n,j)} c_{\text{investfix}} \tag{5-29}$$

$$Q_{\text{loss},n,t} = Q_{(n,j),\text{invest}} f_{\text{loss},t} + y_{(n,j)} f_{\text{lossfix},t} \tag{5-30}$$

$$Q_{(n,j),t} = Q_{(i,n),t} - Q_{\text{loss},n,t} \tag{5-31}$$

$$Q_{(i,n),\text{invest}} = Q_{(n,j),\text{invest}} \tag{5-32}$$

$$Q_{(n,j),\text{invest}}^{\min} y_{(n,j)} \leqslant Q_{(n,j),\text{invest}} \leqslant Q_{(n,j),\text{invest}}^{\max} \cdot y_{(n,j)} \tag{5-33}$$

$$-Q_{(i,n),\text{invest}} \leqslant Q_{(i,n),t} \leqslant Q_{(i,n),\text{invest}} \tag{5-34}$$

$$-Q_{(n,j),\text{invest}} \leqslant Q_{(n,j),t} \leqslant Q_{(n,j),\text{invest}} \tag{5-35}$$

$$y_{n,j} \in \{0,1\} \tag{5-36}$$

式中的决策变量参数有：C_n 为供热系统二级网中管道 n 的建设成本，元；$Q_{(n,j),\text{invest}}$ 为供热系统二级网中管道 n 的传热能力，kW；$Q_{(n,j),t}$ 为在 t 时刻流出供热系统二级网中管道 n 中的热流，kW；$Q_{(i,n),\text{invest}}$ 为流入供热系统二级网中管道 n 中的热流，kW；$Q_{(i,n),t}$ 为 t 时刻流入供热系统二级网中管道 n 中的热流，kW；$Q_{\text{loss},n,t}$ 为 t 时刻供热系统二级网中管道 n 产生的热损失，kW；$y_{(n,j)}$ 为供热系统二级网中管道 n 的投资决策变量（0 是不建设管道；1 是建设管道）。

式中的参数变量有：c_{invest} 为单位输热容量的建设成本，元/kW；$c_{\text{investfix}}$ 为固定投资成本，元；$f_{\text{loss},t}$ 为 t 时刻输热过程中的热损失系数，kW/kW；$f_{\text{lossfix},t}$ 为 t 时刻输热过程中的固定热损失系数，kW；$Q_{(n,j),\text{invest}}^{\min}$ 为最小管网输热容量，kW；$Q_{(n,j),\text{invest}}^{\max}$ 为最大管网输热容量，kW。

参照文献 [54]在供热系统中可用的最小管道尺寸一般为 DN50，而最大管道尺寸一般为 DN1400，而根据文献 [55]中通往各建筑的管道尺寸一般不小于 DN32，所以管径应当满足如下约束条件：

$$d_{\min} \leqslant d \leqslant d_{\max} \tag{5-37}$$

式中，$d_{\min}$ 和 $d_{\max}$ 分别为供热系统二级网中管道允许的最小尺寸和最大尺寸。

除了管道尺寸外，管道中水流的流速不宜过大，假如管道中的水流流速过大不但会产生较大流动噪声，而且会导致管道中的阻力变大压损升高，进而加速管道的老化，所以流速应当满足如下约束条件：

$$v \leqslant v_{\max} \tag{5-38}$$

式中，$v_{\max}$ 为供热系统二级网中管道允许的最大流速，m/s。

在保证精度的前提下，进行简化计算是非常必要的，所以本章与文献[23]相一致，近似认为输送热量与管道施工成本以及热损失之间呈线性关系，因此可以得到热损失与投资成本也呈线性关系。经过简化处理后，优化目标函数为管道投资成本，其数学模型可以表示式(5-39)：

$$\mathrm{Obj} = \min \sum C_n \tag{5-39}$$

式中，Obj 为供热系统二级网规划的优化目标函数。

5.3.2.3　不同配置方案下最优二级网拓扑结构分析与评估

具体到本节所研究问题，抓住主要矛盾，在本小节中仅需要计算不同配置方案的粒度、调控稳定性以及技术经济性指标。粒度和调控不稳定性计算思路和方法与5.3.1节所述一致，而技术经济性计算具体到本节所研究内容，对问题进行简化后，与本节优化规划内容相关的包含热力站的初投资、热力管网的初投资以及传输热损失成本。

$$C_{\mathrm{ac}} = C_{\mathrm{hes}} + C_{\mathrm{p}} + C_{\mathrm{trans}} \tag{5-40}$$

式中，C_{ac}、C_{hes}、C_{p} 和 C_{trans} 分别为供热系统二级网的差别年折算成本、供热系统热力站年折算成本、供热系统二级网管网的年折算成本以及供热系统二级网中的年传输热损失成本，元。

5.3.3　粒度视角的供热系统二级网经济安全规划案例

本小节对所提出的基于粒度分析方法的二级网拓扑结构优化配置展开研究与分析，并对结果进行计算与讨论。本小节配置生成方案、拓扑结构优化以及粒度计算过程均在 Python 3.8 环境中进行，所使用的计算机配置为 Intel Core i7－11370H 处理器，4核8线程，16GB 内存，3.30GHz 主频。

由于发展阶段的原因，目前我国供热系统还没有大规模采用计及以户为单位用热量的相关仪表设备，所以缺乏精确的以户为单位的热负荷数据，而以热力站为单位的热计量数据相对比较完善。因此，本小节中以供热系统的二级网为对象展开基于粒度分析方法的优化规划，其中以楼宇为最小热用户，以热力站为二级网热源展开研究。由于供热系统中的各个热用户的流量是相互影响的，所以通常在流量达到平衡之后便不再进行二级网流量的调节，而是通过直接调节一级网部分的阀门开度来间接达到对二级网供水温度进行调节的目的。从单独的二级网来看，其与一级网是相类似的，热力站相当于一级网中的热源，为热用户输送热能；居民住宅建筑、商场和医院等热用户相当于一级网中的热力站，不断消耗热量。

研究算例为我国北方某大型城市的区域供热系统，该供热系统共包括 34 个换热站，本章选取某热源的一个热力站及其所供区域的二级网作为优化规划的研究对象，对所研究案例的供热系统的二级网不同配置方案的性能展开研究。

5.3.3.1 系统构成

本小节所研究供热系统来自北方某地区实际供暖系统的一部分，其地理信息如图 5-18 所示，其中主要包括两个部分，分别是热用户和街道。热用户即为供热系统服务的对象，街道即为区域供热系统管网可以布置的潜在路径，而封闭路径则是区域供热系统的管道不可以布置的路径。具体来看热用户共包括 21 个居民住宅建筑，总供热面积为 16.43 万平方米；街道包括一个环状街道和六条主干线。在该区域现存供热系统的结构示意图如图 5-19 所示，共有 1 个热力站，21 幢楼宇。从图上可以看出热用户的分布较为分散且无序，所以对其进行合理的规划设计是非常必要的。

图 5-18 案例区域供热系统地理信息示意图

5.3.3.2 系统负荷

在明确所研究算例区域供热系统的构成之后，还必须要知道其负荷情况及资源和气候情况，具体包括供热源、热力站、热用户以及当地的温度环境等情况。根据算例实际情况，当地供暖所采用的热源均为燃气锅炉，热力站目前主要是大

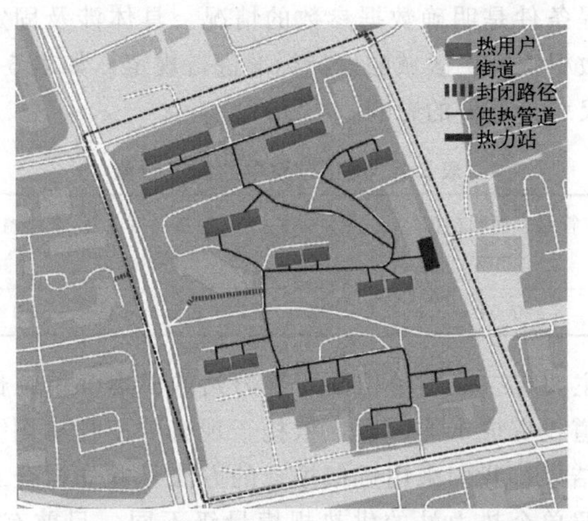

图5-19 案例区域供热系统现有结构示意图

型区域级热力站，在规划设计方面对热用户负荷需求情况的研究需要进行估算，本规划设计案例的研究是基于设计热负荷展开，故供热区域的热负荷根据当地市政工程建设标准规定40W/m^2 进行计算。当地的温度环境等情况是采用算例区域的历史数据。

各热用户的热负荷需求如表5-6所示，由于热用户的建筑楼型和高度不完全一样，因此热用户的热负荷也不完全一样，且其负荷的差距较大，最低热负荷为125.40kW，而最高热负荷为367.76kW。所选算例区域的温度环境等情况不仅会影响到热用户平均热负荷的大小，而且还会影响到规划设计中进一步考虑当地资源禀赋条件进而对供热系统的二级网做进一步的优化。

表5-6 不同热用户的热负荷数据

热用户编号	热用户热负荷/kW	热用户编号	热用户热负荷/kW	热用户编号	热用户热负荷/kW
B1	153.52	B8	366.80	B15	276.00
B2	179.12	B9	262.80	B16	367.44
B3	125.40	B10	341.60	B17	367.28
B4	314.00	B11	302.04	B18	301.76
B5	353.96	B12	302.00	B19	367.60
B6	353.92	B13	367.24	B20	367.76
B7	366.84	B14	367.20	B21	367.72

5.3.3.3 优化过程参数设置

按照前文的建模方法，对所选优化规划的算例进行具体建模及优化，而进行建模和优化的前提条件是明确数据参数的情况。具体涉及固定参数和非固定参数：其中固定参数根据算例区域的设计标准进行规定，如表 5-7 所示。固定参数基本不受管道的尺寸等条件的影响。

表 5-7　优化过程中的固定数值

比摩擦水头损失/(Pa/m)	管路表面粗糙度/mm	供水温度/℃	回水温度/℃	土壤温度/℃	热损失成本/(元/kWh)
100	0.01	80	50	10	0.3

非固定参数主要有二级网单位面积热力站的成本、单位长度管道的热损失以及单位长度管道投资成本等因素，依托于现有的工程案例统计数据以及实验和文献中的研究结果，我们采用近似拟合的方法。首先拟合二级网单位面积热力站的成本，按照单个热力站的供热规模量级不同，目前有三种热力站模式，分别为区域热力站模式、楼宇换热机组模式以及户用换热器模式。由于我国供热领域中热用户热负荷密度大以及供热区域通常较为集中，我国的户用换热器模式发展较少也不适合于当前大规模城镇供热系统，所以本章仅考虑区域换热站模式以及楼宇换热机组模式两种。一般而言单个传统的换热站的供热区域面积更大、单位面积的投资更低，而单个楼宇换热机组的供热区域面积相对较小、单位面积的投资成本更高、调控更精准。根据市政投资标准中的数据[56]，拟合得到两种不同模式下二级网单位面积热力站的成本并将两种模式相组合，如图 5-20～图 5-22 所示。

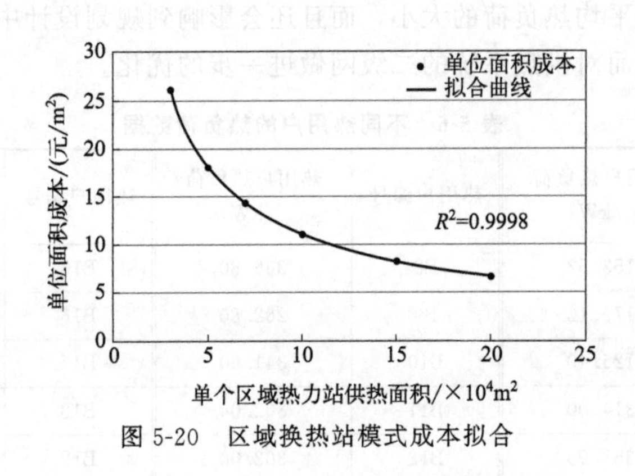

图 5-20　区域换热站模式成本拟合

除上述热力站成本影响之外，还要考虑管道投资和热损失这两项非固定参数，而这两项受管道尺寸的影响较大，为了在保证计算精度的同时实现优化计算方便的目的，我们采取了线性拟合的方法[57]，即引入了两种主要的近似方法，将原问题转化为 MILP 类型：传热与管道投资的线性化关系，以及传热与热损失的线性关系。从而易得这两种近似值如图 5-23 和图 5-24 所示，在计算范围内，线性拟合优度（R^2）的计算结果接近于 0.9。

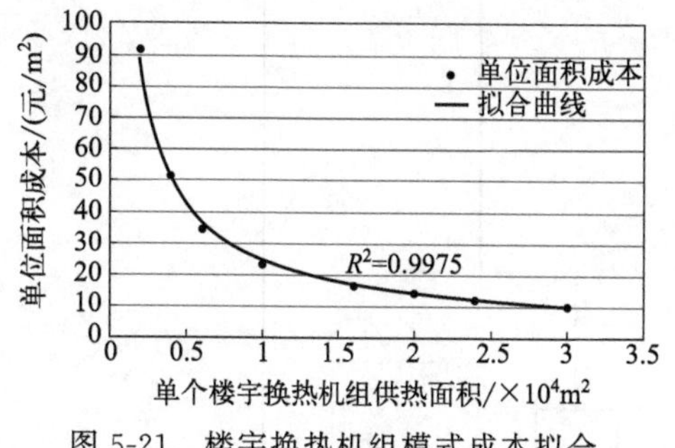

图 5-21　楼宇换热机组模式成本拟合

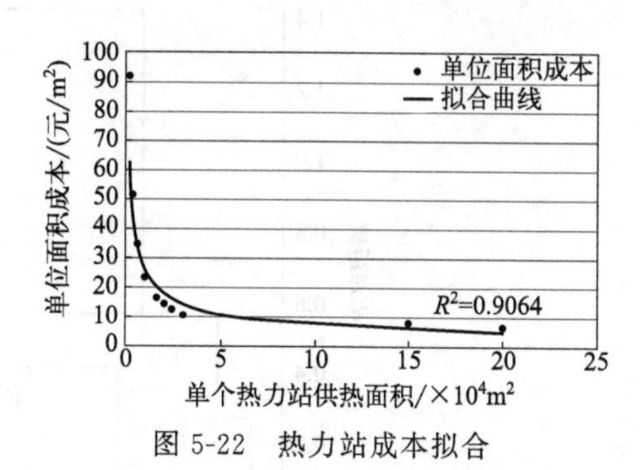

图 5-22　热力站成本拟合

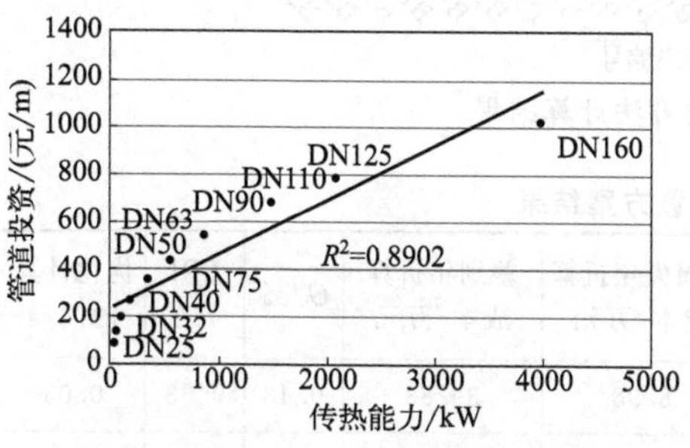

图 5-23　传热能力与管道投资的关系

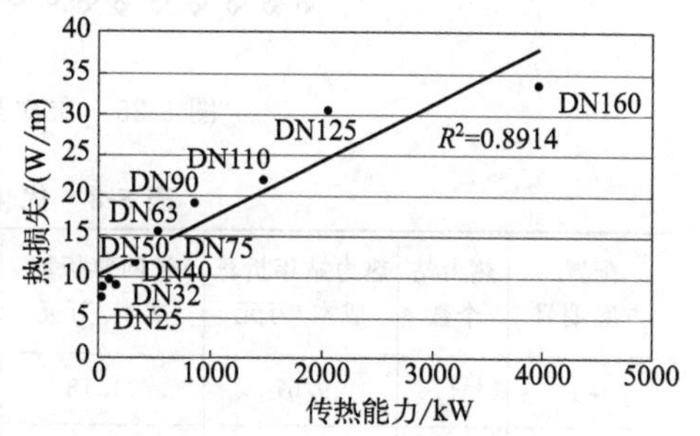

图 5-24　传热能力与热损失的关系

5.3.3.4　优化结果指标计算及粒度分析

运用层次聚类方法对所研究案例进行计算，以选择合适的聚类数量，如图 5-25 所示，然后根据前文描述的可能位置来确定热力站位置。最终筛选出除原有方案外共 13 种可行的配置方案。除此之外，还增加了一种不考虑热源实际可行位置条件限制的供热方案（即在新规划区域有可能采用）以及原有的供热方案。因此，本章研究的二级网配置方案共包括 15 个方案，对比不使用层次聚类时各个可行配置方案的组合均需要考虑时的 255 个配置方案，本章使用层次聚类方法节省了 94.12%的计算方案，从而大大节约了优化计算的时间成本。

根据前文所述的建模和优化方法，计算不同配置方案，最终得到了不同配置方案下的优化结果，整理后得到不同配置及其所对应的热力站个数、热力站年折算成本、管网年折算成本、热损失年折算成本、差别年折算成本（前三项之和）、配置方案系统的粒度、配置方案系统的供热不稳定性以及优化计算的时间，具体如表 5-8 所示。现有的方案是♯1，♯15 是不考虑热源实际可行位置条件而采用的供热方案。

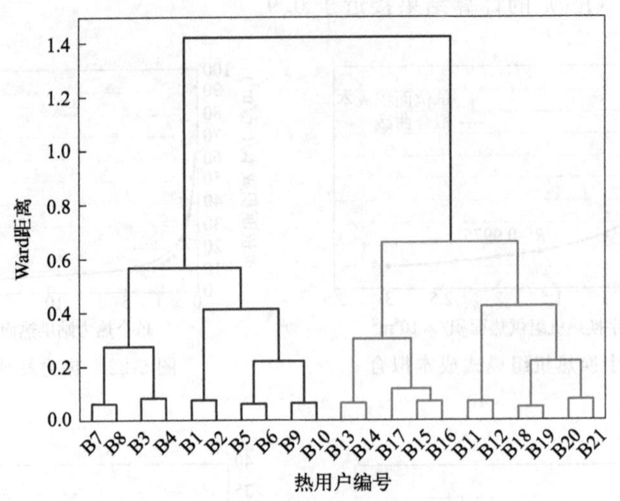

图 5-25　层次聚类方法计算结果

表 5-8　优化配置方案结果

配置方案编号	热力站个数	热力站年折算成本/万元	管网年折算成本/万元	热损失年折算成本/万元	差别年折算成本/万元	G/%	PRI/%	优化计算时间/s
#1	1	9.67	21.18	8.98	39.83	0.43	9.63	0.03
#2	2	14.08	14.63	6.20	34.92	1.14	7.00	0.02
#3	2	14.08	13.77	5.84	33.69	1.11	6.57	0.02
#4	2	14.08	14.11	5.98	34.17	1.35	6.64	0.02
#5	2	14.08	14.35	6.09	34.52	1.97	6.32	0.02
#6	4	20.49	9.10	3.86	33.44	3.85	4.04	0.01
#7	4	20.51	9.15	3.88	33.55	4.10	4.08	0.01
#8	4	20.47	8.55	3.63	32.65	4.26	3.73	0.01
#9	4	20.48	8.60	3.65	32.73	5.97	3.61	0.01
#10	4	20.49	9.15	3.88	33.52	5.56	4.01	0.01
#11	4	20.47	9.21	3.90	33.58	5.88	3.92	0.01
#12	6	25.31	6.33	2.68	34.33	11.06	2.13	0.01
#13	6	25.31	6.45	2.74	34.50	10.77	1.97	0.01
#14	7	27.39	5.84	2.48	35.71	14.58	1.54	0.01
#15	10	33.43	3.21	1.36	38.01	22.22	0.52	0.01

根据上述计算结果我们发现与前文提出粒度分析方法而不能用热力站数量来衡量二级网规模及热量在空间供需分布情况相一致，仅用热力站的个数不足以衡量供热系统二级网的规模及热量在空间供需分布情况，因为系统的热量在空间供需分布情况还受到其具体拓扑结构的影响。具体看上述方案＃7 和方案＃8，两者拓扑结构如图 5-26 和图 5-27 所示。可以看出两者虽然热力站的数目相同，但是由于热力站的位置不同，其管网拓扑结构也相差较大，而对应的各项指标也相差较大，所以用热力站数量来衡量系统的二级网规模及热量在空间供需分布情况是存在严重不足的。

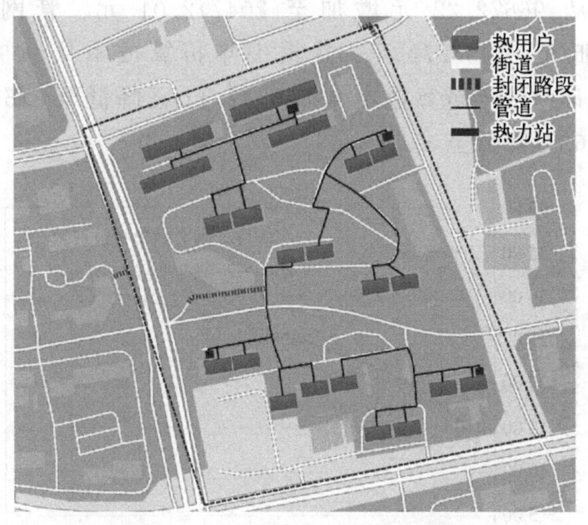

图 5-26　配置方案＃7 拓扑结构

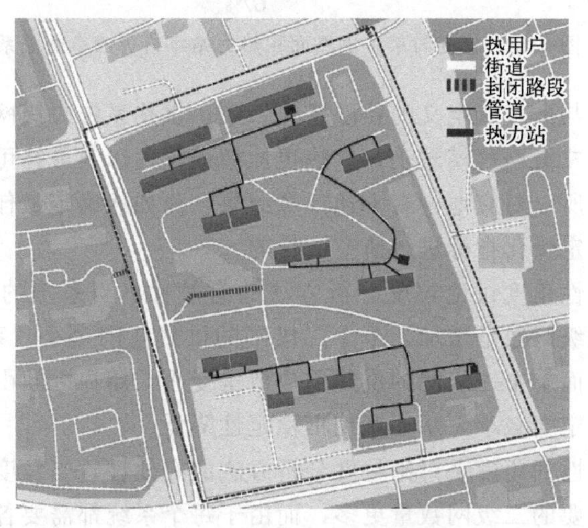

图 5-27　配置方案＃8 拓扑结构

根据上述计算结果，对结果进行处理，分别拟合出各项指标与供热系统二级网粒度之间的关系，从而来证明粒度分析方法在进行供热系统二级网规划过程中的有效性和工程意义。具体拟合结果如图 5-28～图 5-32 所示。从图可以看出，各项指标与粒度之间有较好的拟合优度（均大于 0.9），说明粒度指标可以间接表征系统的其他各项指标。随着供热系统二级网粒度的增加，单位供热面积热力站年折算成本逐渐增加、单位供热面积管网年折算成本逐渐降低、单位供热面积热损失年折算成本逐渐降低、差别年折算成本先迅速降低后缓慢增加以及系统的调控不稳定性逐渐降低。具体地，当粒度值从 0.43％增加至 4.26％时，其热力站年折算成本从 96672.22 元增加至 204742.01 元、管网年折算成本从 211829.16 元降低至 85496.72 元、热损失年折算成本从 90946.06 元降低至 36262.92 元、合计差别年折算成本从 398347.44 元降低至 326501.65 元以及调控不稳定性从 9.63％降低至 3.73％。

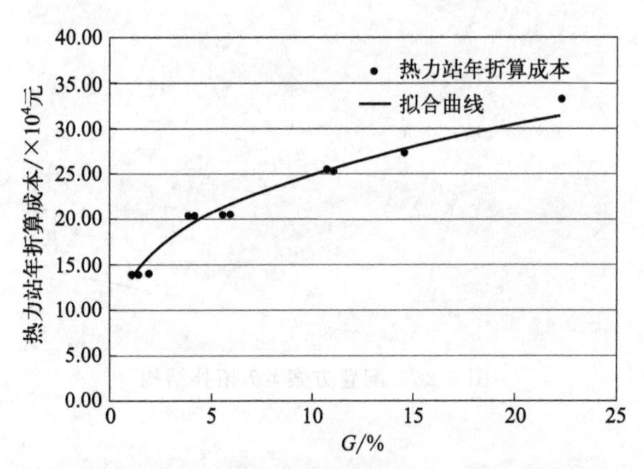

图 5-28　粒度与单位供热面积热力站年折算成本的关系

究其原因，与本章所定义的粒度思想一致，供热系统二级网粒度越大，代表供热系统的单个二级网规模越小，供热更加精细化，以及最终可以满足热用户灵活的用热需求，所以对应地会有上述计算结果，而如何确定最佳的供热粒度范围则是将粒度作为定量化指标进行研究的目的。

从调控稳定性角度讨论粒度分析方法的有效性，当系统的二级网粒度增大时，系统内的二级网数量增加、单个二级网的供热范围变小、系统调控更精准、灵活性更高，从而单个二级网的供热用户数量变小，用户之间由于调控而产生的水力和热力不稳定会减小，从而调控不稳定性降低。

从技术经济性的角度来讨论粒度分析方法的有效性，当粒度变大单个二级网规模更小时，需要的二级网数量更多，而由于每个系统都需要各个系统的各种配套设施，因此这些系统的热力站建设成本较高。随着粒度的增大，热用户到热力

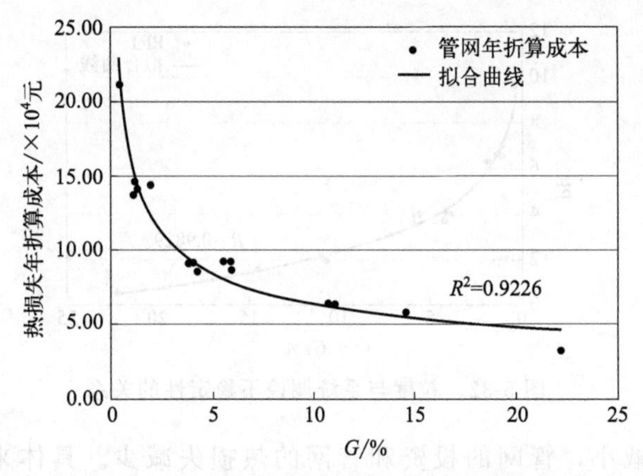

图 5-29　粒度与单位供热面积管网热损失年折算成本的关系

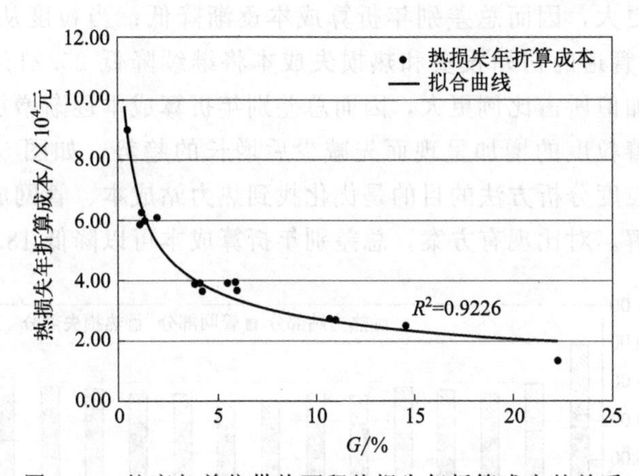

图 5-30　粒度与单位供热面积热损失年折算成本的关系

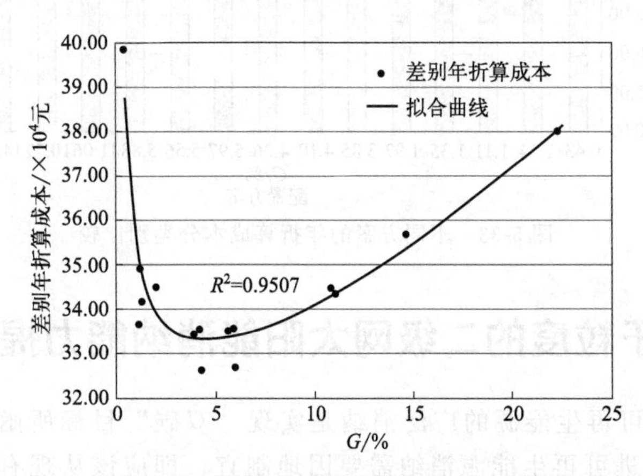

图 5-31　粒度与单位供热面积差别年折算成本的关系

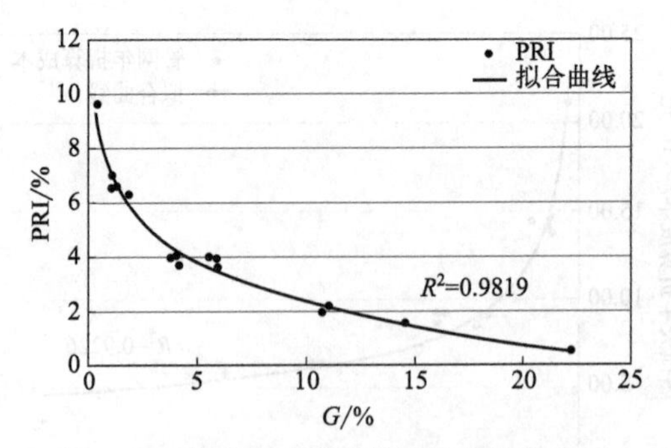

图 5-32　粒度与系统调控不稳定性的关系

站的平均距离减小，管网的投资和管网的热损失减少。具体来看，当粒度从0.43％增加至4.26％时，管道的初始投资和热损失成本将降低59.64％，占总差别成本的比例更大，因而总差别年折算成本逐渐降低；当粒度从4.26％增加至22.22％时，对管道的初始投资和热损失成本将继续降低25.21％，然而，此时热力站成本增加值所占比例更大，因而总差别年折算成本逐渐增加，最终总差别年折算成本随着粒度的增加呈现而先减少后增长的趋势，如图5-33，在技术经济性方面进行粒度分析方法的目的是优化找到热力站成本、管网成本和热损失成本之和的最优解。对比现有方案，总差别年折算成本可以降低18.03％。

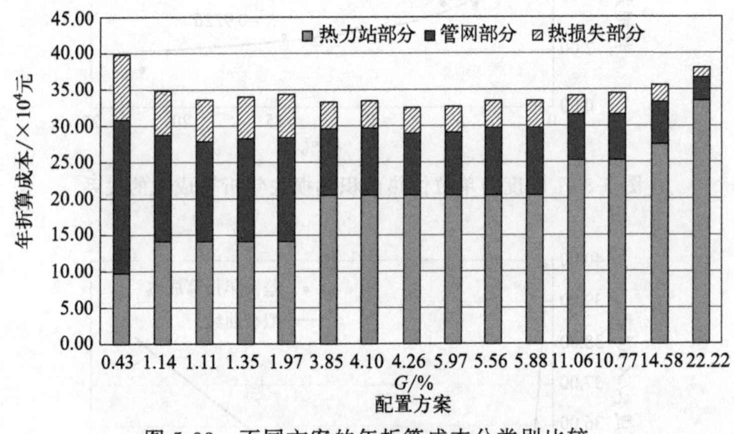

图 5-33　不同方案的年折算成本分类别比较

5.4　基于粒度的二级网太阳能消纳能力提升规划

如何实现可再生能源的广泛消纳是实现“双碳”目标所亟须解决的重要问题之一，促进可再生能源消纳需要因地制宜，即应该从现有条件以及资源禀赋等角度出发进行考虑，而促进可再生能源消纳的前提条件是不能影响供热系统的安全、稳定和可靠运行。因此，在前文应用粒度分析方法对供热系统二级网进行优化规划的基础上，进一步考虑基于粒度分析方法的供热系统二级网规划结果对于可再生能源消纳的影响以及作用，从而促进可再生能源的广泛消纳。

本节首先对供热系统场景下的可再生能源产能和用能进行了分析，提出了使用于供热系统的可再生能源产能和用能消纳系统方式。其次，根据所研究案例区域的特点，具体分析了供热系统中各个热用户所能利用的最大太阳能量，并基于运行稳定安全的原则对供热系统配置方案中的太阳能的最大供热比例进行优化，最后得到基于粒度分析方法下各个供热系统配置方案的最大太阳能消纳率。然后，在满足太阳能充分消纳的前提下，对供热系统的储热配置容量进行了优化，进一步对不同太阳能接入比例下供热系统二级网的技术经济性进行了分析和计算。最后，基于上述优化计算结果，讨论了粒度分析方法对于供热系统二级网中太阳能消纳以及其在供热系统技术经济性提升方面的影响，证明了粒度分析方法在太阳能消纳方面的促进作用以及其长期经济价值。

5.4.1 太阳能消纳及储热容量配置优化

利用可再生能源需要综合考虑区域内可利用的可再生能源特点以及所在区域的特征，即要从所研究具体区域出发综合考虑可再生能源的能源强度、分布广度以及利用的经济性和安全性等因素。本节基于 5.3 优化得到的配置方案及其二级网拓扑结构，探讨可再生能源的消纳方式及其系统结构。

从产能角度而言，可再生能源实现消纳有两种形式：一种是通过太阳能光伏或风机产生电力，再通过热泵或者电锅炉将电能转换为热能进行供热；另一种是通过太阳能集热器进行集热后直接用于供热。而从用能角度而言，可再生能源可以作为独立的热源单独供给一部分热用户即与原有供热系统为“并联”关系，另外一种则是作为补充热源而不直接单独供给热用户即与原有供热系统为“串联”关系。从储热部分来看，储热的作用是当热力站的负荷调节能力有限时，储热模块可以提高可再生能源的消纳，降低热量由于过供而产生的浪费，其结构位置可以在供热端也可以在用热端。具体供热系统二级网在可再生能源接入情况下的结构如图 5-34 所示。

虽然对可再生能源的研究已经有了非常长足的发展，然而由于可再生能源大多具有不确定性的特点，所以其很难作为稳定、可靠的热源单独使用。具体到本章所研究内容，在系统设计上，将可再生能源作为供热系统二级网中的辅助补充部分，储热模块布置在热力站处，通过调节热力站的供水温度实现可再生能源的消纳，同时根据案例地区的特点，以太阳能集热作为可再生能源进行供热，储热模块运用储热罐进行物理储热。

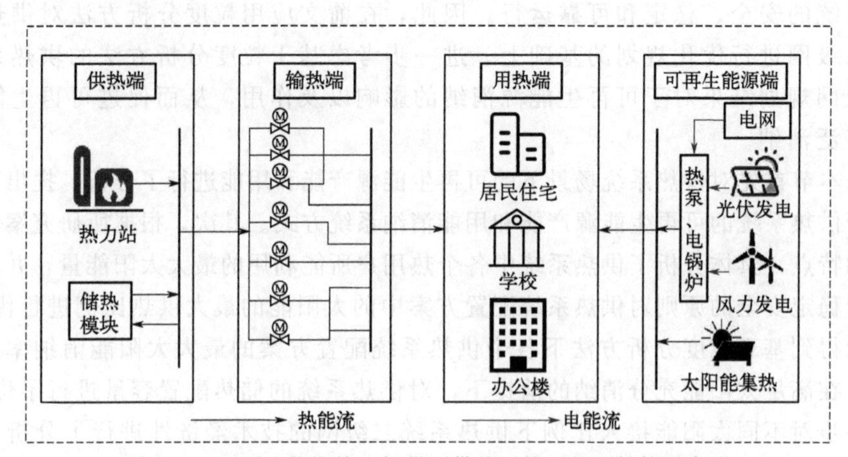

图 5-34　可再生能源接入场景下供热系统二级网结构示意图

本章的研究对象为供热系统二级网部分，所以从整个系统的结构来看，除了阀门等相关辅助控制部件外主要还包括热力站、输热管网、太阳能集热模块、储热模块以及热用户即用热建筑。从供热系统的结构出发，进一步从供热系统运行的视角来分析太阳能的消纳情况，如前文所述太阳能消纳的前提是不能影响供热系统的安全、稳定和可靠运行，所以在本章研究中其消纳的理想情况应该是不对水力状况产生影响，只是作为“二次加热”的中间热源，即同一个热力站的供回水温度应尽可能接近。

综上因素，从实际的供热系统运行来看，一般情况下二级网内供热负荷的调节以“质调节”为主，同时为了避免较高的热损失，从热量均衡和稳定的角度考虑，二级网的热源到各个热用户之间的供水温度和回水温度一般差别不大。基于这种考虑，同个热源内各个热用户的太阳能消纳占热用户热负荷需求的比例应该以最低值作为该热源及其附属热用户供热系统的最大太阳能替代率，进而可以计算出整个供热系统的最大太阳能消纳率。太阳能消纳率一般定义为利用的太阳能与可用的最大太阳能量之比，对于某个二级网区域含有 j 个热力站以及其对应有 i 个热用户，单个建筑、单个供热系统以及整个区域内供热系统的太阳能消纳率可由下式所示：

$$\eta_i = \frac{Q_{r,i}}{Q_i} \tag{5-41}$$

$$\eta_j = \min\{\eta_1, \eta_2, \cdots, \eta_i\} \tag{5-42}$$

$$\eta_c = \frac{1}{jQ_t}\sum_i^j \left(\frac{\eta_j Q_j^2}{Q_{r,j}}\right) \tag{5-43}$$

式中，η_i、η_j 和 η_c 分别为热用户 i 的太阳能供热替代率、供热系统 j 所属二级网区域的太阳能供热替代率以及整个区域内供热系统的太阳能消纳率，%；Q_i、Q_j、Q_t、$Q_{r,i}$ 和 $Q_{r,j}$ 分别为热用户 i 的需求热负荷、热力站 j 所属区域内所有热用户的需求热负荷之和、整个区域内热负荷需求之和、热用户 i 的太阳能可供热负荷以及热力站 j 所属区域内所有热用户的太阳能可供热负荷之和，kW。

储热模块是实现不稳定太阳能消纳的有效保证，虽然主动型热源可以通过主动变负荷来实现太阳能的充分利用，但是主动型热源依旧会受到机组热负荷变化范围的限制，而这就需要发挥储热模块的作用，实现热量在时间上的转移，最终达到为热负荷“削峰填谷”的目的，如示意图 5-35 所示。

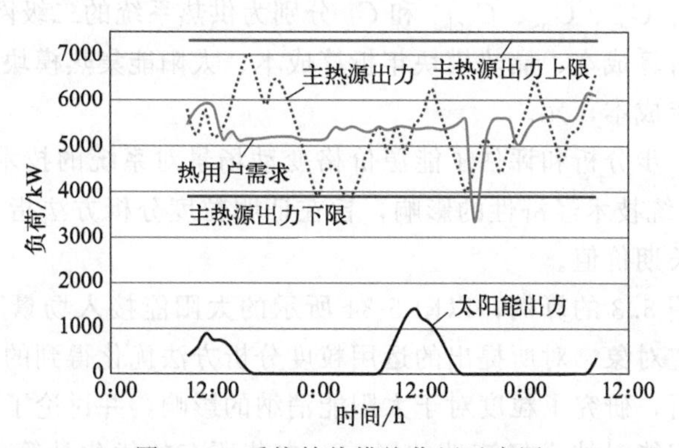

图 5-35　系统储热模块作用示意图

如图 5-35 所示，当主动热源的热负荷下限与可再生热源热负荷之和仍然高于系统热用户的热负荷需求时，需要运用储热系统将多余的热能进行存储。在用能过程中应当优先使用可再生热源，然后再使用储热设备中存储的热量，最后仍旧不足以满足热用户热负荷需求的部分才通过提升主动热源的热负荷来满足供热需求。通过上述用能顺序，可以保证太阳能优先被使用的同时尽可能少地配置储热系统容量，从而降低系统的投资成本。

基于上述太阳能消纳优化的出发点是首先要保证供热系统的安全稳定运行，同时尽可能多地消纳太阳能且最大程度减少储热模块的配置容量。从本质上看，由于各个热用户自身的特性不同，单个建筑可以消纳的最大太阳能量也不相同，所以在保证供热系统稳定运行前提下，粒度分析方法可以尽可能满足热用户自身特性，充分利用系统中热用户的灵活性，从而提升整体上的太阳能消纳水平。

5.4.2　配置方案分析与评估

为了证明粒度分析方法对供热系统二级网规划设计的作用，需要对不同二级网粒度下的供热系统展开分析与评估。分析与评估主要包括两个方面：一方面为太阳能消纳率；另一个方面为系统的技术经济性。在5.3优化得到的配置方案的基础上，考虑太阳能的接入，具体对逐个二级网粒度下的配置方案进行优化计算与分析评估。由于太阳能的接入对系统产生影响，首先根据安全稳定运行原则对最大太阳能的消纳率进行优化计算，然后在此基础上对系统的技术经济性进行分析。对系统的技术经济性计算具体到本节所研究内容，经简化后，除5.3涉及的部分外，还包括太阳能集热模块年折算成本、储热模块年折算成本以及与用热量息息相关的热耗成本三部分。

$$C_{te}=C_{ac}+C_{hs}+C_{solar}+C_{e} \tag{5-44}$$

式中，C_{te}、C_{ac}、C_{hs}、C_{solar} 和 C_{e} 分别为供热系统的二级网年折算总成本、二级网差别年折算成本、储热模块年折算成本、太阳能集热模块年折算成本以及供热系统热耗年成本，元。

最后，进一步分析和评估了能源价格变动场景对系统的技术经济性的影响，即 C_{e} 变化对系统技术经济性的影响，旨在证明粒度分析方法指导供热系统二级网优化规划的长期价值。

本小节采用5.3的算例，以图5-34所示的太阳能接入场景下供热系统二级网部分作为研究对象，对所提出的运用粒度分析方法优化得到的供热系统二级网展开研究与分析，研究了粒度对于太阳能消纳的影响，并讨论了能源价格变动的情况下引入太阳能对技术经济性的影响。本节所有的优化计算均在Python 3.8环境中运用Gurobi进行数学规划优化，所使用的计算机配置为Intel Core i7-11370H处理器，4核8线程，16GB内存，3.30GHz主频。

5.4.3 算例介绍

在5.3已经对算例进行了介绍，但是并未涉及与可再生能源相关的部分，故在此部分对其进行补充介绍。首先是算例区域资源禀赋及环境条件分析，所研究算例地区为典型的北温带半湿润大陆性季风气候，四季分明且有较为充足的光照时间和强度。同时目前随着太阳能利用技术研究的深入，其安全性有较好的保证，因此本章研究的可再生能源的具体形式为太阳能。具体地，有两种技术可供选择，分别是太阳能光热利用和太阳能光伏发电再通过热泵或电锅炉转热进行利用，如果要用光伏发电技术，那么需要将电再转换为热从而实现供热，这就多了一步能量品位的转换，效率有所降低且成本也会提高，因此本章从初投入成本角度考虑采用太阳能集热进行供热。在太阳能集热的布置上，本章根据实际算例区域为居民建筑，最终采用在屋顶上布置太阳能集热器的方式。具体布置面积如表5-9所示，从表中数据可以看出各个用热单元的屋顶面积除了少部分外均集中在330m^{2}左右。

表 5-9　不同热用户的屋顶面积

热用户编号	热用户屋顶面积/m^2	热用户编号	热用户屋顶面积/m^2	热用户编号	热用户屋顶面积/m^2
B1	319.83	B8	327.51	B15	328.57
B2	319.86	B9	328.50	B16	328.07
B3	216.25	B10	328.46	B17	327.93
B4	523.33	B11	328.31	B18	328.00
B5	327.74	B12	328.28	B19	328.21
B6	327.71	B13	327.89	B20	328.36
B7	327.54	B14	327.85	B21	328.32

分布式太阳能集热可以输出的能量与当地的太阳能辐射强度具有较大的关系，具体地我们从开源数据库[58]中，获得了研究算例区域供暖季太阳辐射强度小时均值数据热力图，如图 5-36 所示。该地区的太阳能资源相对丰富，其平均太阳能辐射强度可以达到 113.97W/m^2，最大太阳辐射强度可以达到 849.17W/m^2。

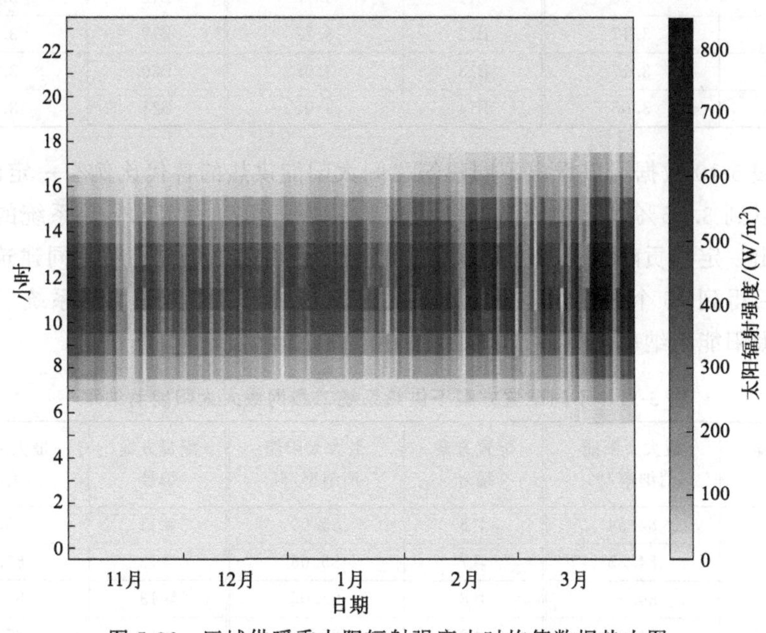

图 5-36　区域供暖季太阳辐射强度小时均值数据热力图

5.4.4 太阳能消纳分析

根据上述逐个热用户的屋顶面积以及采暖季的太阳辐射强度，太阳能集热器的最大可供热的热量可以计算出来，如下式：

$$Q_{r,i}=A_i s_i \eta_i \tag{5-45}$$

式中，$Q_{r,i}$ 为热用户 i 的太阳能集热的热功率，kW；A_i 为热用户 i 的太阳能集热的最大可供面积，m^2；s_i 为热用户 i 的瞬时太阳能辐射强度，W/m^2；η_i 为热用户 i 的太阳能集热器的集热效率，本章取目前技术上常用的0.3。

通过以上算例中各个建筑物的可布置太阳能集热面积以及太阳辐射强度，可以计算得到其在一个采暖季内的平均功率，又结合各个热用户的平均额定热负荷功率，可以计算得到各个建筑的太阳能集热可以替代原有热源的供热比例，具体计算结果分别如表5-10所示。

表5-10 不同热用户太阳能供热最大可替代比例

热用户编号	最大替代比例/%	热用户编号	最大替代比例/%	热用户编号	最大替代比例/%
B1	7.12	B8	3.05	B15	4.07
B2	6.11	B9	4.27	B16	3.05
B3	5.90	B10	3.29	B17	3.05
B4	5.70	B11	3.72	B18	3.72
B5	3.17	B12	3.72	B19	3.05
B6	3.17	B13	3.05	B20	3.05
B7	3.05	B14	3.05	B21	3.05

从表5-10数据可以看出不同建筑之间太阳能供热的替代比例有一定的差距，最低可以到3.05%以上，最高可以达到7.12%，可以为实现供热系统的清洁低碳化做出一定的贡献。针对上述以安全稳定运行为前提条件，对不同建筑进行计算，最后得到15个根据粒度分析方法优化得到的配置方案的供热系统二级网中的最大太阳能消纳率，具体计算结果如表5-11所示。

表5-11 不同配置方案下供热系统二级网最大太阳能消纳率

配置方案编号	最大太阳能消纳率/%	配置方案编号	最大太阳能消纳率/%	配置方案编号	最大太阳能消纳率/%
#1	84.34	#6	85.09	#11	85.05
#2	84.35	#7	85.05	#12	87.66
#3	84.35	#8	85.05	#13	87.66
#4	84.35	#9	85.05	#14	87.38
#5	84.35	#10	85.09	#15	92.35

从表5-11数据可以看出不同配置方案下的供热系统二级网中的最大太阳能消纳率有所区别，整体上呈现阶梯式增加，即方案#1～#5之间差距很小，而其与#6～#10之间的差距相对较大。这与所研究算例的特性相关，即从表5-11

中可以看出部分热用户的最大太阳能替代比例均比较近似。其拟合曲线如图 5-37 所示，从图中可以看出，整体上随着配置方案系统二级网粒度值的增加，其最大太阳能消纳率也逐渐增加，并且两者具有较高的拟合优度，随着粒度值从 0.43%增加到 22.22%，其方案对应的最大太阳能消纳率也从 84.34%增加到 92.35%，太阳能消纳率增长了 8.01 个百分点。同样可以推测出，当所研究系统内的热用户之间特性相差较大时，供热系统内热用户的灵活性可以更多被利用，因此粒度分析方法对于太阳能消纳的指导作用将更加显著。

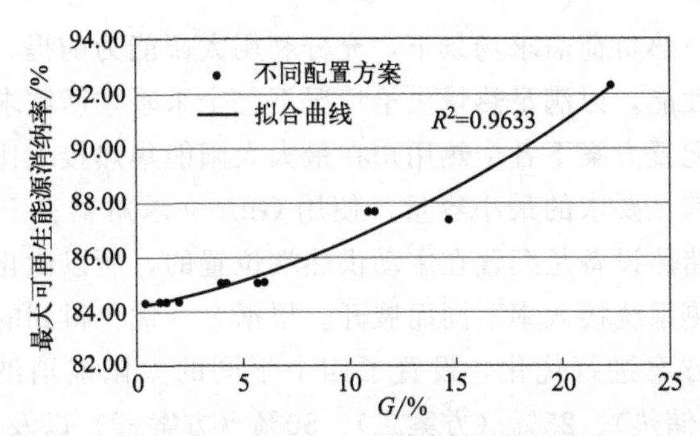

图 5-37　不同配置方案粒度值与最大太阳能消纳率关系图

5.4.5　储热配置优化分析及技术经济性计算评估

(1) 储热配置优化分析

储热的作用主要是降低由于太阳能自身出力的不稳定性带来的对供热系统造成过供的问题，对储热模块的容量进行优化配置的前提是尽可能充分发挥系统主动型供热源自身的调节能力，尽可能减少储热模块的利用，降低系统的投资成本。

根据前文对储热系统作用的介绍，我们以算例区域某一采暖季稳定运行阶段 12 月 09 日至 2 月 26 日的实际运行数据为例，对其进行优化计算。在优化之前给出各部分的情况，包括：主动供热源（即热力站）的最大出力容量、最小出力容量以及爬坡功率；算例区域某一采暖季的热用户热负荷需求；太阳能集热的出力以及储热系统储热效率、放热效率以及自放热系数。具体值根据选定的设备给出，如表 5-12 所示，其中 Q 为采暖季稳定运行阶段热用户的平均热负荷。

表 5-12　主动供热源及储热设备的技术参数

设备类型	参数	单位	相对值比值
主动供热源	额定功率	kW	Q
	爬坡功率	kW/h	$0.1Q$

续表

设备类型	参数	单位	相对值比值
主动供热源	最大功率	kW	1.3Q
	最小功率	kW	0.7Q
储热设备	自放热系数	%/h	0.2
	储热效率	%	98.0
	放热效率	%	98.0

以满足热用户热负荷需求场景下，充分利用太阳能为前提，尽可能发挥主动热源自身的调节性能，以满足热量供给情况下整个采暖季所需求的最小储热容量为目标。对不同配置方案下各个热用户在最大太阳能集热接入比例下的场景优化计算其储热设备满足要求的最小容量，使用 Gurobi 求解器在 Python3.8 环境中进行优化求解。储热设备是配置在主动供热端位置的，所以优化应该围绕单个热力站中太阳能集热系统接入率不同而展开。根据 5.3 优化得到的结果，筛选出不同粒度范围内的方案进行优化，设置了四个不同的太阳能消纳率，分别为 0%（方案一，未布置储热）、25%（方案二）、50%（方案三）以及 75%（方案四），具体分别对＃1、＃3、＃8、＃12 以及＃15 下的二级网粒度结构配置方案下方案二、方案三以及方案四进行储热容量配置优化，储热容量配置结果如表 5-13 所示。

表 5-13　不同太阳能消纳方案下储热容量

粒度/%	方案二储热容量/MWh	方案三储热容量/MWh	方案四储热容量/MWh
0.43	12.15	14.95	17.75
1.11	12.18	14.97	17.77
4.26	14.07	16.13	18.26
11.06	16.19	18.34	20.84
22.22	18.52	20.47	22.76

针对不同配置方案粒度范围场景下的不同太阳能消纳率方案的储热配置容量进行优化计算，整体上随着粒度值从 0.43%增加到 22.22%，其在相同太阳能消纳比例下的储热容量配置也逐渐增加，当太阳能消纳率为 25%时，储热配置容量从 12.15MWh 增加至 18.52MWh。这是由于随着粒度的增大，二级网的精细化程度更高，单个二级网的规模整体上更小，需要布置的储热模块更加分散，整体上需要的储热容量更高以适应小系统的变化，但是这需要更高的二级网自身调节能力。

除此之外，还有一个趋势是消纳单位太阳能所需要的储热配置容量也发生变化，随着太阳能消纳率的增加，需要配置的储热比例逐渐降低，如图 5-38 所示为在不同粒度、不同方案下消纳太阳能所需配置的储热容量比例变化。

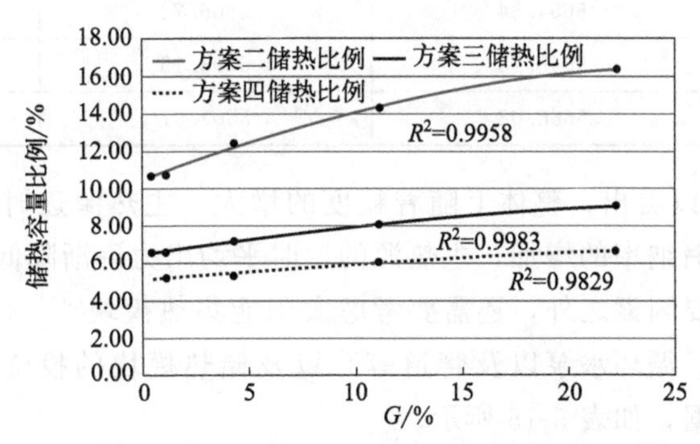

图 5-38　不同方案下粒度值与单位太阳能储热配置关系图

从图 5-38 可以看出，随着太阳能消纳率的增大，无论在何种粒度范围下，需要配置的储热容量比例均降低，且随着粒度值的增大，其配置容量比例下降更多，即储热配置容量比例的增长更加缓慢。举例而言，当粒度为 1.11％时，太阳能消纳率为 25％、50％、75％时的储热配置容量比例分别为 10.75％、6.61％、5.23％；而当粒度为 11.06％时，太阳能消纳率分别为 25％、50％、75％时的储热配置容量比例分别为 14.30％、8.10％、6.13％，储热容量配置逐渐缩小。

究其原因，在更大的粒度情况下，由于储热布置更加均匀，二级网中热用户可以实现更高的灵活性；而随着粒度值的增大，当太阳能消纳率增加时，由于二级网中热用户可以实现更高灵活性，这时虽然太阳能的消纳率增加较大，但是仍可以通过较小的储热配置容量增长幅度来实现太阳能的完全消纳。

（2）供热系统技术经济性计算评估

太阳能供热系统的接入，一方面可以降低对主热源的用热需求量，从而减少对主热源的依赖，降低用热成本；但是另一方面由于太阳能供热系统的接入造成了设备成本等固定初投资的增加。在上部分对储热配置容量进行优化的过程中也可得出系统中主动供热源的逐时平均出力，各个配置方案的计算结果如表 5-14 所示。

表 5-14　不同粒度下不同方案的主热源逐时平均出力

粒度/％	方案二主热源逐时平均出力/kWh	方案三主热源逐时平均出力/kWh	方案四主热源逐时平均出力/kWh
0.43	5646.85	5590.88	5540.38
1.11	5646.71	5599.67	5537.98

续表

粒度/%	方案二主热源逐时平均出力/kWh	方案三主热源逐时平均出力/kWh	方案四主热源逐时平均出力/kWh
4.26	5654.54	5606.72	5563.45
11.06	5648.78	5593.15	5540.36
22.22	5660.08	5607.07	5551.68

从表 5-14 可以看出，整体上随着粒度的增大，主热源逐时平均出力变化不大。随着太阳能消纳率的增加，主热源的逐时平均出力逐渐降低，这有助于能耗的降低。除此主要因素之外，还需要考虑太阳能集热模块[59]（其中折算成本包括集热板、水箱、循环水泵以及管道等）以及储热模块的投资及维护成本[60]，参照文献中的数据，如表 5-15 所示。

表 5-15　不同模块投资及维护成本折算

设备类型	设备参数	数值
太阳能集热模块	折算成本	500 元/m^2
	可使用年限	15 年
	折现率	8.0%
储热设备模块	投资成本	50 元/kWh
	维护费用	0.013 元/(kWh·年)
	可使用年限	15 年
	折现率	8%

对上述数据进行计算和处理，可以得到不同粒度下针对不同太阳能消纳率方案的年折算总成本计算结果（场景一）。同时，以能源价格分别增加 5%（场景二）、10%（场景三）和 15%（场景四）为例进一步分析了不同粒度场景下不同太阳能消纳率情况下的供热系统的年折算总成本，探讨了供热系统的能源价格敏感性这一关键因素，具体计算结果如图 5-39 所示。

从图 5-39 可以看出在太阳能接入的场景下，无论能源价格增长幅度大小，年折算总成本均呈现先降低后增加的趋势，在合适的粒度情况下，供热系统可以实现最优的技术经济性；而在相同的场景下，随着太阳能接入比例的增加，供热系统整体的年折算总成本增加，这主要是由于太阳能集热模块以及储热模块的布置而增加的系统总成本大于因太阳能接入造成的能源成本的降低，也就是目前采用太阳能供热的成本仍旧大于传统能源。当粒度为 4.26%时，场景一中太阳能消纳率为 75%时年折算总成本相比于太阳能消纳率为 25%时增加了 11.97 万元；场景二中太阳能消纳率为 75%时年折算总成本相比于太阳能消纳率为 25%时增加了 11.57 万元；场景三中太阳能消纳率为 75%时年折算总成本相比于太阳能消纳率为 25%时增加了 11.18 万元；场景四中太阳能消纳率为 75%时年折算总成本相比于太阳能消纳率为 25%时增加了 10.78 万元。对比没有太阳能接入的方案，当粒度为 4.26%时，场景一的太阳能消纳率为 75%时需要多投入 23.31 万元，而场景四仅需多投入 21.42 万元，从技术经济性的角度而言，能源价格的增加有助于高比例太阳能接入场景下经济效益的体现。

各项年折算成本如图 5-40 所示，其中供热成本占比最多，达到了 85%以上，而储热成本的占比最小。随着可再生消纳率的增加，太阳能集热成本也逐渐增加，且当消纳率为 75%时基本与原规划的建设成本持平。但是由于供热成本占比最大，所以当能源价格增加时，高比例消纳太阳能的供热系统优势将逐渐显现出来。

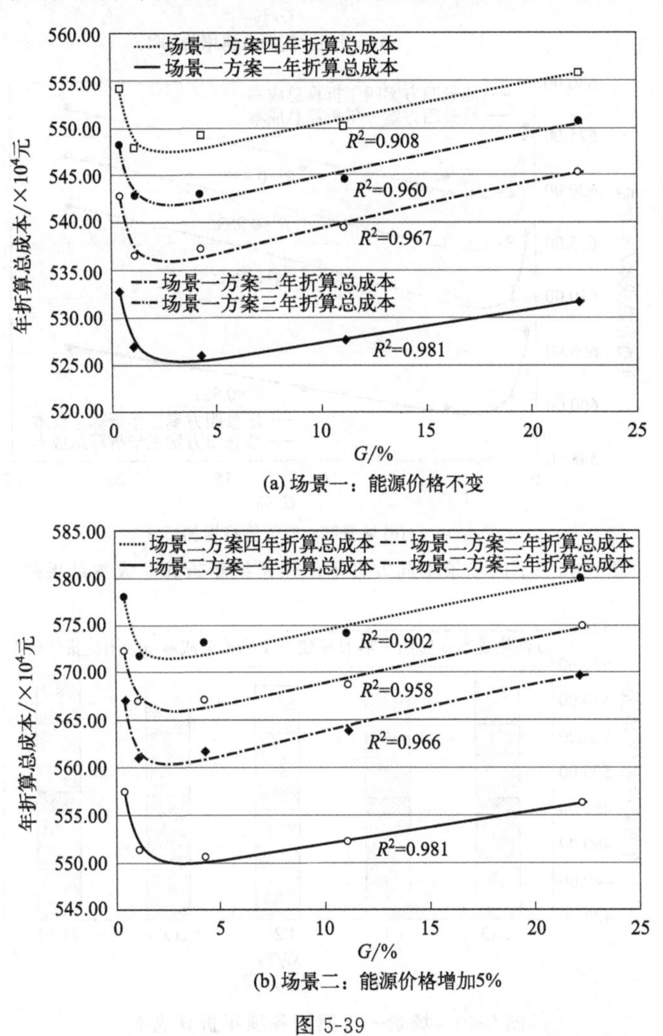

(a) 场景一：能源价格不变

(b) 场景二：能源价格增加5%

图 5-39

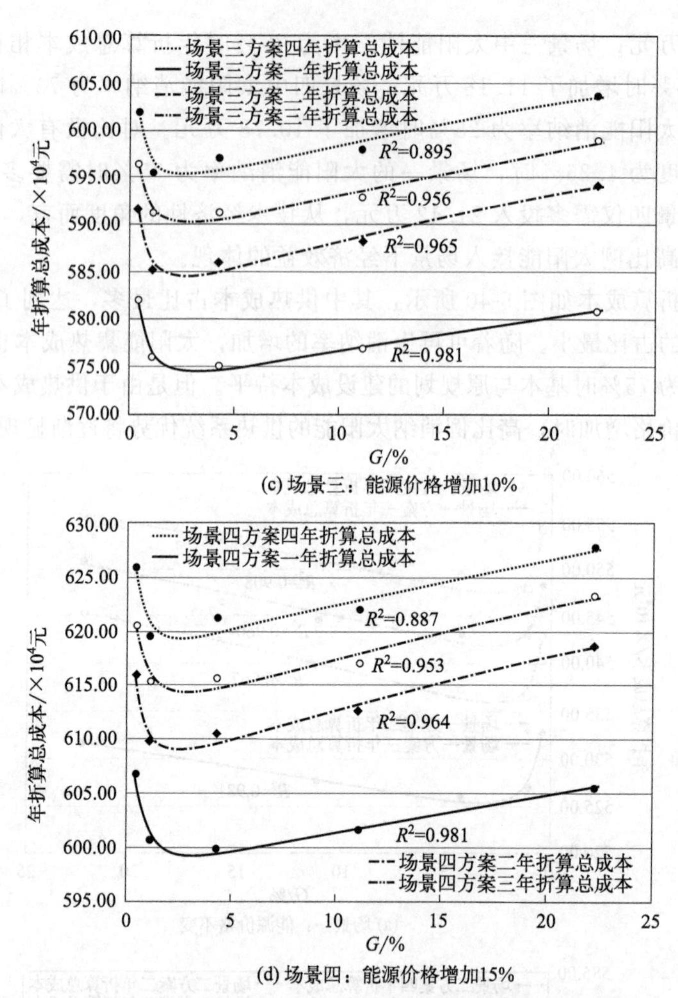

(c) 场景三：能源价格增加10%

(d) 场景四：能源价格增加15%

图 5-39　不同场景不同方案下供热系统年折算总成本结果图

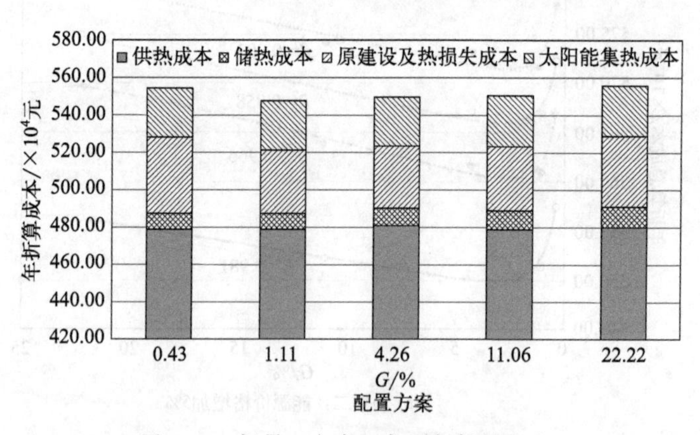

图 5-40　场景一方案四各项年折算成本

5.5 总结

合理的供热系统二级网规划设计是提升系统用能效率进而提升系统技术经济性的关键环节，也是扩大可再生能源消纳水平的重要途径。本章首先针对消纳太阳能的供热系统提出了基于互补结构配置的供热系统规划典型日动态选取方法。接着，针对当前研究中未见有对供热系统的二级网规模及热量在空间供需分布情况进行定量化评估以及将其用于指导供热系统二级网规划的现状，本章提出了粒度分析方法，并根据这一思想提出了量化指标——粒度。同时，以粒度分析方法作为指导，针对供热系统二级网展开优化规划，提出了基于层次聚类方法的配置方案生成思路，运用双层优化方法对配置方案中系统管网的拓扑结构进行逐个优化，对于提升系统的技术经济性和运行调控稳定性提出了指导。进一步，对上述以粒度分析方法为指导得到的优化后的配置方案，展开与可再生能源相结合的消纳分析，深入探讨了供热系统二级网粒度与太阳能消纳率、储热配置容量以及技术经济性之间的关系，得到的主要结论如下：

① 本章为解决典型日选取不合理从而产生系统规划计算误差的问题，提出了一种基于互补结构配置的典型日动态选取方法，在系统规划过程中针对具体规划方案动态生成准确度更高的典型日集合，有效降低了计算误差。结果表明，与传统方法相比，所提出的方法在各类设备配置容量上减小了 6%以上的计算误差，年化成本计算误差减小了 1.53%，年运行成本项的计算误差减小了 9.43%，计算精度得到了较大改善。因此，本章所提出的基于互补结构配置的典型日动态选取方法具有有效性和实用性。

② 本章为解决供热系统二级网规划上系统规模选择缺乏量化指导的问题，运用了粒度分析方法对供热系统的二级网规划优化提供指导，在规划设计阶段针对具体算例生成不同粒度下的二级网配置方案及最优管网拓扑结构，有效提升了系统的技术经济性和运行调控的稳定性。算例研究表明，与现有系统相比，在粒度约为 4.26%时，系统的技术经济性更优，总差别年折算成本降低了 18.03%、传输热损失降低了 59.64%以及调控不稳定性可以降低 61.30%。因此，本章所提的粒度分析方法在指导供热系统二级网的规划与设计方面具有技术创新性。

③ 本章为解决供热系统中可再生能源消纳的问题，针对运用粒度分析方法优化后的拓扑结构，展开了基于太阳能消纳及技术经济性的研究。以系统安全稳定运行为前提，优化结果表明随着粒度的增大，太阳能消纳率逐渐提高。以接入的太阳能完全消纳为前提，当太阳能消纳率相同时，随着粒度的增加，年折算总成本先减少后增加；当系统粒度相同时，随着太阳能消纳率的增加，年折算总成本逐渐增加。通过实例分析，同时考虑能源价格敏感性对技术经济性的影响计算

表明，当粒度值从 0.43%增加到 22.22%时，可再生能源太阳能消纳率增长了 8.01 个百分点。在合适的粒度下系统的技术经济性可以实现最优，同时能源价格的增加有助于高比例太阳能接入经济效益的体现。这些研究成果表明，粒度分析方法对于太阳能消纳具有促进作用以及对太阳能接入场景下供热系统技术经济性优化方面具有显著的实用性。

参考文献

[1] 中华人民共和国中央人民政府．关于印发北方地区冬季清洁取暖规划（2017—2021 年）的通知［EB/OL］．（2017-12-20）［2022-04-04］. http：//www. gov. cn/xinwen/2017-12/20/content_5248855. htm.

[2] 国家能源局．积极稳妥推进北方地区清洁取暖［EB/OL］．（2021-05-07）［2022-04-04］. http：//www. nea. gov. cn/2021-05/07/c_1310378051. htm.

[3] 田野．区域供热系统联络方式和多热源位置优化的研究［D］．哈尔滨：哈尔滨工业大学，2015.

[4] 王海，王海鹰，朱彤．供热管网三维拓扑结构的仿真方法［J］．中国住宅设施，2016（Z3）：102-108.

[5] Röder J，Meyer B，Krien U，et al. Optimal design of district heating networks with distributed thermal energy storages-method and case study［J］. International Journal of Sustainable Energy Planning and Management，2021，31：5-22.

[6] Moallemi A，Arabkoohsarbet A，Pujatti F，et al. Non-uniform temperature district heating system with decentralized heat storage units，a reliable solution for heat supply［J］. Energy，2019，167：80-91.

[7] Sun F，Hao B，Fu L，et al. New medium-low temperature hydrothermal geothermal district heating system based on distributed electric compression heat pumps and a centralized absorption heat transformer［J］. Energy，2021，232.

[8] Wirtz M，Kivilip L，Remmen P，et al. 5th Generation District Heating：A novel design approach based on mathematical optimization［J］. Applied Energy，2020，260（C）：114158.

[9] He J，Wu Y，Wu J，et al. Towards cleaner heating production in rural areas：Identifying optimal regional renewable systems with a case in Ningxia，China［J］. Sustainable Cities and Society，2021，75：103288.

[10] Fu L，Li Y，Wu Y，et al. Low carbon district heating in China in 2025- a district heating mode with low grade waste heat as heat source［J］. Energy，2021，230：120765.

[11] Chi F，Xu L，Pan J，et al. Prediction of the total day-round thermal load for residential buildings at various scales based on weather forecast data［J］. Applied Energy，2020，280：116002.

[12] 卢刚，王雅然，由世俊．供热系统动态建模及系统辨识研究［J］．区域供热，2021（01）：16-22.

[13] Saleh S，Rahimian F，Oliver S，et al. Machine learning modelling for predicting non-domestic buildings energy performance：A model to support deep energy retrofit decision-making［J］. Applied Energy，2020，279：115908.

[14] Liu Y，Cao Y. Development and research on energy performance assessment method of heat-exchanging stations based on real data［J］. Sustainable Cities and Society，2020，59：102188.

[15] Nikolic D，Skerlic J，Radulovic J，et al. Exergy efficiency optimization of photovoltaic and solar collectors'area in buildings with different heating systems［J］. Renewable Energy，2022，189：1063-1073.

[16] Yang L，Entchev E，Rosato A，et al. Smart thermal grid with integration of distributed and centralized solar energy systems [J]. Energy，2017，122：471-481.

[17] 孙毅，李泽坤，鲍荟谕，等．清洁供热模式下多能异构负荷调控框架及关键技术剖析 [J]. 中国电机工程学报，2021，41 (20)：6827-6842.

[18] Ławry M，Ocłon P. Model predictive control and energy optimisation in residential building with electric underfloor heating system [J]. Energy，2019，182：1028-1044.

[19] Wirtz M，Neumaier L，Remmen P，et al. Temperature control in 5th generation district heating and cooling networks：An MILP-based operation optimization [J]. Applied Energy，2021，288：116608.

[20] Du Y，Zandi H，Kotevska O，et al. Intelligent multi-zone residential HVAC control strategy based on deep reinforcement learning [J]. Applied Energy，2021，281：116117.

[21] Harney P，Gartland D，Murphy F. Determining the optimum low-temperature district heating network design for a secondary network supplying a low-energy-use apartment block in Ireland [J]. Energy，2021，192：116595.

[22] 陈长明．城市供热系统二级网建模与动态特性分析 [D]. 杭州：浙江大学，2017.

[23] 陈嘉映．供热系统结构与调控灵活性分析模型与应用研究 [D]. 杭州：浙江大学，2022.

[24] Eugenia D，Sarimveis H，Nikolaos C，et al. A mathematical programming approach for optimal design of distributed energy systems at the neighbourhood level [J]. Energy，2012，44 (1)：96-104.

[25] Huang Y，Kang J，Liu L，et al. A hierarchical coupled optimization approach for dynamic simulation of building thermal environment and integrated planning of energy systems with supply and demand synergy [J]. Energy Conversion and Management，2022，258.

[26] Wang W，Jing R，Zhao Y，et al. A load-complementarity combined flexible clustering approach for large-scale urban energy-water nexus optimization [J]. Applied Energy，2020，270 (C) .

[27] Jing R，Wang M，Zhang Z，et al. Distributed or centralized? Designing district-level urban energy systems by a hierarchical approach considering demand uncertainties [J]. Applied Energy，2019，252：113424.

[28] 孔凡淇．综合能源系统互补效应量化评估方法及优化规划技术 [D]. 杭州：浙江大学，2022.

[29] Wang H，Yang J，Chen Z，et al. Optimal dispatch based on prediction of distributed electric heating storages in combined electricity and heat networks [J]. Applied Energy，2020，267：114879.

[30] 卫志农，仲磊磊，薛溟枫，等．基于数据驱动的电-热互联综合能源系统线性化潮流计算 [J]. 电力自动化设备，2019，39 (08)：31-37.

[31] Westermann P，Deb C，Schlueter A，et al. Unsupervised learning of energy signatures to identify the heating system and building type using smart meter data [J]. Applied Energy，2020，264：114715.

[32] Wen L，Tian Z，Niu J，et al. Comparison and selection of operation optimization mode of multi-energy and multi-level district heating system：Case study of a district heating system in Xiong′an [J]. Journal of Cleaner Production，2021，279：123620.

[33] Antoniadis A，Brossat X，Cugliari J，et al. Functional clustering using wavelets [J]. International Journal of Wavelets Multiresolution Information Processing，2013，11 (01)：1350003.

[34] 冯超．K-means 聚类算法的研究 [D]. 大连：大连理工大学，2007.

[35] Shi C，Wei B，Wei S，et al. A quantitative discriminant method of elbow point for the optimal number of clusters in clustering algorithm [J]. EURASIP Journal on Wireless Communications and Networking，2021，2021 (1)：31.

［36］ Tibshirani R，Walther G，Hastie T. Estimating the number of clusters in a data set via the gap statistic [J]. Journal of the Royal Statistical Society：Series B (Statistical Methodology)，2001，63 (2)：411-423.

［37］ 赵万里．大电网规划的经济性评价指标及方法研究 [D]. 北京：华北电力大学，2014.

［38］ Barker S，Mishra A，Kalra S，et al. Smart *：Optimizing Energy Consumption in Smart Homes [DB/OL]. (2015-09-19) [2021-12-16].

［39］ Mishra A，Irwin D，Shenoy P，et al. SmartCharge：cutting the electricity bill in smart homes with energy storage [A]. Association for Computing Machinery. Proceedings of the 3rd International Conference on Future Energy Systems：Where Energy，Computing and Communication Meet [C]. Association for Computing Machinery：Association for Computing Machinery，2012：Article 29.

［40］ Canales F，Jurasz J，Guezgouz M，et al. Cost-reliability analysis of hybrid pumped-battery storage for solar and wind energy integration in an island community [J]. Sustainable Energy Technologies and Assessments，2021，44：101062.

［41］ Carlsson J，Lacal A R，JäGER-WALDAU A，et al. ETRI 2014 Energy Technology Reference Indicator projections for 2010-2050 [R]. Petten：Publications Office of the European Union，2014.

［42］ 张慧慧，胡秋阳，张云．城市化与工业化关联——演进趋势及决定因素研究 [J]. 世界经济文汇，2022 (01)：71-88.

［43］ 许丽君，刘东方．全球化和城市化危机下我国城市规划价值逻辑嬗变 [C] //面向高质量发展的空间治理——2021 中国城市规划年会论文集（04 城市规划历史与理论），2021：239-247.

［44］ Volkova A，Mašatin V，Siirde A. Methodology for evaluating the transition process dynamics towards 4th generation district heating networks [J]. Energy，2018，150：253-261.

［45］ Yu J，Yang C，Tian L，et al. Energy system evaluation of near zero energy consumption residential buildings in cold region [J]. Applied Energy，2009，86 (10)：1970-1985.

［46］ Wu Q，Cheng L，Huang H，et al. Energy Internet comprehensive energy efficiency evaluation method based on analytic hierarchy process [J]. Electrical Application，2017，36 (17)：62-68.

［47］ Dai H，Wang J，Li G，et al. A Multi-criteria comprehensive evaluation method for distributed energy system [J]. Energy Procedia，2019，158：3748-3753.

［48］ Zhu X，Niu D，Wang X，et al. Comprehensive energy saving evaluation weighting method [J]. Applied Thermal Engineering，2019：113735.

［49］ Chen B，Liao Q，Liu D，et al. Comprehensive evaluation index and method of regional integrated energy system [J]. Automation of Power System，2018，42 (4)：174-182.

［50］ Wu Q，Ren H，Gao W，et al. Multi-criteria assessment of combined cooling，heating and power systems located in different regions in Japan [J]. Applied Thermal Engineering，2014，73 (1)：660-670.

［51］ Dong F，Zhang Y，Shang M. Multi-criteria comprehensive evaluation of distributed energy system [J]. Proceedings of the CSEE，2016，36 (12)：3214-3222

［52］ 陶良如，朱彬彬，孔德政．基于均匀度理论的胡杨种群空间分布格局研究 [J]. 山东农业大学学报（自然科学版），2018，49 (06)：946-951.

［53］ Fraser M，Jewkes E，Bernhardt I，et al. Engineering economics in Canada (3rd edn) [M]. Pearson Prentice-Hall：United States，2006.

［54］ 黄翠翠．室外直埋集中供热管网设计优化与研究 [D]. 北京：华北电力大学，2015.

［55］ 李睿．长春某集中供热管网设计与运行优化研究 [D]. 吉林：东北电力大学，2021.

[56] 建设部标准定额研究所．市政工程投资估算指标——第 8 册集中供热热力网工程 [M]. 北京：中国计划出版社，2007.

[57] Zhong W，Liu S，Lin X，et al. Design optimization and granularity analysis of district heating systems for distributed solar heating access [J]. Journal of Building Engineering，2022.

[58] NASA Earth Science's Applied Sciences Program. The power project - provides solar and meteorological data sets from NASA research for support of renewable energy，building energy efficiency and agricultural needs. https：//power. larc. nasa. gov/.

[59] Huang J，Fan J，Furbo S，et al. Economic analysis and optimization of combined solar district heating technologies and systems [J]. Energy，2019：186.

[60] 高强，刘畅，金道杰，等．考虑综合需求响应的园区综合能源系统优化配置 [J]. 高压电器，2021，57 (08)：159-168.

第 6 章

工业园区蒸汽供热系统建模和运行优化

工业场景通常因其高能耗生产过程聚集且发展相对粗糙，导致其存在大量的能源浪费，是节能重点领域和主战场之一[1]。截至2022年[2]，工业领域能源消费约占全社会能源消费的65%。工业场景中存在多种能源形式的需求，主要包括用电需求、用热需求和用冷需求[3]。供热系统是园区能源系统中的一个重要子系统，工业生产中的50%以上的能源以热能的形式供应。但由于用能主体对于用能温度（住宅用热温度低于80℃[4]，工业供热温度集中于100～200℃）、用能稳定性、用能安全性与灵活性有更高的要求，所以传统民用供暖的生产实践经验不能直接套用在工业生产对象上。

过程工业供用能系统的特征是能耗中可能包括原料的消耗，用热需求中蒸汽需求较大，且对蒸汽温度、压力参数有一定要求，供能可靠性要求较高。这类产业企业类型主要包括化工、医药、食品加工、建材、冶金、电力等，其物质流和能量流存在耦合[5]。在实际工业供用能系统中，供应的能量流不仅可能是向用户端输送的能量载体，也可能是通过输送直接消耗并参与生产过程的物料，使得工业场景下的供用能系统架构与以往的“电-热-气”耦合的多能流系统并不一致。蒸汽、压缩空气是后者在以印染、医药、造纸等产业为代表的过程工业供用能系统中的重要能流主体。

事实上，在我国过程工业的耗能总量远大于离散制造业总量，其用电占总耗能较小，热电比一般大于3。用热需求与产业种类有很大关系，食品热负荷温度在100℃左右；建材行业热负荷温度在800～1000℃。相较于其他类型的工业生产场景，过程工业供用能系统具有更大的运行优化、节能减排空间[6]。2020年，工业蒸汽约占我国总供热需求的70%，而我国主要工业产品的平均蒸汽消耗强度比国际水平高约30%[7]。我国空压机每年用电量约占全国工业总耗电量的9%～15%[8]。

蒸汽供热系统一般由三部分组成，包括热源、热用户以及供热管网（即管道），供热管网将热源与热用户连接起来，并将热源产生的热量通过管内介质输送到热用户[9]。蒸汽作为一种载热介质，温度更易控制、热容率大、放热速度快且在输送管道中摩擦阻力小、传输效率高，具有高温消毒、不需要增压设备、无污染等优点[10]。蒸汽的主要用途大致有以下方面：①用于蒸发过程，使溶液中水分蒸发；②用于干燥过程，使固体中水分蒸发；③用于升温工艺，通过受热面加热（间接加热）或蒸汽与工艺介质直接接触（直接加热）的方法，使产品温度升高；④用于保温工艺，减少工艺过程中的介质热损失，保证工艺过程所要求的恒温过程等；⑤用于蒸馏工艺，用来分馏或精馏产品，或作为去除油脂的工艺介质等；⑥用于重整工艺，蒸汽作为原料之一，用来提高产品气质量，扩大产品气用途；⑦用于蒸汽动力，做功或发电以及热电联合生产。因此在工业集中供热系统中多采用蒸汽供热来满足不同热用户的需求。

与一般民用热水集中供热系统相比，工业蒸汽集中供热系统具有以下特点：

第一，工业园区中通常采用多热源环状热网进行供热，热网形式趋于大型化和复杂化；

第二，热网中的热用户负荷随热用户工艺生产而变化，昼夜变动幅度大、随机性强，热网在运行过程中管内蒸汽流动状态复杂多变；

第三，蒸汽在供热管网中流动参数变化大，而且在运输过程中伴随相变、压降、散热、保温层保温等水力、热力耦合计算复杂问题，其运行状态不容易确定，计算复杂，可靠性差；

第四，系统安全性要求高，出现故障危害大，影响广。

本章基于蒸汽供热系统的热工水力动态特性分析开展建模仿真研究，并结合需求响应理论，开展系统优化运行方案研究。

6.1 基于Modelica的蒸汽管网系统建模分析

由于工业集中供热系统的特点，了解蒸汽在供热管网中流动状态及其物理参数是极其重要的，这关乎着供热系统的安全可靠性和经济适用性。由于末端用户侧存在着间歇用汽和反向供汽的运行方式，且随着风光等可再生能源发电间接性并网，导致其与传统的能源系统集成方式不协调，从而导致了风光等可再生能源的消纳问题[11]。如何利用供热系统的热滞后效应来提高热电联产机组的供热稳定性和调峰调频能力是目前研究的热点。在负荷高峰时，调整热电机组热电分配比，增大产热量，将产生的大量热量存储到供热系统；在负荷低谷时，停止或减少产热量，并且将热网的热能释放出来，达到正常的供热要求[12]。这就需要管网运行人员掌握管网各处的流动状态。随着现代信息技术的快速发展，蒸汽供热管网的建模仿真在了解管网流动状态上发挥着越来越重要的作用，在仿真精度、动静态仿真要求上也越来越高。对蒸汽热网建立科学且准确的热工水力物理模型，并能在负荷频繁波动运行工况下计算出供热管网中各管段介质的流动状态，且支持利用管网仿真运行参数对管网进行热损、暖管及蓄能分析，是十分重要的。在满足末端用汽基础上，尽可能利用供热系统的热滞后效应，增大热电联产系统稳定性、灵活性和可靠性。这个问题的解决不仅需要高精度的、贴近实际物理系统的、动态的蒸汽管网模型，还需要采用多领域物理统一建模仿真和联合仿真技术[13]。

本节提出了一种基于Modelica的蒸汽供热管网动态仿真模型，综合考虑了蒸汽流动过程的蒸汽参数波动、可压缩性、状态变化、摩擦和传热等多种因素的作用，且数学模型更简单、拓扑结构更贴合实际、模型求解速度快。本节从蒸汽供热系统出发，基于网络图论、传热过程和介质状态方程，得到蒸汽供热系统的热工水力耦合计算模型；之后，详细阐述了 Modelica 语言特色和 OpenModelica 仿真环境，确定了 Modelica 建模与仿真的优势；针对蒸汽供热系统的建模与仿真，在动态管道、阀门、泵、热源与热用户、介质、传热过程等数学方程的基础上，基于 Modelica 语言编写相应的单元设备模型，整合 Modelica 的标准库，形成针对区域热流体介质管网供热系统模型库；随后利用该模型库搭建实际的管网系统，对采集来的源端数据作为仿真模型的输入，对该设定工况下的蒸汽供热系统进行了仿真验证，对比末端仿真数据与实测数据，结果与实测数据总体误差小于 2%，能够极大满足工程计算要求，并进一步分析了该蒸汽供热系统的热工水力动态特性；最后，基于模型对工业蒸汽管网的两种基本运行调节模式进行了仿真分析，得到管网的蓄、放热储能特性。

6.1.1　工业蒸汽管网热工水力计算模型

目前，多数文献在对蒸汽管网进行设计和运行调节计算时，水力和热力是分别计算的，将蒸汽处理为单项可压缩流体，简单认为密度只是压力的函数，采用压力和焓值分开求解离线算法。而在实际的蒸汽传输过程中，热力与水力工况是互相耦合影响的，水力参数的变化，必然会导致热力参数的改变；反之，忽略热工水力之间的耦合过程，这不仅给蒸汽管网的计算带来了较大误差，同时也给工业热网的精细化管理带来巨大挑战。本节根据图论原理[14]和基尔霍夫两大定律[15]，建立工业蒸汽供热管网拓扑图以及相应水力计算的基本模型；之后根据传热学原理[16]，从管道的传热特性出发，考虑管道的散热和蓄热效应，建立管道散热损失和蓄热模型；最后依据国际水和蒸汽特性协会在 1997 年发布的 IAPWS-IF97 方程[17]，考虑压力、密度、温度、焓值等热工水力参数之间的互相影响，建立蒸汽管网热工水力耦合计算模型。

6.1.1.1　工业热网水力工况计算模型

要想实现对蒸汽管网的建模计算，首先得把实际的管网拓扑结构转换为可用数学语言表述的有向流程图，这就需要利用图论的基本原理来将蒸汽管网抽象为由若干个节点和支路相互连接组成的有向图，所谓有向指的是在蒸汽管网中，管道中只有一种流向，那就是从高压处流向低压处。如图 6-1 所示为一个简化的蒸汽管网系统结构图，其中，蒸汽管网中的节点表示存在流量进出、汇合、分配的点，包括热源节点（热电厂汽轮机）、两段管道因管径或材质不同但相互连接的点、三通、阀门、热用户点等，用集合 V 表示，$V=\{V_1,V_2,\cdots,V_n\}$，式中，n 为管网中的节点个数。

支路表示节点间的连接管段，通常为供热管道，用集合 E 表示：$E=\{E_1,E_2,\cdots,E_m\}$，式中 m 为区段数即管段数量；节点 V 与支路 E 相互连通，进而转换为如图 6-2 所示的有向流程图 $\vec{G}$，其中又包括了若干个独立的基本回路，称为基环，用集合 C 表示，$C=\{C_1, C_2, \cdots, C_p\}$。由图论的欧拉定理可知，对一个环状管网在节点数为 n，管段数为 m，基环数为 p 的情况下，其节点数、管段数和基环数存在如下关系式：

$$p=m-n+1 \tag{6-1}$$

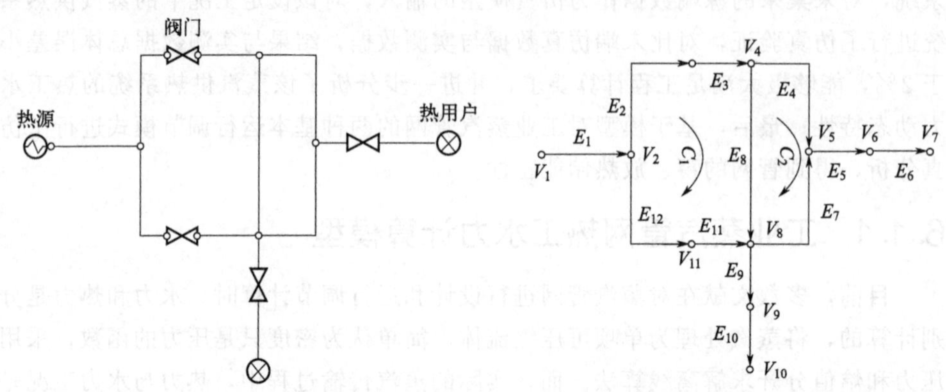

图 6-1　工业热网系统简图　　　　图 6-2　蒸汽管网水力计算有向流程图

(1) 基尔霍夫第一定律（KCL）

在电路任一时刻的任一节点上，流入节点的电流之和等于流出节点的电流之和。该定律对任意集中参数网络，在任意时间都是成立的，它与事物特性无关，而只与网络的拓扑性质有关，也被称为节点流量守恒定律。将蒸汽管网系统类比于电路系统，也符合该定律。假设管网的节点数为 n，支路数为 m，则有向流程图 $\vec{G}$ 中的节点 V 和支路 E 的关联性质可以用一个矩阵 $\mathbf{A}$ 来表示，它是一个 n 行 m 列的矩阵，它的行对应节点，列对应支路，矩阵的元素 a_{ij} 的定义如下：

$$\mathbf{A}=\begin{bmatrix} a_{11} & \cdots & a_{1j} & \cdots & a_{1m} \\ \cdots & \cdots & \cdots & \cdots & \cdots \\ a_{i1} & \cdots & a_{ij} & \cdots & a_{im} \\ \cdots & \cdots & \cdots & \cdots & \cdots \\ a_{n1} & \cdots & a_{nj} & \cdots & a_{nm} \end{bmatrix} \tag{6-2}$$

$$a_{ij}=\begin{cases} 1 & V_i \text{ 是 } E_m \text{ 的入口节点} \\ 0 & V_i \text{ 是 } E_m \text{ 的出口节点} \\ -1 & V_i \text{ 与 } E_m \text{ 不关联} \end{cases} \tag{6-3}$$

则称矩阵 $\mathbf{A}$ 为有向流程图 $\vec{G}$ 的关联矩阵。

由基尔霍夫第一定律可得：

$$\boldsymbol{AG}=\boldsymbol{Q} \tag{6-4}$$

式中，$\boldsymbol{G}$ 为蒸汽管网中各管段的流量向量，$\boldsymbol{G}=[G_1,G_2,\cdots,G_m]^{\mathrm{T}}$，元素 G_m 表示支路 E_m 的质量流量，kg/s；$\boldsymbol{Q}$ 为节点的净质量流量向量，$\boldsymbol{Q}=[Q_1,Q_2,\cdots,Q_n]^{\mathrm{T}}$，元素 Q_n 表示节点 V_n 的净质量流量，kg/s，本节规定入流为正，出流为负。

(2) 基尔霍夫第二定律（KVL）

在任何一个闭合回路中，沿着闭合回路所有元件两端的电势差（电压）的代数和等于零。同样，该定律与事物特性无关，而只与网络的拓扑性质有关，也被称为环压降闭合差为零定律。则在有向流程图 $\vec{G}$ 中的基本环路 C 和支路 E 的关联性质可以用一个矩阵 $\boldsymbol{B}$ 来表示，它是一个 p 行 m 列的矩阵，矩阵的行对应基本环路，列对应支路，矩阵 $\boldsymbol{B}$ 与元素 b_{pj} 的定义如下：

$$\boldsymbol{B}=\begin{bmatrix} b_{11} & \cdots & b_{1j} & \cdots & b_{1m} \\ \cdots & \cdots & \cdots & \cdots & \cdots \\ b_{i1} & \cdots & b_{ij} & \cdots & b_{im} \\ \cdots & \cdots & \cdots & \cdots & \cdots \\ b_{p1} & \cdots & b_{pj} & \cdots & b_{pm} \end{bmatrix} \tag{6-5}$$

$$b_{pj}=\begin{cases} 1 & E_m \in C_p \text{ 且与 } C_p \text{ 方向一致} \\ 0 & E_m \notin C_p \\ -1 & E_m \in C_p \text{ 且与 } C_p \text{ 方向相反} \end{cases} \tag{6-6}$$

则称矩阵 $\boldsymbol{B}$ 为有向流程图 $\vec{G}$ 的基本环路矩阵。

由基尔霍夫第二定律可得：

$$\boldsymbol{B}\Delta\boldsymbol{p}=0 \tag{6-7}$$

式中，$\Delta\boldsymbol{p}$ 为蒸汽管网中各管段的压降向量，$\Delta\boldsymbol{p}=[\Delta\boldsymbol{p}_1,\Delta\boldsymbol{p}_2,\cdots,\Delta\boldsymbol{p}_m]^{\mathrm{T}}$，元素 $\Delta\boldsymbol{p}_m$ 表示支路 E_m 的阻力损失，Pa。对于支路 E_m 的压降 $\Delta\boldsymbol{p}_m$ 来说，一般包括三个部分：一是沿程阻力损失，二是局部阻力损失，三是静压头损失。本节重点讲述沿程阻力损失的计算，暂忽略局部阻力和静压头损失。

$$\Delta\boldsymbol{p}_m=\Delta\boldsymbol{p}_{m\mathrm{l}}+\Delta\boldsymbol{p}_{m\mathrm{f}}+\rho g\Delta h_m \tag{6-8}$$

式中，$\Delta\boldsymbol{p}_{m\mathrm{l}}$ 为第 m 条支路的沿程阻力损失，Pa；$\Delta\boldsymbol{p}_{m\mathrm{f}}$ 为第 m 条支路的局部阻力损失，Pa；Δh_m 为第 m 条支路的高度差，m。

蒸汽管道的沿程阻力损失计算公式如下：

$$\begin{aligned} \Delta P_1 &= \frac{\lambda(Re,\Delta)(L/D)\rho v^2}{2} \\ &= 8\lambda(Re,\Delta)L/(\pi^2 D^5 \rho)m\_\mathrm{flow}^2 \end{aligned}$$

$$=\lambda_2(Re,\Delta)k_2\mathrm{sign}(\mathrm{m\_flow}) \tag{6-9}$$

$$Re=\frac{vD\rho}{\mu}=\frac{4\mathrm{m\_flow}}{\pi D\mu} \tag{6-10}$$

$$m\_\mathrm{flow}=\rho Av \tag{6-11}$$

$$A=\frac{\pi D^2}{4} \tag{6-12}$$

$$\lambda_2=\lambda Re^2 \tag{6-13}$$

$$k_2=\frac{L\mu^2}{2\rho D^3} \tag{6-14}$$

式中，L 是管道的长度；D 是管道的直径，如果管道的横截面不为圆形，则 $D=4A/P$，其中 A 为横截面积，P 为润湿周长；$\lambda=\lambda(Re,\Delta)$ 是通常的管壁摩擦系数；$\lambda_2=\lambda Re^2$ 是用于获得数值合理的公式所使用的摩擦系数；$Re=vD\rho/\mu$ 是雷诺数；$\Delta=\delta/D$ 是相对粗糙度，其中 δ 是绝对粗糙度，即管道中的平均粗糙度（δ 可能会因使用过程中表面粗糙度的增长而随时间变化，请参见文献［18］）；ρ 是介质密度；μ 是上游动态黏度；v 是平均速度。

使用带有 $\lambda=\lambda(Re,\Delta)$ 的第一种压降计算形式，可参见图 6-3 穆迪图中的深色曲线。

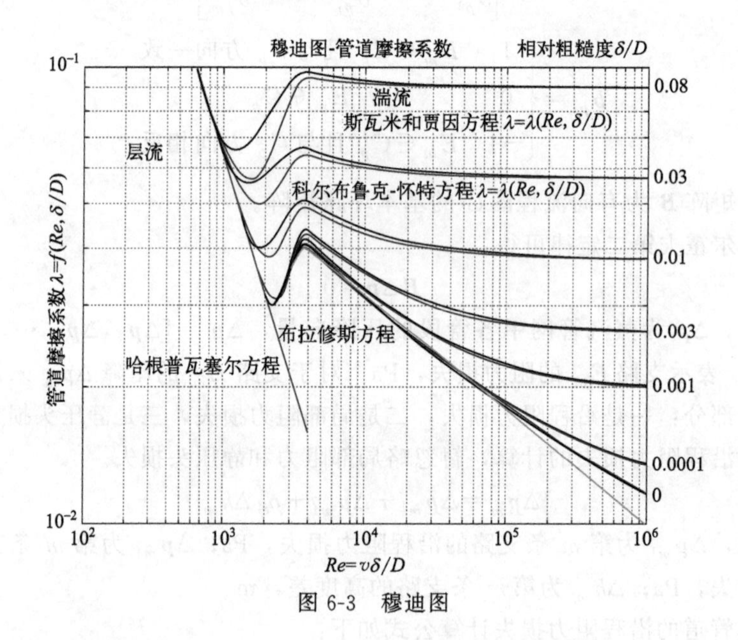

图 6-3　穆迪图

但该形式并不适用于仿真程序，因为如果 $Re<2000$，则 $\lambda=64/Re$，即对于零质量流量，这种情况下 $Re=0$，上式会出现除以零的无解情况。对于仿真模型更有用的是摩擦系数 $\lambda_2=\lambda Re^2$，因为如果 $Re<2000$，则 $\lambda_2=64Re$，因此零质

量流率不会出现问题。图 6-4 显示了 λ_2 的特性，并将其用于 Modelica 动态管道相应设备的仿真建模中。

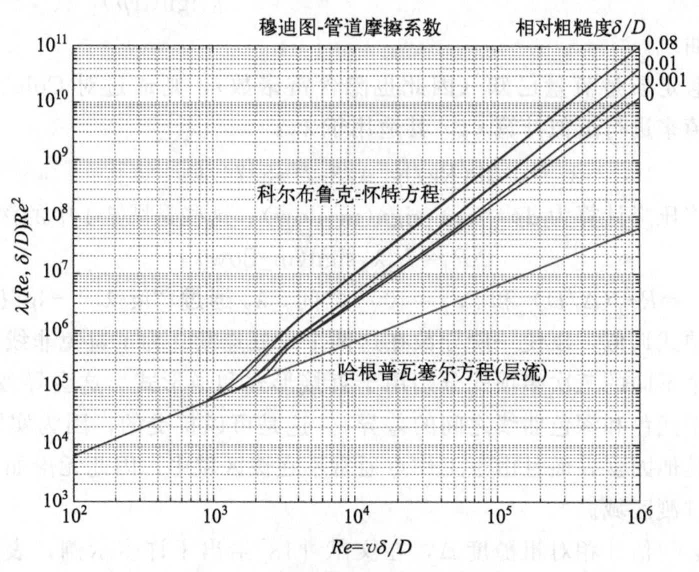

图 6-4　摩擦引起的管道压降图

压力损失特性分为三个区域：

区域 1：对于 $Re<2000$，流动是层流的，并且有 3 维的精确解。Navier-Stokes 方程（动量和质量平衡）用于假设稳定流量、恒定压力梯度以及恒定密度和黏度的情况，得出 $\lambda_2=64Re$。因此：

$$\Delta p_1=128\mu L/(\pi\rho D^4)\mathrm{m\_flow} \tag{6-15}$$

区域 2：对于 $2000\leqslant Re<4000$，在层流和湍流之间存在一个过渡区域。λ_2 的值取决于更多因素，如雷诺数和相对粗糙度，因此在该区域中仅可能粗略近似。与层状区域的偏离取决于相对粗糙度。只有光滑的管道才能达到 $Re=2000$ 的层流。偏差雷诺数 Re_1 根据文献 [18]计算如下：

$$Re_1=745e\hat{}(若\ \Delta\leqslant 0.0065,1;其他,0.0065/\Delta) \tag{6-16}$$

这些是图 6-4 中的深色曲线。

区域 3：对于 $Re\geqslant 4000$，流动是湍流的。根据计算方向，可以使用两个显式方程式中的任何一个。如果假设压降 Δp_1 是已知的，则 $\lambda_2=|\Delta p_1|/k_2$。科尔布鲁克-怀特方程（the Colebrook-White equation）：

$$1/\mathrm{sqrt}(\lambda)=-2\lg(2.51/[Re\,\mathrm{sqrt}(\lambda)]+0.27\Delta) \tag{6-17}$$

给出了 Re 和 λ 之间的隐式关系。通过插入 $\lambda_2=\lambda Re^2$ 可以解析求解 Re 的等式：

$$Re = -2\mathrm{sqrt}(\lambda_2)\lg[2.51/\mathrm{sqrt}(\lambda_2) + 0.27\Delta] \tag{6-18}$$

最后，质量流量 m_flow 由 Re 通过 $\mathrm{m_flow} = \frac{\pi ReD\mu}{4\mathrm{sign}(dp)}$计算。这些是图 6-4 中的浅色曲线。

如果假定质量流量已知（因此也隐含雷诺数），则通过对 Colebrook-White 方程的逆值来进行近似计算 λ_2，其适用于 λ_2：

$$\lambda_2 = 0.25(Re/\lg[\Delta/3.7 + 5.74/Re^{0.9})]^2 \tag{6-19}$$

然后将压降计算为 $dp = k_2\lambda_2\mathrm{sign}(\mathrm{m\_flow})$。这些是图 6-4 中的深色曲线。

$$\Delta P_1 = k_2\lambda_2\mathrm{sign}(\mathrm{m\_flow}) \tag{6-20}$$

在 $Re_1 = Re_1(\Delta/D)$ 和 $Re_2 = 4000$ 之间，λ_2 通过“$\lg(\lambda_2) - \lg(Re)$”图中的三次多项式近似，以使一阶导数在这两个点处连续。为了避免非线性方程式的求解，两个不同的三次多项式分别用于直接形式和逆形式。这会导致 λ_2 的某些差异（等于浅色和深色曲线之间的差异）。这是可以接受的，因为实际的摩擦系数取决于其他因素，而且由于工作点通常不在该区域中，因此无论如何都无法精确地知道过渡区域。

通常必须估计相对粗糙度 Δ，在文献［18］给出了许多示例，表 6-1 为简短摘录。

文中以 $\mathrm{m\_flow} = f_1(\Delta p_1, \Delta)$ 或 $\Delta P_1 = f_2(\mathrm{m\_flow}, \Delta)$ 的形式提供了用于管壁摩擦的详细压降模型。这些函数是连续且可微的，以显式形式提供而无需求解非线性方程，并且在小质量流量下也表现良好。该压降模型可以在静态动量平衡和动态动量平衡中作为摩擦压降项单独使用。它适用于不可压缩和最高马赫数为 0.6 的可压缩的流量。

表 6-1　管道相对粗糙度 Δ

管道类型	材质	相对粗糙度 Δ
光滑管	拉制的黄铜、铜、铝、玻璃等	Δ=0.0025mm
钢管	内部光滑	Δ=0.0025mm
混凝土管	钢制模板，一流的工艺	Δ=0.0025mm

6.1.1.2　工业热网热力工况计算模型

蒸汽供热管道一般由内部钢管和外部多层保温层组成，所述的供热管道保温层散热机理模型如图 6-5 所示。

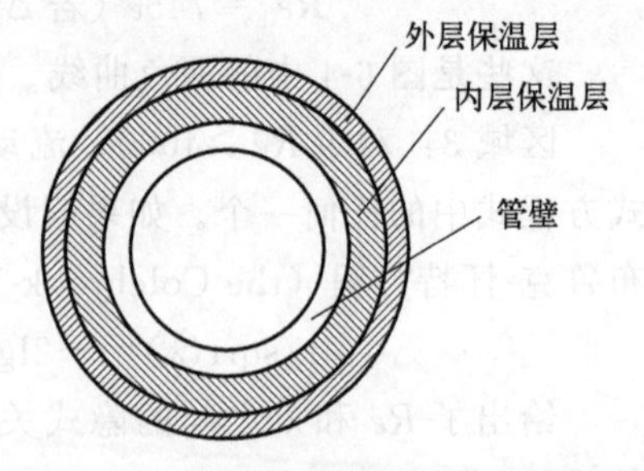

图 6-5　双层保温层的蒸汽管道截面图

管内蒸汽与周围环境的散热过程通常包括：

① 蒸汽与金属管壁的对流传热；

② 管壁、内层保温层以及外层保温层的导热；

③ 管道外层与外部环境之间的对流传热与辐射传热。

管段的单位长度理论换热量 Φ 为：

$$\Phi = K\pi D_o(T_m - T_a) \tag{6-21}$$

其中管道外径 D_o 和传热系数 K 的公式如下：

$$D_o = D_m + 2\delta_p + 2\delta_{isu1} + 2\delta_{isu2} \tag{6-22}$$

$$K = \frac{1}{\dfrac{1}{\pi h_m D_m} + \dfrac{\ln\dfrac{D_m + 2\delta_p}{D_m}}{2\pi\lambda_p} + \dfrac{\ln\dfrac{D_m + 2\delta_p + 2\delta_{isu1}}{D_m + 2\delta_p}}{2\pi\lambda_{isu1}} + \dfrac{\ln\dfrac{D_o}{D_m + 2\delta_p + 2\delta_{isu1}}}{2\pi\lambda_{isu2}} + \dfrac{1}{\pi D_o(h_a + h_r)}} \tag{6-23}$$

$$Nu_m = 0.023 Re_m^{0.8} Pr_m^{0.3} \tag{6-24}$$

$$h_m = Nu_m \lambda_m / D_m \tag{6-25}$$

$$Re_m = w_m D_m / \nu_m \tag{6-26}$$

$$h_a = \frac{Nu_a \lambda_a}{D_m + 2\delta_p + 2\delta_{isu1} + 2\delta_{isu2}} \tag{6-27}$$

$$Re_a = \frac{w_a(D_m + 2\delta_p + 2\delta_{isu1} + 2\delta_{isu2})}{\nu_a} \tag{6-28}$$

$$Nu_a = \begin{cases} (0.43 + 0.5 Re_a^{0.5}) Pr_a^{0.38} & 1 < Re_a \leqslant 10^3 \\ 0.25 Re_a^{0.6} Pr_a^{0.38} & 10^3 \leqslant Re_a < 2\times 10^5 \end{cases} \tag{6-29}$$

$$h_r = \varepsilon\sigma(T_{w4}^2 + T_a^2)(T_{w4} + T_a) \tag{6-30}$$

式中　T_m, T_a, T_{w4}——蒸汽温度、环境温度、外保温层外壁温度，℃；

$D_m, \delta_p, \delta_{isu1}, \delta_{isu2}$——管道内径、管壁厚度、内层保温层厚度和外层保温层厚度，m；

$\lambda_p, \lambda_{isu1}, \lambda_{isu2}$——蒸汽、金属管壁、内层保温层和外层保温层的热导率，W/(m·K)；

h_m, h_a, h_r——蒸汽与金属管壁的对流传热表面传热系数、外保温层与外界环境的对流传热表面传热系数、外保温层与外界环境的辐射传热系数，W/(m²·K)；

Re_m, Re_a——管道蒸汽流动雷诺数，管道外界空气流动雷诺数；

$Pr_{\mathrm{m}}, Pr_{\mathrm{a}}$——管道蒸汽流动普朗特数，管道外界空气流动普朗特数；
Nu_{a}——管道外界空气环境的努塞尔数；
$w_{\mathrm{m}}, w_{\mathrm{a}}$——管道蒸汽流速，管道外界空气流速；
$\nu_{\mathrm{m}}, \nu_{\mathrm{a}}$——管道蒸汽运动黏度，管道外界空气运动黏度；
ε——壁面的表面热发射率；
σ——玻尔兹曼常数，可取 $5.7\times10^{-8}\mathrm{W/(m^2\cdot K^4)}$。

6.1.1.3 工业热网热工水力耦合计算模型

将蒸汽管网的某一部分作为控制体系，从而考虑一根长为 L、截面积为 A 的管道，假定认为管内介质充分均匀混合，且在同一截面内有均匀的流速，介质沿坐标“x”方向的一维流动，可由以下偏微分方程描述：

质量连续方程：

$$\frac{\partial(\rho A)}{\partial t}+\frac{\partial(\rho A\nu)}{\partial x}=0 \tag{6-31}$$

能量平衡方程：

$$\frac{\partial\left(\rho\left(u+\frac{v^2}{2}\right)A\right)}{\partial t}+\frac{\partial\left(\rho A\nu\left(u+\frac{p}{\rho}+\frac{v^2}{2}\right)\right)}{\partial x}=-A\rho vg\ \frac{\partial z}{\partial x}+\frac{\partial}{\partial x}\left(kA\ \frac{\partial T}{\partial x}\right)+Q_{\mathrm{b}} \tag{6-32}$$

动量平衡方程：

$$\frac{\partial(\rho vA)}{\partial t}+\frac{\partial(\rho A\nu^2)}{\partial x}=-A\ \frac{\partial p}{\partial x}-F_{\mathrm{F}}-A\rho g\ \frac{\partial z}{\partial x} \tag{6-33}$$

蒸汽管道的沿程阻力损失计算方程：

$$\Delta p_1=\lambda_2(Re,\Delta)k_2\,\mathrm{sign(m\_flow)} \tag{6-34}$$

单位长度蒸汽与金属管壁的对流传热方程式：

$$Nu_{\mathrm{m}}=0.023Re_{\mathrm{m}}^{0.8}Pr_{\mathrm{m}}^{0.3} \tag{6-35}$$

$$h_{\mathrm{m}}=Nu_{\mathrm{m}}\lambda_{\mathrm{m}}/D_{\mathrm{m}} \tag{6-36}$$

$$q_{\mathrm{m}}=\pi D_{\mathrm{m}}h_{\mathrm{m}}(T_{\mathrm{m}}-T_{\mathrm{s}}) \tag{6-37}$$

式中，x 为管道的沿程距离（流量沿坐标 x），m；t 为时间；ρ 为 $\rho(x,t)$，表示蒸汽密度，$\mathrm{kg/m^3}$；v 为 $v(x,t)$，表示蒸汽流速，m/s；A、$A(x)$ 为蒸汽流通面积，$\mathrm{m^2}$；T 为 $T(x,t)$，表示蒸汽温度，K；u 为 $u(x,t)$，表示比内能，J/kg；z 为 $z(x)$，表示地面高度差，m；g 为重力加速度；Q_{b} 为 n 个流段的边界的热流率，W/s；F_{F} 为阻力，N；q_{m} 表示换热量，$\mathrm{W/m^2}$；T_{m} 为蒸汽温度，K；h 为比焓值，kJ/kg；T_{s} 为金属管壁温度，K；Re_{m} 为管内流动雷诺数；Pr_{m} 为普朗特数；λ_{m} 为蒸汽的热导率，W/(m·K)；h_{m} 为对流换热系数，$\mathrm{W/(m^2\cdot K)}$。

单一物质介质的主要性质由5个热力学变量，即压力（p）、温度（T）、比密度（d）、比内能（u）和比焓（h）之间的3个代数方程式描述。在介质模型中，其中任意三个变量都是剩余其余两个变量的函数。除了物质介质X之外的自变量，介质模型中还可以提供代数方程式，用于求解其他未告知的变量。例如，除X之外如果选择p和T作为自变量，则介质模型（依据国际水和蒸汽特性协会在1997年发布的IAPWS-IF97方程）可以提供代数方程式如下：

$$\begin{aligned} d&=d(p,T,X) \\ u&=u(p,T,X) \\ h&=h(p,T,X) \end{aligned} \tag{6-38}$$

通过上述方程，将物质介质的属性，质量流量或管内压降，管内蒸汽流动Re数、Nu数，蒸汽与金属管壁的对流传热表面传热系数，用水力模型与热力模型进行耦合建模计算，实现蒸汽管网的蒸汽动态流动热工水力模型。

上述的偏微分方程，采用有限体积法进行求解，选择该方法是因为它在保持三大守恒量方面具有良好的性质。基本求解方法思路是：①将计算区域划分为一系列不重复的控制体积，每一个控制体积都有一个节点作代表，将待求的守恒型微分方程在任一控制体积及一定时间间隔内对空间与时间作积分；②对待求函数及其导数对时间及空间的变化型线或插值方式作出假设；③对①中各项按选定的型线作出积分并整理成一组关于节点上未知量的离散方程。

设$x=a$和$x=b$为任意计算区域两端的坐标，将质量平衡方程在空间坐标x上积分得到：

$$\int_a^b \frac{\partial(\rho A)}{\partial t}\mathrm{d}x+\rho A v\,|_{x=b}-\rho A v\,|_{x=a}=0 \tag{6-39}$$

假设计算区域边界（a,b）为常数，可以交换积分和导数：

$$\frac{\mathrm{d}\left(\int_a^b \rho A\,\mathrm{d}x\right)}{\mathrm{d}t}+\rho A v\,|_{x=b}-\rho A v\,|_{x=a}=0 \tag{6-40}$$

为处理泵、储罐或其他移动边界模型等设备容积发生变化的情况，可使用莱布尼茨公式（6-40）进行展开。

为流体密度和流动面积引入适当且合理的平均值，并引入传入的质量流率$\dot{m}_b=-\rho A v\,|_{x=b}$和$\dot{m}_a=\rho A v\,|_{x=a}$，可以将质量平衡重写为：

$$\frac{\mathrm{d}[\rho_m A_m(b-a)]}{\mathrm{d}t}=\dot{m}_a+\dot{m}_b \tag{6-41}$$

引入$m=\rho_m A_m L$和$L=b-a$给出最简化的质量平衡形式：

$$\frac{\mathrm{d}m}{\mathrm{d}t}=\dot{m}_a+\dot{m}_b \tag{6-42}$$

以类似的方式进行动量平衡方程计算，

$$\int_a^b \frac{\partial(\rho v A)}{\partial t}\mathrm{d}x+\rho v^2 A\mid_{x=b}-\rho v^2 A\mid_{x=a}$$

$$=-Ap\mid_{x=b}+Ap\mid_{x=a}+\int_a^b \frac{\partial A}{\partial x}p\,\mathrm{d}x-\int_a^b \frac{1}{2}\rho v\mid v\mid fS\,\mathrm{d}x-\int_a^b A\rho g\frac{\partial z}{\partial x}\mathrm{d}x \tag{6-43}$$

并引入适当的平均值：

$$A_m=\frac{(A_a+A_b)}{2} \tag{6-44}$$

$$\dot{m}_m=\frac{\dot{m}_a+\dot{m}_b}{2} \tag{6-45}$$

$$\rho_a=\rho_b=\rho_m \tag{6-46}$$

$$p_m=\frac{p_a+p_b}{2} \tag{6-47}$$

则式(6-43) 可改写为下式：

$$\frac{\mathrm{d}\dot{m}_m}{\mathrm{d}t}L=\frac{\dot{m}_a^2}{A_a p_a}-\frac{\dot{m}_b^2}{A_b p_b}+A_m(p_a-p_b)-\frac{1}{2}\frac{1}{\rho_m A_m^2}\dot{m}_m\left|\dot{m}_m\right|f_m S_m L-A_m\rho_m g\Delta z \tag{6-48}$$

对能量平衡积分得到：

$$\int_a^b \frac{\partial(\rho u A)}{\partial t}\mathrm{d}x-\rho h v A\mid_{x=b}-\rho h v A\mid_{x=a}=\int_a^b vA\frac{\partial p}{\partial x}\mathrm{d}x+kA\left.\frac{\partial T}{\partial x}\right|_{x=b}-kA\left.\frac{\partial T}{\partial x}\right|_{x=a} \tag{6-49}$$

通过代换和近似得出：

$$\frac{\mathrm{d}(\rho_m u_m A_m L)}{\mathrm{d}t}-\dot{m}_b h_b-\dot{m}_a h_a=v_m A_m(p_b-p_a)+k\left.\frac{\partial T}{\partial x}\right|_{x=b}-k\left.\frac{\partial T}{\partial x}\right|_{x=a} \tag{6-50}$$

引入内能 U 和焓 H：

$$U=\rho_m u_m A_m L=m u_m \tag{6-51}$$

$$\dot{H}=\dot{m}h \tag{6-52}$$

$$\frac{\mathrm{d}U}{\mathrm{d}t}=\dot{H}_a+\dot{H}_b+v_m A_m(p_b-p_a)+kA\left.\frac{\partial T}{\partial x}\right|_{x=b}-kA\left.\frac{\partial T}{\partial x}\right|_{x=a} \tag{6-53}$$

扩散项包含在计算边界处的温度梯度。其温度梯度的一阶近似是：

$$\left.\frac{\partial T}{\partial x}\right|_{x=a}=\frac{T\left(a+\frac{\Delta x}{2}\right)-T\left(a-\frac{\Delta x}{2}\right)}{\Delta x} \tag{6-54}$$

$T\left(a-\dfrac{\Delta x}{2}\right)$、$T\left(a+\dfrac{\Delta x}{2}\right)$是相邻段的一个具有扩散项的属性，无法直接获得。这意味着之后要引入一个热流接口 T 和 $\dot{Q}$，这也为后面建立蒸汽供热系统 Modelica 接口模型提供了建模仿真方程基础。

并将能量方程写为：

$$\frac{\mathrm{d}U}{\mathrm{d}t}=\dot{H}_a+\dot{H}_b+v_m A_m(p_b-p_a)+\dot{Q} \tag{6-55}$$

其中，T 为势变量，流变量 $\dot{Q}$ 是 $x=a$ 和 $x=b$ 处相邻段的温度扩散与外部传热的总和。

6.1.2　基于 Modelica 的动态特性建模仿真

随着供热技术的不断发展，蒸汽管网供热面积不断扩张，管网结构也日趋发展，单单依靠传统手工计算和人工经验已无法满足工程实践要求，也难以对蒸汽管网进行精细化、科学化、安全化管理。为了实现对工业蒸汽管网系统进行精确的计算机建模，系统仿真工具是必不可少的。在针对蒸汽管网计算而涌现出的一批商业软件中，如 PROSS、Syner GEE gas、TERMIS 等，大都侧重管网稳态计算。随着供热规模的日益扩大和多源联网造成的供热负荷波动剧烈，原有的建模计算仿真误差大且为稳态计算，无法支撑仿真过程急剧上升的复杂度，已成为管网实时仿真的瓶颈。而 Modelica 采用基于数学方程的语言来描述不同领域子系统的物理规律和现象，Modelica 语言可以为任何能够用微分方程或代数方程描述的问题实现建模和仿真。之后基于语言内在的组件连接机制，根据物理系统的实际拓扑结构实现模型构成和多领域集成，通过求解微分代数方程系统实现仿真运行。

本节介绍 Modelica 语言基础和 OpenModelica 仿真平台，基于 Modelica 语言和 OpenModelica 仿真平台对工业集中供热系统典型单元设备建模，包括管道一维传热、一维流动，以及具有质量和能量存储的动态管道模型；之后利用 Modelica 建立了供热管网系统通用组件库和介质模型库，可用模型库快速搭建供热系统的动态模型。

6.1.2.1　Modelica 建模语言与 OpenModelica 仿真平台

6.1.2.1.1　Modelica 语言

Modelica 语言是一种基于 C 语言的、面向对象的计算机仿真语言。一般 Modelica 建模方法有以下两种：一种是基于 Modelica 语法在文本框以文本代码的形式进行建模；另外一种通过图形化工具建模方式，通过导入 Modelica 标准库，将库中模型拖放至仿真平台的组件视图区，然后给出组件的参数，连接各个组件来建立模型。

现在以建立牛顿冷却公式为例来说明 Modelica 的语法结构。

```
model NewtonCooling"An example of Newton's law of cooling"
    parameter Real T_inf"Ambient temperature";
    parameter Real T0"Initial temperature";
    parameter Real h"Convective cooling coefficient";
    parameter Real A"Surface area";
    parameter Real m"Mass of thermal capacitance";
    parameter Real c_p"Specific heat";
    Real T"Temperature";
Initial equation
    T= T0"Specify initial value for T";
equation
    m*c_p*der(T)= h*A*(T_inf-T)"Newton's law of cooling";
end NewtonCooling;
```

首先是“类”(class),它是构成 Modelica 模型的基本单元,包括三种组成成员:变量、方程、成员类。变量表示类的属性,通常代表某个物理量。方程指定类的行为,表达变量之间的数值约束关系。类也可以作为其他类的成员,类的成员可以直接定义,也可以通过继承从基类中获得。一般类由关键字 class 修饰,特定类由特定的关键字修饰,如 model、connector、record、block 和 type 等。特定类只不过是一般类概念的特殊化形式,在模型中特定类关键字可以被一般类关键字 class 替代,而不会改变模型的行为。参见表 6-2。

表 6-2 Modelica 受限类的种类及特点

类型	名称	作用
class	类	通用类
model	模型	陈述式模型
connector	连接器	组件之间的连接接口
record	记录	数据结构
block	框图	兼容基于框图的因果建模
type	类型	类型别名
function	函数	通过算法实现过程式建模
package	包	消除名字冲突与组织模型层次

此外,Modelica 语言最突出的概念是组件和连接,正是因为这两个概念使其既不同于一般的程序语言,也不同于基于块的数据单向传递的 Simulink 等建

模仿真，较之具有更大的优越性。组件通过连接机制进行交互连接。组件构架实现组件连接，确保由连接维持的约束和通信工作稳定可靠。在Modelica语言中，组件的接口称作连接器，Modelica连接器是连接器类的实例，建立在组件连接器上的耦合关系称作连接，连接可根据其之间的因果耦合关系分为因果连接和非因果连接。连接器类的主要用途就是定义组件接口的属性与结构。连接器类中定义的变量可划分为两种类型：流变量和势变量（表6-3）。流变量是一种"通过"型变量，如电流、力、力矩等，由关键字flow限定，流变量之间的耦合关系由"和零"形式的方程表示。势变量是一种"跨越"型变量，如电压、位移、角度等，势变量之间的耦合关系由"等值"形式的方程表示。

表6-3　常见的流变量与势变量

领域	势变量	流变量
电学	电压 V	电流 I
一维平移	位移 s	力 F
一维转动	角度 φ	转矩 M
流体液压	压强 P	流速 v
热力学	温度 T	热流量 Φ
化学	化学 μ	质点流量 N

下面给出的连接器类FluidPort定义的是管道网络中一维流体流动的接口，它包含两个变量，压力 P 为势变量，质量流量m_flow为流变量。

```
connector FluidPort
    Real P;
    flow Real m_flow;
end FluidPort;
```

Modelica连接必须建立在相同类型的两个连接接口之上，用以表达不同组件之间的耦合关系。这种耦合关系在语义上通过方程实现，故Modelica连接在模型编译时会转化为方程。根据基尔霍夫两大定律可得，流变量之间的耦合关系由"和零"形式的方程表示，即连接交汇点的流变量之和为零。势变量之间的耦合关系由"等值"形式的方程表示，即连接交汇点的势变量值相等。连接方程反映了实际物理连接点上的功率平衡、动量平衡或质量平衡。假设存在连接connect（FluidPort1，FluidPort2），其中，FluidPort1和FluidPort2为连接类FluidPort的两个实例。该连接等价于以下两个方程：

$$\begin{cases}\text{FluidPort1.P}=\text{FluidPort2.P}\\ \text{FluidPort1.m\_flow}+\text{FluidPort2.m\_flow}=0\end{cases}\tag{6-56}$$

在利用Modelica建模上，Modelica语言有以下几大特点：

(1) 面向对象建模

面向对象语言是一类以对象作为基本程序结构单位的程序设计语言，指用于描述的设计是以对象为核心，而对象是程序运行时刻的基本成分。一个对象在内部被表示为一个指向一组属性的指针。

在使用 Modelica 进行建模的过程中，Modelica 提供了具有实际物理意义的属性的“组件”，在仿真时将任何一个复杂的系统看作由若干个组件相互联系组成，针对单个组件的进行，然后利用“连接”特性将其耦合建模，主要是为了简化复杂性，强调陈述式建模和模型的重用，通过层次式的组件连接和继承实现结构化建模。Modelica 语言以类为中心组织和封装数据，支持采用分层机制、组件连接机制和继承机制构建 Modelica 模型。建模时不需要关注方程求解过程，只需重点关注如何准确描述模型。图 6-6 为 Modelica 面对对象建模实例。

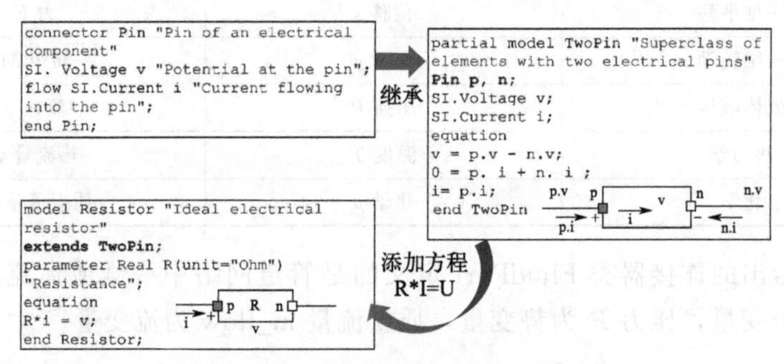

图 6-6 Modelica 面对对象建模实例

(2) 非因果建模

Modelica 语言是一种基于方程语言的非因果关系建模语言，这表明用户可以使用数学方程的形式建立任何物理现象或物理对象的数学模型。基于数学方程的模型优点在于构建的仿真模型系统与实际物理系统一样真实直观。基于数学方程的模型不同于基于赋值等式的模型，方程的因果特性是不确定的，因而在方程系统求解时才能确定方程中变量的因果关系。而对于赋值语句来说，赋值符号左边总是输出，右边总是输入。所谓“非因果”的含义是指对方程的变量来讲无须指出哪一些是输入变量哪一些是输出变量，不用考虑方程的计算顺序，求解时不限定方程的求解方向，这样就比赋值语句有更大的灵活性和更强的功能，既可以根据数据环境需要求解不同的变量，也大大提升了 Modelica 模型的重用性，使得对复杂系统的建模更加趋于简单化。如：

方程：$R*I=U$；

赋值：$U:=I*R$；$I:=U/R$；$R:=U/I$。

(3) 陈述式物理建模

Modelica语言采纳了陈述式设计思想，其软件组件模型支持根据实际系统的物理拓扑结构组织构建仿真模型，即陈述式物理建模。物理元件对应模型的一个组件，物理元件之间的真实物理连接对应于组件连接图中模型组件之间的逻辑连接。采用这种方式构建的物理系统模型与实际系统具有相似的拓扑结构，能够很好地保持实际系统的层次结构，也更有利于复杂物理系统建模。如图6-7、图6-8所示的同一个电路模型，非常直观地表示Modelica与Simulink之间的差别，体现了Modelica的建模优势。

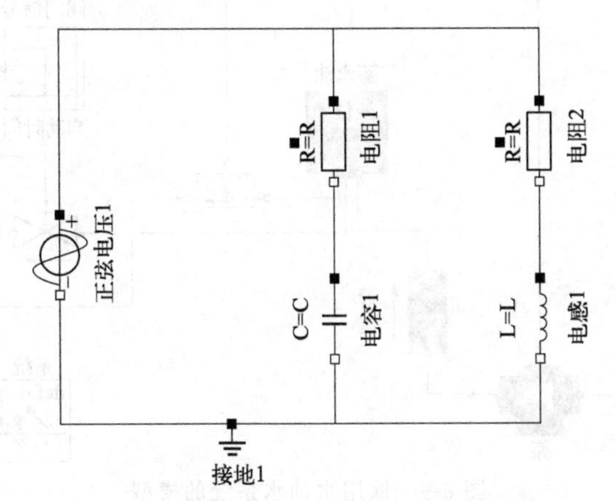

图6-7　简单电路的Modelica组件连接模型

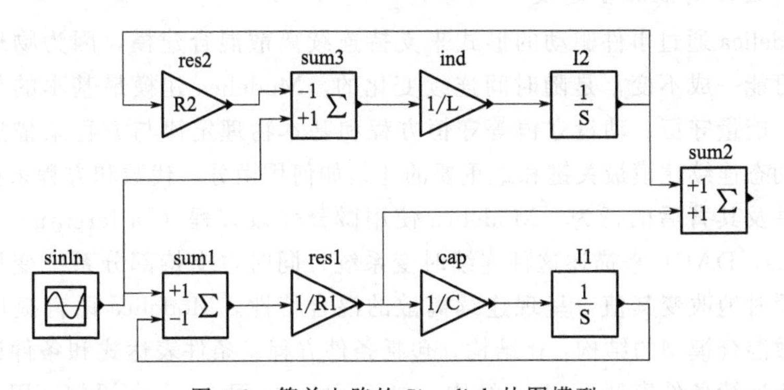

图6-8　简单电路的Simulink块图模型

(4) 多领域统一建模

多领域统一建模是建立在Modelica语言突出的特征——组件和连接上的。由于采用的是面向方程的陈述式非因果建模，旨在用方程来描述物理系统。Modelica模型是基于数学方程语言表示的，具有与物理系统内在一致性的特点，也因为该特点 Modelica 可以支持包含多个不同领域的模型组件，然后通过元件与外界的通信接口——连接器将各个领域的组件连接在一起，实现多领域统一建模。如图 6-9 所示为饮用水抽水系统的模型，包括两种不同的系统。

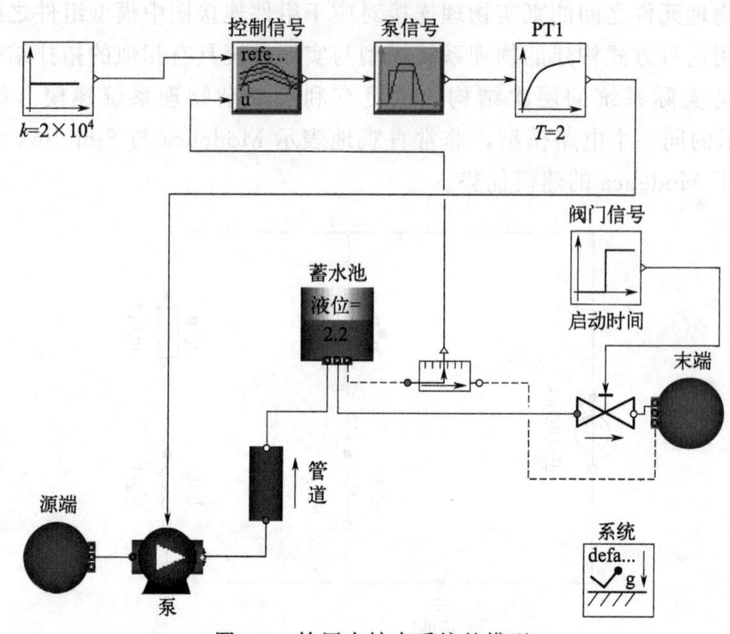

图 6-9　饮用水抽水系统的模型

（5）连续离散混合建模

Modelica 通过事件驱动的形式来支持连续离散混合建模，因为物理系统的特性不可能一成不变，是随时间连续变化的。Modelica 建模最基本的是基于质量守恒、能量守恒、动量守恒等守恒方程和基本物理定律与方程来描述系统行为，而动态连续建模最关键和最重要的还是如何用微分、代数和方程来描述这些离散事件及其背后的行为。Modelica 使用微分代数方程（Differential-Algebraic Equations，DAE）来描述这种连续时变系统；同时也支持部分系统变量在特定时间点瞬时地改变其值，呈现连续离散的混合特性。Modelica 语言提供了 2 种表示离散混合模型的结构：if 结构，包括条件方程、条件表达式和条件语句，用于描述不连续条件模型；when 结构，包括 when 方程或 when 语句，用于表示只在某些离散时刻有效的方程。下面将延续牛顿冷却公式 Modelica 案例，并在其中插入一个时间事件，即对该系统添加一个扰动。具体地说，在仿真开始的半秒后让环境温度 T _ inf 突然下降。仿真结果见图 6-10。模型代码如下。

由于 Modelica 出色的语言特性，已被广泛应用于各个领域，应用于各种行业。比较常见的仿真平台具体介绍如表 6-4 所示。

```
model NewtonCoolingDynamic
"Cooling example with fluctuating ambient conditions"
// Types
type Temperature=Real(unit="K", min=0);
type ConvectionCoefficient=Real(unit="W/(m2.K)", min=0);
type Area=Real(unit="m2", min=0);
type Mass=Real(unit="kg", min=0);
type SpecificHeat=Real(unit="J/(K.kg)", min=0);
// Parameters
parameter Temperature T0=363.15 "Initial temperature";
parameter ConvectionCoefficient h=0.7 "Convective cooling coefficient";
parameter Area A=1.0 "Surface area";
parameter Mass m=0.1 "Mass of thermal capacitance";
parameter SpecificHeat c_p=1.2 "Specific heat";
// Variables
Temperature T_inf "Ambient temperature";
Temperature T "Temperature";
initial equation
T = T0 "Specify initial value for T";
equation
if time<=0.5 then
T_inf = 298.15 "Constant temperature when time<=0.5";
else
T_inf = 298.15-20*(time-0.5) "Otherwise, increasing";
end if;
m*c_p*der(T) = h*A*(T_inf-T) "Newton's law of cooling";
end NewtonCoolingDynamic;
```

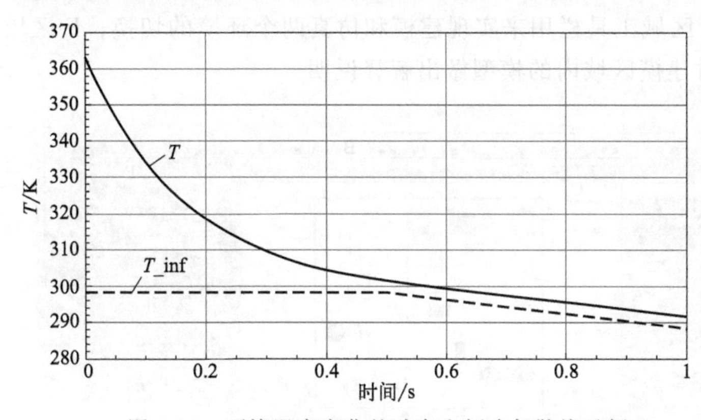

图 6-10　环境温度变化的动态牛顿冷却散热示例

表 6-4　常见支持 Modelica 语言的仿真平台

仿真工具	公司/组织	特点
Dymola	Dynasim AB 公司	具有功能强大的符号处理引擎,集成了多个数值求解包
MathModelica	LinköPing University（林雪平大学）	集成 Microsoft Visio、Mathmatica 和 Dymola 仿真引擎开发而成
MapleSim	Maplesoft	基于 Maple 和 Modelica 的多领域仿真工具
SimulationX	ITI GmbH	主要应用于机械汽车领域
JModelica	Modelon AB	可扩展开源平台,用于复杂动态系统优化、仿真
OpenModelica	LinköPing University	免费提供 Modelica 建模、编译与仿真功能
MWorks	华中科技大学	多领域物理系统混合建模与仿真平台

6.1.2.1.2 OpenModelica 仿真平台

OpenModelica[19] 是一个开源的基于 Modelica 语言的建模和仿真环境，主要用于工业界和学术界研究，长期由瑞典 LinköPing University 组成的非营利组织 Open Source Modelica Consortium（OSMC）开发。OpenModelica 提供图形化建模环境，支持基于图标的拖放式图形建模，在库浏览器中的库包括 Modelica 标准库模型和第三方开发的模型库。同时也提供文本建模环境，具有强大的符号处理功能，集成了多个数值求解包，可实现大规模的多领域物理系统建模仿真。

图 6-11 是 OpenModelica 软件的建模工作界面。其中，A 区域是系统标准模型库显示区域；B 区域是工具栏和菜单栏；C 区域的工具栏用来切换建模窗口；D 区域为建模窗口，建模窗口分为 Icon、Diagram、Modelica text 和 Documentation 四个子窗口，用于描述和构建模型和模型组件，实现模型及其附带知识以及模型的积累和重用；E 区域工具栏用来实现建模和仿真两个环境的切换；F 区域为文档浏览器，用于对建模区域内的模型做出解释说明。

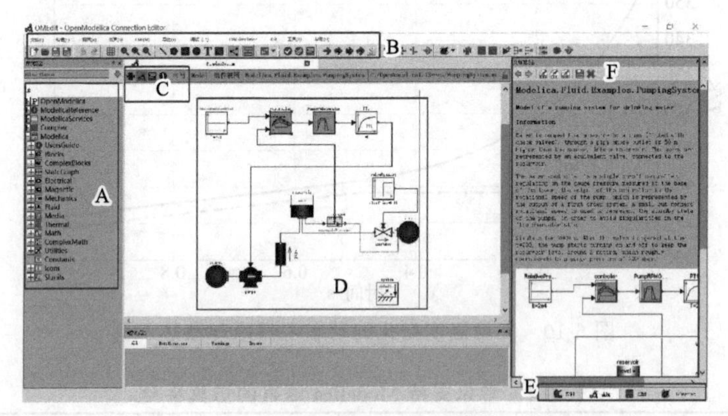

图 6-11 OpenModelica 软件的建模工作界面

图 6-12 是 OpenModelica 软件的仿真结果窗口。其中，A 区域是图表显示区域，B 区域是模型参数区域，显示仿真模型的所有参数、中间变量和输出变量菜单，通过选取 B 区域的变量，结果以二维图表的形式显示在 A 区域。C 区域为消息浏览器，可以观察仿真过程的警告（warnings）和错误（errors）。

OpenModelica 仿真环境由以下几个相互连接的子系统组成，如图 6-13 所示。

箭头表示数据和控制流。交互式会话处理程序接收命令，并显示评估后翻译并执行的命令和表达式的结果。其余子系统提供了不同形式的 Modelica 代码浏览和文本编辑。调试器当前提供对 Modelica 扩展算法子集的调试，并使用

Eclipse 进行显示和定位。图形模型编辑器提供了 Modelica 标准库的图形模型编辑、绘图和浏览。

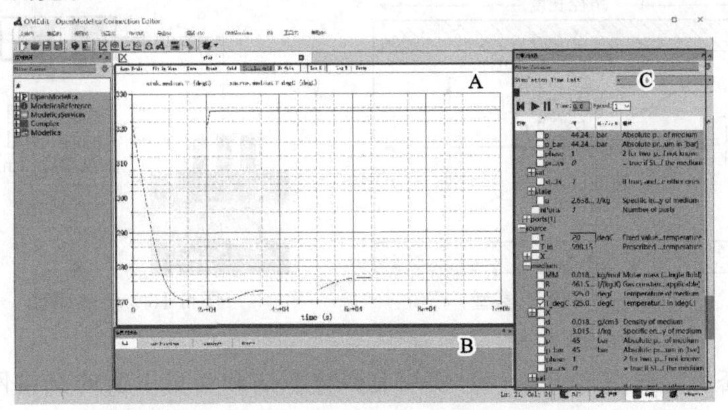

图 6-12　OpenModelica 软件的仿真结果窗口

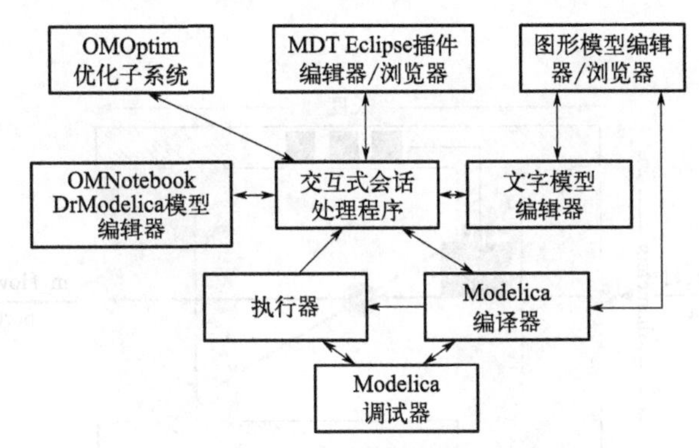

图 6-13　OpenModelica 仿真环境的体系结构

默认情况下，OpenModelica 将 Modelica 模型转换为 ODE 或者 DAE 表示形式，以使用数值积分方法执行仿真。采用 DASSL 作为 OpenModelica 的默认求解器，它是一个隐含的高阶多步求解器，具有步长控制属性，对于各种模型都非常稳定。

6.1.2.2　蒸汽管网系统典型单元设备建模

(1) 动态管道模型

这里的动态管道模型不仅包括了热工水力耦合计算模型，还具有质量和能量存储的动态管道模型。根据上述分析，将动态管道模型分为三大通用模块结构通过连接器连接组合在一块，而不是建立单一专属的管道模型。模块分为管道接口（图 6-14）、流动模型（图 6-15）、传热模型（图 6-16），三合一

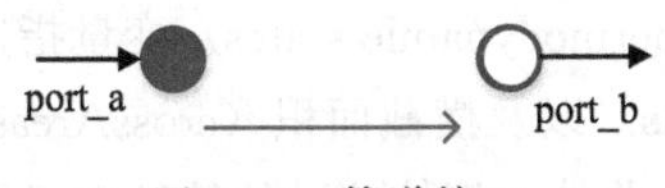

图 6-14　管道接口

组成具有分布质量、能量和动量平衡的直管道模型。

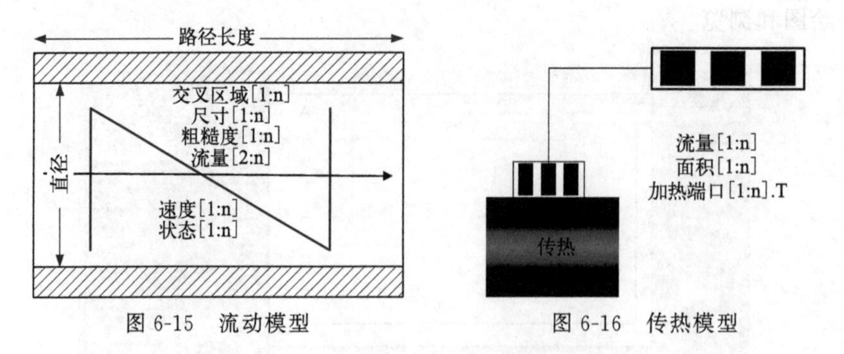

图 6-15 流动模型　　图 6-16 传热模型

该动态管道模型（图 6-17）使用有限体积法和动量平衡的交错网格方案处理偏微分方程。管道沿流动路径分成 nNodes 等间隔段，默认值为 nNodes＝2，这将导致 n 个网格上各有一个质量和能量平衡方程，但整个动态管道只有一个动量平衡方程。

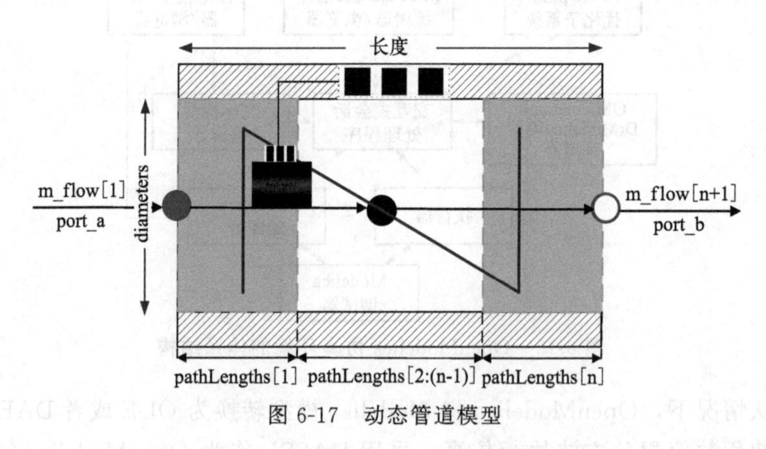

图 6-17 动态管道模型

在计算过程中，Modelica 管道接口模型由两个接口连接器组成，用于传递流体介质的流量、压力与焓值等参数，对节点连接处使用基尔霍夫两大定律进行计算。其中，管道的流动模型，描述管道中的壁面摩擦模型的详细信息和重力引起的压力损失，该部分模型定义了 n 个流动段之间的 $m(m=n-1)$ 个流动模型的公共接口。流动模型使用默认的上游离散化方案（Upstream Discretization Scheme）提供稳态或动态动量平衡。所谓的上游离散化为两流动段公共接口处的跨越段边界的流体焓流量以上流流过来的焓值为准，忽略下游强度量对接两体积之间流体的影响。对于给定的介质模型，在流动模型中使用热力学状态（thermodynamic states）变量指定流体介质的热力学状态。使用路径长度（pathLengths）以及横截面积（crossAreas）和粗糙度（roughnesses）等变量指定管道几何参数。此外，流体流动的特征在于不同类型装置的特征尺寸（characteristic dimensions）和装置区段中流体流动的平均速度。相对于流动模型，管道传热模型是基于计算努塞尔数来推算出管内传热系数，来进行管道内流量和通过热端口暴露的分段边界之间的热量传递。通过 n 个流动段的边界的热流速率 Q_flows[n] 由给定流体介质的流动段的热力学状态函数获得，包括密度 ρ、雷诺数 Re、比焓值 h、运动黏度 ν、努塞尔数 Nu，并带有与外界环境换热的接口，热端口温度（边界温度，heatPorts. T）可以与热传导、热对流等组件进行换热等。

（2）阀门模型

类似地，将阀门分为两个部分，一部分为传输流体接口（FluidPort），可以与管道接口相连组合；一部分为阀门主体，定义阀门特性和阀门的基本方程。示意图如图 6-18。

$$Q=r_{c}A_{v}\sqrt{\frac{\Delta p}{\rho}} \tag{6-57}$$

式中，Q 为通过阀门的流量，m^3/s；r_c 为相对流量系数，r_c 与阀门开度成函数关系，可呈现线性关系，也可呈现非线性关系；A_v 为节流面积，大约是阀喉面积的 1.4 倍，m^2；Δp 为阀门前后压差，Pa；ρ 为介质密度，取阀门前后密度的平均值，kg/m^3。

其部分 Modelica 代码实现如下：

```
relativeFlowCoefficient=valveCharacteristic(opening_actual);
m_flow= relativeFlowCoefficient * Av * sqrt(dp/((Medium.density(state_a)+
Medium.density(state_b)/2));
```

（3）泵模型

图 6-19 是泵的基本模型，也带有传输流体接口。泵模型是基于运动学相似性理论建立的：针对标称工况（转速和流体密度）给出泵的特性，然后根据相似性方程式将其适应实际工况。泵的额定液压特性由流程特征函数（扬程与体积流量之间的关系）给出，给定体积流量输出泵的扬程；泵的能量平衡由效率特征函数（额定条件下效率与体积流量的关系）给出，给定体积流量输出泵的效率，然后确定功耗。

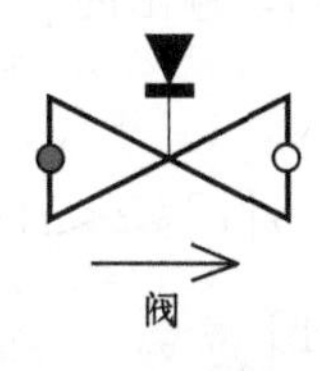

图 6-18　阀门模型

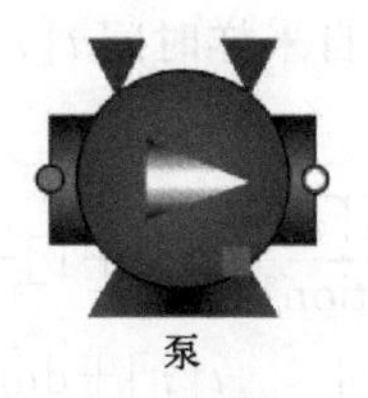

图 6-19　泵模型

流体特征函数构建了扬程与体积流量的二次表达式，选取泵在运行工况的三个工作点的扬程和体积流量来拟合曲线，分别为 V_flow={0,V_flow_op,1.5*V_flow_op},head={2*head_op,head_op,0}，曲线方程形式为：

$$\text{head}=a+b*\text{V\_flow}+c*\text{V\_flow}^2 \tag{6-58}$$

其中：a、b、c 均为常数。效率特征函数为泵效率函数，目前默认值为恒定效率 0.8。

nominal 为标称值，用于预定义示例性的泵特性并定义泵的操作。泵上方有两个数据模块接口，分别为 m_flow_set、p_set，可以选择启用输入连接器 m_flow_set 或 p_set，以提供随质量流量或压差时间变化的设定点。

其部分 Modelica 代码实现如下：

```
V_flow_op=m_flow_nominal/rho_nominal "operational volume flow rate according to nominal values";
head_op=(pump.p_b_nominal-pump.p_a_nominal)/(g*rho_nominal)" operational pump head according to nominal values";
//性能计算
V_flow=m_flow/Medium.density(port)"泵体积流量";
head=dp_pump/(pump.g*pump.rho)"泵扬程";
head=flowCharacteristic(V_flow);
//能量消耗
eta_nominal=0.8;
W=dp_pump*V_flow/eta_nominal"W 代表功耗;dp_pump=port_b.p-port_a.p,泵两端压差";
```

(4) 热源和热用户模型

热源和热用户模型采用 Modelica.Fluid.Sources 中的模型，定义固定或规定的边界条件，作为热源和热用户。输出接口同样为 FluidPort 类接口，可以传递水蒸气压力、流量、焓值。其输入信号为从 Modelica.Blocks 中挑选基本的输入/输出控制模块。此外，考虑到采集的数据为一些离散点，为将数据更平滑地输入到热源端，更改 Modelica.Blocks.Sources.Ramp 模型，Ramp 是一个斜坡线性输入，改为如图 6-20 所示的输入。

数据输入来自采样时间 $t[i]$ 和采样参数 $y[i]$，输出的 y 与时间 t 的关系如下式：

$$y=\begin{cases}\sqrt{\dfrac{t-t[i]}{\text{duration1}}}\,(y[i+1]-y[i])+y[i] & t[i]\leqslant t<t[i]+\text{duration1}\\ y[i+1] & t[i]+\text{duration1}\leqslant t<t[i+1]\end{cases} \tag{6-59}$$

式中，$t[i]$ 为第 i 次采样的时间，s；$y[i]$ 为第 i 次采样参数值。

(5) 介质模型

本节所使用的蒸汽介质模型借助 Modelica. Media. Water. StandardWater 作为介质接入到设备中，Modelica. Media. Water 库包含一个非常详细的介质模型，该模型基于 IF97 标准开发而成，具有高精度的热力学性质计算功能。用压力（p）、温度（T）、比密度（d）、比内能（u）和比焓（h）中的任意两个作为介质的已知参数，应用热力学原理计算方法可计算出其他物理量。

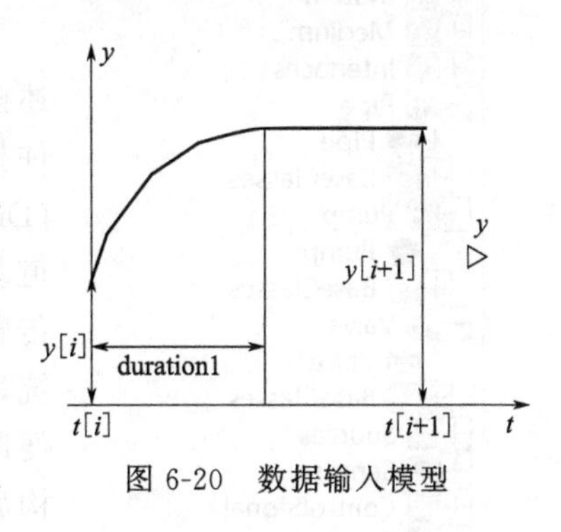

图 6-20　数据输入模型

(6) 传热模型

本节涉及热传导和对流换热，根据传热学可知：

热传导：

$$Q\_flow=\frac{2\pi k\,dTL}{\ln\left(\frac{r_o}{r_i}\right)} \tag{6-60}$$

对流换热：

$$Q\_flow=Ah\,dT \tag{6-61}$$

式中，Q_flow 为热流量，W；L 为长度，m；k 为材料热导率，W/(m·K)；r_o 为管道外半径，m；r_i 为内半径，m；A 为对流面积，m^2；h 为对流换热系数，W/(m^2·K)；dT 为温差，K。

依据这两个方程即可建立出热传导和对流换热的模型，如图 6-21、图 6-22 所示。

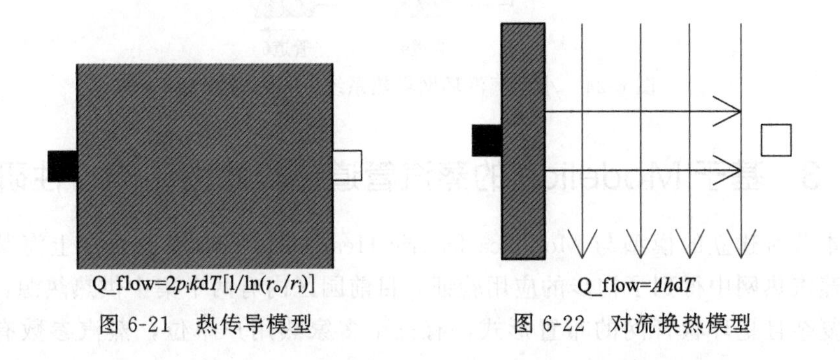

图 6-21　热传导模型　　　图 6-22　对流换热模型

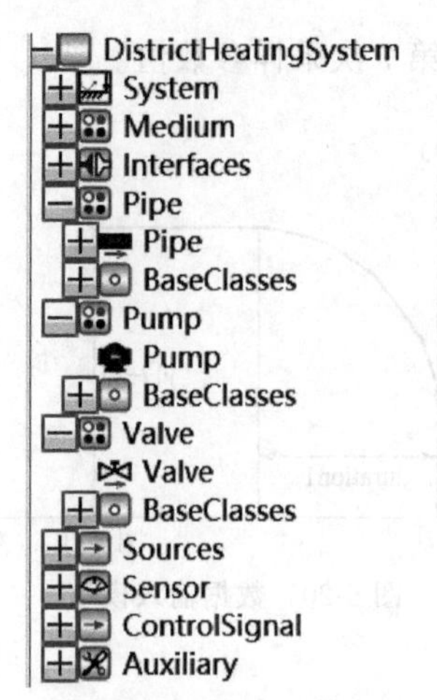

图 6-23 使用 Modelica 建立 DistrictHeatingSystem 模型库

6.1.2.3 蒸汽管网系统 Modelica 模型库

前面介绍了蒸汽供热系统的部分模型，将上述模型和 Modelica Standard Library 中的其他组件模型进行整合，形成一整套区域供热系统（DistrictHeatingSystem）模型组件库，包括管道、泵、阀门、三通、控制信号、传热组件以及传感器等。基于该库用户可以依据实际的管网系统，自主建立 Modelica 蒸汽管网模型，极大地方便以后的建模过程。该库在 OpenModelica 中结构如图 6-23。

为验证上述模型的可仿真性和有效性，基于 DistrictHeatingSystem 模型库采取模型拖拉与连接的方式，建立图 6-24 所示的小型单热源蒸汽环状管网供热系统。泵在 $t=10\text{s}$ 时开始工作运行，经过 20s 后，泵出口压力达 1.0MPa；之后蒸汽开始流动。从仿真结果（图 6-25、图 6-26）可以看出，该模型能顺利完成蒸汽环网系统的仿真，并且能较好地展示出模型中各个管道的温度和流量变化情况。

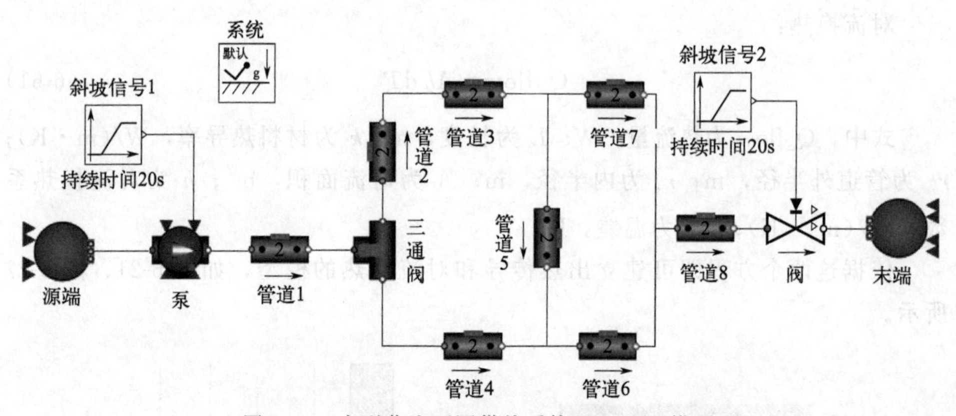

图 6-24 小型蒸汽环网供热系统 Modelica 模型

6.1.3 基于 Modelica 的蒸汽管道热工水力动态特性研究

本节所建立的模型与 Modelica DistrictHeatingSystem 库已经在上海某化工园区蒸汽热网中得到了初步的应用验证。目前园区内有两个集中供热热源，系统结构复杂且呈环状管网的布置形式，有三十多家热用户单位，蒸汽参数有高压

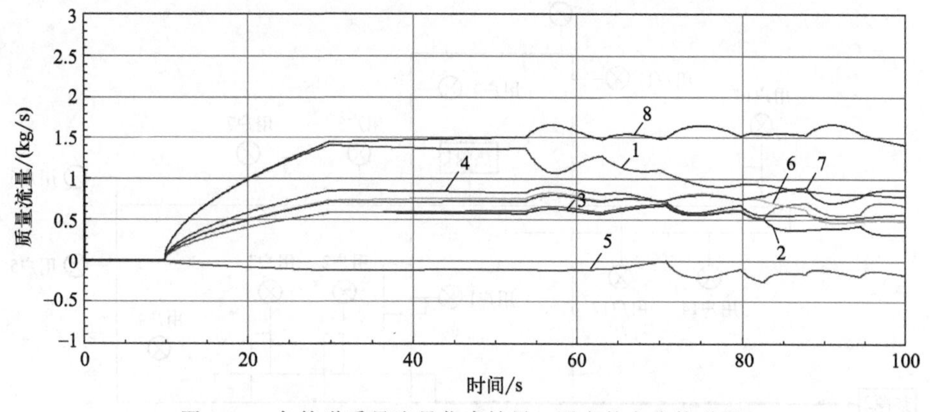

图 6-25　各管道质量流量仿真结果（图中数字为管道号）

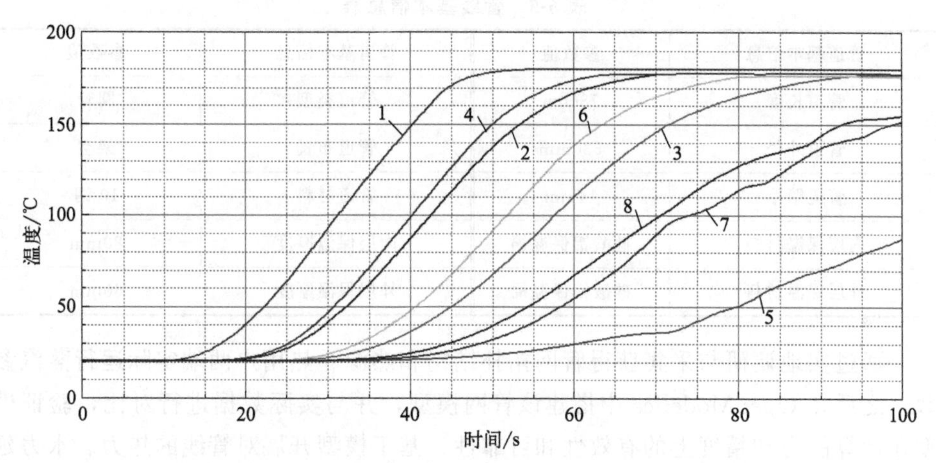

图 6-26　各管道内介质温度仿真结果（图中数字为管道号）

（p＝4.5MPa，T＝305℃）、中压（p＝2.3MPa，T＝240℃）两个等级，管网总长超过 60km。热用户对供汽参数的要求严格，且用热负荷随着工艺生产变化而发生波动，体现为昼夜用热负荷波动幅度大、用热变化随机性强。

为方便管网动态特性研究，研究对象的运行调节相对系统其余部分应当保持较高独立性，因此本次研究选取管网内一段单长管线进行分析。该管段位于管网系统东南侧，属管网应急线部分，其运行维护相对系统其余部分存在较高独立性，如图 6-27 热网图中的深黑色管段所示。其中，管线包含一个热源、一个应急锅炉以及一个耗汽点。由于研究选取的管段运行期间应急锅炉不工作，管段可视为单热源单耗汽点管段。管线参数如表 6-5 所示。

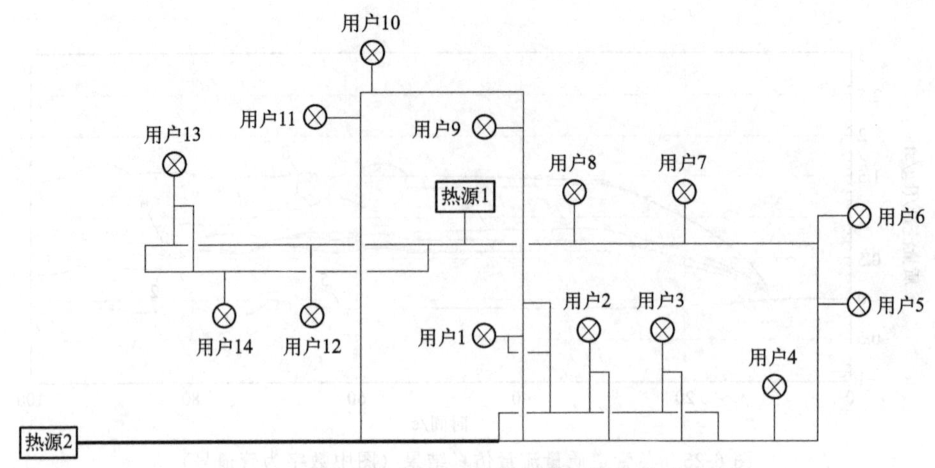

图 6-27 研究选取管段与供热系统整体关系示意图

表 6-5 管线基本信息表

管道基本信息	参数值	管道基本信息	参数值
管道长度	7800m	管道类型	圆管
管道外径	530mm	管道布置	架空
管道壁厚	14mm	管道材料	10 钢
内层保温材料	硅酸铝保温棉	内层保温厚度	80mm
外层保温材料	硅酸铝保温棉	外层保温厚度	60mm

通过实地调研与采集获得管网拓扑结构和热源、热用户两端实际运行蒸汽参数，之后在 OpenModelica 中搭建该管网模型，并与实际数据进行对比，验证模型在计算能力和精度上的有效性和可靠性；基于模型开展对管线的热力、水力延迟特性研究。采用控制变量法，改变热源端参数，观察用户端响应过程，从而获得蒸汽供热管道的热力、水力动态特性。

6.1.3.1 蒸汽管网 Modelica 模型仿真与分析

根据 Modelica 建模特点，任意结构的物理系统都可以看作由不同类型的组件按照一定的逻辑连接在一起而形成的，但其求解过程是无因果的。结合上述的建模理论基础和 Modelica 模型库，依据实际的某化工园区蒸汽管网建立蒸汽管网 Modelica 模型，如图 6-28 所示。模型中考虑了保温层热阻、对流换热热阻和保温层热容及其储能效果。图中管道虽只有一个，但分为了 10 个节点进行计算，等同于 10 根 780m 的管道连接组成。Modelica 模型中定义源、末两端压力、温度等参数作为边界条件。

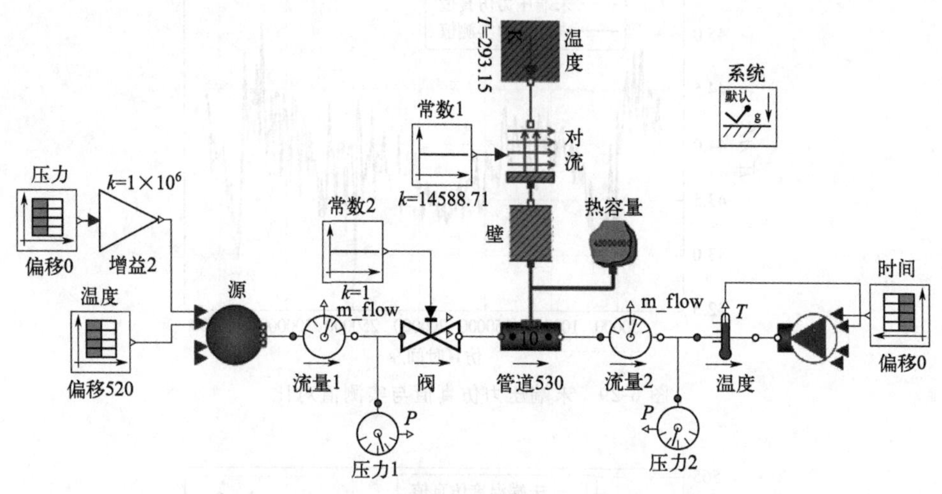

图 6-28　蒸汽管网 Modelica 模型

在仿真过程中，由于 Modelica 是依据两端压差计算流量或者一端压差与流量计算另一端压力，无法在热源端同时一次性输入热源的供汽温度、压力和流量三个参数，所以模型中采用的是源侧模型实时输入蒸汽温度和流量实测值；末端模型实时输入末端用户流量实测值。末端温度值由源端温度值经散热后计算得出，然后由温度传感器测量后传输到末端（sink）模型中。以此来完成模型的搭建和数据的输入工作。

在热源与热用户侧分别安装温度、压力和流量测点，采集数据步长为半小时。将采集的数据经上述方法输入到模型中，经过 Modelica 仿真计算后，即可获得用户端和管道节点处的蒸汽温度、压力及各区段内的流动压降、平均流速、焓值等数据。由于管道中间无法安装测点，所以无法了解管道中间的内部状态，进而本节选择将仿真计算的末端压力、温度与末端温压测点进行对比，结果如图 6-29、图 6-30 所示。

将该工况的水力热力分析系统计算结果与管网运行结果比较可得（图 6-31、图 6-32）：节点压力相对误差在 1%以内，最大压力误差为－0.71%；节点温度相对误差在 2%以内，节点温度最大相对误差为 1.64%。在最大相对误差处，节点压力绝对偏差为－0.32bar[1]，节点温度绝对偏差为 9.0K，能较好地满足工程计算精度。

[1] 1bar＝10^5Pa。

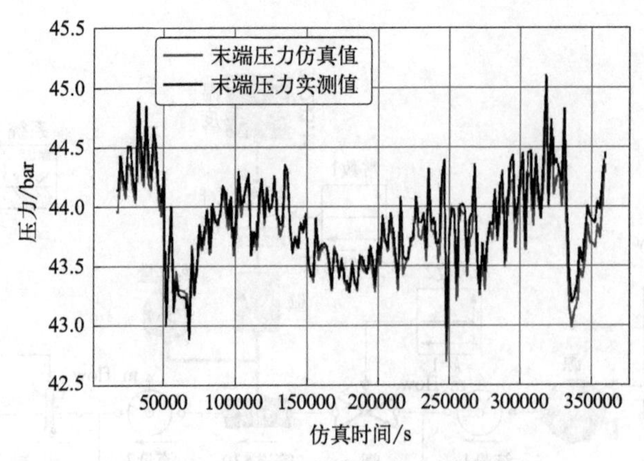

图 6-29　末端压力仿真值与实测值对比

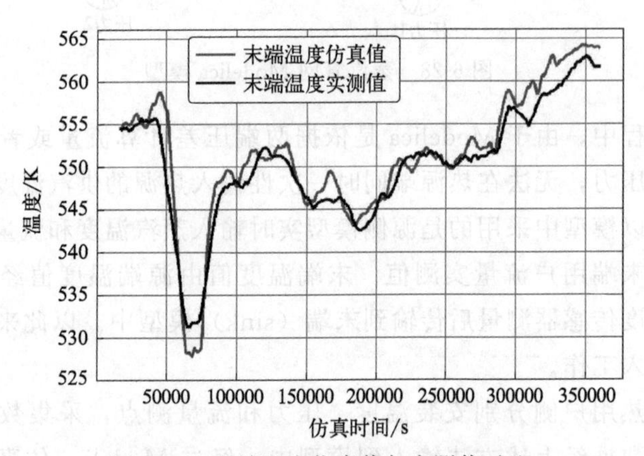

图 6-30　末端温度仿真值与实测值对比

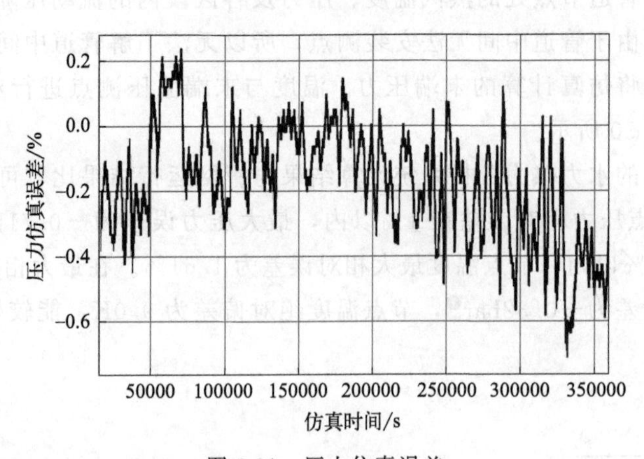

图 6-31　压力仿真误差

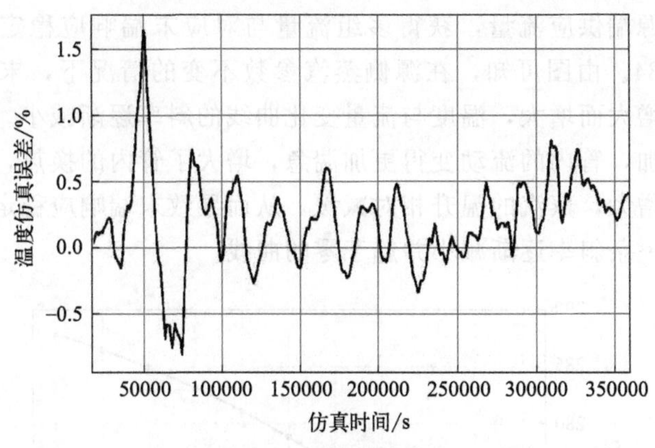

图 6-32　温度仿真误差

6.1.3.2　蒸汽管道热工水力动态特性分析

由于供热管网敷设保温层带来的热惯性、蒸汽质量流量以及蒸汽本身参数的易变性，管网各热力、水力参数的变化均会引起末端蒸汽温度不同程度的变化。而由于热工水力之间存在相互耦合的复杂关系，在实际过程中，管网的动态特性（包括衰减性和滞后性）难以量化表征。因此基于上述 Modelica 模型，选取案例中最典型的一种工况作为参考数据（$p=4.5\text{MPa}$，$T=597\text{K}$，m_flow＝22kg/s），采用控制变量法研究蒸汽管道的热工水力动态特性。

(1) 末端温度随源端流量变化的响应

在保持源侧蒸汽参数不变的情况下，让管道质量流量在 1000s 内缓慢增加 2kg/s，即从 22kg/s 至 24kg/s，待末端蒸汽温度稳定后，又以相同的方式减小到原来的流量水平，观察末端蒸汽温度随流量变化的响应过程，仿真结果如图 6-33 所示。由图可知，末端温度基本与流量阶跃同时响应，但温度响应完成需要近 20000s，为小时级别的延迟，由此可见蒸汽热网具有强烈的热惯性和滞后性。

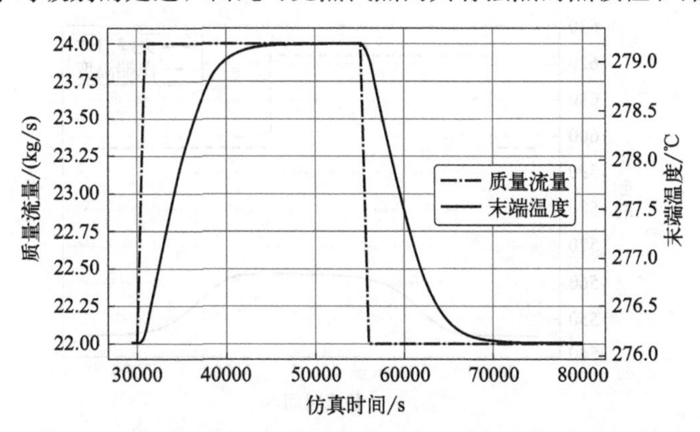

图 6-33　在流量阶跃变动条件下末端温度随时间的变动曲线

多次改变源端供应流量，获得多组流量与对应末端响应稳定蒸汽温度仿真值，绘制图 6-34。由图可知，在源侧蒸汽参数不变的情况下，末端蒸汽温度随着源端流量的增大而增大，温度与流量变化曲线的斜率逐渐减小。这主要是因为随着流量的增加，管内的流动变得更加湍急，增大了管内的换热，单位质量蒸汽的散热量相对增大，蒸汽的温升相对减缓，从而导致末端响应稳定蒸汽温度与流量变化曲线是一条斜率逐渐减小并趋于零的曲线。

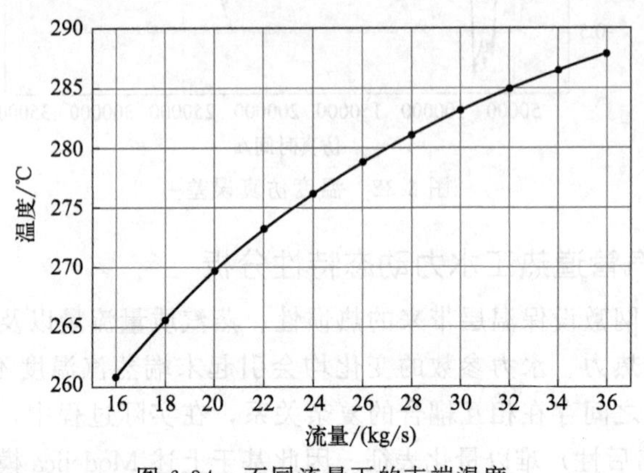

图 6-34　不同流量下的末端温度

（2）末端温度随源端温度变化的响应

在保持源侧蒸汽压力与流量不变的情况下，让源端供汽温度在 100s 内缓慢增加 25K，即从 597K 至 622K，待末端蒸汽温度稳定后，又以同样的方式减小到原来的供热温度，观察末端蒸汽温度随流量变化的响应过程，仿真结果如图 6-35 所示。改变源端蒸汽供应温度，获得多组源端蒸汽温度与对应末端蒸汽温度的仿真值，绘制图 6-36。由图 6-36 可知，在源侧蒸汽压力与流量不变的情况下，末端温度与源端温度呈现 $y=kx+b$ 直线形式关系，且斜率 $0<k<1$。这

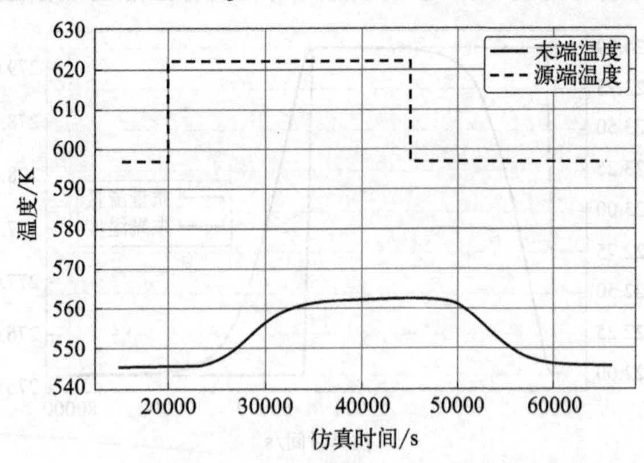

图 6-35　在源端温度阶跃变动条件下末端温度随时间的变动曲线

主要是因为随着源端蒸汽温度的线性增加，管内蒸汽与环境的温差、散热量也呈线性关系，末端蒸汽的温升相对稳定，且末端蒸汽温度的变化幅度相对源侧温度变化幅度小。由此可见，在源侧压力一定时，若想将末端蒸汽温度提高 a，源侧蒸汽温度需提高 a/k 才能实现预期的供热目标。

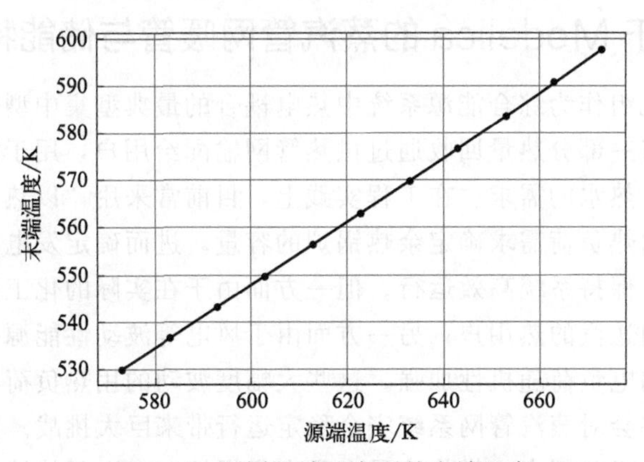

图 6-36　不同源端温度下的末端温度

(3) 末端压力随阀门开度变化的响应

考虑蒸汽在输送过程中的可压缩性、参数的易波动性和管段的长度，源侧蒸汽压力波动和阀门开度扰动都影响管网的水力动态特性，进而影响末端处蒸汽压力和流量。本节主要讨论了在阀门开度扰动下的管网水力动态特性——末端压力随阀门开度变化的响应。

保持源端供汽参数不变，在 20000s 时改变阀门的开度。从之前的 100%（全开）减少到 80%，观察末端蒸汽参数变动，获得末端压力随阀门开度变化的响应，其响应曲线如图 6-37 所示。由图可知，压力响应的滞后时间约为 14s，其

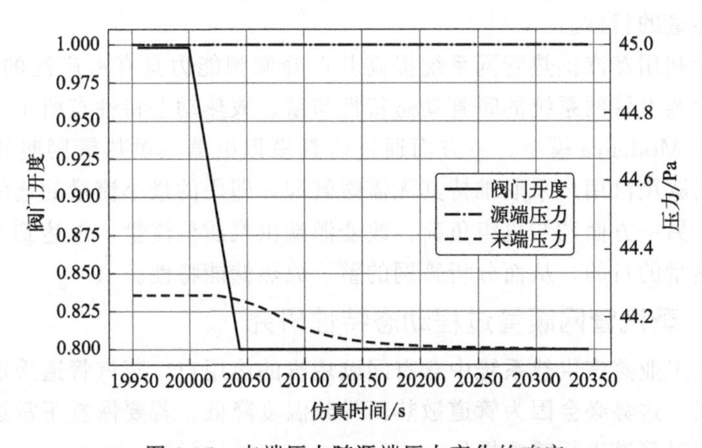

图 6-37　末端压力随源端压力变化的响应

传播速度约为 557m/s。考虑到此时的管内蒸汽声速大致为 538～568m/s，与压力的传播速度相近。因此，可以认为蒸汽压力在管道中的传播速度近似等于蒸汽声速，响应完成时间大概需要 250s。这相对于热力延迟来说，可以认为蒸汽压力在管道中的压力响应延迟可以忽略不计。

6.1.4 基于 Modelica 的蒸汽管网暖管与储能特性研究

热电联产机组作为综合能源系统中热电耦合的最典型集中型热源之一，其在发电的同时，将一部分热量回收通过供热管网输配给用户，用于满足区域用户对不同品位蒸汽、热水的需求。在工程实践上，目前常采用“以热定电”的方式进行设计，即根据热负荷需求确定余热锅炉的容量，进而确定发电机组容量，保证热电联合供应，保持系统高效运行。但一方面由于在实际的化工园区中，存在着间歇用汽和反向送汽的热用户；另一方面由于风电等波动性能源并网，用电负荷峰谷差增大，用电负荷随机性加强。这些大幅度波动的用热负荷与随机性强的用电负荷的情况将会对蒸汽管网系统安全稳定运行带来巨大挑战。热电联产机组由于在发电负荷、机前压力、供热流量上具有大惯性、大迟延特性，可充分合理利用机组储能，提高热网与电网稳定性，增强其调峰调频能力。

热电联产机组在发电的同时有一部分能量存储于热力系统，是个天然的储热罐，可以利用这部分蓄热提高机组短时间尺度上的调峰、调频性能。而热网中包含了大量的加热器、带有良好保温层的供热管道、热交换器等设备，具有非常可观的蓄热蓄能容量。其中的供热管道由于保温层保温效果好，且输送距离长，不会对用户端造成可察觉的影响。因此可以改变供热流量调节机组负荷而不对热用户造成明显影响。例如，在用热高峰期间，提前增加快关阀门开度，机前压力保持不变，机组发电负荷减小，热源段供热量增加，从而末端介质温度增加，即热网介质中存储的能量增加，热网蓄热，进一步实现热负荷的日内移峰填谷、减小调峰热源容量的目标。

现阶段利用蒸汽供热管网系统提高其调峰调频能力具有更广泛的应用前景，这也需要对蒸汽管网系统的暖管动态特性与蓄、放热动态特性有所了解。选取上文所验证的 Modelica 模型，一方面通过仿真模拟出蒸汽供热管网暖管的响应过程，还对间歇用汽用户采取维持其无需暖管即开即用的最小流量的连续运行方式进行探讨；另一方面调节机组负荷，改变源端供汽质量流量，以达到改变供热管道中蓄存热量的目的，从而分析管网的蓄、放热储能特性。

6.1.4.1 蒸汽管网暖管过程动态特性研究

由于在工业蒸汽供热系统中含有间歇用汽的热用户，蒸汽管道采取间歇运行的输配方式，这势必会因为管道散热而导致温度降低。若要恢复正常运行需要提前输送蒸汽对管道进行暖管操作。

当蒸汽管道的金属管壁温度由于散热降温到 $T=553$K 时，开启正常工况，向末端供应温度为 $T=597$K、压力为 $p=4.5$MPa 的过热蒸汽用于暖管。在暖管过程中，长输蒸汽管道每小节的温度变化规律如图 6-38。

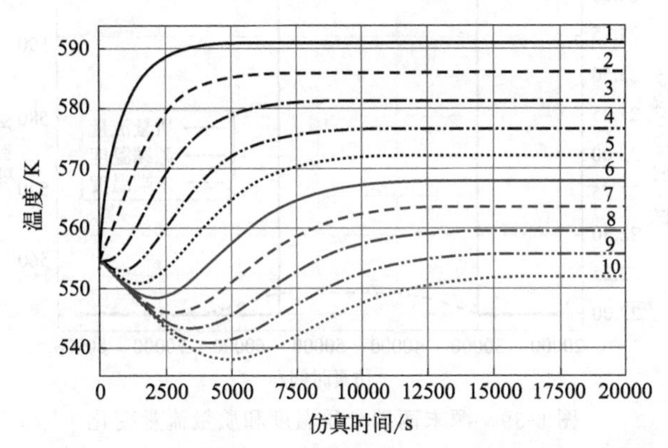

图 6-38　蒸汽管道暖管过程中管道温度变化（图中数字为管道号）

由图 6-38 可知，该长输管道仅是从相对较高的温度开始暖管，到正常运行状态就需要 5h 以上的暖管过程，同时沿线还需要配备相关的现场运行人员，耗费较多的人力和物力，并且会产生很多热损失和冷凝水损失，加速蒸汽管道的腐蚀和受损。因此，蒸汽管网间歇运行是不合理的，进而提出蒸汽管网连续运行的解决方案，即存在一个最小蒸汽流量 G 以维持蒸汽管道温度不变，达到无需暖管即开即用的效果。这要求到蒸汽管道末端的蒸汽必须是饱和蒸汽或过热蒸汽。

初步确定在正常运行工况下，满足用户用汽要求的热力站出口蒸汽参数和用户使用蒸汽参数。改变供应最小蒸汽流量 G，进行仿真模拟，观察管道末端蒸汽是否为饱和蒸汽或过热蒸汽。经过仿真测算，得到表 6-6。因此当 $G=4$kg/s 时，管道末端用户处的蒸汽接近饱和状态，可将管网间歇用汽改为连续用汽的模式，达到无需暖管即开即用的效果。在这种情况下，蒸汽供热系统可以迅速调整以达到用户生产用热参数。

表 6-6　连续运行工况下计算表

最小蒸汽流量 G /(kg/s)	起点压力 /MPa	起点温度 /K	终点压力 /MPa	终点温度 /K	终点压力下的饱和温度/K	终点蒸汽状态
4	4.5	597	4.4966	530.55	530.52	饱和蒸汽

6.1.4.2　蒸汽管网蓄、放热过程动态特性研究

在蒸汽管网蓄、放热过程动态特性研究中，通过增加热源的供汽流量而保持热源供汽温度恒定，使热网介质中存储的能量增加，热网蓄热。基于上述模型改变

相应参数，在一个蓄、放热周期内，热源端和用户端的蒸汽温度变化规律如图 6-39 所示，两端介质的比焓变化如图 6-40 所示，以及其流动散热量如图 6-41 所示。

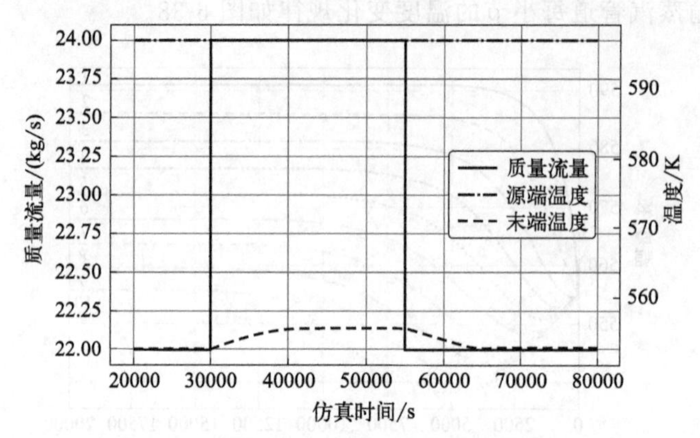

图 6-39　源末两端介质温度和质量流量变化

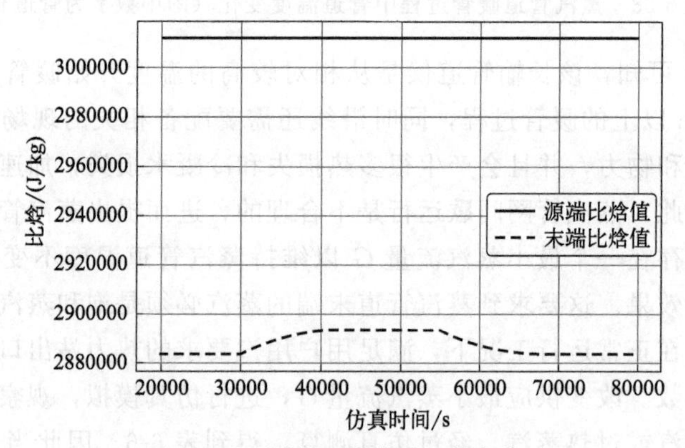

图 6-40　源末两端介质比焓变化

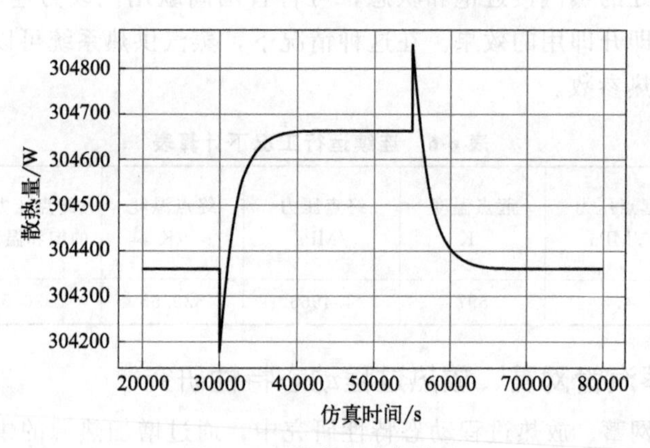

图 6-41　管道流动散热量

在蓄热过程中，假设供热管网的循环流量在 $t=30000\text{s}$ 由基准值 $G_{ref}=22\text{kg/s}$ 增加到最大值 $G_{max}=24\text{kg/s}$，维持管网供汽温度恒定不变，热源增大自身的供热量，更多的热量输送到管网中，导致末端温度逐渐升高。在 $\tau_1=44500\text{s}$ 时，末端蒸汽温度达到新的稳态温度 $T=273.33℃$，末端压力为 $p=4.4\text{MPa}$，该状态下的饱和温度为 $T=256.07℃$，所以该稳定状态下蒸汽为过热蒸汽，管网达到最大蓄热状态，S 为蓄热总量。

由于蒸汽一直处于过热状态，所以热源端供热总量等于管网散热量、管网蓄热量及用户端用热总量之和。因此有：

$$\int_{30000}^{44500} m_{sou}(t)h_{sou}(t)\mathrm{d}t=\int_{30000}^{44500} m_{sink}(t)h_{sink}(t)\mathrm{d}t+\int_{30000}^{44500} Q_{flow}(t)\mathrm{d}t+S \tag{6-62}$$

式中，$m_{sou}(t)$ 为源端流量；$m_{sink}(t)$ 为末端流量；$h_{sou}(t)$ 为热源端比焓值；$h_{sink}(t)$ 为末端比焓值。

对于放热过程，在 $t=55000\text{s}$ 时刻，管网的供汽流量减小至基准值 G_{ref}，在 $55000\sim\tau_2(\tau_2=69500\text{s})$ 时段，管网开始放热，末端蒸汽温度开始缓慢降低。在 τ_2 时刻，管网的末端温度回落至基准温度 T_sin_ref=269.81℃，管网的放热过程结束，S'为放热总量。

对于流量增加式管网蓄、放热，存在如下的恒等式：

$$S=S' \tag{6-63}$$

本书所定义的蓄热量考虑了短期运行中管道内的蒸汽与管壁，以及与保温层间的换热状况。这是因为管壁和保温层在集中供热系统管道热动态特性研究中不可或缺，在管网动态运行调控中可以作为供汽流量的蓄热体，给管道介质带来回暖的效果。此外，长距离、大管径的管道就是个天然的储罐，可以在短时间内不影响正常供热，平衡热负荷。

由式(6-63) 可以看出，管网的蓄热能力 S 与管网的源端输送蒸汽比焓、末端接收的蒸汽比焓、质量流量以及管网散热量有关。增加热源端的蒸汽比焓值 (可通过增加供汽温度和降低源端供汽压力来实现) 能够显著提高供热管网的蓄热能力；同时，增加管网的供汽流量可以进一步提高末端的稳态蓄热温度，从而进一步增大管网的蓄热能力。

为定量评估此长距离输送管线的蓄热能力，本节定义了供热管网的当量蓄热容积和等效供热持续时间。当量蓄热容积表示在相同热负荷条件下，要达到相同的总蓄热量需要额外配置的蓄热罐体积；等效供热持续时间为当热源出现故障或为了维护电网稳定而进行调峰调频，不得不限制热源端供热量，即供热量小于热负荷时，利用管网的蓄热能力来进行补充供热所能维持的时间。假定末端用户的热负荷为 m_flow=20kg/s、$p=4.4\text{MPa}$、$T=269.81℃$的过热蒸汽，源端热电联产锅炉由于参与电网调峰而降低供汽参数，供热负荷降低 5%，所以二者的表达如下：

$$V_{eq}=\frac{S}{h_{sink}(p,T)\rho_{sink}(p,T)} \tag{6-64}$$

$$T_{dur}=\frac{S}{5\% m h_{sink}(p,T)} \tag{6-65}$$

下面以上述仿真为例进行计算：

$$S=\int_{30000}^{44500}[m_{sou}(t)h_{sou}(t)-m_{sink}(t)h_{sink}(t)-Q_{flow}(t)]dt=18790\text{MJ} \tag{6-66}$$

$$V_{eq}=\frac{S}{h_{sink}(P,T)\rho_{sink}(p,T)}=\frac{18790\text{MJ}}{2.85\text{MJ/kg}\times 20.95\text{kg/m}^3}=314.7\text{m}^3 \tag{6-67}$$

$$T_{dur}=\frac{S}{5\% m h_{sink}(p,T)}=\frac{18790\text{MJ}}{5\%\times 22\text{kg/s}\times 2.85\text{MJ/kg}}=5993\text{s} \tag{6-68}$$

从上式计算可得，本案例中的长输管线具有巨大的储能蓄热量，其当量蓄热容积达 $V_{eq}=314.7\text{m}^3$；同时当热源发生故障或者改变热电分配比例而降低供热负荷时，可以利用长输管线的巨大蓄热能力来维持正常的供热 $T_{dur}=5993\text{s}$。基于此，可以对用户需求侧进行热负荷管理，适时调整热负荷与电负荷间的比例，灵活调节供热快关阀，短时间内改变供热量，将原本用于提高热负荷/电负荷的能力用于发电/提前供热储存在热网，且不会对用户造成明显影响。

6.2 基于需求响应的工业园区蒸汽供热系统优化运行技术

工业园区中的生产用汽通常由热电联产集中供应，相比于小型锅炉和纯热机组，热电联产机组更加能保证供汽的安全稳定，集中供应采用的大容量机组也具备更高的能源效率[20]。与企业自建锅炉自给自足不同，集中供应的方式会在工业园区内构建起蒸汽供热系统，系统由热源、热用户以及蒸汽管网组成。热源供应蒸汽，热用户消费蒸汽，而蒸汽管网则承担着输送蒸汽的任务。在工业园区蒸汽系统中，为保证蒸汽用户生产的连续性，热源往往会供应过量的蒸汽，以避免出现蒸汽用户用汽不足及末端用户蒸汽质量不达标的情况，未利用的蒸汽则会于管网末端以冷凝水的形式由疏水阀排出，造成蒸汽的浪费[21]。同时，蒸汽供热系统中也存在着明显的峰谷差异，供热高峰和供电高峰的同时存在，为热电联产机组带来了巨大的调峰压力。上述的情况都源于供需之间的不匹配，且对系统供热效率有着较大影响，是蒸汽供热系统低碳化道路上亟待解决的难题。本节将介绍基于需求响应的工业园区蒸汽供热系统优化运行技术。

6.2.1　需求响应相关理论

6.2.1.1　需求响应理论基本概念

需求响应的概念最早提出于美国。在 20 世纪 70 年代初，为了应对飞涨的能源需求，电力需求侧管理的概念在美国最早被提出；而后在其进行了电力市场化改革之后，为了让需求侧管理的功能在竞争性电力市场中能够继续发挥，再次提出了需求响应的概念，以提高系统效益及保障电力系统的稳定性[22]。在解决电力供需两端不匹配的问题上，需求响应不同于以往从供电侧出发解决问题的思路，将电力用户本身纳入了电网供需平衡的管理体系当中，引导用户部分参与到电网的管理当中。对于电力用户而言，其购电费用得到了降低；对于电网运营方而言，可以降低调峰压力，提高电网运营的可靠性。

6.2.1.2　需求响应分类

随着近年来各国对需求响应的深入研究，需求响应也出现了不同的分类标准，目前较为常见的是根据响应目标或者用户的响应类型进行分类，如图 6-42 所示。

对于不同的分类标准，目前使用最多的是基于用户响应类型的分类，即根据用户响应类型分为基于价格的需求响应和基于激励的需求响应[23]。

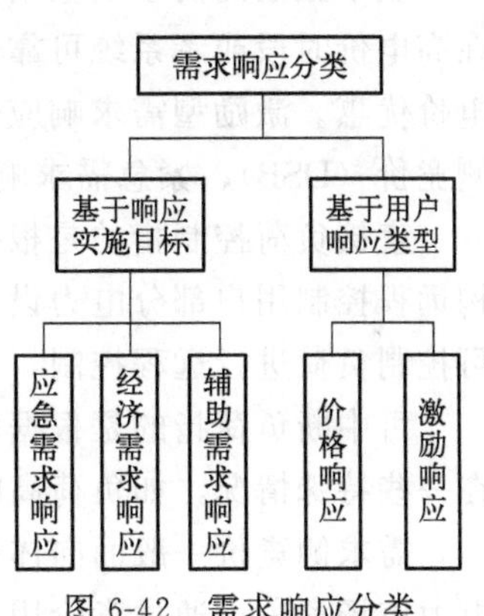

图 6-42　需求响应分类

(1) 基于价格的需求响应

基于价格的需求响应指的是用户根据电力市场批发价格对自己的用电行为进行相应的调整，用户通过经济性分析决策，将部分甚至全部高电价时段的用电转移到低电价时段，以达到在相同的用电量下减少电费支出的效果。价格型需求响应主要包括尖峰电价（CPP）、分时电价（TOU）以及实时电价（RTP）三种。

尖峰电价指的是在一些特定的用电高峰时段提高电价的措施。尖峰电价的实施周期长度不一，可以落在一天的某些时段，也可以选择落在一个月的某几天，供电方一般根据用电情况进行选择，因为在用电高峰的时段发电成本会相应提高，系统可靠性也会受到影响。因此，在这些时段提高电价收费，可以指引电力用户在考虑经济性因素之后改变其原有用电习惯，将用电行为转移到尖峰电价时段之外，达到降低用电高峰时的系统负荷的效果。

分时电价根据电力用户的负荷曲线以及供电成本划分出不同的时段，在不同的时段内收取不同的费用。常见的形式有峰谷电价、季节电价和丰枯电价。一般将一天（年）划分为峰、平、谷三个时段，在峰时段收取更高的电费，在谷时段收取更低的电费。

实时电价的时段划分在这三种方式里面最为稠密，根据电力市场的实时供需关系对电力价格进行调整。这种定价机制时效性短，变动较频繁，一般以小时或者更短的时间为单位进行调整，需要供需两侧都能对市场动向做出准确快速的反应，要求对电力用户的用能情况有实时准确的监控，供电方有足够的能力对此做出快速正确引导用户改变短期用电行为的定价策略。实时电价因为其对供需双方的高要求，在目前的市场状况下较难大范围推广应用。

上述 3 种基于价格的需求响应的特点如表 6-7 所示。

表 6-7 基于价格的需求响应特点对比

项目	尖峰电价	分时电价	实时电价
特点	一般以灵活的尖峰费率作为分时电价的补充	调整范围广，幅度大，可实现较长的实施时间	时段划分稠密，变动频繁，对供需双方要求较高

（2）基于激励的需求响应

基于激励的需求响应指的是电力用户根据与需求响应实施机构签订的协议，在高电价时段或者系统可靠性受到影响的时候进行负荷迁移，以获得经济补偿或电价优惠。激励型需求响应包括直接负荷控制（DLC）、可中断负荷（IL）、需求侧竞价（DSB）、紧急需求响应（EDR）和容量/辅助服务计划（CASP）等。

直接负荷控制指的是根据电力用户和需求响应机构事前签订的协议，赋予机构远程控制用户部分电力设备的权力，在电力系统高峰时段，机构直接对用户的可控制负荷进行远程控制，一般涉及电热水器、空调和照明设备等。

可中断负荷指的是根据电力用户和需求响应机构事前签订的协议，允许机构在一些特殊情况，如负荷高峰，切断对用户的部分电力供应。

需求侧竞价一般面向体量较大的电力用户，鼓励电力用户以竞价的方式参与电力市场竞争，通过竞价用户可以在负荷低谷获得大量的廉价电力，或者是在负荷高峰进行负荷削减获得响应补偿。

紧急需求响应指的是在紧急情况下，机构向电力用户发送切断电力供应或者是降低用电负荷的请求，用户可自行选择响应与否，机构则会对进行响应的用户提供额外的补偿。

容量/辅助服务计划允许电力用户参与负荷削减的竞标，竞标成功的用户将自身的部分负荷作为电力系统的备用负荷，在系统需要的时候，应该迅速做出响应进行负荷削减以获得相应的奖励。这种形式一般要求用户以分钟级为单位做出响应，条件较为严苛。

上述 5 种基于激励的需求响应对比如表 6-8 所示。

表 6-8　基于激励的需求响应特点对比

项目	直接负荷控制	可中断负荷	需求侧竞价	紧急需求响应	容量/辅助服务计划
特点	机构远程控制用户电力设备,仅针对部分可控制负荷	用户与机构签订协议,可切断电力供应	用户参与电力市场竞争,主要面对大用户	紧急情况触发,用户自主响应,覆盖率低	用户负荷作为系统备用负荷,使用率低且对用户要求严苛

根据上述对目前电力系统需求响应的分析可知，激励型需求响应覆盖率普遍较低，并且要求供需双方之间存在良好的连接性，在目前的市场及技术条件下难以大范围普及；价格型需求响应相对而言门槛较低，在合理的时段划分手段和价格引导机制下便可进行较大范围的推广。考虑在本节研究对象工业园区蒸汽供热系统中开展需求侧响应分析，推广对象多为工业蒸汽用户，用汽涉及企业生产。企业的连续性生产具有严格的计划以及需要持续稳定的功能，难以实施激励型需求响应；而通过价格型需求响应，能给予企业充分的响应时间，提前进行经济性分析决策，调整生产计划，最终实现削峰填谷，供需双方互惠互利的局面。在价格型需求响应中，分时价格应用最广，既能提供较长的响应时间，又能保证最高程度的用户参与。因此选择采取分时汽价的形式开展工业园区蒸汽供热系统需求响应研究。

6.2.1.3　需求价格弹性理论及消费者心理学

在蒸汽供热系统中，蒸汽作为一种商品存在，而蒸汽用户则是商品的消费者。蒸汽既受供汽成本的影响，也受用户需求的影响。在大多数研究中，价格与需求之间的互相影响表现为价格弹性需求曲线，如图 6-43 所示。

同时蒸汽用户的购汽行为也会受到消费者心理的影响。研究蒸汽用户的消费心理，并将其用汽行为受价格影响的变化进行量化评估，是研究蒸汽系统需求侧响应的必需环节。

以蒸汽价格变化作为信号时，蒸汽用户作为消费者对价格的变化存在一个最小可觉差（阈值），价格变化在阈值范围内时，蒸汽用户基本不会改变其原有用汽行为，这个部分称为死区；当蒸汽价格变化超过该阈值时，用户会根据价格变化做出正常响应，进行一定的负荷迁移，这个部分称为线性区；蒸汽价格继续上升到一定程度后，用户不再对价格做出额外响应，即进入了饱和区。一般的负荷转移率曲线如图 6-44 所示，其中 ΔP_{pv} 为峰谷汽价变化率，$\Delta\lambda_{\mathrm{pv}}$ 为负荷转移率，$\Delta\lambda_{\mathrm{pvj}}^{\max}$ 为第 j 类用户的最大负荷转移率，a_{pvj} 为峰谷汽价变化率的死区阈值，b_{pvj} 为峰谷汽价变化率的饱和区阈值，M、N 分别为死区拐点及线性区拐点。不同类型的用户对价格变化的敏感程度存在着一定程度的差异，在负荷转移率曲线上体现为最大负荷转移率和两个阈值点的不同以及线性区的斜率随敏感度的提高而增加。

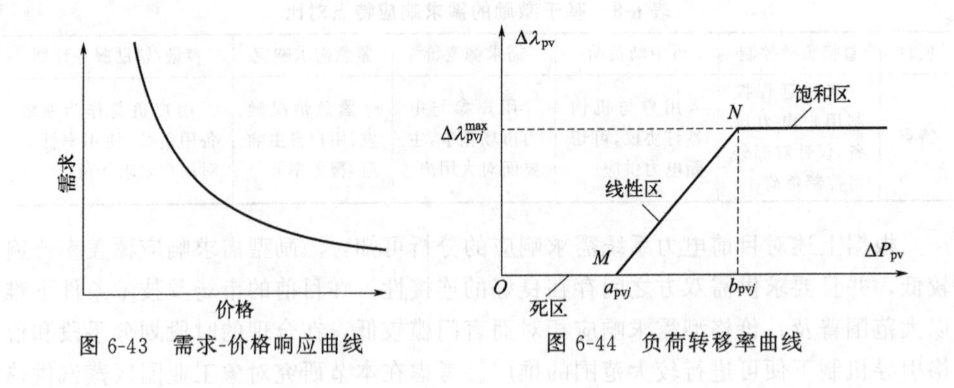

图 6-43 需求-价格响应曲线

图 6-44 负荷转移率曲线

6.2.2 热力系统需求响应分析

需求响应在热力系统中的研究应用远不及电力系统深入广泛，且多应用于区域供热系统当中。本节将以区域供热系统为例，阐述热力系统中如何进行需求响应研究。

区域供热系统中的需求响应以价格型为主，通过在一天的不同时段实行不同的费率来引导用户进行负荷转移。考虑到区域供热系统的复杂性，在引入需求响应时需要考虑较多因素，包括用户响应分析、需求响应目标确定、供热系统特性分析以及响应策略优化。

(1) 用户响应分析

区域供热系统中涵盖数量较多的建筑，在分析用户响应时难以将所有的相关因素纳入考虑范围，在实际状况中，可供利用的数据往往十分有限，用户行为以及热设备使用情况这类数据更是无从得手。另外，受算力限制，也难以通过机理仿真的方法对热用户（建筑）进行准确模拟从而分析其负荷特性。因此，一般通过黑箱模型的方式，利用热力站的实测供热数据实现对区域供热系统中的建筑负荷预测。通过这种方式，可以构建面向区域供热系统的建筑热负荷自动预测模型。此外，还可以利用聚类的方法，利用相关特征对热用户进行分类，再选取每一个类别中的典型用户进行负荷特性分析，从而确定系统中各类型用户对价格信号的响应行为。

(2) 需求响应目标确定

需求响应的应用会给区域供热系统带来许多不确定性，主要来源于用热需求改变的不确定性、可再生能源出力和余热利用的不确定性、供热成本变化的不确定性、新型故障出现的可能以及负荷预测的难度提高等方面。考虑到这些问题，需求响应的目标往往并不是供需曲线之间的完美匹配。常见的响应目标见图 6-45，包括热负荷高峰的削减、保持供热量在阈值以下、减少一次能源的耗费、提高新能源的消纳、降低供热费用、提高供热收益、降低负荷变化率等。在实施需求响应时，应该根据预期效果来选择相应的响应目标。不同的响应目标之间可能会存在冲突，因此在考虑多目标时应该先衡量不同目标之间的兼容性。

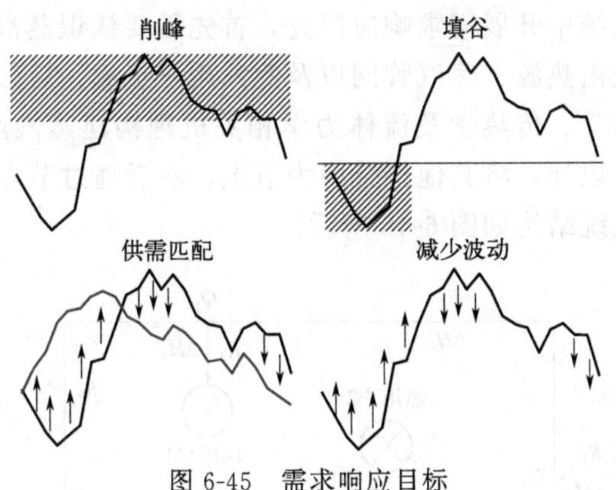

图 6-45 需求响应目标

(3) 供热系统特性分析

需求响应的一般目标是使供给侧受益，因此在最佳热负荷曲线评估时应该从建筑层面上升到电厂层面。由于供热管网的自身特性，热网内用户实时负荷需求的总和往往与热源的出力有着较大的出入，这种情况在大型热网当中尤其明显。造成这种情况的主要原因有：①热损耗；②长距离管道及热水工质导致的热惯性；③管网各个节点中不同参数的能流混合。对于这种供需负荷曲线之间存在相位差的问题，简单的处理方法是对用户的负荷曲线进行适度的平移，统一各用户与热电厂的距离，这种方法没有考虑热流体力学的因素，较为粗糙。另一种方法则是利用机理模型对管网内各部分的热惯性进行仿真计算，以精确得到不同用户与热电厂之间的相位差，但是这种方法需要花费高昂的算力资源。

(4) 响应策略优化

在响应目标确定之后，往往需要提前通过优化算法来计算价格（或激励）信号以及预测响应之后的系统状态。根据需求响应目标数量的不同，可以选择单目标优化算法或者多目标优化算法。常用的单目标优化算法有梯度下降法、动量优化法、自适应学习率优化算法等。对于多目标优化问题，通常不存在一个使得所有目标都是最优的解，一般做法是求解帕累托最优前沿，经典的算法有线性加权法、主要目标法和逼近目标法等，再考虑求解效率，目前常用的是进化算法以及多目标下降算法。

综合分析上述四方面因素，有助于开展热力系统的需求响应进行设计计算，最终确认为达到预期效果所需发布的激励信号。

6.2.3 蒸汽供热系统需求响应技术方法

6.2.3.1 蒸汽供热系统机理结构

在蒸汽供热系统中开展需求响应研究，首先需要认识蒸汽供热系统的自有性质。蒸汽供热系统由热源、蒸汽管网以及蒸汽用户组成。一般可以基于图论的方法，结合工程热力学、传热学及流体力学相关机理构建蒸汽热网模型[24]。采用图论方法，除管道以外，将其他部分视为节点，然后通过节点管道关联矩阵进行连接，蒸汽供热系统结构如图 6-46 所示。

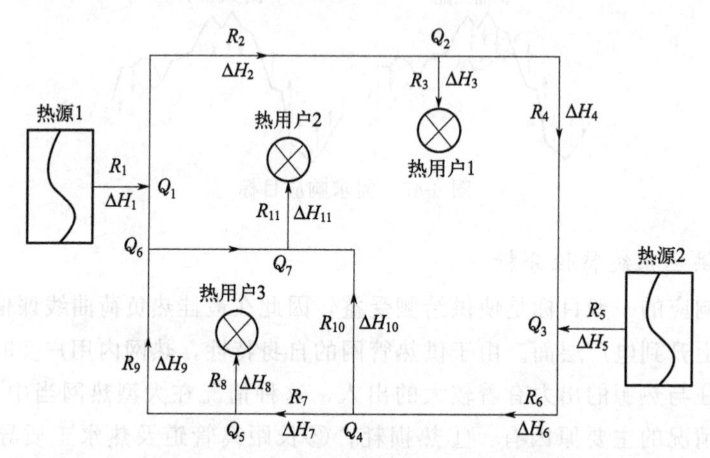

图 6-46 工业园区蒸汽供热系统结构示意

对于节点数为 l、管段数为 m、闭环回路数为 n 的蒸汽管网，其节点管道关联矩阵为：

$$\boldsymbol{A}=\begin{bmatrix} a_{11} & \cdots & a_{1j} & \cdots & a_{1m} \\ \cdots & \cdots & \cdots & \cdots & \cdots \\ a_{i1} & \cdots & a_{ij} & \cdots & a_{im} \\ \cdots & \cdots & \cdots & \cdots & \cdots \\ a_{l1} & \cdots & a_{lj} & \cdots & a_{lm} \end{bmatrix} \tag{6-69}$$

其中，矩阵元素 a_{lj} 的定义为：

$$a_{ij}=\begin{cases} 1 & \text{节点 } i \text{ 是管段 } m \text{ 的入口节点} \\ -1 & \text{节点 } i \text{ 是管段 } m \text{ 的出口节点} \\ 0 & \text{节点 } i \text{ 与管段 } m \text{ 不关联} \end{cases} \tag{6-70}$$

根据基尔霍夫第一定律，闭环网络内的节点处流量守恒，可得：

$$\boldsymbol{AR}=\boldsymbol{Q} \tag{6-71}$$

式中，$\boldsymbol{R}$ 为各个管道内的流量向量，$\boldsymbol{R}=[R_1,R_2,\cdots,R_m]^{\mathrm{T}}$；$\boldsymbol{Q}$ 为各个节点

的净质量流量向量，$\boldsymbol{Q}=[Q_1,Q_2,\cdots,Q_l]^{\mathrm{T}}$，一般取流入该节点为正值，流出该节点为负值。

管网内环路与管段的关联关系则可通过式(6-72) 所示环路管段关联矩阵表示：

$$\boldsymbol{B}=\begin{bmatrix} b_{11} & \cdots & b_{1j} & \cdots & b_{1m} \\ \cdots & \cdots & \cdots & \cdots & \cdots \\ b_{i1} & \cdots & b_{ij} & \cdots & b_{im} \\ \cdots & \cdots & \cdots & & \cdots \\ b_{n1} & \cdots & b_{nj} & \cdots & b_{nm} \end{bmatrix} \tag{6-72}$$

其中，矩阵元素 b_{ij} 的定义为：

$$b_{ij}=\begin{cases} 1 & \text{管段}\ m\ \text{属于环路}\ n\ \text{且流量相同} \\ -1 & \text{管段}\ m\ \text{属于环路}\ n\ \text{且流量不同} \\ 0 & \text{管段}\ m\ \text{与环路}\ n\ \text{无关} \end{cases} \tag{6-73}$$

根据基尔霍夫第二定律，闭环网络内的压降及温降为0，可得：

$$B\Delta\boldsymbol{p}=0 \tag{6-74}$$

$$B\Delta\boldsymbol{T}=0 \tag{6-75}$$

其中，$\Delta\boldsymbol{p}$ 为闭合网络内的压降矩阵，$\Delta\boldsymbol{p}=[\Delta p_1,\Delta p_2,\cdots,\Delta p_m]^{\mathrm{T}}$，$\Delta\boldsymbol{T}$ 为闭合网络内的温降矩阵，$\Delta\boldsymbol{T}=[\Delta T_1,\Delta T_2,\cdots,\Delta T_m]^{\mathrm{T}}$。

上述内容对蒸汽管网的机理结构进行了描述，本节将对所述系统展开需求响应应用研究。

6.2.3.2 蒸汽供热管网静态蓄热特性分析

对于成熟的能源系统，应当使“源-网-荷-储”之间能够协调运行。在一般的能源系统中，储能的功能是需要特定模块来履行的，如电力系统中的蓄电池，热力系统中的蓄热罐等。而对于蒸汽供热系统，其供热管网本身，便具有储存热能的作用。一般在进行用能峰谷时段划分时，大多数研究参考的仅仅是用能速率，没有考虑到能源系统所具备的蓄热特性，可能导致在峰谷时段划分之后，出现在系统储能充足的时候抑制用能，在系统储能匮乏的时候促进用能的情况。为了避免出现这种情况，在峰谷时段划分的时候，应该将能源系统的蓄热特性加入到划分依据当中。本节提出了一种蒸汽供热管网静态工况下蓄热量的量化计算方法，为后续时段划分提供参考。

对于全长为 L，管径均匀的管道：

$$Q_{\text{storage}}=\int_0^L h\left[p(s),t(s)\right]\rho(s)\mathrm{d}s\,\frac{\pi d^2}{4} \tag{6-76}$$

式中，h 为距离 s 处的蒸汽焓值，$p(s)$、$t(s)$ 为距离 s 处的蒸汽压力及温度，$\rho(s)$ 为距离 s 处的蒸汽密度，d 为平均管径。

由于在蒸汽供热系统正常运行时，管道内的蒸汽基本处于过热蒸汽状态，因此，蒸汽的焓值与密度可以通过 IAPWS97 公式求得。

考虑到蒸汽管网内不同部位管段的蒸汽状态相差较大，需要根据管网结构中的不同节点，将管网分为 m 段进行计算：

$$L=L_1+L_2+\cdots+L_m \tag{6-77}$$

各部分管段内的蒸汽温度，可以通过温度计测量获得，而管道内的蒸汽压力较为敏感，需要通过计算流动过程中的压力损失获得。蒸汽在管段内的压力损失，主要来自于流动阻力损失、重力压降损失和相变压降损失三部分。由于蒸汽密度低且两相流动在蒸汽热网中几乎不会出现，所以重力压降损失和相变压降损失可以忽略不计，则管段内的压力损失可计算为[25]：

$$\Delta \boldsymbol{p}_{\mathrm{m}}=\Delta \boldsymbol{p}_{\mathrm{friction},m}+\Delta \boldsymbol{p}_{\mathrm{local},m}=\left(\lambda_m' \frac{l_m}{D_m}+\sum \xi_m\right)\frac{\rho_m^2 w_m^2}{2} \tag{6-78}$$

式中，λ_m' 为摩擦阻力系数，ξ_m 为局部阻力系数，λ_m' 和 ξ_m 的计算可详见 DL/T 5054—2016《火力发电厂汽水管道设计规范》标准[26]。

考虑管段内压力损失后，距离 s 处的压力为：

$$p(s)=p_0-\sum \Delta p_m \tag{6-79}$$

因此，管网蓄热量最终可按式(6-80) 计算：

$$Q_{\mathrm{storage}}=\sum_{i=1}^{m}\int_0^{L_i} h(s)\rho(s)\mathrm{d}s\ \frac{\pi d^2}{4} \tag{6-80}$$

通过以上方法，可以计算出不同工况下的蒸汽管网蓄热量，再根据热源蒸汽参数转换为蒸汽质量，进行后续计算分析。

6.2.3.3 蒸汽供热系统需求响应影响因素

对蒸汽供热系统开展需求响应研究应考虑与其他热力系统比较所存在的特殊性质，本节将对蒸汽供热系统中影响需求响应的因素展开讨论。

(1) 蒸汽用户响应特性

本节研究对象为工业园区蒸汽供热系统，园区内用汽多为生产用汽，属于工业负荷的类型。工业负荷不同于民用负荷，其负荷使用与生产过程紧密相关，用汽费用直接影响蒸汽用户的生产利润及生产计划。另外，流水线生产的模式使得其负荷转移往往涉及生产计划的调整，可中断负荷占全部负荷的比例较低。因此，并非所有工业蒸汽用户都具备参与需求响应的潜力。具备负荷转移能力的工业蒸汽用户一般有以下三类。

一是生产规模较小、生产模式较为灵活或者蒸汽负荷占总生产负荷比例较低的蒸汽用户。该类型用户可以根据激励信号对生产过程中涉及蒸汽使用的部分进行相应的时段调整，对激励信号具备较强的响应能力。

二是生产规模较大或蒸汽负荷占总生产负荷比例较高的蒸汽用户。该类型用户的生产利润受用汽费用影响较高，因此对价格激励信号十分敏感，对价格激励信号做出反应的速度较快。但是由于其体量较大，改变生产计划及进行生产调度的费用也相应更高，使得该类型用户难以实现较大规模的负荷转移。

三是轮班制企业，多为三班倒或两班倒。该类型用户的全天用汽负荷分布一般较为均匀，其生产过程受生产计划影响较难进行大幅调整，一般仅通过企业内的可中断负荷对激励信号进行响应，对激励信号敏感度较低，负荷转移率也较低。

(2) 蒸汽供热系统需求响应目标

削峰填谷对于供汽侧除了带来经济收益外，还有着诸多目前难以定量的隐性收益，如管网的安全稳定运行以及降低设备损耗等。考虑到该系统主要面向工业蒸汽用户，用汽类型多为生产用汽，生产成本与蒸汽价格紧密相关，用户一般对汽价较为敏感，在分时汽价落实后，如果蒸汽用户在响应之后，购汽费用仍然出现了上涨的情况，会不利于分时汽价的持续及推广，应该注意不损害用户的利益。因此，在确立响应目标时，应该兼顾供给侧和需求侧的利益，实现双方的同时获利。

(3) 蒸汽供热管网特性

在蒸汽供热管网中，一般需要考虑以下几个特性对需求响应分析的影响。一是蒸汽在管道内流动时的热损耗，通常情况下，蒸汽是处于过热状态下被供应到用户处的，在蒸汽管网规模不大的情况下，可以假定流动过程中没有冷凝造成的热损耗，仅考虑压力损失和温度损失。二是考虑蒸汽供应的迟滞性，由于蒸汽的流动速度较慢，从热电厂到达用户需要一定的时间，在针对用户负荷曲线对供汽计划进行调整时，应当先对不同用户的迟滞性进行定量计算。三是考虑蒸汽管网的蓄热特性，蒸汽自在管道中进行传输开始，在不断供的情况下，是充盈于整个管道当中的，则可将管道本身看成是一个自有的蓄热装置，在研究供需关系时应该予以考虑。另外，在蒸汽供热管网中，保证蒸汽参数是保障管网安全运行与企业生产质量的重要前提，因此在分析需求响应时，需要借助于建模仿真软件，确认在实施需求响应之后，供需的变化不会影响管网运行的安全或出现用户用汽质量不达标的情况。

根据上文所述，本节对蒸汽供热系统需求响应研究的技术路线如图 6-47 所示。

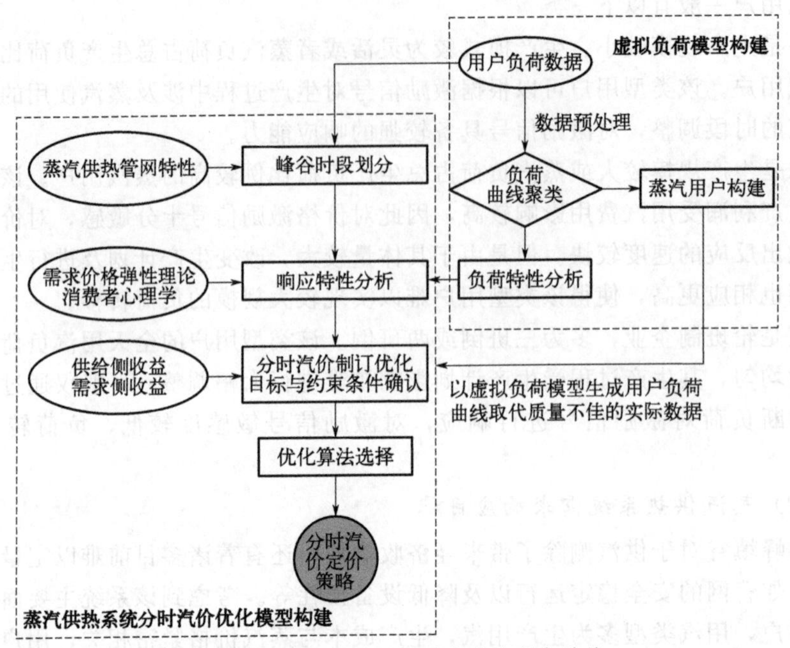

图 6-47　蒸汽供热系统需求响应研究路线

6.2.4　蒸汽供热系统用户构建及负荷特性分析

不同于民用供热系统中热用户多为普通居民，在工业蒸汽供热系统，热用户多为企业及工厂，用热类型以生产用热为主。蒸汽供热系统多见于工业园区中，涉及医药、印染、纺织、石油化工等多种生产类型，在每种生产类型中，由于生产规模、生产工艺的区别，其用能情况也大相径庭。为了分析工业蒸汽系统热用户的用能特征，采取机器学习中的聚类方法，对热用户的用能曲线进行分类，以获得数种典型的用能曲线，再进行进一步分析利用。

6.2.4.1　聚类方法相关理论

聚类是一种统计分类方法，其通过对大量特征的定量分析比较，将个体样本分配到不同的类别当中，具体实施方法是对大量未知标注的数据集按数据的内在相似性将数据集划分为多个类别，使类别内的数据相似度较大，而类别间的相似度较低。

(1) 聚类方法基本概念

聚类是把相似的对象通过静态分类的方法分成不同的组别或者更多的子集，让在同一个子集中的成员对象都有相似的一些属性。可以确定的是这类子集成员彼此相似，与其他子集中的对象相异，但不知具体的类别，即没有标签，因此一般将数据聚类归纳为一种非监督式学习。在数据建模中，针对能源复杂系统样本数量有限、变量维数高、耦合关系复杂等问题，可以使用聚类方法对数据进行特征分类，实现数据降维，输入变量独立性提高，使模型计算能力得到释放。

聚类分析的主要步骤如下：

① 数据预处理。数据预处理包括选择数量、类型和特征的标度，它依靠特征选择和特征抽取。其中，特征选择是选择重要的特征，而特征抽取是把输入的特征转化为一个新的显著特征，它们经常被用来获取一个合适的特征集，从而避免“维数灾难”。而对于孤立点，其存在经常会导致有偏差的聚类结果，因此需将它剔除。

② 定义一个距离函数，衡量数据点间的相似度。由于特征类型和特征标度的多样性，距离度量必须谨慎。通过定义在特征空间的距离度量来评估对象的相异性，在不同领域需要选择不同的距离度。例如简单匹配系数（Simple Matching Coefficient，SMC），能够被用来特征化不同数据的概念相似性，在图像聚类上，子图图像的误差更正能够被用来衡量两个图形的相似性。

③ 聚类或分组。聚类分析两个主要方法为划分方法和层次方法。

④ 评估输出。常用相似系数来衡量变量之间的相似程度（关联度）。

数据建模中，面对日益繁杂的数据量，使用聚类方法对数据降维、处理已成为常态，结合聚类的组合模型也能取得更高的模型准确度。

（2）聚类的常用方法

常用的聚类方法有4种不同的类型，分别是层次化聚类算法、划分式聚类算法、基于密度的聚类算法和基于网格的聚类算法。这四种算法的常用方法及优缺点对比见表6-9。

① 层次化聚类算法　层次化聚类算法通过在不同层次上对数据集进行划分，最终形成树形的聚类结构。一般可采用“自底向上”的聚合策略或者“自顶向下”的分拆策略。该算法可通过预设聚类簇数，待样本分拆或者聚合到目标簇数时就完成进程。但是当样本数量过多时，不宜使用层次化聚类算法，以免造成过大的计算压力。

② 划分式聚类算法　划分式聚类算法，通过一组原型来对聚类结构进行刻画，在对原型初始化之后，再不断迭代更新求解。根据原型表示和求解方法的不同，形成了不同的算法，常见的有K-means、K-shape、高斯混合聚类等。

③ 基于密度的聚类算法　密度聚类算法根据样本分布的紧密程度进行聚类结构的确定，该类算法从样本密度出发考虑样本之间的可连接性，并基于可连接性对簇类进行不断扩张以达到最终的聚类结果。密度聚类可以应用于形状不均匀的簇类，常用的方法有DBSCAN算法。

④ 基于网格的聚类算法　基于网格的聚类算法，将样本空间量化为有限数

目的单元，形成网格结构，然后在网格结构内进行后续的聚类操作。这种聚类算法一般结合基于密度的聚类算法使用，常用的方法有 STING、CLIQUE 算法等。

表 6-9 四种聚类算法对比

算法类型	优点	缺点	常用算法
层次化聚类算法	聚类结果具有树状结构，过程清晰	下层的错误结果会叠加至最终结果中，且不可修正	层次聚类
划分式聚类算法	对大规模数据处理速度较快，可以指定原型以规定聚类方向	只适用于球类簇	K-means，K-shape
基于密度的聚类算法	可以用于不均匀形状的聚类	计算复杂度高	DBSCAN
基于网格的聚类算法	对大规模的数据有较快的计算速度	精确性不及其他类型算法	STING，CLIQUE

(3) 聚类结果的评估标准

聚类评估指标可以估计在数据集上进行聚类的可行性和聚类结果的质量。

本节使用的 K-means 及 K-shape 算法，在聚类过程中都需要数据集的簇数作为参数，因此，在使用聚类算法导出详细的簇之前，需要对簇数进行初步的估计。

本节采取肘方法（elbow method）进行聚类簇数的初步估计。对于 n 个点的数据集，利用 K-means 之类的快速聚类方法，使用 $1 \leqslant k \leqslant n$ 进行迭代聚类，每次聚类完成后计算每个点到其所属簇中心的距离的平方和，即：

$$\operatorname{var}(k)=\sum_{j=1}^{k}\sum_{i=1}^{m}\|\vec{x}_i-\vec{c}_j\| \tag{6-81}$$

然后，绘制 var 关于 k 的曲线。曲线的第一个或者最显著的拐点即代表可能的最佳分类簇数。

轮廓系数（silhouette coefficient）是一个常用于评估聚类质量的指标。对于样本空间 D 中的每个对象 $\vec{x}_i$，计算 $\vec{x}_i$ 与 $\vec{x}_i$ 所属的簇内其他对象之间的平均距离 $aic(\vec{x}_i)$：

$$\operatorname{aic}(\vec{x})=\sum_{\vec{x}'\in C_i}\left\{\frac{\operatorname{dist}(\vec{x},\vec{x}')}{|C_i-1|}\right\} \tag{6-82}$$

计算 $\vec{x}_i$ 到不包含 $\vec{x}_i$ 的所有簇的最小平均距离 $\operatorname{anic}(\vec{x}_i)$：

$$\operatorname{anic}(\vec{x})=\min_{C_j;1\leqslant j\leqslant k,j\neq i}\left\{\frac{\sum_{\vec{x}'\in C_j}\operatorname{dist}(\vec{x},\vec{x}')}{|C_j|}\right\} \tag{6-83}$$

轮廓系数定义为：

$$s(\vec{x})=\frac{\operatorname{anic}(\vec{x})-\operatorname{aic}(\vec{x})}{\max\{\operatorname{aic}(\vec{x}),\operatorname{anic}(\vec{x})\}} \tag{6-84}$$

轮廓系数的值在－1和1之间，$\operatorname{aic}(\vec{x})$ 的值反映了 $\vec{x}$ 所属的簇的紧凑性，值越小，代表该簇越紧凑；$\operatorname{anic}(\vec{x})$ 的值反映了 $\vec{x}$ 与其他簇的分离程度，值越大，代表 $\vec{x}$ 与其他簇越分离。当 $\vec{x}$ 的轮廓系数接近1时，说明 $\vec{x}$ 所属的簇是紧凑的，并且 $\vec{x}$ 远离其他簇类，表示聚类质量较高，该聚类结果可取。相反，当轮廓系数的值为负时，说明聚类质量不佳。

(4) K-means聚类

K-means算法，也称为K-均值，是一种广泛使用的聚类算法，特别是在挖掘时间序列之间的相似性方面有着优异的性能。K-均值通过最小化每个时间序列到它最近的聚类中心的距离，来寻找最佳的聚类中心，如式(6-85) 所示。

$$D=\sum_{i=1}^{n}\left[\min_{k=(1\ldots K)} d(x_i,c_k)\right]^2 \tag{6-85}$$

常用闵可夫斯基距离来衡量不同时间序列之间的距离。$X=\{x_1,x_2,\cdots,x_n\}$ 是 m 维向量空间的样本集合，其中的两个样本 x_i、x_j 分别记为 $x_i=\{x_{1i},x_{2i},\cdots,x_{mi}\}^{\mathrm{T}}$，$x_j=\{x_{1j},x_{2j},\cdots,x_{mj}\}^{\mathrm{T}}$，则 x_i、x_j 之间的闵可夫斯基距离定义为：

$$d_{ij}=\left(\sum_{k=1}^{m}|x_{ki}-x_{kj}|^p\right)^{\frac{1}{p}},p\geqslant 1 \tag{6-86}$$

特别的，当 $p=1$ 时称为曼哈顿距离：$d_{ij}=\sum_{k=1}^{m}|x_{ki}-x_{kj}|$，即将各个维度的坐标相减之后的绝对值相加之和作为两个样本之间的距离。

当 $p=2$ 时称为欧几里得距离，又称欧式距离：$d_{ij}=\left(\sum_{k=1}^{m}|x_{ki}-x_{kj}|^2\right)^{\frac{1}{2}}$，表示两个点之间的直线距离，或者两条曲线之间的空间距离。

当样本内各个维度的量纲不一样时，简单运用欧式距离求出的值可能会非常大，也会出现在其他维度数值接近的情况下因为少数维度的值相差较大导致计算所得欧式距离的值较大，使得最终聚类结果效果不佳。为了避免出现这种情况，一般采用标准化欧式距离来衡量两个样本之间的距离。

首先需要对样本各个维度的分量进行标准化：

$$X_{\text{standard}}=\frac{X-E(X)}{S(X)} \tag{6-87}$$

对于样本 i 的维度 k 上的值 X_{ki}，标准化表示为：

$$X_{ki-\text{standard}}=\frac{x_{ki}-\bar{x}_k}{S(x_k)} \tag{6-88}$$

其中，$\overline{x}_k$ 表示维度 k 上所有取值的平均值，$S(x_k)$ 表示维度 k 上所有取值的标准差。所以 x_i 和 x_j 之间标准化之后欧式距离表示为：

$$
\begin{aligned}
d_{ij} &= \left(\sum_{k=1}^{m} \left| X_{ki-\text{standard}} - X_{kj-\text{standard}} \right|^2\right)^{\frac{1}{2}} \\
&= \left(\sum_{k=1}^{m} \left| \frac{x_{ki}-\overline{x}_k}{S(x_k)} - \frac{x_{kj}-\overline{x}_k}{S(x_k)} \right|^2\right)^{\frac{1}{2}} \\
&= \left(\sum_{k=1}^{m} \left| \frac{x_{ki}-x_{kj}}{S(x_k)} \right|^2\right)^{\frac{1}{2}}
\end{aligned}
\tag{6-89}
$$

一般选取欧几里得距离作为 K-means 的距离度量，其算法流程如表 6-10 所示。

表 6-10　K-means 算法流程

假定输入样本为 $S=x_1,x_2,\cdots,x_m$	
1	选择初始的 k 个类别中心 $\mu_1,\mu_2,\cdots,\mu_k$。
2	对于每个样本 X_i，将其标记为距离最近的类别中心的类别，即： $\text{label}_i=\underset{1\leqslant j\leqslant k}{\operatorname{argmin}}\lVert x_i-\mu_j \rVert$
3	将每个类别中心更新为隶属该类别的所有样本的均值，即： $\mu_j=\frac{1}{\lvert c_j \rvert}\sum_{i\in c_j} x_i$ 式中，c_j 代表第 j 个类别。
4	重复步骤 2、3，直到满足中止条件为止。
中止条件： (1)到达最大迭代次数； (2)类别中心变化率小于设定阈值。	

（5）K-shape 聚类

在对时间序列进行聚类时，往往会遇到由于幅度和相位失真导致的序列飘移等问题，在这种情况下，就需要一种能够处理这类问题的新的距离度量方法。目前在处理这类问题时能够为这些失真提供不变性的性能最好的距离度量是动态时间规划方法（dynamic time wraping），但是这种方法的计算成本高昂。为了规避这种效率限制，可以采取 K-shape 算法，该算法通过标准化的互相关度量方法来解决失真问题。

首先需要考虑两个时间序列之间的互相关性。互相关性是统计学上的一个特征，基于该特征，可以衡量 $\vec{x}=(x_1,\cdots,x_m)$ 和 $\vec{y}=(y_1,\cdots,y_m)$ 两个形状不一的序列之间的相似程度。为了达到横移不变的效果，通过保持 $\vec{y}$ 静止，朝着 $\vec{y}$ 移动 $\vec{x}$，计算 $\vec{x}$ 每次平移 s 步的内积，序列的平移如式(6-90) 所示：

$$\vec{x}_{(s)}=\begin{cases}(\overbrace{0,\cdots,0}^{|s|},x_1,x_2,\cdots,x_{m-s}), & s\geqslant 0\\ (x_{1-s},\cdots,x_{m-1},x_m,\underbrace{0,\cdots,0}_{|s|}), & s\geqslant 0\end{cases} \tag{6-90}$$

其中 $s\in[-m,m]$，当考虑完所有可能的平移之后，可以定义一个互相关序列：

$$CC_w(\vec{x},\vec{y})=R_{w-m}(\vec{x},\vec{y}),w\in\{1,2,\cdots,2m-1\} \tag{6-91}$$

其中 $R_{w-m}(\vec{x},\vec{y})$ 如式(6-92) 所示：

$$R_k(\vec{x},\vec{y})=\begin{cases}\sum\limits_{l=1}^{m-k}x_{l+k}y_l, & k\geqslant 0\\ R_{-k}(\vec{x},\vec{y}), & k<0\end{cases} \tag{6-92}$$

通过计算得 $CC_w(\vec{x},\vec{y})$ 最大的 w 值，即可得到 $\vec{x}$ 对于 $\vec{y}$ 的最佳平移量 $\vec{x}_{(s)}$，其中 $s=w-m$。

根据应用的领域不同，需要对 CC_w $(\vec{x},\vec{y})$ 进行不同的标准化操作。最常见的标准化操作方法为有偏估计、无偏估计及系数归一化，如式(6-93) 所示：

$$NCC_q(\vec{x},\vec{y})=\begin{cases}\dfrac{CC_w(\vec{x},\vec{y})}{m}, & q=b(\text{有偏估计})\\ \dfrac{CC_w(\vec{x},\vec{y})}{m-|w-m|}, & q=u(\text{无偏估计})\\ \dfrac{CC_w(\vec{x},\vec{y})}{\sqrt{R_0(\vec{x},\vec{x})}\sqrt{R_0(\vec{y},\vec{y})}}, & q=c(\text{系数归一化})\end{cases} \tag{6-93}$$

对时间序列进行不同的标准化操作和互相关度量后，会使得新形成的互相关序列存在较大差异，这使得创建一个合适的距离度量至关重要。此外，通过时间序列的成对比较产生的互相关序列在使用不同的标准化操作时幅度上也有所不同。因此，还需要一种标准化方法，使得生成的互相关序列的值可以落在规定的范围内，以便于后续比较。

基于形状的距离 (shape-based distance)：使用一种基于形状的距离度量方法，首先在不进行其他数据标准化的情况下，利用系数归一化来给出介于 -1 和 1 之间的值。系数归一化将互相关序列除以各个序列的自相关的几何平均值。在对序列进行归一化之后，我们检测 $NCC_c(\vec{x},\vec{y})$ 最大化的位置 w，并得出以下距离度量：

$$SBD(\vec{x},\vec{y})=1-\max_{w}\left(\frac{CC_{w}(\vec{x},\vec{y})}{\sqrt{R_{0}(\vec{x},\vec{x})R_{0}(\vec{y},\vec{y})}}\right) \tag{6-94}$$

最终得到 0～2 之间的值，其中 0 意味着这两个时间序列之间完美近似。

在幅值不变性方面，对时间序列 $\vec{x}$ 进行正态分布标准化处理，即令 $\vec{x}'=\frac{\vec{x}-\mu}{\sigma}$，其中 μ 为 $\vec{x}$ 的均值，σ 为 $\vec{x}$ 的标准差，使得处理后的序列 $\vec{x}'$ 的均值为 0，标准差为 1。

在设置好距离度量之后，需要考虑聚类中心的初始化及更新问题。在时间序列聚类问题上，一般选择获取数据集中生成的平均序列作为聚类中心，聚类中心的选取与聚类时选择的距离度量方法也息息相关。如上一节所介绍的 K-means 算法一般通过计算所有序列对应坐标的算术平均值作为平均序列的坐标，以此得到聚类中心，但是这种平均化的方法可能会抹灭掉簇类的显著特征，随机选取的初始聚类中心也可能出现选取了坏点导致聚类结果不佳等问题。因此，K-shape 算法为了避免出现这类问题，一般将聚类中心计算作为优化问题进行解决，以与所有其他时间序列的平方距离最小为优化目标进行聚类中心的求解。然而互相关原本是为了捕捉时间序列间的相似性而非相异性，所以可以将求解序列表达为最大化其他时间序列间的平方相似性。对这样的相似性的计算需要计算每个序列的最佳平移。由于这样的聚类中心求解需要不断进行迭代，所以使用前一步计算所得的聚类中心时间序列，在下一步迭代中将数据集中所有序列向该序列对齐。因为聚类中心的更新幅度较小，前一次迭代中产生的聚类中心与下一次迭代中产生的聚类中心距离十分接近，所以使用这样的方法是可行的。对于这样的序列对齐，使用基于形状的距离（SBD）作为距离度量，可以使得每个序列都位于最佳平移位置，这样就可以将聚类中心求解的时间序列平方相似性最大问题简化为最大化瑞利商问题，从而进行求解。K-shape 的算法流程如表 6-11 所示。

表 6-11　K-shape 算法流程

假定输入样本为 $S=\vec{x}_1,\vec{x}_2,\cdots,\vec{x}_m$	
1	随机将所有样本分入 k 个类别中。
2	对于每个类别 j，记其类别中心为 $\vec{y}_j$，基于 SBD(以 $s_{\max}$ 为最大平移量)的距离度量，求解该类别的类别中心，即： $\underset{\vec{y}_j}{\operatorname{argmin}}\sum_{i\in c_j}\mathrm{SBD}(\vec{x}_i,\vec{y}_j)$
3	根据求解的类别中心重新分对所有的时间序列再次进行分类，即： $\mathrm{label}_i=\underset{1\leqslant j\leqslant k}{\operatorname{argmin}}\mathrm{SBD}(\vec{x}_i,\vec{y}_j)$

续表

4	重复步骤2、3，直到满足中止条件为止。
中止条件： (1)到达最大迭代次数； (2)类别中心变化率小于设定阈值。	

6.2.4.2 工业蒸汽用户构建方法

在工业应用场景下，用户的用汽数据可能会涉及企业隐私（如用汽温度与企业生产工艺相关等），导致用汽数据获取较民用蒸汽及用电数据更为困难，为了更好地模拟工业用户在不同场景下的用汽行为，同时兼具用汽行为的普遍适用性，需要对负荷数据缺失的用户进行重新构建。蒸汽用户的构建需要建立在用户负荷曲线的聚类结果之上，下面对本节算例的计算结果进行用户构建方法阐述。

基于聚类结果得到的四类负荷曲线如图6-48所示，分别记为$\vec{L}_1$、$\vec{L}_2$、$\vec{L}_3$、$\vec{L}_4$。

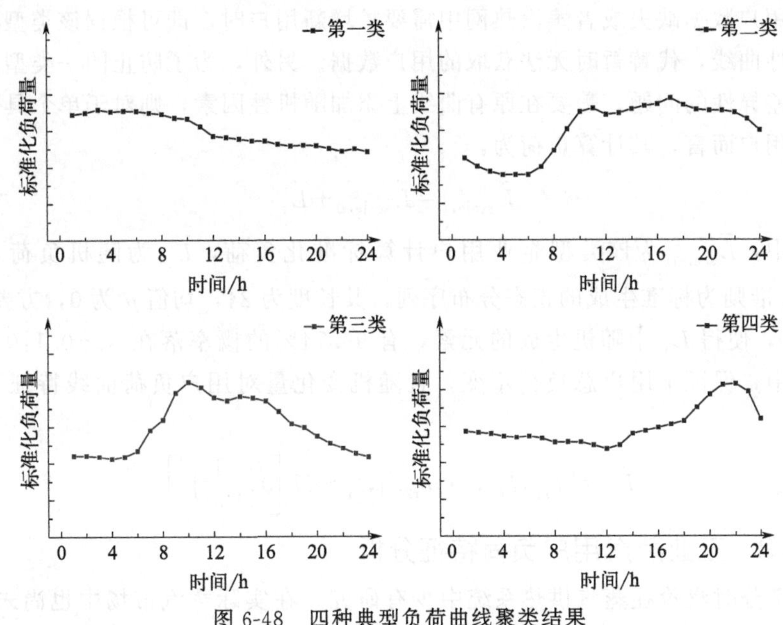

图6-48 四种典型负荷曲线聚类结果

接下来考虑不同生产类型的企业在4类负荷曲线当中的分布情况，假设某生产类型企业分布在4个负荷曲线类型中的比例分别为$a\%$、$b\%$、$c\%$、$d\%$，则该类型企业的等效标准化负荷曲线为：

$$\vec{L}_{\mathrm{scale},i}=a\%\vec{L}_1+b\%\vec{L}_2+c\%\vec{L}_3+d\%\vec{L}_4 \tag{6-95}$$

以等比例分布为例，经过负荷曲线聚合之后，该类型企业的负荷特性曲线如图6-49所示。

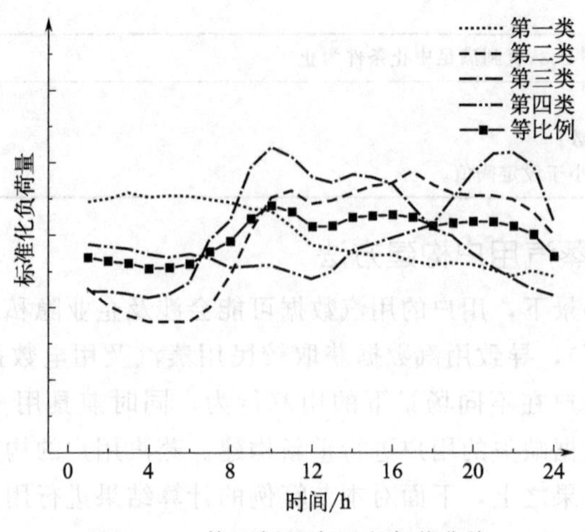

图 6-49　等比例组合用户负荷曲线

在用户数据缺失或者蒸汽热网中需要扩增新用户时，即可根据该类型用户的负荷特性曲线，代替暂时无法获取的用户数据。另外，为了防止同一类型用户之间缺乏差异性的问题，需要在原有曲线上添加随机性因素，则对于单个具体该类型企业用户而言，其计算负荷为：

$$\vec{L}'_{\mathrm{scale},i}=\vec{L}_{\mathrm{scale},i}+\vec{L}_{\mathrm{r}} \tag{6-96}$$

式中，$\vec{L}'_{\mathrm{scale},i}$ 为该类型企业用户计算标准化负荷，$\vec{L}_{\mathrm{r}}$ 为随机负荷，是以 3-sigma 准则为标准生成的正态分布序列，其长度为 24，均值 μ 为 0，方差 σ^2 为 $(1/30)^2$，使得 L_{r} 中随机生成的元素，有 99.74% 的概率落在 $(-0.1,0.1)$ 的区间当中，保证了用户总负荷不变，且随机变化量对用户负荷曲线特征不造成影响。

$$\vec{L}_{\mathrm{r}}=[l_{\mathrm{r1}},l_{\mathrm{r2}},\cdots,l_{\mathrm{r24}}],l_{\mathrm{r}}\sim N\left[0,\left(\frac{1}{30}\right)^2\right] \tag{6-97}$$

6.2.4.3　工业蒸汽用户负荷特征分析

由于分时汽价在蒸汽供热系统中少有研究，在实际蒸汽市场中也尚未推广，对于供汽方与工业蒸汽用户来说，对分时汽价的认识还不够充分。为了更好地引导供汽方和蒸汽用户参与需求响应，需要从用户负荷曲线中提取有效的用户特征，针对这些特征展开分析，解析其参与分时汽价的必要性及可获取的利益，有助于分时汽价策略的落实推广，考虑的三个特征如下。

(1) 平均负荷量

平均用汽负荷反映了蒸汽用户的用汽规模。蒸汽用量较大的用户，是供汽企业获得利润的主要来源，甚至在实际运行中，存在建造独立蒸汽管线为大蒸汽用户单独供汽的情况，其用汽类型对于蒸汽供热管网的运行调节有着较大影响，负荷曲线受分时汽价的影响也较大。用汽规模较大的用户，其生产成本受分时汽价执行的影响变化巨大，因此对汽价的变化普遍较为敏感；用汽规模较小的用户，其生产对汽价的敏感度较为不确定，或生产用汽涉及其全生产周期，成本受汽价影响较大，或生产用汽仅涉及其生产线部分环节，成本受汽价影响较小。因此，在根据平均负荷量考虑蒸汽用户对改变分时汽价的用汽响应程度时，对于大蒸汽用户，应该设置较高的汽价敏感度；对于小蒸汽用户，应该根据其生产类型再设置较高或较低的汽价敏感度；对于中蒸汽用户，则设置一般的汽价敏感度。根据用汽规模进行的蒸汽用户划分，可以通过 K-means 方法，将簇类数设置为 3 进行分类。

（2）峰谷时间段

峰谷时间段是最为直接反映蒸汽用户用汽类型的参数。工业蒸汽用户的用汽类型主要反映企业生产类型及生产排班。工业园区内的企业主要生产时间按轮班方式的不同，分为全天不停滞连续生产型与固定时间段生产型，其对应的用汽特征也有较明显的区别。连续生产型的蒸汽用户，其负荷曲线全天段较为平稳，主要表现为日夜用汽没有出现明显差异；固定时间段生产型的蒸汽用户，其负荷曲线在生产时段开始时会出现迅速的爬升现象，并持续处于较高的用汽水平，在生产时段结束后用汽量快速下降后，进入长时间的低用汽或零用汽状态。用汽峰谷时间段的存在，为蒸汽供热管网的安全稳定运行带来了巨大挑战。一方面，管网总用汽量在峰谷时段切换时会迎来快速的爬升和降落，对供汽方的调峰能力提出了较高的要求，也容易对蒸汽用户的用汽质量造成不良影响。另一方面，峰谷时段蒸汽管网内的总蒸汽流量差异较大，使得不同时段管道内的蒸汽参数也有较大差别，管道内不稳定的流动状态会加剧管道的损耗，也会给管网运行的安全带来威胁。因此，需要针对蒸汽用户的用汽峰谷时间段进行优化，减少峰谷时间段间的用汽差异。

（3）峰谷用汽量比

峰谷用汽量比反映用户负荷变动情况的特征。对于峰谷用汽量比值较小的工业用户，考虑到生产调度所产生的经营成本的提高可能高于节省的用汽花费，其参与分时汽价的必要性不高，若是从供给侧的收益考虑，则仍可鼓励参与。对于峰谷用汽量比值较大的工业用户，则需要加强对其参与分时汽价的引导，特别是其中平均负荷量大的用户，对管网整体的负荷特性有着一定的影响，可以给予额外补贴要求其参与响应。

6.2.4.4　案例分析

（1）算例介绍

算例数据来自江苏省某工业园区 2020 年冬季的园区内企业蒸汽负荷数据，

数据采集时间为 2020 年 10 月—2021 年 1 月，采样间隔为 15min，利用均值方法进行降采样得到间隔为 60min 的样本，每个样本包含当日 0 时至 24 时的用汽数据，共 24 个负荷数据。该园区蒸汽用户达 68 个，涵盖食品、化工、医药等产业，具体情况见表 6-12。

表 6-12　案例数据描述

数据描述	内容
数据类型	蒸汽用户用汽负荷
单位	t/h
来源	江苏省某工业园区
时间范围	2020 年 10 月 01 日—2021 年 01 月 31 日
蒸汽用户类型	食品、化工、医药、其他
原始数据量	6643243 个每小时负荷数据，采样间隔为 15min，涉及 68 个用户
数据处理方法	利用均值方法将样本集的时间间隔降采样为 60min，以每日 24 个每小时负荷量组成 1 个时间序列，再剔除数据缺失及间歇性用汽用户
最终数据量	3124 个日负荷时间序列，涉及 33 个用户
单个样本描述	24 个每小时用汽负荷量

以负荷均值生成典型日负荷曲线，单一用户日负荷曲线主要类型见图 6-50。算例园区中的用户主要有 4 个类型的负荷。类型一用户在不同的日期负荷变化较大，平均化处理之后典型负荷呈现出全天平稳的状况，未能正确反映用户的负荷特征；类型二用户在深夜时段负荷处于低谷，从早上到凌晨负荷长时间处于较高水平；类型三用户的负荷具备明显的日夜峰谷特征，日间负荷一直处于高水平，入夜之后负荷水平骤降；类型四用户的负荷水平则只有夜晚一个峰值。

以平均值表示单一用户的典型负荷特征存在抹灭负荷特征的可能性，同一负荷类型用户的负荷曲线之间也存在一定差异，难以从各个用户的典型负荷曲线中

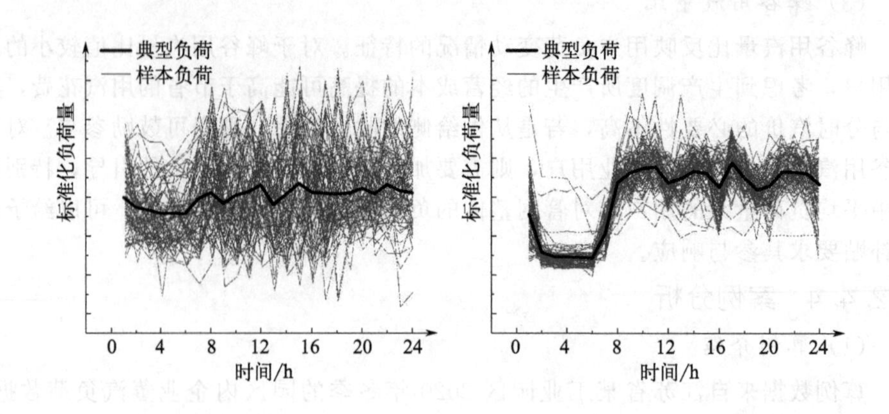

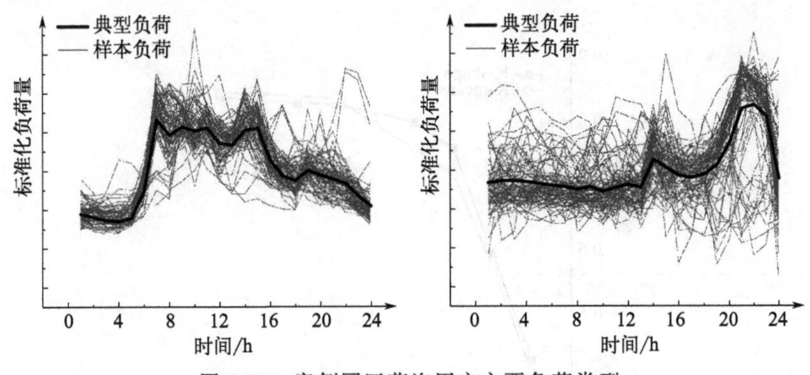

图 6-50　案例园区蒸汽用户主要负荷类型

选取能够代表该类型用户的曲线。对单一用户的负荷曲线进行分析适用于定制化服务，本节需通过园区内用户的负荷特征分析用户的需求响应特性，因此并未对单个具体用户的负荷曲线进行响应分析，而是将所有日负荷曲线整合成一个数据集再进行聚类，再对所得的不同类型负荷曲线进行响应分析。

(2) 聚类有效性分析

首先以肘方法对 K-means 聚类结果进行分析，选取最佳聚类簇数，K-means 聚类结果见图 6-51。由图可见，聚类结果的方差随着聚类数目的增加而逐渐减少，曲线的第一个拐点出现在聚类数为 4 的地方，即聚类数目 4 可能为最佳聚类数。同时考虑负荷曲线聚类的现实意义，聚类数目过多不利于对负荷特性展开分析，因此选择 4 个簇类为本节的聚类数目。

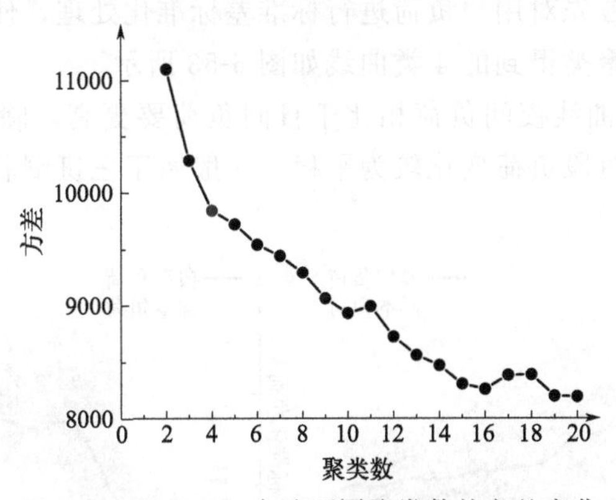

图 6-51　K-means 方法不同聚类数的方差变化

采取轮廓系数作为指标来评判聚类结果的有效性，K-means 和 K-shape 聚类结果的轮廓系数见图 6-52。轮廓系数在簇类数到达 4 之后，随簇类数的增加变化不明显，可以认为大于 4 的簇类数目不能提高各类负荷曲线之间的区分度，验证了上文肘方法所确认的 4 类最佳聚类数的结果。在 4 类聚类结果中，K-shape 的

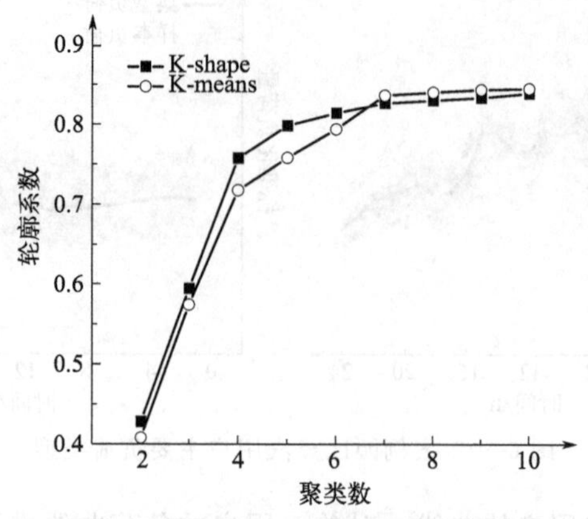

图 6-52　聚类结果轮廓系数随聚类数目变化

轮廓系数值为 0.758，K-means 的轮廓系数为 0.719，轮廓系数为正数时，代表簇内样本之间足够紧凑，且数值越接近于 1，聚类效果越好。因此，考虑消除负荷曲线之间部分相位差的 K-shape 聚类方法在本节的算例上表现优于 K-means，且数值足够接近于 1，聚类效果良好，本节后续研究分析将基于由 K-shape 聚类方法得到的 4 类典型负荷曲线展开。

(3) 负荷曲线聚类结果讨论

聚类簇数为 4 时效果最佳，因此利用 K-shape 算法对该数据集进行聚类。本节的负荷特性分析主要目的是研究其峰谷特征，因此需要避免负荷量的差异对聚类产生影响，需要首先对用户负荷进行标准差标准化处理，使得处理后的数据符合标准正态分布。聚类得到的 4 类曲线如图 6-53 所示。

① 第一类负荷曲线夜间负荷相比于日间负荷要更高，除了日夜存在一定的负荷水平差异，全时段负荷变化较为平稳，一般属于三班倒制或者日夜轮班制企业的用汽负荷类型。

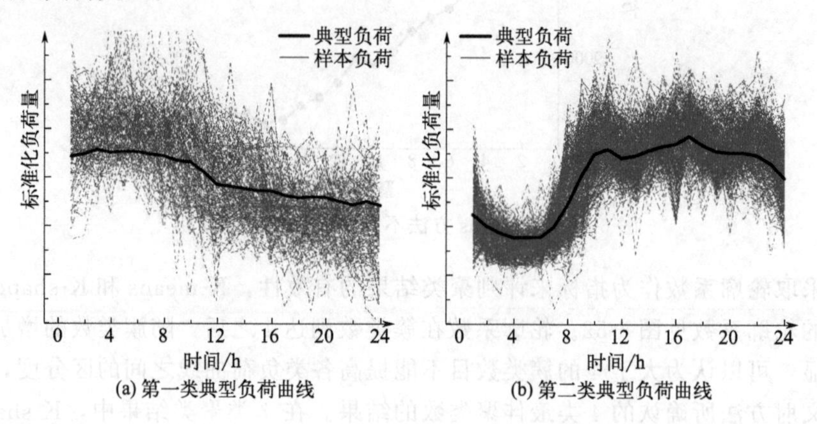

(a) 第一类典型负荷曲线　(b) 第二类典型负荷曲线

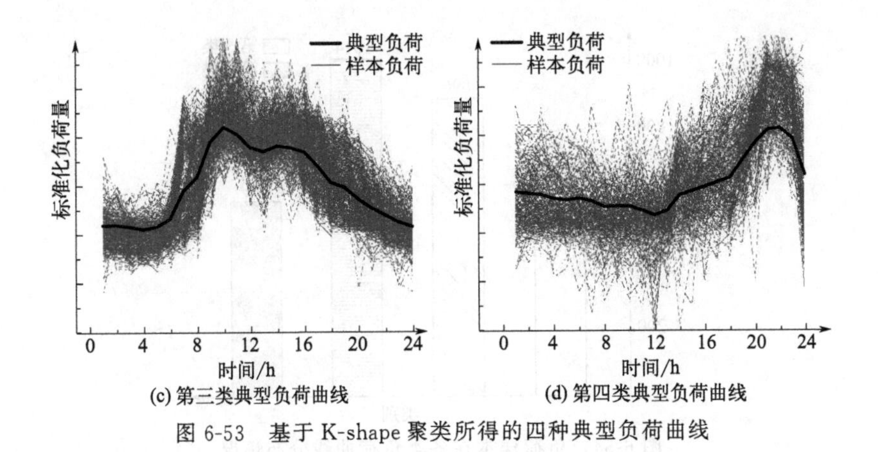

(c) 第三类典型负荷曲线　(d) 第四类典型负荷曲线

图 6-53　基于 K-shape 聚类所得的四种典型负荷曲线

② 第二类负荷曲线存在明显的峰谷负荷差距，于 7：00 开始出现负荷的快速上升，在 11：00 达到峰值并长时间维持在较高水平，直至 23：00 出现负荷缓慢回落。

③ 第三类负荷曲线存在明显的日夜负荷差距，于 6：00 开始出现负荷的快速上升，在 11：00 到达峰值后开始小幅度降低，保持较高水平的用汽直至 16：00 再次开始出现连续的负荷下降，至 24：00 负荷到达最低水平并稳定保持至翌日早上。一般属于最常规的工作曲线。

④ 第四类负荷曲线在全天大部分时间负荷较平稳，自 12：00 负荷开始缓慢上升，18：00 负荷开始快速上升，直至 22：00 到达峰值后快速回落。该类负荷曲线存在明显的夜间用汽高峰，且持续时间较为短暂。

负荷样本在 4 类典型负荷曲线中的分布见图 6-54。可见第一类和第四类负荷曲线的占比较低，第二类和第三类负荷曲线的占比较高，其中第三类比例最高。第二类和第三类负荷曲线都存在夜间负荷较低，日间负荷较高的情况，有着明显的峰谷用汽特征，即案例工业园区中蒸汽用户的多数用汽情况存在明显峰谷差异，说明该园区具备通过峰谷分时汽价引导用户改变用汽习惯的条件。

(4) 园区蒸汽用户负荷曲线构建

案例涉及园区内 4 种主要生产类型，分别为石化、医药、食品和其他，其负荷曲线在 4 类典型负荷中的分布见表 6-13（各类负荷曲线占比）和图 6-55（样本数量分布）。对于石化类型企业，其负荷曲线在 4 种类型中的分布较为均衡，以第二类和第四类为主。对于食品类型企业，其负荷曲线以第二类为主，第一类和第四类次之，第三类负荷曲线占比最低。对于医药类企业，第三类负荷曲线占比远高于其他类型，第二类次之，可以看出医药类型企业生产用汽峰谷特征明显。在其他类型企业中，各个负荷类型的分布较为均匀。

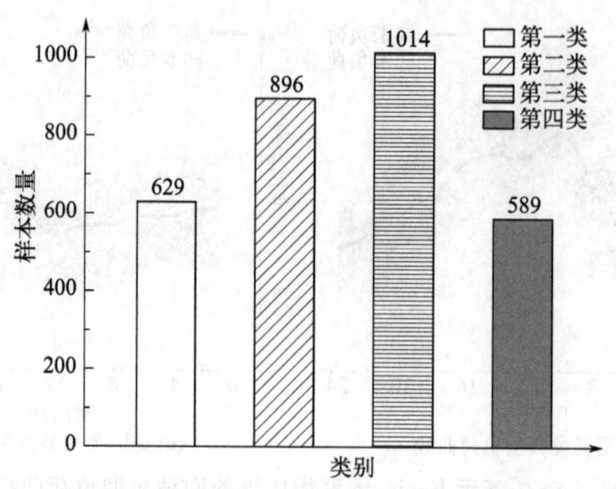

图 6-54　负荷样本在各类负荷曲线分布情况

表 6-13　各类型企业负荷曲线分布情况

企业类型	第一类占比	第二类占比	第三类占比	第四类占比
石化企业	0.178	0.313	0.227	0.283
食品企业	0.250	0.414	0.122	0.214
医药企业	0.154	0.293	0.458	0.095
其他企业	0.283	0.187	0.342	0.189

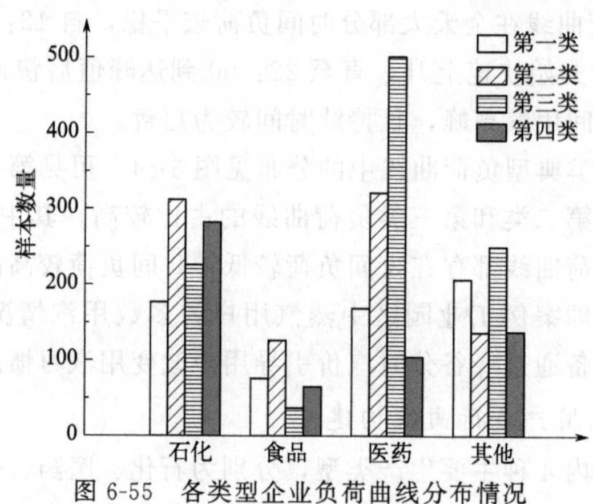

图 6-55　各类型企业负荷曲线分布情况

对各个生产类型的企业典型负荷曲线进行构建，构建结果见图 6-56。在对各个类型的负荷曲线进行聚合之后，不同生产类型企业的负荷曲线出现了相同的峰谷特征，仅仅在峰谷差方面存在一定差异。这一现象产生的主要原因是加权相加弱化了每一类典型负荷的特征，降低了负荷分布不同的企业类型之间的区分度。

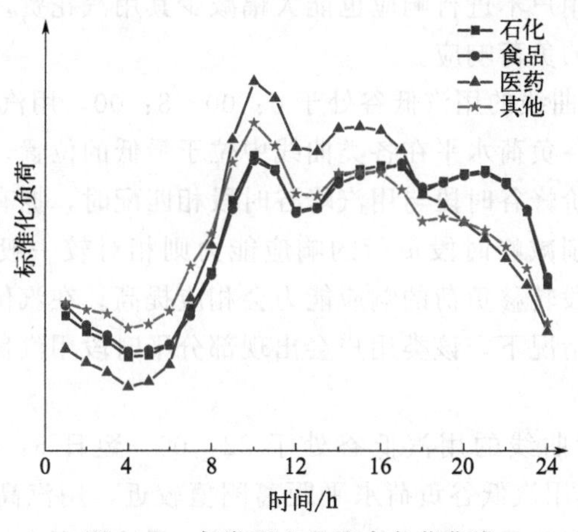

图 6-56　各类型企业聚合负荷曲线

(5) 用户负荷响应特性分析

在用户进行需求响应时，不同负荷类型的用户对于同一措施会做出不同的响应。本部分将针对上文所述的 4 类负荷曲线，在不考虑用户负荷水平的情况下，仅根据其峰谷负荷时段及峰谷负荷差对其负荷响应的潜力展开讨论。如图 6-57 所示，各类曲线都存在着不同的峰谷用能时段。

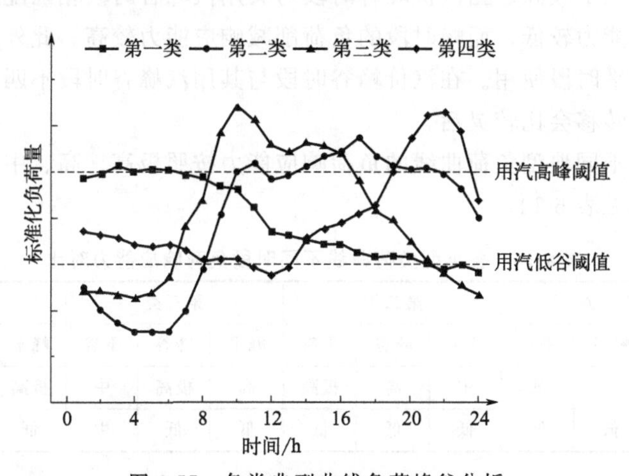

图 6-57　各类典型曲线负荷峰谷分析

① 第一类负荷曲线全时段负荷基本位于用汽峰谷阈值之间，用汽较为平稳，不存在明显的峰谷特征，0：00—12：00 的负荷水平略高于 12：00—24：00，该类型用户对价格信号的响应存在两种情况。在汽价的峰时段位于 0：00—12：00，谷时段处于 12：00—24：00 时，用户能做出一定程度的响应，但是限制于其负荷本身较为平稳，响应程度会比较低。在汽价峰谷时段跟上述时段相反

的情况下，该类型用户不进行响应也能大幅减少其用汽花费，考虑生产调度的成本后不会进行额外的负荷响应。

② 第二类负荷曲线的用汽低谷处于 0：00—8：00，用汽高峰处于 12：00—20：00。其用汽低谷负荷水平在各类曲线中位于最低的位置，用汽高峰超出阈值程度也较低。在汽价峰谷时段与用汽峰谷时段相匹配时，拥有较高的提高谷时段负荷的响应能力，削减峰时段负荷的响应能力则相对较一般，为进行充分的填谷，平时段向谷时段转移负荷的响应能力会相应提高。在汽价峰谷时段与其用汽峰谷时段不匹配的情况下，该类用户会出现部分平时段用汽负荷向峰时段转移的情况。

③ 第三类负荷曲线的用汽低谷处于 22：00—翌日 6：00，用汽高峰处于 9：00—16：00。其用汽低谷负荷水平距离阈值较近，用汽高峰负荷水平超出阈值较多。在汽价峰谷时段匹配用汽峰谷时段时，系统表现出较强的削减峰时段用汽负荷的响应，而提高谷时段用汽负荷的潜力相对较低。为实现更充分的削峰效果，相应的平时段向谷时段的负荷转移较为有限。在汽价峰谷时段与其用汽峰谷时段不匹配的情况下，该类用户会出现部分谷时段负荷向平时段转移的情况。

④ 第四类负荷曲线的用汽低谷处于 11：00—13：00，用汽高峰处于 19：00—23：00。其用汽低谷时段极短，且负荷水平仅仅略低于低谷阈值，用汽高峰时段负荷水平较高。当汽价峰谷时段与其用汽峰谷时段相匹配时，谷时段的用汽负荷提高能力较低，而峰时段的负荷削减响应能力较高。此外，大部分负荷通常会转移到平时段使用。在汽价峰谷时段与其用汽峰谷时段不匹配时，平谷时段之间的负荷转移会比较灵活。

对于 4 类不同典型负荷曲线的负荷响应能力按照极高、高、中、低进行了评级排序，具体见表 6-14。

表 6-14　各类型负荷曲线不同时段负荷响应能力对比

时段匹配	第一类			第二类			第三类			第四类		
	峰平	峰谷	平谷	峰平	峰谷	平谷	峰平	峰谷	平谷	峰平	峰谷	平谷
是	低	低	低	中	高	极高	高	极高	中	极高	中	高
否	低	低	低	低	低	低	低	低	中	低	中	中

在汽价峰谷时段和用户用汽峰谷时段匹配的情况下，第一类负荷曲线各时段间的负荷响应能力都处于最低的水平；在峰平时段负荷转移方面，第四类负荷曲线具备最高的响应潜力；在峰谷时段负荷转移方面，第三类负荷曲线具备最高的响应潜力；而在平谷负荷转移方面，第二类负荷曲线具备着最高的响应潜力。在汽价峰谷时段和用户用汽峰谷时段不匹配的情况下，各时段间的负荷转移能力都处于较低水平。

6.2.5　蒸汽供热系统多目标分时汽价优化模型

本节构建的蒸汽供热系统峰谷分时汽价优化模型结构见图 6-58。

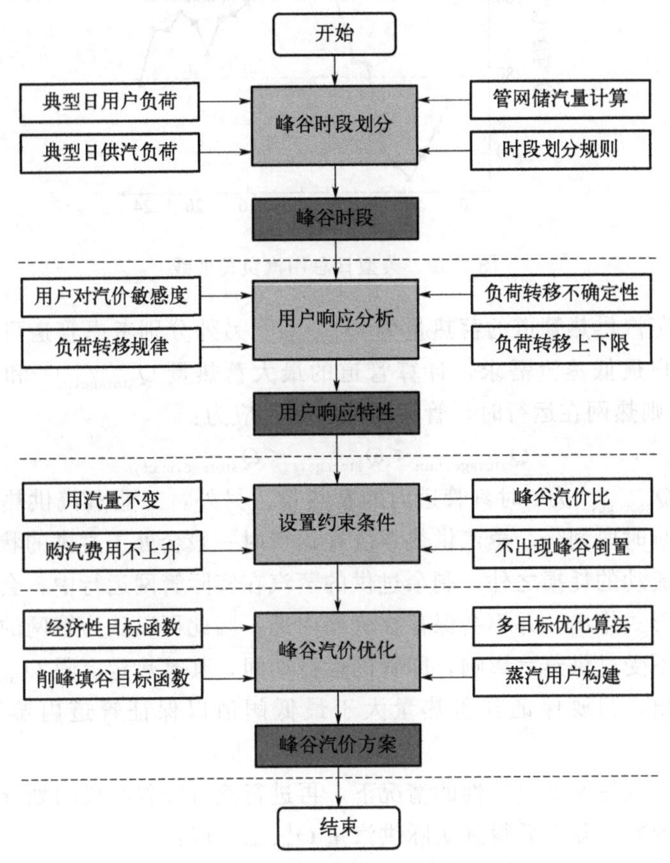

图 6-58　峰谷分时汽价优化模型结构

6.2.5.1　考虑蒸汽管网蓄热特性的分时汽价峰谷时段划分方法

传统的价格型需求响应对峰谷时段的划分仅仅考虑用户的负荷曲线，进行峰谷时段负荷阈值设置后，便可得到负荷曲线所对应的峰谷时段。图 6-59 为本节所用算例的一个典型日总用汽负荷曲线，按照传统的峰谷时段划分方法，峰值负荷阈值以上的时段则为峰时段，谷值负荷阈值以下的时段为谷时段，其余时间为平时段。但是在蒸汽供热系统中，由于蒸汽作为工质的特殊性以及蒸汽供热系统所具备的蓄热特性，需要对这种方法做出改良。

首先蒸汽供热管道本身具备的蓄热特性会影响峰谷时段的划分。根据上一节的介绍，管网本身可以作为一个蓄热元件，在热损失忽略不计的情况下，计算得

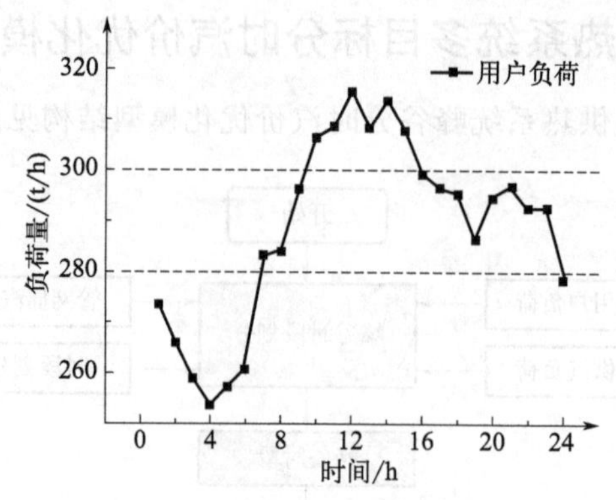

图 6-59 典型日总用汽负荷曲线

常规工况下蒸汽供热管道的蓄热量为 $Q_{storage0}$。另外分别考虑管道可承受最大压力及末端用户最低蒸汽需求，计算管道的最大蓄热量 $Q_{storage,max}$ 和最低蓄热量 $Q_{storage,min}$。则热网在运行时，管道内的蓄热量应为：

$$Q_{storage,min}<Q_{storage,t}<Q_{storage,max} \tag{6-98}$$

式中，$Q_{storage,t}$ 为 t 时刻管道内的蓄热量。另外，工业蒸汽供热管网的运行方式也会影响时段划分。蒸汽供热系统在运行时一般会处于过供的状态，除去蒸汽在管网中流动的耗损之外，剩余过供的蒸汽在实际管网运行中，会在管网末端以冷凝水的形式排出，并不会保存在管网内部，因此可以认为管网的实时可用蓄热量的上限不受过供蒸汽影响，即管网运行期间，其蓄热量上限 $Q_{storage,max}$ 为定值且不会超出，只要保证其蓄热量大于最低阈值以保证管道内蒸汽正常流动即可。

在考虑蒸汽热网蓄热特性的情况下，再进行汽价峰谷时段的划分。将热源供汽量中损耗的部分除去后得到实际供汽量 Q'_{supply}，即：

$$Q'_{supply}=Q_{supply}-Q_{loss} \tag{6-99}$$

式中，Q_{loss} 为蒸汽在管网传输中的热耗损。根据实际供汽量和用户总负荷的关系，在实际供汽量大于用户用汽总量时，管道蓄热量保持为最大值不变；当用户用汽量大于实际供汽量，管道蓄热量会相应减少，具体如下：

$$Q_{storage,t}=\begin{cases}Q_{storage,t-1}-(L_t-Q'_{supply,t}),L_t>Q'_{supply,t}\\Q_{storage,t-1}+(Q'_{supply,t}-L_t),L_t<Q'_{supply,t}\text{ 且 }Q'_{supply,t}-L_t<Q_{storage,max}-Q_{storage,t-1}\\Q_{storage,max},L_t<Q'_{supply,t}\text{ 且 }Q'_{supply,t}-L_t\geq Q_{storage,max}-Q_{storage,t-1}\end{cases} \tag{6-100}$$

进而将蓄热量的变化加入考虑范围，仅当蓄热量低于最低阈值时将该时间段划分为峰时段，用户用汽总量小于实际供汽量的时段划分为谷时段，其他时间为平时段，如式(6-101) 所示：

$$t\in\begin{cases}T_{\mathrm{p}},L_t>Q'_{\mathrm{supply}}\text{且}Q_{\mathrm{storage},t}<Q_{\mathrm{storage,min}}\\T_{\mathrm{v}},L_t\leqslant Q'_{\mathrm{supply}}\\T_{\mathrm{f}},\text{其他}\end{cases}\tag{6-101}$$

式中，T_{p} 为峰时段，T_{f} 为平时段，T_{v} 为谷时段。

6.2.5.2　分时汽价制定原则

供汽公司在制定汽价时，应该广泛调研蒸汽用户的用汽规律，保证用户的基本用汽权益，保证蒸汽市场的公平交易，因此应该满足以下几点原则。

① 参与分时汽价的蒸汽用户会根据不同时段的蒸汽价格做出响应，改变自身用汽习惯。

② 本节仅考虑汽价因素对用户用汽所造成的影响，其他因素不予考虑且认为不影响用户用汽。

③ 为保障峰谷汽价实施之后不影响园区用户按计划进行生产，规定用户总用汽量在峰谷汽价前后不变。

④ 为了保证能够引导蒸汽用户不断参与峰谷汽价政策，需要保证在实施峰谷分时汽价后，园区内用户的用汽成本不会提高。

⑤ 峰谷汽价比应设置在合理的范围内，不能过高，以免用户对汽价反应过度，使负荷曲线的峰谷发生倒置，加重蒸汽管网负担。

6.2.5.3　考虑消费者心理学及负荷转移不确定性的用户负荷响应分析

在假设峰平谷不同时段间的价格响应一致的情况下，蒸汽用户的负荷迁移有三种情况，分别是峰时段向平时段转移、峰时段向谷时段转移以及平时段向谷时段转移。

(1) 峰时段负荷转移到平时段

对于第 j 类用户，其负荷从峰时段到平时段的转移率为：

$$\lambda_{\mathrm{pf}j}=\begin{cases}0 & (\Delta P_{\mathrm{pf}}<a_{\mathrm{pf}j})\\k_{\mathrm{pf}j}(\Delta P_{\mathrm{pf}}-a_{\mathrm{pf}j}) & (a_{\mathrm{pf}j}<\Delta P_{\mathrm{pf}}<b_{\mathrm{pf}j})\\\lambda_{\mathrm{pf}j}^{\max} & (\Delta P_{\mathrm{pf}}>b_{\mathrm{pf}j})\end{cases}\tag{6-102}$$

式中，ΔP_{pf} 为峰-平时段汽价差；$\lambda_{\mathrm{pf}j}$ 为用户的峰-平负荷转移率；$k_{\mathrm{pf}j}$ 为线性区的负荷转移率曲线斜率；$a_{\mathrm{pf}j}$ 和 $b_{\mathrm{pf}j}$ 分别为第 j 类用户峰-平时段汽价差的死区和线性区的上限值。

(2) 峰时段负荷转移到谷时段

对于第 j 类用户，其负荷从峰时段到谷时段的转移率为：

$$\lambda_{pvj}=\begin{cases}0 & (\Delta P_{pv}<a_{pvj}) \\ k_{pvj}(\Delta P_{pv}-a_{pvj}) & (a_{pvj}<\Delta P_{pv}<b_{pvj}) \\ \lambda_{pvj}^{max} & (\Delta P_{pv}>b_{pvj})\end{cases} \tag{6-103}$$

式中，ΔP_{pv} 为峰-谷时段汽价差；λ_{pvj} 为用户的峰-谷负荷转移率；k_{pvj} 为线性区的负荷转移率曲线斜率；a_{pvj} 和 b_{pvj} 分别为第 j 类用户峰-谷时段汽价差的死区和线性区的上限值。

(3) 平时段负荷转移到谷时段

对于第 j 类用户，其负荷从平时段到谷时段的转移率为：

$$\lambda_{fvj}=\begin{cases}0 & (\Delta P_{fv}<a_{fvj}) \\ k_{fvj}(\Delta P_{fv}-a_{fvj}) & (a_{fvj}<\Delta P_{fv}<b_{fvj}) \\ \lambda_{fvj}^{max} & (\Delta P_{fv}>b_{fvj})\end{cases} \tag{6-104}$$

式中，ΔP_{fv} 为平-谷时段汽价差；λ_{fvj} 为用户的平-谷负荷转移率；k_{fvj} 为线性区的负荷转移率曲线斜率；a_{fvj} 和 b_{fvj} 分别为第 j 类用户平-谷时段汽价差的死区和线性区的上限值。

基于上述三类不同时段间蒸汽用户对价格变化的响应程度，转移后各时段的负荷表达式为：

$$L_{tj}=\begin{cases}L_{tj0}-\lambda_{pfj}\overline{L}_{pj}-\lambda_{pvj}\overline{L}_{pj} & (t\in T_{p}) \\ L_{tj0}+\lambda_{pfj}\overline{L}_{pj}\dfrac{T_{p}}{T_{f}}-\lambda_{fvj}\overline{L}_{fj} & (t\in T_{f}) \\ L_{tj0}+\lambda_{pvj}\overline{L}_{pj}\dfrac{T_{p}}{T_{v}}+\lambda_{fvj}\overline{L}_{fj}\dfrac{T_{f}}{T_{v}} & (t\in T_{v})\end{cases} \tag{6-105}$$

式中，L_{tj0}、L_{tj} 分别为响应前后第 j 类用户在时段 t 的蒸汽负荷；$\overline{L}_{pj}$、$\overline{L}_{fj}$ 分别为响应前峰时段和平时段的平均蒸汽负荷；T_{p}、T_{f}、T_{v} 分别为峰、平、谷时段。

在峰谷汽价的作用下，用户蒸汽负荷的响应还存在着不确定性，这种不确定性可以通过模糊参数的方式进行描述。本节采取梯形隶属度函数来表征用户蒸汽负荷转移的不确定性，表达式为：

$$\mu(\lambda_{j})=\begin{cases}1 & (\lambda_{j2}<\lambda_{j}\leqslant\lambda_{j3}) \\ \dfrac{\lambda_{j4}-\lambda_{j}}{\lambda_{j4}-\lambda_{j3}} & (\lambda_{j3}<\lambda_{j}\leqslant\lambda_{j4}) \\ \dfrac{\lambda_{j}-\lambda_{j1}}{\lambda_{j2}-\lambda_{j1}} & (\lambda_{j1}<\lambda_{j}\leqslant\lambda_{j2}) \\ 0 & (\lambda_{j}\leqslant\lambda_{j1}\ 或\ \lambda_{j}>\lambda_{j4})\end{cases} \tag{6-106}$$

式中，λ_{j1}、λ_{j2}、λ_{j3}、λ_{j4} 是由用户响应特性所确定的隶属度参数（图 6-60）。

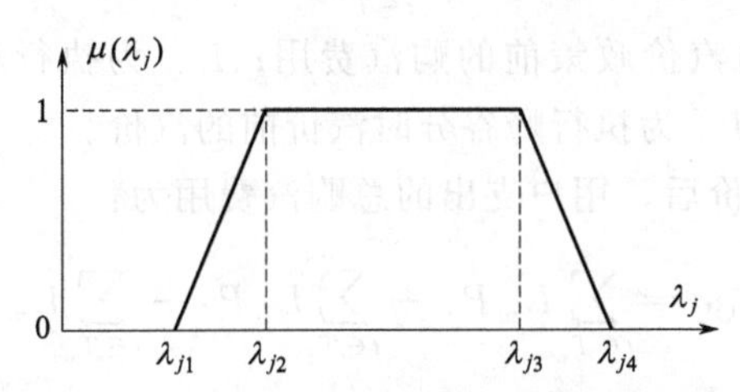

图 6-60　负荷响应不确定性梯形隶属度参数

考虑用户响应的不确定性后，负荷转移率表达式为：

$$\tilde{\lambda}_j = \mu(\lambda_j)\lambda_j \tag{6-107}$$

第 j 类用户考虑不确定性后的负荷为：

$$\tilde{L}_{tj} = \begin{cases} L_{tj0} - \tilde{\lambda}_{\mathrm{pf}j}\bar{L}_{\mathrm{p}j} - \tilde{\lambda}_{\mathrm{pv}j}\bar{L}_{\mathrm{p}j} & (t \in T_{\mathrm{p}}) \\ L_{tj0} + \tilde{\lambda}_{\mathrm{pf}j}\bar{L}_{\mathrm{p}j}\dfrac{T_{\mathrm{p}}}{T_{\mathrm{f}}} - \tilde{\lambda}_{\mathrm{fv}j}\bar{L}_{\mathrm{f}j} & (t \in T_{\mathrm{f}}) \\ L_{tj0} + \tilde{\lambda}_{\mathrm{pv}j}\bar{L}_{\mathrm{p}j}\dfrac{T_{\mathrm{p}}}{T_{\mathrm{v}}} + \tilde{\lambda}_{\mathrm{fv}j}\bar{L}_{\mathrm{f}j}\dfrac{T_{\mathrm{f}}}{T_{\mathrm{v}}} & (t \in T_{\mathrm{v}}) \end{cases} \tag{6-108}$$

式中，$\tilde{L}_{tj}$ 为第 j 类用户考虑响应不确定性后的负荷；$\tilde{\lambda}_{\mathrm{pf}j}$、$\tilde{\lambda}_{\mathrm{pv}j}$、$\tilde{\lambda}_{\mathrm{fv}j}$ 分别为考虑响应不确定性后的峰-平、峰-谷、平-谷负荷转移率。

6.2.5.4　计及经济性和削峰填谷性的分时汽价模型优化目标

分时汽价的一般优化目标包括峰谷差最小、峰时段用汽量最小和谷时段用汽量最大等，本节建立模型所选择的两个目标函数分别为用汽负荷曲线的峰谷差值最小以及蒸汽用户的总生产费用最低。

（1）峰时段和谷时段的用汽量差最小

$$F_1 = \min(L_{\mathrm{p}} - L_{\mathrm{v}}) \tag{6-109}$$

（2）蒸汽用户总生产费用最低

工业蒸汽用户进行负荷转移一般通过两种方式。一是对不涉及生产流程的蒸汽设备进行调整，这部分蒸汽用量一般占总蒸汽用量比例较低，在调整时不产生额外费用；二是涉及生产流程的蒸汽设备，在进行调整时往往会产生不可忽略的生产调度费用，且随着调度量的提高，费用上升速度会加快。假定在生产目标不变时，相同的生产流程所需费用不变，本节在计算用户生产费用时，仅考虑购汽费用及调度费用两部分。

① 购汽费用　汽价优化前，购汽费用为：

$$C_0=\sum_{t\in T}L_{0t}P_0 \tag{6-110}$$

式中，C_0 为分时汽价政策前的购汽费用；L_{0t} 为执行峰谷分时汽价前的每小时用户总购汽量；P_0 为执行峰谷分时汽价前的汽价。

执行峰谷分时汽价后，用户支出的总购汽费用为：

$$C_{0\mathrm{TOU}}=\sum_{t\in T_{\mathrm{p}}}L_{\mathrm{p}t}P_{\mathrm{p}}+\sum_{t\in T_{\mathrm{f}}}L_{\mathrm{f}t}P_{\mathrm{f}}+\sum_{t\in T_{\mathrm{v}}}L_{\mathrm{v}t}P_{\mathrm{v}} \tag{6-111}$$

式中，$C_{0\mathrm{TOU}}$ 为执行汽价政策后的购汽费用；$L_{\mathrm{p}t}$、$L_{\mathrm{f}t}$、$L_{\mathrm{v}t}$ 为执行峰谷分时汽价政策后的峰、平、谷时段每小时用户总购汽量；P_{p}、P_{f}、P_{v} 为执行汽价政策后各时段的汽价。

② 调度费用　通过上述分析，推测调度费用 $C_{\mathrm{ad}j}$ 应满足以下条件：

a. 当 $L_{\mathrm{v}j}/L_{0j}\leqslant\alpha_{\mathrm{adj}}$ 时：

$$C_{\mathrm{adj}}=0 \tag{6-112}$$

b. 当 $L_{\mathrm{v}j}/L_{0j}>\alpha_{\mathrm{adj}}$ 时：

$$C_{\mathrm{ad}j}>0,\frac{\partial C_{\mathrm{ad}j}}{\partial L_{\mathrm{v}j}}>0,\frac{\partial^2 C_{\mathrm{ad}j}}{\partial^2 L_{\mathrm{v}j}}>0 \tag{6-113}$$

故建立调度费用函数 $C_{\mathrm{ad}j}$，计算公式如下：

$$C_{\mathrm{ad}j}(L_{\mathrm{v}j})=\begin{cases}0, & L_{\mathrm{v}j}/L_{0j}\leqslant\alpha_{\mathrm{ad}j}\\ C_{0j}\dfrac{L_{\mathrm{v}j}-L_{0\mathrm{v}j}}{L_{0j}}\left(\dfrac{L_{\mathrm{v}j}}{L_{0\mathrm{v}j}}\right)^{\beta_{\mathrm{adj}}}, & L_{\mathrm{v}j}/L_{0j}>\alpha_{\mathrm{ad}j}\end{cases} \tag{6-114}$$

式中，L_{0j} 为单个用户总购汽量；$L_{0\mathrm{v}j}$ 为执行峰谷分时汽价前用户谷时段购汽量；$L_{\mathrm{v}j}$ 为执行峰谷分时汽价后用户谷时段购汽量；$\alpha_{\mathrm{ad}j}<1$，为无成本蒸汽调度占比；$\beta_{\mathrm{ad}j}>1$，为调度成本增长系数。

因此，用户总生产费用可表示为：

$$C_{\mathrm{total}}=C_{0\mathrm{TOU}}+\Sigma C_{\mathrm{ad}j} \tag{6-115}$$

则：

$$F_2=\min(C_{0\mathrm{TOU}}+\Sigma C_{\mathrm{ad}j}) \tag{6-116}$$

6.2.5.5　分时汽价模型约束条件及求解

建立峰谷电价优化模型时，需要满足实际生活中各方主体的利益，以及发展的客观规律，因此约束条件需要包含等式与不等式条件。

① 用户的用汽量　用户在执行峰谷分时汽价时，总的用汽量保持不变，即：

$$\sum_{t\in T}L_{0t}=\sum_{t\in T_{\mathrm{p}}}L_{\mathrm{pt}}+\sum_{t\in T_{\mathrm{f}}}L_{\mathrm{ft}}+\sum_{t\in T_{\mathrm{v}}}L_{\mathrm{vt}} \tag{6-117}$$

式中，L_{0t} 为原始各时段的用汽量。

② 用户的购汽费用　分时汽价制定后，用户针对各时段汽价调整的不同，对自身用汽量进行调整。为了不损害园区用户的利益，优化后的购汽费用应该不大于原来的购汽费用。

故：

$$C_{0\mathrm{TOU}} \leqslant C_0 \tag{6-118}$$

③ 峰谷汽价比　实行峰谷分时汽价的主要目标是降低峰谷差。但当峰谷汽价比因不规范制定而过高或者过低，用户反应会相应超标或不足，倒置原本负荷的峰谷，增加蒸汽管网调峰压力，因此需要设置峰谷汽价比的上下限。

$$a \leqslant \frac{P_{\mathrm{f}}}{P_{\mathrm{g}}} \leqslant b \tag{6-119}$$

④ 各时段汽价的约束　为了使工业园区用户对执行的峰谷分时汽价有良好的接受度，需要对各时段汽价的上下限进行设置：

$$\begin{gathered} P_{\mathrm{pmin}} \leqslant P_{\mathrm{p}} \leqslant P_{\mathrm{pmax}} \\ P_{\mathrm{fmin}} \leqslant P_{\mathrm{f}} \leqslant P_{\mathrm{fmax}} \\ P_{\mathrm{vmin}} \leqslant P_{\mathrm{v}} \leqslant P_{\mathrm{vmax}} \end{gathered} \tag{6-120}$$

(1) NSGA-Ⅱ多目标优化算法

采用NSGA-Ⅱ算法对峰谷分时汽价多目标优化模型进行求解。NSGA-Ⅱ算法可以对多个优化目标进行同时优化求解，避免了传统人为设定不同目标权值的方法所带来的经验误差。

(2) Pareto最优解

在多目标优化问题中，优化结束后会得到一系列帕累托最优解，组成帕累托前沿。帕累托最优解之间互为非支配解，在不添加更多额外条件的情况下，并不能得出哪个解更优。一般通过设置对各目标的侧重得到一个最优解或者综合考虑各个目标得到最优折中解。

(3) NSGA-Ⅱ算法的特点

1) 快速非支配排序方法

对于优化目标个数为 M、种群数量为 N 的解集空间，一般非支配排序方法通过对所有的解进行逐层非支配排序得到最优帕累托前沿，计算复杂度为 $O(MN^3)$。快速非支配排序方法则通过计算每个解的被支配解数量及被这个解支配的解集进行排序，将计算复杂度降为了 $O(MN^2)$，大幅加快了计算速度。

2）拥挤度

为了保持遗传过程中的种群多样性，NSGA算法通过设置share参数的方法对比同一代中的所有解，计算复杂度为$O(N^2)$。NSGA-Ⅱ算法则通过计算不同解之间的拥挤距离以保持种群多样性，计算复杂度降为$O(MN\lg N)$。

3）精英策略

精英策略在非支配排序前保留了父代种群，将非支配排序的对象变成了$2N$的数量，确保了在遗传交叉变异之后，父代中的优秀个体可以在下一代中得到保留。

（4）NSGA-Ⅱ算法流程

NSGA-Ⅱ算法的求解步骤见表6-15。

表6-15　NSGA-Ⅱ算法求解流程

设置目标函数、约束条件、交叉变异概率、最大迭代次数、种群大小N
1. 随机生成种群大小为N的父代种群。 2. 通过模拟二进制交叉及多项式变异生产大小为N的子代种群。 3. 根据精英策略组合父代种群及子代种群形成大小为$2N$的种群，对该种群进行快速非支配排序及拥挤度计算，选择最优秀的N个个体组成新的父代种群。 4. 重复步骤2、3，直到满足中止条件为止。 中止条件：到达最大迭代次数。

下面以我国江苏省某大型工业园区蒸汽管网为例进行优化，算例园区在分时汽价试点中，仅考虑蒸汽负荷对峰谷时段进行简单划分（后称方法一），时段划分结果见表6-16。利用本节模型以该时段划分结果对分时汽价迭代优化后求得一组帕累托最优解集，所求得的帕累托前沿如图6-61所示。

表6-16　仅考虑供需负荷差的峰谷时段划分结果

峰谷时段	具体时间段
峰时段	8:00—18:00
平时段	6:00—8:00,18:00—24:00
谷时段	0:00—6:00

以图中黑点为帕累托最优折中解，其汽价优化结果见表6-17。

表6-17　帕累托最优折中解优化结果（方法一）

各时段用汽费用/元			平均峰谷负荷差/(t/h)	生产费用/百万元	节省生产费用/百万元	峰谷汽价比
峰	平	谷				
247.1	192.0	189.0	27.1	1.406	0.083	1.30

优化前后的用户负荷对比如表6-18和图6-62所示。由表可得，优化前最高

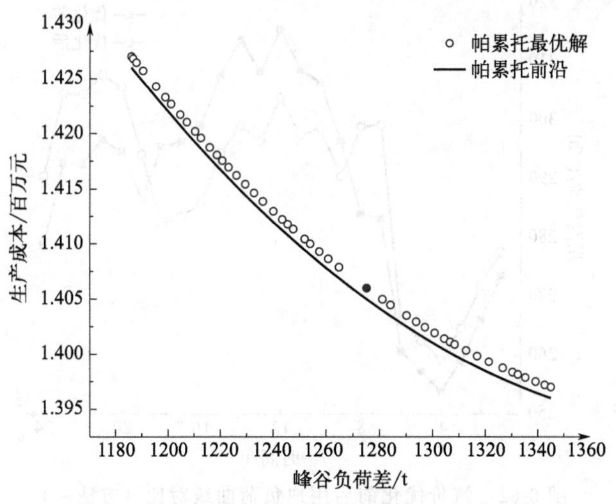

图 6-61　分时汽价优化目标函数（方法一）

负荷为 315.5t/h，最低负荷为 253.8t/h，优化后最高负荷为 307.7t/h，最低负荷为 259.3t/h，最高负荷降低率为 2.1%，最低负荷提高率为 2.2%。在峰谷时段负荷差方面，优化前峰谷时段平均负荷差为 43.1t，优化后峰谷时段平均负荷差为 27.1t，降低了 37.1%的峰谷负荷差，削峰填谷性能劣于本节提出的方法。另外由表 6-18 可见，该峰谷时段划分方案下，优化后出现了新的负荷高峰，破坏了原来峰谷时段的结构。

表 6-18　最优折中解优化前后用户负荷对比（方法一）

时刻	负荷/(t/h)		时刻	负荷/(t/h)		时刻	负荷/(t/h)	
	优化前	优化后		优化前	优化后		优化前	优化后
1:00	273.5	277.6	9:00	296.5	290.4	17:00	296.4	283.6
2:00	266.1	271.8	10:00	306.4	298.6	18:00	295.4	282.3
3:00	258.9	264.6	11:00	308.7	297.6	19:00	286.6	294.2
4:00	253.8	259.3	12:00	315.5	303.9	20:00	294.7	305.6
5:00	257.3	262.5	13:00	308.3	296.5	21:00	296.8	307.7
6:00	260.7	265.8	14:00	313.7	299.1	22:00	292.6	304.5
7:00	283.2	299.2	15:00	307.9	294.5	23:00	292.8	304.5
8:00	284.2	298.9	16:00	299.1	285.9	24:00	278.7	290.5

(5) 考虑蒸汽管网蓄热能力划分方法的汽价优化结果

峰谷时段划分结果见表 6-19（后称方法二）。经迭代优化后求得一组帕累托最优解集，所求得的帕累托前沿如图 6-63 所示，可见峰谷负荷差的减少和生产

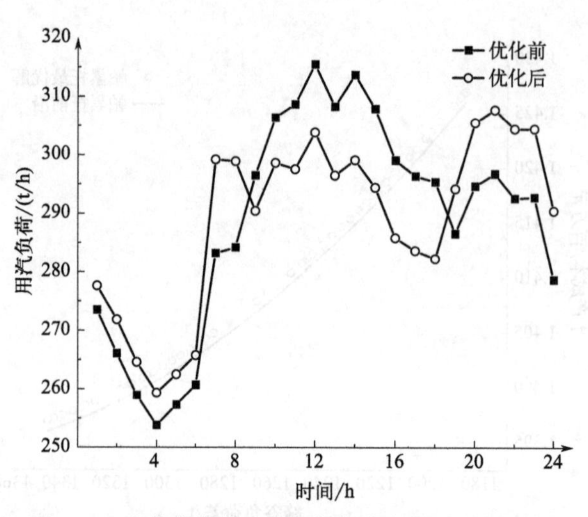

图 6-62　汽价优化前后用户负荷曲线对比（方法一）

费用的减少之间是互相矛盾的，峰谷分时汽价的实施可以降低企业的生产费用，但是随着峰谷负荷差的减少，由于生产调度费用的存在，若继续进行响应，则会增加企业的生产费用。非支配解集中的一组帕累托最优解以及对应的各时段分时汽价和目标函数值见表 6-19，各时段和分时汽价以标幺值显示。

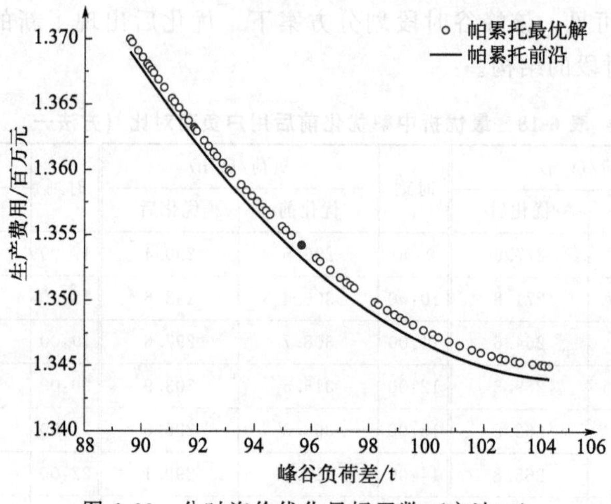

图 6-63　分时汽价优化目标函数（方法二）

表 6-19　分时汽价优化模型的一组最优解（方法二）

编号	各时段汽价(标幺值)			峰谷负荷差/t	生产费用/百万元	节省生产费用/百万元	峰谷汽价比
	峰	平	谷				
1	1.22	1.00	0.78	91.9	1.363	0.126	1.53

续表

编号	各时段汽价(标幺值)			峰谷负荷差/t	生产费用/百万元	节省生产费用/百万元	峰谷汽价比
	峰	平	谷				
2	1.19	0.98	0.82	95.2	1.354	0.135	1.46
3	1.09	1.07	0.86	100.8	1.347	0.142	1.27
4	1.09	1.04	0.88	104.3	1.345	0.144	1.25
5	1.22	0.96	0.80	93.9	1.358	0.131	1.54
6	1.24	0.98	0.77	89.6	1.370	0.119	1.61

由图 6-63 的帕累托前沿可知，峰谷负荷差最小与生产费用最低这两个优化目标之间是相互矛盾的，峰谷负荷差最小时，生产费用是最高的，相反，为了降低生产费用，会使得峰谷负荷差变大，在客观情况下难以获得两全其美的解。传统的多目标优化问题求解中，会针对不同的目标函数按照实际需求人为设定不同的权值，以获得一个最优的解。对削峰填谷的需求较高，则加大峰谷负荷差目标函数的权值，或从图中帕累托前沿的左上角选择优化解；对降低生产费用的需求较高，则加大生产费用目标函数的权值，或从图中帕累托前沿的右下角选择优化解。如果对两个目标函数没有侧重，则可以考虑帕累托最优折中解，即在帕累托前沿中部选择拥挤度最大的解，如图中实心黑点即表 6-20 中的第 2 组解。根据该最优折中解得到的分时汽价优化结果如表 6-21 所示。

表 6-20　帕累托最优折中解优化结果（方法二）

各时段用汽费用/元			平均峰谷负荷差/(t/h)	生产费用/百万元	节省生产费用/百万元	峰谷汽价比
峰	平	谷				
255.9	210.7	175.6	10.6	1.354	0.135	1.46

表 6-21　最优折中解优化前后用户负荷对比（方法二）

时刻	负荷/(t/h)		时刻	负荷/(t/h)		时刻	负荷/(t/h)	
	优化前	优化后		优化前	优化后		优化前	优化后
1:00	273.5	285.4	9:00	296.5	296.6	17:00	296.4	289.6
2:00	266.1	279.6	10:00	306.4	299.5	18:00	295.4	288.2
3:00	258.9	272.4	11:00	308.7	298.4	19:00	286.6	282
4:00	253.8	267.1	12:00	315.5	304.8	20:00	294.7	288.2
5:00	257.3	270.3	13:00	308.3	302.2	21:00	296.8	290.3
6:00	260.7	273.6	14:00	313.7	300.0	22:00	292.6	287.3
7:00	283.2	296.0	15:00	307.9	295.3	23:00	292.8	286.8
8:00	284.2	295.7	16:00	299.1	291.8	24:00	278.7	286.7

在最优折中解的分时汽价下，优化前后的用户负荷对比如表 6-21 和图 6-64 所示。由表可得，优化前最高、最低负荷分别为 315.5t/h、253.8t/h，优化后最高、最低负荷为 304.8t/h、267.1t/h；峰谷负荷的极值都得到了一定的优化，其中，最高负荷降低率为 3.4%，最低负荷提高率为 5.2%。在峰谷时段负荷差方面，优化前峰谷时段负荷差为 299.9t，优化后峰谷时段负荷差为 95.2t，平均峰谷负荷差为 10.6t，降低了 68.3%的峰谷负荷差，由图 6-64 也可见，各时段负荷波动减少，负荷曲线得到了有效平滑化，削峰填谷效果良好。

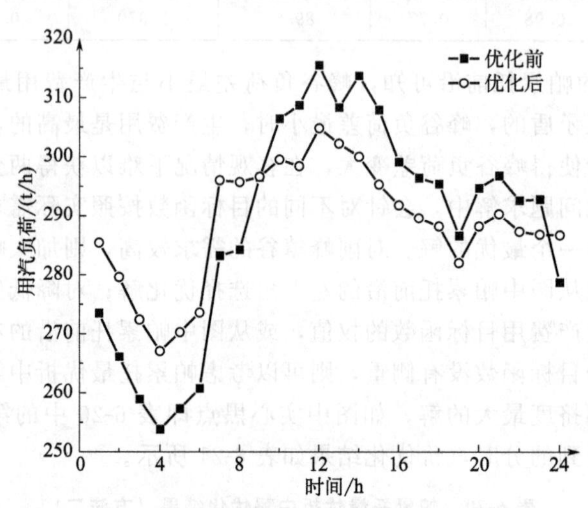

图 6-64　汽价优化前后用户负荷曲线对比（方法二）

（6）不同峰谷时段划分方法优化结果对比

两种峰谷时段划分方法的最优折中汽价优化方案及相应指标见表 6-22，可见方法二的削峰填谷性能大幅超出方法一，在生产费用方面多节约了 0.052 百万元。优化后的用汽负荷与热源供汽曲线对比见图 6-65。可见相比于方法一，方法二的优化结果与热源供汽曲线更加匹配，以欧式距离衡量两个优化曲线与供汽曲线之间的距离，方法一负荷曲线的结果为 183.8，方法二的结果为 162.0，即方法二的负荷曲线更加贴近热源供汽曲线。由上述分析对比可知，本书提出的峰谷时段划分方法具有更加优异的性能。

表 6-22　峰谷时段划分方法优化结果对比

峰谷时段划分方法	各时段汽价/元			平均峰谷负荷差/(t/h)	生产费用/百万元	节约生产费用/百万元	峰谷汽价比
	峰	平	谷				
方法一	247.1	192.0	189.0	27.1	1.406	0.083	1.30
方法二	255.9	210.7	175.6	10.6	1.354	0.135	1.46

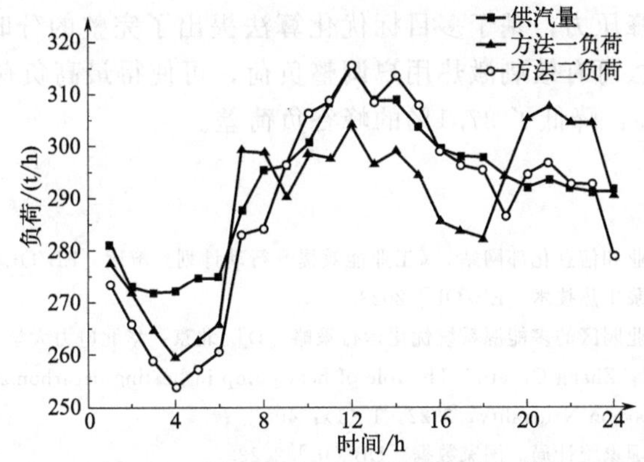

图 6-65　不同时段划分方法优化负荷曲线与供汽量对比

6.3　总结

工业蒸汽供热是智慧供热在工业领域的重要分支，作为工业用能的一种主要形式，工业蒸汽的动态特性分析与运行优化技术可以有效提升能效与运行灵活性。本章首先针对工业蒸汽网这一系统基于模块化多领域建模语言 Modelica 建立了其管道、阀门、泵、热源、热用户等部件模型库，同时基于 OpenModelica 仿真平台搭建了工业蒸汽管网的完整模型，进行相关仿真计算。同时以该仿真模型为指导，对于工业蒸汽管网运行的动态特性与储能特性进行了分析，并对热用户间歇用汽的运行模式存在的暖管问题进行了研究，提出了一种维持管道热力状态稳定的最小蒸汽流量计算方法，解决了管道暖管时间过长的问题。进一步，基于以上输配侧建模与仿真基础，讨论了用户侧需求响应的有关内容，主要通过聚类方法根据用户不同的负荷特性对用户进行分类，并基于多目标优化算法提出了分时汽价的制定方法，具体结论如下。

① 本章针对工业蒸汽网络这一对象，提出了基于 Modelica 编程语言的模块化建模方法，该方法对工业蒸汽网络中管道、阀门、泵等关键设备建模封装，形成工业蒸汽网络的模型库，有效降低了针对不同对象的建模难度。研究结果显示，该模型库能够成功完成蒸汽环网系统的仿真，并有效展示模型中各管道温度和流量的变化情况。

② 本章依托前文建立的工业蒸汽模型，对其运行过程中常见的动态特性与储能特性进行了分析，可为运行提供有效指导。同时对热用户间歇用能模式下存在的暖管问题进行了研究，计算了管道维持即开即用状态的最低蒸汽流量，为工业蒸汽网络运行提供了全新的思路。

③ 本章针对工业蒸汽网络中热用户需求侧响应的问题进行了讨论，使用聚类算法提出了基于热用户负荷特性的热用户分类方法。同时为刺激需求侧响应调

峰，减缓源侧调峰压力，基于多目标优化算法提出了完整的分时汽价制定方法。结果表明，该方法可有效刺激热用户调整负荷，可使得最高负荷降低 2.1%，最低负荷提升 2.2%，降低了 37.1%的峰谷负荷差。

参考文献

[1] 中国政府网．工业和信息化部网站．《工业能效提升行动计划》解读 [EB/OL]. 2022.

[2] 王如竹．工业热泵供热技术 [EB/OL]. 2023.

[3] 闻若彤．面向工业园区的多能源系统优化运行策略 [D]. 北京：华北电力大学，2021.

[4] Yan H，Wang R，Zhang C，et al. The role of heat pump in heating decarbonization for China carbon neutrality [J]. Carbon Neutrality，2022，1 (1)：40.

[5] 中华人民共和国国家统计局．国家数据 [DB/OL]. 2022.

[6] 唐学用，赵卓立，李庆生，等．产业园区综合能源系统形态特征与演化路线 [J]. 南方电网技术，2018，12 (03)：9-19.

[7] IEA. Renewables 2020 [R]. Paris：IEA，2020：6.

[8] 中能传媒能源情报研究中心．中国能源大数据报告 (2021) [R]. 北京：中能传媒，2021.

[9] 贺平，孙刚．供热工程 (四) [M]. 北京：中国建筑工业出版社，2009：1-10.

[10] 刘大山．不容忽视的节能领域——蒸汽管网系统 [J]. 中国机械工程，2002 (19)：3，20-22.

[11] 李雯雯，高阳．基于热电耦合的区域能源系统稳态功率分布计算的研究 [J]. 东北电力技术，2019，40 (02)：58-61.

[12] Parsons B，Milligan M，Zavadil B，et al. Grid impacts of wind power：a summary of recent studies in the United States [J]. Wind Energy，2004，7 (2)：87-108.

[13] Objectoriented U，Fritzson P，Engelson V. Modelica-A unified object-oriented language for system modeling and simulation [J]. Lecture Notes in Computer Science，1998，1445.

[14] 高随祥．图论与网络流理论 [M]. 北京：高等教育出版社，2009.

[15] 陈皓勇，文俊中，王增煜，等．能量网络的传递规律与网络方程 [J]. 西安交通大学学报，2014，48 (10)：66-76.

[16] 杨世铭，陶文铨．传热学 [M]. 4 版．北京：高等教育出版社，2006.

[17] Hans-Joachim Kretzschmar，Wolfgang Wagner. International Steam Tables [M]. Heidelberg：Springer Vieweg Berlin，2019.

[18] Idelchik IE，Fried E. Handbook of hydraulic resistance：Second edition [J]. Hemisphere Publishing New York Ny，1986.

[19] Open Source Modelica Consortium. OpenModelica User's Guide [Z]. 2019.

[20] 康艳兵，张建国，张扬．我国热电联产集中供热的发展现状、问题与建议 [J]. 中国能源，2008 (10)：8-13.

[21] 薛春洋．智慧节能工业园区能源供给系统优化 [D]. 重庆：重庆大学，2014.

[22] 李扬，王蓓蓓，宋宏坤．需求响应及其应用 [J]. 电力需求侧管理，2005 (06)：13-15，18.

[23] 张钦，王锡凡，王建学，冯长有，刘林．电力市场下需求响应研究综述 [J]. 电力系统自动化，2008 (03)：96-106.

[24] 金玲素．基于模型的城市级蒸汽供热系统运行调度实时优化研究与应用 [D]. 杭州：浙江大学，2020.

[25] Yan A，Zhao J，An Q，et al. Hydraulic performance of a new district heating systems with distributed variable speed pumps [J]. Applied Energy，2013，112：876-885.

[26] 王旭光．大型工业供热蒸汽管网运行状态分析及操作优化 [D]. 杭州：浙江大学，2015.

第 7 章

考虑供热系统特性的工业园区综合能源建模和优化调度

纵观人类文明的发展史，能源的开发与利用在这一过程中起到了关键性的作用。从钻木生火，到蒸汽机的发明与煤炭等化石燃料的大规模开发利用，再到电的发明，每一次能源革命都引领着人类社会的巨大变革，并逐渐加深对人类生产生活、经济文化甚至是政治安全的渗透。如今，能源已然成为人类文明前进的物质基础与动力源泉。根据国际能源署（IEA）相关数据，2018 年世界范围内一次能源消费已达 204 亿吨标准煤，其中石油作为第一大能源占比约 31%；煤炭次之，占比约 26%；天然气保持了较快的增长势头，在一次能源消费中已占达 23%[1]。而在我国，资源条件和发展国情差异决定了煤炭在一次能源结构中占据主导地位。根据国家统计局的统计[2]，2022 年我国一次能源生产约 46.6 亿吨标准煤，能源消费总量达 54.1 亿吨标准煤。在能源消费结构中，煤炭消费占比 56.2%，比重相对平稳；石油消费占比约占 17.9%，相比 2021 年，下降 0.7%；天然气、水电等其他清洁能源消费则上升至 25.9%，增长势头明显。随着不可再生化石能源的大规模持续消耗，环境污染问题以及能源安全危机也日益严峻。我国的能源压力尤为严重，在能源利用方面仍旧面临能源利用率不高、环境破坏严重、能源结构不合理等问题。据统计，我国钢铁、化工、建材等主要工业的单位能耗比国际先进水平高出 47%[3]。为此，国家发改委与能源局于 2016 年发布《能源生产和消费革命战略（2016—2030）》，明确指出持续增加清洁能源在一次能源生产和消费中的比重，持续优化能源结构，初步建立现代能源体系的战略目标。探索更高效、消纳清洁能源能力更强的能源利用方式成为能源产业关注的焦点。

在国家战略背景下，开展综合能源系统研究与实践具有重要的意义。本章着重从“互联互通互补”思想出发，通过各能源转换设备运行调度与多种能源间的转换互补，对综合能源系统集成优化展开研究。

7.1 多能流系统综合网络建模

7.1.1 流体网络热工水力动态模型

7.1.1.1 一维均质流体模型

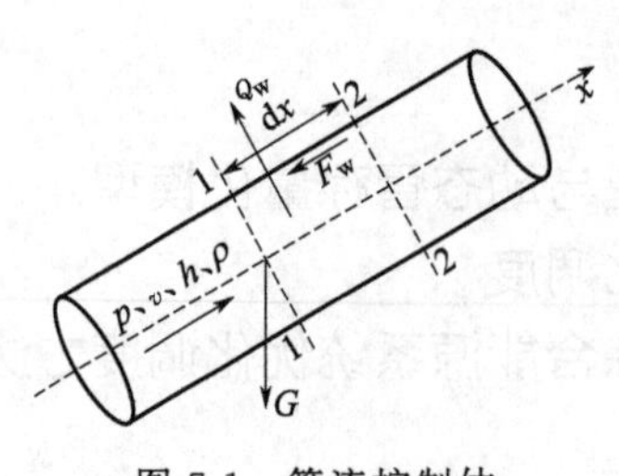

图 7-1 管流控制体

本章采用一维均质流体模型对蒸汽、热水、天然气等工质在内的流体网络进行建模。选取 1—1、2—2 截面间的管段为微元控制体，如图 7-1 所示。工质动态过程的守恒方程、压力与流量方程、焓值与换热方程如下所示。

(1) 基本方程

流体网络动态建模所用到的基本方程包括质

量、动量和能量守恒方程：

质量守恒：

$$\frac{\partial A\rho}{\partial t}+\frac{\partial A\rho v}{\partial x}=S_i \tag{7-1}$$

能量守恒：

$$\frac{\partial A\rho h}{\partial t}+\frac{\partial A\rho v h}{\partial x}=S_i \tag{7-2}$$

动量守恒：

$$\frac{\partial A\rho v}{\partial t}+\frac{\partial A\rho v^2}{\partial x}+\frac{\partial A p}{\partial x}=S_i \tag{7-3}$$

式中，S_i 为代表源项，在质量守恒方程中包括流入系统的额外流量，在能量守恒方程中包括热流量、由摩擦引起的能量耗散以及压力的时间偏导项，在动量守恒方程中包括摩擦阻力损失、静压差、由泵带来的水头等；ρ 为密度，kg/m^3；t 为时间，s；v 为流速，m/s；x 为位置，m；h 为焓值，kJ/kg；F_w 为壁面摩擦力，N；Q_w 为壁面热流量，W/m^2；p 为压力，Pa。

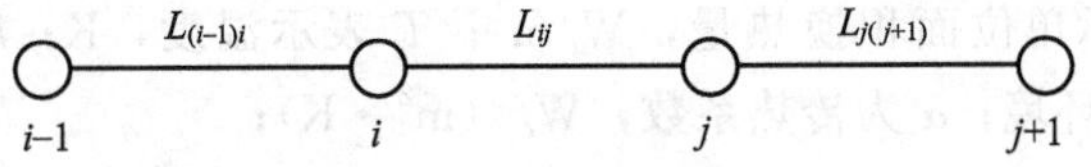

图7-2　网络元简图

（2）压力与流量方程

对式(7-1)～式(7-3)在时间和空间上进行离散化。如图7-2所示，分别以 $i-1$、i、j、$j+1$ 表示不同的节点，以$(i-1)i$、ij、$j(j+1)$代表分支，k 为迭代次数，对基本方程进行离散化，可得离散化后的质量守恒方程：

$$\frac{V_i}{\Delta t}(\rho_i-\rho_i^{t-\Delta t})+\frac{V_i}{\Delta t}\frac{\partial \rho_i}{\partial p_i}(p_i^k-p_i)=-\sum_{j\neq i} {}_{ij}\dot{m}_{ij}^k+S_i \tag{7-4}$$

离散化后的能量守恒方程：

$$V_i\frac{(\rho_i h_i^k-\rho_i^{t-\Delta t}h_i^{t-\Delta t})}{\Delta t}-\sum_{in}\dot{m}_{ij}^k h_j^k+\sum_{out}\dot{m}_{ij}^k h_i^k=S_i \tag{7-5}$$

离散化后的动量守恒方程为：

$$\begin{aligned}&\frac{L_{ij}}{A_{ij}}\frac{(\dot{m}_{ij}^k-\dot{m}_{ij}^{t-\Delta t})}{\Delta t}-p_i^k+p_j^k+\frac{1}{2}K_{ij}\dot{m}_{ij}|\dot{m}_{ij}|+\\&K_{ij}|\dot{m}_{ij}|(\dot{m}_{ij}^k-\dot{m}_{ij})+\frac{(\dot{m}_{ij}^k)^2}{\rho_{ij}A_{ij}^2}-\frac{(\dot{m}_{ij})^2}{\rho_{ki}A_{ki}^2}=S_i\end{aligned} \tag{7-6}$$

对式(7-5)和式(7-6)进行合并简化，可得矩阵方程：

$$a_{ii}p_i^k+\sum a_{ij}p_j^k=b_i \tag{7-7}$$

将密度线性化可得到：

$$\rho_i^k=\rho_i+\frac{\partial \rho_i}{\partial p_i}(p_i^k-p) \tag{7-8}$$

式中，$\frac{\partial \rho}{\partial p}$可根据压力与焓值通过查表的方式获得。对于边界处节点，其密度由下式计算：

$$\rho=M/V \tag{7-9}$$

式中，M 表示质量，kg；V 表示体积，m^3。

质量流速可表示为：

$$v_{ij}^k=f[(p_i^k-p_j^k),\rho_{ij}^k] \tag{7-10}$$

（3）焓值与换热方程

由能量守恒方程可得焓值的求解矩阵方程，节点与环境换热方程如式(7-11)所示。

$$c_{ii}h_i^k+\sum c_{ij}h_j^k=d_i-v_{ij}^k \tag{7-11}$$

$$q_i=\alpha(T_i-T_w) \tag{7-12}$$

式中，q 表示单位面积换热量，W/m^2；T 表示温度，K；h 为焓值，kJ/kg；下标 w 表示外界环境；α 为传热系数，W/（m^2·K)；

（4）固体导热方程

固体导热方程根据坐标系的不同可表示为式(7-13)：

$$\rho c_p\frac{\partial T}{\partial t}=\frac{\partial}{\partial z}\left(\frac{\lambda \partial T}{\partial z}\right)+q' \tag{7-13}$$

式中，q'为源项。

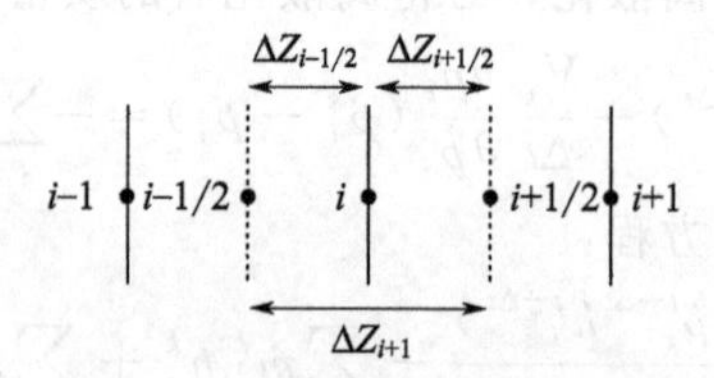

图 7-3　热传导过程网络元简图

如图 7-3 所示，对热传导过程进行离散化，离散后的导热方程为：

$$\rho_i c_{pi}\Delta Z_i(T_i^k-T_i^{t-\Delta t})=\left[\lambda_{i+1/2}\frac{(T_{i+1}^k-T_i^k)}{\Delta Z_{i+1/2}}-\lambda_{i-1/2}\frac{(T_i^k-T_{i-1}^k)}{\Delta Z_{i-1/2}}\right]\Delta t+q'\Delta Z_i\Delta t \tag{7-14}$$

对式(7-14) 进行整理简化，可表示为：

$$a_iT_i^k=a_{i+1}T_{i+1}^k+a_{i-1}T_{i-1}^k+b_i \tag{7-15}$$

式中，$a_{i+1}=\dfrac{\lambda_{i+1/2}A_{i+1/2}}{\Delta z_{i+1/2}}$，$a_{i-1}=\dfrac{\lambda_{i-1/2}A_{i-1/2}}{\Delta z_{i-1/2}}$，$a_i=\dfrac{\rho_i c_{\mathrm{pi}}\Delta V_i}{\Delta t}+a_{i+1}+a_{i-1}$，$b_i=\dfrac{\rho_i c_{\mathrm{pi}}\Delta V_i}{\Delta t}T^{t-\Delta t}+q'\Delta V_i$，$\Delta V_i$ 为节点体积，$\Delta z_{i-1/2}$ 与 $\Delta z_{i+1/2}$ 为节点 $i-1/2$ 与 $i+1/2$ 之间的厚度。

7.1.1.2　求解步骤

流体网络的求解算法采用解压力耦合方程的半隐式法（Semi-implicit Method for Pressure-linked Equations，SIMPLE）[4-5]。SIMPLE 法是一种压力修正法，首先假定初始的速度分布 v^0 与压力分布 p^0，由此初步计算出动量离散方程系数与源项，获得初始速度分布 v^*；通过动量差值法确定压力修正方程系数并求得修正压力 p'；由 p' 求得修正速度 v'；根据情况求解其他离散方程；依据 p' 与 v' 更新动量离散方程并进一步迭代直至收敛。图 7-4 描述了流体网络方程求解计算流程图，具体求解步骤如下。

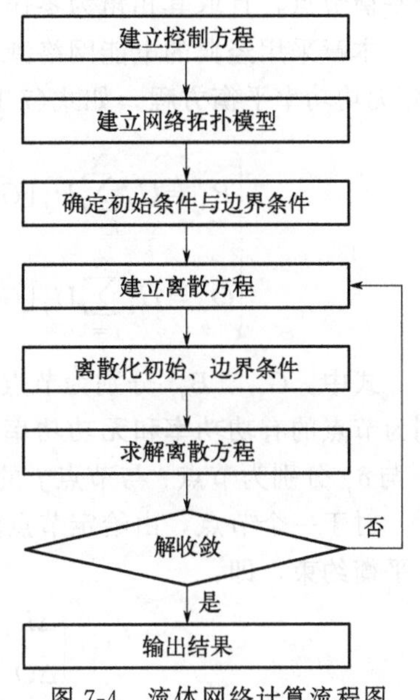

图 7-4　流体网络计算流程图

① 建立控制方程：包括质量、能量以及动量三大守恒方程，传热方程、流动方程等。

② 建立网络拓扑：根据实际物理系统的流程关系建立由“节点”与“区段”构成的网络拓扑模型。

③ 确定初始条件与边界条件：初始条件包括结构尺寸参数、网络各节点流体的初始物性参数、设备性能参数等。边界条件根据网络拓扑结构差异以及初始工况进行设定。

④ 建立离散方程并离散化初始与边界条件：通过离散过程形成各节点上的代数方程组。

⑤ 求解离散方程，迭代直至收敛。

7.1.2　电能网络潮流计算模型

7.1.2.1　潮流计算模型

考虑到电能网络与流体网络在时间尺度上的差异性，本章忽略电能网络的瞬态特性，建立电网潮流分布模型，在给定电力系统网络拓扑、元件参数等条件的基础上，计算微电网拓扑结构中电压幅值与相角、有功功率以及无功功率的分布情况。在电力系统工程实践中，一般已知的参数为注入节点的功率。因此对于一般电能网络，主要包括三类节点，一类是已知节点注入有功功率 P 和无功功率 Q 的 PQ 节点。另一类是已知节点注入有功功率 P 和电压值 U 的 PV 节点。此外，为实现电网中的总功率平衡，还需设置一个平衡节点，该节点的电压幅值与相位已知，待求量为有功功率 P 和无功功率 Q。通常，微电网模型中只设置一个平衡节点，且取其相角为零作为参考点。

本章采用经典的电能网络潮流计算模型，其中最基本的方程是节点的有功功率/无功功率平衡方程，如式(7-16) 所示[6]：

$$\begin{cases} P_i = U_i \sum_{j=1}^{N} U_j [G_{ij}\cos(\delta_i - \delta_j) + B_{ij}\sin(\delta_i - \delta_j)] \\ Q_i = U_i \sum_{j=1}^{N} U_j [G_{ij}\sin(\delta_i - \delta_j) - B_{ij}\cos(\delta_i - \delta_j)] \end{cases} \tag{7-16}$$

式中，G_{ij}、B_{ij} 分别为节点导纳矩阵第 i 行 j 列的实部和虚部；P_i、Q_i 分别为节点的有功功率和无功功率；U_i 和 U_j 分别为节点 i 和节点 j 的电压幅值；δ_i 与 δ_j 分别为节点 i 与节点 j 的电压相角。

对于一个节点，由给定节点注入功率与节点电压换算的节点注入功率之间存在平衡约束，即：

$$\begin{cases} \Delta P_i = P_{Gi} - P_{Li} - P_i = 0 \\ \Delta Q_i = Q_{Gi} - Q_{Li} - Q_i = 0 \end{cases} \tag{7-17}$$

式中，ΔP_i 与 ΔQ_i 分别为节点 i 有功功率与无功功率的不平衡量；P_{Gi} 与 Q_{Gi} 分别为节点 i 的等值电源有功功率与无功功率；P_{Li} 与 Q_{Li} 分别为节点 i 的等值负荷有功功率与无功功率。对于一个包含平衡节点、PV 节点以及 PQ 节点的电网系统，基于式(7-16)、式(7-17) 所描述的有功功率与无功功率守恒关系构建一组非线性代数方程，采用牛顿拉夫逊法进行求解。

合并式(7-16)、式(7-17) 得到：

$$\begin{cases} \Delta P_i = P_{Gi} - P_{Li} - U_i \sum_{j=1}^{N} U_j (G_{ij}\cos\delta_{ij} + B_{ij}\sin\delta_{ij}) = 0 \\ \Delta Q_i = Q_{Gi} - Q_{Li} - U_i \sum_{j=1}^{N} U_j (G_{ij}\sin\delta_{ij} - B_{ij}\cos\delta_{ij}) = 0 \end{cases} \tag{7-18}$$

根据牛顿拉夫逊原理，对于 x 与其附近的 x_0，存在关系：$x = x_0 + \Delta x$。依据该原理，对式(7-18) 的变量进行替换并利用泰勒级数展开方法展开，略去高阶项保留一次项：

$$\Delta F^{(k)} = \begin{bmatrix} \Delta P^{(k)} \\ \Delta Q^{(k)} \end{bmatrix} = -\begin{bmatrix} H^{(k)} & N^{(k)} \\ M^{(k)} & L^{(k)} \end{bmatrix} \begin{bmatrix} \Delta\delta^{(k)} \\ \Delta U^{(k)} \end{bmatrix} = -J^{(k)} \Delta x^{(k)} \tag{7-19}$$

式中：

$$\Delta\delta^{(k)}=[\Delta\delta_1^{(k)}\Delta\delta 2^{(k)}\cdots\Delta\delta_{n-1}^{(k)}]^{\mathrm{T}} \tag{7-20}$$

$$\Delta U^{(k)}=[\Delta U_1^{(k)}/U_1^{(k)}\Delta U_2^{(k)}/U_2^{(k)}\cdots\Delta U_m^{(k)}/U_m^{(k)}]^{\mathrm{T}} \tag{7-21}$$

对于 $J^{(k)}$ 中的元素，当 $j\neq i$ 有：

$$\begin{cases}H_{ij}=\dfrac{\partial\Delta P_i}{\partial\delta_j}=-U_iU_j(G_y\sin\delta_{ij}-B_{ij}\cos\delta_y)\\ N_{ij}=\dfrac{\partial\Delta P_i}{\partial U_j}U_j=-U_iU_j(G_{ij}\cos\delta_{ij}+B_{ij}\sin\delta_{ij})\\ M_{ij}=\dfrac{\partial\Delta Q_i}{\partial\delta_j}=U_iU_j(G_y\cos\delta_{ij}+B_y\sin\delta_{ij})\\ L_{ij}=\dfrac{\partial\Delta Q_i}{\partial U_j}U_j=-U_iU_j(G_{ij}\sin\delta_{ij}-B_{ij}\cos\delta_{ij})\end{cases} \tag{7-22}$$

当 $j=i$ 时，有：

$$\begin{cases}H_{ii}=\dfrac{\partial\Delta P_i}{\partial\delta_j}=U_i\sum\limits_{\substack{j\in i\\ j\neq i}}U_j(G_{ij}\sin\delta_{ij}-B_{ij}\cos\delta_{ij})\\ N_{ii}=\dfrac{\partial\Delta P_i}{\partial U_i}U_i=-U_i\sum\limits_{\substack{j\in i\\ j\neq i}}U_j(G_{ij}\cos\delta_{ij}+B_{ij}\sin\delta_{ij})\\ M_{ii}=\dfrac{\partial\Delta Q_i}{\partial\delta_1}=-U_i\sum\limits_{\substack{j\in i\\ j\neq i}}U_j(G_{ij}\cos\delta_{ij}+B_{ij}\sin\delta_{ij})\\ L_{ii}=\dfrac{\partial\Delta Q_i}{\partial U_i}U_i=-U_i\sum\limits_{\substack{j\in i\\ j\neq i}}U_j(G_{ij}\sin\delta_{ij}-B_{ij}\cos\delta_{ij})\end{cases} \tag{7-23}$$

由此可得到牛顿拉夫逊迭代方程：

$$x^{(k+1)}=x^{(k)}-(J^{(k)})^{-1}\Delta F^{(k)} \tag{7-24}$$

7.1.2.2　求解步骤

电能网络潮流计算主要围绕离散化的有功功率/无功功率守恒方程展开，其计算流程如图 7-5 所示，具体如下。

① 依据电力系统建立电能网络拓扑模型，读取数据并初始化变量，形成导纳矩阵。

② 设置当前迭代次数为 0，给定初始电压幅值 $U^{(0)}$ 与相角 $\delta^{(0)}$。

③ 计算 $\Delta P_i^{(k)}$ 与 $\Delta Q_i^{(k)}$。

④ 判断计算是否收敛：$\max|\Delta P_i^{(k)},\Delta Q_i^{(k)}|\leqslant\varepsilon$；若收敛则输出结果，若不收敛，则进一步迭代计算。

⑤ 求解雅克比矩阵 $\boldsymbol{J}$，从而求解修正量 $\Delta U^{(k)}$、$\Delta\delta^{(k)}$，并获得新的迭代值 $U^{(k+1)}$、$\delta^{(k+1)}$，进入下一轮迭代。

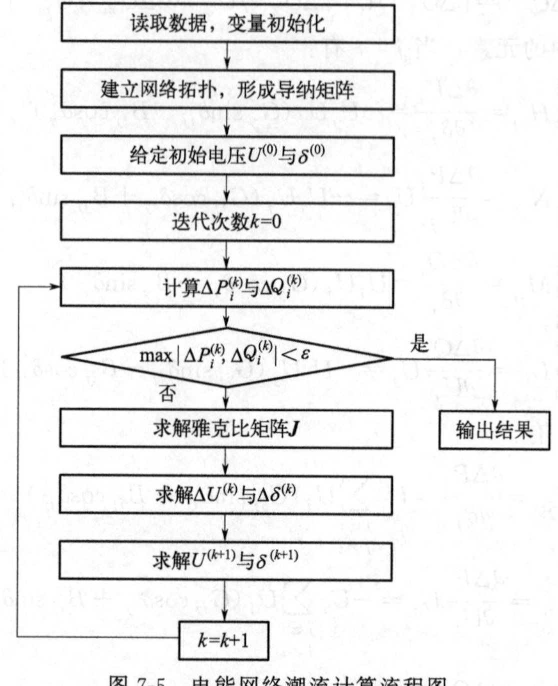

图 7-5　电能网络潮流计算流程图

7.1.3　能量耦合转换设备模型

（1）“化学能-热能”转换模型

燃烧系统在火力发电机组中是一个十分重要的部分，把燃料的化学能转换为热能的燃烧反应就是在这一系统中进行的。

在燃烧模型中，视燃烧室为网络中的一个特殊计算节点，节点遵循能量守恒定律与质量守恒定律，如式(7-25)、式(7-26) 所示：

$$G_{\text{air}}H_{\text{air}}+G_{\text{gas}}(H_{\text{gas}}+\eta_{\text{RE}}H_{\text{RE}})=G_{\text{flue}}H_{\text{flue}}+Q \tag{7-25}$$

$$G_{\text{air}}+G_{\text{gas}}=G_{\text{flue}} \tag{7-26}$$

式中，G_{air} 为空气流量，kg/s；G_{gas} 为燃料流量，kg/s；G_{flue} 为燃烧室出口烟气流量，kg/s；H_{air}、H_{gas}、H_{flue} 分别为空气、天然气以及烟气的焓值，kJ/kg；H_{RE} 为天然气的低热值，kJ/kg；η_{RE} 为燃烧室燃烧效率；Q 为传递给受热面的热量，kW。

燃烧室节点的总压由总压恢复系数求得，如式所示：

$$p_{\text{flue}}=\varepsilon p_{\text{air}} \tag{7-27}$$

式中，ε 为燃烧室总压恢复系数，一般取0.97[7]。

(2)“功-电”转换设备模型

发电机作为综合能源系统中的“功-电”转换设备，其有功功率根据汽轮机的输出功率获得：

$$P_{g}=\eta_{dyn}P_{tur} \tag{7-28}$$

式中，η_{dyn} 为发电机效率；P_{tur} 为汽轮机的输出功率，kW。

(3)“电-功”转换设备模型

循环水泵以及压缩机作为综合能源系统中的耗电设备，为流体网络提供传输动能，其消耗的电功率 P_{CP} 可统一表达为：

$$P_{CP}=\frac{m_{CP}gH_{CP}}{10^{6}\eta_{CP}} \tag{7-29}$$

式中，H_{CP} 为水泵或压缩机提供的压头，Pa；m_{CP} 为工质流量，kg/s；η_{CP} 为水泵或压缩机的效率。

(4)“热-功”转换设备模型

汽轮机或燃气轮机实现了热能与动能的转换过程，可以式(7-30)描述：

$$P_{tur}=m_{s}\eta_{tur}(h_{S,in}-h_{S,out}) \tag{7-30}$$

式中，$h_{S,in}$ 与 $h_{S,out}$ 为汽轮机进、出口工质的焓值，kJ/kg；m_{s} 为流经汽轮机的工质流量，kg/s；η_{tur} 汽轮机效率。

7.1.4 综合能源系统计算流程

在对综合能源网络进行联合求解的过程中，对各能流系统分别求解，并以已求解系统的部分计算结果作为输入，进一步展开对未求解系统的计算过程。当对各能流系统均完成一次求解，则可进入下一时层的运算过程。如图7-6所示，本

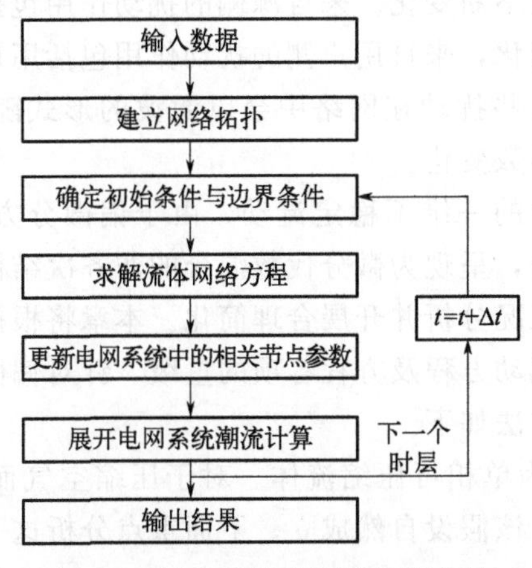

图7-6　综合能源系统计算流程图

章采用先求解汽水、燃气等流体网络方程，再求解电能网络方程的方式进行顺序求解。在求解电能网络方程时，与汽轮机、燃气轮机等设备相连的发电机可视为 PV 节点；水泵、压缩机等耗电设备可视为 PQ 节点。

7.2 流体网络动态输运解析模型与动态管存量化模型

传统的综合能源系统运行优化研究重点围绕“电-热”“电-热-气”耦合的综合能源系统展开，且尚未将流体网络作为虚拟储能设备应用于调度过程。蒸汽和压缩空气作为工业场景下的能流主体，承担了将源侧生产的能量输运至各个用户处的载体功能，也是直接参与生产过程的重要物料。因此，研究蒸汽、压缩空气网络动态模型对开展工业综合能源系统优化调度具有重要意义。刻画流体网络动态输运过程的强量质耦合机理方程，呈现为微分代数混合的非齐次结构，难以直接使用现有的动态统一建模与求解方法展开仿真。另外，流体网络表现出的管存为其作为虚拟储能设备参与系统调节经济性、灵活性的提升提供了实现的可能。而对于流体网络动态管存潜力及实时利用情况展开分析和量化是探索其参与运行优化能力的前提。因此，针对上述问题，本章围绕流体网络动态输运解析模型和动态管存量化展开了相关分析研究。

7.2.1 流体网络动态输运过程及储能分析

7.2.1.1 流体网络动态输运过程分析

随着工业综合能源系统节能减排要求的提升和智慧化转型步伐的加快，传统的稳态建模已无法满足仿真需求。工业场景下，蒸汽、压缩空气等流体在网络中的输运过程为不稳定流动，受到来自源侧和负荷侧的扰动作用的影响，其状态参数将随时间沿输运管道不断变化。来自源侧的扰动作用包括机组启停、机组出力调节、燃料量及品质变化，来自用户侧的扰动作用包括用户用汽的不均匀性、用户的接入或切断等。这些扰动在网络中会以激波的形式随着流体沿管道向前传播，导致流体的状态参数变化。

能源流体在管道内的一维不稳定流动，由于偏微分方程组中能源流体的温度、流量和压力强耦合，呈现为微分代数混合的非齐次结构，难以直接求解，有必要对其进行不稳定工况分析并开展合理简化。本章将根据工业场景下的重要流体蒸汽、压缩空气的流动方程及方程各项的量级，针对偏微分方程组开展简化分析。主要假设及简化方法如下。

① 假设能源流体为单相可压缩流体。对于压缩空气而言，其在输运过程中仅存在气体这一单相，该假设自然成立。下面重点分析这一假设在蒸汽网络中的合理性。

基于现场工程经验，根据蒸汽输运工况的压力，可将工业蒸汽分为低压、中压、高压三类。其中，低压蒸汽、中压蒸汽、高压蒸汽的压力范围分别为0.5～1.0MPa、1.1～3.3MPa和3.4～10MPa，供汽温度范围分别为180～280℃、260～320℃和290～360℃。据此可以将蒸汽动态建模仿真研究分为低压、中压、高压三个工况，各工况下的蒸汽一般都为过热蒸汽，输运过程中凝结和疏水很少，可忽略不计，则可将蒸汽假定为单相可压缩流体，符合工程实际运行工况。

② 动量方程部分项简化。考虑了能源流体在管道输运过程中的加速度、对流效应、静力效应、重力影响及阻力影响。

蒸汽和压缩空气的输运速度范围为0～50m/s，远小于声速，第二项对流项数值趋近于0，可忽略。

$$\frac{\partial(\rho v^2)}{\partial x}\approx 0 \tag{7-31}$$

式中，ρ为密度，kg/m^3；v为速度，m/s。

阻力项中流速平方项可进一步作增量线性化近似，简化为流速的一次线性函数。

$$v^2=(v_s+\Delta v)^2\approx v_s^2+2v_s\Delta v=2v_s v-v_s^2 \tag{7-32}$$

式中，v_s为流体流速基值，取历史工况值，m/s；$\Delta v=v-v_s$为实际流速相对于基值的波动量，m/s。

③ 以水平管道为研究对象，忽略管道倾斜角。工业综合能源系统中蒸汽、压缩空气管道一般为水平的架空管道，则管道倾斜角为0，不考虑垂直管段。

$$g\rho\sin\theta=0 \tag{7-33}$$

$$g\rho v\sin\theta=0 \tag{7-34}$$

式中，g为重力加速度，m/s^2；θ为管道倾斜角，(°)。

基于上述分析，描述能源流体一维动态输运过程的偏微分方程组简化为：

$$\begin{cases}\dfrac{\partial\rho}{\partial t}+\dfrac{\partial(\rho v)}{\partial x}=0\\ \dfrac{\partial(\rho v)}{\partial t}+\dfrac{\partial p}{\partial x}+\dfrac{\lambda\rho v_s}{D}v-\dfrac{\lambda\rho v_s^2}{2D}=0\\ \dfrac{\partial(\rho vh)}{\partial x}+\dfrac{\partial}{\partial t}[\rho(u+\dfrac{v^2}{2})]+\dfrac{4k(T-T_{us})}{D}=0\\ \rho=\rho(p,T)\\ h=h(p,T)\end{cases} \tag{7-35}$$

式中，p为压力，MPa；D为管径，mm；h为比焓，kJ/kg；u为比内能，kJ/kg；k为换热系数，$kW/(m^2\cdot K)$；T为流体温度，K；T_{us}为环境温度，K。

其中，对于温度固定的压缩空气，上述方程退化为：

$$\begin{cases}\dfrac{\partial \rho}{\partial t}+\dfrac{\partial(\rho v)}{\partial x}=0\\ \dfrac{\partial(\rho v)}{\partial t}+\dfrac{\partial p}{\partial x}+\dfrac{\lambda \rho v_{\mathrm{s}}}{D}v-\dfrac{\lambda \rho v_{\mathrm{s}}^{2}}{2D}=0\\ \rho=\rho(p)\end{cases} \tag{7-36}$$

7.2.1.2 流体网络储能形式分析

与电网不同的是，其他能源流体在网络中输运时存在不同时间尺度的延迟，即用户侧能流状态参数无法瞬时响应源侧的变化，使能流在输运中形成了惯性。能源流体的惯性为流体网络作为储能设备参与系统调度过程提供了可能。充分利用流体输运网络的储能能力，能够在不额外增加储能设备的基础上，有效缓解供需实时平衡压力，提高用户需求响应能力，从而实现工业综合能源系统能源利用效率、系统运行经济性和环保性的提升，进一步促进可再生能源消纳，助力“双碳”目标的实现。

在一个调度周期的运行计划中，当用能需求负荷波动变化时，若不考虑流体网络的管存，需要源侧机组及时调整出力以使得供需平衡能够被实时维持；而计及管存后，当需求波动时，流体网络的状态参数将随之响应变化，从而通过充能或放能的惯性过程抵抗用能需求的变化，使得源侧机组出力的调节变化幅度较需求变化更平缓。以热电联产机组为例分析流体网络对源侧机组出力的影响。在电负荷需求低谷时适当降低机组热出力可以拓展电出力可调空间，相当于松弛了传统热负荷实时相等的刚性耦合约束，使得热负荷对热电联产机组的出力耦合限制得到弱化。

而降低热电联产机组热出力后的热负荷需求供应缺口由供热网络利用动态管存补足。同样地，在电负荷需求高峰时，欠缺的供热负荷可以由供热网络补足。在多能互补场景下，考虑了供热网络动态管存的调度策略将供需在时间轴上错开，消除必须实时满足平衡的限制条件，给予了系统出力的调节空间，从而将源侧机组出力波动转化为供热网络管存的弹性，充分发挥了电、热系统之间的互补，从而提升了热电联产机组出力的灵活性和稳定性。另外，当热电联产机组生产的电能上网时，自动发电控制（Automatic Generation Control，AGC）是涉网考核的重要指标之一。AGC 功能为按电网调度中心的控制目标将指令发送到发电厂，通过电厂控制系统实现对发电机功率的自动控制。考虑流体网络的管存后，供热网络能够在短时间内补充供热或暂存多余供热，缓解了机组快速升降负荷的压力，一定程度上降低了锅炉响应滞后的影响，提升了 AGC 的日均变负荷速率，并降低主蒸汽参数动态偏差值，使得连续变负荷过程响应更及时，更有效提高了电力现货市场机制下的负荷响应能力，从而实现经济效益的提升。同时，流体网络的动态管存也可作为故障发生时的备用能源，以避免小故障通过能源链传递至整个系统导致瘫痪，为系统维修争取时间。

工业综合能源系统中，供能系统提供的能流经过流体网络到达位于拓扑结构末端的各个用户处完成能量供应。在传统流体网络研究中，仅将其作为传输能量的载体，从而考虑由于流体流速导致的输运延迟。然而，在实际过程中，流体网络还能够通过将储存供能系统输送的能量并延后释放以缓解供需实时平衡的压力。因此，本章通过深入挖掘并分析流体网络的本质功能，引入了广义储能设备的概念描述具有动态管存的流体网络。广义储能设备承担储存、输运能流两个功能。储存过程承担能量储存、释放，实现能量在时间上的搬移；输运过程连接生产端和消费端及各类设备，实现能量在空间上的迁移。

广义储能设备的储、放能通过供能参数的调整体现。以量调节为主的蒸汽系统，蒸汽网络的储、放热可通过源侧蒸汽出力变化实现。当蒸汽供应量大于需求量时，蒸汽网络发挥储能作用；当蒸汽供应量小于需求量时，蒸汽网络发挥放能作用，补充蒸汽供应，则蒸汽系统中的实际能量平衡描述为：

$$G_{\mathrm{sr}}(t)+G_{\mathrm{sn}}(t)=G_{\mathrm{cn}}(t) \tag{7-37}$$

式中，$G_{\mathrm{sr}}(t)$为源侧蒸汽供应总量；$G_{\mathrm{cn}}(t)$为用户用汽量；$G_{\mathrm{sn}}(t)$为蒸汽网络供应量，$G_{\mathrm{sn}}(t)$为正值时，说明蒸汽网络正在放能，$G_{\mathrm{sn}}(t)$为负值时，蒸汽网络正在储能。

广义储能设备的优势体现在无需额外配置设备，减少了初始投资的成本和储能设备的运行维护成本，并且具有非常快的响应速度，对于源侧出力欠供部分能够马上调动储存在网络内的能量及时补充供能。但由于在工业综合能源系统运行过程中，流体网络实时处于运行状态，供能参数随运行变化，使得广义储能设备难以支撑长时间长周期的储能，且其储能规模受网络规模和运行工况限制。另外，如热水、蒸汽类的能源流体储存在流体网络中时，其能量损失随着储能时间的延长而增加，这种场景下流体网络储能模式的充/放能效率和储能经济性应进一步量化计算。广义储能设备同样具有储能额定容量，储、放能速率、容量状态等特征，用以描述广义储能设备在储存功能上的表现。

7.2.2 流体网络动态输运解析模型

7.2.2.1 蒸汽网络动态水力解析模型及求解

如前所述，蒸汽作为工业综合能源系统中直接运输并消耗的关键能量载体之一，其动态传输过程研究将直接影响管存量化及工业综合能源系统运行优化。基于蒸汽动态输运方程的分析简化，本章进一步引入了参考温度和理想气体假设来获得蒸汽网络动态水力解析模型。

① 参考温度假设。工业综合能源系统中供汽调节以量调节为主。针对无机

组突然故障、燃料品质大幅变化等极端情况的稳定供汽工况，源侧供应蒸汽温度受产汽效率等影响围绕设定值小幅波动，基本维持不变。因此，蒸汽在输运管道中温度随时间、空间变化较小，可将其分布假设为固定在参考温度，利用源侧和用户侧温度的加权平均值描述。另外，参考温度在计算时同时结合了源侧和用户侧温度，使得由于管道散热带来的降温损失已被充分考虑。

$$T_{\mathrm{b}}=\frac{1}{2}\left(\frac{\sum_{i=1}^{N_{\mathrm{hs}}}c_iG_iT_i}{\sum_{i=1}^{N_{\mathrm{hs}}}c_iG_i}+\frac{\sum_{i=1}^{N_{\mathrm{cn}}}c_iG_iT_i}{\sum_{i=1}^{N_{\mathrm{cn}}}c_iG_i}\right) \tag{7-38}$$

式中，T_{b} 为参考温度，K；T_i 为节点稳定工况温度，K；c_i 为蒸汽比热容，kJ/（kg·K）；G_i 为流量，kg/s；N_{hs} 为热源数量；N_{cn} 为用户数量。

② 理想气体假设。对于低压、中压、高压任一工况下的蒸汽，假设其物性都满足状态方程，则蒸汽密度和压力、温度的关系可描述为：

$$p=\rho R_{\mathrm{g}}T_{\mathrm{b}} \tag{7-39}$$

式中，p 为蒸汽压力，MPa；R_{g} 为蒸汽的气体常数，kJ/(kg·K)。

进一步利用管道流量的定义，将一维蒸汽流动方程中的密度 ρ 和流速 v 变量转化为压力 p 和质量流量变量 G。

$$G=\rho vA \tag{7-40}$$

式中，G 为质量流量，kg/s；A 为管道截面积，m^2。

基于上述假设，可推导出蒸汽在管道的一维输运过程中的动态水力模型，获得描述蒸汽流量与压力关系的涉及时间与空间的偏微分方程组。

$$\begin{cases}\dfrac{\partial G}{\partial x}=-\dfrac{A}{R_{\mathrm{g}}T_{\mathrm{b}}}\dfrac{\partial p}{\partial t}\\[2ex]\dfrac{\partial p}{\partial x}=-\dfrac{1}{A}\dfrac{\partial G}{\partial t}-\dfrac{\lambda v_{\mathrm{s}}}{AD}G+\dfrac{\lambda v_{\mathrm{s}}^2}{2R_{\mathrm{g}}T_{\mathrm{b}}D}p\end{cases} \tag{7-41}$$

上述方程组中，蒸汽质量和压力都是时间、空间的函数并呈现强耦合性，是微分代数混合的结构，难以直接在时域下求解。因此，本章引入傅里叶变换将上述时域下的偏微分方程组分析运算转化为复域下的常微分方程组代数运算。

$$\begin{cases}\dfrac{\mathrm{d}G}{\mathrm{d}x}=-\mathrm{i}w\dfrac{A}{R_{\mathrm{g}}T_{\mathrm{b}}}p\\[2ex]\dfrac{\mathrm{d}p}{\mathrm{d}x}=-\mathrm{i}w\dfrac{1}{A}G-\dfrac{\lambda v_{\mathrm{s}}}{AD}G+\dfrac{\lambda v_{\mathrm{s}}^2}{2R_{\mathrm{g}}T_{\mathrm{b}}D}p\end{cases} \tag{7-42}$$

式中，G、p 分别为复域下的流量和压力；i 为虚数单位；w 为频率分量。

由于 T_{b} 为固定的参考温度，上式成了一阶线性齐次微分方程组，可直接求解获得解析解。引入中间变量Y、Z、K、N，则单一频率下管道长度为l处的流量、压力求解结果如下：

$$\begin{cases} G_l=\left(\dfrac{(K+N)G_0-2Yp_0}{2N}\right)\mathrm{e}^{\frac{N-K}{2}l}+\left(\dfrac{(-K+N)G_0+2Yp_0}{2N}\right)\mathrm{e}^{-\frac{N+K}{2}l} \\ p_l=\left(\dfrac{(-K+N)p_0-2ZG_0}{2N}\right)\mathrm{e}^{\frac{N-K}{2}l}+\left(\dfrac{(K+N)p_0+2ZG_0}{2N}\right)\mathrm{e}^{-\frac{N+K}{2}l} \end{cases} \tag{7-43}$$

式中，$Y=\dfrac{\mathrm{i}wA}{R_{\mathrm{g}}T_{\mathrm{b}}}$；$Z=\dfrac{\mathrm{i}w}{A}+\dfrac{\lambda v_{\mathrm{s}}}{AD}$；$K=\dfrac{\lambda v_{\mathrm{s}}^2}{2R_{\mathrm{g}}T_{\mathrm{b}}D}$；$N=\sqrt{K^2+4YZ}$。

此外，蒸汽管道中还存在增压机，能够在输运过程中对蒸汽进行加压，保证蒸汽始终处于过热状态，避免凝结。增压机是一种外力输入改变蒸汽压力的形式，其数学模型可描述为：

$$p_1=p_2+p_{\mathrm{nc}} \tag{7-44}$$

式中，p_1和p_2分别为增压机两端的蒸汽压力，MPa；p_{nc}为增压机提供的压力增量，MPa。

至此，单频率下蒸汽输运过程中的单管动态水力模型已推导完毕。然而，大规模工业蒸汽供热系统往往具有复杂的网络分支结构，需要引入拓扑约束来拓展前述单管动态水力模型的傅里叶变换后的复域求解方法。引入节点-管道关联矩阵$\boldsymbol{A}$的定义，进一步根据节点“流入”和“流出”管道关系进行具体区别，将节点-管道关联矩阵$\boldsymbol{A}$细分为节点-流出管道矩阵$\boldsymbol{A}_-$和节点-流入管道矩阵$\boldsymbol{A}_+$。节点-流出管道矩阵$\boldsymbol{A}_-$保留$\boldsymbol{A}$的非正元素；节点-流入管道矩阵$\boldsymbol{A}_+$保留$\boldsymbol{A}$的非负元素。其中，$(\boldsymbol{A})_{i,j}$、$(\boldsymbol{A}_-)_{i,j}$、$(\boldsymbol{A}_+)_{i,j}$分别描述三个矩阵中第i行的节点与第j列的管道的关系。

$$(\boldsymbol{A})_{i,j}=\begin{cases}1,\text{支路 } i \text{ 从节点 } j \text{ 流出} \\ -1,\text{支路 } i \text{ 从节点 } j \text{ 流入} \\ 0,\text{支路 } i \text{ 和节点 } j \text{ 无关}\end{cases} \tag{7-45}$$

$$(\boldsymbol{A}_-)_{i,j}=\begin{cases}-1,\text{支路 } i \text{ 从节点 } j \text{ 流出} \\ 0,\text{支路 } i \text{ 和节点 } j \text{ 无关}\end{cases} \tag{7-46}$$

$$(\boldsymbol{A}_+)_{i,j}=\begin{cases}1,\text{支路 } i \text{ 从节点 } j \text{ 流入} \\ 0,\text{支路 } i \text{ 和节点 } j \text{ 无关}\end{cases} \tag{7-47}$$

进而，补充注入流量、闭环压降和首端压力约束，则蒸汽输运网络的节点压力与节点流量方程可描述为：

$$(\boldsymbol{A}\boldsymbol{Y}_{\mathrm{z}}\boldsymbol{A}^{\mathrm{T}}-\boldsymbol{A}\boldsymbol{Y}_{\mathrm{z}}\boldsymbol{k}_{\mathrm{z}}\boldsymbol{A}_+^{\mathrm{T}}+\boldsymbol{A}_+\boldsymbol{Y}_1\boldsymbol{A}_+^{\mathrm{T}}+\boldsymbol{A}_-\boldsymbol{Y}_2\boldsymbol{A}_-^{\mathrm{T}})\boldsymbol{p}_{\mathrm{n}}=\boldsymbol{G}_{\mathrm{n}}-\boldsymbol{A}\boldsymbol{Y}_{\mathrm{z}}\boldsymbol{p}_{\mathrm{n}} \tag{7-48}$$

式中，$\boldsymbol{Y}_{\mathrm{z}}$、$\boldsymbol{k}_{\mathrm{z}}$、$\boldsymbol{Y}_1$、$\boldsymbol{Y}_2$、$\boldsymbol{p}_{\mathrm{n}}$为相应参数构成的对角矩阵；$\boldsymbol{p}_{\mathrm{n}}$、$\boldsymbol{G}_{\mathrm{n}}$分别为复域中各节点压力、流量组成的列向量。

进一步引入变量Y和$\boldsymbol{G}_{\mathrm{n}}'(w)$简化公式，得到单频率下蒸汽输运网络方程：

$$\boldsymbol{Y}\boldsymbol{p}_{\mathrm{n}}(w)=\boldsymbol{G}_{\mathrm{n}}'(w) \tag{7-49}$$

式中，$\boldsymbol{Y}=\boldsymbol{A}\boldsymbol{Y}_z\boldsymbol{A}^{\mathrm{T}}-\boldsymbol{A}\boldsymbol{Y}_z\boldsymbol{k}_z\boldsymbol{A}_+^{\mathrm{T}}+\boldsymbol{A}_+\boldsymbol{Y}_1\boldsymbol{A}_+^{\mathrm{T}}+\boldsymbol{A}_-\boldsymbol{Y}_2\boldsymbol{A}_-^{\mathrm{T}}$，$\boldsymbol{Y}$ 为广义节点导纳矩阵；$\boldsymbol{G}_{\mathrm{n}}'(w)=\boldsymbol{G}_{\mathrm{n}}-\boldsymbol{A}\boldsymbol{Y}_z\boldsymbol{p}_{\mathrm{n}}$，$\boldsymbol{G}_{\mathrm{n}}'(w)$为单频率下广义节点注入向量。

完成所有频率分量下的网络方程求解后，利用傅里叶反变换将结果换算至时域下并叠加，得到蒸汽网络动态水力解析模型求解结果：

$$\begin{cases} G(t)=\sum\limits_{i=0}^{f_{\mathrm{tr}}}\mathrm{Re}(G_i)\cos(w_i t)-\mathrm{Im}(G_i)\sin(w_i t) \\ p(t)=\sum\limits_{i=0}^{f_{\mathrm{tr}}}\mathrm{Re}(p_i)\cos(w_i t)-\mathrm{Im}(p_i)\sin(w_i t) \end{cases} \tag{7-50}$$

式中，f_{tr} 为蒸汽网络动态水力解析模型截断频率；$G(t)$、$p(t)$分别为时域下的流量、压力求解结果；Re(·)为实部；Im(·)为虚部。

当忽略蒸汽参数在时间上的变化时，上述模型退化为稳态模型。

$$\boldsymbol{Y}^0\boldsymbol{p}_{\mathrm{n}}^0(w)=\boldsymbol{G}_{\mathrm{n}}^{0'}(w) \tag{7-51}$$

式中，$\boldsymbol{Y}^0$ 为稳态工况下广义节点导纳矩阵；$\boldsymbol{p}_{\mathrm{n}}^0(w)$ 为稳态工况下节点压力；$\boldsymbol{G}_{\mathrm{n}}^{0'}(w)$ 为稳态工况下节点流量。

蒸汽网络动态水力解析模型本质上是一组刻画蒸汽流量、压力在时间、空间上关系的偏微分方程组，拥有强量质耦合，具体呈现为微分代数混合的非齐次结构。本章基于蒸汽输运假设，将该时域下的偏微分方程组简化为频域下的常微分方程组。考虑网络拓扑约束后，结合边界条件，单个频率下的常微分方程组可被解析求解，再通过傅里叶反变换还原时域信息并叠加，即可获得蒸汽网络动态仿真结果。因此，蒸汽网络动态水力解析模型求解流程可归结为频域下的若干组常微分方程组解经傅里叶反变换后的结果的叠加过程。

由于动态模型的解析求解需要在频域下完成，时域边界条件应在求解开始前换算成若干个频率分量下的频域边界条件。动态模型中时域边界条件即节点的网络状态变量为已知值。

为平衡求解精度和求解效率，本章进一步引入了气体常数计算、截断频率计算、求解时间窗口应用和流速基值修正方法对蒸汽网络动态水力解析模型开展求解简化。

(1) 气体常数计算

相比于热水、天然气等能流，蒸汽具有温度高、流速大、物性复杂的特点，有必要进一步探究理想气体假设中蒸汽物性对工业蒸汽网络动态水力模型求解的影响。IAPWS-IF97 是公认的计算蒸汽热力性质的有效方法。IAPWS-IF97 对计算模型进行了分区，包括 1 区常规水区、2 区常规蒸汽区，3 区临界水区和蒸汽区，4 区饱和区，5 区超高温过热蒸汽区。该公式涵盖的有效计算范围能完全覆盖工业供汽参数范围。

273.15K⩽T⩽1073.15K，当 p⩽10MPa

1073.15K⩽T⩽2273.15K，当 10MPa＜p＜100MPa

在实际运行工况中，蒸汽压力的变化范围一般不超过 0.8MPa，温度的变化范围不超过 100℃，且在单一工况下蒸汽气体常数表现出与蒸汽压力基本无关，而与蒸汽温度呈现强相关性，因此对于低压、中压、高压任一运行工况，可以将蒸汽气体常数表达为参考温度的单一函数：

$$R_g = R_g(T_b) \tag{7-52}$$

(2) 截断频率计算

对于时域下的信息转换到频域后，其幅值随频率分量的增加而快速衰减。也就是说，频域下的大量信息集中在前若干个频率分量中。在求解过程中选取的频率分量数将直接影响信息的还原度与求解的精度。同时，频率分量与常微分方程组数量映射，频率分量数也将直接影响求解效率。因此，有必要针对工业蒸汽网络状态变量在时域、频域下的信息转换开展深入研究，以确定频率分量个数的选取方法，避免使求解过程丢失过多的重要信息，对求解结果造成较大的误差或计算过多冗余频率分量而严重影响求解速度。

信息在时、频域间转换的还原度可以用截断误差进行衡量。截断误差本质上反映在转换过程中舍弃含极少量信息的频率分量造成的误差，一般用保留的信息量与原信息总量的相对误差量化。由于信息的集中性和衰减性，单个频率分量的截断误差可进一步近似为舍弃的第一个频率分量幅值与第一个频率分量幅值的相对误差。

$$\varepsilon_{tr,i}^{j} = \left| \frac{A_{tr,i}^{j} - A_{tr,i}^{0}}{A_{tr,i}^{0}} \right| \tag{7-53}$$

式中，$\varepsilon_{tr,i}^{j}$ 为第 i 个边界条件信息序列的第 j 个频率分量的截断误差；$A_{tr,i}^{j}$ 为第 j 个频率分量的幅值；$A_{tr,i}^{0}$ 为第 1 个频率分量的幅值。

频率幅值的衰减并不是递减的，而是以组为单位呈现组间衰减。因此，将截断频率定义为组平均截断误差小于设定误差时组内的第一个频率分量。

$$f_{tr,i} = \max\{f_{tr,i}^{1}, f_{tr,i}^{2}, \cdots, f_{tr,i}^{j}, \cdots\}, \frac{\sum_{u}^{u+N_\varepsilon} \varepsilon_{tr,i}^{u}}{N_\varepsilon} \leqslant \varepsilon_{tr}^{st}, u = 1, N_\varepsilon + 1, 2N_\varepsilon + 1, \cdots \tag{7-54}$$

式中，$f_{tr,i}$ 为第 i 个边界条件信息序列的截断频率；N_ε 为频率分量平均个数；ε_{tr}^{st} 为设定的截断误差条件。

需要注意的是，相同的截断误差下舍弃的第一个频率分量的位置与信息的波动频率和波动幅度直接关联。对于工业蒸汽网络动态水力模型，其输入的边界条件信息序列是多样的，随时间呈现出不同的变化趋势，截断误差应为每一个边界条件都需满足的约束，从而确定蒸汽网络动态水力解析模型的截断频率。

$$f_{tr}=\max\{f_{tr,1}^{j},f_{tr,2}^{j},\cdots,f_{tr,i}^{j},\cdots,f_{tr,N_{tr}}^{j}\} \tag{7-55}$$

式中，N_{tr} 为边界条件信息序列个数；$f_{tr,i}^{j}$ 为第 j 个频率分量。

(3) 求解时间窗口应用

对于一个仿真或调度周期而言，实际工程中蒸汽网络状态变量是一组有限长的、具有不连续点的信息时间序列。计算机在对其处理离散傅里叶变换时，对时域信号进行了信号截断变成周期信号，并周期自动拓展为无限时域信号，当截断的时间长度不是周期的整数倍时，就会引起频谱泄漏。频谱泄漏描述的是信号频谱中各谱线间的相互影响，导致变换后的值偏离原始值，造成信息还原度降低的现象。窗函数的应用是解决频谱泄漏问题的有效方法之一，加窗是为了使时域信号更好地满足离散傅里叶变化处理周期的要求，减少泄漏。本章使用“汉宁窗”实现加权。

$$\text{Hanning}(w)=\begin{cases}0.5+0.5\cos\left(\dfrac{2\pi w}{N_{si}-1}\right), & 0\leqslant w\leqslant N_{si}-1\\ 0, & \text{其他}\end{cases} \tag{7-56}$$

式中，w 为频率分量；$N_{si}-1$ 为信号长度。

蒸汽网络动态水力解析模型求解结果整体平整光滑，但在首尾两端出现了毛刺。为了避免首尾两端的固定的毛刺影响，求解时间比实际现场运行时间需更长，区别运行时间窗口而定义了求解时间窗口：

$$\tau=\tau_{bc}+\tau_{tf}+\tau_{op} \tag{7-57}$$

式中，τ 为求解时间窗口，s；τ_{bc} 为初值等效的历史时间，s；τ_{tf} 为首尾两端预留时间，s；τ_{op} 为运行时间窗口。

其中，初值等效的历史时间用于确定实际运行的初始条件。在实际工程中，对于一个系统的运行情况，容易给出的是节点的边界条件，如用户用汽曲线、供汽曲线等，而整个系统的初始条件是难以获得的。同时，在计算机处理离散傅里叶变换时，难以显式给定初始条件，因此采用了历史边界条件等效获取初始条件。对于工业蒸汽供热系统而言，首尾两端毛刺出现的时间很短，一般在 100s 内。首尾两端预留时间的计算并不会影响求解速度，反而大幅提升了求解结果的精度和质量。

(4) 流速基值修正

本章针对动量守恒方程中阻力项的流速平方项，采用了一阶泰勒展开实现线性化降维。为尽量减小近似造成的误差，应通过不断修正迭代使流速基值处于流速波动区间的中心。从时域求解结果中取出各支路流量的时间序列，计算流速的平均值，再采用欧几里得距离计算迭代误差：

$$\begin{cases} v_{\mathrm{s}} = v_{\mathrm{s}} + \dfrac{1}{2}(v_{\mathrm{s}} - av) \\ \Delta v_{\mathrm{d}} = \sqrt[2]{\displaystyle\sum_{i=1}^{N} \left| \left| v_{\mathrm{s}} \right| - av \right|^{2}} \end{cases} \tag{7-58}$$

式中，av 为求解后的整个网络的平均绝对值流速，m/s；Δv_{d} 为迭代误差，m/s。

将迭代误差的计算作为模型求解的收敛性条件，设计蒸汽网络动态水力解析模型的求解计算方法。

7.2.2.2　压缩空气网络动态解析模型

压缩空气也是众多工业园区企业消耗的主要能流之一。与蒸汽不同的是，在输运过程中，压缩空气的温度是一个常量，一般固定为空气温度。刻画其输运过程的偏微分方程组仅由质量守恒方程和动量守恒方程构成。同样引入理想气体假设，计算压缩空气的气体常数，从而推导出压缩空气在管道的一维输运过程中的动态模型，获得描述压缩空气流量与压力关系的涉及时间与空间的偏微分方程组：

$$\begin{cases} \dfrac{\partial G}{\partial x} = -\dfrac{A}{R_{\mathrm{g}} T_{\mathrm{us}}} \dfrac{\partial p}{\partial t} \\ \dfrac{\partial p}{\partial x} = -\dfrac{1}{A} \dfrac{\partial G}{\partial t} - \dfrac{\lambda v_{\mathrm{s}}}{AD} G + \dfrac{\lambda v_{\mathrm{s}}^{2}}{2 R_{\mathrm{g}} T_{\mathrm{us}} D} p \end{cases} \tag{7-59}$$

基于上述方程组，压缩空气网络动态解析建模可沿用蒸汽网络动态水力解析模型的建模思路，引入傅里叶变换推导单频率下压缩空气单管动态模型解析结果；考虑拓扑结构后，对所有频率分量下的网络方程进行求解，进而利用傅里叶反变换将结果换算至时域下并叠加，最后得到工业压缩空气网络动态解析模型求解结果，即：

$$\boldsymbol{Y} \boldsymbol{p}_{\mathrm{n}}(w) = \boldsymbol{G}_{\mathrm{n}}'(w) \tag{7-60}$$

$$\begin{cases} G(t) = \displaystyle\sum_{i=0}^{f_{\mathrm{tr}}} \mathrm{Re}(G_i)\cos(w_i t) - \mathrm{Im}(G_i)\sin(w_i t) \\ p(t) = \displaystyle\sum_{i=0}^{f_{\mathrm{tr}}} \mathrm{Re}(p_i)\cos(w_i t) - \mathrm{Im}(p_i)\sin(w_i t) \end{cases} \tag{7-61}$$

同样地，当忽略蒸汽参数在时间上的变化时，上述模型退化为稳态模型。

$$\boldsymbol{Y}^{0}\boldsymbol{p}_{\mathrm{n}}^{0}(w)=\boldsymbol{G}_{\mathrm{n}}^{0'}(w) \tag{7-62}$$

压缩空气网络动态解析模型的求解思路和求解过程简化方法与蒸汽网络相同。另外，本章所提出的动态建模方法同样适用于天然气模型，但由于在实际工业场景中，天然气仅作为源侧设备的能源来源，不直接参与生产生活过程，因此在本章中以蒸汽和压缩空气作为工业能源流体代表进行动态建模仿真，为其动态管存量化分析及工业综合能源系统优化调度提供支撑。

7.2.3 流体网络动态管存量化模型

7.2.3.1 流体网络储能关键参数

流体网络管存的量化评估是其在综合能源系统调度领域应用的前提和基础。为了进一步发挥流体输运网络的储能能力，需要建立综合能源系统输运网络储能量化评估方法，进一步评估其作为广义储能设备的动态储能，从而实现流体网络储能潜力和实时储能的精确量化。

传统储能设备的关键参数包括额定容量、充放能速率、容量状态，用于衡量其储能潜力和在储/放能过程中的表现。本章结合广义储能设备的特点，根据传统储能设备的设计和量化经验，凝练了五个广义储能设备的储能关键参数，以支撑流体网络动态管存的量化。另外，由于工业综合能源系统中供汽调节以量调节为主，并且在本章中建立的是蒸汽网络动态水力解析模型。因此，针对蒸汽、压缩空气这两种流体，其供能、用能的计量均以流量为单位，以便于指导实际的运行操作。

(1) 必需储能量

一般地，蒸汽系统中的蒸汽蓄热器将必需蓄热量作为额定容量的设计标准。必需蓄热量指满足充分调节用汽与供汽间不平衡的最小蓄热量，反映蒸汽蓄热器必须储存的蒸汽量，是蒸汽系统在规划设计阶段计算所需配置蒸汽蓄热器容量的重要量化参数，通过用汽负荷波动规律及供汽侧实际产汽能力分析计算得到。积分曲线法是计算必需蓄热量的常用方法。据此，定义广义储能设备的必需储能量。

广义储能设备的储能量描述为供需差的积分，则储能曲线公式如下。

$$\Delta S_{\mathrm{sd}}(t)=\int_{0}^{t}[E_{\mathrm{se}}(t)-E_{\mathrm{cn}}(t)]\mathrm{d}t \tag{7-63}$$

式中，$\Delta S_{\mathrm{sd}}(t)$为总储能曲线，kg；$E_{\mathrm{se}}(t)$为总供能曲线，kg；$E_{\mathrm{cn}}(t)$为总用能曲线，kg。

则某调度周期内广义储能设备的必需储能量描述为：

$$S_{i,\mathrm{es}}=QA-QB \tag{7-64}$$

式中，$S_{i,\mathrm{es}}$ 为广义储能设备的必需储能量，kg；QA、QB 分别为总储能曲线的最高、最低点。

则广义储能设备的必需储能量为：

$$S_{es}=\max\{S_{1,es},S_{2,es},\cdots,S_{i,es},\cdots,S_{N_{sd},es}\} \tag{7-65}$$

式中，S_{es} 为广义储能设备的必需储能量，kg；N_{sd} 为调度步长个数。

（2）最大/小储能量

最大/小储能量与传统储能设备中的额定容量对应，能够刻画流体网络的可行储能空间，对量化广义储能设备的储能潜力具有重要意义，由管道结构参数和能流状态决定，描述为

$$\begin{cases} S_{max}^{tot}=\sum\limits_{i=1}^{N_p}\dfrac{A_iL_i}{2R_{g,i}T\rho_i}(p_{i,in}^{max}+p_{i,out}^{max}) \\ S_{min}^{tot}=\sum\limits_{i=1}^{N_p}\dfrac{A_iL_i}{2R_{g,i}T\rho_i}(p_{i,in}^{min}+p_{i,out}^{min}) \end{cases} \tag{7-66}$$

式中，S_{max}^{tot}、S_{min}^{tot} 为最大/小储能量，kg；$R_{g,i}$ 为气体常数，kJ/(kg·K)；$p_{i,in}^{max}$，$p_{i,out}^{max}$ 分别为广义储能设备进出口的最大压力，MPa；$p_{i,in}^{min}$，$p_{i,out}^{min}$ 分别为广义储能设备进出口的最小压力，MPa；A_i 为第 i 个管道的截面面积，m^2；L_i 为第 i 个管道的长度，m；T 为气体温度，对于蒸汽网络而言是参考温度，对于压缩空气网络而言是环境温度，K；$\overline{\rho_i}$ 为第 i 个管道的平均密度，kg/m^3；N_p 为管道数。

值得注意的是，在计算最大/小储能量时，管道的进出口最大/小压力并不满足输运安全约束的最大/小压力。由管道结构、流体输运速度计算得到的安全约束压力范围往往在覆盖实际运行工况压力范围的基础上，为安全运行留有大量冗余。然而在实际运行中，蒸汽、压缩空气用户端压力受品质要求限制，供能效益与供应压力直接挂钩，使得用户端压力并不能无限降低至满足安全的最小压力；源侧出口压力与抽汽位置、机组运行压力等因素相关，高压力意味着高成本，为有效降低单位供汽煤耗量，源侧出口压力并不能无限升高至满足安全的最大压力。因此，如果将安全约束的压力范围作为计算最大/小储能量的输入参数，计算得到的储能空间将远大于实际可用空间，失去了对实际工况的指导意义。本章将计算时选取的管道进出口最大/小压力定义为能够覆盖运行工况的最大/小压力，从而实现了流体网络最大储能空间的精准刻画。

（3）储/放能速率

储/放能速率刻画广义储能设备的实时供需不平衡性，通过注入、流出广义储能设备的能量计算。当供能总负荷大于用能总负荷时，储/放能速率表现为正，含义为广义储能设备正在储能；反之，当供能总负荷小于用能总负荷时，储/放

能速率表现为负，含义为广义储能设备正在放能。

$$S_{rt}(t)=G_{in}(t)-G_{out}(t) \tag{7-67}$$

式中，$S_{rt}(t)$为储/放能速率，kg/s；$G_{in}(t)$、$G_{out}(t)$分别为t时刻注入、流出流体能量，kg/s。

(4) 累积储/放能变化量

累积储/放能变化量描述广义储能设备在运行过程中围绕初始蓄能量的波动情况，受最大/小储能量约束。初始储能量是广义储能设备在调度初始点时网络内存储的能量。

$$S_{rt}^{f}(t)=\int_{0}^{t}S_{rt}(t)\mathrm{d}t \tag{7-68}$$

$$S_{min}^{tot}-S_{rt}^{tot}(0)\leqslant S_{rt}^{f}(t)\leqslant S_{max}^{tot}-S_{rt}^{tot}(0) \tag{7-69}$$

式中，$S_{rt}^{f}(t)$为累积储/放能变化量，kg；$S_{rt}^{tot}(0)$为初始储能量，kg。

(5) 当前储能量

当前储能量描述流体网络中实时储存的能量，可以用于刻画广义储能设备内剩余的能量波动，由上一时刻的当前储能量和累积储/放能变化量确定。

$$S_{rt}^{tot}(t)=S_{rt}^{tot}(0)+S_{rt}^{f}(t) \tag{7-70}$$

式中，$S_{rt}^{tot}(t)$为当前储能量，kg。

7.2.3.2 流体网络动态管存量化模型

流体网络能够作为广义储能设备参与到生产调度过程中，实现工业综合能源系统中多种能源在时间、空间维度上的高度协同转化，从而促进可再生能源消纳和提高能源利用效率。对于流体网络动态管存的量化应重点刻画其储能潜力和实时可参与调度的储放能空间，以充分解释流体网络作为广义储能设备的储能机理，为工业综合能源系统的现场运行和运行优化提供指导及技术支撑。因此，本章基于前述流体网络储能五个关键参数，提出了设计满足度、当前储/放能空间和运行利用率三个指标，建立了流体网络动态管存量化评估体系，用以从规划设计和调度运行两个方面充分量化评估流体网络的储能潜力和实时储能情况。

(1) 设计满足度

在工业综合能源系统规划设计及改造阶段，准确量化流体网络储能潜力能够为工业综合能源系统储能系统设计和储能设备配置提供指导。本章从系统调度需求出发，引入设计满足度作为量化储能潜力的指标，定义为广义储能设备的最大储能能力对工业综合能源系统调度需求的满足情况。

$$\chi=\min\left(1,\frac{S_{max}^{tot}-S_{min}^{tot}}{S_{es}}\right) \tag{7-71}$$

式中，χ 为满足度；$S_{max}^{tot}-S_{min}^{tot}$ 为流体网络储能的总调度空间，kg。

χ 越大，广义储能设备的最大储能能力越高，能更好地满足工业综合能源系统调度需求。当 $\chi=1$ 时，表明广义储能设备能够完全满足调度中所需的储能需求；当 $\chi<1$ 时，表明广义储能设备无法满足调度需求，应额外配置其他储能设备以保障系统正常运行，需配置的储能设备的必需储能量即为必需储能量减去流体网络储能调度空间；当 $\chi=0$ 时，表明广义储能设备不具有作为储能设备参与调度的能力。

(2) 当前储/放能空间

当前状态下可向广义储能设备内注入或由广义储能设备释放的能量是实际运行过程中最关心的指标。定义当前储/放能空间用于量化当前状态下广义储能设备向上、向下的可调度空间。

$$\begin{cases}\varpi^{+}(t)=S_{max}^{tot}-S_{rt}^{tot}(t)\\ \varpi^{-}(t)=S_{min}^{tot}-S_{rt}^{tot}(t)\end{cases} \tag{7-72}$$

式中，$\varpi^{+}(t)$为当前向上储能空间，kg；$\varpi^{-}(t)$为当前向下放能空间，kg。

在实际运行过程中，现场的实时调控操作中运行人员更关心在固定调度时段中流体网络的最大可注入量及可释放量，以便于调整机组的出力情况，因此进一步计算某固定调度时段内的向上储能空间和向下放能空间：

$$\begin{cases}\Omega_{\tau_{sd}}^{+}=\sum\varpi^{+}(t)dt_{sd}\\ \Omega_{\tau_{sd}}^{-}=\sum\varpi^{-}(t)dt_{sd}\end{cases} \tag{7-73}$$

式中，$\Omega_{\tau_{sd}}^{+}$ 为在调度时段 τ_{sd} 内的向上储能空间，kg；$\Omega_{\tau_{sd}}^{-}$ 为向下放能空间，kg；dt_{sd} 为调度步长。

(3) 运行利用率

实时储能能够量化系统调度策略对广义储能设备参与工业综合能源系统调度程度的影响。本章引入运行利用率以刻画广义储能设备在运行过程中对储能能力的利用情况，定义为广义储能设备对当前储/放能空间的利用率。

$$\begin{cases}\eta^{+}(t)=\dfrac{S_{rt}^{f}(t)}{S_{max}^{tot}-S_{rt}^{tot}(0)}\times 100\%, S_{rt}^{f}(t)\geqslant 0\\ \eta^{-}(t)=\dfrac{S_{rt}^{f}(t)}{S_{rt}^{tot}(0)-S_{min}^{tot}}\times 100\%, S_{rt}^{f}(t)<0\end{cases} \tag{7-74}$$

式中，$\eta^{+}(t)$为储能利用率；$\eta^{-}(t)$为放能利用率。

$\eta^{+}(t)$刻画充能条件下相较于初始储能量，广义储能设备对当前向上储能空间的利用率。$\eta^{+}(t)$越大，说明广义储能设备参与工业综合能源系统调度时越有效地利用了提前存储能量以应对用能高峰或实现削峰填谷的能力。$\eta^{-}(t)$刻画放能条件下相较于初始储能量，广义储能设备对当前向下放能空间的利用率。$\eta^{-}(t)$的绝对值越大，说明广义储能设备越有效地利用了管存使机组出力更为平稳的能力。充能条件与放能条件描述流体网络当前储能量与初始储能量的关系，刻画网络的实时状态，与流体网络储/放能速率中定义的储/放能状态应予以区别。

进而计算运行利用率在某一评估周期内的最大值和均值。运行利用率最大值描述评估周期内广义储能设备对储能能力的实际利用范围；运行利用率均值作为刻画储能能力利用情况的指标，是系统调度策略对广义储能设备参与工业综合能源系统调度程度的直接量度，为工业综合能源调度策略设计和优化提供支撑。

$$\begin{cases}\eta_{\max}^{+}(t)=\max\{\eta^{+}(t),0<t<\tau_{sd}\}\\ \eta_{\max}^{-}(t)=-\max\{|\eta^{-}(t)|,0<t<\tau_{sd}\}\end{cases}\tag{7-75}$$

$$\begin{cases}\eta_{ave}^{+}(t)=\dfrac{\sum\limits_{t=0}^{\tau_{sd}}\eta^{+}(t)\mathrm{d}t}{t_{d}},0<t<\tau_{sd}\\ \eta_{ave}^{-}(t)=\dfrac{\sum\limits_{t=0}^{\tau_{sd}}\eta^{-}(t)\mathrm{d}t}{\tau_{sd}},0<t<\tau_{sd}\end{cases}\tag{7-76}$$

式中，τ_{sd}为评估周期，s；$\eta_{\max}^{+}(t)$为储能利用率的最大值；$\eta_{\max}^{-}(t)$为放能利用率的最大值；$\eta_{ave}^{+}(t)$为储能利用率的均值；$\eta_{ave}^{-}(t)$为放能利用率的均值。

流体网络动态管存量化模型的求解流程基本步骤为：

① 基于流体网络动态输运解析模型对流体网络某一运行工况进行仿真，获得其压力、流量的时空分布结果；

② 利用流体网络运行历史时期数据计算必需储能量，同时基于仿真结果计算储/放能速率、累积储/放能变化量、最大/小储能量、当前储能量；

③ 通过关键储能参数计算设计满足度、当前储/放能空间和运行利用率三个量化指标，并针对该系统开展动态管存量化评估分析。

7.3 工业园区综合能源系统优化调度

7.3.1 综合能源系统储能环节分析

综合能源系统以绿色高效的集成方式对多种能源形式进行转换、输配与存储，并在用户端得到消费。其优化调控过程需解决复杂系统中的供需时空匹配、多能关系耦合与系统稳定运行等问题。储能作为综合能源系统“源-网-荷-储”全供应链中的关键环节，对系统的灵活调控具有重要意义。与此同时，针对综合能源系统多时间尺度特性，系统中惯性环节也为需求响应策略设计提供了更多的优化空间。

7.3.1.1 综合能源系统传统储能环节

储能环节解决了供能系统在“源”“荷”两端的强耦合问题，使得能源的生产与消费不必实时同步，有效破除了能源生产运行策略设计的被动局面，为能源系统运行调度带来时间尺度上的灵活性和空间尺度上的柔性环节，极大增强能源系统的供能水平与能源利用效率，受到了业界的广泛关注。按照能源类型的差异，目前的储能研究主要集中在储电、储热以及储冷三个方面。

储热技术主要包括相变储热、显热储热以及热化学储热。显热储热利用储热材料的高比热容特性，直接通过温度的变化对热量进行储/放。相变储热则基于工质的相变过程对热量进行存储与释放。相较显热储热而言，基于相变过程的储能材料储能密度更高，但其储能过程也相对复杂。热化学储热区别于前两种基于物理储能的储热方式，它利用化学反应过程进行储热，其储能密度更高，且可实现热量的长期存储，具有广泛的应用前景。针对储热技术的应用，陈磊等[8]研究了储热技术对热-电刚性耦合的解耦作用，结果表明，储热技术的应用有效提升了热电联产系统消纳风电的能力。王智等[9]研究了增设储热设备对供热机组的影响，结果表明，储热设备能够拓宽供热机组的安全运行范围，有效增强供热机组的调峰灵活性。

蓄冷技术类似于储热技术，主要利用储能材料的潜热或显热特性进行冷量的存储与释放，相应的蓄冷材料包括水、冰、气体水合物以及共晶盐等。其中，水凭借其高比热容特性和易于控制的相变特性，且可直接利用供能系统中原有的蓄水设施，有效降低系统设计与改造成本，在储热与蓄冷场景中均具有广泛的应用。例如，黄庆河等[10]对比了大温差水蓄冷与小温差水蓄冷的蓄能特性，并就水蓄冷技术的节能应用进行了探讨。林星春[11]探讨了冰蓄冷、水蓄热/冷在冷热联供系统中的应用设计。

储热与蓄冷模型[12]可统一表达为：

$$\begin{cases}S_{H}(t)=\eta_{T}S_{H}(t-1)+\eta_{TI}Q_{HI}(t)-Q_{HO}(t)/\eta_{TO}\\0\leqslant Q_{HI}(t)\leqslant Q_{max}\\0\leqslant Q_{HO}(t)\leqslant Q_{max}\\Q_{HI}(t)Q_{HO}(t)=0\\0\leqslant S_{H}(t)\leqslant S_{max}\end{cases}\tag{7-77}$$

式中，$Q_{HI}(t)$、$Q_{HO}(t)$分别为t时刻的储热（冷）和释热（冷）功率；

Q_{max} 为最大储释热（冷）功率；$S_H(t)$为 t 时刻储热（蓄冷）设备的剩余热（冷）量；η_{TI}、η_{TO} 分别为设备储热（冷）与释热（冷）效率；η_T 为储热（蓄冷）设备经过单位时间后的能量耗散率；S_{max} 为最大容量。

储电技术的研究相对广泛，各类技术在成熟度、产业化程度等方面均有所差异。一般而言，储电技术可分为三类，包括物理储能、电化学储能以及电磁储能。对于分布式储能系统，常采用技术相对成熟的电化学储能电池作为其电储能的主要方式，包括锂电池与铅蓄电池。而考虑到成本因素，抽水蓄能与压缩空气储能等物理储能技术则更具有优势。目前储电技术已经初步应用于电网调频、电力削峰填谷、新能源消纳等场合。储电模型可以通过下式进行描述：

$$\begin{cases} 0 \leqslant P_{dis}(t) \leqslant P_{max}, 0 \leqslant P_{char}(t) \leqslant P_{max} \\ S_E(t) = S_E(0) + \int_0^t [\eta_c P_{char}(t) - P_{dis}(t)/\eta_d] \, dt \\ S_{Emin} \leqslant S_E(t) \leqslant S_{Emax} \\ P_{dis}(t) P_{char}(t) = 0 \end{cases} \tag{7-78}$$

式中，$P_{char}(t)$、$P_{dis}(t)$分别为储电设备充放电功率；P_{max} 为储电设备最大充放电功率；$S_E(t)$为 t 时刻的剩余储电量；$S_{Emax}(t)$、$S_{Emin}(t)$分别为剩余电量的上下限；η_c、η_d 分别为设备充、放电效率。

在综合能源系统中引入储能系统，并结合储能优化配置策略开展运行调度策略优化，对实现调峰调频、平滑负荷、增加备用、支撑应急、辅助重启等应用具有重要意义，可有效改善系统稳定性、减小系统备用容量需求、增强系统供能柔性并保证供能质量。

7.3.1.2 综合能源系统管网储热特性分析

综合能源系统具有多时间尺度特性，其中存在诸多惯性环节和具有大延迟特性的环节，这为系统的优化调控提供了更为丰富的调节裕度。尤其对于供热系统而言，其系统的滞后性尤为明显，使其可被视为天然的储能单元。因此，综合能源系统的热惯性值得被进一步探讨与利用。需要指出的是，对于热水与蒸汽两种不同的供热介质，其滞后性的时间尺度也存在差异。

本章利用 Apros 软件平台建立单根供热管线模型。模型主要参数如表 7-1 所示。

表 7-1 管网参数表

管道参数	蒸汽管道	热水管道
管径 D/mm	530×14	530×14
管道材料	20 钢	20 钢
管道粗糙度 Ra/mm	0.05	0.05

续表

管道参数	蒸汽管道	热水管道
保温材料	硅酸铝	硅酸铝
保温材料厚度 δ/mm	80＋60	80＋60
管线总长 L/m	7800	500
工质流过管道所需时间/min	18min	18min
供热温度 T_{SP}/℃	322	80

基于该模型，对热水与蒸汽两种不同供热介质的热惯性展开分析。在热水与蒸汽流过管线所需时间 τ_F 相同的前提下，当源侧供热温度 T_{SP} 下降相同比例时，用户侧温度 T_{DE} 的响应过程如图7-7所示。其中，T_{SP_S} 与 T_{DP_S} 分别为蒸汽管线中源侧与用户侧的蒸汽温度；T_{SP_W} 与 T_{DP_W} 分别为热水管线中源侧与用户侧的热水温度。可看到，蒸汽供热管线的热力滞后性远大于热水管线的热力滞后性。其中，热水供热管线的热力滞后性与热水流经管网所需时间 τ_{F_w} 近似相同。而蒸汽的比热容相对较小，考虑到管壁的蓄、放热能力，源侧蒸汽的温度变化在蒸汽流经管网后被“稀释”，使得用户点处的温度在新蒸汽到达此处后的一段时间内仍旧保持不变，因此表现出更加显著的热力滞后性。

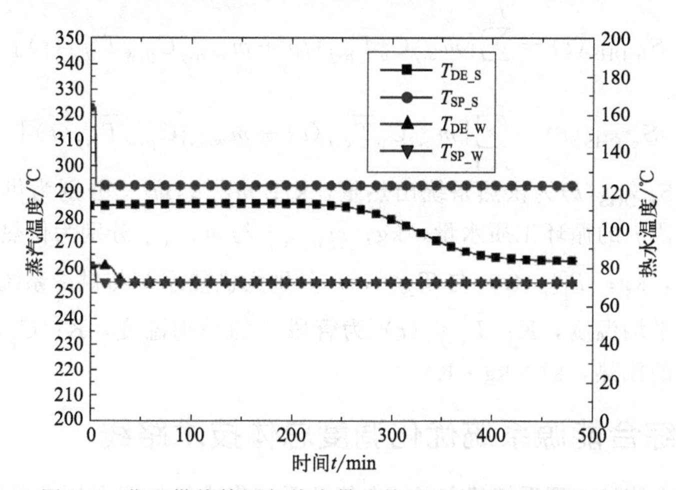

图7-7　蒸汽供热管网与热水供热管网热力延迟过程对比图

尽管在相同的水力滞后性下，热水管线的热力滞后性远小于蒸汽供热管线。然而，实际热水管线的长度可达数千米以上。此时，热水供热管线的热力滞后性不容忽视。图7-8显示了供热长度 L 分别为0.5km、2.5km、5km、10km的热水供热管线在源侧蒸汽温度下降后用户侧温度的响应过程对比。可以看到，随着 L 的增大，热水供热管线的用户点温度 T_{DE_W} 开始响应源侧温度 T_{SP_W} 变化的

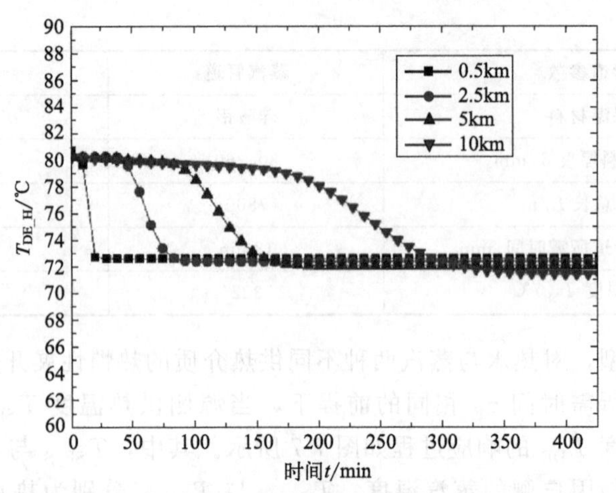

图 7-8 热水供热管网热力延迟过程与供热距离关系

时间 τ_s 逐渐增大，且从开始响应到响应完成所需的时间 τ_c 也逐渐增大。

因此，充分利用系统的热惯性可以实现供热热负荷与需求热负荷的解耦，以供热系统为储能系统从而增大系统的优化空间。视供热系统为储能单元，则其储热量可表示为：

$$S_{h\_DHS}(t)=\sum_{j=1}^{J_h}[m_{h,j}C_p\overline{T}_{h,j}(t)+m_{w\_h,j}C_{p,w}\overline{T}_{w,j}(t)] \tag{7-79}$$

$$S_{c\_DHS}(t)=\sum_{j=1}^{J_c}[m_{c,j}C_p\overline{T}_{c,j}(t)+m_{w\_c,j}C_{p,w}\overline{T}_{c,j}(t)] \tag{7-80}$$

式中，$S_{h_DHS}(t)$为供热系统出热量，kJ；$m_{h,j}$、$m_{c,j}$ 分别为供热系统与供冷系统中管段j的循环工质水量，kg；$m_{w\_h,j}$ 与 $m_{w\_c,j}$ 分别为供热与供冷管段的管壁质量，kg；$T_{h,j}$ （t） 与 $\overline{T}_{c,j}$ （t） 分别为供热系统与供冷系统中管段j的循环工质水平均温度，K；$\overline{T}_{w,j}$ （t） 为管段j的平均温度，K；C_p、$C_{p,w}$ 分别为水和管壁的比热，kJ/(kg·K)。

7.3.2 综合能源系统优化调度总体技术路线

本章基于信息物理系统建立了综合能源系统集成优化调度技术架构，如图 7-9 所示。

由 DCS、SCADA 等系统以及物联网系统共同构成的自动化层连接起综合能源系统物理空间与信息空间，共同构成包括物联感知、模型预测、优化决策、精准调控、工况演化五大环节的信息流闭环回路。通过信息空间对物理空间的映射与智能分析，获得综合能源物理系统的最优运行策略并形成相应的调控指令，使得系统内各个设备单元按照指定方式运行，确保系统整体上运行目标的达成。

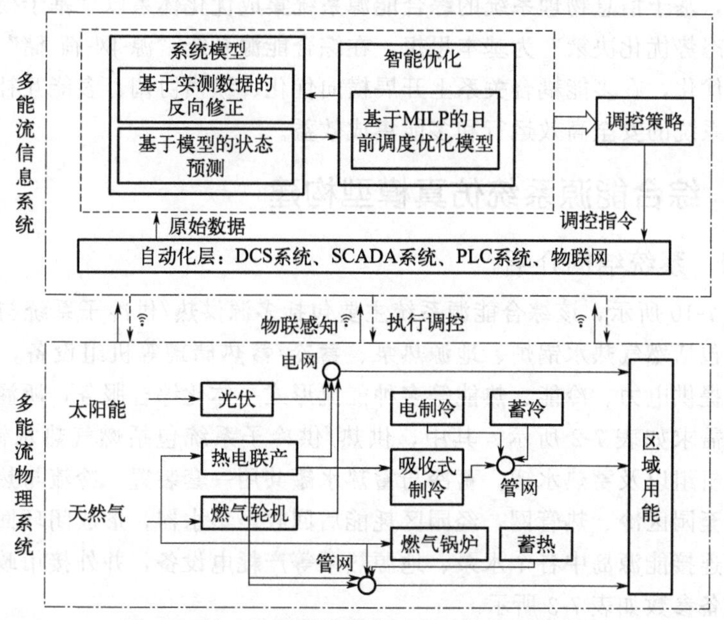

图 7-9　综合能源系统优化调度总体技术路线图

在基于信息物理系统的综合能源系统集成优化体系中，综合能源模型是智能优化与调控策略形成的基础。在经济成本因素以及测量条件因素的限制下，综合能源系统有限的测点数据无法满足运行调度人员对全方位掌握系统各节点运行状态的需求。为此，需借助软测量手段，通过模型推算更精细化的系统运行态势。综合能源模型可采用机理建模与数据辨识建模相结合的方式，定量描述系统中各能流的状态参数及其耦合关系。其中，机理建模适用于大多数能源转换设备，而对于部分复杂设备单元以及负荷不确定性，也可基于历史大数据与人工智能理论，利用数据辨识的方式开展建模工作。此外，针对机理建模过程所用到的重要参数，也需基于数据驱动开展辨识修正工作。通过自动化层串联综合能源模型与物理空间，形成模型与物理实体的相互映射，可构建“综合能源数字孪生”系统，形成物理“硬测量”与模型“软测量”的互通互补。

进一步地，在模型预测的基础上，对系统运行的经济性、能效以及安全性等指标进行评估，所得评估结果用于支撑系统的优化调控。综合能源系统调控问题具有大延迟、强耦合、时变和非线性等特征，存在供需时空匹配复杂、多维约束交织、多重优化目标冲突等技术难点，并涉及诸多主体生产、输配、存储和消费的全过程协调。为此，需综合考虑模型预测与状态评估结果，通过数学规划、智能优化算法等手段开展运行调控策略寻优，从而支撑供需时空匹配、存储策略寻优、尖峰负荷平移、多源负荷分配、应急工况处理等调控需求的实现。

总之，基于信息物理系统的综合能源系统集成优化体系以“基于模型预测态势，基于态势优化决策”为基本思想，在综合能源系统“源-网-荷-储”全流程上开展纵向优化，在多能耦合关系上开展横向优化、纵横协调、多能互补、梯级利用，实现系统的安全高效运行和多能集成效益。

7.3.3 综合能源系统仿真模型构建

7.3.3.1 系统结构介绍

如图 7-10 所示，该综合能源系统主要包括多源供热/供冷子系统与智能微网子系统，包括燃气热水锅炉、地源热泵、蓄冷/蓄热储罐等机组设备，可为园区工业企业提供电力、冷能、热能等多种能流形式一体化综合服务，所涵盖的能量流及用能需求如表 7-2 所示。其中，供热/供冷子系统包括燃气热水锅炉机组、地源热泵机组以及蓄热水罐。蓄冷与蓄热水罐共用一套装置。冷流与热流通过分水器分配至园区冷、热管网，经园区耗能后回收至集水器，形成闭环回路。微电网子系统连接能源岛中各个水泵、地源热泵等产耗电设备，并外接市政电网。其中重要设备参数如表 7-3 所示。

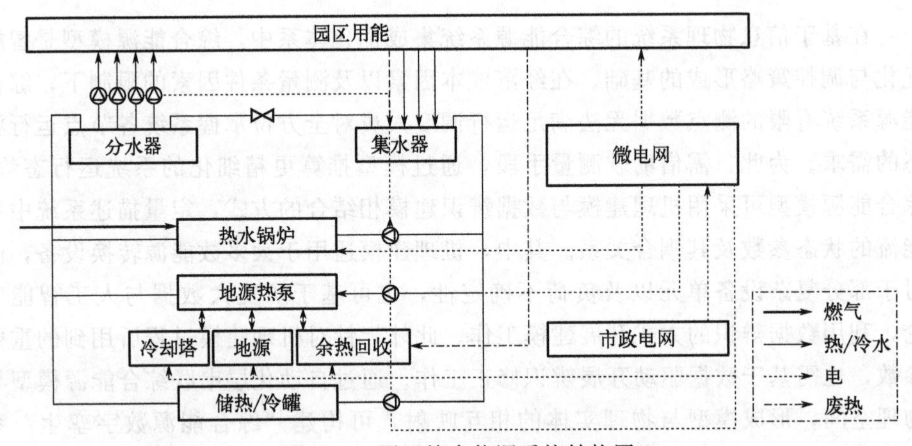

图 7-10 园区综合能源系统结构图

表 7-2 园区能量流需求表

能量流	用能需求
热流	11.4 万平方米厂房采暖
冷流	1.12 万平方米厂房用冷
天然气	77.1 万～143.8 万立方米天然气年耗量
电能	能源互联岛用电需求

表 7-3　重要设备参数表

设备名称	参数	参数值
螺杆式地源热泵机组	台数	1
	额定电耗 P_e/kW	575
	供热能力 Q_h/kW	1995
	供冷能力 Q_c/kW	1974
燃气热水锅炉	台数	2
	额定功率 Q_h/MW	4.2
蓄能水罐	个数	1
	有效容积/m^3	950
	体积/m^3	1000
	高度 H/m	13
释能板换(换热器)	台数	2
	额定功率 Q_h/kW	700
	换热面积 S/m^2	77.12
分水器	长度 L/mm	4300
	内径 D/mm	600
集水器	长度 L/mm	4720
	内径 D/mm	600
一区供热管网	长度 L/km	0.5
	公称直径 DN	150
	保温层厚度 δ/mm	40.5
	保温层材料	橡塑海绵

7.3.3.2 各子系统模型介绍

基于 Apros 平台，依据该综合能源系统的流程与结构，对系统中的集/分水器子系统、燃气热水锅炉子系统、地源热泵子系统、蓄能系统以及供能管网子系统展开建模仿真，并以系统中的变频水泵转速、阀门开度为控制变量，对系统的运行工况进行调节。

(1) 集/分水器子系统

集/分水器子系统是能源岛供能系统中重要的冷/热能供能枢纽。源自地源热泵、热水锅炉、储能罐的多源冷/热能在分水器中混合，由 SHP 水泵组统一向厂区的三片供热区域供热，或由 SCP 水泵组统一向厂区的供冷区块供冷。冷/热能经用户侧换热后重新回到集水器，由集水器分配至相应的供能机组。在集水器与分水器之间存在一条压力平衡管，用以平衡集水器与分水器的压力。集/分水器子系统结构图以及相应模型如图 7-11 所示。

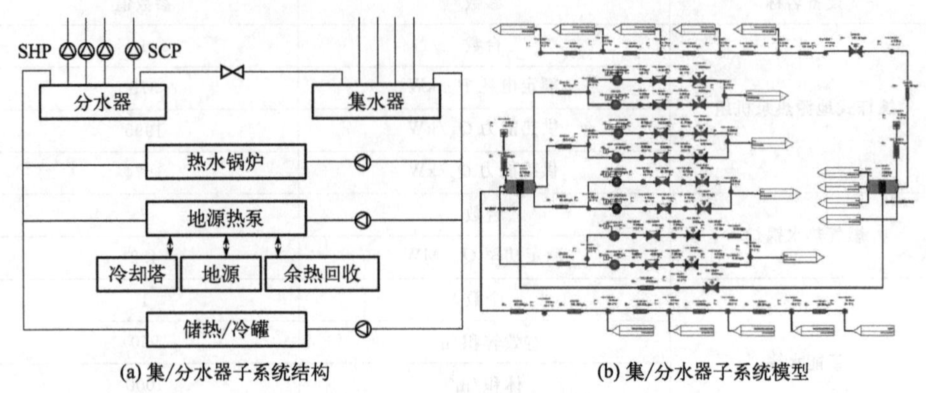

(a) 集/分水器子系统结构　　(b) 集/分水器子系统模型

图 7-11　集/分水器子系统

(2) 地源热泵子系统

地源热泵子系统分为系统侧与地源侧两路循环。在系统侧，来自集水器或储能罐的水经过 CHP-3 水泵进入热泵，经换热后回到分水器或储能罐；在地源侧，来自热泵的工质经过地源换热与余热换热后，经过 SCP-3 水泵，重新进入热泵换热，构成闭环回路。在热泵中，工质 R134a 在蒸发器、压缩机、冷凝器以及膨胀阀间循环流动，构成封闭的制冷循环，不断地将蒸发器水侧的热量转移至冷凝器水侧。而在热泵外部，通过不同的阀门组合将蒸发器（或冷凝器）与系统侧循环或地源侧循环连接，可实现热泵供热与供冷的工况切换，如图 7-12(a) 所示。其中，热泵机组系统侧循环入口设置系统侧定压点，定压压力在 0.28～0.4MPa 范围内波动；热泵机组地源侧循环入口设置地源侧定压点，定压压力在 0.2～0.3MPa 范围内波动。所构建的仿真模型如图 7-12(b)、(c) 所示。

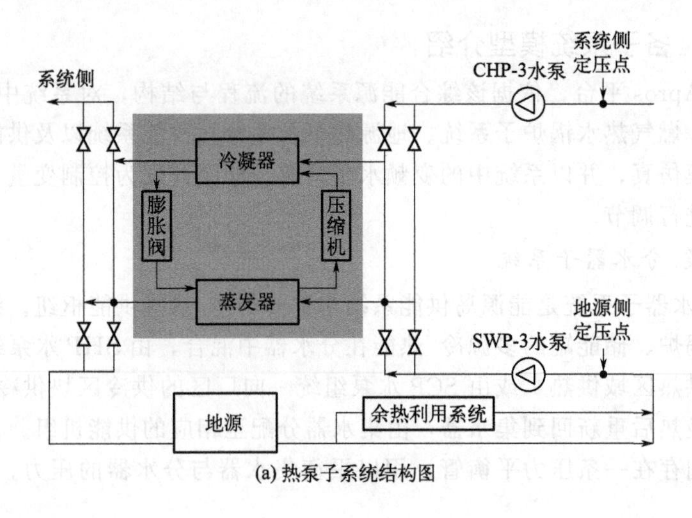

(a) 热泵子系统结构图

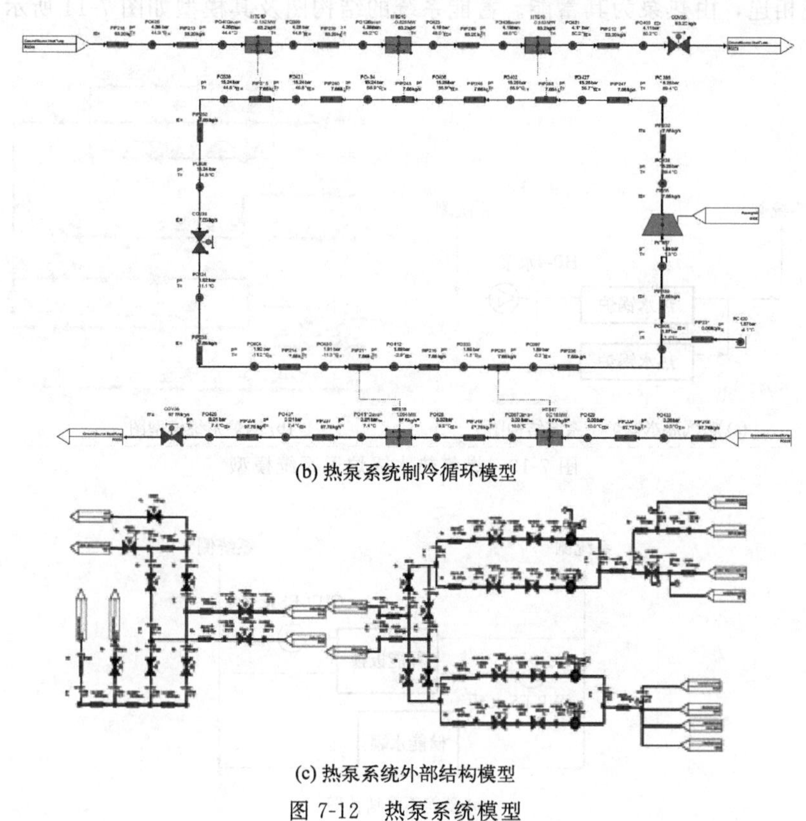

(b) 热泵系统制冷循环模型

(c) 热泵系统外部结构模型

图 7-12　热泵系统模型

(3) 燃气热水锅炉子系统

燃气热水锅炉子系统中有两台 4.2MW 并联式燃气热水锅炉，是综合能源系统中主要的供热设备之一，天然气的化学能与热能的转换过程在这一设备中完成。在锅炉热水侧，来自集水器的冷水经过 HP-4 水泵升压，分两路进入并联锅炉的水冷壁，与锅炉炉膛火焰及烟气换热，重新汇合后流入分水器。两台燃气热水锅炉一备一用，依据园区用能需求变化进行出力调节。所构建的仿真模型如图 7-13 所示。

(4) 蓄能系统

蓄能系统是综合能源系统中的重要环节，该系统由储能水罐（Energy Storage Water Tank，ESWT）、WP-ES 水泵、CHP-ES 水泵以及两台相同且并联的释能板换共同配合完成冷/热能的蓄存和释放。在释能过程中，来自储能水罐的水经过 WP-ES 水泵升压后在两台并联的释能板换中换热，释放冷/热能后重新回到储能水罐；而来自集水器的水经过 CHP-ES 水泵升压以及释能板换的换热后回到分水器，为区域供热/供冷。在储能过程中，储能水罐直接与地源热泵系统相连，由热泵为其蓄能。蓄能系统的结构图及其模型如图 7-14 所示。

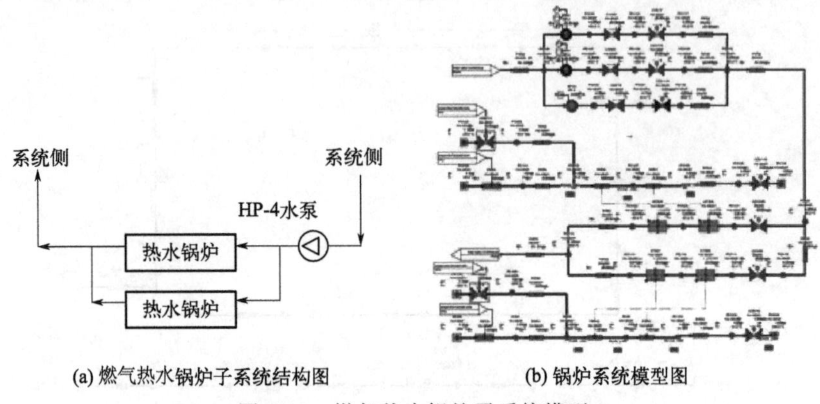

(a) 燃气热水锅炉子系统结构图　(b) 锅炉系统模型图

图 7-13　燃气热水锅炉子系统模型

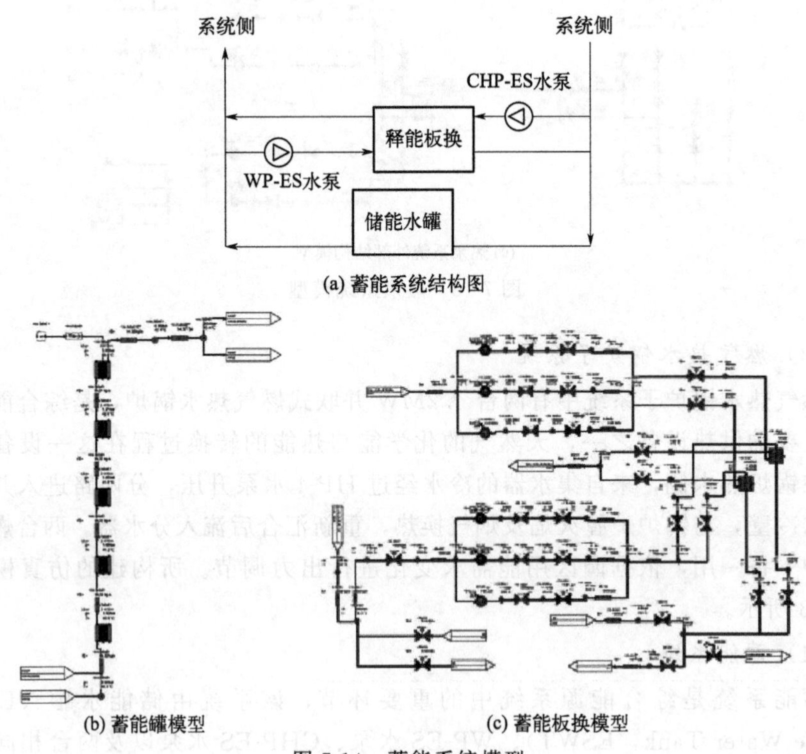

(a) 蓄能系统结构图

(b) 蓄能罐模型　(c) 蓄能板换模型

图 7-14　蓄能系统模型

(5) 网侧部分

园区中共有三根供热管网，分别为园区三片区域供热。此外，园区还铺设了一根供冷管道。由于园区面积的限制，供冷与供热管网的规模不大。本模型对供热管网部分做简化处理，忽略了管网末段的分支结构，各用户对冷能与热能的消耗以末端换热站进行模拟，对管网一次侧进行了建模，如图 7-15 所示。

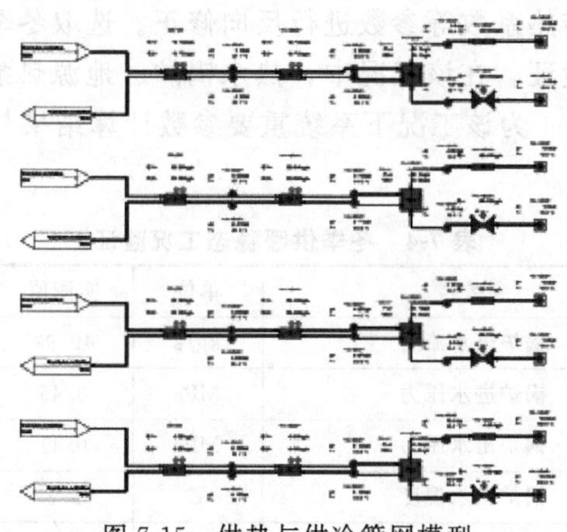

图 7-15　供热与供冷管网模型

此外，该综合能源系统中的微电网部分为一个 0.4kV 的小型电网，连接了能源岛供能系统的主要耗能设备与发电设备，包括水泵、热泵、燃气轮机等。目前，包括燃气轮机在内的能源岛发电设备尚未投入运行，因此未在本次建模的范围之内。待系统中更多能源耦合设备投入运行之后，利用其运行数据可对模型展开进一步完善工作。此外，当能源岛电能的生产无法满足用电需求时，微电网通过外接 10kV 的市政电网的方式向供电部门购电，从而满足能源岛的用电平衡。电能的时间尺度在毫秒级，相比于热能、冷能等其他能流可以忽略，重点考虑电能在产耗过程中的能量平衡，构建了如图 7-16 所示的微电网系统。

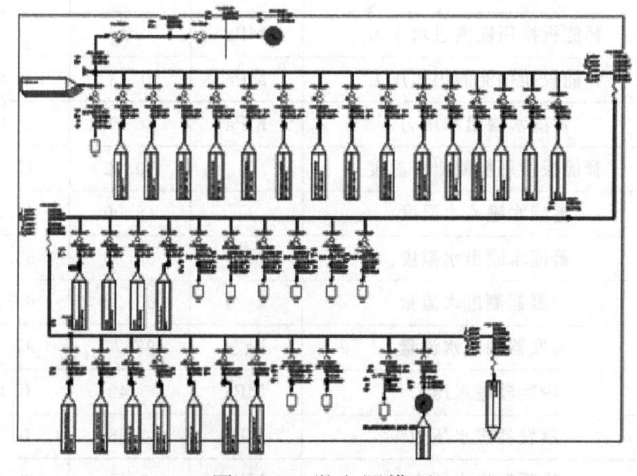

图 7-16　微电网模型

7.3.3.3 冬季供暖工况验证

在模型构建的基础上，以综合能源物理系统实际运行测量数据为标准，对模型中阻力系数、传热系数等参数进行反向修正。选取冬季典型供暖工况对模型的计算结果进行验证。在该工况中，热水锅炉、地源热泵以及储热罐同时出力为园区供暖。表 7-4 为该工况下系统重要参数计算结果与实际测量结果的对比情况。

表 7-4 冬季供暖稳态工况验证

设备单元	参数名	单位	实测值	仿真值	相对误差/%
热水锅炉	锅炉进水流量	kg/s	49.93	49.92	−0.020
	锅炉进水压力	MPa	0.45	0.45	1.059
	锅炉出水压力	MPa	0.41	0.41	1.519
	锅炉出水温度	℃	62.35	61.09	−2.020
区域供热	供热区域一回水温度	℃	38.00	37.50	−1.326
	供热区域二回水温度	℃	44.80	44.74	−0.130
	供热区域三回水温度	℃	45.00	44.93	−0.152
	区域二供热流量	kg/s	91.03	91.04	0.011
	区域三供热流量	kg/s	69.23	69.25	0.029
蓄能系统	释能板换水罐侧入口温度	℃	53.56	53.26	−0.553
	释能板换水罐侧入口流量	kg/s	21.44	21.43	−0.082
	释能板换用能侧进水流量	kg/s	53.17	52.70	−0.875
	水箱入口压力	MPa	0.21	0.21	3.116
	释能板换水罐侧入口压力	MPa	0.23	0.23	0.506
	释能板换用能侧进水压力	MPa	0.47	0.47	0.004
	释能板换用能侧出水压力	MPa	0.43	0.44	2.725
	蓄能水罐出水压力	MPa	0.19	0.18	−2.253
	释能板换用能侧出水温度	℃	50.22	47.95	−4.515
	蓄能水罐入水温度	℃	46.00	44.31	−3.661
	蓄能水罐出水温度	℃	53.63	53.27	−0.672
地源热泵系统	冷凝器侧进水流量	kg/s	63.22	63.21	−0.016
	蒸发器侧进水流量	kg/s	97.77	97.76	−0.010
	冷凝器进水压力	MPa	0.42	0.44	4.066
	蒸发器进水压力	MPa	0.38	0.38	−0.855
	冷凝器出水压力	MPa	0.41	0.41	1.490
	蒸发器出水压力	MPa	0.33	0.32	−2.061

续表

设备单元	参数名	单位	实测值	仿真值	相对误差/%
地源热泵系统	蒸发器进水温度	℃	9.93	10.03	0.941
	冷凝器出水温度	℃	49.54	50.15	1.228
	蒸发器出水温度	℃	7.38	7.42	0.494
	地源出口压力	MPa	0.27	0.26	−2.657
	余热利用板换出口压力	MPa	0.26	0.27	2.658
	余热利用板换出口温度	℃	9.95	10.05	1.041
	地源出口温度	℃	10.08	10.05	−0.245
集/分水器	分水器流量	kg/s	167.93	165.82	−1.253
	分水器压力	MPa	0.39	0.40	1.015

进一步，选取 2019 年 2 月某日 12：30—21：00 时段的供热运行工况展开模型验证。该时段内，热负荷由燃气热水锅炉、地源热泵和储热罐共同承担。集/分水器子系统、燃气热水锅炉子系统、地源热泵子系统、蓄能系统、区域供热子系统以及微电网子系统内重要参数的动态计算结果与实测值对比，相对误差大体在 10%以内，如图 7-17 所示。

7.3.3.4 夏季供冷工况验证

在能源岛供能系统的典型夏季供冷工况中，通过地源热泵以及储冷罐协调配合为园区供冷。表 7-5 为该工况下系统重要参数计算结果与实际测量结果的对比情况。

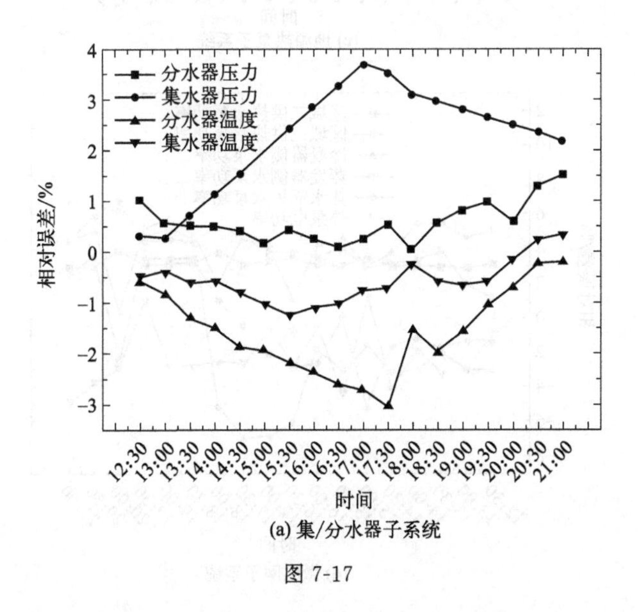

(a) 集/分水器子系统

图 7-17

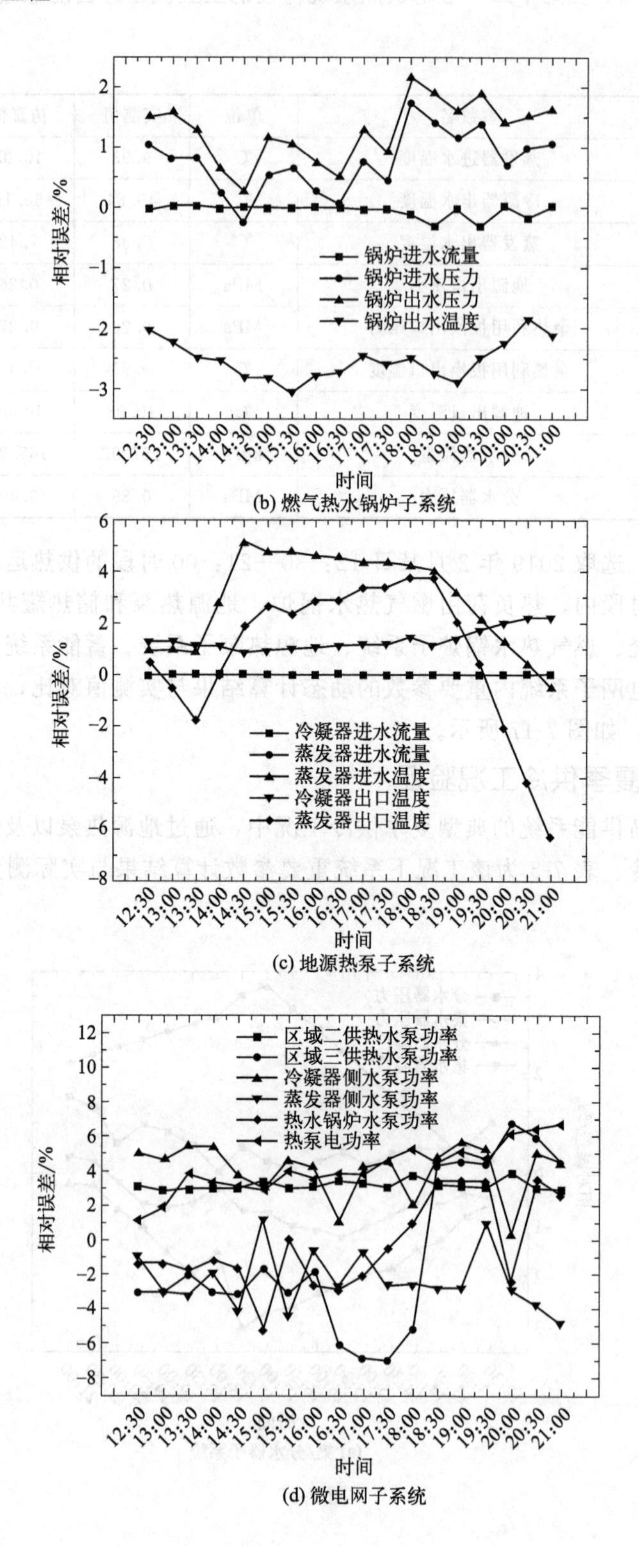

(b) 燃气热水锅炉子系统

(c) 地源热泵子系统

(d) 微电网子系统

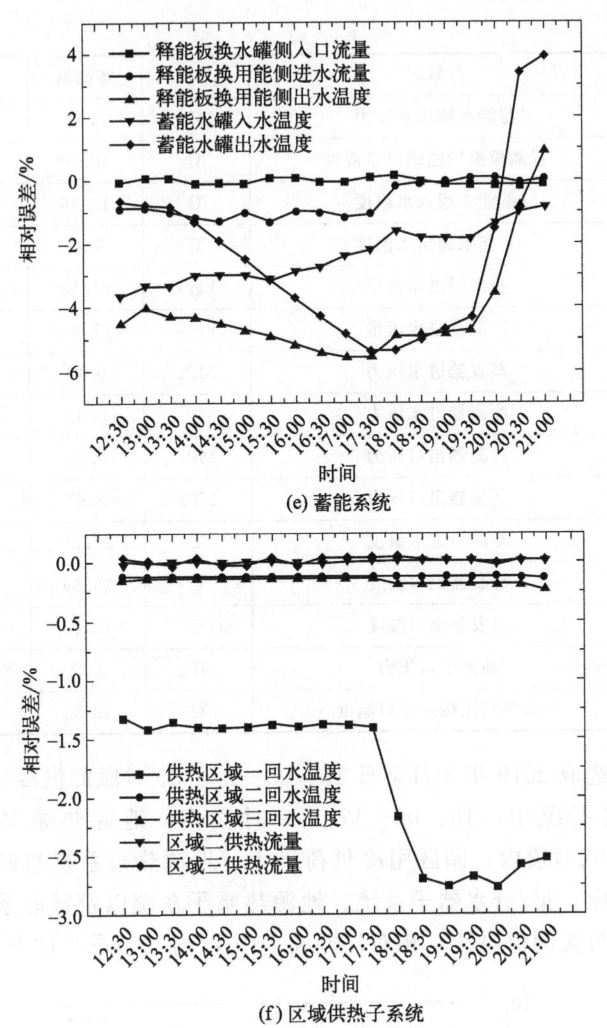

(e) 蓄能系统

(f) 区域供热子系统

图 7-17 冬季供暖动态运行工况验证

表 7-5 夏季供冷稳态工况验证

设备单元	参数名	单位	实测值	仿真值	相对误差
蓄热	释能板换水罐侧入口温度	℃	6.61	6.65	0.639
	释能板换水罐侧入口流量	kg/s	17.71	17.69	−0.110
	释能板换用能侧进水流量	kg/s	38.50	38.52	0.052
	水箱入口压力	MPa	0.21	0.21	2.841
	释能板换水罐侧入口压力	MPa	0.21	0.22	4.375
	释能板换用能侧进水压力	MPa	0.38	0.39	2.585
	释能板换用能侧出水压力	MPa	0.36	0.37	3.642

续表

设备单元	参数名	单位	实测值	仿真值	相对误差
蓄热	蓄能水罐出水压力	MPa	0.19	0.18	−2.044
	释能板换用能侧出水温度	℃	10.50	10.79	2.711
	蓄能水罐入水温度	℃	12.36	12.96	4.887
	蓄能水罐出水温度	℃	6.41	6.66	3.837
热泵	蒸发器进水流量	kg/s	87.14	87.16	0.023
	冷凝器进水流量	kg/s	87.89	87.88	−0.011
	蒸发器进水压力	MPa	0.42	0.42	−0.643
	冷凝器进水压力	MPa	0.30	0.30	−0.484
	冷凝器出口压力	MPa	0.25	0.25	−1.615
	蒸发器出口压力	MPa	0.37	0.38	1.681
	冷凝器进水温度	℃	32.75	32.37	−1.151
	冷凝器出口温度	℃	36.66	36.16	−1.357
	蒸发器出口温度	℃	10.48	10.71	2.263
	地源出口压力	MPa	0.21	0.21	0.461
	余热利用板换出口温度	℃	32.83	32.39	−1.341

进一步，选取 2019 年 8 月某日 15：00—20：30 时段的供冷运行工况展开模型验证。在该工况中，15：00—17：30 时段内，地源热泵系统单独供冷；17：30—20：30 时段内，园区用冷负荷增大，地源热泵系统与储能系统同时出力进行冷量供应。集/分水器子系统、地源热泵子系统以及蓄能系统重要参数的动态计算结果与实测值对比，相对误差在 10%以内，如图 7-18 所示。

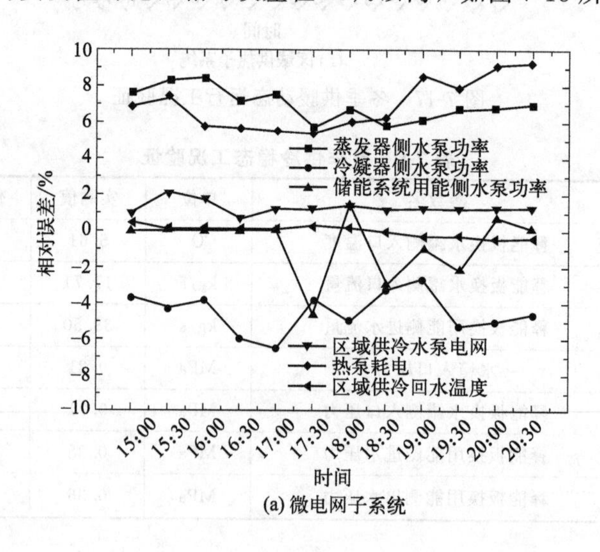

(a) 微电网子系统

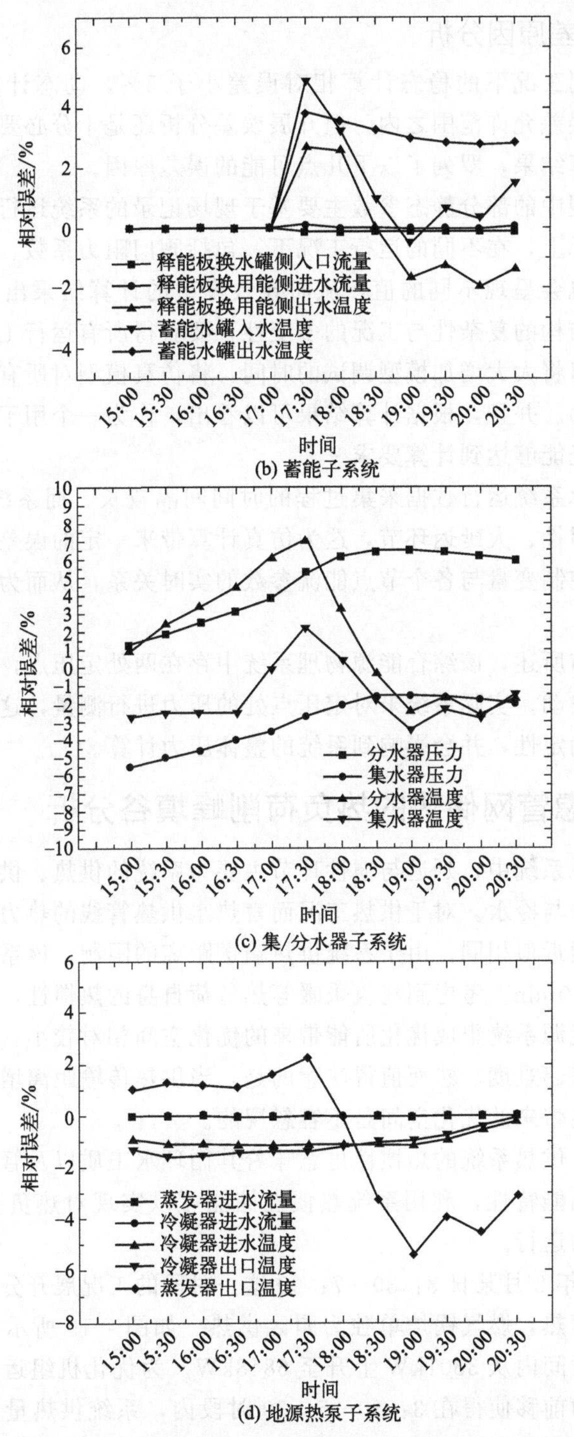

图 7-18　夏季供暖动态运行工况验证

7.3.3.5 误差原因分析

模型在不同工况下的稳态计算相对误差小于5%，动态计算相对误差小于10%，总体在误差允许范围之内，但开展误差分析还是十分必要的，根据本次建模过程以及计算结果，罗列了以下几点可能的误差原因。

首先，模型中的部分静态参数主要基于现场记录的系统运行状态参数反向修正所得。而实际上，在不同的运行工况下，包括阀门阻力系数、变频泵效率等在内的静态参数也会呈现不同的值，从而导致模型的计算结果出现误差。尽管如此，由于模型结构的复杂性与工况的多变性，要获得所有运行工况下模型中各设备的静态参数值将大大增加模型调试的时间，将仿真模型对所有工况进行一一校验也是不现实的。并且，根据计算结果可以看出，作为一个用于状态感知与预测的简化模型已经能够达到计算要求。

其次，实际系统运行数据采集过程的时间间隔较长，而系统又包含了供热、供冷管网等大惯性、大延迟环节，这为仿真计算带来一定的误差。实测数据难以全面反映系统控制变量与各个节点能流参数的实时关系，从而为计算带来一定的误差。

此外，如前所述，该综合能源物理系统中存在两处定压点，定压点压力在一定范围内上下波动。实际系统未对定压点处的压力进行测量，这也为模型的解算带来一定的不确定性，并会影响到系统的整体压力计算。

7.3.4 考虑管网储热的热负荷削峰填谷分析

该综合能源系统中，延迟与惯性环节主要为系统的供热、供冷管网部分，且工质分别为热水与冷水。对于供热工况而言热水供热管线的热力滞后性与热水流经管网所需时间近似相同。由于系统供热输送距离的限制，该系统供热延迟相对较小，τ_s 约为10min。考虑到建筑采暖等热负荷自身的热惯性，该供热系统供热延迟对于综合能源系统集成优化所能带来的优化空间相对较小，而更多的只是影响控制系统的搭建难度。然而值得注意的是，当供热传输距离增大时，供热系统的延迟特性所能带来的优化空间是不容忽视的。

另一方面，供热系统的热惯性也意味着其循环水工质以及管道材料等结构本身具有良好的储能特性，利用系统热惯性储能可以实现对热负荷削峰填谷的作用，稳定机组的运行。

选取2019年2月某日3：30—7：00这一时段的工况展开分析。该时段内热泵为蓄能水罐蓄热，燃气锅炉单独为园区供热。如图7-19所示，从5：30开始供热负荷在短时间内从3801kW上升至6848kW。为优化机组运行，将锅炉尖峰负荷时期的出力前移使得在3：30—5：30时段内，系统供热量大于热负荷需求量，供热系统内循环水温度逐渐攀升。在5：30时刻，热负荷上升，锅炉保持出力不变继续平稳运行。此时的系统供热量小于负荷需求量，系统内热水温度随之下降。在该时段内，燃气累计消耗量以及电耗量总体不变。图7-20对比了未利用系统热惯性与利用系统热惯性储热的机组出力情况以及供热参数变化。可以看到，利用系统热惯性进行储热后，锅炉出力由原本的陡增而变得总体平稳。可见，充分利用供热系统热惯性特点，可以实现综合能源系统供热过程中的削峰填谷效益，为机组运行提供更多调节空间。

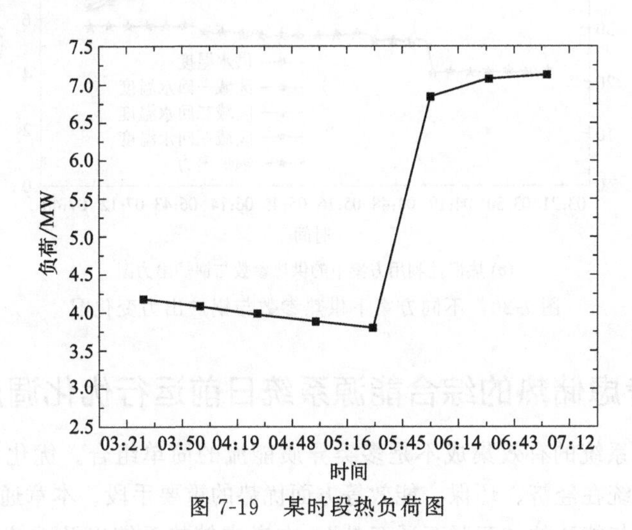

图7-19 某时段热负荷图

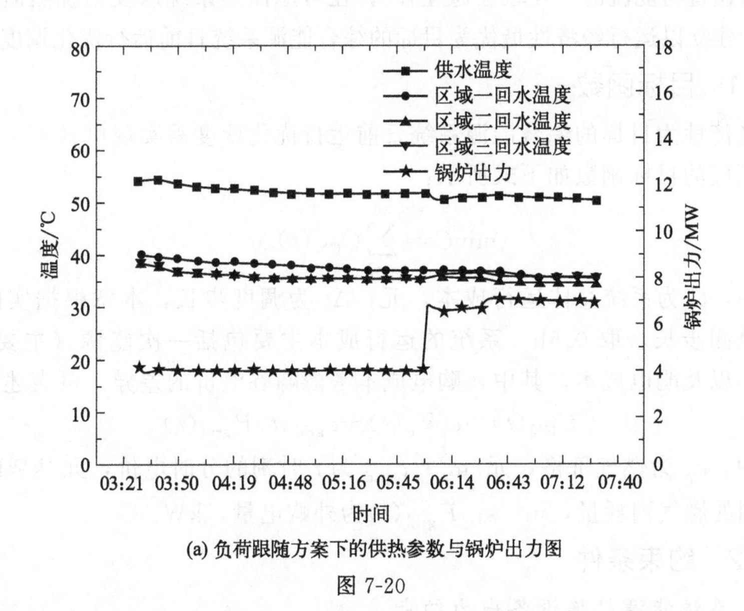

(a) 负荷跟随方案下的供热参数与锅炉出力图

图7-20

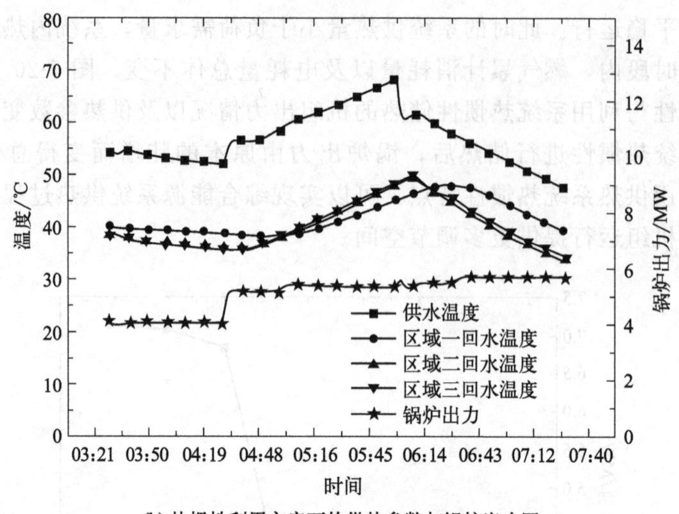

(b) 热惯性利用方案下的供热参数与锅炉出力图

图 7-20　不同方案下供热参数与锅炉出力变化图

7.3.5　考虑储热的综合能源系统日前运行优化调度

综合能源系统的有效集成不是多类异质能流的简单组合。优化调度过程是发挥综合能源系统在经济、环保、能效等方面优势的重要手段。本章通过综合能源系统各机组设备与能流的"互联互通互补"，在考虑储热系统以及系统热惯性储能的基础上，建立以运行经济性最优为目标的综合能源系统日前运行优化调度模型。

7.3.5.1　目标函数

以经济性为目标的综合能源系统日前运行优化调度需实现单日系统耗能成本最小，相应的目标函数如下式所示：

$$\min C=\sum_{t=1}^{48} C_{\mathrm{CN}}(t)\Delta t \tag{7-81}$$

式中，C 为系统总体运行成本，元；Δt 为调度步长，本章根据实际机组运行参数监测步长，取 0.5h。系统的运行成本主要包括一次能源（主要为燃气）消耗成本以及购电成本，其中，购电成本考虑峰谷电价的差异，可表述为：

$$C_{\mathrm{CN}}(t)=c_{\mathrm{g}} V_{\mathrm{g}}(t)+c_{\mathrm{grid}}(t) P_{\mathrm{grid}}(t) \tag{7-82}$$

式中，c_{g} 为燃气价格，元/m^3；c_{grid} 为 t 时刻的分时电价，元/kWh；$V_{\mathrm{g}}(t)$ 为 t 时刻的燃气消耗量，m^3/s；$P_{\mathrm{grid}}(t)$为外购电量，kW。

7.3.5.2　约束条件

（1）系统能源转换设备出力约束

$$\delta_{\mathrm{MT},j}(t) P_{\mathrm{minEQ},j} \leqslant P_{\mathrm{EQ},j}(t) \leqslant \delta_{\mathrm{MT},j}(t) P_{\mathrm{maxEQ},j} \tag{7-83}$$

$$-\max P_{\text{EQ},j,\Delta t} \leqslant P_{\text{EQ},j}(t)-P_{\text{EQ},j}(t-1) \leqslant \max P_{\text{EQ},j,\Delta t} \tag{7-84}$$

$$\delta_{\text{MT},j}(t)=\{0,1\} \tag{7-85}$$

式中，$P_{\text{EQ},j}(t)$为综合能源系统中热能供应机组 j（包括燃气锅炉、热电联产机组、热泵机组等）在 t 时刻的出力，kW；$P_{\text{minEQ},j}$ 与 $P_{\text{maxEQ},j}$ 分别为热能供应机组 j 的最小与最大出力，kW；$\delta_{\text{MT},j}(t)$为设备 j 在 t 时刻的启停状态；$\max P_{\text{EQ},j,\Delta t}$ 为设备 j 在一个调度步长 Δt 内所能实现的最大出力变化，kW。

（2）能量平衡约束

能量平衡约束主要包括电力平衡约束、热能平衡约束以及冷能平衡约束。其中电力平衡约束可由下式表示：

$$P_{\text{grid}}(t)+\sum_{i=1}^{I} P_{\text{gen},i}(t)=\sum P_{\text{cons},i}(t)+L_{\text{e}} \tag{7-86}$$

式中，$P_{\text{gen},i}(t)$ 为机组 i 在 t 时刻的发电出力，kW；$P_{\text{cons},i}(t)$ 为机组 i 在 t 时刻的电力消耗，kW；L_{e} 为用户电力负荷，kW。

热能与冷能的平衡约束考虑系统的储能设备以及管网蓄能，可表达为：

$$\left[\sum_{j=1}^{M} Q_{\text{h\_gen},j}(t)+Q_{\text{h\_HO}}(t)-Q_{\text{h\_HI}}(t)-Q_{\text{h\_cons}}(t)\right]\Delta t = S_{\text{h\_DHS}}(t)-\eta_{\text{T\_DHS}} S_{\text{h\_DHS}}(t-1) \tag{7-87}$$

$$\left[\sum_{j=1}^{M} Q_{\text{c\_gen},j}(t)+Q_{\text{c\_HO}}(t)-Q_{\text{c\_HI}}(t)-Q_{\text{c\_cons}}(t)\right]\Delta t = S_{\text{c\_DHS}}(t)-\eta_{\text{T\_DHS}} S_{\text{c\_DHS}}(t-1) \tag{7-88}$$

式中，$Q_{\text{h\_gen},i}(t)$、$Q_{\text{c_gen},i}(t)$分别为机组 i 在 t 时刻的热出力与冷出力，kW；$Q_{\text{h\_cons}}(t)$、$Q_{\text{c_cons}}(t)$分别为用户在 t 时刻的热负荷与冷负荷，kW；$\eta_{\text{T\_DHS}}$ 为管网在经过单位时间后的能量耗散率。

（3）储热环节约束

储能环节存在下述约束：

$$S_{\text{h\_DHS,min}} \leqslant S_{\text{h\_DHS}}(t) \leqslant S_{\text{h\_DHS,max}} \tag{7-89}$$

$$S_{\text{c\_DHS,min}} \leqslant S_{\text{c\_DHS}}(t) \leqslant S_{\text{c\_DHS,max}} \tag{7-90}$$

式中，$S_{\text{h\_DHS,min}}$、$S_{\text{h\_DHS,max}}$ 分别为供热系统储能上下限，kJ；$S_{\text{c\_DHS,min}}$、$S_{\text{c\_DHS,max}}$ 分别为供冷系统储能上下限，kJ。

7.3.5.3　模型求解算法

本章所建立的综合能源系统日前运行优化调度模型为混合整数线性规划问题（MILP）。求解模型的标准形式可由式表示：

$$\max(\min) z=c^{\text{T}} x \tag{7-91}$$

$$\text{s. t.}\begin{cases}Ax=b\\x_{\min}\leqslant x_i\leqslant x_{\max},i\in I\\x_j\in\{0,1\},j\in J\end{cases}\tag{7-92}$$

在本优化调度模型中，x 包括燃气耗量、外购电量；等式约束包括能量平衡约束；不等式约束包括能源转换设备约束、储能设备出力约束、管网储能约束。

对于 MILP 模型常见的算法包括穷举法、割平面法、分支定界法等。本章采用分支定界法对模型展开求解。分支定界法也称部分枚举法，包括 CPLEX、GURBI 等在内的诸多商用求解器均以该求解算法为核心框架，其核心思想为隐枚举所有可行解并通过拆分排除的方式减少求解的计算量。分支定界法的基本求解步骤包括：

① 定界：对于混合整数线性规划问题，其求解的主要难度在于整数约束条件的限制。为此，首先通过忽略整数约束条件，获得原计算问题的连续松弛模型，对该松弛模型进行求解。若所得解同时满足整数约束，则该解也即原问题的最优解；否则，该解即为原问题最优解的下界。

② 分支：在获得连续松弛模型最优解的基础上，选择一个变量，对其可行解集进行拆分，设置两个取值区间（如 $x_i\leqslant 2$ 或 $x_i\geqslant 3$），从而获得两个新的子问题。对其中一个子问题所构成的新的连续松弛模型进行求解。对于 0-1 混合整数模型，可对 0-1 取值的变量在两个子问题中分别赋值 0 与 1。

③ 剪枝：若子问题的最优解同时满足整数约束，则保留该可行解并停止该子问题的进一步分支。若该可行解优于当前最优可行解，则更新当前最优可行解为该子问题的最优解。若该子问题无可行解，则也可停止分支，执行剪枝。

对问题重复执行定界、分支与剪枝，直至搜索树中再无需要考虑的子问题，则最终保留的最优可行解即为原问题的最优解。

7.3.5.4 参数设置

(1) 目标函数参数设置

日前经济运行优化调度目标函数中以燃料费用以及购电成本最小为目标函数。其中天然气成本 c_g 按 2.4 元/m^3 计算，购电成本考虑分时电价影响。按照电力负荷的波动情况，将一天的 24 小时分为谷电、平电、峰电、平电、峰电、谷电六个时段，如表 7-6 所示。

表 7-6 分时电价表

时段	电负荷	电价/(元/MWh)
0:00—7:00	谷电	310
7:00—8:00	平电	560

续表

时段	电负荷	电价/(元/MWh)
8:00—11:00	峰电	926
11:00—18:00	平电	560
18:00—23:00	峰电	926
23:00—24:00	谷电	310

(2) 机组设备参数

两台相同的燃气热水锅炉视运行调度所需而选择性开启与出力。通常一台机组运行承担基础热负荷，另一台备用承担调峰任务。单台锅炉气耗量过低容易导致点火失败，因此其出力存在一个下限值 Q_{minh_B}，取 2.12MW；上限值 Q_{maxh_B} 为锅炉额定出力 4.2MW。热泵机组供热运行出力 Q_{h_HP} 分为三档，分别为 0.67MW、1.33MW、2.0MW。储热罐在储热参数为 43℃/60℃时，蓄热能力 S_{max_s} 为 19.77MWh；在释热参数为 43℃/60℃时，释热能力 Q_{max_s} 为 1.3MW。

(3) 供热参数

供热运行过程中，日间回水温度 T_{h_RE} 不低于 45℃，夜间回水温度 T_{h_RE} 不低于 40℃；供水温度 T_{h_SP} 不超过 85℃。日间环境平均温度 5℃，夜间环境平均温度−1℃。

7.3.5.5 某日负荷波动与机组运行状况分析

选取某日完整一天时段的系统运行工况展开优化研究。在该时段内，燃气热水锅炉机组、热泵机组以及储热系统相互配合，对燃气、电能与热能进行相互转换，满足园区的用能需求。由于技术手段限制，目前该综合能源系统仍旧采用基于经验与负荷波动情况的人工调节方式。如图 7-21 所示，在 0：00—7：00 时段为夜间工况，此时由锅炉承担热负荷，地源热泵利用夜间电负荷低谷时期的电力对储热罐进行蓄热。日间，仍旧由锅炉承担基础负荷，蓄热系统在尖峰负荷来临时开始释热，并保持释热工况稳定直至热能释放完全；热泵机组则在蓄热系统出力不足时开始供热。在这一过程中，储热设备存储了夜间热泵的出力，并在日间释热，间接将日间热负荷转移到夜间，起到了一定的负荷平移作用。然而可以看到，目前这种主要依据负荷跟随的机组运行方式相对简单，主要存在以下几点问题。

① 地源热泵的出力未充分考虑电负荷波动的影响。在 18：00—23：00 的电负荷高峰时段，该综合能源系统因热负荷较高而仍旧开启了地源热泵，热电负荷未能得到解耦。

② 储热设备出力未得到优化。储热罐在日间的出力是满功率运行直至热能

释放殆尽。这样的运行方式未充分考虑负荷变化以及其他机组设备的运行情况。若能在负荷预测的前提下，将储热罐的出力更有针对性地用于高峰热负荷时段，将能更好地起到削峰填谷的效应。

③ 系统热惯性未能充分利用。从图 7-21 中可以看到，在这一时段中热负荷峰谷波动明显，而系统运行调节则采取直接根据跟随负荷响应的方式启停设备，各机组设备配合形式单一。若能利用系统热惯性，将热能提前供应至系统中，当机组因运行经济性需要而在某一时段不能供应足够的热能时再将储存于系统一次侧循环水中的热能取出，从而增强机组运行的灵活性。

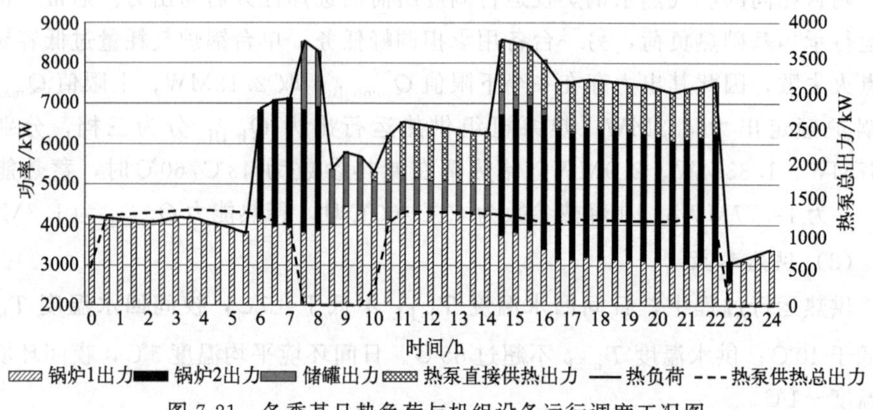

图 7-21 冬季某日热负荷与机组设备运行调度工况图

7.3.5.6 优化结果分析

利用仿真模型，结合基于热网储能的综合能源系统日前运行优化调度策略，针对所述供热工况调度展开优化分析。图 7-22 显示了考虑热网储热的设备优化运行调度方案（方案一）。可以看到，燃气锅炉 1 与热泵机组在第一个尖峰热负荷到来之前提前对供热系统循环水进行蓄热，6：00—7：00 时段利用循环水热惯性抵消一部分热负荷，稳定锅炉出力。此后，包括燃气锅炉 1、燃气锅炉 2、热泵机组以及储热罐在内的四个供热设备联合供能，且在考虑供热系统热惯性的基础上，供热负荷围绕用户需求热负荷曲线上下波动。此外，电负荷的波动情况被考虑在分时电价中，在高峰电负荷期间电价较高，热泵供热相比燃气锅炉供热不再经济。因此在高峰电负荷阶段主要由储热罐与燃气锅炉联合供热。此时，储热罐的供热过程相当于将电负荷平谷时期的热泵产热转移到电负荷峰值阶段，从而降低电负荷峰值时期的供热成本，也转移了电负荷峰值时期的供热电耗。

图 7-23 显示了未考虑热网储热的日前运行调度方案（方案二）。可以看到，由于未考虑热网热惯性，“源、荷”关系耦合紧密。若视储热罐也为源侧供热单位之一，源侧供热出力跟随热负荷曲线波动。相比于考虑热网储热的优化运行方

案，该方案中锅炉 1 出力波动明显加大，不利于设备寿命的维护，也增大了控制系统的调节负担。

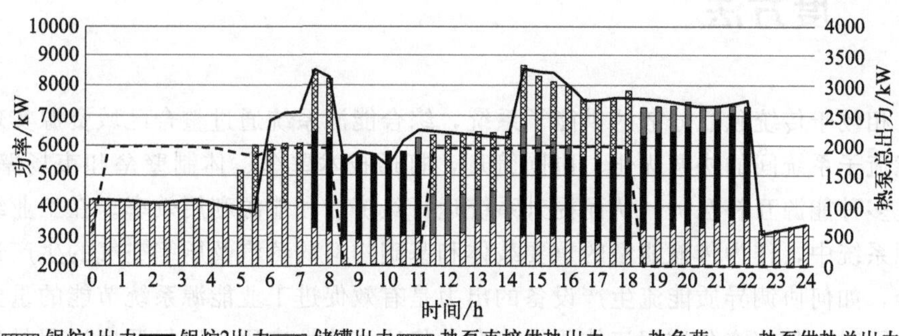

图 7-22　考虑热网储热的优化运行方案

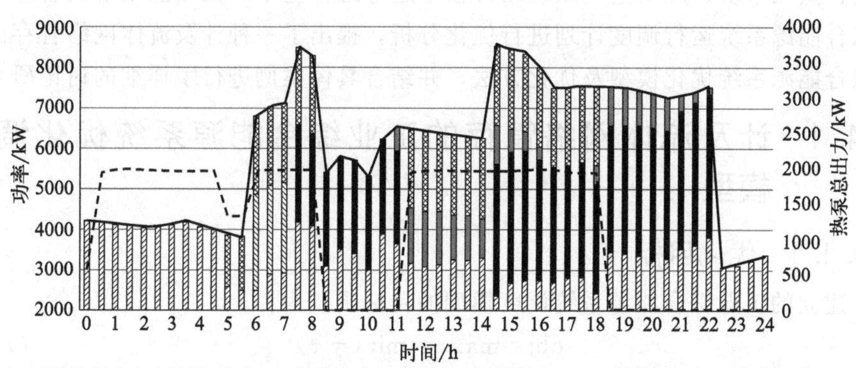

图 7-23　未考虑热网储热的优化运行方案

表 7-7 显示了方案一与方案二的经济性对比。可以看到，考虑热网储热的优化运行方案相比未考虑热网储热的方案更经济，且相较原方案节省运行成本达 1414 元。

表 7-7　方案对比

项目	天然气		电能				总费用 C/元
	耗量 V_g/m^3	费用 C_g/元	峰电电耗 $P_{grid}1$/kWh	平电电耗 $P_{grid}2$/kWh	谷电电耗 $P_{grid}3$/kWh	费用 C_{grid}/元	
原方案	12240	29377	2606	3510	3393	5430	34807
优化方案一	11709	28102	679	5661	4814	5292	33393
优化方案二	11753	28208	681	5668	4666	5252	33459

7.4 计及流体网络管存的工业综合能源系统优化调度方法

相较于传统独立分散的供能子系统，综合能源系统通过整合区域资源实现异质能流子系统间的协调优化、协同管理，打通技术壁垒、体制壁垒和市场壁垒，促进多种能源互补互济，从而提升系统运行经济性和能源利用效率。在工业综合能源系统中，作为传输能量的重要载体和基础物料的蒸汽及压缩空气的生产过程耦合，如何协调异质能流生产设备的出力是有效促进工业能源系统节能的重要手段。同时，如何充分挖掘流体网络管存并将这一特性应用于运行调度过程是进一步提升运行经济性、缓解供需实时平衡压力的重要支撑。针对这些问题，将电力系统、蒸汽系统、压缩空气系统结合在一起考虑，基于广义储能系统的管存对工业综合能源系统运行调度计划进行优化分析，提出了一种计及流体网络管存的工业综合能源系统优化模型及优化方法，并结合具体案例进行了详细的讨论研究。

7.4.1 计及流体网络管存的工业综合能源系统优化调度模型

7.4.1.1 优化目标

建立的工业综合能源系统调度模型的目标函数为：

$$\text{obj}=\max z=\min(-z) \tag{7-93}$$

$$z=\sum_{t=0}^{\tau}[F(t)-C(t)]\Delta t \tag{7-94}$$

$$F(t)=L^{e}[\Sigma P_{i,\text{chp}}(t)-\Sigma P_{i,\text{ec}}(t)]+L^{s}W^{s}(t)+L^{c}W^{c}(t) \tag{7-95}$$

$$C(t)=\Sigma C_{i,\text{chp}}(t)+\Sigma C_{i,\text{tp}}(t)+L^{g}\Sigma M_{i,\text{gb}}(t) \tag{7-96}$$

$$\begin{aligned}C_{i,\text{chp}}(t)=&\mu_{i,\text{chp}}^{1}P_{i,\text{chp}}^{2}(t)+\mu_{i,\text{chp}}^{2}P_{i,\text{chp}}(t)+\mu_{i,\text{chp}}^{3}\\&+\mu_{i,\text{chp}}^{4}H_{i,\text{chp}}^{2}(t)+\mu_{i,\text{chp}}^{5}H_{i,\text{chp}}(t)+\mu_{i,\text{chp}}^{6}P_{i,\text{chp}}(t)H_{i,\text{chp}}(t)\end{aligned} \tag{7-97}$$

$$C_{i,\text{tp}}(t)=\mu_{i,\text{tp}}^{1}H_{i,\text{tp}}^{2}(t)+\mu_{i,\text{tp}}^{2}H_{i,\text{tp}}(t)+\mu_{i,\text{tp}}^{3} \tag{7-98}$$

式中，obj 为目标函数；z 为调度周期内总净收益，元；τ 为调度周期，h；$F(t)$为单位时间内总收益，元/h；$C(t)$ 为单位时间内总成本，元/h；Δt 为调度步长，h；L^{e}、L^{s}、L^{c} 分别为电力售价、蒸汽售价和压缩空气售价，单位为元/kWh、元/kg、元/m^3；$W^{s}(t)$为单位时间内总蒸汽售量，kg/h；$W^{c}(t)$ 为单位时间内总压缩空气售量，kg/h；$C_{i,\text{chp}}(t)$、$C_{i,\text{tp}}(t)$分别为热电联产机组和火电机组的成本，元/h；$M_{i,\text{gb}}(t)$为燃气锅炉的成本，元/h；$\mu_{i,\text{chp}}$、$\mu_{i,\text{tp}}$ 分别为热电联产机组和火电机组的成本系数；L^{g} 为天然气购入价格，元/m^3。

7.4.1.2 约束条件

（1）设备运行约束

1）热电联产机组

热电联产机组电出力、热出力及其爬坡速率均要保证在安全范围内，即：

$$P_{i,\mathrm{chp}}^{\min} \leqslant P_{i,\mathrm{chp}}(t) \leqslant P_{i,\mathrm{chp}}^{\max} \tag{7-99}$$

$$0 \leqslant H_{i,\mathrm{chp}}(t) \leqslant H_{i,\mathrm{chp}}^{\max} \tag{7-100}$$

$$-\Delta P_{i,\mathrm{chp}}^{\mathrm{down}} \leqslant [P_{i,\mathrm{chp}}(t)+\xi H_{i,\mathrm{chp}}(t)]-[P_{i,\mathrm{chp}}(t-1)+\xi H_{i,\mathrm{chp}}(t-1)] \leqslant \Delta P_{i,\mathrm{chp}}^{\mathrm{up}} \tag{7-101}$$

式中，$P_{i,\mathrm{chp}}^{\min}$、$P_{i,\mathrm{chp}}^{\max}$ 分别为热电联产机组 i 的最小、最大电出力，kW；$H_{i,\mathrm{chp}}^{\max}$ 为热电联产机组 i 的最大热出力，kW；$\Delta P_{i,\mathrm{chp}}^{\mathrm{down}}$、$\Delta P_{i,\mathrm{chp}}^{\mathrm{up}}$ 分别为最大向下和向上爬坡速率，kW/h；ξ 为热电调换比，指每单位热出力需要的蒸汽放热量如果进入汽轮机后续气缸可生产的电量。

“以热定电”的抽凝式热电联产机组受机组热电约束影响，其发电功率和供热功率存在很强的耦合关系。当机组的供热出力确定后，发电出力调节范围也会一并确定，进而影响了其调峰能力。抽凝式热电联产机组的热电约束描述为：

$$\begin{cases} -k_{\mathrm{CD}}H_{i,\mathrm{chp}}(t)+P_{i,\mathrm{chp}}^{\min} \leqslant P_{i,\mathrm{chp}}(t) \leqslant P_{i,\mathrm{chp}}^{\max}-k_{\mathrm{AB}}H_{i,\mathrm{chp}}(t) & 0 \leqslant H_{i,\mathrm{chp}} \leqslant H_{i,\mathrm{chp}}^{\mathrm{mid}} \\ P_{i,\mathrm{chp}}^{\min}-(k_{\mathrm{CD}}+k_{\mathrm{BC}})H_{i,\mathrm{chp}}^{\mathrm{mid}}+k_{\mathrm{BC}}H_{i,\mathrm{chp}}(t) \leqslant P_{i,\mathrm{chp}}(t) \leqslant P_{i,\mathrm{chp}}^{\max}-k_{\mathrm{AB}}H_{i,\mathrm{chp}}(t) & H_{i,\mathrm{chp}}^{\mathrm{mid}} \leqslant H_{i,\mathrm{chp}} \leqslant H_{i,\mathrm{chp}}^{\max} \end{cases} \tag{7-102}$$

式中，$P_{i,\mathrm{chp}}(t)$、$H_{i,\mathrm{chp}}(t)$ 分别为抽凝式热电联产机组 i 的电出力和热出力，kW；$P_{i,\mathrm{chp}}^{\min}$、$P_{i,\mathrm{chp}}^{\max}$ 分别为最小和最大电出力，kW；$H_{i,\mathrm{chp}}^{\mathrm{mid}}$、$H_{i,\mathrm{chp}}^{\max}$ 分别为热出力的中间值和最大值，kW。其中，设 k_{dn} 为机组总耗煤量不变时每增加单位供热量对应发电量的减少量。k_{AB} 为最大电出力下的 k_{dn} 值；k_{CD} 为最小电出力下的 k_{dn} 值；k_{BC} 为机组背压曲线的斜率，表示机组在最小凝气工况下运行时的电热弹性系数。

2）燃气锅炉

燃气锅炉在蒸汽供热系统中往往承担调峰作用，参与出力负荷的快速调节过程，其运行受到出力约束和爬坡约束的限制：

$$H_{i,\mathrm{gb}}^{\min} \leqslant H_{i,\mathrm{gb}}(t) \leqslant H_{i,\mathrm{gb}}^{\max} \tag{7-103}$$

$$-\Delta H_{i,\mathrm{gb}}^{\mathrm{down}} \leqslant H_{i,\mathrm{gb}}(t)-H_{i,\mathrm{gb}}(t-1) \leqslant \Delta H_{i,\mathrm{gb}}^{\mathrm{up}} \tag{7-104}$$

式中，$H_{i,\mathrm{gb}}^{\min}$、$H_{i,\mathrm{gb}}^{\max}$ 分别为燃气锅炉的最小和最大热出力，kW；$\Delta H_{i,\mathrm{gb}}^{\mathrm{down}}$、$\Delta H_{i,\mathrm{gb}}^{\mathrm{up}}$ 分别为最大向下和向上爬坡速率，kW/h。

3）电动空压机

确保空压机中压缩空气流量不超过容量上限是保障电动空压机安全运行的关

键，即：

$$V_{i,\mathrm{eca}}^{\mathrm{c}}(t) \leqslant V_{i,\mathrm{eca}}^{\mathrm{c,max}} \tag{7-105}$$

式中，$V_{i,\mathrm{eca}}^{\mathrm{c}}(t)$为在 t 时刻下电动空压机 i 内压缩空气体积流量，$\mathrm{m^3/s}$；$V_{i,\mathrm{eca}}^{\mathrm{c,max}}$ 为压缩空气体积容量上限，$\mathrm{m^3}$。

另外，压缩空气体积流量和质量流量的关系描述为：

$$G_{i,\mathrm{eca}}^{\mathrm{c}}(t) = V_{i,\mathrm{eca}}^{\mathrm{c}}(t)\rho^{\mathrm{c}} \tag{7-106}$$

式中，ρ^{c} 为压缩空气密度，$\mathrm{kg/m^3}$。

4）火电机组-汽拖空压机

背压式机组的运行约束表达为：

$$H_{i,\mathrm{tp}}^{\min} \leqslant H_{i,\mathrm{tp}}(t) \leqslant H_{i,\mathrm{tp}}^{\max} \tag{7-107}$$

$$-\Delta H_{i,\mathrm{tp}}^{\mathrm{down}} \leqslant H_{i,\mathrm{tp}}(t) - H_{i,\mathrm{tp}}(t-1) \leqslant \Delta H_{i,\mathrm{tp}}^{\mathrm{up}} \tag{7-108}$$

式中，$H_{i,\mathrm{tp}}^{\min}$、$H_{i,\mathrm{tp}}^{\max}$ 分别为燃煤机组-汽拖空压机 i 的最小和最大热出力，kW；$\Delta H_{i,\mathrm{tp}}^{\mathrm{down}}$、$\Delta H_{i,\mathrm{tp}}^{\mathrm{up}}$ 分别为最大向下和向上爬坡速率，kW/h。

汽拖空压机部分的运行约束与电动空压机相似，描述为：

$$V_{i,\mathrm{tp}}^{\mathrm{c}}(t) \leqslant V_{i,\mathrm{tp}}^{\mathrm{c,max}} \tag{7-109}$$

$$G_{i,\mathrm{tp}}^{\mathrm{c}}(t) = V_{i,\mathrm{tp}}^{\mathrm{c}}(t)\rho^{\mathrm{c}} \tag{7-110}$$

式中，$V_{i,\mathrm{tp}}^{\mathrm{c,max}}$ 为压缩空气体积容量上限，$\mathrm{m^3}$。

（2）能源网络运行约束

在“电-热-气”耦合系统中，一般通过约束网络出力上下限将流体网络管存纳入运行优化决策过程。这种方式的本质是将流体网络直接比拟成传统储能设备。然而，流体网络储放能出力的独立性和灵活性不能简单与传统储能设备等量，受系统实时运行工况约束。因此，这种优化模型与实际物理系统的运行存在偏差，其计算的优化方案可能并不是实际系统的最优运行方案。将流体网络的出力约束变换为流体网络潮流和运行范围约束，使得优化模型在满足流体网络储放能约束的基础上满足动态运行的潮流约束，使优化方案更具适用性和应用价值。

流体潮流网络约束包括节点-支路压力连续性约束、节点流量混合约束、时频域变换约束和网络潮流约束，即：

$$\widetilde{p}_{\mathrm{mo},k}^{i,\mathrm{S}} = \widetilde{p}_{n,k}^{i,\mathrm{N}} \tag{7-111}$$

$$\widetilde{p}_{\mathrm{mi},k}^{i,\mathrm{E}} = \widetilde{p}_{n,k}^{i,\mathrm{N}} \tag{7-112}$$

$$\sum_{\mathrm{mi}=1}^{\mathrm{MI}} \widetilde{G}_{\mathrm{mi},k}^{i,\mathrm{E}} + \widetilde{G}_{\mathrm{mc},k}^{i,\mathrm{N}} = \sum_{\mathrm{mo}=1}^{\mathrm{MO}} \widetilde{G}_{\mathrm{mo},k}^{i,\mathrm{S}} + \widetilde{G}_{\mathrm{mw},k}^{i,\mathrm{N}} \tag{7-113}$$

$$\widetilde{G}_{n,k}^{i,\mathrm{N}} = \sum_{w=-K^i+1}^{K^i} G_{n,w\Delta\tau}^{i,\mathrm{N}} \mathrm{e}^{-\mathrm{j}k\Omega w\Delta\tau} \tag{7-114}$$

式中，$\widetilde{p}_{\mathrm{mo},k}^{i,\mathrm{S}}$ 为频域内 k 频率下能流 i 的流出管道 mo 的首端压力，MPa；$\widetilde{p}_{n,k}^{i,\mathrm{N}}$ 为节点 n 的压力，MPa；$\widetilde{p}_{\mathrm{mi},k}^{i,\mathrm{E}}$ 为流进管道 mi 的末端压力，MPa；$\widetilde{G}_{\mathrm{mi},k}^{i,\mathrm{E}}$ 为流进管道 mi 的末端流量，kg/s；MI 为流进管道总数；$\widetilde{G}_{\mathrm{mc},k}^{i,\mathrm{N}}$ 为设备出力流量，kg/s；$\widetilde{G}_{\mathrm{mo},k}^{i,\mathrm{S}}$ 为流出管道 mo 的首端流量，kg/s；MO 为流出管道总数；$\widetilde{G}_{\mathrm{mw},k}^{i,\mathrm{N}}$ 为用户流量，kg/s；$\widetilde{G}_{n,k}^{i,\mathrm{N}}$ 为第 n 个节点的流量，kg/s；K^{i} 为能流 i 的调度时段个数；$G_{n,w\Delta\tau}^{i,\mathrm{N}}$ 为时域内第 $w\Delta\tau$ 个调度时段的流量，kg/s；j 为虚数单位；Ω 为基波频率，Hz。

流体网络运行范围约束描述为：

$$p_n^{\min} \leqslant p_n^i(t) \leqslant p_n^{\max} \tag{7-115}$$

$$G_n^{\min} \leqslant G_n^i(t) \leqslant G_n^{\max} \tag{7-116}$$

式中，$p_n^i(t)$ 为时域下节点 n 的压力，MPa；$G_n^i(t)$ 为节点 n 的流量，kg/s；$p_n^{\min}$、$p_n^{\max}$ 分别为运行压力上下限，MPa；$G_n^{\min}$、$G_n^{\max}$ 分别为运行流量上下限，定义为满足安全约束的最大/小流量，kg/s。

至此，建立起了考虑流体网络管存的工业综合能源系统优化调度模型。当不考虑流体网络管存时，工业综合能源系统动态优化调度模型退化为稳态调度模型。

7.4.1.3　优化调度模型求解

采用标准遗传算法求解计及流体网络管存的工业综合能源系统调度优化模型，其关键求解步骤如下：

① 随机生成初始种群，记为父代种群，种群数量为 N_{GA}，种群中每个个体由所需要优化的系统参数构成，包括热电联产机组的热出力、火电机组的热出力、燃气锅炉的热出力、电动空压机的压缩空气出力等。

② 根据调度优化目标函数日运行效益计算父代种群每个个体对应的适应度值。

③ 根据适应度值设置不同的选择概率从父代种群中选择同等数量的种群（单个个体可被多次选择），并对选择好的种群进行交叉、变异操作，生成子代种群。

④ 采用扩大的采样空间，将父代种群与子代种群合并，保证双亲和子代有同样的生存竞争机会，这一代种群数目为 $2N_{\mathrm{GA}}$。对新种群再进行一次选择，适应度较优的个体被选中概率更大（概率更大并不代表一定选中），这种方法可以保证具有更大的选择范围，从而获得全局最优，避免陷入局部最优。完成选择操作后，新生成的父代种群数目为 N_{GA}。

⑤ 对于新生成的父代种群，再次进行选择、交叉、变异三个基本操作。然

后依次类推、循环操作，直到满足算法终止条件，得到最优解。

7.4.2 算例仿真分析

算例以我国浙江某工业综合能源系统为基础，根据该区域的未来发展规划，针对该区域的流体网络展开仿真和管存分析，进而利用优化调度方法，建立了该区域工业综合能源系统优化调度模型，对系统最佳运行方案和优化前后的系统性能展开研究和分析。

7.4.2.1 算例介绍

该区域为园区内部用户提供不同品质的蒸汽和压缩空气，根据提供能流的品质可将供能设备划分为几个子系统。选取该区域中一个工业综合能源子系统作为研究对象，其结构及能流如图 7-24 所示。目前该系统主要负责向几个重要用户供应低压蒸汽和低压压缩空气。蒸汽负荷由热电联产机组和火电机组提供，压缩空气负荷由汽拖空压机和电动空压机提供。热电联产机组和火电机组都是燃煤机组。火电机组中，锅炉产生蒸汽并进入汽轮机做功，带动空压机转动从而产生压缩空气；汽轮机排汽直接进入蒸汽网络向用户供汽。热电联产机组中，生产的电能在支撑电动空压机运行后直接上网，在汽轮机中段抽取蒸汽作为蒸汽热源向用户供热。由两个机组供应的蒸汽在入网前共同并入蒸汽母管。各机组参数配置如表 7-8、表 7-9 所示。另外，该系统中的压缩空气网络已投入运行，其供应压力为 0.80MPa，额定供应量为 2500m^3/min。但由于现场未配置数据采集器，无法获取压缩空气网络运行及用户的实时用汽参数，该园区的供气负荷约为 130t/h。

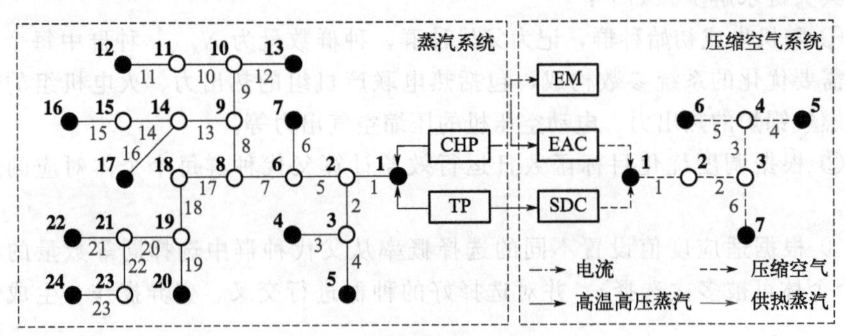

图 7-24 算例系统结构图

表 7-8 能源设备的技术参数

设备类型	参数	单位	数值
热电联产	额定功率($P_{chp}^{max}/P_{chp}^{min}/H_{chp}^{max}$)	MW	125/45/135
	爬坡功率(占比)	%/h	10
	成本参数($\mu_{chp}^{1}/\mu_{chp}^{2}/\mu_{chp}^{3}/\mu_{chp}^{4}/\mu_{chp}^{5}/\mu_{chp}^{6}$)	—	0.0435/13/1460/0.02/0.7/0.011

续表

设备类型	参数	单位	数值
热电联产	参数($k_{AB}/k_{BC}/k_{CD}$)	—	0.11/1.17/0.07
背压机组	额定功率	MW	35
	爬坡功率(占比)	%/h	10
	成本参数($\mu_{tp}^1/\mu_{tp}^2/\mu_{tp}^3$)	—	4.05/10.55/104.26
汽拖空压机	额定产气量	m^3/min	1500
	爬坡功率(占比)	%/h	20
	最小功率	%	20
	多级压比($\gamma_1/\gamma_2/\gamma_3$)	—	1/2.38/3.18
	绝热系数	—	0.29
电动空压机	额定产气量	m^3/min	1000
	爬坡功率(占比)	%/h	20
	最小功率	%	20
	多级压比($\gamma_1/\gamma_2/\gamma_3$)	—	1/2.38/3.18
	绝热系数	—	0.29

表 7-9　算例压缩空气网络参数

管道	长度/km	管径/mm	摩擦系数	管道	长度/km	管径/mm	摩擦系数
1	1.290	400	0.1	4	2.834	600	0.1
2	2.919	800	0.1	5	2.300	400	0.1
3	1.340	800	0.1	6	1.350	400	0.1

7.4.2.2　算例验证

建立上述系统的流体网络动态模型，并基于蒸汽网络的运行数据开展了模型校验。随机选取了 2021 年 12 月某日内 10 小时的运行数据展开模型验证。由于热电联产机组和火电机组供应的蒸汽汇合后入网，将两个机组的供热总出力作为热源节点 1 的总供应量。本算例中，该网络节点 1 为源侧，共有 10 个用户。由节点 1 供应的蒸汽量为 220t/h，供汽压力为 0.67MPa，供汽温度为 280℃。将所有用户的蒸汽用量和蒸汽热源的出口压力作为边界条件进行仿真，蒸汽网络参数及工况如表 7-10 所示。

表 7-10　算例蒸汽网络参数及运行工况

管道	长度/km	管径/mm	摩擦系数	节点	压力/MPa	流量/(kg/s)
1	0.059	600	0.05	1	0.67	待求
2	0.273	350	0.05	2	待求	0

续表

管道	长度/km	管径/mm	摩擦系数	节点	压力/MPa	流量/(kg/s)
3	0.118	250	0.05	3	待求	0
4	0.099	300	0.05	4	待求	4.47
5	0.120	600	0.05	5	待求	6.86
6	0.029	350	0.05	6	待求	0
7	0.110	600	0.05	7	待求	3.39
8	0.042	600	0.05	8	待求	0
9	0.282	450	0.05	9	待求	0
10	0.053	250	0.05	10	待求	0
11	0.023	450	0.05	11	待求	3.98
12	0.020	350	0.05	12	待求	0
13	0.028	450	0.05	13	待求	7.77
14	0.023	350	0.05	14	待求	0
15	0.151	600	0.05	15	待求	7.16
16	0.314	450	0.05	16	待求	0
17	0.114	400	0.05	17	待求	0
18	0.090	450	0.05	18	待求	9.89
19	0.019	350	0.05	19	待求	0
20	0.010	450	0.05	20	待求	6.14
21	0.044	300	0.05	21	待求	0
22	0.014	450	0.05	22	待求	5.25
23	0.102	350	0.05	23	待求	0
				24	待求	5.74

其中，源侧压力和用户侧流量为已知条件，求解各个节点的剩余状态参数。表中标注的压力和流量为该节点的初始状态参数。输入数据时间间隔为 1min，本算例的仿真参数设置如表 7-11 所示。将待求的运行参数计算数据与实际测量值进行对比，获得了如图 7-25 所示的蒸汽网络的仿真校验结果。

表 7-11　蒸汽子系统仿真参数

仿真模型参数	Δv_{d}	T_{b}	dt_{sd}	ε_{tr}^{st}	τ_{tf}
参数值	0.01m/s	550.15K	10s	0.1%	300s

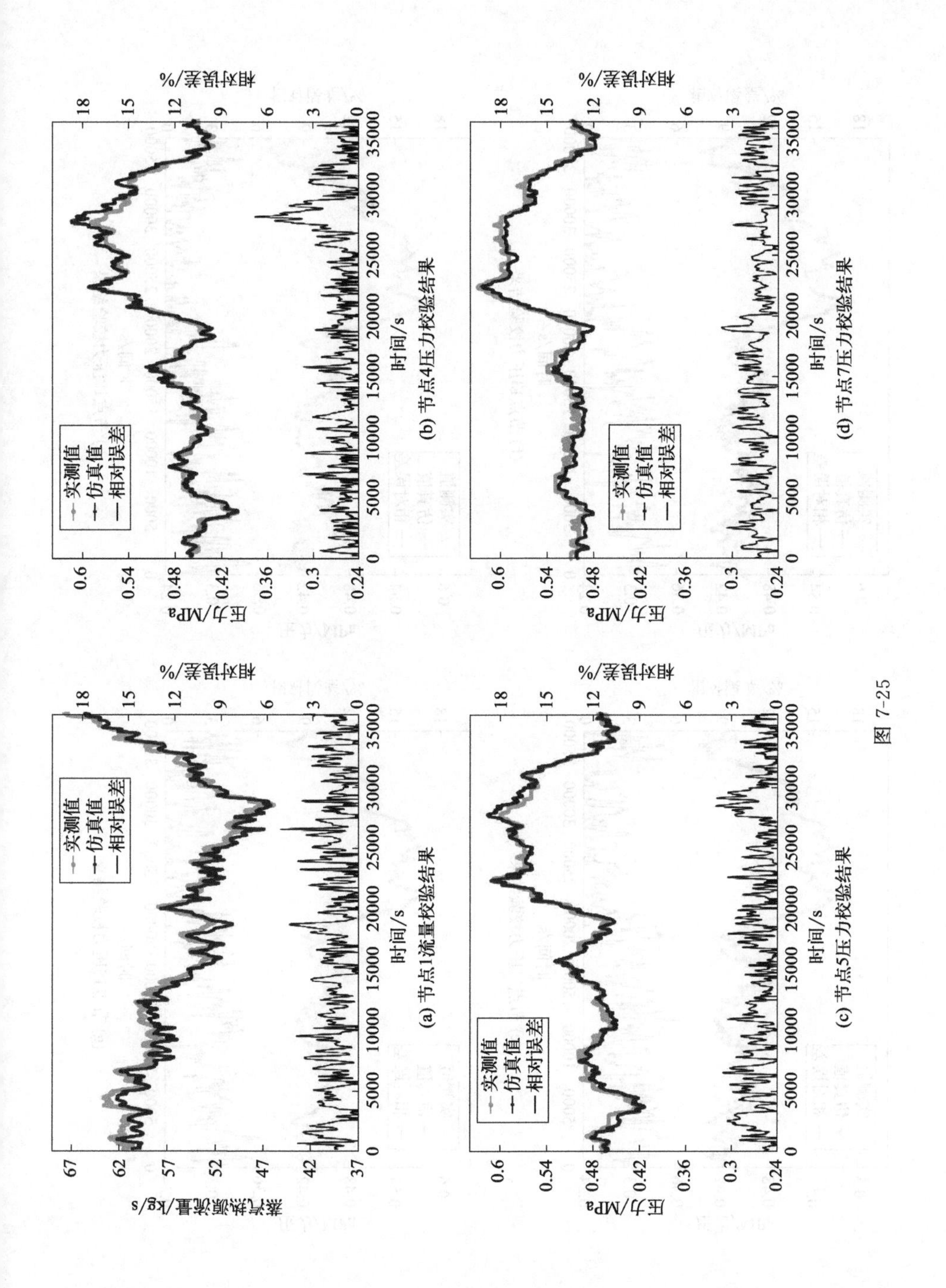
实测值
仿真值
相对误差
蒸汽热源流量/kg/s
压力/MPa
相对误差/%
时间/s
(a) 节点1流量校验结果
(b) 节点4压力校验结果
(c) 节点5压力校验结果
(d) 节点7压力校验结果

图 7-25

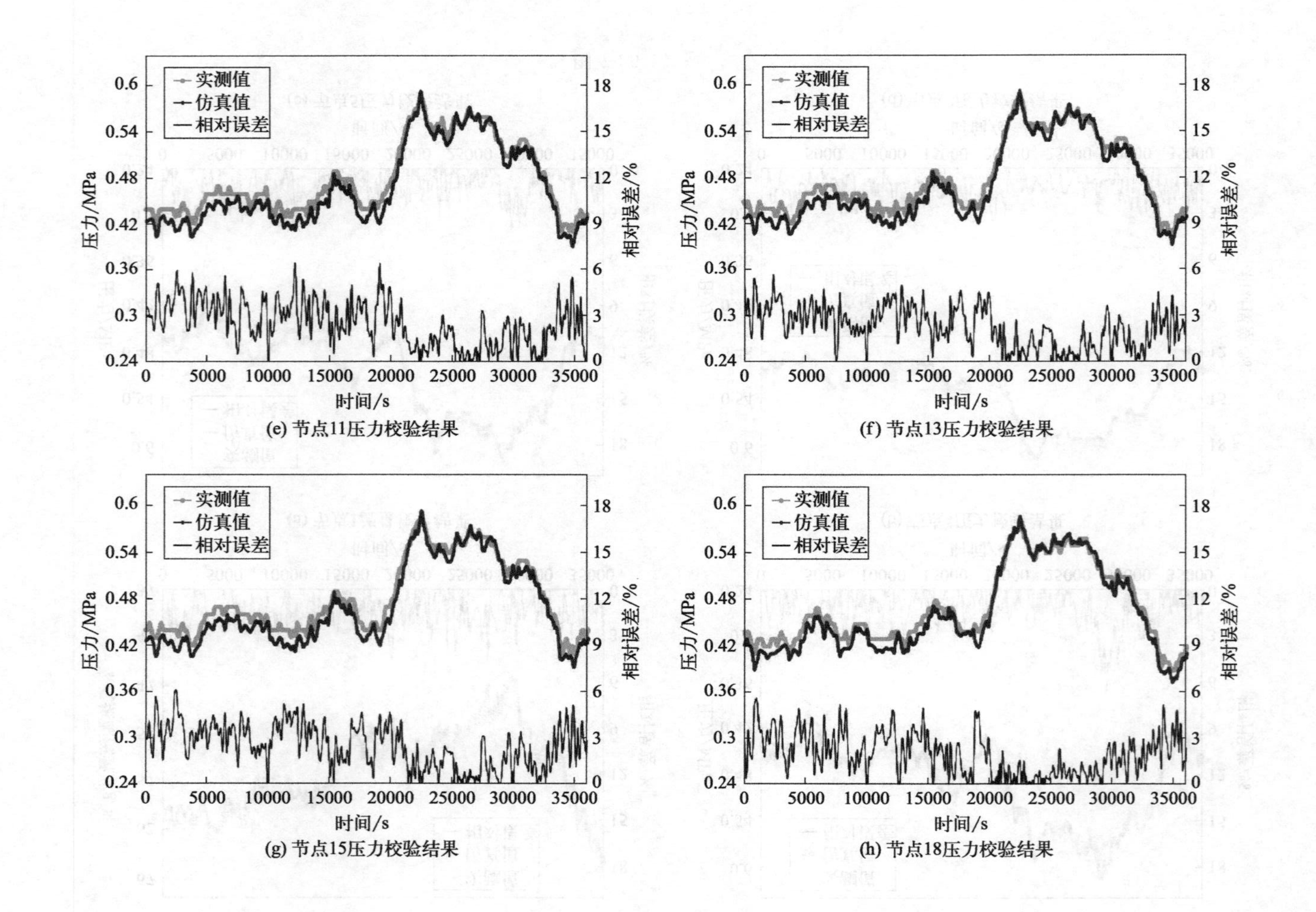

(e) 节点11压力校验结果

(f) 节点13压力校验结果

(g) 节点15压力校验结果

(h) 节点18压力校验结果

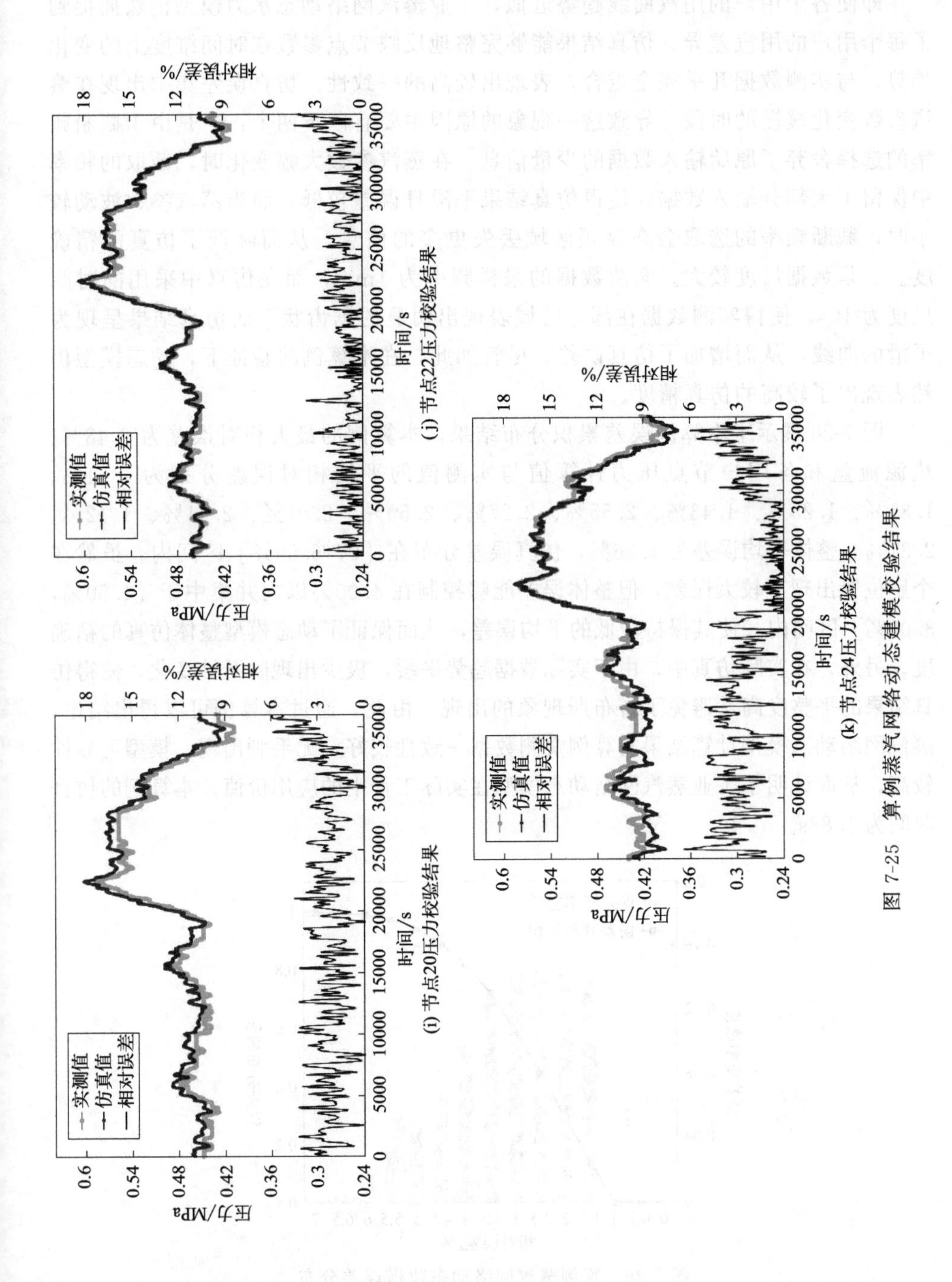

图 7-25　算例蒸汽网络动态建模校验结果

即使各个用户的用汽曲线趋势近似，工业蒸汽网络动态水力模型仍然捕捉到了每个用户的用汽差异。仿真结果能够完整地反映节点参数在时间维度上的变化趋势，与实测数据几乎完全重合，表现出较高的一致性。仿真误差集中出现在蒸汽参数变化缓慢的时段。导致这一现象的原因主要有以下两个：一是由于截断频率的选择舍弃了原始输入数据的少量信息。在蒸汽参数大幅变化时，截取的频率中保留了大部分输入数据，使得仿真结果平滑且误差较低；而当蒸汽参数波动较小时，截断频率的选取会在高频区域丢失更多的信息，从而降低了仿真的精确度。二是数据尺度较大。实测数据的采样频率为 1min，而在仿真中采用的时间尺度为 10s，使得实测数据在部分区域表现出明显的锯齿状，而仿真结果呈现为平滑的曲线，从而增加了仿真误差。尽管如此，在本算例的验证下，动态模型仍然表现出了较高的仿真精度。

图 7-26 展示了本算例误差累积分布结果，本算例的最大相对误差为 6.48%，热源流量和各用户节点压力计算值与实测值的平均相对误差分别为 1.61%、1.31%、1.25%、1.43%、2.55%、2.27%、2.50%、2.01%、2.41%、1.12%、2.31%。整体平均误差为 1.86%，仿真误差分布在［0，6.50%］区间内。虽然在个别位置出现了较大误差，但整体误差能够控制在 4.00%以内并集中于［1.50%，3.00%］区间内，使其保持较低的平均误差，从而保证了动态模型整体仿真的精确度。另外，在实际仿真中，由于实际数据趋势平缓，极少出现阶跃性变化，使得仿真结果的平整度高，避免了吉布斯现象的出现。由此，通过本算例可以得出结论，蒸汽网络动态模型计算结果与算例实测数据一致性较好，无毛刺出现，模型可靠性较高，从而证明了工业蒸汽网络动态模型在实际工程中的应用价值。本算例的仿真时间为 1.88s。

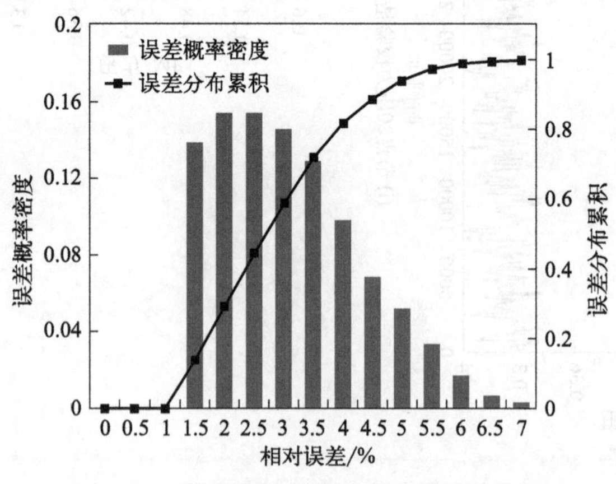

图 7-26 算例蒸汽网络动态建模误差分布

7.4.2.3 算例优化结果及分析

首先对该工业综合能源系统中两个流体网络的储能潜力进行量化评估，以校验其系统设计配置方案。将该蒸汽供应系统在2021年12月的历史运行数据作为量化研究的基础数据。其中，以0.5h为调度步长，以一天为调度周期划分12月的历史运行数据，从而计算该系统的必需储能量。同样地，将3个用户的2个星期的总用能数据作为量化计算该压缩空气网络必需储能量的基础。两个网络储能关键参数结果如表7-12所示。求解算法的参数设置为：种群大小 $N_{GA}=50$；选择算子采用轮盘赌选择策略；交叉算子采用两点交叉方法，交叉点随机选择；变异率为0.01；最大迭代次数maxGen＝1000。

表7-12　算例流体网络储能关键参数及设计满足度

项目	必需储能量/kg	(最大/小储能量)/kg	设计满足度
蒸汽网络	5.35	368.47/334.98	1
压缩空气网络	15.66	4580.85/3562.88	1

经计算，由最大/小储能量构成的蒸汽网络储能安全可行空间为［334.98，368.47］，压缩空气为［3562.88，4580.85］。在实际运行过程中，两个流体网络中的能源介质当前储存量应保持在这个范围内。另外，蒸汽网络和压缩空气网络对两个子系统的设计满足度都为1，即网络储能能力能够完全满足子系统的调度需求，无需配置额外物理储能设备。量化评估结果与实际系统设计方案相同，证明了该工业综合能源系统规划的合理性。

为验证工业综合能源系统调度优化模型的有效性，并进一步说明流体网络管存在调度优化过程中发挥的作用，以工业综合能源系统运行调度24小时为研究周期，以运行经济性为优化目标，设置了4个运行场景进行分析对比：

场景1：不考虑蒸汽网络管存，不考虑压缩空气网络管存；

场景2：考虑蒸汽网络管存，不考虑压缩空气网络管存；

场景3：不考虑蒸汽网络管存，考虑压缩空气网络管存；

场景4：考虑蒸汽网络管存，考虑压缩空气网络管存。

同样地，算例中在呈现优化结果时将机组出力流量作为优化变量以便于指导实际调控。在经济性参数方面，该区域的上网电价为0.4338元/kWh，蒸汽销售定价为64.80元/t，压缩空气销售定价为0.04元/m^3。表7-13所示为以运行经济性为优化目标，不同场景下各机组设备出力策略的运行参数。

在计及流体网络管存后，该系统的运行经济性显著提升。这是由于将流体网络管存纳入决策过程后，机组出力曲线将被优化。各机组的供能关系表现为：在蒸汽供热子系统中，由于热电联产机组联产电和蒸汽且其综合效益高于背压机组，当热电联产机组供热份额增加时，总运行效益将提升。在压缩空气供能子系统中，汽拖空压机的压缩空气产量受背压机组限制，而电动空压机则较为灵活，能够作为调峰机组及时调整出力响应负荷波动。当汽拖空压机供气份额增加时，意味着背压机组在蒸汽供热子系统中的供热份额也将增加，其出力变化带来的效益变化不是简单的单调关系，应具体计算。

表 7-13　不同场景下各设备出力情况

优化场景	总运行效益/万元	供热份额/%		供气份额/%	
		热电联产供热	背压机组供热	电动空压机供气	汽拖空压机供气
场景 1	24.51	61.95	38.05	32.76	67.24
场景 2	24.60	62.12	37.88	34.46	65.54
场景 3	25.00	62.53	37.47	34.74	65.26
场景 4	25.67	63.16	36.84	36.08	63.92

不同场景下的优化结果如图 7-27、图 7-28 所示。对比场景 1 和场景 2，在考虑蒸汽网络管存后，总运行效益提升。热电联产机组承担了约 60%的供热负荷，是供热子系统中承担基础负荷的机组。将蒸汽网络管存纳入决策过程中，降低了蒸汽供用能实时平衡的压力，优化了背压机组的出力曲线，增加了热电联产机组的供热份额，在售汽和售气效益保持相同的情况下，获得了更高的售电效益并降低了运行成本，使得场景 2 产生了 0.09 万元的额外效益，提升了 0.37%。然而，由于蒸汽网络规模较小且源侧机组存在出口压力限制，蒸汽网络的最大管存能力较小，效益提升有限。

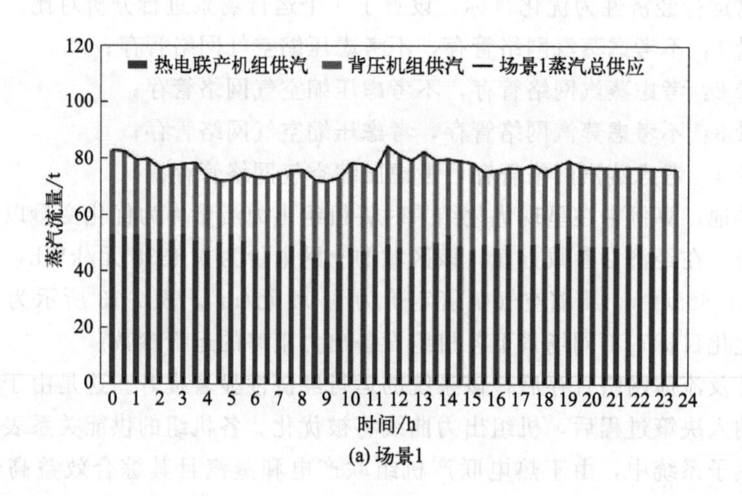

(a) 场景1

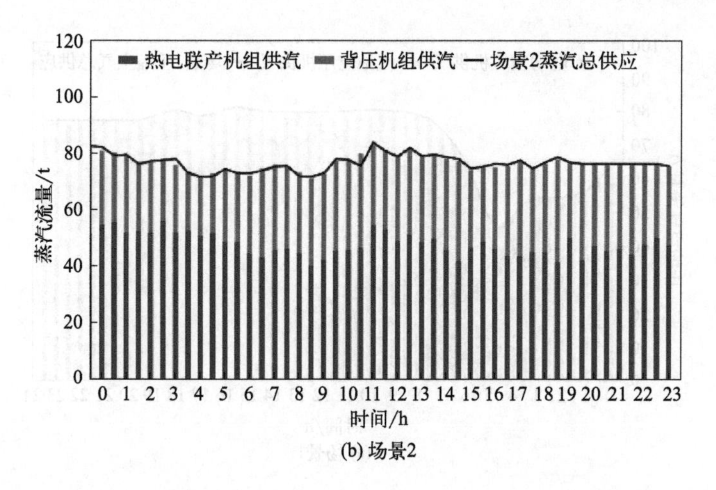

(b) 场景2

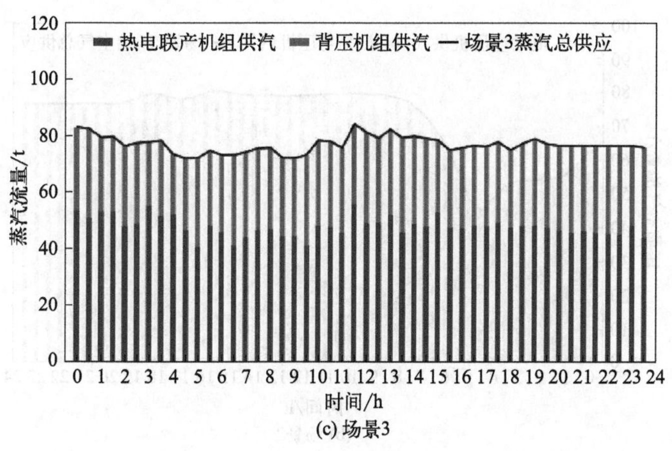

(c) 场景3

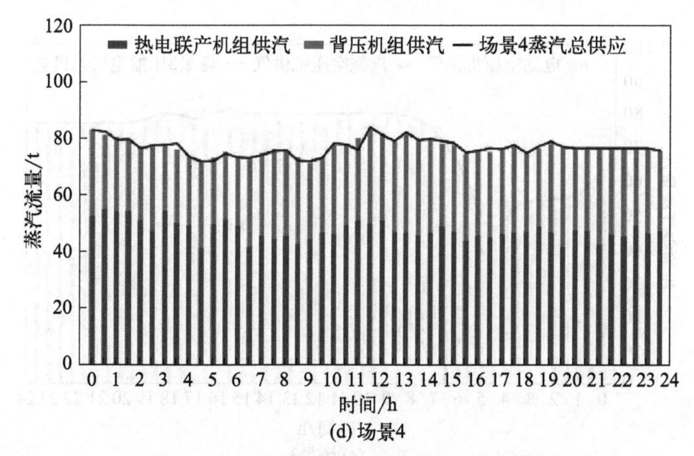

(d) 场景4

图 7-27　不同场景下各设备蒸汽供应情况

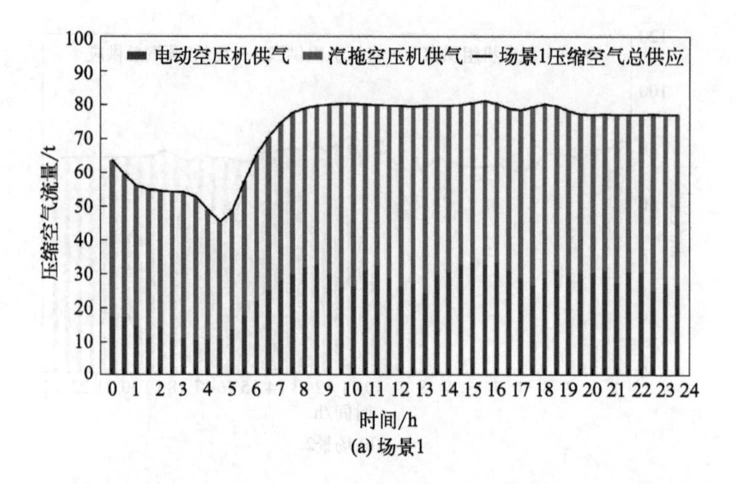

(a) 场景1

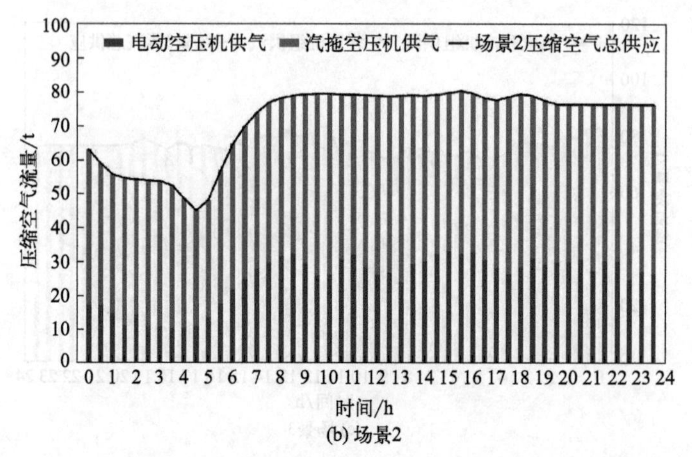

(b) 场景2

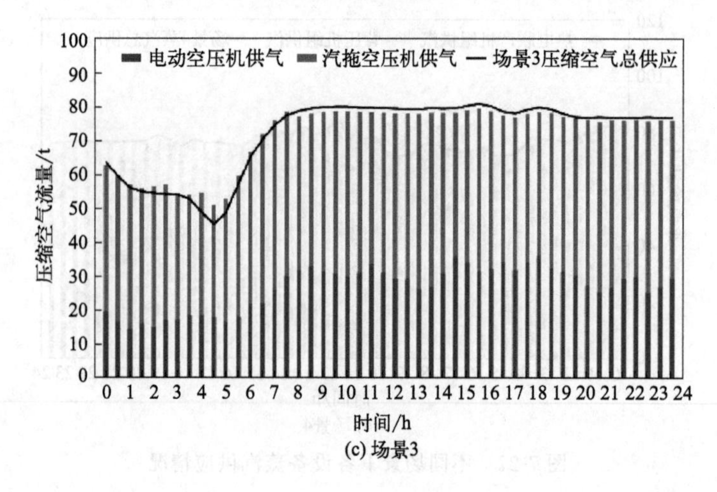

(c) 场景3

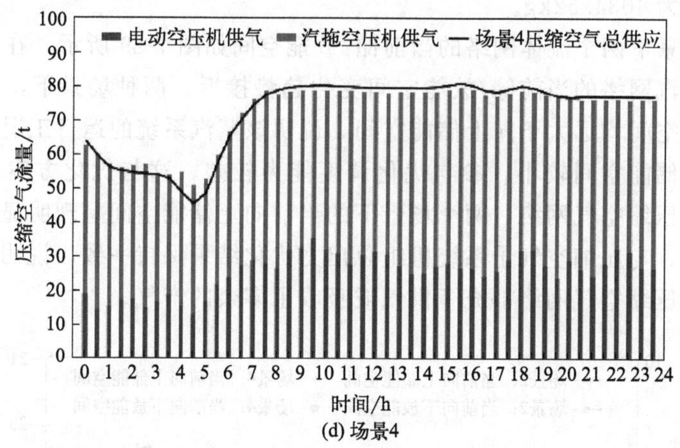

(d) 场景4

图 7-28 不同场景下各设备压缩空气供应情况

相较于场景 1，在考虑压缩空气网络管存后，场景 3 的压缩空气生产机组总出力呈现增加后减小的趋势。优化方案利用了压缩空气网络的管存，在用气需求快速爬升前的用气低谷处提前向网络内存储了部分压缩空气，在用气高峰时由压缩空气网络释放提前储存的气量补充供气，从而降低了机组在应对高峰需求时快速爬升负荷的难度和高峰负荷值，优化了电动空压机的出力曲线并增加了其出力份额。压缩空气网络的储能空间明显大于蒸汽网络，使得场景 3 相较于场景 2 获得了更高的总运行效益。相较于场景 1，场景 3 获得了额外的 0.49 万元效益，提升了 2.00%。

场景 4 考虑了两个流体网络的管存，进一步优化了机组的出力分配并提升了运行效益。从场景 1 到场景 4 的效益递增并不是简单的累加，在优化过程中，蒸汽网络和压缩空气网络间存在动态互动，一个流体网络的储放能策略优化将直接影响另一流体的生产出力调度。场景 4 下两个子系统的总供应出力与场景 2、场景 3 较为接近，但并不相同。在将两个流体网络的管存纳入决策过程后，整个工业综合能源系统的日运行效益增加了 1.16 万元，提升了 4.73%。

另外，从场景 1 到场景 4，随着热电联产机组供热份额和电动空压机供气份额的提升，运行效益不断增加。说明相较于“热气联产”的背压机组-汽拖空压机，热电联产机组和电动空压机共同生产热和气的经济效益更高，且灵活性更高。

针对上述场景评估两个流体网络的当前储/放能空间和运行利用率，当不考虑流体网络管存时，其流体网络运行利用率为 0，因此仅针对场景 2、场景 4 下的蒸汽网络和场景 3、场景 4 下的压缩空气网络开展量化评估。不同场景下同一流体网络的初始储能量相同，蒸汽网络初始储能量为 362.96kg，压缩空气网络初始储能量为 4034.52kg。

不同场景下两个流体网络的当前储/放能空间如图 7-29 所示。在场景 2 和场景 4 中，蒸汽网络的当前储/放能空间变化趋势接近。两种场景下，蒸汽网络当前向下放能空间均远大于向上储能空间，说明该蒸汽系统的运行工况趋近于安全上限，使其储能空间较小、参与优化调度能力较差，这与优化方案结果保持一致。而对于压缩空气网络，两个场景下的当前向上储能空间呈现明显的先减小后恢复的趋势，与压缩空气子系统机组总出力优化结果保持一致，说明在供需不平衡阶段，由压缩空气网络补充了供气或吸收了多余的产气。

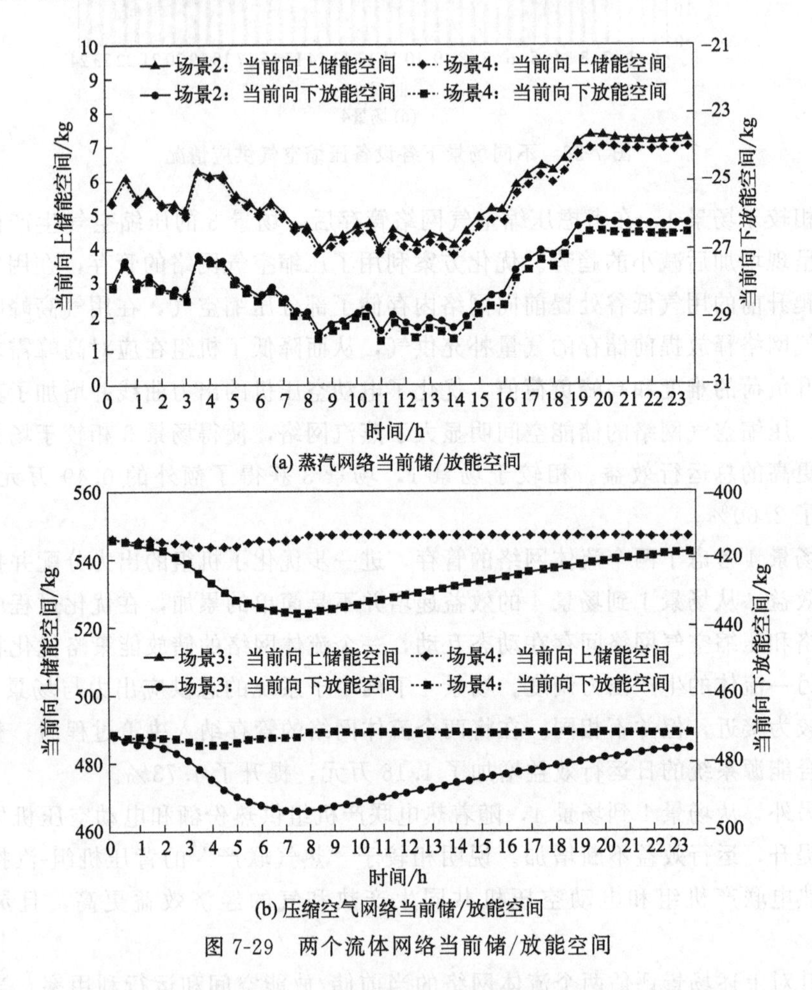

图 7-29　两个流体网络当前储/放能空间

图 7-30、图 7-31 分别展示了蒸汽网络和压缩空气网络在不同场景下的储/放能速率和累积储/放能变化量，并总结了两个流体网络在不同场景下的运行利用率（表 7-14）。储/放能速率体现供需之间的实时平衡关系，而累积储/放能变化

量描述储/放能速率的累积效应，反映流体网络在参与调度过程中的工作负荷。

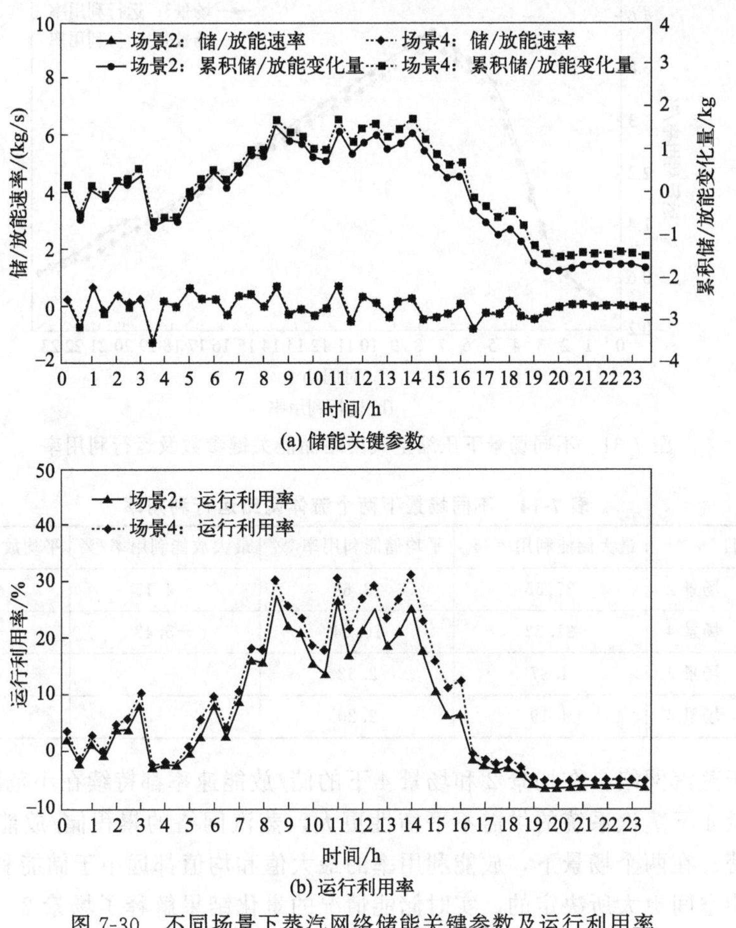

(a) 储能关键参数

(b) 运行利用率

图 7-30　不同场景下蒸汽网络储能关键参数及运行利用率

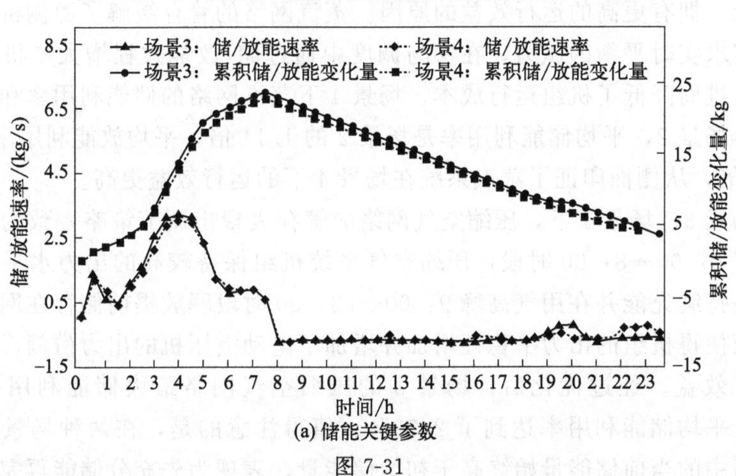

(a) 储能关键参数

图 7-31

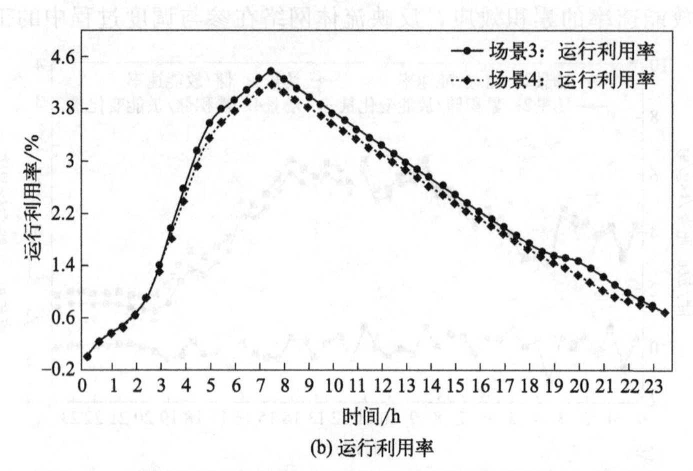

(b) 运行利用率

图 7-31 不同场景下压缩空气网络储能关键参数及运行利用率

表 7-14 不同场景下两个流体网络运行利用率

项目		最大储能利用率/%	平均储能利用率/%	最大放能利用率/%	平均放能利用率/%
蒸汽	场景 2	27.55	13.69	−4.15	−0.29
	场景 4	31.32	16.54	−5.43	−0.32
压缩空气	场景 3	4.37	2.33	—	—
	场景 4	4.19	2.20	—	—

对于蒸汽网络，在场景 2 和场景 4 下的储/放能速率都持续在小范围内波动，并在场景 4 下蒸汽系统的供需不平衡性更大，蒸汽网络的累积储/放能变化量波动更显著。在两个场景下，放能利用率的最大值和均值都远小于储能利用率，这是由放能空间更大所决定的。实时储能情况的量化结果解释了场景 2、场景 4 相较于场景 1 拥有更高的运行效益的原因。蒸汽网络的管存缓解了源侧机组出力需与用户需求实时平衡的压力，在参与调度中通过储/放能过程增大了机组出力优化空间，进而降低了机组运行成本。场景 4 下蒸汽网络的储能利用率和放能利用率均高于场景 2，平均储能利用率是场景 2 的 1.14 倍，平均放能利用率是场景 2 的 1.10 倍，从侧面印证了蒸汽系统在场景 4 下的运行效益更高。

在场景 3、场景 4 下，压缩空气网络的管存表现出调节策略一致的趋势。在用气低谷 0：00—8：00 时段，压缩空气系统机组保持较高的出力水平使得压缩空气网络持续充能并在用气高峰 9：00—23：00 时段释放提前储存在网络中的能量，从而使得机组的出力平稳性增加并增加了电动空压机的出力份额，从而提升了运行总效益。经过优化后，场景 3 的压缩空气网络最大储能利用率达到了 4.37%，平均储能利用率达到了 2.33%。值得注意的是，在两种场景下，压缩空气网络中的当前储能量始终高于初始储能量，表现为先充分储能再完全释放的特征，即将 0：00—8：00 时段储存的能量在 9：00—23：00 时段释放补充压缩空气供应，并在 23：00 时刻基本回到调度初期的状态。这说明优化后该网络的调度策略是单次储放能策略。在这种情况下，仅计算储能利用率即可量化表征流体网络的实时储放能情况。而在该算例下的蒸汽网络表现出多次储放能过程，其实时储放能情况需要由储能利用率和放能利用率共同量化评估。

场景 4 下，蒸汽网络的储/放能速率和累积储/放能变化量都远不及压缩空气网络，但其运行利用率却远高于压缩空气网络。这是不同网络的当前储/放能空间不同导致的，运行利用率仅适用于同一网络在不同工况下的实时储能情况评估。

另外，由于蒸汽网络的规模和运行压力限制，其储能可调空间远小于压缩空气网络，使得在调度过程中，能够作为调度量参与调度优化的空间很小，限制了蒸汽网络的储/放能速率，使得场景 2 运行效益低于场景 3。而在场景 4 下，该系统充分利用了两个流体网络的管存和可行储能空间，使得机组的出力较考虑单一流体网络的场景 2、场景 3 进一步被优化，表现出更高的平稳性和经济性，从而获得了更高的运行效益。当两个流体网络的管存同时作为可调量参与调度时，流体网络间能量的动态输运和储存存在耦合，使场景 4 收获了较场景 2、场景 3 增幅更大的效益。

最后，广义储能设备的充放能并不能像传统储能设备那样独立、灵活，受到了流体网络的潮流约束和运行范围约束，使得优化方案中流体网络的累积储/放能变化量远小于其储能空间。相较于直接将流体网络比拟为虚拟储罐并将流体网络出力作为约束的优化模型，模型计算结果与实际的物理运行过程更相符，更具有实际运行优化的适用性和实用价值。

总体而言，储能关键参数和管存量化指标能够量化评估同一流体网络在不同场景或运行工况下的实时储能情况。将流体网络的储能能力作为可调度量参与到优化决策过程中，并从运行机理上解释优化方案的优势及不同场景的差异，是促进工业综合能源系统提升运行效益和能源转换效率的重要支撑。

7.5　总结

本章首先基于图论原理建立了多能流系统网络模型，从流体网络特点出发，在引入了参考温度和理想气体的重要假设后，提出了一种动态解析模型，实现了对大规模流体网络多时间尺度仿真。针对流体网络管存动态量化指标彼此分立、未形成覆盖规划和运行过程的量化体系的问题，本章提出了一种涵盖储能关键参数和评估指标的流体网络动态管存量化模型，实现对流体网络的储能潜力和实时储能情况开展全面分析。并基于模型对比了多能流系统中热水供热系统与蒸汽供热系统的热惯性差异，分析了利用热惯性储热对实现系统热负荷削峰填谷运行的潜力。并从“互联互通互补”思想出发着重研究了考虑储热的多能流系统日前优化调度问题，提出了以系统运行经济性最优为目标的优化调度模型并基于分支界定法对约束条件下的混合整数线性规划问题进行优化求解。最后，结合所提出的流体网络动态模型和量化模型，建立了计及流体网络管存的工业综合能源系统优化调度方法，深入研究了流体网络动态管存在工业综合能源系统优化调度中发挥的作用和影响机理。

参考文献

[1] 李江涛，张春成，翁玉艳，等. 基于情景的世界能源展望归纳研究（2019）[J]. 能源，2019，(08)：65-69.

[2] 中华人民共和国国家统计局. 2023中国统计年鉴 [M]. 北京：中国统计出版社，2023.

[3] 祁越峰. 我国能源发展现状及未来趋势分析 [J]. 内蒙古煤炭经济，2019 (14)：1-2，11.

[4] 钟崴，陆烁玮，刘荣. 智慧供热的理念、技术与价值 [J]. 区域供热，2018 (02)：1-5.

[5] 张然，李建克，张建洲，桑圣泽. 基于信息物理系统的工业园区用能控制策略研究 [J]. 科技风，2019 (31)：85.

[6] Patankar S V，Spalding D B. A calculation procedure for heat，mass and momentum transfer in three-dimensional parabolic flows [J]. Int J Heat Mass Transfer，1972. 15：1787-1806.

[7] Patankar S V. Numerical heat transfer and fluid flow [J]. New York：Mc-Graw-Hill，1985. 8：133-134.

[8] 陈磊，徐飞，王晓，闵勇，丁茂生，黄鹏. 储热提升风电消纳能力的实施方式及效果分析 [J]. 中国电机工程学报，2015，35 (17)：4283-4290.

[9] 王智，郭良丹，付静，张泽灏. 供热系统加储热后的调峰灵活性分析 [J]. 汽轮机技术，2019，61 (04)：265，311-314.

[10] 黄庆河，曹连华，蔡宇. 水蓄冷技术在数据中心的应用研究 [J]. 暖通空调，2016，46 (10)：1-4，17.

[11] 林星春. 上海某项目冷热源联合供能系统设计 [J]. 制冷与空调，2014，14 (02)：82-86.

[12] 熊文，刘育权，苏万煌，郝然，王玥，艾芊. 考虑多能互补的区域综合能源系统多种储能优化配置 [J]. 电力自动化设备，2019，39 (01)：118-126.

第 8 章
智慧供热系统工程实践案例

8.1　上海化学工业区智慧蒸汽热网系统
8.2　北京智慧城市供热系统运行调度优化
8.3　杭州医药港小镇区域综合能源系统
8.4　大庆某小区楼宇智慧供热精细化管控
8.5　雄安新区市民服务中心综合能源系统

8.1 上海化学工业区智慧蒸汽热网系统

8.1.1 案例背景

上海化学工业区是我国改革开放以来第一个以石油和精细化工为主的专业开发区，2017年园区完成工业总产值1270亿元人民币，被誉为“上海工业腾飞的新翅膀”，在推动工业化进程、促进区域经济繁荣方面拥有重要作用。

近年来，面向特定产业建设集中式工业园区已成为中国经济发展的重要模式。我国正以“清洁低碳、安全高效”为目标推进能源生产与消费革命，并大力发展“互联网+”智慧能源以实现多元化能源系统的供需动态平衡。工业园区是绿色集约、资源统筹的现代工业生产方式。依托热电联产机组，在工业园区内建设集中式蒸汽热网公用基础设施，能显著提升工业园区能源效率，降低工业用能成本，减少环境污染，这同时也对工业园区供热系统的安全性、可靠性、供汽品质、能效提出了更高要求。

工业园区互联蒸汽热网系统的蒸汽供应链涉及诸多主体的生产、输配、使用、存储的全过程协调与优化，该热工过程调控问题具有大延迟、强耦合、时变和非线性的技术特征，存在热能供需时空匹配复杂、多维约束交织、多重优化目标冲突等技术难点。特别是还难以监测诊断环状拓扑蒸汽热网的冷凝停滞状态，易导致停滞水击安全事故。

针对该工业园区的供热系统，该案例基于工业互联网、大数据、人工智能和建模仿真等新一代信息技术研制了信息系统与物理系统融合的智慧蒸汽热网运行调控平台。采用“基于数字孪生模型的预测，基于预测的决策”的技术路线，构建了“物联感知-建模仿真-状态分析-优化决策-精准调控”的智慧互联蒸汽热网系统。基于工业互联网对复杂系统的连接能力，工业大数据和工业机理模型相结合的分析能力，智能并行计算的定量寻优能力，该案例实现了大型工业园区互联蒸汽热网系统的全时空感知、全要素联动、全过程优化。

8.1.2 技术方案

该案例旨在构建信息物理系统融合的智慧热网运行调控体系，围绕“基于数字孪生模型的预测，基于预测的决策”的核心思想，构建了以“物联感知-建模仿真-状态分析-优化决策-精准调控”为闭环功能链的智慧互联蒸汽热网系统。该系统的总体技术路线如图8-1所示。子系统包括：物联感知与调控系统、离线建模仿真系统、在线仿真运行系统、状态分析与故障诊断系统、运行优化决策系统等。

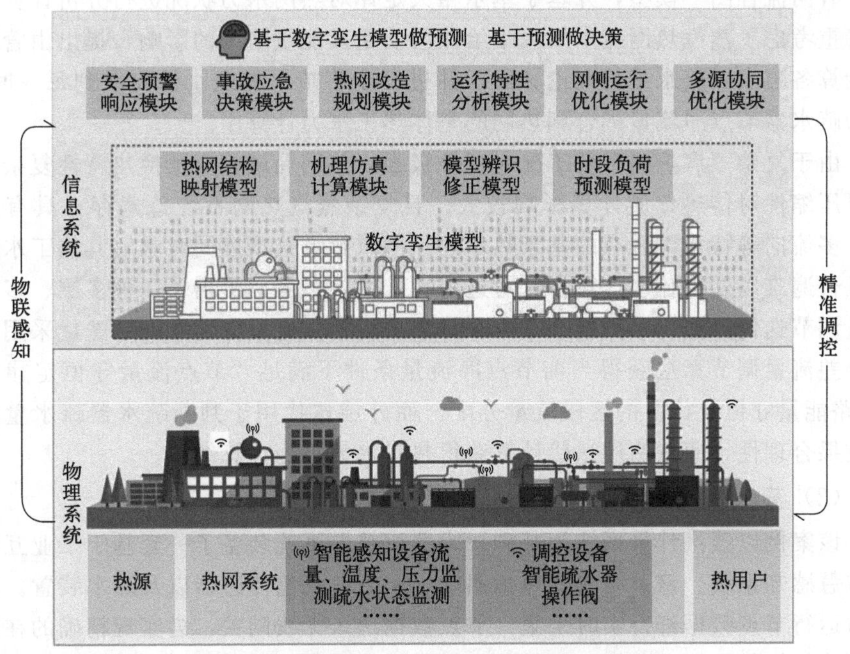

图 8-1　智慧供热生产管理与运行调度技术路线

该案例主要技术内容包括：①物联感知，基于工业物联网技术搭建了蒸汽热网系统的在线监测平台，采用无线通信方式实现了管网中部热工参数、关键疏水器健康状态的监测，以及宽范围蒸汽流量的精确计量；②建模仿真，提出了考虑疏水条件的复杂拓扑结构蒸汽热网热工水力过程机理建模方法与快速求解算法，通过与物联感知系统集成实现了在线热工水力仿真，构建了实时映射物理热网系统的“数字孪生”（Digital Twin）模型；③状态分析，实现设备物理测量与在线仿真虚拟测量互补的系统运行态势全面感知，实现基于机理模型与工业大数据的多源环状热网潮流分析、供汽品质实时评估、负荷预测、供热安全性分析，以及冷凝停滞水击故障预警；④优化决策，基于“数字孪生”对热网调控方案进行定量预测和预判，采用并行智能优化算法实现基于模型预测的热网运行调控策略实时优化，对环状热网阀门解列方案、多热源供汽负荷分配方案、返供蒸汽接入逻辑方案等进行智能寻优决策。

8.1.3　实施效果和系统效益

（1）复杂蒸汽热网系统机理建模仿真技术

该案例建立了考虑散热疏水条件的复杂蒸汽热网系统热工水力计算模型及其相应求解方法。该方法将热网抽象为由“节点”和“阻力部件”两类对象所组成的“有向流程图”模型，并基于基尔霍夫定律对热网水力状况进行分析计算。方法着重考虑了蒸汽热网疏水损失带给热网质量及能量平衡的影响，提出由管道散热计算各疏水器疏水量的理论算法，并进一步将疏水器疏水量离散到每一时刻，作为疏水器节点净流量耦合到热网的整体热工水力计算中。

由于复杂蒸汽热网系统工况时变性极强，热网局域相变及换热特性复杂，介质可压缩性对传热传质计算影响较大，且复杂蒸汽热网系统普遍存在具有高通量、多流向等特点，现有的基于热水的热网求解方式难以同时求解其热工水力工况且普遍难以处理疏水计算。针对这一特殊性，该案例提出了一种多层、多次的流量调节迭代算法，采用最小平方和算法进行初始流量分配，内层迭代采用最大闭合差流量调节算法获得当前节点净流量条件下满足“节点流量守恒定律”和“环路能量守恒定律”的区段流量分配，而外层迭代用于判断疏水器疏水量的计算结果合理性，通过两层迭代计算获得热工水力平衡计算结果。

（2）蒸汽热网系统虚拟测量计工况推演技术

该案例以蒸汽计量系统为基础，为蒸汽热网系统装备了一套基于工业互联网的智慧感知系统。该系统主要包括温度、压力、流量传感器以及疏水装置。系统可对运行节点数据进行实时采集，节点数据送入无线网关，为实现精确的在线监测和分析提供支撑。现场分节点数据与中心节点通信采用国际标准的 Zigbee 网络协议，中心节点将采集数据打包后，采用 MQTT 协议送至远程服务器端，同时建立相应采集点数据库进行存储与管理。针对蒸汽热网系统中状态检测的薄弱环节，该案例设计了热网疏水器智能监控软硬件系统，基于无线物联网技术对关键位置的蒸汽疏水器的动作信号进行在线监测。

针对物理测量不充分、不完全的问题，该案例基于物理监测所获的工业大数据以及前述理论算法与模型，自主研发了蒸汽热网系统运行状态分析与决策优化系统软件，以数学物理模型为基础，基于部分可测数据线实时映射并推演物理系统的运行状态。该软件系统同时支持 PC 端及 Web 端，支持供热管网仿真分析模型搭建及可视化交互编辑；支持供热管网各处的理论流量、流速、温度、压力参数分布的仿真计算；支持基于工业大数据的用汽负荷预测和供需态势分析，并支持运行数据的分类、识别及提取核心特征；支持多热源联网或解列运行的仿真推演，并支持蒸汽热网系统工况重构及运行参数动态分布规律重建；支持热网系统的改扩建与设备更换的决策分析，并支持典型运行工况下的动态安全运行特性评估；可结合热网系统 GIS 地图实时展示热网系统各处的运行状态，实现物理测量与仿真软测量互补的运行状态全面监测。智慧蒸汽热网系统建模仿真分析的界面如图 8-2 所示。

（3）多源环状蒸汽热网系统故障诊断与消除关键技术

该案例发明了针对多源环状蒸汽热网系统内蒸汽流动滞留段的在线诊断与消

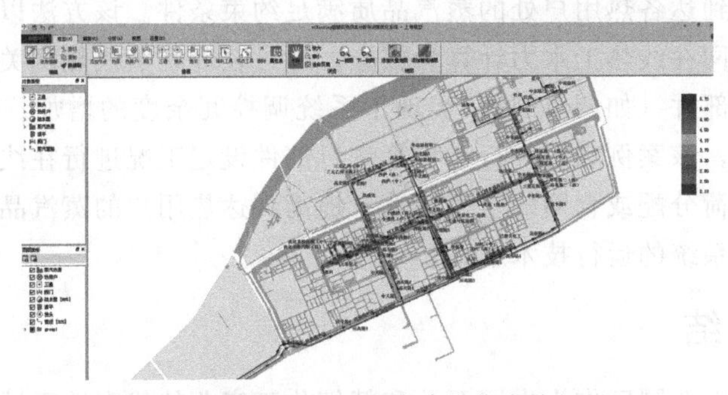

图 8-2　智慧蒸汽热网系统建模仿真分析界面

除技术，对非稳态下多源环网故障工况开展了扰动识别与特征提取，并研制了相应的故障消除平台系统，这一平台系统包括检测单元、诊断单元、决策单元以及控制单元。其中，检测单元基于物联感知系统实时监测多源环状蒸汽热网系统中各热源、热用户的重要状态参数，并提取核心工况特征；诊断单元基于对物理热网的部分可测参数，结合“数字孪生”虚拟热网的仿真推演，反向构建工况特性与故障传播过程，结合故障传播的因果机制，综合判定区域内是否存在蒸汽滞留段并求解其发生位置、故障工况传播态势；决策单元用于分析通过改变多热源负荷分配，改变管网中部阀门开关或开度状态，以及调整反供蒸汽逻辑等实时更改环网全网量质分布，从而消除蒸汽滞留段的策略；控制单元用于执行决策单元形成的策略以消除蒸汽滞留段。

(4) 多源互补环状蒸汽热网系统协同优化调控关键技术

该案例系统研究了多源互补环状蒸汽热网系统负荷优化调度问题，集中分析了环网各热源自律协同与优化调控的关键技术问题。在研发过程中，建立了考虑环境效益的多源供热系统负荷分配优化模型与自律协同机制，即在包含多种能源互补的供热系统经济效益模型中引入污染物排放等环境成本因素，提出了综合考虑系统经济效益和环境成本的多目标优化模型。

该模型不仅考虑了总的热电负荷平衡约束，还考虑了蒸汽管网的输配能力、管网疏水损失及传输滞后性的约束条件，并同时在模型中引入了多品位热源协同处理机制，从而实现了普适的环状蒸汽热网系统协同调度框架。为了保证模型实时求解的准确性与鲁棒性，该案例采用带有重启特性的改进粒子群算法进行求解并可获得一系列目标优化模型下的 Pareto 解集，反映在实际现场中，即为热网系统运行调度中心（即决策者）可以根据不同的经济、环境、安全需求从解集中选择符合所需偏好的优解。

考虑到多源环状蒸汽热网系统运行工况多变、负荷波动大等问题，该案例基于并行遗传算法提出了多源环状蒸汽热网系统运行优化方法，以保证在工况动态变化过程中，到达各热用户处的蒸汽品质满足约束条件。该方法以基于结构机理模型的蒸汽热网在线热工水力计算为核心，通过在环状蒸汽热网关键位置中引入可变阻力特性部件（如调节阀），实现了系统调控冗余度的增加。同时，基于部件变工况特性，该案例利用并行遗传算法对部件设定工况进行在线寻优，从而改变热源供热负荷分配或管网的阻力特性，提高到达热用户的蒸汽品质，提升多源环状蒸汽热网系统的运行技术水平。

8.1.4 小结

上海化学工业园区作为中国石油和精细化工产业的代表性区域，在智慧供热系统的引入方面取得了显著的成功。此案例综合了多个关键技术，其中包括源网协同调控技术，通过源网内不同热源的协同工作，提高了供热系统的能源效率和可靠性。此外，多源互补环状蒸汽热网系统协同优化也得到了应用，满足二级网不同用户的热量需求，提高了系统的运行效率。这一综合性智慧供热系统的成功应用不仅实现了高效供热，还提高了能源利用效率，减少了环境污染，为上海化工区的工业化进程和区域经济繁荣注入了新动力。

8.2 北京智慧城市供热系统运行调度优化

8.2.1 案例背景

当前，为突破能源环境对社会经济发展的严重约束，我国正全面推进能源生产和消费向低碳非化石能源转型的革命。供热是我国北方城市的基本民生问题，是城市能源系统的重要子系统，与当前全社会高度关注的“雾霾”问题紧密相关，直接促进了我国“全面建成小康社会”总体战略目标的实现。面向当前能源行业转型，由于智慧能源、能源互联网技术的驱动，城市供热系统呈现出以下发展新趋势：在热源供给侧，我国正加速淘汰散烧的中小型燃煤供暖锅炉并采用大机组供热改造替代，供能方式上除采用大中型燃煤、燃气热电联产机组以及尖峰热水锅炉之外，正在大力推进工业过程余热供暖、生活垃圾及生物质能供热，并积极探索风能电热锅炉供暖、太阳能供暖、核电供热等新技术，由于其中的清洁型热源多数具有不确定性、波动性和被动性特征，技术上需要多个热源间的互补协同运行；在热网输配侧，为确保供热可靠性，增加调度灵活性，城市供热系统的一级网进一步向互联、成环的结构发展，以支撑多源互补运行，同时，为减少供回水管网之间阀门的节流损失，并增加调节灵活性，更多采用分布式变频泵输配技术；在负荷需求侧，由于热计量收费、分布式天然气冷热电三联供、增热型吸收式热泵、风电电热锅炉、太阳能供暖、地热供暖的应用，带来了非天气因素的负荷波动性；此外，大规模相变储热技术的成熟和工程化应用，给城市供热系统的“削峰填谷”带来了技术可能。

案例示范区热网为多热源联网供热系统，由 3 座热源进行供热，其中 2 座热电联产热源，分别为行宫线热源（1 号热源）和海油线热源（2 号热源）。1 号热源最大供热功率为 500MW，可输出基本供热功率约 440MW，供水流量达 7500t/h；2 号热源设计供热功率为 620MW，为北京通州地区与示范区热网供热，初期可提供热功率约 240MW，严寒期优先保证通州地区的供热，向示范区提供的供热功率降至 100MW 左右，最大供热功率约 130MW，最大供水流量 2800t/h；3 号热源为尖峰热源，为燃气热水锅炉集群供热，由 4 台 116MW 锅炉组成，设计供水温度 130℃，最大供水流量为 6500t/h，扬程 90m。示范区入网面积约 3000 万平方米，共 270 多座热力站。

示范区热网主要采用“质调节”方式运行，采暖季初期根据站点实际负荷调节全网水力平衡，采暖季中参照室外气温，确定热网的供热功率，根据人工经验调节源侧的供水温度，满足用户的用热需求。示范区优化前供热管网见图 8-3。

图 8-3　示范区优化前供热管网

8.2.2　技术方案

多热源联网供热系统运行调度方案优化首先需要考虑的是能源供应安全性与稳定性，这就需要充分考虑每台机组的负荷调节能力、升降负荷速率等约束因素。对于多源互补城市供热管网，同时兼顾管网的输配能力约束、安全性及系统整体经济要求。

多热源联网供热系统运行调度实时优化逻辑如图 8-4 所示。其中，监测与控制系统是底层，是物理供热系统的常规控制层，调度实时优化系统是上层系统，是高于常规控制系统的先进控制层，而常规控制层用来执行调度实时优化系统生成的计算结果，即执行各热力站的泵、阀门的调节参数等。先进控制层基于先进信息技术与算法，从全局系统协同的层面，生成优化决策方案，并通过先进控制算法保证供热系统在有滞后、干扰的作用下达到好的控制效果。

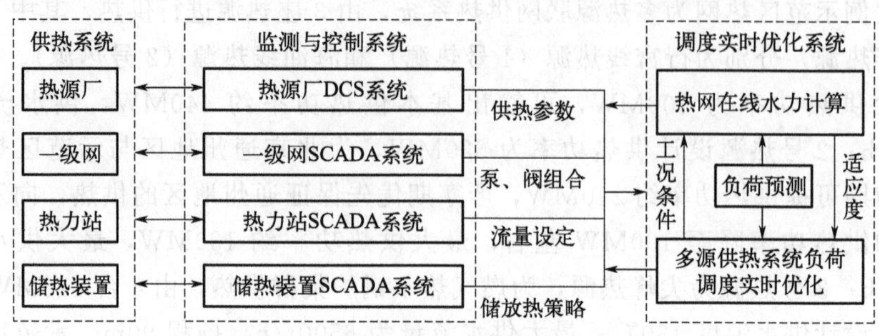

图 8-4　供热系统负荷调度实时优化

多热源联网供热系统运行调度方案优化是在接入实时数据的前提下，通过模型对实际系统的仿真求解与分析，给出优化的决策并在线跟踪与循环更新的过程。根据优化对象不同，需要针对各个对象建立相应的仿真模型与优化模型，通过寻优模块，从多套方案中，高效搜索到符合约束条件的优化的系统运行方案，通过优化控制模块精准执行到物理系统，如图 8-5 所示。

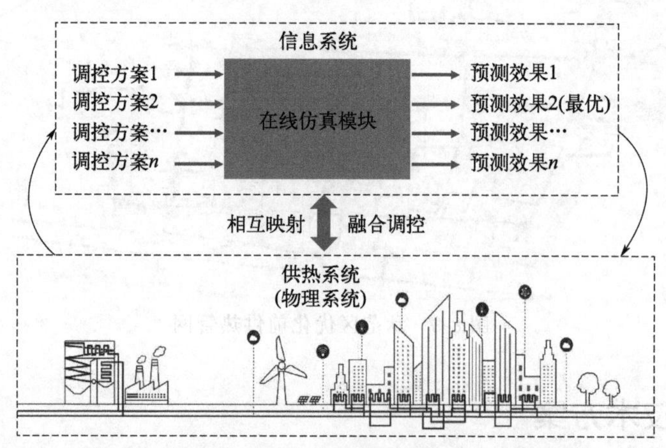

图 8-5　基于信息系统对物理系统运行方案的寻优

上述寻优过程需要大规模的仿真计算，消耗大量的 CPU 计算资源，而且会受制于在线指导生产运行的快速性要求。本案例采用大规模工程优化算法结合并行计算架构技术，通过分布式多主机并行计算手段，兼顾软硬件的投资成本，来加速算法的寻优过程；另一方面，针对热源、热网工况寻优过程的具体特点，采用改进的定向智能搜索优化算法，提升寻优收敛速度。并行优化计算流程框架如图 8-6 所示。

图 8-7 是多热源联网供热系统模型。管网模型的建立基于 GIS 系统，通过图

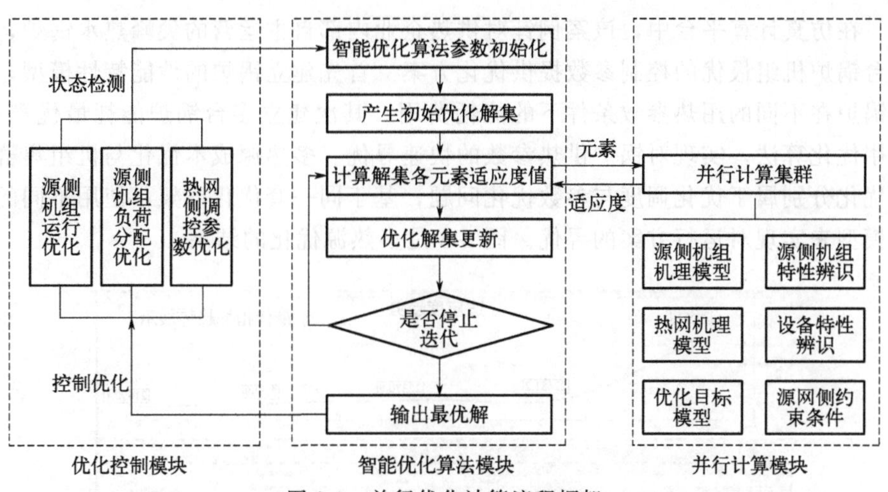

图 8-6　并行优化计算流程框架

形化手段建立的管网机理模型，利用流体热工水力算法，实现对大规模管网运行状态的仿真模拟。同时，通过设定热源侧、热力站侧参数，作为软件计算的边界条件，来计算全网的流动状态、传热状态，获取全网的压力分布、温度分布与流量分布数据，获取不同热源的供热出力与用热费用，指导运行人员了解供热情况，评价运行方案的优劣。

图 8-7　该案例供热系统模型

针对供热费是企业运行成本主要支出的这一现状，该案例建立当前工况条件下最小化企业用热成本模型，内部对接管网仿真软件计算结果，从而模拟不同运行方案下对应的多热源运行成本，内置自主开发的高效优化算法，实现对多热源组合方案的快速寻优，计算符合约束条件下，最大化热源供应能力时运行成本最优的方案，同步获取自主尖峰锅炉的生产负荷，并为企业提供最佳的用热采购方案。

在仿真计算平台中，该案例针对供热企业内部自主运营的尖峰热水锅炉，为多台锅炉机组最优的控制参数提供优化方案。首先建立锅炉的性能特性模型，模拟锅炉在不同的用热参数条件下的能耗费用；其次建立多台锅炉能耗最优模型，采用优化算法，实现对锅炉供热参数的快速寻优。多热源成本优化与机组集群参数优化分别属于优化调度与参数优化问题，基于同一套优化框架，使用不同的目标模型来实现对运行方案的寻优。图 8-8 是多热源优化的结果。

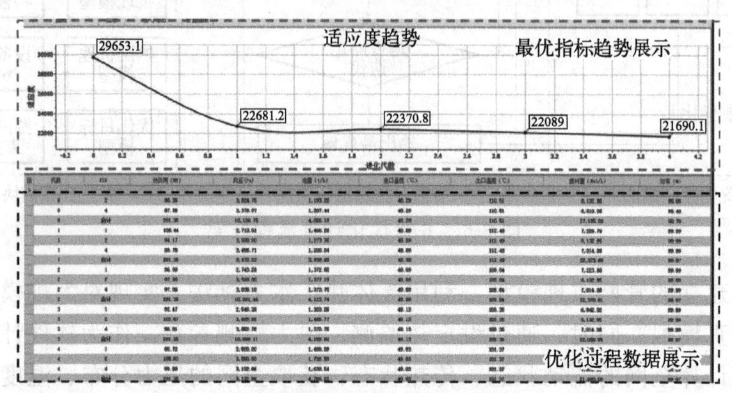

图 8-8　多热源联网供热系统调度优化结果

8.2.3　实施方式和预期效益

案例中示范区供热系统为典型的多源供热系统，热网结构上相连，分 2 个子供热分区独立运行，由尖峰热源与热电联产组成，上述提及的 3 个关键问题——多热源联网系统的优化解列问题、多热源负荷优化问题、调峰热源锅炉集群的参数优化问题，表现到案例示范区中，具体描述为：

① 对供热企业而言，不同热源提供相同热负荷时费用不同，如何通过管网阀门的解列，划分出最合理的子供热分区，以热网循环水泵扬程、管道流量输送限制、热网不超压为约束条件，最大化利用热电联产机组，实现多源负荷的优化调度。案例中，按照当前的区域划分，海油线在出力不足的条件下，只能开启尖峰热源来保障热网用户的用热需求，但此时行宫线的供热负荷为 464MW，未达机组最大值，利用机器学习算法可根据机组出力情况，智能搜索最佳的区域划分，最大化使用热电联产机组。

② 尖峰热源 3 台机组运行时，2 号机组负荷为 72.9MW，3 号机组负荷为 93.4MW，4 号机组负荷为 78.9MW，共消耗燃气 24767.22m^3/h，各锅炉机组分别消耗燃气 7199m^3/h、9637m^3/h 与 7931m^3/h，运行流量为 5515.1t/h，供温为 85.5℃。该方案依据人工经验决定，在没有对各台锅炉机组负荷生产效率定量化的前提下，很难取得满足总负荷条件的最优方案。可采用仿真计算平台对

锅炉机组进行建模，量化搜索锅炉集群各台机组运行的负荷分配方案与最优运行参数，使得燃气消耗量最少。

（1）多源热网的优化解列与负荷调度

针对以上两个问题，该案例在 viHeating® 平台中利用机器学习算法进行阀门方案搜索实现对多源系统的优化解列。具体操作步骤如下：

① 系统设定计算的边界条件，最大化热电联产的热负荷，将 1 号热源供热负荷设定为 115MW，2 号热源供热负荷设定为 500MW，尖峰热源作为补充。

② 将全网可能参与解列的阀门全部参与阀门解列计算，寻找最优运行方案。累计确定全网解列阀门共 8 只，阀门明细见表 8-1。

表 8-1　多源系统解列阀明细

序号	热网阀门名称	序号	热网阀门名称
1	202(4126)解列阀 1	5	136(1165)解列阀 5
2	194(4379)解列阀 2	6	140(1862)解列阀 6
3	199(3518)解列阀 3	7	112(695)解列阀 7
4	193(4657)解列阀 4	8	336(1000)解列阀 8

③ 进行解列优化。对不同解列运行方式进行仿真计算，获得最符合设定值的运行方案。优化计算后的最优解列方案中，1 号热源出力为 500MW，2 号热源出力为 110.47MW，尖峰热源出力为 207.55MW，结果如图 8-9 所示。相比实际的运行方案，使用热电联产负荷增加 38MW。

图 8-9　优化后解列方案

（2）尖峰热源多锅炉机组的参数优化

示范区尖峰热源生产依赖于人工经验来控制，难以获得最优的控制参数。该案例提出的解决方案为基于各锅炉机组运行特性，在总负荷一致的条件下，搜索各台机组控制参数的最优方案，投入实际运行。

集群优化软件主要通过接入数据库与后台算法进行计算，其主要步骤如下。

① 基于大数据算法，建立各锅炉机组运行特性模型，计算不同工况条件下各锅炉机组的燃气消耗量。

② 确定优化的运行参数，本案例为：总供水流量、供水温度、各锅炉机组的负荷；基于锅炉机组特性，建立燃气量最优的目标模型。

③ 基于优化算法，搜索最优的运行参数方案，输出优化结果。

本案例优化计算后获得的控制参数为：3 台机组的负荷分别为 77.00MW、84.40MW、85.16MW，总流量 5010.78t/h，供水温度为 86.44℃，消耗燃气总量为 23751m^3，分别消耗 6999.7m^3/h、8546.5m^3/h 与 8204.9m^3/h。能耗相比优化之前有大幅下降。

总体而言，针对城市供热系统的研究工作，面向供热系统规划设计需求的研究较多，而面向短周期运行调度实时优化策略所开展的工作还非常少。在低碳清洁能源接入、多源互补运行的新情境下，系统耦合性增强，系统的波动性、变化因素显著增加，有必要针对数十分钟至数小时的短周期，开展供热系统运行调度策略的实时优化研究。在优化针对的对象范围上，以往的研究工作主要针对供热生产“源-网-荷-储”中的部分环节，特别是热网环节，而对供热生产全过程进行集成建模和整体优化的研究工作开展得还非常少。在优化目标上，单纯针对经济性的成本目标优化工作较多，而针对安全、可靠、均衡、环保、节能多重目标的优化研究工作还相对较少。面向能源转型和智慧城市建设需求，本案例针对城市供热系统多源互补联网运行开展整体建模与多目标优化运行调度策略研究，以期逐步达到供热系统自感知、自分析、自优化、自调节的智慧化运行的长期目标。

8.2.4 小结

北京供热系统案例通过采用多热源联网供热系统和先进的优化技术，取得了显著的成就。这一案例展示了在城市供热系统中，如何通过优化解列问题来最大程度地利用热电联产机组，从而优化负荷调度，减少供热费支出，提高经济性。此外，引入了基于大数据算法的集群优化软件，以建立各锅炉机组的运行特性模型，实现多锅炉机组参数的最优化，从而有效地降低了能耗，降低了运营成本。总体而言，这一案例不仅强调经济性，还关注了供热系统的安全性、可靠性、环保性和节能性，为未来智能化、高效化的城市供热系统提供了有益的经验和示范，为城市能源转型和智慧城市建设做出了积极的贡献。这一成功案例为解决城市供热系统的复杂问题提供了有益的经验和示范，推动了我国供热领域的发展和升级。

8.3 杭州医药港小镇区域综合能源系统

8.3.1 案例背景

区域特色小镇是面向信息经济、环保、健康、旅游、时尚、金融、高端装备制造七大产业高质量发展的产业社区融合的发展载体。杭州东部医药港小镇位于杭州经济技术开发区北部，与下沙中心区相邻，是公共中心的直接辐射区与拓展区。东南侧是下沙高教园区，具备良好的社区与文化氛围。小镇规划范围北至新建河，南至德胜快速路，东至文渊北路，西至规划支路，总规划面积约3.41平方公里。依据土地利用总规划，小镇规划范围内均为城镇建设用地，无基本农田。小镇依功能结构划分为三大区块，如图8-10所示，分别为生物医药智造工坊、生物医药研发工坊、美丽宜居生活区。

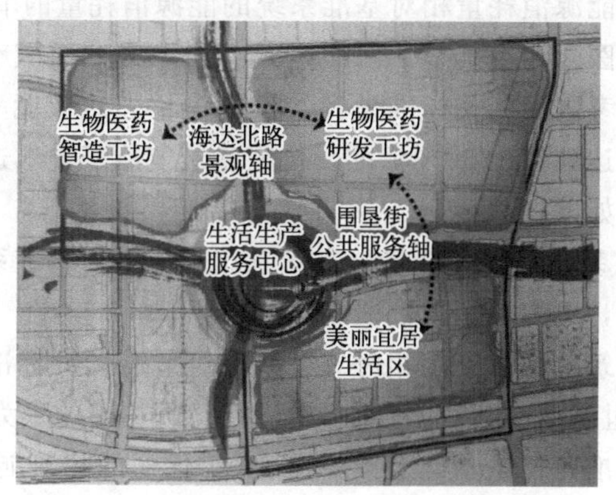

图8-10　杭州东部医药港小镇空间布局图

8.3.2 技术方案

(1) 小镇负荷模拟计算

在进行小镇智慧综合能源系统规划设计时，能耗为该区域能耗最大负荷，将各区块建筑依照用能模式及规模进行分类，如表8-2，利用DeST模拟软件对各类别建筑能耗进行模拟计算分析。

表8-2　小镇建筑用能负荷模拟汇总表

序号	用能种类	设计负荷		年累计负荷	
		单位	数量	单位	数量
1	供电	kW	66410.4	$\times 10^4$kWh/a	29128.4

续表

序号	用能种类	设计负荷		年累计负荷	
		单位	数量	单位	数量
2	供热	kW	111562	$\times10^4$kWh/a	20081.2
3	制冷	kW	102111	$\times10^4$kWh/a	18380.0
4	生活热水	kW	2190.4	$\times10^4$kWh/a	10514.2

(2) 综合能源系统指标计算

综合能源系统评价指标主要包括节能率、碳减排率、可再生能源利用率等。节能率、碳减排率指标均为相对指标，基准系统选取十分关键。由于医药港小镇能源系统为新建项目，未有对照的基准系统，所以暂设基准供能方式为电厂供电、热电联产集中供热供应蒸汽、燃煤锅炉供应生活热水。

① 节能率 节能率是一个相对的概念，是在满足相同用能侧需求基础上，方案中供能系统的能源消耗量相对基准系统的能源消耗量的节约率。

供能系统供应医药港小镇整个区域，其节能率为“区域节能率”，在小镇中建筑本体节能率参考国家相关标准设计，实施为“建筑节能率”。目前要求，公共建筑节能率要求达到设计50%标准，住宅建筑节能率要求达到设计65%要求。

计算方法说明如下：

节能率=(基准系统耗能量-方案系统耗能量)/基准系统耗能量

在计算过程中，电力折标系数取367gce/kWh。

通常提到的建筑节能水平是相对《公共建筑节能设计标准》(DB 37/5155—2019) 规定的20世纪80年代的建筑水平进行比较得出的。为此计算建筑节能率时，需要在建筑基准能耗量基础上推算出80年代初的建筑能耗作为建筑节能率计算基准。

② 碳减排率 CO_2 减排率和节能率类似，也是一个相对概念，是在满足相同用能侧需求基础上，方案中供能系统能源消耗排放的 CO_2 量比基准系统的能源消耗排放 CO_2 量的相对减少率。

计算方法说明如下：

CO_2 减排率=(基准系统 CO_2 排放量-方案系统 CO_2 排放量)/基准系统 CO_2 排放量

在计算过程中，CO_2 排放因子依据国家发改委应对气候变化司2009年官方公布数据为准，电力取0.8825kgCO_2/kWh，煤炭取2.4925kgCO_2/kgce。

③ 可再生能源利用率 可再生能源利用率是低碳园区实施中很重要的指标。可再生能源利用率越高，越能够体现低碳园区因地制宜的资源循环利用，对环境的 CO_2 排放量也越少。

可再生能源利用率定义如下：

可再生能源利用率=可再生能源利用量/(可再生能源利用量+非可再生能源利用量)

可再生能源在目前低碳园区中的利用形式主要有太阳能光电、太阳能光热、风力发电、污水源热泵供冷（暖）、水源热泵供冷（暖）、地源热泵供冷（暖）以及生物能制沼气等。

非可再生能源主要指传统化石能源的利用，诸如石油、煤炭、天然气等能源，电力是化石能源中非常重要的二次能源。

可再生能源量的统计以满足能源供应系统中的量为依据。其中，浅层地热能=地源热泵供暖/$(1+1/COP_{暖})$+地源热泵制冷量/$(1-1/COP_{冷})$，污水源、水源能等计算方法类似；光热、光电、污水源、水源、地源等均指提供能量从而减少电力或标准煤的使用量；电力折标系数取367gce/kWh，其他按照等热值法进行折标。

(3) 能源技术供需匹配模式

医药港小镇综合采用常规能源与可再生能源结合衔接，集中能源与分布式能源互补的能源利用模式，确保能源供应的安全性和可靠性，如图8-11所示。

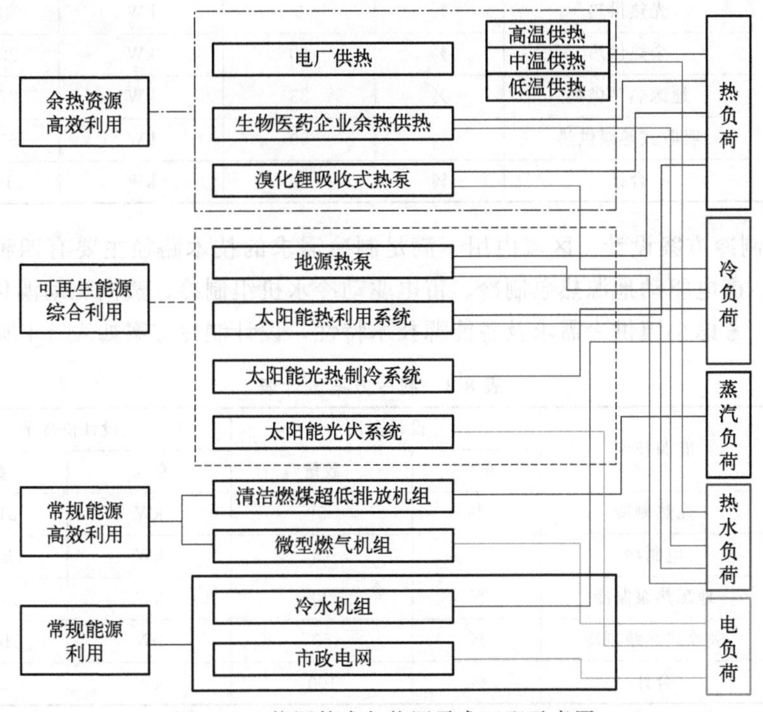

图8-11　能源技术与能源需求匹配示意图

(4) 能源技术供需匹配方案设计及分析

在上述能源技术与用能需求的模式匹配基础上，还需要配置不同能源利用技术方案，以对不同用能技术实际应用中的经济和环保收益进行定量分析。以下从碳排放量、综合指标等方面对获得电、冷、热（分蒸汽、供热、生活热水）不同技术路径进行方案设计及分析评价。

① 供电方案设计　目前区域内满足电力需求的方式主要有两种，即市政供电和光伏发电。由于光伏发电仅作小部分区域市政电力的补充，提供示范性作用，而市政电网作为满足电力需求的主要电源，因此不对供电技术供需匹配进行方案设计。

② 供热方案设计　区域内用于满足供热需求的技术路径主要有四种，即光热供热、电厂余热与生物医药企业生产余热供热、市政电力驱动地源热泵供热、蒸汽驱动溴化锂吸收式热泵供热。考虑小镇供热需求及各能源技术特性，设计供热方案如表 8-3 所示。

表 8-3　供热方案设计表

序号	能源技术	设计占比		设计供热量	
		单位	数量	单位	数量
1	光热供热	%	5	kW	5578.1
2	余热供热	%	20	kW	22312.4
3	地源热泵供热	%	25	kW	27890.5
4	吸收式热泵供热	%	50	kW	55781.0
5	合计	%	100	kW	111562.0

③ 制冷方案设计　区域内用于满足制冷需求的技术路径主要有四种，即光热制冷、市电驱动地源热泵制冷、市电驱动冷水机组制冷、蒸汽驱动溴化锂吸收式制冷。考虑小镇供冷需求及各能源技术特性，设计制冷方案如表 8-4 所示。

表 8-4　制冷方案设计表

序号	能源技术	设计占比		设计供冷量	
		单位	数量	单位	数量
1	光热制冷	%	5	kW	5105.6
2	电制冷	%	25	kW	25527.8
3	地源热泵制冷	%	20	kW	20422.2
4	吸收式热泵制冷	%	50	kW	51055.5
5	合计	%	100	kW	102111.1

④ 供生活热水方案设计　区域内用于满足生活热水需求的技术路径主要有三种，即光热利用系统、电厂余热与生物医药企业生产余热供热、市政电力驱动地源热泵。考虑小镇生活热水需求及各能源技术特性，设计供生活热水方案如表 8-5 所示。

表 8-5　供生活热水方案设计表

序号	能源技术	设计占比		设计供热量	
		单位	数量	单位	数量
1	光热供热	%	65	kW	1423.7
2	余热供热	%	15	kW	328.5
3	地源热泵供热	%	20	kW	438.0
4	合计	%	100	kW	2190.2

(5) 智慧综合能源站供需平衡分析与配置

依照各能源站供能类型划分，将各类能源技术匹配到各能源站内，每个站不同类型能源技术的供能量、能源输入和输出的平衡关系如表 8-6～表 8-8 所示：

表 8-6　能源站一的能源技术及供能量

	输入能量	需求量/kW	能源技术	供能量/kW	输出能量
能源站一	电	3875.8	电制冷	13565.45	冷
	电	2641.2	地源热泵制冷	10037.40	冷
	高品位蒸汽	18519.1	吸收式热泵制冷	24074.80	冷
	电	2641.4	地源热泵制热	10072.58	热
	高品位蒸汽	32244.4	生物医药供汽	32244.4	蒸汽
	太阳能	—	光热制冷	2509.35	冷
		—	光热供热	2390.28	热
		—	光伏发电	—	电
	医药余热	—	余热回收	13370.83	热水

表 8-7　能源站二的能源技术及供能量

	输入能量	需求量/kW	能源技术	供能量/kW	输出能量
能源站二	电	1690.1	电制冷	5915.20	冷
	电	1340.6	地源热泵制冷	5094.40	冷
	高品位蒸汽	10145.2	吸收式热泵制冷	13188.80	冷
	电	1293.5	地源热泵制热	4915.20	热
	高品位蒸汽	16462.4	生物医药供汽	16462.40	蒸汽
	太阳能	—	光热制冷	1273.60	冷
		—	光热供热	1273.60	热
		—	光伏发电	—	电
	医药余热	—	余热回收	8820.80	热水

表 8-8 能源站三的能源技术及供能量

	输入能量	需求量/kW	能源技术	供能量/kW	输出能量
能源站三	电	2145.8	电制冷	7510.15	冷
	电	1580.5	地源热泵制冷	6005.80	冷
	高品位蒸汽	11547.4	吸收式热泵制冷	15011.60	冷
	电	2934.8	地源热泵供热	11152.07	热、生活热水
	高品位蒸汽	16883.9	吸收式热泵供热	15195.52	热
	太阳能	—	光热制冷	1501.45	冷
		—	光热供热	2021.72	热、生活热水
		—	光伏发电	—	电
	医药余热	22191.6	余热供热	22191.6	热、生活热水

8.3.3 预期效益

杭州东部医药港小镇的规划建设顺应了浙江省创建特色小镇的新探索、新实践趋势，而智慧综合能源系统是以特色小镇为设计规划对象的新尝试。本概念性规划设计的结论和建议如下：

① 该案例围绕循环经济、清洁低碳、多能互补、梯级利用、优化调度等原则规划建设的智慧综合能源系统是一套完整的能源生态体系，开创了以特色小镇为规划图板的多能源形式互补、多用能端互动、能源低碳高效利用的综合能源新模式。

② 综合分析医药港小镇地理位置、资源条件、技术成本经济性等因素，小镇能源系统宜采用以集中供热为核心、以分布式可再生能源为补充、以多能互补梯级利用为桥梁的综合能源供应模式，满足医药港小镇热、电、冷、水等多种形式用能需求。

③ 该案例基于小镇用能负荷模拟计算，规划设计了面向不同类型用能需求的能源技术方案，根据不同能源技术的特性分析及小镇各类型能源需求计算，优化了能源技术供需匹配方案，对比采用市政电力满足各类能源需求的模式，综合减碳率达 54.1%。

综上所述，建立智慧综合能源系统是可行的且具有良好的多能互补、节能减排示范作用。多层次、广视野、高品质、一体化能源系统的建立，将助推医药港小镇创建和腾飞，为医药小镇增添特色。

8.3.4 小结

杭州东部医药港小镇的能源系统代表了未来可持续发展和绿色能源的前景。该系统在满足小镇多元用能需求的同时，采用了多能源互补、节能减排、低碳高效的供能模式，包括可再生能源、余热回收和高效能源转化技术。通过能源系统负荷建模及精心设计的能源方案，实现多种能源技术供需精准匹配，满足了区域内生产生活的电热冷等多种用能需求。案例实现了显著的节能和碳减排效益，充分利用了可再生能源，降低了碳排放，有助于小镇更好地适应未来需求，并推动医药产业的绿色、智能、高效增长。这一系统以绿色、低碳、智能为理念，为其他特色小镇和城市提供了可借鉴的解决方案，推动了可持续能源的应用和环境友好型经济增长。

8.4　大庆某小区楼宇智慧供热精细化管控

8.4.1　案例背景

集中供热系统采用的是两级运行方式，分为区域换热、楼宇换热、户用换热三种分布模式。区域换热模式（“苏联模式”）是将热源高温热水通过一级网输送到区域热力站集中换热，再通过二级网向楼宇内终端用户供热。楼宇换热模式（“北欧模式”）是将一级网直接接入楼宇，通过智能楼宇换热机（站）组向终端用户供热。户用换热模式在用户室内设置换热机组，仅德国等个别国家少量使用，不适合我国区域集中供热的国情。

国内目前大部分地区供热沿用苏联的区域换热模式，这种模式存在的主要问题有：

① 管网投资大。当供热规模较大时，换热站二次网管径大，输送距离远，管网投资高。

② 管网敷设困难。新建小区楼层高、环路多，其他配套燃气、自来水、污水系统均需建设，供热管道敷设难度高。

③ 水力失调现象严重。规模较大的换热站二次网管路输送距离远，水力失调的问题尤为明显，楼栋间平衡调节难度大，导致用户端冷热不均，供热质量不佳。

④ 系统针对性差。区域换热站供热面积大，无法针对每栋建筑进行单独调节控制，在实际使用中，为了满足最不利工况往往造成大量的能源浪费。

⑤ 系统节能指标低。目前集中供暖系统中，60％～70％电力消耗为水泵消耗，但由于设计负荷偏大、水泵选型不合理等因素影响，系统设计选用的循环泵规格偏大，导致采暖系统大流量、低负荷运行，在实际运行过程中，绝大多数最高效率可达 70％～80％的水泵实测运行效率仅为 30％～50％。水泵选型过大，致使其耗电输热比增大，而耗电输热比越大，说明输送单位热量的耗电量越大，节能指标越低。

在楼宇换热方面，我国沿用苏联的区域换热模式。楼宇换热站是集中供热领域解决精准供热的一项创新发展。通过将一栋楼作为供热单元，提高了供热精准度与灵活性。由于楼宇换热站规模比区域换热站小很多，其应用对于提高能源效率和居住舒适性具有明显优势，本案例是以楼宇换热机组供热为案例展开的。

8.4.2 技术方案

楼宇换热模式通常将一栋楼或热特性相同的楼宇作为供热单元，如图 8-12 所示，将一次网管道引至楼前，并接入楼宇换热机组（站），完成向用户供暖的任务，取消了区域换热站和复杂的二次管网，有效避免了由于二次网管路腐蚀等问题造成的跑冒滴漏所带来的热量损失。以楼宇作为单元划分，解决了二次网水力失调的问题，提高了系统调节的针对性，并可根据不同建筑的热特性以及需求给出不同的控制方案。例如根据室外温度补偿、室内温度补偿、分时精确控制等，提升了用户整体的舒适性。同时设备上集成了水、电、热表进行数据采集并实时上传，达到对楼宇能耗分析的目的。

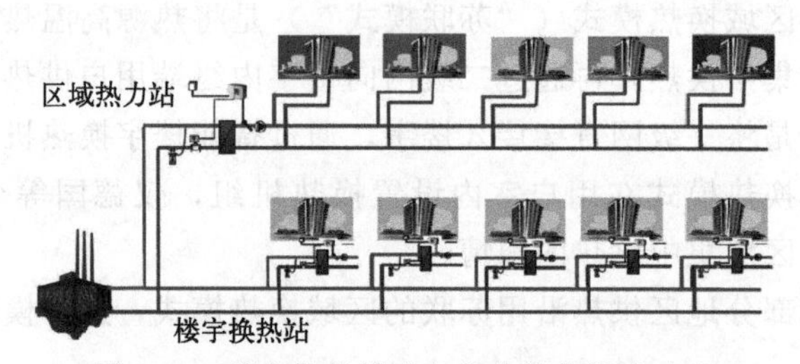

图 8-12 楼宇换热模式与集中换热模式对比

楼宇换热机组高度集成化，由高效的换热器、变频一体循环/补水泵、动态平衡阀、电动调节阀、超声波热量表、远传水表/电表、室内外温度传感器等设备构成，不需单独设置站房，加装箱式外壳即可放置在地库、户外等地，占地面积小。一次网补二次网的补水方式也不需要区域换热站软水器、水箱等设备。系统小，管网的跑冒滴漏、用户偷水等现象很容易查找。另外，一次网与二次网的连接方式也影响着水泵的运行功率和电耗。当一次网直接连接到楼宇时，可以利用一次网的压头，从而减少二次网水泵所需的功率，降低电耗。每个楼宇换热站安装热量表，对楼宇热耗进行计量，按需供热。

首先研究在多用能楼宇、多协作模式下的用热需求特性，提出各用能楼宇之间的协调模式；其次，检测室温数据，进行用能需求计算，通过供能参数滚动修正构建系统实时供能框架；最后，实现供需双向互动的能源输配实时优化调度。

在楼宇内，室内温度通常采用无线物联网传感器进行采集。人工智能模型软件系统与连接互联网的任何温度传感器都兼容。通常情况下，10%～100%的公寓楼住户需要安装室内温度传感器。传感器读数通过一个网关装置进行收集，而网关装置根据传感器类型由人工智能模型或物联网运营商进行安装。该网关装置直接或间接通过换热站控制器等与云端进行通信，云端将收集所有测量数据及其他输入信号，完成所有计算并发出控制信号。云端还将提供图形化用户界面，可通过网页浏览器进行查看，允许监测、分析数据和调整控制参数。对于实际供热控制，人工智能模型可使用换热站现有的控制器或安装新的模型兼容控制器。控制器负责接收人工智能运算生成的设定值，并确保供热系统控制追随这些设定值。

8.4.3　实施方式和预期效益

(1) 实施方式

本案例选取大庆某老旧小区，供热面积 3.6 万平方米，小区内以别墅为主，共计住宅 24 栋、公建 2 栋。由于管线运行年限长，且供热系统为上供下回方式，改造前此区域存在管线腐蚀、能耗高、底层用户低温的问题，所以决定进行改造。

2019 年大庆市热力集团对此区域进行楼宇换热模式改造。新增室外楼宇机组及配套设施 4 套，重新敷设一、二级网，管网管径 DN200～40，长度约 4700m。这也是楼宇换热模式在非分户供暖系统中以区域划分的一次应用。

改造特点：

① 区域划分：配备 4 套室外楼宇机组，其中院内 21 栋设置 2 套，8～11# 楼层相对较高区域设置 1 套，老年活动室两个公建楼设置 1 套；不同区域机组单独压力、温度控制，实现分时、分区差异性供热。

② 直埋无补偿技术：小区内一、二级网管线均采用无补偿、冷安装，减少传统补偿器补偿形式的风险点，管网运行安全得以提高。

③ 焊接、补口工艺：新敷设管线焊接采用二氧化碳保护焊，熔接强度高，抗裂性强，保温补口采用熔接补口技术，止水性强、保温效果好。

④ 多种控制模式：对机组的控制系统进行了优化，可根据使用性质不同选择温度补偿或分时控制，调节更方便、精准。

(2) 改造效果

① 可靠性提高　改造后楼宇机组分散布置，单台机组负荷低于 1.5 万平方米，机组为模块化、小型化设计，设备采用工业级标准，故障率低，且维修更换方便及时；出现故障时，影响范围更小；采用大网（一级网）补水、专用电源，最大限度降低安全风险，可靠性更高。

② 供热质量提升　改造后，供热半径从 2.3km 减小至 0.6km，外网平衡容易实现，末端用户流量充足；高温水直接进小区，整体提温迅速；配套使用气候补偿和室温采集系统，实时控制室内温度，实现远近一致、昼夜如一，供热更平稳，室内温度保持在 24℃，用户舒适度更高。

③ 调控更加精确　改造前原系统将辖区内住宅、公建、商服集中在一套系统内，供热参数（温度、压力）只能执行一个标准，调节粗犷；改造后 4 套楼宇

机组通过区域划分将住宅、公建分开，不同区域机组单独压力、温度控制，实现分时、分区差异性供热。如：住宅区域根据用户需求全自动实时调节，保持室温恒定，不再出现“白天热、晚上冷”的现象；公建区域可根据白天人员集中、夜晚无人的使用特点进行分时供暖，白天温度适中，夜间低温运行。

④ 运行能耗（表 8-9）下降

热耗：改造前此区域运行热单耗 83.5W/m^2，改造后运行热单耗 65.9W/m^2，降幅 21.08%。

水耗：改造前此区域运行水耗 79.85t/d，改造后水耗 10.89t/d，降幅 86.36%。

电耗：改造前此区域设备运行电耗 73080kWh，改造后机组运行电耗 56403kWh，降幅 22.82%。

综合分析：通过对比，楼宇换热模式在老区上供下回系统中节能效果依然突出，此区域进行分户改造后，节能效果可提升 20%～30%。

表 8-9　能耗分析（运行期 203 天）

热耗	折算单耗	改造前/(W/m^2)	改造后/(W/m^2)	降幅/%
		83.5	65.9	21.08%
水耗	系统补水	改造前/(t/d)	改造后/(t/d)	降幅/%
		79.85	10.89	86.36%
电耗	设备耗电	改造前/kWh	改造后/kWh	降幅/%
		73080	56403	22.82%

⑤ 运行智能化　本次改造案例对楼宇机组自控系统进行优化和提升，运行模式有气候补偿、室温补偿和分时控制三种模式可以选择，可根据需求实现供水温度自动调节、室温恒定控制、分时供暖多种供暖形式，同时机组联控功能增多，比如超、低压/温保护，运行工况分析，故障报警，停电自动恢复，远程调控等功能，系统运行更加安全、智能。

8.4.4 小结

大庆某小区楼宇智慧供热精细化管控案例反映了现代供热系统的创新和提升。在这一案例中，通过采用楼宇换热模式，取代了传统的区域换热模式，实现了更高效的供热，降低了能源消耗，并提升了用户的供热体验。技术方案方面，楼宇换热模式将每栋楼或热特性相似的楼宇作为供热单元，消除了复杂的二次管网和换热站，提高了供热的精准性和可靠性。通过室内温度传感器和智能控制系统，实现了对室内温度的实时调节，提供更加舒适的供热环境。同时，案例中采用了分区差异性供热和精细化管控，通过区域划分和室内温度控制等手段，提高了供热质量和能源利用效率。这一案例对于改善供热系统、提高能源效率和提升用户满意度提供了有益的经验教训，也有望在未来的供热领域推广应用。

8.5　雄安新区市民服务中心综合能源系统

8.5.1　案例背景

在当前能源行业转型背景下，并由于智慧能源、能源互联网技术的驱动，城市供热系统呈现出以下发展趋势：在热源供给侧，我国正加速淘汰散烧的中小型燃煤供暖锅炉并采用清洁能源替代，供能方式上正在大力推进水源/地源热泵、工业过程余热供暖、生活垃圾及生物质能供热，并积极探索风能电热锅炉供暖、太阳能供暖、核电供能等新技术。

本案例以清洁能源为主体，辅以生活污水处理系统，结合冷热双蓄技术，为园区供暖供冷，提供生活热水。与传统供能方式相比，雄安市民服务中心综合能源系统，不仅实现清洁、高效、经济的冷热暖一体化供应，而且降低装机容量20%。每年节约标煤约 608t，减少二氧化碳排放约 1516t。如图 8-13 所示为雄安市民服务中心综合能源系统示意图。

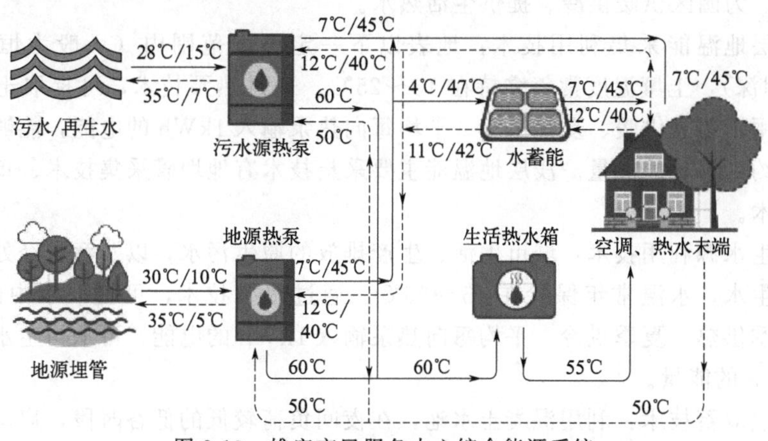

图 8-13　雄安市民服务中心综合能源系统

该案例位于容城东部，小白塔及马庄村界内。占地面积 24.24 公顷，总建筑面积约 10.08 万平方米。其中，建筑主要包括规划展示中心、会议培训中心、政务服务中心、办公用房、周转用房和生活服务配套用房等，定位实现四个目标，即绿色三星、节能率 75%、装配式以及构建政务服务中心。

目前雄安市民服务中心区内能源来源有再生水源、浅层地温、市政电等等，同时具有分布式冷热双蓄设备。能源利用优先级为：再生水热泵＞水蓄能＞浅层地温能＞市政电力。该案例暖冷热供应方式为：由再生水源热泵＋浅层地温能热泵+蓄能来供暖和供冷；热水系统中周转用房、生活服务配套用房利用集中供应方式，其他用房利用分散供应方式。市民中心区内能源分布情况如表 8-10 所示。

表 8-10　区内可控资源信息汇总

能源种类	能源形式	能源分布	能源条件
城市污废	再生水源	再生水处理中心	500t/d
可再生能源	浅层地温	可利用区域	单井排热 6kW，取热 4kW
常规能源	市政电	市政电网	尖峰时段：1.0445 元/kWh； 高峰时段：0.9174 元/kWh； 平峰时段：0.6631 元/kWh； 低谷时段：0.4088 元/kWh； 蓄冷/热：0.3453 元/kWh

8.5.2　技术方案

（1）技术原理

为积极响应国家节能减排政策，利用电能和从土壤、处理后生活污水中提取的能量，为园区供暖供冷、提供生活热水。

浅层地温能采集利用技术：地表以下一定深度范围内（一般为恒温带至 200m 埋深），土壤温度常年维持在 10～25℃。通过热泵技术，可提取土壤中的能量，用于冬季供暖、夏季供冷。平均每向热泵输入 1kWh 的电能，能够从土壤中提取约 4kWh 的能量。浅层地温能主要采集技术有地埋管采集技术、单井循环采集技术。

再生水源利用技术：城市生活、生产排放的原生污水，以及污水经处理后生产的再生水，水温常年保持在 15～25℃。通过热泵技术，可提取水中的能量，用于冬季供热、夏季供冷。平均每向热泵输入 1kWh 的电能，可从再生水中提取 4～5kWh 的能量。

冷热双蓄技术：利用混凝土水池，在夜间负荷较低的低谷时段，启动热泵机组，将产生的冷或热储存在水池中；在白天负荷需求高峰的峰电时段，将储存的冷或热释放出来使用，从而减少机房热泵设备的装机容量，降低机房设备的投资，同时达到末端供冷供热负荷的需求。

污水处理系统：采用反渗透膜处理技术和一体化处理装备，日处理生活污水规模 500t，达到地表四类水排放标准；经处理后生产的再生水不仅 100%用于回用，而且从中提取的能量，为能源供应系统提供能源来源。

（2）总体思路

按照国际领先的区域能源理念，全面挖掘新区可以利用的各种能源，多能互补、梯级利用，最大程度地提高能源利用效率和可再生能源的潜力；将能源供应与环境治理相结合，在确保能源供应的前提下，基本做到本地污废本地消纳，推动新区实现绿色、循环、可持续发展。

① 能源利用思路　按照“优先利用污废资源、充分利用属地能源、合理利用外部能源”的思路，综合考虑新区不同区块的功能、人口、建筑形式、冷热负荷等因素，根据不同能源的秉性和特点，分区块提出能源利用方式，构建安全、经济、清洁的新区能源供应系统。

——优先利用污废资源。包括再生水、生活垃圾发电余热、有机污废制沼气发电余热、工业余热等原本废弃的城市污废，吃干榨净，变废为宝。

——充分利用属地能源。包括浅层地温能、太阳能、中深层地热能等属地化的可再生资源。

——合理利用外部能源。包括电力、天然气等外部输送的能源。

② 能环结合思路　按照“能源供应与环境治理相结合”的思路，统一规划、建设能源供应基础设施和市政基础设施，构建以网格化能源站为核心，以再生水厂、污废处理厂、垃圾发电厂等为供能点，以再生水管网为输送通道的区域能源基础设施网络。

即：利用再生水管网，把分布在城市不同位置的再生水厂、污废处理厂、垃圾发电厂等冷热源，与区域能源站联结在一起。利用再生水管网中流动的再生水，把不同地方产生的冷量和热量，输送到位于冷热负荷中心的能源站，缩短供能距离，提高供能效率。同时，在区域能源站设置蓄能水池，利用再生水作为蓄能水池的蓄能载体，消减和平衡用冷用热的负荷峰值，让整个能源供应系统达到最经济的运行效率，如图 8-14 所示。

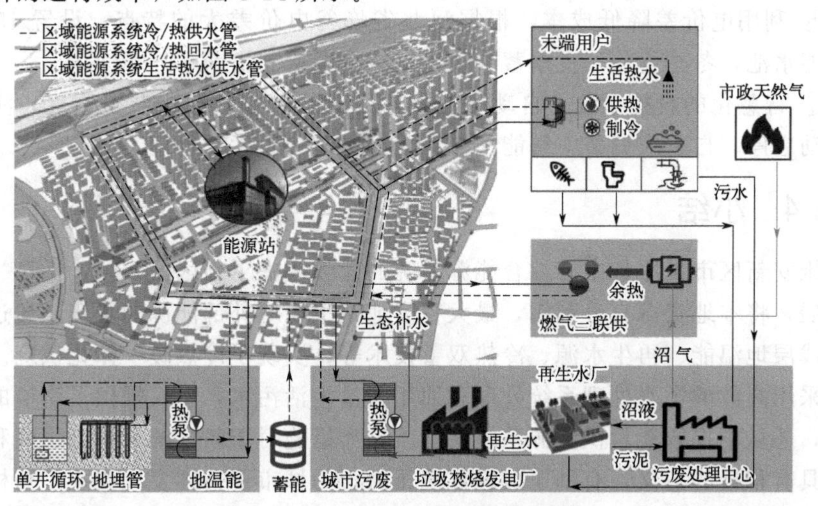

图 8-14　能源供应＋环境治理逻辑图

8.5.3 实施方式和预期效益

与常规地热能相比，利用浅层地温能可以最大程度减少对地层的扰动，避免对地下水，特别是宝贵的中、深层地下水造成不可恢复的污染破坏。供能效果体现在：夏季最大供冷负荷在8684kWh，冬季最大供热负荷7723kWh，日最大提供生活热水100t。

同时，综合能源系统总体建设具有以下效益：

① 冷热暖供应一体化：通过设置统一的综合能源站，选择冷热兼备的供能能源，只建设一套系统就实现夏季供冷、冬季供暖和全年24小时供生活热水。减少初始投资约20%，降低运营成本约30%。

② 统一建设综合能源站：根据园区不同建筑物白天与夜间供能需求错峰的特点，建设统一的综合能源站集中供暖和供冷，比分楼供应模式降低总体装机规模20%。

③ 浅层地温能成为主要能源：通过设置1510根地埋管，利用土壤温度冬暖夏凉的特点，从土壤中提取能量为园区供冷供热，可以为园区提供55%～65%的能量来源。

④ 高标准处理生活污水：利用先进的膜法处理工艺，对园区每天产生的生活污水进行处理。经处理后产生的再生水达到地表四类水标准，高出国家现行平均排放标准一至两个等级。

⑤ 高效经济的能源转换：通过利用热泵、热回收等技术，制取能量。夏季每使用1kWh的电能，可以制取3kWh的冷量，以及4kWh的生活热水量。冬季每使用1kWh的电能，可以制取4kWh的热量。

⑥ 利用电价差降低成本：根据河北省峰谷电价差大的特点，设置1500m^3的蓄能水池，冬季蓄热、夏季蓄冷，可以减少电费支出30%～40%。

⑦ 智慧化的自控系统：自动确定最佳的运行策略，减少装机空耗，实现设备自动启停、自适应调节、智能预警、无人机值守和远程管理。

8.5.4 小结

雄安新区市民服务中心综合能源系统的建设考虑了新区的绿色、循环、可持续发展，将本地资源充分利用，最大程度地减少了对外部能源的依赖。通过综合利用浅层地温能、再生水源、冷热双蓄技术等，实现了冷热暖一体化供应。这一思路采用高效的污水处理系统处理和回用大量生活污水，不仅提供了清洁的生活热水，还从中提取能量供能源系统使用。这类措施对于新区的可持续发展和环境保护具有积极的意义，有助于减轻环境压力，为城市可持续发展树立了榜样。